"十四五"时期国家重点出版物出版专项规划项目

极化成像与识别技术丛书

极化合成孔径雷达信息处理

Polarimetric Synthetic Aperture Radar Information Processing

全斯农　匡纲要　陈　强　计科峰　熊博莅　著

国防工业出版社
·北京·

内 容 简 介

本书围绕极化合成孔径雷达信息处理展开论述，对电磁波极化及其表征、雷达目标极化及其表征、目标极化散射特性研究、目标精细极化分解研究、极化SAR目标信息提取、极化SAR目标分类技术的现有理论或方法进行了系统深入分析，表述了作者的见解，给出了一些结论，提出或改进了一些算法，并结合实测极化SAR数据进行了验证。

本书适用于遥感图像信息处理、雷达、图像判断专业的研究人员、工程技术人员、高等院校教师等，也可作为高等院校雷达、遥感信息处理等有关专业的博士或硕士研究生课程教材。

图书在版编目(CIP)数据

极化合成孔径雷达信息处理/全斯农等著．—北京：国防工业出版社，2023.10

ISBN 978-7-118-12950-2

Ⅰ.①极… Ⅱ.①全… Ⅲ.①合成孔径雷达-信息处理-研究 Ⅳ.①TN958

中国国家版本馆CIP数据核字(2023)第161148号

※

国防工业出版社出版发行

(北京市海淀区紫竹院南路23号 邮政编码100048)

天津嘉恒印务有限公司印刷

新华书店经售

*

开本 710×1000 1/16 **插页** 5 **印张** 23¼ **字数** 406千字

2023年10月第1版第1次印刷 **印数** 1—2000册 **定价** 126.00元

国防书店：(010)88540777　　书店传真：(010)88540776

发行业务：(010)88540717　　发行传真：(010)88540762

极化成像与识别技术丛书

编审委员会

主 任 委 员　郭桂蓉

副主任委员　何　友　吕跃广　吴一戎

（按姓氏拼音排序）

委　　　员　陈志杰　崔铁军　丁赤飚　樊邦奎　胡卫东

（按姓氏拼音排序）　江碧涛　金亚秋　李　陟　刘宏伟　刘佳琪

刘永坚　龙　腾　鲁耀兵　陆　军　马　林

宋朝晖　苏东林　王沙飞　王永良　吴剑旗

杨建宇　姚富强　张兆田　庄钊文

极化成像与识别技术丛书

编写委员会

主　　　编　王雪松

执 行 主 编　李　振

副　主　编　李永祯　杨　健　殷红成

（按姓氏拼音排序）

参　　　编　陈乐平　陈思伟　代大海　董　臻　董纯柱

（按姓氏拼音排序）　龚政辉　黄春琳　计科峰　金　添　康亚瑜

匡纲要　李健兵　刘　伟　马佳智　孟俊敏

庞　晨　全斯农　王　峰　王青松　肖怀铁

邢世其　徐友根　杨　勇　殷加鹏　殷君君

张　晰　张　焱

丛书序

极化一词源自英文 Polarization，在光学领域称为偏振，在雷达领域则称为极化。光学偏振现象的发现可以追溯到1669年丹麦科学家巴托林通过方解石晶体产生的双折射现象。偏振之父马吕斯于1808年利用波动光学理论完美解释了双折射现象，并证明了极化是光的固有属性，而非来自晶体的影响。19世纪50年代至20世纪初，学者们陆续提出 Stokes 矢量、Poincaré 球、Jones 矢量和 Mueller 矩阵等数学描述来刻画光的极化现象和特性。

相对于光学，雷达领域对极化的研究则较晚。20世纪40年代，研究者发现：目标受到电磁波照射时会出现变极化效应，即散射波的极化状态相对于入射波会发生改变，二者存在着特定的映射变换关系，其与目标的姿态、尺寸、结构、材料等物理属性密切相关，因此目标可以视为一个极化变换器。人们发现，目标变极化效应所蕴含的丰富物理属性对提升雷达的目标检测、抗干扰、分类和识别等各方面的能力都具有很大潜力。经过半个多世纪的发展，雷达极化学已经成为雷达科学与技术领域的一个专门学科专业，发展方兴未艾，世界各国雷达科学家和工程师们对雷达极化信息的开发利用已经深入到电磁波辐射、传播、散射、接收与处理等雷达探测全过程，极化对电磁正演/反演、微波成像、目标检测与识别等领域的理论发展和技术进步都产生了深刻影响。

总的来看，在80余年的发展历程中，雷达极化学主要围绕雷达极化信息获取、目标与环境极化散射机理认知以及雷达极化信息处理与应用这三个方面交融发展、螺旋上升。20世纪四五十年代，人们发展了雷达目标极化特性测量与表征、天线极化特性分析、目标最优极化等基础理论和方法，兴起了雷达极化研究的第一次高潮。六七十年代，在当时技术条件下，雷达极化测量的实现技术难度大且代价昂贵，目标极化散射机理难以被深刻揭示，相关理论研究成果难以得到有效验证，雷达极化研究经历了一个短暂的低潮期。进入80年代，随着微波器件与工艺水平、数字信号处理技术的进步，雷达极化测量技术和系统接连不断获得重大突破，例如，在气象探测方面，1978年英国的S波段雷达和1983年美国的NCAR/CP-2雷达先后完成极化捷变改造；在目标特性测量方面，1980年美国研制成功极化捷变雷达，并于1984年又研制成功脉内极化捷变雷达;在对地观测方面,1985 年美国研制出世界上第一部机载极化合成孔径雷达(SAR);等等。这一时期,雷达极化学理论与雷达系统充分结合、相互促进、共同进步,丰富和发展了雷达目标唯象学、极化滤波、极化目标分解等一大批经典的雷达极化信息处理理论,催生了雷达极化在气象探测、抗杂波和电磁干扰、目标分类识别及对地遥感等领域一批早期的技术验证与应用实践,让人们再次开始重视雷达极化信息的重要性和不可替代性,雷达极化学迎来了第二次发展高潮。90 年代以来,雷达极化学受到世界各发达国家的普遍重视和持续投入,雷达极化理论进一步深化,极化测量数据更加丰富多样,极化应用愈加广泛深入。进入 21 世纪后,雷达极化学呈现出加速发展态势,不断在对地观测、空间监视、气象探测等众多的民用和军用领域取得令人振奋的应用成果,呈现出新的蓬勃发展的热烈局面。

在极化雷达发展历程中,极化合成孔径雷达由于兼具极化解析与空间多维分辨能力,受到了各国政府与科技界的高度重视,几十年来机载/星载极化 SAR 系统如雨后春笋般不断涌现。国际上最早成功研制的实用化的极化 SAR 系统是 1985 年美国的 L 波段机载 AIRSAR 系统。之后典型的机载全极化 SAR 系统有美国的 UAVSAR、加拿大的 CONVAIR、德国的 ESAR 和 FSAR、法国的 RAMSES、丹麦的 EMISAR、日本的 PISAR 等。星载系统方面,美国航天飞行于 1994 年搭载运行的 C 波段 SIR - C 系统是世界上第一部星载全极化 SAR。2006 年和 2007 年,日本的 ALOS/PALSAR 卫星和加拿大的 RADARSAT - 2 卫星相继发射成功。近些年来,多部星载多/全极化 SAR 系统已在轨运行,包括日本的 ALOS - 2/PALSAR - 2、阿根廷的 SAOCOM - 1A、加拿大的 RCM、意大利的 CSG - 2 等。

1987 年,中科院电子所研制了我国第一部多极化机载 SAR 系统。近年来,在国家相关部门重大科研计划的支持下,中科院电子所、中国电子科技集团、中国航天科技集团、中国航天科工集团等单位研制的机载极化 SAR 系统覆盖了 P 波段到毫米波段。2016 年 8 月,我国首颗全极化 C 波段 SAR 卫星高分三号成功发射运行,之后高分三号 02 星和 03 星分别于 2021 年 11 月和 2022 年 4 月成功发射,实现多星协同观测。2022 年 1 月和 2 月,我国成功发射了两颗 L 波段 SAR 卫星——陆地探测一号 01 组 A 星和 B 星,二者均具备全极化模式,将组成双星编队服务于地质灾害监测、土地调查、地震评估、防灾减灾、基础测绘、林业调查等领域。这些系统的成功运行标志着我国在极化 SAR 系统研制方面达到了国际先进水平。总体上,我国在极化成像雷达与应用方面的研究工作虽然起步较晚,但在国家相关部门的大力支持下,在雷达极化测量的基础理论、测量体制、信号与数据处理等方面取得了不少的创新性成果,研究水平取得了长足进步。

目前,极化成像雷达在地物分类、森林生物量估计、地表高程测量、城区信息提取、海洋参数反演以及防空反导、精确打击等诸多领域中已得到广泛应用,而目标识别是其中最受关注的核心关键技术。在深刻理解雷达目标极化散射机理的基础上,将极化技术与宽带/超宽带、多维阵列、多发多收等技术相结合,通过极化信息与空、时、频等维度信息的充分融合,能够为提升成像雷达的探测识别与抗干扰能力提供崭新的技术途径,有望从根本上解决复杂电磁环境下雷达目标识别问题。一直以来,由于目标、自然环境及电磁环境的持续加速深刻演变,高价值目标识别始终被认为是雷达探测领域"永不过时"的前沿技术难题。因此,出版一套完善严谨的极化、成像与识别的学术著作对于开拓国内学术视野、推动前沿技术发展、指导相关实践工作具有重要意义。

为及时总结我国在该领域科研人员的创新成果,同时为未来发展指明方向,我们结合长期的极化成像与识别基础理论、关键技术以及创新应用的研究实践,以近年国家"863"、"973"、国家自然科学基金、国家科技支撑计划等项目成果为基础,组织全国雷达极化领域的同行专家一起编写了这套"极化成像与识别技术"丛书,以期进一步推动我国雷达技术的快速发展。本丛书共 24 分册,分为 3 个专题。

(一) 极化专题。着重介绍雷达极化的数学表征、极化特性分析、极化精密测量、极化检测与极化抗干扰等方面的基础理论和关键技术,共包括 10 个分册。

(1)《瞬态极化雷达理论、技术及应用》瞄准极化雷达技术发展前沿,系统介绍了我国首创的瞬态极化雷达理论与技术,主要内容包括瞬态极化概念及其表征体系、人造目标瞬态极化特性、多极化雷达波形设计、极化域变焦超分辨、极化滤波、特征提取与识别等一大批自主创新研究成果,揭示了电磁波与雷达目标的瞬态极化响应特性,阐述了瞬态极化响应的测量技术,并结合典型场景给出了瞬态极化理论在超分辨、抗干扰、目标精细特征提取与识别等方面的创新应用案例,可为极化雷达在微波遥感、气象探测、防空反导、精确制导等诸多领域中的应用提供理论指导和技术支撑。

(2)《雷达极化信号处理技术》系统地介绍了极化雷达信号处理的基础理论、关键技术与典型应用,涵盖电磁波极化及其数学表征、动态目标宽/窄带极化特性、典型极化雷达测量与处理、目标信号极化检测、极化雷达抗噪声压制干扰、转发式假目标极化识别以及极化雷达单脉冲测角与干扰抑制等内容,可为极化雷达系统的设计、研制和极化信息的处理与利用提供有益参考。

(3)《多极化矢量天线阵列》深入讨论了多极化天线波束方向图优化与自适应干扰抑制,基于方向图分集的波形方向图综合、单通道及相干信号处理,多极化主动感知,稀疏阵型设计及宽带测角等问题,是一本理论性较强的专著,对于阵列雷达的设计和信号处理具有很好的参考价值。

(4)《目标极化散射特性表征、建模与测量》介绍了雷达目标极化散射的电磁理论基础、典型结构和材料的极化散射表征方式、目标极化散射特性数值建模方法和测量技术,给出了多种典型目标的极化特性曲线、图表和数据,对于极化特征提取和目标识别系统的设计与研制具有基础支撑作用。

(5)《飞机尾流雷达探测与特征反演》介绍了飞机尾流这类特殊的分布式软目标的电磁散射特性与雷达探测技术,系统揭示了飞机尾流的动力学特征与雷达散射机理之间的内在联系,深入分析了飞机尾流的雷达可探测性,提出了一些典型气象条件下的飞机尾流特征参数反演方法,对推进我国军民航空管制以及舰载机安全起降等应用领域的技术进步具有较大的参考价值。

(6)《雷达极化精密测量》系统阐述了极化雷达测量这一基础性关键技术,分析了极化雷达系统误差机理,提出了误差模型与补偿算法,重点讨论了极化雷达波形设计、无人机协飞的雷达极化校准技术、动态有源雷达极化校准等精密测量技术,为极化雷达在空间监视、防空反导、气象探测等领域的应用提供理论指导和关键技术支撑。

(7)《极化单脉冲导引头多点源干扰对抗技术》面向复杂多点源干扰条件下的雷达导引头抗干扰需求,基于极化单脉冲雷达体制,围绕极化导引头系统构架设计、多点源干扰多域特性分析、多点源干扰多域抑制与抗干扰后精确测角算法等方面进行系统阐述。

(8)《相控阵雷达极化与波束联合控制技术》面向相控阵雷达的极化信息精确获取需求,深入阐述了相控阵雷达所特有的极化测量误差形成机理、极化校准方法以及极化波束形成技术,旨在实现极化信息获取与相控阵体制的有效兼容,为相关领域的技术创新与扩展应用提供指导。

(9)《极化雷达低空目标检测理论与应用》介绍了极化雷达低空目标检测面临的杂波与多径散射特性及其建模方法、目标回波特性及其建模方法、极化雷达抗杂波和抗多径散射检测方法及这些方法在实际工程中的应用效果。

(10)《偏振探测基础与目标偏振特性》是一本光学偏振方面理论技术和应用兼顾的专著。首先介绍了光的偏振现象及基本概念,其次在目标偏振反射/辐射理论的基础上,较为系统地介绍了目标偏振特性建模方法及经典模型、偏振特性测量方法与技术手段、典型目标的偏振特性数据及分析处理,最后介绍了一些基于偏振特性的目标检测、识别、导航定位方面的应用实例。

(二)成像专题。着重介绍雷达成像及其与目标极化特性的结合,探讨雷达在探地、地表穿透、海洋监测等领域的成像理论技术与应用,共包括7个分册。

（1）《高分辨率穿透成像雷达技术》面向穿透表层的高分辨率雷达成像技术，系统讲述了表层穿透成像雷达的成像原理与信号处理方法。既涵盖了穿透成像的电磁原理、信号模型、聚焦成像等基本问题，又探讨了阵列设计、融合穿透成像等前沿问题，并辅以大量实测数据和处理实例。

（2）《极化 SAR 海洋应用的理论与方法》从极化 SAR 海洋成像机制出发，重点阐述了极化 SAR 的海浪、海洋内波、海冰、船只目标等海洋现象和海上目标的图像解译分析与信息提取方法，针对海洋动力过程和海上目标的极化 SAR 探测给出了较为系统和全面的论述。

（3）《超宽带雷达地表穿透成像探测》介绍利用超宽带雷达获取浅地表雷达图像实现埋设地雷和雷场的探测。重点论述了超宽带穿透成像、地雷目标检测与鉴别、雷场提取与标定等技术，并通过大量实测数据处理结果展现了超宽带地表穿透成像雷达重要的应用价值。

（4）《合成孔径雷达定位处理技术》在介绍 SAR 基本原理和定位模型基础上，按照 SAR 单图像定位、立体定位、干涉定位三种定位应用方向，系统论述了定位解算、误差分析、精化处理、性能评估等关键技术，并辅以大量实测数据处理实例。

（5）《极化合成孔径雷达多维度成像》介绍了利用极化雷达对人造目标进行三维成像的理论和方法，重点讨论了极化干涉成像、极化层析成像、复杂轨迹稀疏成像、大转角观测数据的子孔径划分、多子孔径多极化联合成像等新技术，对从事微波成像研究的学者和工程师有重要参考价值。

（6）《机载圆周合成孔径雷达成像处理》介绍的是基于机载平台的合成孔径雷达以圆周轨迹环绕目标进行探测成像的技术。介绍了圆周合成孔径雷达的目标特性与成像机理，提出了机载非理想环境下的自聚焦成像方法，探究了其在目标检测与三维重构方面的应用，并结合团队开展的多次飞行试验，介绍了技术实现和试验验证的研究成果，对推动机载圆周合成孔径雷达系统的实用化有重要参考价值。

（7）《红外偏振成像探测信息处理及其应用》系统介绍了红外偏振成像探测的基本原理，以及红外偏振成像探测信息处理技术，包括基于红外偏振信息的图像增强、基于红外偏振信息的目标检测与识别等，对从事红外成像探测及目标识别技术研究的学者和工程师有重要参考价值。

（三）识别专题。着重介绍基于极化特性、高分辨距离像以及合成孔径雷达图像的雷达目标识别技术，主要包括雷达目标极化识别、雷达高分辨距离像识别、合成孔径雷达目标识别、目标识别评估理论与方法等，共包括 7 个分册。

(1)《雷达高分辨距离像目标识别》详细介绍了雷达高分辨距离像极化特征提取与识别和极化多维匹配识别方法，以及基于支持矢量数据描述算法的高分辨距离像目标识别的理论和方法。

(2)《合成孔径雷达目标检测》主要介绍了SAR图像目标检测的理论、算法及具体应用，对比了经典的恒虚警率检测器及当前备受关注的深度神经网络目标检测框架在SAR图像目标检测领域的基础理论、实现方法和典型应用，对其中涉及的杂波统计建模、斑点噪声抑制、目标检测与鉴别、少样本条件下目标检测等技术进行了深入的研究和系统的阐述。

(3)《极化合成孔径雷达信息处理》介绍了极化合成孔径雷达基本概念以及信息处理的数学原则与方法，重点对雷达目标极化散射特性和极化散射表征及其在目标检测分类中的应用进行了深入研究，并以对地观测为背景选择典型实例进行了具体分析。

(4)《高分辨率SAR图像海洋目标识别》以海洋目标检测与识别为主线，深入研究了高分辨率SAR图像相干斑抑制和图像分割等预处理技术，以及港口目标检测、船舶目标检测、分类与识别方法，并利用实测数据开展了翔实的实验验证。

(5)《极化SAR图像目标检测与分类》对极化SAR图像分类、目标检测与识别进行了全面深入的总结，包括极化SAR图像处理的基本知识以及作者近年来在该领域的研究成果，主要有目标分解、恒虚警检测、混合统计建模、超像素分割、卷积神经网络检测识别等。

(6)《极化雷达成像处理与目标特征提取》深入讨论了极化雷达成像体制、极化SAR目标检测、目标极化散射机理分析、目标分解与地物分类、全极化散射中心特征提取、参数估计及其性能分析等一系列关键技术问题。

(7)《雷达图像相干斑滤波》系统介绍了雷达图像相干斑滤波的理论和方法，重点讨论了单极化SAR、极化SAR、极化干涉SAR、视频SAR等多种体制下的雷达图像相干斑滤波研究进展和最新方法，并利用多种机载和星载SAR系统的实测数据开展了翔实的对比实验验证。最后，对该领域研究趋势进行了总结和展望。

本套丛书是国内在该领域首次按照雷达极化、成像与识别知识体系组织的高水平学术专著丛书，是众多高等院校、科研院所专家团队集体智慧的结晶，其中的很多成果已在我国空间目标监视、防空反导、精确制导、航天侦察与测绘等国家重大任务中获得了成功应用。因此，丛书内容具有很强的代表性、先进性和实用性，对本领域研究人员具有很高的参考价值。本套丛书的出版既是对以往研究成果的提炼与总结，我们更希望以此为新起点，与广大的同行们一道开启雷达极化技术与应用研究的新征程。

在丛书的撰写与出版过程中，我们得到了郭桂蓉、何友、吕跃广、吴一戎等二十多位业界权威专家以及国防工业出版社的精心指导、热情鼓励和大力支持，在此向他们一并表示衷心的感谢！

王雪松

2022 年 7 月

前言

自20世纪30年代雷达投入使用以来,增强目标信息的获取性能,提升目标对象的分辨、识别和认知能力,始终是雷达科学与技术不断发展进步的内在推动力。随着探测环境的复杂化、应用领域的多样化,现代雷达系统既要求雷达能够提取目标位置、速度、轨迹、方位等空间状态信息,又要求其能够挖掘目标尺寸、形状、表面粗糙度、湿度等物理属性信息。在这一迫切需求的指引下,兼具定量化测量与高分辨成像能力的极化合成孔径雷达应运而生,并逐渐取代了传统的低分辨、单通道体制雷达,成为雷达系统发展的主流。依据目标与电磁波交互产生的“变极化效应”,极化合成孔径雷达可以同时获得目标的幅度和相位等完整散射信息,在对地观测、侦察监视等领域具有重要的潜力和应用价值,得到世界各主要强国的高度重视和持续大力发展。

本书阐述了极化合成孔径雷达的基本概念、信息处理的数学原则与方法,以及作者研究团队在该领域的研究进展,其重点是研究极化合成孔径雷达在对地观测中的应用,并选择典型实例进行具体分析。在极化合成孔径雷达信息处理领域目前有大量的有参考价值的文献,作者阅读和引用了其中具有代表性的论文和书籍,并结合自身的研究成果使本书内容能够兼收并蓄。本书注重组织架构的简洁以及对算法基本原理的强调,对专门从事极化合成孔径雷达信息处理的研究人员而言具有较强的可读性和可操作性。

多年来,作者研究团队一直关注国内外极化合成孔径雷达信息处理方面的研究动态并致力于该方面的科研工作。可以说,本书是作者团队集体智慧的结晶。在此,对陈强博士在本书编写过程中的支持和鼓励表示由衷的感谢,同时感谢国防工业出版社的编辑和排版工作者。在作者涉及本领域之前很多研究专家诸如Kennaugh、Sinclair、Huynen、Boerner、Lee、Pottier就已成为雷达极化领域的“泰斗”,在此同样对这些做出突出贡献的开创者表示崇高的敬意。极化合成孔径雷达的信息处理与应用仍存在很多需要研究的内容,希望本书能够给研究人员提供恰当的研究思路和研究手段。鉴于作者的经验和时间限制,书中难免存在未尽和疏漏之处,敬请广大同行和读者批评指正。

作者

2022年8月

目 录

第1章 绪论

自雷达问世以来,随着现代科学技术和大规模集成技术的迅猛发展,雷达系统结构和性能发生了巨大而深刻的变化,其信号与信息处理技术也得到飞速发展。作为雷达信号与信息处理的重要内容之一,雷达极化研究日益受到世界各国的广泛关注。下面将从应用需求、信息优势和系统发展三方面阐述雷达极化研究的必要性和紧迫性。

(1) 现代战争对雷达系统提出了更高的要求,促使雷达技术不断向前发展。

雷达性能的提高和功能的完善始终是雷达界追求的目标,而实际应用需求则是雷达技术不断向前发展的强大推动力。早期的雷达系统主要用于国土防空,其首要任务是检测目标是否存在,这在第二次世界大战中得到充分体现。而现代战争则以电子战、信息战和精确制导武器等为主,其战场环境更加复杂,战争态势瞬息万变。战争胜败的重要因素是对敌我双方动态信息的实时监控和处理,这对作为战场“千里眼”的雷达系统提出了更高的要求:不但要求雷达系统具有超远程、高精度的探测能力,而且应具备智能、快速的信息处理能力;不但可以准确获取目标位置、速度、轨迹、姿态等空间状态信息,而且能提取目标大小、形状、材质、表面粗糙度等物理属性信息。与此同时,还要求雷达系统在面临敌方电子对抗、隐身目标攻击、超低空突防、反辐射导弹“四大威胁”的情况下,仍能安全、正常地工作。在这种背景下,提高雷达探测性能和完善雷达系统功能已成为当前一项必要且紧迫的重要任务。

(2) 极化信息作为电磁波四个基本特征之一,为改善雷达系统性能提供了广阔空间。

从信息论角度来看,雷达是以电磁波为传播媒介的目标信息采集与处理系统。在发射电磁波的激励下,目标对入射电磁波进行信息调制或加载,其散射回波中携带了目标信息,雷达通过对目标散射回波的接收和解调,能获得与目标相关的各种信息,这是雷达系统探测目标并获取目标物理信息的理论基础。

而雷达探测性能的好坏主要取决于目标散射回波信息是否得到充分、有效的利用。根据电磁学理论,电磁波具有幅度、相位、频率、极化四个基本特征,但长期以来,人们对目标散射回波的开发利用基本局限于其幅度、相位和频率,而对散射回波极化信息的利用并不多[1-2]。作为其他特征的互补信息,极化描述的是电场矢端在传播截面上随时间变化的运动轨迹,充分开发利用极化信息将能完整地描述目标物理散射过程,进而改善雷达系统性能。

(3) 极化雷达系统迅猛发展,雷达极化技术已成为当今雷达界的前沿课题。

近年来,随着雷达极化测量技术和高分辨成像技术的逐渐成熟,结合二者优势的极化合成孔径雷达(Synthetic Aperture Radar,SAR)应运而生,并逐渐取代了传统的低分辨、单极化体制雷达,成为现代雷达系统发展的主流方向。由于该体制雷达能极大地拓展雷达系统对目标信息的获取能力和对复杂战场环境的感知能力,因而受到欧、美等发达国家的广泛关注。它们在极化 SAR 系统研制方面投入了大量的人力、物力,各种新型极化 SAR 系统相继诞生,如美国 AIRSAR/UAVSAR、德国 E - SAR/F - SAR、日本 PiSAR/PiSAR - 2 等机载系统和日本 ALOS PALSAR、加拿大 RADARSAT - 2 等星载系统。中国的高分三号(GF - 3)与当前国际如火如荼的极化雷达系统研制趋势一致,有关雷达极化技术的研究也呈逐年递增趋势。据科学引文索引(SCI)检索统计,2015 年至今,在国际主要学术刊物上发表的关于雷达极化问题的研究文献达千余篇。甚至,许多重要的国际学术会议还专门开辟了"雷达极化"研究专栏。种种迹象表明,雷达极化研究已成为当前国际雷达学术界的前沿课题。

1.1 雷达极化信息处理与解译研究概述

1.1.1 兴起与发展

尽管电磁波极化现象的发现可追溯到 1000 年,但有关雷达极化问题的研究却始于 20 世纪 40 年代末。1949 年,美国俄亥俄州立大学天线实验室的 G. Sinclair 首次提出了目标极化散射矩阵(Sinclair 矩阵)的概念[3],从而拉开了雷达极化研究的序幕。自此以后,雷达极化研究经历了 60 年的不断发展,取得了一系列丰硕的研究成果[4-19]。雷达极化研究的发展史大致可划分为三个发展阶段[2,19]:

(1) 第一阶段(20 世纪 40 年代末至 70 年代末):经典雷达极化学的建立。

早期的雷达系统只利用了电磁波的幅度特性,而忽视了其他的电磁特性。为了充分利用电磁波信息,从 20 世纪 40 年代末开始,Sinclair 就积极从事目标变极化效应的研究工作[3]。他指出,在远场条件下,雷达目标可视为一个“极化变换器”,且可用一个 Sinclair 矩阵表征。继 Sinclair 之后,Kennaugh 于 50 年代初对目标极化散射矩阵进行了更深入的研究[20]。在研究单静态、相干情形时,他发现,任何目标均存在天线接收功率最大或最小对应的最佳极化状态,这些最佳极化状态就是著名的目标特征极化,从而为经典雷达极化学奠定了初步的理论基础。1970 年,在深入研究 Kennaugh 工作的基础上,Huynen 发表了题为《雷达目标唯象学理论》的博士学位论文[21]。在这篇博士学位论文中,Huynen 的杰出研究成果有:①详细地阐述了极化散射矩阵元素与目标结构属性之间的内在联系,指出了利用极化信息进行目标分类和识别的可能性;②发展了 Kennaugh特征极化理论,利用 Poincaré 极化球和 Stokes 矢量表征法导出了 Huynen 极化叉的概念。这些研究成果最终促成了经典雷达极化学的形成。

除此之外,学者们在该阶段还开展了其他的研究工作[22-24],如 Rumsey、Booker、Kals、Brickel 及 Kuhl 等的研究工作。这些研究工作多集中在雷达目标和地杂波极化测量、雷达目标分类和识别等方面。总的来说,由于受当时雷达技术落后的限制,该阶段主要在理论方面开展了一些探索性工作。

(2) 第二阶段(20 世纪 80 年代初至 90 年代末):雷达极化研究步入高潮期。

从 20 世纪 80 年代开始,雷达极化研究进入了崭新的时期。随着现代战争对雷达性能的更高要求以及人们对雷达极化应用前景的深入认识,雷达极化信息处理和应用研究受到世界各国的广泛关注。这一阶段有关雷达极化问题的研究具有三方面的显著特点:①具备极化测量能力的实用化雷达陆续出现;②雷达极化理论研究持续、快速发展;③雷达极化应用研究全面展开。

1985 年,结合成熟的高分辨成像技术和雷达极化测量技术,美国国家航空航天局(National Aeronautics and Space Administration,NASA)下属喷气推进实验室(Jet Propulsion Laboratory,JPL)成功地研制出世界上第一部实用化的机载极化 SAR 系统。以此为开端,其他发达国家相继研制出自己的机载/星载极化 SAR 系统[25-45]。其中,已投入使用且较具代表性的机载极化 SAR 系统有:美国 NASA 的 JPL/DC-8 多波段(P/L/C) AIRSAR[27-28]、JPL/C-20A L 波段 UAVSAR[29-30],德国宇航中心(German Aerospace Center,DLR)的 DO228 多波段(P/L/S/C/X) E-SAR[31-33]、多波段(P/L/S/C/X) F-SAR[34]、X 波段 DBFSAR[35],加拿大遥感中心(Canada Center for Remote Sensing,CCRS)的双波段(C/X) CV580 SAR[36-38],丹麦遥感中心(Danish Center for Remote Sensing,DCRS)的 G-3 双波段(L/C) EMISAR[39-40],日本情报通信研究机构(National Institute of Information and Communications Technology,NICT)和宇宙航空研究开

发机构(Japan Aerospace Exploration Agency,JAXA)共同研制的 G－2 双波段(L/X)PiSAR、X 波段 PiSAR－2[41－42]等(表 1－1)。在星载极化 SAR 系统方面,主要有美国 NASA 研制的“奋进”号航天飞机搭载的 SIR－C/X－SAR、德国 DLR 和 EADS Astrium 公司共同研制的“第聂伯”火箭搭载的 TerraSAR－X、日本 JAXA 和日本资源探查用观测系统研究开发机构共同研制的 ALOS PALSAR 与 PALSAR－2,以及加拿大航天局(Canadian Space Agency,CSA)的 RADARSAT－2[43－44]、印度空间研究组织(Indian Space Research Organisation,ISRO)研制的极轨卫星运载火箭 C19(PSLV－C19)搭载的 RISAT 卫星[45]、中国航天科技集团有限公司研制的长征四号丙运载火箭搭载的高分三号卫星,这是中国首颗分辨率达到 1m 的 C 频段多极化 SAR 成像卫星(表 1－1)。这些实用化极化 SAR 系统的成功研制为雷达极化问题的研究提供了大量实测的极化数据,极大地促进了雷达极化信息处理和利用研究,并在世界范围内掀起了一股研究雷达极化问题的热潮。

表 1－1　已投入使用的典型机载/星载极化 SAR 系统

AIRSAR NASA/JPL(USA) DC8 P,L,C－Band(Q)	AuSAR D. S. T. O(Aus) DC3(97)King Air 350(00)Beach 1900C,X－Band(Q)	EMISAR DCRS(DK) G3 Aircraft L,C－Band(Q)

PHARUS TNO－FEL(NL) CESSNA－Citation Ⅱ C－Band(Q)	PiSAR NASDA/CRL(J) Gulf Stream L,X－Band(Q)	RAMSES ONERA(F) Transal C160 P,L,S,C,X,Ku,Ka,W－Band(Q)

SAR580 Environnement Canada(C) Convair CV－580 C,X－Band(Q)	AES－1 InterMap Technologies(D) Gulf Stream Commander X－Band(HH),P－Band(Q)	DOSAR EADS/Dornier GmbH(D) DO228(89),C160(98),G222(00) S,C,X－Band(Q),Ka－Band(VV)

续表

STORM UVSQ/CETP(F) Merlin Ⅳ C – Band (Q)	E – SAR DLR(D) DO 228 P,L,S – Band(Q)/C,X – Band(S)	MEMPHIS/AER FGAN(D) Transal C160 Ka,W – Band(Q)/X – Band(Q)

UAVSAR NASA/JPL(USA) C – 20A L – Band(Q)	F – SAR DLR(D) DO228 – 212 P,L,S,C,X – Band(Q)	PiSAR – 2 NASDA/CRL(J) Gulf Stream Ⅱ X – Band(Q)

ENVISAT/ASAR ESA (EU) 2002 C – Band (S/T) HH,VV,(HH,VV)	ALOS/PALSAR NASDA/JAROS (J) 2006 L – Band HH,VV,(HH,HV),(VV,VH)	RADARSAT – 2 CSA/MDA (CA) 2007 C – Band (Q)
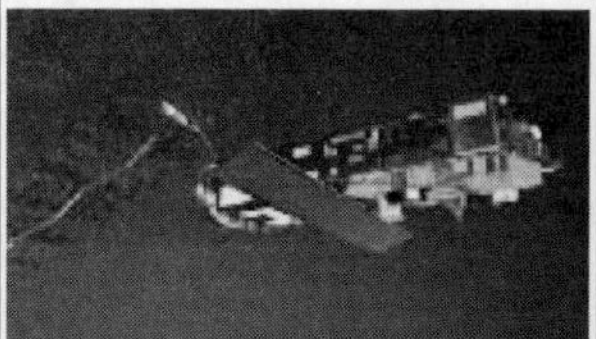		
TerraSAR – X DLR/EADS Astrium (D) 2007 X – Band(Q)	RISAT – 1 ISRO (I) 2012 C – Band RH,RV	GF – 3 CASC (CHN) 2016 C – Band (Q)

续表

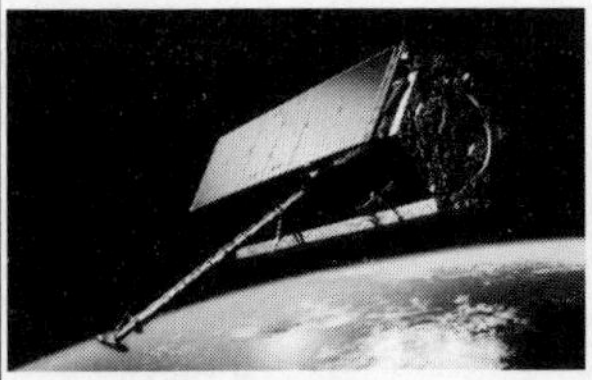		

注：USA—美国；Aus—澳大利亚；D—德国；DK—丹麦；F—法国；J—日本；NL—新西兰；C—加拿大；I—印度；CHN—中国。

在实际应用需求推动和极化 SAR 系统不断发展这一背景下，该阶段雷达极化理论研究得到快速发展。其中，较具代表性的理论研究有：①Boerner、Van Zyl、Germond、Titin - Schnaider 等的特征极化理论研究[46-69]。他们将特征极化概念推广到了非相干、双静态情形，并提出了表征目标特征极化的新手段——Van Zyl 功率密度图和 Agrawal 相位相关图。②Ioannidis、Kostinski、Mott、Yang 等的相对最优极化研究[70-86]，该研究通过调整收发天线极化状态来改变目标与杂波之间的天线接收功率之比，以达到增强目标、抑制杂波的目的。③Stapor、王雪松等的天线最佳极化方式接收研究[87-93]，即在复杂电磁干扰环境下，通过调整接收天线极化状态实现接收天线对目标散射回波和干扰信号的天线接收功率之比最大。④Cloude、Cameron、Freeman、Yamaguchi 等的目标极化分解理论研究[94-102]。这些研究极大地丰富和发展了雷达极化学的基础理论，为雷达极化信息处理和利用提供了理论支撑。

伴随着雷达极化基础理论的快速发展，雷达极化应用研究在这一阶段备受重视，尤其是极化 SAR 测量数据信息提取或极化 SAR 图像解译研究。尽管早期也有关于雷达极化的应用研究，但由于缺乏实测极化数据的支持，许多研究人员都望而却步。20 世纪 80 年代后，各种新型极化 SAR 系统的不断涌现，实测极化 SAR 图像资源的极大丰富，加速了极化信息在遥感等众多领域的应用研究。这些研究主要体现在：Van Zyl、Pottier、Cloude、Kong、Pierce、Lee 等的极化 SAR 图像地物分类研究[103-153]，Lee、Novak、Lopes、Liu 等的极化 SAR 图像相干斑抑制研究[154-183]，Lee、Freitas、Gambini 等的极化 SAR 图像杂波统计建模研究[184-187]，Novak 等的雷达目标极化检测研究[188-195]，Schuler、Reigber、Lee 等的地形参数反演[196-206]及三维成像研究[207-209]等。

(3) 第三阶段(20 世纪 90 年代末至今)：雷达极化研究新动向。

近年来，随着雷达测量技术的进一步发展，雷达数据获取已由单一观测方式向多极化、多波段、多角度、多时相等两个或两个以上观测方式联合发展。相应地，雷达极化问题的研究也出现了新动向，即极化信息与其他互补信息的融合,其中最典型的是极化信息与干涉信息的有效组合[210-215]。1998 年,Papathanassiou等首先利用 SIR - C/X - SAR 数据研究了频率、极化对相干性的影响,这是将极化信息和干涉信息相结合的极化干涉 SAR 的最初起源[210]。极化干涉 SAR 是极化和角度两个观测方式的综合,具备了干涉 SAR 对地表散射体高程敏感的特性和极化 SAR 对散射体形状、方向和介电特性等敏感的特性,从而能更有效地提取散射体结构等属性信息。目前,具备重复飞行极化干涉测量能力的极化干涉 SAR 有 DLR E - SAR/F - SAR、PiSAR/PiSAR - 2、AIRSAR/UAVSAR、RAMSES 等机载系统和 ALOS/PALSAR、RADARSAT - 2、GF - 3 等星载系统。从 2003 年起,欧洲航天局(欧空局)每两年举办一届极化干涉 SAR 国际会议,主要针对极化干涉数据的理论和方法研究。可以预见,极化信息与其他互补信息的融合是未来雷达极化应用研究的必然发展趋势之一。

1.1.2 国内外研究现状

雷达极化是一门获取、处理和分析电磁波极化信息的学科。历经了 60 余年的发展,雷达极化目前已成为现代雷达技术的重要分支,其研究内容涉及极化表征(第 2 章、第 3 章)、目标极化散射特性(第 4 章)、目标精细极化分解(第 5 章)等理论研究和极化 SAR 目标信息提取(第 6 章)、极化 SAR 目标分类技术(第 7 章)等应用研究。

1. 极化表征研究

极化表征研究是探讨客体极化特性描述的概念和方法,它包括电磁波极化表征、目标极化效应表征、天线极化表征等。纵观雷达极化理论研究历程,极化表征理论是目前研究得最为广泛、深入的基础理论。在电磁波极化表征方面,针对"时谐波",学者们已提出了 Jones 矢量、极化比、Stokes 矢量、极化椭圆几何描述子和相位描述子等表征方式[1,4,6]。针对准单色波,也给出了极化度、波的协方差矩阵、部分极化波 Stokes 矢量等描述手段;在目标极化表征方面,对于确定性目标,Sinclair 提出采用一个 2×2 极化散射矩阵来描述其变极化效应。对于分布式目标,学者们又提出了 Mueller 矩阵、Kennaugh 矩阵、极化协方差矩阵和相干矩阵等高阶统计量表征方式[212-214]。需指出,这些高阶统计量同样可用于表征确定性目标,且此时这些高阶统计量与极化散射矩阵之间存在非线性映射关系。此外,为适应宽带电磁理论及极化测量技术发展,王雪松等还提出了"瞬态极化"概念,并建立了时变电磁波和目标的瞬态极化表征的描述子[2]。

最优极化理论是指根据某种判决函数(如天线接收功率最大,或以天线接收功率为自变量的函数最大)选取最优的收发天线极化状态,从而改变目标之间的功率差别或其他散射特征差别。从数学角度看,最优极化理论实质是一个非线性函数的极值求解问题。最优极化研究始于20世纪50年代。目前,根据判决函数不同,最优极化研究可分为目标特征极化和相对最优极化两部分;根据研究对象不同,其可分为相干情形和非相干情形,其中前者针对确定性目标,而后者针对分布式目标;根据收发天线之间是否存在极化约束,还可分为通道约束情形(如同极化通道、正交极化通道等)和不存在极化约束情形。图1-1对目标最优极化的求解算法进行了总结。

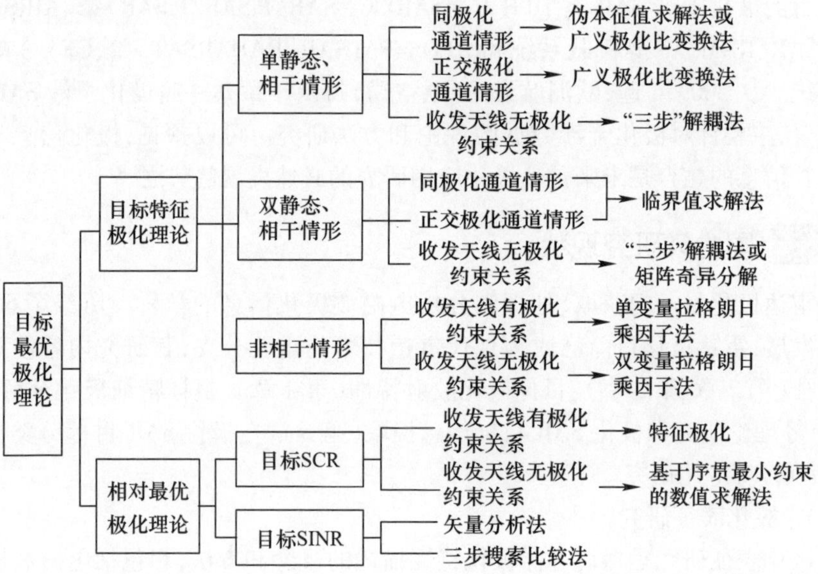

图1-1 最优极化求解算法

1)目标特征极化

在目标特征极化研究方面:1952年,Kennaugh首次提出了"目标特征极化"概念[20],并针对单静态互易相干情形同极化通道目标特征极化进行了研究,拉开了目标特征极化研究的序幕。1970年,Huynen首次采用Poincaré极化球表征了Kennaugh目标特征极化,并导出了著名的Huynen极化叉,奠定了目标特征极化表征的基础[21]。20世纪80年代后,极化SAR系统获取的大量实测数据有力地推动了雷达极化学的发展。在目标特征极化理论研究方面,伊利诺斯州立大学的Boerner研究小组[48,50]和JPL的Van Zyl等[59]做出了杰出贡献,他们将特征极化概念推广到非相干、双静态情形,从而极大地促进了目标特征极化理论的发展和完善。

根据研究对象的不同,特征极化研究也可分为相干情形和非相干情形[46-69]。对于相干情形,该方面研究主要分为特征极化求解和可视化表征两部分。其中,前者主要讨论特征极化求解问题,并给出特征极化解析表达式,为后者提供理论依据;后者则采用 Poincaré 极化球等方式来表征特征极化,并分析它们之间的相互关系。尽管该方面研究目前已取得了丰硕成果,但仍存在以下不足:①相干情形目标特征极化尚不存在统一求解。对于单静态、同极化通道情形,Kennaugh 给出了伪本征值求解法[20];对于单静态、同极化通道情形,Boerner 等给出了广义极化比变换法[48];对于双静态、通道情形,Germond 给出了临界值求解法[58];对于收发天线不存在极化约束关系情形,Boerner 等又给出了“三步”解耦法[50]。尽管这些算法解决了目标特征极化求解,但针对收发天线不同极化约束情形采用不同求解算法,不利于对特征极化相互关系的分析。例如,广义极化比变换法是在本征极化基下求解,而其方法却在水平(H)、垂直(V)极化基下求解,在不同极化基下无法比较目标特征极化之间关系。因而有必要寻求一种数学推导更严格且适于收发天线不同极化约束情形统一的目标特征极化求解算法。②单静态情形目标极化散射矩阵为对称矩阵,因而此时可通过矩阵对角化来简化目标特征极化求解,同时获得的目标特征极化在 Poincaré 极化球上存在固定的几何关系[21],这些处理手段和结论对于双静态情形是否同样成立;或单、双静态的目标特征极化理论在特征极化求解和特征极化相互关系等方面存在哪些异同。不仅如此,现有研究只涉及一般目标,而从未研究特殊目标特征极化之间的相互关系。③现有研究仅涉及目标特征极化的解析求解,尚未讨论目标参数与其特征极化之间的关系。深入分析目标特征极化随着目标参数的变化情况将有助于简化目标特征极化求解过程,为预判目标特征极化位置等提供理论支撑;但仅考虑了一般目标的特征极化求解,尚未专门讨论诸如金属球、二面角反射器、偶极子等典型目标的特征极化问题。

与相干情形相比,非相干情形目标特征极化研究更为复杂。对于确定性目标,其变极化效应一般采用一个 2×2 的 Sinclair 矩阵表征,且该矩阵由 8 个(双静态情形)或 6 个(单静态情形)实参数确定;而对于分布式目标,其变极化效应采用 Kennaugh 矩阵等高阶统计量表征,表征矩阵由 16 个(双静态情形)或 9 个(单静态情形)实参数确定。表征矩阵的不同使得相干情形目标特征极化理论无法适用于分布式目标,参数个数的增加必然造成天线接收功率稳定点求解更加困难。正因为如此,非相干情形目标特征极化研究一直滞后于相干情形。但由于自然界中大多数地物都是分布式的,对该类目标特征极化理论的研究更具实用价值,因而该方面的研究一直备受人们重视。目前,非相干情形目标特征极化理论研究还基本停留在对其特征极化的求解上。以追求解析求解为目的,Titin - Schnaider 等提出了拉格朗日乘因子法[69],该算法成为当前求解分布式目标特征极化的主要算法。然而,由于该算法需求解一个以拉格朗日乘因子为自变量的高次方程或方程组,因而它无法给出目标特征极化的解析表达式,更谈不上分析不同特征极化之间的几何关系。不仅如此,在以拉格朗日乘因子为自变量的高次方程或方程组的求解过程中,由于无法预知拉格朗日乘因子与天线接收功率极值之间的关系,因而必须求出方程或方程组所有的解,而实际上只有天线接收功率最大值或最小值对应的解才是我们所需要的。此外,在借助数值方法搜索单个解时,该算法采用人工方式确定每个解的区间,降低了其实用性。

2）相对最优极化

在相对最优极化研究方面:根据是否考虑发射天线极化状态选取,该研究大致分为目标信杂比(Signal - to - Clutter Ratio,SCR)和目标信干噪比(Signal to - Interference - to - Noise Ratio,SINR)两种。其中,目标 SCR 问题实质是对目标和杂波天线接收功率比的函数极值求解[70-86]。对于确定性目标而言,其相对最优极化正好是背景杂波的零功率特征极化。然而,若目标与背景杂波的极化散射特性比较接近,则直接采用零功率特征极化将在抑制背景杂波的同时造成目标天线接收功率接近零。Kostinski 等将确定性目标 SCR 问题转化为 Graves 矩阵特征值求解,从而有效地克服了这一缺陷[71]。对于分布式目标而言,其相对最优极化理论研究较为复杂,该方面研究目前也主要停留在相对最优极化求解上。Yang 等[17,73]对该类目标相对最优极化理论进行了深入研究:对于交叉极化通道情形,他将目标 SCR 问题转化为特征值求解,但由于其前提假设目标表征矩阵为对称矩阵,故该方法无法应用于双静态情形;对同极化通道或收发天线不存在极化约束关系情形,他提出了一种基于序贯去约束最小化技术且易于编程实现的数值求解法。

目标 SINR 则是目标回波和干扰噪声天线接收功率之比的函数极值求解[87-93]。1995 年,Stapor 首次定义了 SINR 等式,并提出了几种优化策略[87]。从此以后,国内众多学者相继针对该问题开展了研究。王雪松首先借助拉格朗日乘因子法和非对称性,将 SINR 等式的最优问题转化为求二次方程的根问题,然后利用滤波器通带分析方法得到了最优 SINR 极化滤波器参数的解析解[88-91]。徐振海用求偏导法得到了 SINR 等式的解析解[92]。杨运甫利用矢量分析方法讨论了 SINR 等式的最优极化求解过程,并详细地描绘了最优极化弧和极化球冠,得到了最优极化大圆方程和极化球冠的边圆方程[93]。

2. 目标极化散射特性研究

目标极化散射特性研究是对目标电磁散射特性的分析和理解,它是目标极化检测、分类及识别等技术的基础。目前,目标极化散射特性研究可分为经典目标极化分解与散射相似性理论两大类。其中,前者直接从目标表征矩阵分解或变换入手,而后者则将目标表征矩阵与典型目标表征矩阵进行比较并度量。

在经典目标极化分解方面:1970 年,Huynen 在《雷达目标唯象学理论》一文中首次提出了目标极化分解概念。此后,Cloude、Freeman 等知名学者相继进行该方面研究,取得了一系列杰出的研究成果。根据研究对象的不同,目标极化分解理论可分为相干情形和非相干情形[4,94]。其中,前者主要针对确定性目标,后者则针对分布式目标。对于相干情形,目标变极化效应可由一个 Sinclair 矩阵完全表征,典型分解有 Pauli 基分解、Krogager 分解、Cameron 分解[95];对于非相干情形,目标变极化效应采用高阶矩阵(如协方差矩阵、相干矩阵等)表征,典型分解有 Freeman 分解[96]或 H/α 分解。图 1-2 给出了几种经典目标极化分解及它们所依据的对目标电磁散射的理解。Cloude - Pottier 认为,任何目标散射均可理解为在一种平均散射机制(或主散射机制)上的随机起伏散射[123]。基于相干矩阵特征值和特征矢量分解,他们提取了表征目标平均散射机制和散射随机性的参数——平均散射角和极化散射熵,并利用这两个参数构成的二维平面对目标进行散射分类。目前,该算法已成为现有大多数极化数据处理软件中的标准模块。但由于提取平均散射角和极化散射熵这两个特征量需进行耗时的目标相干矩阵特征值和特征矢量分解,因此该算法不利于海量极化 SAR 数据的实时处理。

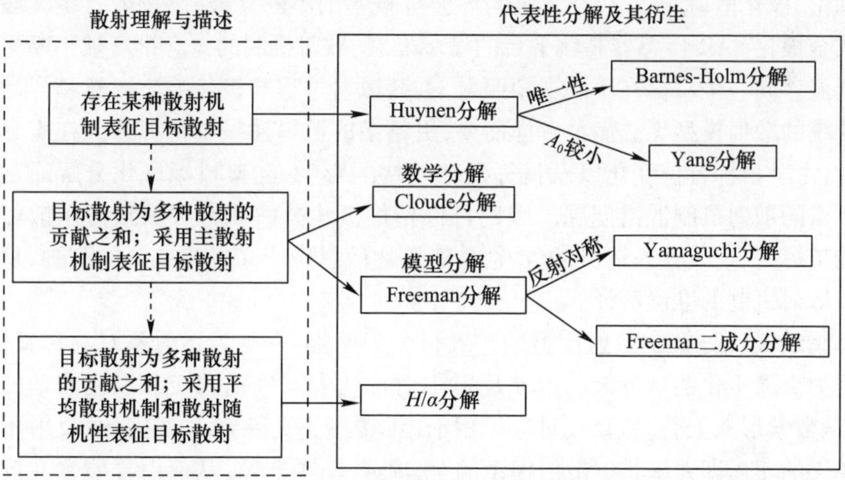

图 1-2　经典目标极化分解研究现状分析

在散射相似性理论方面:尽管基于极化分解理论的目标散射机制鉴别是目前研究最多、应用最广泛的一类算法,然而鉴于经典极化分解理论在提取目标散射特征方面存在应用局限、运算量偏大等诸多问题,人们开始寻求其他散射特征的提取。其中,比较有代表性的是散射相似性特征提取。2000 年,Yang 首次提出了散射相似性概念[82],从而开辟了目标散射特征提取的新途径。与经典目标极化分解特征不同,这类特征是通过将目标散射与典型散射比较得来,度量的是目标散射与典型散射(如球面散射、二面角散射等)的相似程度。由于这类特征计算简单,且具有目标旋转不变性、尺度无关性等性质,因此其已被广泛应用于目标检测及分类。然而,Yang 散射相似性,又称相似性系数,其采用目标散射矩阵定义,但不能直接用于分布式目标散射特性分析。文献[83]给出了解决方法:首先提取分布式目标主散射机制,其次比较主散射机制与规范散射之间的相似程度,进而实现分布式目标与规范目标之间的散射相似性比较。尽管这样可解决相似性系数无法应用于分布式目标的问题,但却带来新的不足:①当目标散射随机性很高时,目标主散射机制并不占绝对优势,此时采用相似性系数并不能准确反映分布式目标与规范散射之间的平均相似程度;②采用这种方法获得的目标相似性系数无法度量目标次散射机制与规范散射相似性程度;③主散射机制提取必然增加新的运算量,降低了算法的实用性。

3. 目标精细极化分解研究

以 Freeman 分解为代表的基于模型的极化分解是当前经典极化分解研究最广泛的一类。这类分解方法提取的特征是与物理散射相关的极化特征,直接与物理意义相联系,因此它在散射机制解译方面具有独特的优势。随着宽带信号理论、极化散射测量、极化增强与滤波等技术的不断突破,以及载有多波段多模式全极化 SAR 传感器高轨平台的稳步发展,散射机制的概念维度被不断更新与延展。同一个目标在不同视角照射下,其散射过程与极化响应迥然相异。此时传统的散射模型无法满足解译需要,更精细的散射建模亟待引入。在实际应用中,由于目标方位变化以及目标复杂结构的影响,经典目标极化分解通常存在严重的散射机制混淆问题。因此目标精细极化分解研究大多致力于散射模型的扩展,以期改善人造目标,特别是建筑物散射中交叉极化成分的刻画,从而实现散射机制的准确解译。

精细极化分解中散射模型的扩展可分为两类:一类为反射不对称释义;另一类为交叉极化能量分配。媒质反射不对称代表同极化和交叉极化能量的耦合,从数学形式上看,它直接对应了相干矩阵的 T_{13} 项和 T_{23} 项。因此,反射不对称释义的实质即要求扩展散射模型的 T_{13} 项或 T_{23} 项非零,从而引导能量在反射不对称散射媒质上的分配。其中比较有代表性的有 Yamaguchi 螺旋体散射模型[99]、线散射模型[216]、延展交叉散射模型[217]、交叉极化模型[218]、正负 45°旋向偶极子散射模型[219]、正负 45°旋向四分之一波长散射模型[219]以及混合偶极子散射模型等[220]。反射不对称释义虽然能够充分地利用极化信息,但由于实际中相干矩阵的 T_{13} 项和 T_{23} 项的模值要显著小于对角元素,因此它引导交叉极化能量的能力非常有限。一种更为有效的处理手段为直接分配交叉极化能量,此时扩展散射模型的 T_{13} 项和 T_{23} 项为零,其重点在于对对角元素,特别是 T_{33} 项进行推导。其中,比较有代表性的有 Sato 延展散射模型[221]、偶平面散射模型[222]、交叉散射模型[223]、相关系数散射模型[224]、漫散射模型[225]以及“X”形分布模型[226]等。值得注意的是后三种模型是针对人造目标体散射的刻画而设计的,这些模型虽然考虑了更精细的散射结构和取向分布,但是将交叉极化成分归属体散射,故而其解译效果要劣于前两种。

4. 极化 SAR 目标信息提取

由于基于遥感手段的极化 SAR 目标信息提取技术具有探测范围大、提取精度高、实时性好等特点,因此其有效地促进了高分辨对地观测应用,并大力推动了空间信息产业快速发展,进而受到专家学者的广泛关注。在本书中,极化 SAR 目标信息提取重点关注极化 SAR 目标检测、极化 SAR 目标边缘提取以及极化 SAR 目标分割三类。

极化 SAR 目标检测大致可分为基于统计信息、基于通道相关性、基于人工神经网络以及基于散射机制特征四类。基于统计信息的目标检测方法是最常用的技术手段。传统的统计模型由单极化 SAR 统计模型发展而来,但它难以表征高异质性、高复杂散射性人造目标区域的统计分布,同时过于复杂的数学形式限制了其实用性。基于通道相关性的目标检测具有简单易行和效率高等明显优势。但由于通道相关性特征大都从原始极化 SAR 数据得出,因此它会表现出更加多样和复杂的随机性和分布规律,甚至表现出多模性质,这使得其适用性低下。基于人工神经网络的目标检测是当前一类新兴技术,然而,神经网络的“黑盒”性质意味着无法获知它如何以及为什么会产生一定的输出。此外,算法的选择和调整往往需要显著的数据训练实验,这极大地提高了计算成本。而在基于散射机制特征方面,Azmedroub 等[227]利用 Yamaguchi 四成分分解以及圆极化协方差矩阵实现了对人造目标和自然区域目标的区分。项德良等[228]在基于交叉散射模型五成分分解的基础上,利用互相关概率融合算法在两阶段决策条件下,有效提取了建筑物等人造目标。Bordbari 等[229]依据不同标准散射体(表面散射体、标准二次散射体、45°二次散射体、偶极子散射体)及权重,构造了一个特征空间并通过正交子空间投影实现了人造目标的有效检测。Ratha 等[230]则提出了两种基于 Kennaugh 矩阵测地线距离的人造目标检测方法。

边缘、线段的提取与分析是极化 SAR 图像信息分析乃至整个极化 SAR 图像处理、解译与应用的基础,但由相干成像模式引入的相干斑噪声的影响,以及多通道数据分析的复杂性使自然图像处理中成熟的边缘分析与提取算法并不适用于极化 SAR 图像[231],因此,研究人员深入探索了全面、完整利用极化 SAR 数据信息的边缘提取方法。其中,得到广泛关注和使用的边缘提取方法为 Schou 等[232]提出的基于区域的边缘提取方法,他们构造了一种具有不同方位分布的矩形窗口,利用复 Wishart 分布对两侧窗口像素的平均协方差矩阵进行假设检验,在恒虚警条件下有效提取了不同极化 SAR 图像的边缘,该方法具有理论完备、实现简单、处理高效、结果合理等一系列的优势。在此基础上,Shui 等[233]提出了一种具有高斯分布权值的估计窗口,在基于局部均值差异度量的基础上对边缘进行了定位和提取。柳彬等[234]提出了一种基于区域单像素退化估计窗口和加权最大似然估计的极化 SAR 图像边缘检测方法。项德良等[235]在高斯分布权值估计窗口的基础上,利用 SIRV 模型改善了异质建筑物区域的边缘检测效果。王威等[236]针对传统窗在异质散射区域参数估计上的不足,提出了具有可变形状和尺寸的具有方向的功率驱动自适应窗(DSDA 窗),在结合 SIRV 模型和局部能量均值差异的基础上,改进了异质散射区域细致边缘的提取性能。秦先祥等[237]针对 DSDA 窗中异常样本存在现象,利用 Freeman 三成分分解对种子和窗样本进行优化选择,实现了极化 SAR 图像目标的恒虚警边缘提取。Wei 等[238]发现传统的各向异性边缘检测窗口通常会产生严重的边缘拉伸,极大地降低了图像边缘分辨率。鉴于此,她们分别将各向异性和各向同性估计窗口融入传统的基于局部特征均值差异的检测器中,提出了一种反拉伸的 SAR 图像边缘提取方法。该方法不仅保持了恒虚警特性,还提高了边缘定位精度。

极化 SAR 图像分割是极化 SAR 信息处理到分析识别的关键步骤,一方面,它能够有效地表征目标,并影响相应的特征测量;另一方面,基于图像分割的目标表达、特征测量可以将极化 SAR 图像转化为更抽象和更紧凑的形式,从而更利于分析和挖掘目标信息。超像素是图像分割的一个重要概念,它能够把图像分割为尺寸相似、形状规则的小区域。超像素不但可以保持目标的散射、结构等信息,还能够贴合实际目标的边界,故而成为当前极化 SAR 信息处理和应用的研究热点。

孙兴等[239]利用传统相干分解、非相干分解的散射功率作为输入,利用经典的均值漂移(Mean Shift)方法实现了极化 SAR 图像建筑物的超像素分割。柳彬等[240]利用高斯核定义成对关联矩阵,结合满足复 Wishart 分布的对称修正统计距离,提出了一种归一化割(Normalized Cut,NC)的极化 SAR 图像超像素分割方法。归一化割方法作为一种全局分割方法,可以生成视觉性良好的超像素,但是复杂的特征值计算限制了其时效性。Qin 等[241]在平均相干矩阵满足复 Wishart 分布和假设检验的基础上,提出了一种修正的复 Wishart 相似性度量,并将像素空间和边缘信息整合至经典的简单线性迭代聚类(Simple Linear Iterative Clustering,SLIC)算法中,提出了一种局部迭代聚类的极化 SAR 超像素分割方法。项德良等[242]在 SLIC 算法基础上,考虑到复 Wishart 分布不再适用于异质区域统计表征，便将基于SIRV模型的统计距离以及其他空间及纹理特征融入相似性度量，结合极化SAR图像均匀度参数对极化SAR图像进行了具有自适应尺寸形状的超像素分割。Hou等[243]以Cloude分解中的5个经典特征值参数作为输入，将它们融入SLIC算法中，结合像素空间信息以及平衡因子对极化SAR图像进行了分割，有效改善了超像素的边缘保持能力。Guo等[244]提出了基于模糊超像素的极化SAR图像分割方法。在模糊超像素中，并不是所有的像素都被分配至某一超像素中，某些不符合合并准则的像素会被保留在原有图像结构中，因而分割结果只存在纯超像素[133]。

5. 极化SAR目标分类技术

极化SAR目标分类是极化SAR图像解译的重要研究内容，其目的是利用极化测量数据，确定每个图像散射单元所属的类别。从是否存在训练样本的人工挑选这个角度，可把极化SAR目标分类方法分为有监督和无监督两种。有监督分类相对于无监督分类，其主要的特点在于，需要训练样本即先验知识训练分类器的参数，使分类器达到较好的分类效果。无监督分类则不需要先验知识，以集群作为理论基础，根据所得的数据信息，提取特征量，对特征量进行分析，找到不同种类间的差异点或同类别的相似性设计分类器。

在有监督分类方面：应用广泛的是基于极化测量数据统计分布假设的贝叶斯（Bayes）分类，最常用的两种分布是极化测量矢量的多元复高斯分布和协方差（或相干）矩阵的复Wishart分布。针对单视分类情形，Kong等[103]提出基于复高斯分布的最大似然（Maximum Likelihood，ML）分类，又称最优极化分类。这是极化SAR目标分类数据贝叶斯有监督分类的雏形。考虑到使用绝对雷达散射截面（Radar Cross Section，RCS）时需对雷达系统进行准确校准，Yueh等[104]对测量数据进行规范化处理，在最优极化分类器的基础上设计了最优规范极化分类器。Lim等[105]进一步对此方法进行了扩展。然而，当不同类的规范化协方差矩阵非常相似时，该分类器性能会比较差。鉴于此，Burl等[137]考虑了不同类的规范化协方差矩阵非常相似的情况（所有的类间差异信息都包含在地物散射系数（散射功率、强度或RCS）中），求得了极化白化滤波（Polarimetric Whitening Filter，PWF）分类器，即先利用PWF对极化测量数据进行斑点抑制，然后根据各类的强度信息进行分类。PWF分类器比最优极化分类器简单，且在不同类的规范化协方差矩阵非常相似的情况下能得到与最优极化分类器相当的结果，但也不难看出，若各类地物规范协方差矩阵差别较大，而散射系数包含的信息又不多，PWF分类器的性能不会比最优规范极化分类器好，而最优极化分类器则不会受影响（只要训练数据和测试数据的辐射校准做得够好）。考虑到各个类别先验概率不同的情况，Van Zyl等[106]提出了迭代分类方法。

上述方法利用的是由散射矩阵构造的极化测量矢量(有时也称目标特征矢量)。出于数据压缩或斑点滤波的需要,有时需要对数据进行多视或平均处理。针对这种情况,Lee 等[107]提出基于 Wishart 分布的多视 ML 分类。至此,Kong、Lee 等便分别建立了两种经典的基于极化统计分布的贝叶斯最优分类方案,后续许多算法都直接或间接用到了这两种方案。Lee 等[245]提出分别利用两个强度数据、多视相位差、多视强度比例以及一个强度和一个相位差的 ML 分类器。随后,Liu 等[246]提出基于广义乘积斑点模型的多视极化 ML 分类器。利用数据统计分布和贝叶斯理论的分类还有 Chen 等[247]在小波域进行的贝叶斯分类,Kouskoulas 等[116]利用多频极化 SAR 数据的贝叶斯层次分类,Ainsworth 等[248]运用子孔径极化分析并考虑了极化 SAR 非平稳散射的 Wishart 分类。邢艳肖等[249]采用朴素贝叶斯分类器进行了初步分类,然后将矩阵特征值相似度大于给定阈值的类别对组成相似性表,对于这些相似对再用基于 Wishart 距离的 K 近邻分类器进行细分。陈博等[250]针对在极化 SAR 图像中由于雷达角度和地物形状导致属于同一类别的像素点可能存在较大的差异性,而不同类别的像素点具有相似的散射形式从而易导致错分的问题,提出了一种基于贝叶斯集成框架的极化 SAR 图像分类方法和一种基于加权投票准则集成的极化 SAR 图像分类方法。尽管如此,多元复高斯分布和复 Wishart 分布只能描述均匀区域的数据,为了描述森林、城区等非均匀区域,需要考虑更精确的分布,如乘积斑点模型下,目标后向散射服从 Gamma 分布时导出的 $\mathcal{K}$ 分布,以及目标后向散射服从逆 Gamma 分布时导出的 $\mathcal{G}^0$ 分布。

在无监督分类方面:1989 年,Van Zyl[251]把极化 SAR 数据分成奇次散射、偶次散射、体散射以及"不可分类"四类,并详细分析了镜面散射、微粗表面散射、二面角散射以及森林区域散射。这些分析对后续一些优秀分类方法的产生具有深远的影响。Cloude[252]提出基于散射熵的分类,这是第一次把散射熵用于极化 SAR 数据分类中。Cloude 和 Pottier[252]进一步发挥了熵和平均散射角的作用,提出了基于 H/α 极化分解的分类。这大概是目前使用最为广泛的分类方法。H/α 分类比较核心的一步是对 H/α 平面进行划分,然后根据 H/α 值把各像素指定为相应区域的类别。最初的 H/α 分类存在的一个缺陷是区域的划分过于武断,当同一类的数据分布在两类或几类的边界上时分类器性能将变差,解决这个问题的一种方法使用模糊定界[253]。H/α 分类的另一个不足之处是当同一个区域里共存几种不同的地物时,将不能有效区分,文献中解决这个问题的途径有两条:一是引入其他参数,如各向异性系数[142]、特征值[143]等;二是结合其他分类算法,如 Lee 等[254]提出的基于 H/α 分解和 Wishart 分类器的迭代分类,Ferro - Famil 等[125]提出的利用双频极化数据的 $H/A/\alpha$ - Wishart 分类(Putignano 等[255]把该算法用于更复杂的意大利地形分类)。刘秀清等[256]对基于特征分解和 ML 分类的迭代分类进行了深入研究。结合 Freeman 分解和基于 Wishart 分布的 ML 分类器,Lee 等[127]又提出了一种性能优良的极化分类方法。该方法的基本思想是先进行 Freeman 分解,把像素分成表面散射、偶次散射和体散射三类,然后分别对各类像素进行聚类和 Wishart 迭代分类。曹芳等[257]提出了基于复 Wishart 分布和最大似然估计算法的 Wishart - SPAN/H/α 分类算法,通过引入回波功率参数在一定程度上避免了分类初始化的错误,提高了分类器的性能。付姣等[258]提出一种利用 Yamaguchi 分解和基于复 Wishart 分布的保持地物散射特性的极化 SAR 数据分类方法。项德良等[259]提出了一种基于交叉散射模型的五成分极化分解,并利用分解得到的散射功率以及 K 均值分类器实现了极化 SAR 图像城区分类。王彦平等[260]对多角度极化 SAR 图像提取极化熵、极化散射角、极化各向异性度序列特征用于极化 SAR 图像分类。

1.2　极化雷达系统与极化 SAR 图像解译系统

1.2.1　国外极化 SAR 系统

极化雷达成像研究始于 20 世纪 40 年代。不过,早期的研究主要集中在飞机目标雷达极化散射特性研究方面。20 世纪 80 年代,极化雷达成像进入了崭新的时期。1985 年,美国加州理工学院的喷气推进实验室(JPL)成功研制出世界上第一部机载极化 SAR 系统,标志着极化雷达成像进入实用化阶段[4]。该系统搭载于 CV990 飞机上,于 1985 年 5 月至 7 月进行飞行试验,获取了 L 波段的实测极化数据。但它在 1985 年 7 月的一次起飞事故中被完全损毁。之后,NASA JPL 研制了一种新的机载全极化 SAR 系统——AIRSAR,并于 1988 年春搭载于多用途 DC - 8 飞机进行首飞试验。相较于 CV990 SAR,AIRSAR 系统功能得到了大幅提升,不仅能同时进行 P 波段(0. 45GHz)、L 波段(1. 26GHz)和 C 波段(5. 31GHz)测量,而且在 L 波段和 C 波段具备了沿航迹干涉和垂直航迹干涉测量的能力。

在欧空局的支持下,欧洲各国研究者在 20 世纪 80 年代末也加快了对极化 SAR 系统的研制工作,大量的机载极化 SAR 系统随后不断出现[261 - 262],其中著名的是 E - SAR 系统。E - SAR 是一个安装在 DO - 228 飞行器上的极化多频系统,DO - 228 是一架双动力短距离起飞和降落的飞机。在 1988 年,E - SAR 传感器利用其最原始的系统配置传回第一幅图像。从那以后,E - SAR 系统不断地更新,使该系统成为全世界范围内最实用且可靠的主力军。传感器运行在四个频段:X-(9.6GHz)、C-(5.3GHz)、L-(1.3GHz)和P-(360 MHz)。测量的模块包括单通道、极化SAR、InSAR和Pol-InSAR。系统在L波段和P波段进行偏振校准。自1996年以来,E-SAR在干涉X波段上运行,并获得了大量的极化SAR数据。其他主要的机载极化SAR系统包括美国的UAVSAR系统、丹麦的EMISAR系统、加拿大CV580 SAR系统、法国的RAMSES系统、日本的PiSAR/PiSAR-2系统以及德国的F-SAR系统等。这些系统相关参数信息参见表1-2。

表1-2 现有主要机载和星载极化SAR系统

分类	名称	波段	最优分辨率 (距离向×方位向)	首飞年	国家
机载	AIRSAR	P/L/C(全)	3.75m×1m	1988	美国
	E-SAR	P/L/C/X(全)	2m×1m	1988	德国
	CV580 SAR	C/X	4.8m×6m	1988	加拿大
	DOSAR	S/C/X(全) Ka(VV)	0.5m×0.5m	1989	德国
	EMISAR	L/C(全)	2m×2m	1992	丹麦
	PiSAR	L/X(全)	1.5m×1.5m	1993	日本
	PHARUS	C(全)	4m×4m	1995	荷兰
	PiSAR-2	X(全)	0.3m×0.3m	2006	日本
	UAVSAR	L(全)	0.5m×1.6m	2006	美国
	F-SAR	P/L/S/C/X(全)	0.3m×0.2m	2006	德国
	AIRMOSS	P(全)		2012	美国
星载	SIR-C/X-SAR	L/C(全) X(VV)	13m×30m	1994	美国/德国/ 意大利
	ASAR	C(HH/HV, HH/VV,VH/VV)	9m×6m	2002	欧洲
	ALOS PALSAR	L(全)	7m×10m	2006	日本
	TerraSAR-X	X(全)	1m	2007	德国
	RADARSAT-2	C(全)	3m×3m	2007	加拿大
	COSMO SkyMed-1/4	X(全)	1m	2007/2010	意大利
	ALOS PALSAR-2	L(全)	3m×1m	2014	日本
	GF-3	C(全)	1m	2016	中国

星载极化SAR系统时代始于20世纪90年代中期。1994年,搭载SIR-C/X-SAR系统的美国航天飞机成功发射。该系统由美国NASA、德国DLR和意

大利航天机构(Italian Space Agency,ISA)联合研制,分别于1994年4月和10月进行了为期10天的短暂测量,同时获取了大量C波段和L波段的全极化SAR图像,以及X波段的单极化SAR图像。此后,各种星载极化SAR系统陆续出现:ALOS,世界上第一个极化SAR卫星系统,由JAXA研制并于2006年成功发射,它携带了一个L波段极化SAR系统和两个光学设备(PRISM和AVNIR);TerraSAR-X,世界上第二个极化SAR卫星系统,由DLR、EADS-Astrium和Infoterra GmbH联合开发,于2007年6月发射,工作于X波段,它携带了一个全极化、高分辨X波段SAR遥感器,具有多种工作模式;RADARSAT-2,由CSA和MDA联合研制,于2007年12月发射,具有C波段全极化工作模式,RADARSAT-2主要目的是应对环境监测和自然资源管理面临的挑战。上述三种卫星系统均携带三种不同波段极化SAR系统,能够提供地球环境遥感数据需要,如灾害监控、土壤湿度估计、冰川覆盖估计、森林遥感、城市规划、洋流动态遥感和地形变化评估等。

1.2.2 国内极化SAR系统

我国在微波遥感和雷达探测方面起步较晚,但是随着大量的学者和研究人员投入雷达事业中,近年来中国在很多领域迈进了国际先进的行列。2004年,中国电子科技集团有限公司第三十八研究所成功研制出有自主功能的机载双极化SAR系统,同时拥有HH-HV或者VH-VV两个极化通道。此外,中国电子科技集团有限公司第十四研究所、中国航天科工集团二院二十三所等研究所,以及清华大学、西安电子科技大学等国内知名高校也大量开展了机载极化SAR系统的研发工作。同时,国内也在积极开展星载极化SAR系统的研发,并取得了丰硕的成果。2005年,中国航天科工集团二院二十三所星载新型SAR结束飞行任务,成功获取50条航线全极化数据和5条航线的紧缩极化数据。2006年,我国成功发射了第一颗装载极化SAR系统的卫星——遥感卫星一号,这是首颗装载极化SAR系统的卫星,美国称之为“尖兵”5号。这颗卫星的发射,标志着中国星载SAR系统进入了一个崭新的实用化阶段。2016年,由中国航天科技集团有限公司第五研究院抓总研制的高分三号卫星在太原卫星发射中心用长征四号丙运载火箭成功发射,它是我国首颗分辨率达到1m的C波段多极化SAR卫星。2018年,中国科学院电子学研究所联合中国资源卫星应用中心制作第一幅高分三号卫星雷达时序干涉(TSInSAR)地表形变测量图,该成果首次将国产雷达卫星地表厘米级形变测量提升至毫米级精度,标志着中国在卫星合成孔径雷达干涉测量研究领域达到国际先进水平。

1.2.3 极化 SAR 图像解译系统

根据公开报道,目前具备极化 SAR 图像信息处理能力的软件系统还很少。第一套商用极化 SAR 数据处理软件 EarthView®(EV) Matrix 由 Vexcel/Microsoft 公司于 2005 年 5 月 4 日公布发行,这是一个为 SAR 研究人员开发的对极化 SAR 图像进行查看、处理和分析的软件包,具有对 AIRSAR、SIR - C、CONVAIR 580、ENVISAT、ALOS PALSAR、RADARSAT - 2 等传感器的数据进行处理的能力[263]。与后来出现的软件系统相比,EV - Matrix 在极化 SAR 数据分析和处理方面的功能显得比较弱。因而 EV - Matrix 可以看成 SAR 研究人员的一个辅助工具,离实用性还相距甚远。PCI GEOMATICA、ERDAS IMAGINE 以及 ENVI 等商用遥感图像处理软件中都带有极化 SAR 数据处理模块,但其早期版本所涉及的相关算法还比较初步[264]。直到 2008 年初,PCI Geomatics 公司的 SAR 极化测量工作站才为极化 SAR 数据的处理和分析提供了一套较为完整的工具,支持的系统有 ENVISAT - ASAR、ALOS PALSAR、RADARSAT - 2、AIRSAR 以及 SIR - C,涉及的目标特征分析手段较全,在极化 SAR 图像分类方面主要包括 Van Zyl 分类、Cloude 和 Pottier 分类、Wishart 分类等比较经典的分类算法。

就公开报道来看,目前最好的极化 SAR 数据处理系统是由 Pottier 教授领导的研究小组开发的极化和干涉测量 SAR 数据处理软件 PolSARpro[265],如图 1 - 3 所示。该系统是在 2002 年 3 月 ENVISAT - ASAR 成功发射之后,ESA 在综合研究计划(General Studies Programme,GSP)的大框架下,为探究 SAR 极化测量和极化干涉测量的新用途而委托法国雷恩第一大学、德国宇航中心、澳大利亚电气与电子工程学院等单位共同开发的[265]。软件系统采用 Tcl - Tk 语言编写的图形用户界面,易于操作,算法比较成熟,而且源代码开放,用户可以随意修改和扩展,非常适合极化领域从初学者到专家层次用户的使用。该系统可对 AIRSAR、EMISAR、E - SAR、PiSAR、RAMSES 和 CONVAIR 的机载 SAR 数据,以及 SIR - C、ENVISAT - ASAR、ALOS PALSAR 和 RADARSAT - 2 的多极化和全极化 SAR 数据进行处理。最初的极化 SARpro 系统功能比较简单,仅能提供比较初级的极化数据分析。目前,PolSARpro 已升级到 v6.0(Biomass)版,功能增强了很多,可支持极化 SAR、极化干涉 SAR、极化层析 SAR 以及极化时序 SAR 等数据处理和应用开发。除此之外,由德国柏林技术大学计算机视觉和遥感组基于交互数据语言(Interactive Data Language,IDL)编写的雷达工具软件(RAdar Tools,RAT)中也包含了极化 SAR 图像分析和处理模块。RAT 系统操作简单,界面友好,使用者可以随意扩展,但与 PolSARpro 相比,在系统的维护力度、数据分析和处理的完整性、算法的成熟度以及帮助教程的编写方面还有一些不足。

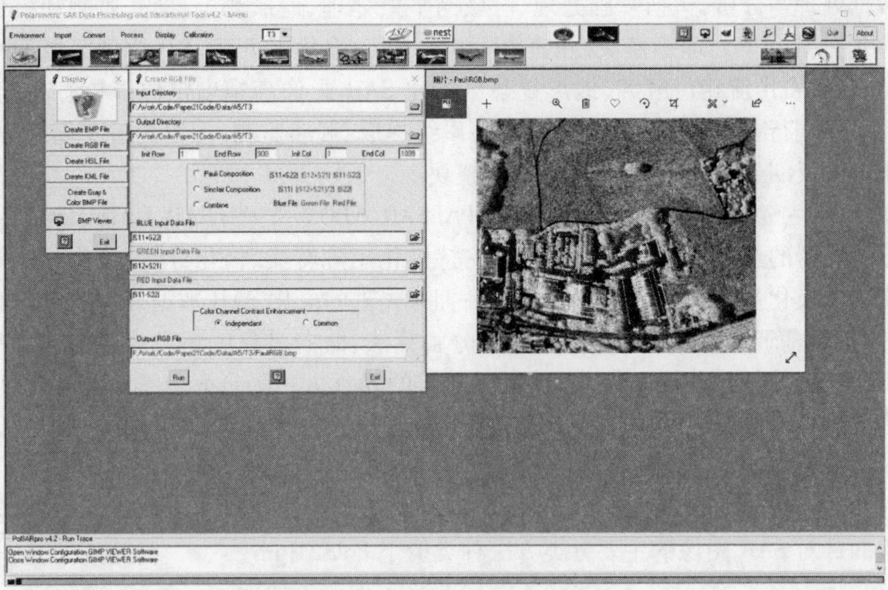

图1-3 PolSARpro 4.2 软件操作界面

在国内极化SAR图像解译系统方面,PIE-SAR雷达影像数据处理软件是一款具有代表性的主流星载SAR传感器的数据处理分析软件,由航天宏图信息技术股份有限公司于2008年自主研发,历经10余年的研发历程,已经迭代到6.3版本,如图1-4所示。目前,其已支持国内外主流星载极化SAR传感器的

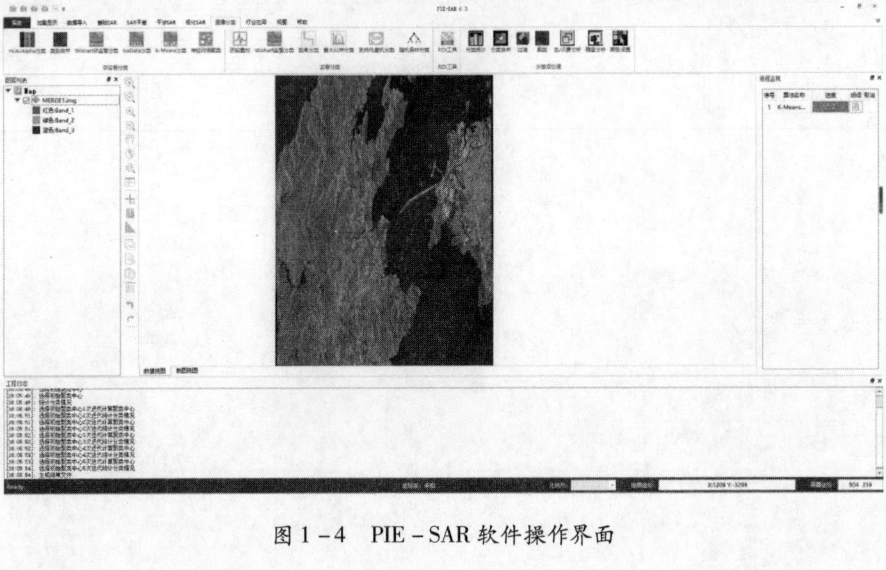

图1-4 PIE-SAR 软件操作界面

数据处理与分析，包括基础处理、区域网平差处理、地形测绘、形变监测和极化SAR分割分类处理等模块，涵盖RD生成RPC、多模态匹配、RD模型区域网平差、最小费用流相位解缠、地形复杂区极化SAR影像高精度定位等核心功能。针对不同行业用户，提供水体提取、海岸线提取、舰船监测、土地覆盖变化检测、土壤水反演、建筑区提取等行业应用模块。

PIE－SAR支持GF－3、ALOS－1 PALSAR、ALOS－2 PALSAR、RADARSAT－2等传感器的全极化数据；PIE－SAR支持极化矩阵转换、极化分解、极化分类等常规的极化SAR处理，界面较为友好；拥有先进的极化SAR数据处理及应用算法，包括基于交叉散射模型的五成分分解算法、面向对象的超像素分割与合并算法、有监督的Wishart分类算法和无监督的$H/A/\alpha$－Wishart分类算法等，并且为了满足专业用户对极化模式数据高级处理分析的应用需求，开发了基于极化分解的土壤含水量反演算法、基于斑点散射度的建筑区提取算法等。PIE－SAR涉及的传统分类方法比PolSARpro全面且有分类后处理功能，但PIE－SAR包含的针对SAR图像的主要分类方法种类少于PolSARpro。

第2章

电磁波极化及其表征

作为电磁波的4个基本特征之一,极化描述的是电场矢量端点在一个时间周期内绘制的运动轨迹。本章首先根据麦克斯韦方程组推导了单色平面波的波动方程解,并由此引出了单色平面波的极化概念和描述其极化的椭圆轨迹,在此基础上,依次介绍了完全极化波数学表征、极化基变换处理和可视化表征(如 Poincaré 极化球);其次针对自然界中大多数目标散射回波均为部分极化波,又介绍了部分极化波数学表征、波的分解理论等;最后在定义天线极化的基础上给出了完全极化波和部分极化波的天线失匹配极化接收条件。

2.1 电磁波基本场方程

电磁现象发现至少有上千年的历史,但在相当长的时期里,电与磁被看作两种相互独立的物理现象,研究者对它们的研究也从未超出定性认识的范围。19世纪中叶,在继承法拉第的场论观点的基础上,英国物理学家麦克斯韦创造性地提出了位移电流概念,从而建立了宏观电磁场方程组——麦克斯韦方程组,以及光的电磁学说,奠定了电磁场理论的研究基础,也开辟了人类认识电磁波并造福人类的新纪元[266-267]。

2.1.1 麦克斯韦方程组

麦克斯韦方程组是在对宏观电磁现象的实验规律进行分析总结的基础上,经扩充和推广得到的。它揭示了电场与磁场之间,以及电磁场与电荷、电流之间的相互联系,是一切宏观电磁场现象所遵循的普遍规律[268]。

采用三维矢量表示,麦克斯韦方程组可表示为

$$\nabla \boldsymbol{E}(r,t) = -\frac{\partial \boldsymbol{B}(\boldsymbol{r},t)}{\partial t} \tag{2-1}$$

$$\nabla \boldsymbol{H}(r,t) = \boldsymbol{J}(\boldsymbol{r},t) + \frac{\partial \boldsymbol{D}(\boldsymbol{r},t)}{\partial t} \tag{2-2}$$

$$\nabla \boldsymbol{B}(\boldsymbol{r},t)=0 \tag{2-3}$$

$$\nabla \boldsymbol{D}(\boldsymbol{r},t)=\rho(\boldsymbol{r},t) \tag{2-4}$$

式中:符号∇为汉密尔顿(Hamilton)算子;$\boldsymbol{E}$ 和 $\boldsymbol{H}$ 分别为电场强度(V/m)和磁场强度(A/m);$\boldsymbol{B}$ 和 $\boldsymbol{D}$ 分别为磁感应强度(Wb/m^2)和电位移矢量(C/m^2);$\boldsymbol{J}$ 为电流密度(A/m^2);ρ 为电荷密度(C/m^2),它们都是时间 t 和空间位置 $\boldsymbol{r}$ 的函数。

式(2-1)~式(2-4)统称麦克斯韦方程组。其中第一个方程为法拉第电磁感应定律,表明随时间变化的磁场要产生电场;第二个方程为广义的安培定律,表明不仅传导电流要产生磁场,而且随时间变化的电场也要产生磁场;第三个方程是高斯磁场定律,表明磁场无通量源,或不存在磁荷;第四个方程为高斯电场定律,表明电场具有通量源,即电荷是产生电场的源。

麦克斯韦方程组只给出了8个标量方程,其中6个是独立的,但有4个未知矢量函数 $\boldsymbol{E}$、$\boldsymbol{H}$、$\boldsymbol{B}$ 和 $\boldsymbol{D}$(或12个标量未知数),因而仅根据式(2-1)~式(2-4)还不能完全确定4个场矢量。为能唯一地确定4个场矢量,这里引入3个表示场矢量之间的函数依从关系式:

$$\boldsymbol{D}(\boldsymbol{r},t)=\varepsilon \boldsymbol{E}(\boldsymbol{r},t)+\boldsymbol{P}(\boldsymbol{r},t) \tag{2-5}$$

$$\boldsymbol{B}(\boldsymbol{r},t)=\mu(\boldsymbol{H}(\boldsymbol{r},t)+\boldsymbol{M}(\boldsymbol{r},t)) \tag{2-6}$$

$$\boldsymbol{J}(\boldsymbol{r},t)=\boldsymbol{J}_a(\boldsymbol{r},t)+\sigma \boldsymbol{E}(\boldsymbol{r},t) \tag{2-7}$$

式中:$\boldsymbol{P}$ 和 $\boldsymbol{M}$ 分别为媒介极化强度和磁化强度;$\boldsymbol{J}_a$ 为外部电源的电流密度;ε、μ 和 σ 分别为媒介的介电常数(F/m)、磁导率(H/m)和电导率(Ω/m)。式(2-5)~式(2-7)统称传播媒介的本构关系式或特性方程。除此之外,还有电荷守恒定律:

$$\nabla \boldsymbol{J}(\boldsymbol{r},t)+\frac{\partial \rho(\boldsymbol{r},t)}{\partial t}=0 \tag{2-8}$$

此式又称电流连续性方程。式(2-5)~式(2-8)与麦克斯韦方程组共同构成了时变电磁场的基本方程组。

对于线性、各向同性、均匀媒介来说,其极化强度 $\boldsymbol{P}$ 和磁化强度 $\boldsymbol{M}$ 均等于零。将式(2-5)~式(2-8)代入式(2-1)~式(2-4),则线性、各向同性、均匀媒介的麦克斯韦方程组为

$$\nabla \boldsymbol{E}(\boldsymbol{r},t)=-\mu \frac{\partial \boldsymbol{H}(\boldsymbol{r},t)}{\partial t} \tag{2-9}$$

$$\nabla \boldsymbol{H}(\boldsymbol{r},t)=\boldsymbol{J}(\boldsymbol{r},t)+\varepsilon \frac{\partial \boldsymbol{E}(\boldsymbol{r},t)}{\partial t} \tag{2-10}$$

$$\nabla \boldsymbol{H}(\boldsymbol{r},t)=0 \tag{2-11}$$

$$\nabla \boldsymbol{E}(\boldsymbol{r},t) = \frac{1}{\varepsilon}\rho(\boldsymbol{r},t) \tag{2-12}$$

式(2－9)～式(2－12)和媒介特性方程构成了线性电动力学基础。同时，从式(2－9)～式(2－12)可以看出，无论何处电场随时间发生了变化，作为共生伙伴的磁场就自动产生，反之亦然。

2.1.2 波动方程及其解

对于线性、各向同性、均匀媒介来说，其麦克斯韦方程组仅是 $\boldsymbol{E}$ 和 $\boldsymbol{H}$ 两个未知矢量函数的方程组。如果从其中消去一个场矢量，则可得到另一个矢量的方程，该方程就是通常所说的波动方程。

首先对式(2－9)两边取旋度，并整理得

$$\nabla(\nabla \boldsymbol{E}(\boldsymbol{r},t)) = -\mu \frac{\partial}{\partial t}(\nabla \boldsymbol{H}(\boldsymbol{r},t)) \tag{2-13}$$

将式(2－10)代入式(2－13)，有

$$\nabla(\nabla \boldsymbol{E}(\boldsymbol{r},t)) = -\mu \frac{\partial}{\partial t}\boldsymbol{J}(\boldsymbol{r},t) - \mu\varepsilon \frac{\partial^2 \boldsymbol{E}(\boldsymbol{r},t)}{\partial^2 t} \tag{2-14}$$

利用恒等式$\nabla\nabla \boldsymbol{A}(\boldsymbol{r},t) = \nabla(\nabla \boldsymbol{A}(\boldsymbol{r},t)) - \Delta \boldsymbol{A}(\boldsymbol{r},t)$和式(2－7)，式(2－14)变为

$$\Delta \boldsymbol{E}(\boldsymbol{r},t) - \mu\varepsilon \frac{\partial^2 \boldsymbol{E}(\boldsymbol{r},t)}{\partial^2 t} - \mu\sigma \frac{\partial \boldsymbol{E}(\boldsymbol{r},t)}{\partial t} = -\frac{1}{\sigma}\frac{\partial \nabla \rho(\boldsymbol{r},t)}{\partial t} \tag{2-15}$$

式中：Δ 为拉普拉斯算子。式(2－15)就是著名的电场时域波动方程。

类似地，也可得到磁场时域波动方程为

$$\Delta \boldsymbol{H}(\boldsymbol{r},t) - \sigma\mu \frac{\partial \boldsymbol{H}(\boldsymbol{r},t)}{\partial t} - \varepsilon\mu \frac{\partial^2 \boldsymbol{H}(\boldsymbol{r},t)}{\partial t^2} = 0 \tag{2-16}$$

若时变电磁场为谐变电磁场或正弦电磁场，即电磁场的每个分量均随时间 t 作正弦变化。此时，依照 IEEE 标准 149—1979(天线测量的标准测试程序)，电磁场可分别表示为

$$\boldsymbol{E}(\boldsymbol{r},t) = \boldsymbol{E}_{\mathrm{Re}}(\boldsymbol{r})\cos(wt + \varphi_1(\boldsymbol{r})) \tag{2-17}$$

$$\boldsymbol{H}(\boldsymbol{r},t) = \boldsymbol{H}_{\mathrm{Re}}(\boldsymbol{r})\cos(wt + \varphi_2(\boldsymbol{r})) \tag{2-18}$$

式中：$\boldsymbol{E}_{\mathrm{Re}}$和 $\boldsymbol{H}_{\mathrm{Re}}$为实电磁场幅度；$w$ 为角频率；φ_1 和 φ_2 均为时间依赖相位角。式(2－17)和式(2－18)也可表示为复数形式，即

$$\boldsymbol{E}(\boldsymbol{r},t) = \mathrm{Re}\{\boldsymbol{E}(\boldsymbol{r})\exp(-\mathrm{j}\omega t)\} \tag{2-19}$$

$$\boldsymbol{H}(\boldsymbol{r},t) = \mathrm{Re}\{\boldsymbol{H}(\boldsymbol{r})\exp(-\mathrm{j}\omega t)\} \tag{2-20}$$

式中:Re(·)为取实部运算。将式(2-19)代入式(2-15),且考虑传播媒介中没有移动电荷,即$\partial\nabla\rho(\boldsymbol{r},t)/\partial t=0$,则

$$\Delta\boldsymbol{E}(\boldsymbol{r})+w^2\mu\varepsilon\left(1-\mathrm{j}\frac{\sigma}{\varepsilon w}\right)\boldsymbol{E}(\boldsymbol{r})=\Delta\boldsymbol{E}(\boldsymbol{r})+k^2\boldsymbol{E}(\boldsymbol{r})=0 \qquad (2-21)$$

式中:k 为波数;$k^2=\omega^2\varepsilon\mu-\mathrm{j}\omega\sigma\mu$。式(2-21)为著名的电场频域波动方程或亥姆霍兹方程。

类似地,将式(2-20)代入式(2-16)可得磁场频域波动方程:

$$\Delta\boldsymbol{H}(\boldsymbol{r})+w^2\mu\varepsilon\left(1-\mathrm{j}\frac{\sigma}{\varepsilon w}\right)\boldsymbol{H}(\boldsymbol{r})=\Delta\boldsymbol{H}(\boldsymbol{r})+k^2\boldsymbol{H}(\boldsymbol{r})=0 \qquad (2-22)$$

对于沿着 $\boldsymbol{a}_r$ 方向传播的电磁波,定义波矢量 $\boldsymbol{k}=k\boldsymbol{a}_r$,式(2-21)波动方程的频域解为

$$\boldsymbol{E}(\boldsymbol{r})=\boldsymbol{E}\exp(\mathrm{j}\boldsymbol{kr}) \qquad (2-23)$$

式中:$\boldsymbol{E}$ 为常复幅度矢量。由式(2-19)可知,波动方程电场时域解为

$$\boldsymbol{E}(\boldsymbol{r},t)=\mathrm{Re}\{\boldsymbol{E}\exp(\mathrm{j}\boldsymbol{kr}-\mathrm{j}\omega t)\} \qquad (2-24)$$

类似地,对于沿着 $\boldsymbol{a}_r$ 方向传播的电磁波,相应的谐变磁场时域解为

$$\boldsymbol{H}(\boldsymbol{r},t)=\mathrm{Re}\{\boldsymbol{H}\exp(\mathrm{j}\boldsymbol{kr}-\mathrm{j}\omega t)\} \qquad (2-25)$$

若将式(2-24)和式(2-25)代入线性、各向同性、均匀、无源媒介的麦克斯韦方程组,并考虑到∇作用于 $\exp(\mathrm{j}\boldsymbol{kr})$等效于 $\mathrm{j}\boldsymbol{k}$ 代替∇,则麦克斯韦方程组可重新写为

$$\boldsymbol{kE}(\boldsymbol{r})=-w\mu\boldsymbol{H}(\boldsymbol{r}),\boldsymbol{kH}(\boldsymbol{r})=w\varepsilon\boldsymbol{E}(\boldsymbol{r}),\boldsymbol{kE}(\boldsymbol{r})=0,\boldsymbol{kH}(\boldsymbol{r})=0 \quad (2-26)$$

式(2-26)表明:①电磁场矢量相互正交。若已知其中某个场,利用式(2-26)就能得到另一个场,因而下文将仅讨论电场。②电磁场矢量 $\boldsymbol{E}$ 和 $\boldsymbol{H}$ 均位于垂直于传播方向 $\boldsymbol{a}_r$ 的平面内,说明平面电磁波是波动方程的解。考虑到任意复杂电磁波均可通过平面电磁波叠加而成,而远离单元辐射子的电磁波在小范围空间内也可近似为平面电磁波,因而平面电磁波是所有波问题的基本单元,故下文仅讨论平面电磁波。

2.2 极化概念与极化椭圆

对于平面电磁波来说,其极化描述的是电场矢量顶端在垂直于传播方向平面上随时间变化的运动轨迹。尽管极化与空间坐标系和观测点无关,但极化的定义需要一个坐标系统和参考方向。为此,不失一般性,令电磁波沿着笛卡儿坐标系(x,y,z)中 z 轴方向传播,则电场常幅度矢量 $\boldsymbol{E}$ 可分别投影到 x

轴和 y 轴上：

$$\boldsymbol{E}=(x\boldsymbol{E})x+(y\boldsymbol{E})y=E_x x+E_y y \tag{2-27}$$

式中：$E_i=i\boldsymbol{E}=a_i\exp(\mathrm{j}\delta_i)$，其中 $i=x,y$，a_i 为实幅度，δ_i 为初始相位。结合式(2-24)，当视向 $\boldsymbol{r}$ 与传播方向 $\boldsymbol{z}$ 一致时，$\boldsymbol{kr}$ 等效于 kz，则有

$$E_i(z,t)=\mathrm{Re}\{E_i\exp(\mathrm{j}kz-\mathrm{j}\omega t)\}=a_i\cos(kz-\omega t+\delta_i) \tag{2-28}$$

结合式(2-28)，电场矢量可表示为

$$\boldsymbol{E}(z,t)=\begin{bmatrix}E_x(z,t)\\E_y(z,t)\\E_z(z,t)\end{bmatrix}=\begin{bmatrix}a_x\cos(kz-\omega t+\delta_x)\\a_y\cos(kz-\omega t+\delta_y)\\0\end{bmatrix} \tag{2-29}$$

显然电场矢端的空间传播轨迹为两条相互正交的正弦曲线合成的螺旋曲线，且它们具有不同的实幅度和初始相位（图 2-1）。根据这些实幅度之间或初始相位之间的数学约束关系，电磁波分为 3 种极化状态。

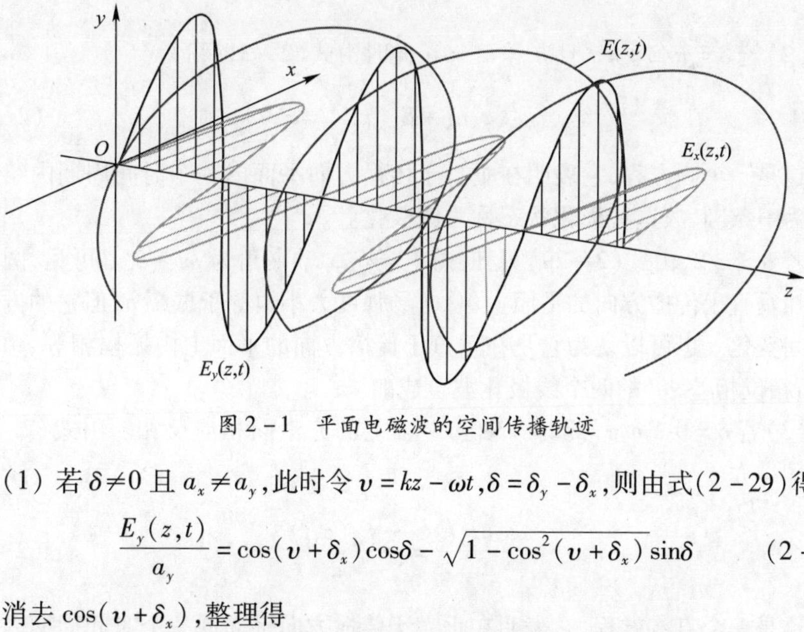

图 2-1　平面电磁波的空间传播轨迹

（1）若 $\delta\neq 0$ 且 $a_x\neq a_y$，此时令 $\upsilon=kz-\omega t$，$\delta=\delta_y-\delta_x$，则由式(2-29)得

$$\frac{E_y(z,t)}{a_y}=\cos(\upsilon+\delta_x)\cos\delta-\sqrt{1-\cos^2(\upsilon+\delta_x)}\sin\delta \tag{2-30}$$

消去 $\cos(\upsilon+\delta_x)$，整理得

$$\frac{E_x^2(z,t)}{a_x^2}-2\cos\delta\frac{E_x(z,t)E_y(z,t)}{a_x a_y}+\frac{E_y^2(z,t)}{a_y^2}=\sin^2\delta \tag{2-31}$$

这是一个椭圆方程，它表示电场矢量端点在垂直于传播方向平面内一个时间周期内绘出的轨迹为一个椭圆，这种极化状态称为椭圆极化。椭圆极化可由一个椭圆来描述，而该椭圆轨迹可看成电场空间传播轨迹在 $z=z_0$ 平面上的投

影(图2-2)。

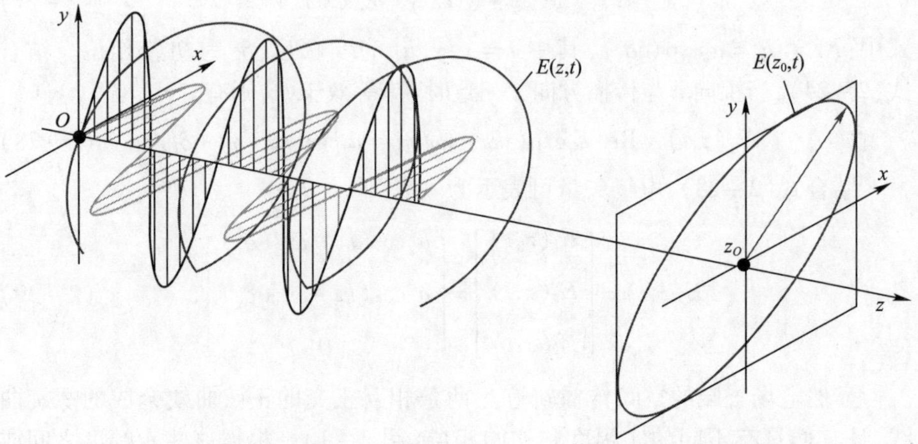

图2-2　空间传播轨迹与极化椭圆

(2)若 $\delta=\pi/2+k\pi$ 且 $a_x=a_y=a$,此时由式(2-31)可得

$$E_x^2(z,t)+E_y^2(z,t)=a^2 \tag{2-32}$$

这是一个圆方程,它表明在垂直于传播方向平面内一个时间周期内绘出的轨迹为一条圆,故这种极化状态称为圆极化。

若 $\delta=\pi/2$,由式(2-29)可知,总电场与 x 轴夹角为 $\omega t+\delta_x$。可见,圆极化波是在垂直于传播方向的平面上,总电场强度大小恒等于振幅 a,但它的方向随着时间变化。也可以认为它是在垂直于传播方向的平面上由振幅相等、频率相同,而相位相差90°的两个线极化波合成的。

(3)若 $\delta=0\pm m\pi$,此时 x 轴和 y 轴上的分量同相或反相。由式(2-31)可得

$$\frac{E_x(z,t)}{a_x}=\pm\frac{E_y(z,t)}{a_y} \tag{2-33}$$

这是一个直线方程,它表明在垂直于传播方向平面内一个时间周期内绘出的轨迹为一条直线,故这种极化状态称为线性极化。

对于极化面,如图2-3所示,若极化面平行于地平面,则称为水平极化波(H);垂直于地平面则称为垂直极化波(V)。对于传播方向与地平面不平行的入射波来说,入射波的传播方向与地面法线方向组成入射面,若极化面与入射面垂直则称为水平极化,而极化面在入射面内则称为垂直极化。

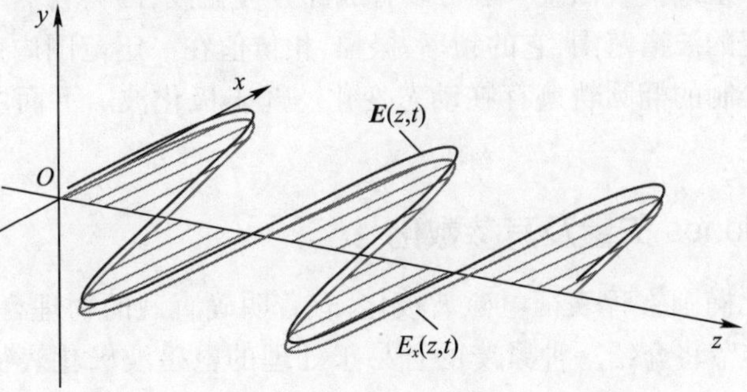

图 2-3　水平极化波的空间传播轨迹

由以上分析可知,椭圆轨迹是平面电磁波极化状态的一般形式,线极化轨迹和圆极化轨迹均为其特殊情况,且该极化椭圆由 a_x、a_y 和 δ 3 个参数完全表征。

不同于数学上的椭圆曲线,极化椭圆是一个带方向性的椭圆。根据 IEEE 天线标准,极化椭圆的旋向定义:若电场矢量旋向与传播方向满足右手螺旋定则,则称为右旋极化;若电场矢量旋向与传播方向满足左手螺旋定则,则称为左旋极化。也可定义:面向电磁波传去的方向,若电场矢量顺时针旋转,称为右旋椭圆极化波;反之,若逆时针旋转,则称为左旋椭圆极化波。这种方向性也可通过 δ 确定。若令 $\boldsymbol{E}(z,t)$ 与 $+x$ 轴夹角为

$$\varphi(t)=\arctan\frac{E_y(z,t)}{E_x(z,t)}+n\pi=\arctan\left[\frac{a_y\cos(\omega t-kz+\delta_y)}{a_x\cos(\omega t-kz+\delta_x)}\right]+n\pi \tag{2-34}$$

且当电场矢量在第一、第四象限时,$n=0$;在第二象限时,$n=1$;在第三象限时,$n=-1$。

对 $\varphi(t)$ 关于 t 求导,并整理得

$$\frac{\partial\varphi(t)}{\partial t}=\frac{-\omega a_x a_y\sin\delta}{a_x^2+a_y^2} \tag{2-35}$$

显然,当 $\delta>0$ 时,$\varphi(t)$ 随 t 递减,电场矢量逆时针旋转,电磁波为左旋极化;当 $\delta<0$ 时,$\varphi(t)$ 随 t 递增,电场矢量顺时针旋转,电磁波为右旋极化。

2.3　完全极化波数学表征

在雷达遥感中,平面电磁波的矢量本质称为极化波。广义的极化波可分为三类:①完全极化波。窄带雷达发射电磁波一般可以认为是完全极化波(实际是准单色波),它的电场矢量端点随时间变化形成一个稳定的极化椭圆。②部

分极化波。雷达接收回波一般可以看成部分极化波,因为自然界中地物散射波均具有一定的波谱范围,它的频率、振幅、相位值在一定范围内变化。它的电场矢量端点绘制的椭圆轨迹存在动态变化。③未极化波。下面主要就完全极化波进行阐述。

2.3.1 Jones 矢量及其参数化

用极化椭圆方程表征电磁波极化,有着明确直观的物理含义,但不利于数学运算。本节将介绍一种紧凑的且易于处理的电磁波极化表征形式——Jones 矢量。

由式(2-27)可知,一个单色平面波均可分解为两个正交的线极化 a 和 b 的加权和,这两个线极化共同构成了该单色波的极化基,记为(a,b)。事实上,任意一对具有单位功率密度的、相互正交的极化状态均可作为波的极化基,这对正交极化状态可以是线性的,如(H,V)线极化基,或者是圆极化的,也可以是一般椭圆极化。为此,这里任意地选取一对正交极化状态 m 和 n 作为极化基,那么电场 $\boldsymbol{E}$ 在该极化基下可表示为

$$\boldsymbol{E} = \boldsymbol{m}E_{\mathrm{m}} + \boldsymbol{n}E_{\mathrm{n}} \tag{2-36}$$

式中:$\boldsymbol{m}$,$\boldsymbol{n}$ 满足 $n^{\mathrm{H}}m = 0$ 及 $m^{\mathrm{H}}m = n^{\mathrm{H}}n = 1$,它们构成的极化基记为(m,n);$E_{\mathrm{m}}$、$E_{\mathrm{n}}$ 为电场 $\boldsymbol{E}$ 在两个极化基上的复数坐标,它们依赖极化基的选取。利用复幅度 E_{m} 和 E_{n},电场矢量可写为复矢量形式:

$$\boldsymbol{E} = \begin{bmatrix} E_{\mathrm{m}} \\ E_{\mathrm{n}} \end{bmatrix} = \begin{bmatrix} a_{\mathrm{m}}\exp(\mathrm{j}\delta_{\mathrm{m}}) \\ a_{\mathrm{n}}\exp(\mathrm{j}\delta_{\mathrm{n}}) \end{bmatrix} = \exp(\mathrm{j}\delta_{\mathrm{m}}) \begin{bmatrix} a_{\mathrm{m}} \\ a_{\mathrm{n}}\exp(\mathrm{j}\delta) \end{bmatrix} \tag{2-37}$$

式(2-37)就是著名的 Jones 矢量,式中 $\delta = \delta_{\mathrm{n}} - \delta_{\mathrm{m}}$。可见,若忽略绝对相位 δ_{m},Jones 矢量由 a_{m}、a_{n} 和 δ 这 3 个参数确定,这与极化椭圆表征的电磁波极化是等价的。然而,用 a_{m}、a_{n} 和 δ 表征电磁波极化状态很不方便,为此下面引入 Jones 矢量的 3 种新参数化形式。

在数学上,一个椭圆也可用椭圆尺寸 $\boldsymbol{A}$、方位角 ψ 和椭圆率 χ 这 3 个参数来唯一刻画。它们在极化椭圆上的几何表示如图 2-4 所示。其中 ψ 为椭圆主轴与 $+x$ 轴的夹角,其取值范围为 $\psi \in [-\pi/2, \pi/2]$;χ 为以极化椭圆长轴和短轴为边的直角三角形中最小内角,其取值范围为 $|\chi| \in [0, \pi/4]$。这些参数称为电磁波极化几何参数。

一般情形,极化椭圆的轴线并不在 m 轴和 n 轴上。若令 m′和 n′为沿轴线方向的坐标系,ψ 为 m 与 m′之间夹角,则不同坐标系场分量之间关系为

$$E_{\mathrm{m'}}(z,t) = E_{\mathrm{n}}(z,t)\cos\psi + E_{\mathrm{m}}(z,t)\sin\psi \tag{2-38}$$

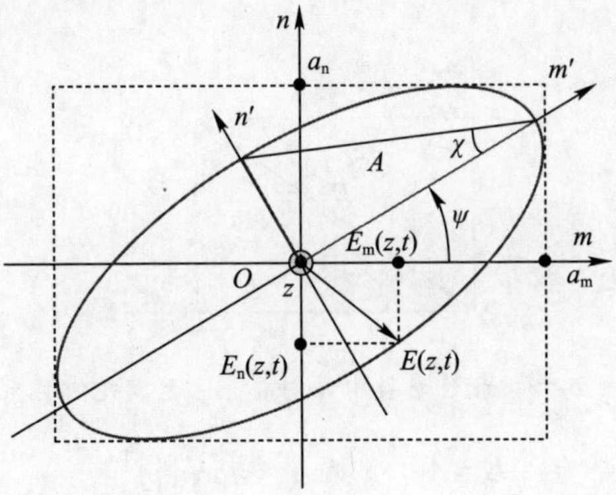

图 2-4　极化椭圆及其几何参数

$$E_{n'}(z,t) = -E_n(z,t)\sin\psi + E_m(z,t)\cos\psi \tag{2-39}$$

若令极化椭圆长短半轴为 a 和 b，则在 $O-m'n'$坐标系下，极化椭圆还可表示为

$$E_{m'}(z,t) = a\cos(wt - kz + \delta_0) \tag{2-40}$$

$$E_{n'}(z,t) = \pm b\sin(wt - kz + \delta_0) \tag{2-41}$$

式中：$E_{n'}$带有“±”，因为这里尚未明确电磁波极化旋向。若令式(2-38)等于式(2-40)，式(2-39)等于式(2-41)，并结合式(2-29)，则几何参数与 a_m、a_n 和 δ 之间关系可表示为

$$A = \sqrt{a_m^2 + a_n^2},\ \tan 2\psi = \frac{2a_m a_n}{a_m^2 - a_n^2}\cos\delta \text{ 和 } \sin 2\chi = \frac{2a_m a_n}{a_m^2 + a_n^2}\sin\delta \tag{2-42}$$

将式(2-42)代入式(2-37)，几何参数表征的 Jones 矢量为

$$E = Ae^{j\zeta}\begin{bmatrix}\cos(\psi)\cos(\chi) - j\sin(\psi)\sin(\chi) \\ \sin(\psi)\cos(\chi) + j\cos(\psi)\sin(\chi)\end{bmatrix} = Ae^{j\zeta}\begin{bmatrix}\cos(\psi) & -\sin(\psi) \\ \sin(\psi) & \cos(\psi)\end{bmatrix}\begin{bmatrix}\cos(\chi) \\ j\sin(\chi)\end{bmatrix} \tag{2-43}$$

由 χ 与 δ 之间的关系可知，电磁波旋向也可由 χ 决定，即当 $\chi>0$ 时，其为左旋极化；当 $\chi<0$ 时，其为右旋极化。

如图 2-5 所示，若定义参数为

$$\alpha = \arctan(a_m/a_n) \tag{2-44}$$

则该参数与相位差 δ 一起被称为 Deschamps 参数，或极化相位参数，它们的取值范围分别为 $\alpha\in[0,\pi/2]$ 和 $|\delta|\in[0,\pi]$。将式(2-44)代入式(2-37)，相位参数表征的 Jones 矢量为

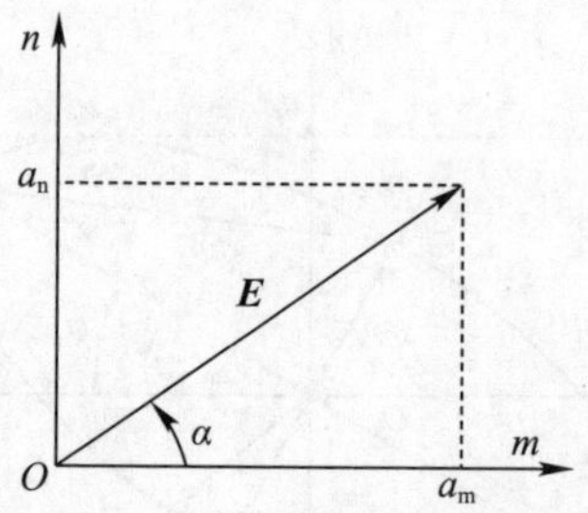

图 2-5 相位参数中 α 与 a_m,a_n 之间几何关系

$$\boldsymbol{E}=A\mathrm{e}^{\mathrm{j}\delta_m}[\cos\alpha\quad\sin\alpha\mathrm{e}^{\mathrm{j}\delta}]^{\mathrm{T}} \tag{2-45}$$

结合式(2-42)和式(2-45),相位参数与几何参数之间的关系式为

$$\begin{cases}\cos(2\alpha)=\cos(2\psi)\cos(2\chi),\tan(\delta)=\tan(2\chi)/\sin(2\psi)\\ \tan2\psi=\tan2\alpha\cos(\delta),\sin2\chi=\sin2\alpha\sin(\delta)\end{cases} \tag{2-46}$$

进一步,若定义复参数为

$$\rho=\frac{E_n}{E_m}=\frac{a_n}{a_m}\exp(\mathrm{j}\delta)=\tan\alpha\cdot\exp(\mathrm{j}\delta) \tag{2-47}$$

则该参数就是著名的极化比。

结合式(2-42)和式(2-47),极化比与几何参数关系为

$$\rho=\frac{\sin\psi\cos\chi+\mathrm{j}\cos\psi\sin\chi}{\cos\psi\cos\chi-\mathrm{j}\sin\psi\sin\chi} \tag{2-48}$$

将式(2-47)代入式(2-37),极化比表征的 Jones 矢量为

$$\boldsymbol{E}=\frac{A\mathrm{e}^{\mathrm{j}\delta_m}}{\sqrt{1+|\rho|^2}}\begin{bmatrix}1\\ \rho\end{bmatrix} \tag{2-49}$$

综上所述,Jones 矢量有 3 种参数形式,分别为几何参数、相位参数和极化比。这些参数尽管形式和物理含义不同,但它们是等价的,且可通过图 2-6 相互转化。

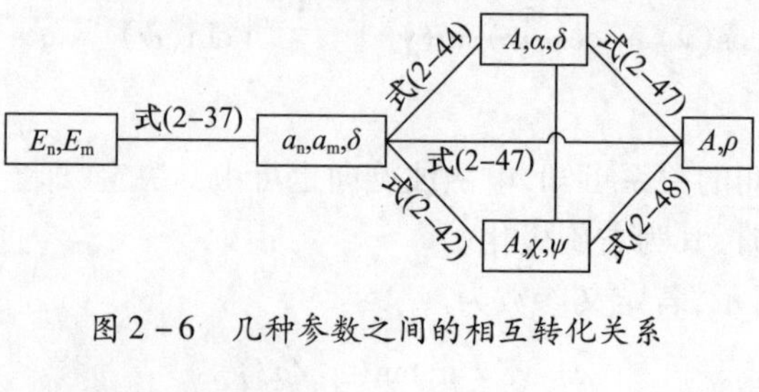

图 2-6 几种参数之间的相互转化关系

2.3.2 Stokes 矢量及其参数化

从数学角度看,Jones 矢量为电磁波极化的二维矢量表征。由于 Jones 矢量

各元素均为复数,它只能通过相干雷达系统获得。然而,早期雷达系统多为非相干系统,这种系统只能测量散射回波功率,因而有必要采用强度来表征电磁波极化。为此,George Stokes 在 1952 年研究准单色波(或部分极化波)时引入了表征一个波的振幅和极化状态的 4 个强度量纲的参数,称为 Stokes 参数。本节仅讨论完全极化波的 Stokes 参数,而关于部分极化波的 Stokes 参数将在 2.6 节中讨论。

对于严格的单色波来说,其电场 Jones 矢量记为 $\boldsymbol{E}$,选取(H,V)为极化基,则用矢量外积可定义波的相干矩阵:

$$\boldsymbol{J}=\boldsymbol{E}\cdot\boldsymbol{E}^{\mathrm{H}}=\begin{bmatrix}E_{\mathrm{H}}E_{\mathrm{H}}^{*} & E_{\mathrm{H}}E_{\mathrm{V}}^{*}\\ E_{\mathrm{V}}E_{\mathrm{H}}^{*} & E_{\mathrm{V}}E_{\mathrm{V}}^{*}\end{bmatrix}\tag{2-50}$$

根据波的相干矩阵,4 个 Stokes 参数定义为

$$\begin{cases}g_0=E_{\mathrm{H}}E_{\mathrm{H}}^{*}+E_{\mathrm{V}}E_{\mathrm{V}}^{*}=|E_{\mathrm{H}}|^2+|E_{\mathrm{V}}|^2=a_{\mathrm{H}}^2+a_{\mathrm{V}}^2\\ g_1=E_{\mathrm{H}}E_{\mathrm{H}}^{*}-E_{\mathrm{V}}E_{\mathrm{V}}^{*}=|E_{\mathrm{H}}|^2-|E_{\mathrm{V}}|^2=a_{\mathrm{H}}^2-a_{\mathrm{V}}^2\\ g_2=E_{\mathrm{H}}E_{\mathrm{V}}^{*}+E_{\mathrm{V}}E_{\mathrm{H}}^{*}=2\mathrm{Re}(E_{\mathrm{H}}E_{\mathrm{V}}^{*})=2a_{\mathrm{H}}a_{\mathrm{H}}\cos\delta\\ g_3=\mathrm{j}(E_{\mathrm{H}}E_{\mathrm{V}}^{*}-E_{\mathrm{V}}E_{\mathrm{H}}^{*})=-2\mathrm{Im}(E_{\mathrm{H}}E_{\mathrm{V}}^{*})=2a_{\mathrm{H}}a_{\mathrm{H}}\sin\delta\end{cases}\tag{2-51}$$

式中:a_{H}、a_{V} 和 δ 分别为两个正交电场分量的振幅和相位差;Re(·)、Im(·)分别为取实部和虚部。式(2-51)表明:①4 个 Stokes 参数足以描述波的振幅和极化:g_0 直接给出了波的振幅,两个正交极化分量的振幅 a_{H} 和 a_{V} 可由 g_0 和 g_1 求出,相位差 δ 则可由 g_2 和 g_3 求出;②对于完全极化波而言,4 个 Stokes 参数之间并不是完全独立的,它们之间存在如下关系:

$$g_0^2=g_1^2+g_2^2+g_3^2\tag{2-52}$$

结合式(2-51)和式(2-50),不难看出波的相干矩阵 $\boldsymbol{J}$ 与 Stokes 参数之间关系为

$$\boldsymbol{J}=\frac{1}{2}\sum_{i=0}^{3}g_i\boldsymbol{\sigma}_i=\frac{1}{2}\begin{bmatrix}g_0+g_1 & g_2-\mathrm{j}g_3\\ g_2+\mathrm{j}g_3 & g_0-g_1\end{bmatrix}\tag{2-53}$$

式中:σ_i 称为 Pauli 自旋矩阵。

其中

$$\boldsymbol{\sigma}_{\mathrm{P0}}=\begin{bmatrix}1 & 0\\ 0 & 1\end{bmatrix},\boldsymbol{\sigma}_{\mathrm{P1}}=\begin{bmatrix}1 & 0\\ 0 & -1\end{bmatrix},\boldsymbol{\sigma}_{\mathrm{P2}}=\begin{bmatrix}0 & 1\\ 1 & 0\end{bmatrix},\boldsymbol{\sigma}_{\mathrm{P3}}=\begin{bmatrix}0 & -\mathrm{j}\\ \mathrm{j} & 0\end{bmatrix}\tag{2-54}$$

且这些矩阵满足 $\boldsymbol{\sigma}_{\mathrm{P}i}^{-1}=\boldsymbol{\sigma}_{\mathrm{P}i}^{\mathrm{H}}$ 和 $|\det(\boldsymbol{\sigma}_{\mathrm{P}i})|=1$,它们的乘积具有以下关系:

$$\begin{cases}\boldsymbol{\sigma}_{\mathrm{P}i}\boldsymbol{\sigma}_{\mathrm{P}i}=\boldsymbol{\sigma}_{\mathrm{P0}},\boldsymbol{\sigma}_{\mathrm{P0}}\boldsymbol{\sigma}_{\mathrm{P}i}=\boldsymbol{\sigma}_{\mathrm{P}i},\boldsymbol{\sigma}_{\mathrm{P1}}\boldsymbol{\sigma}_{\mathrm{P2}}=-\boldsymbol{\sigma}_{\mathrm{P2}}\boldsymbol{\sigma}_{\mathrm{P1}}=\mathrm{j}\boldsymbol{\sigma}_{\mathrm{P3}}\\ \boldsymbol{\sigma}_{\mathrm{P2}}\boldsymbol{\sigma}_{\mathrm{P3}}=-\boldsymbol{\sigma}_{\mathrm{P3}}\boldsymbol{\sigma}_{\mathrm{P2}}=\mathrm{j}\boldsymbol{\sigma}_{\mathrm{P1}},\boldsymbol{\sigma}_{\mathrm{P3}}\boldsymbol{\sigma}_{\mathrm{P1}}=-\boldsymbol{\sigma}_{\mathrm{P1}}\boldsymbol{\sigma}_{\mathrm{P3}}=\mathrm{j}\boldsymbol{\sigma}_{\mathrm{P2}}\end{cases}\tag{2-55}$$

结合式(2-42)、式(2-44)和式(2-47),经过简单的数学推导,不难将Stokes参数与前面讨论的几何参数、相位参数和极化比等参数联系起来:

$$\begin{cases} g_0 = |E_{\mathrm{H}}|^2 + |E_{\mathrm{V}}|^2 = A^2 \\ g_1 = A^2 \cdot \cos(2\chi)\cos(2\psi) = A^2 \cdot \cos(2\alpha) = A^2(1-|\rho|^2)/(1+|\rho|^2) \\ g_2 = A^2 \cdot \cos(2\chi)\sin(2\psi) = A^2 \cdot \sin(2\alpha)\cos\delta = 2A^2\mathrm{Re}(\rho)/(1+|\rho|^2) \\ g_3 = A^2 \cdot \sin(2\chi) = A^2 \cdot \sin(2\alpha)\sin\delta = 2A^2\mathrm{Im}(\rho)/(1+|\rho|^2) \end{cases} \tag{2-56}$$

将4个Stokes参数构成一个列矢量,即

$$\boldsymbol{g} = \begin{bmatrix} g_0 \\ g_1 \\ g_2 \\ g_3 \end{bmatrix} = A^2 \begin{bmatrix} 1 \\ \cos(2\chi)\cos(2\psi) \\ \cos(2\chi)\sin(2\psi) \\ \sin(2\chi) \end{bmatrix} = A^2 \begin{bmatrix} 1 \\ \cos(2\alpha) \\ \sin(2\alpha)\cos\delta \\ \sin(2\alpha)\sin\delta \end{bmatrix} = \frac{A^2}{1+|\rho|^2} \begin{bmatrix} 1+|\rho|^2 \\ 1-|\rho|^2 \\ 2\mathrm{Re}(\rho) \\ 2\mathrm{Im}(\rho) \end{bmatrix} \tag{2-57}$$

式(2-57)就是著名的Stokes矢量。该矢量各元素的物理含义:g_0 表示电磁波的总强度;g_1 为H和V线极化分量之间的强度差,根据电磁波是H线极化占优,或V线极化占优,还是两者相等,其值分别为正、负或零;g_2 表示45°和135°线极化分量之间的强度差,同样其值为正、负或零时分别对应45°线极化分量较强,135°线极化分量较强,或者二者相当;g_3 表示圆极化程度,根据右旋圆极化分量占优,或者左旋圆极化分量占优,或者二者相等,g_3 分别大于零、小于零或等于零。

2.3.3 Jones矢量与Stokes矢量

前文介绍了电磁波极化的两种数学表征,即Jones矢量和Stokes矢量。尽管它们的矢量维数和定义形式均不相同,但由于均采用 a_{H}、a_{V} 和 δ 这3个参数定义,因而二者是等价的。本节将从数学上推导二者之间的联系。

若令电磁波的Jones矢量为 $\boldsymbol{E}$,则定义(H,V)极化基下波的相干矢量为

$$\tilde{\boldsymbol{C}} = \boldsymbol{E} \otimes \boldsymbol{E}^* = [E_{\mathrm{H}}E_{\mathrm{H}}^* \quad E_{\mathrm{H}}E_{\mathrm{V}}^* \quad E_{\mathrm{V}}E_{\mathrm{H}}^* \quad E_{\mathrm{V}}E_{\mathrm{V}}^*]^{\mathrm{T}} \tag{2-58}$$

式中:$\otimes$为Kronecker积。其定义形式为

$$\boldsymbol{A} \otimes \boldsymbol{B}^* = \begin{bmatrix} A_{11} & A_{12} \\ A_{21} & A_{22} \end{bmatrix} \otimes \begin{bmatrix} B_{11} & B_{12} \\ B_{21} & B_{22} \end{bmatrix}^* = \begin{bmatrix} A_{11}\boldsymbol{B}^* & A_{12}\boldsymbol{B}^* \\ A_{21}\boldsymbol{B}^* & A_{22}\boldsymbol{B}^* \end{bmatrix} \tag{2-59}$$

其中,A_{ij}和 B_{ij}分别为 $\boldsymbol{A}$ 和 $\boldsymbol{B}$ 的元素。

结合波的相干矢量和Stokes矢量定义形式(式(2-51)和式(2-58)),

Stokes 矢量可表示为 Jones 矢量的函数,即

$$\boldsymbol{g} = \boldsymbol{R}\widetilde{\boldsymbol{C}} = \boldsymbol{R}(\boldsymbol{E}\otimes\boldsymbol{E}^*) \tag{2-60}$$

式中:$\boldsymbol{R}$ 为常数矩阵,它具有如下性质:

$$\boldsymbol{R}\boldsymbol{R}^{\mathrm{H}} = \boldsymbol{R}^{\mathrm{H}}\boldsymbol{R} = 2\boldsymbol{I},\quad \boldsymbol{R}\boldsymbol{R}^{\mathrm{T}} = 2\boldsymbol{\Lambda}_{4,4},\quad \boldsymbol{R}^{\mathrm{T}}\boldsymbol{R} = 2\boldsymbol{P} \tag{2-61}$$

$$\boldsymbol{R} = \begin{bmatrix} 1 & 0 & 0 & 1 \\ 1 & 0 & 0 & -1 \\ 0 & 1 & 1 & 0 \\ 0 & \mathrm{j} & -\mathrm{j} & 0 \end{bmatrix},\boldsymbol{\Lambda}_{4,4} = \begin{bmatrix} 1 & 0 & 0 & 0 \\ 0 & 1 & 0 & 0 \\ 0 & 0 & 1 & 0 \\ 0 & 0 & 0 & -1 \end{bmatrix},\boldsymbol{P} = \begin{bmatrix} 1 & 0 & 0 & 0 \\ 0 & 0 & 1 & 0 \\ 0 & 1 & 0 & 0 \\ 0 & 0 & 0 & 1 \end{bmatrix} \tag{2-62}$$

2.3.4 一些常见的极化状态

在实际中,常见到一些特殊的极化状态,如水平极化(H)、垂直极化(V)、线极化(l)和圆极化(c),它们分别对应极化参数的一些特殊值。图 2-7 给出了这些极化状态对应的 Jones 矢量、Stokes 矢量、几何参数、相位参数和极化比。

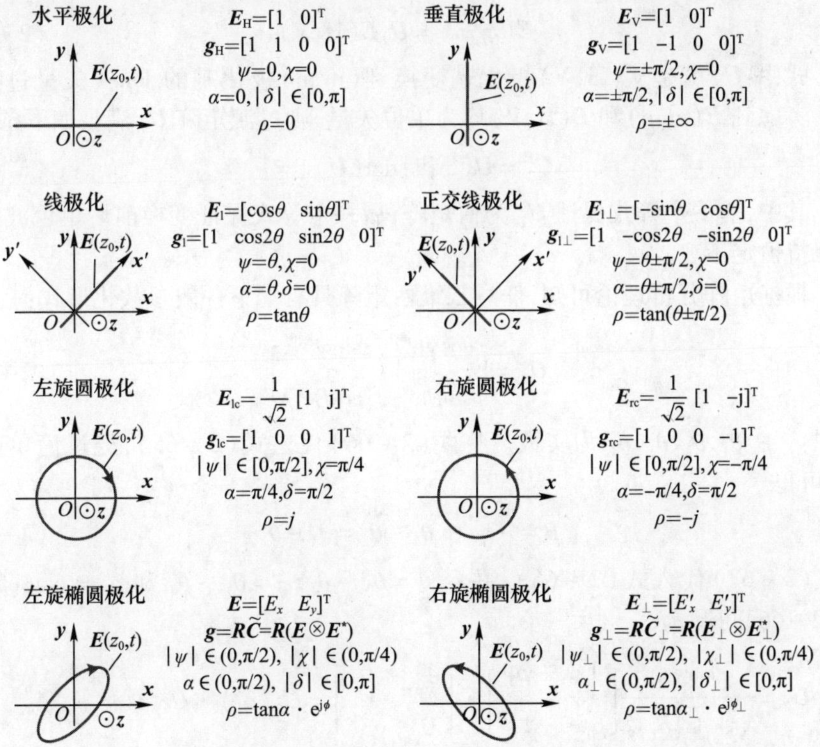

图 2-7　一些特殊极化状态的 Jones 矢量、Stokes 矢量及其对应的极化参数

2.4 极化基过渡矩阵

在雷达极化中，极化基变换处理是一个非常重要的研究内容。为了满足实际应用需要或者某种数学处理，有时需将某种极化基下的电磁波极化表征变换到另一种极化基下，这种变换就称为极化基变换，而表示不同极化基下电磁波极化表征之间关系的矩阵则称为极化基过渡矩阵。前文介绍了电磁波的两种极化表征，本节将分别讨论它们的过渡矩阵及其相互关系。

2.4.1 Jones 矢量过渡矩阵

对于某种单色波来说，令它在(m,n)极化基和(H,V)极化基下的单位 Jones 矢量分别为

$$\boldsymbol{E}(\mathrm{m,n})=\begin{bmatrix}E_{\mathrm{m}}\\E_{\mathrm{n}}\end{bmatrix}\text{和}\boldsymbol{E}(\mathrm{H,V})=\begin{bmatrix}E_{\mathrm{H}}\\E_{\mathrm{V}}\end{bmatrix}\tag{2-63}$$

根据线性代数理论可知，$\boldsymbol{E}(\mathrm{m,n})$和$\boldsymbol{E}(\mathrm{H,V})$之间的数学关系可表示为

$$\boldsymbol{E}(\mathrm{m,n})=\boldsymbol{U}_2\boldsymbol{E}(\mathrm{H,V})\tag{2-64}$$

式中：$\boldsymbol{U}_2$ 就是从(H,V)极化基变换到(m,n)极化基的 Jones 矢量过渡矩阵。考虑到$\boldsymbol{E}(\mathrm{m,n})$和$\boldsymbol{E}(\mathrm{H,V})$均为单位矢量，则过渡矩阵 $\boldsymbol{U}_2$ 满足如下条件：

$$\boldsymbol{U}_2^{\mathrm{H}}=\boldsymbol{U}_2^{-1}\text{ 和 }|\det(\boldsymbol{U})|=1\tag{2-65}$$

其中，前一个等式保证 $\boldsymbol{U}_2$ 为酉矩阵，后一个等式保证变换前后单色波的功率保持恒定不变。

根据矩阵分析理论可知，任意二维酉矩阵具有如下一般参数化形式：

$$\boldsymbol{U}_2=\begin{bmatrix}\cos\gamma\mathrm{e}^{\mathrm{j}\theta_1} & \sin\gamma\mathrm{e}^{\mathrm{j}\theta_2}\\ \sin\beta\mathrm{e}^{\mathrm{j}\theta_3} & \cos\beta\mathrm{e}^{\mathrm{j}\theta_4}\end{bmatrix}\tag{2-66}$$

式中：γ、β、θ_1、θ_2、θ_3、θ_4 为实数。将式(2-66)代入式(2-65)，经过简单的推导，可得

$$\beta=-\gamma\text{ 和 }\theta_4-\theta_2=\theta_3-\theta_1\tag{2-67}$$

将式(2-67)代入式(2-66)，并令 $\theta=\theta_3-\theta_1$，$\xi=\theta_1-\theta_4$ 和 $\rho_1=\tan\beta\mathrm{e}^{\mathrm{j}\theta}$，则式(2-66)可写为

$$\boldsymbol{U}_2=\frac{\mathrm{e}^{\mathrm{j}(\theta_1+\theta_4)}}{\sqrt{1+|\rho_1|^2}}\begin{bmatrix}1 & -\rho_1^*\\ \rho_1 & 1\end{bmatrix}\cdot\begin{bmatrix}\mathrm{e}^{\mathrm{j}\xi} & 0\\ 0 & \mathrm{e}^{-\mathrm{j}\xi}\end{bmatrix}=\boldsymbol{U}_2(\rho_1)\cdot\boldsymbol{U}_2(\xi)\cdot\mathrm{e}^{\mathrm{j}(\theta_1+\theta_4)}\tag{2-68}$$

式中:ρ_1 实质是从(H,V)极化基到(m,n)极化基的极化变化,它与前文 ρ 的定义形式相同,且也可理解为极化态 m 和 n 在极化基(H,V)下的极化比,故式(2-68)通常称为极化基过渡矩阵的极化比表达形式。而 $\theta_1+\theta_4$ 为 $\boldsymbol{U}_2$ 绝对相位,不影响不同极化基下电磁波极化态,故通常令其等于零。此时,式(2-68)可简化为

$$\boldsymbol{U}_2(\rho_1,\xi)=\frac{1}{\sqrt{1+|\rho_1|^2}}\begin{bmatrix}1 & -\rho_1^*\\ \rho_1 & 1\end{bmatrix}\cdot\begin{bmatrix}\mathrm{e}^{\mathrm{j}\xi} & 0\\ 0 & \mathrm{e}^{-\mathrm{j}\xi}\end{bmatrix}=\boldsymbol{U}_2(\rho_1)\cdot\boldsymbol{U}_2(\xi) \tag{2-69}$$

结合式(2-46)和式(2-47),省略中间推导过程,极化基过渡矩阵的几何参数表达形式为

$$\begin{aligned}\boldsymbol{U}_2(\psi,\chi,\xi_1)&=\begin{bmatrix}\cos\psi & -\sin\psi\\ \sin\psi & \cos\psi\end{bmatrix}\cdot\begin{bmatrix}\cos\chi & \mathrm{j}\sin\chi\\ \mathrm{j}\sin\chi & \cos\chi\end{bmatrix}\cdot\begin{bmatrix}\mathrm{e}^{\mathrm{j}\xi_1} & 0\\ 0 & \mathrm{e}^{-\mathrm{j}\xi_1}\end{bmatrix}\\ &=\boldsymbol{U}_2(\psi)\cdot\boldsymbol{U}_2(\chi)\cdot\boldsymbol{U}_2(\xi_1)\end{aligned} \tag{2-70}$$

式中:ξ_1 与 ξ 的关系为 $\xi_1=\xi+\arctan(\tan\psi\tan\chi)$。

最典型的极化基变换是从(H,V)线极化基到(l,r)圆极化基。由图 2-7 可知,4 种典型极化状态分别为

$$\boldsymbol{E}_{\mathrm{H}}=\begin{bmatrix}1\\0\end{bmatrix},\boldsymbol{E}_{\mathrm{V}}=\begin{bmatrix}0\\1\end{bmatrix},\boldsymbol{E}_{\mathrm{l}}=\frac{1}{\sqrt{2}}\begin{bmatrix}1\\ \mathrm{j}\end{bmatrix}\text{和 }\boldsymbol{E}_{\mathrm{r}}=\frac{1}{\sqrt{2}}\begin{bmatrix}1\\ -\mathrm{j}\end{bmatrix} \tag{2-71}$$

对于单色波 $\boldsymbol{E}$ 来说,根据式(2-27)可知,它在(H,V)极化基和(l,r)极化基下可分别写为

$$\begin{cases}\boldsymbol{E}=(\boldsymbol{E}_{\mathrm{H}}\cdot\boldsymbol{E})\boldsymbol{E}_{\mathrm{H}}+(\boldsymbol{E}_{\mathrm{V}}\cdot\boldsymbol{E})\boldsymbol{E}_{\mathrm{V}}\\ \boldsymbol{E}=(\boldsymbol{E}_{\mathrm{l}}\cdot\boldsymbol{E})\boldsymbol{E}_{\mathrm{l}}+(\boldsymbol{E}_{\mathrm{r}}\cdot\boldsymbol{E})\boldsymbol{E}_{\mathrm{r}}\end{cases} \tag{2-72}$$

那么对应的 Jones 矢量分别写为

$$\boldsymbol{E}(\mathrm{H},\mathrm{V})=\begin{bmatrix}\boldsymbol{E}_{\mathrm{H}}\cdot\boldsymbol{E}\\ \boldsymbol{E}_{\mathrm{V}}\cdot\boldsymbol{E}\end{bmatrix}=[\boldsymbol{E}_{\mathrm{H}}\quad\boldsymbol{E}_{\mathrm{V}}]^{\mathrm{T}}\cdot\boldsymbol{E}=\begin{bmatrix}1 & 0\\ 0 & 1\end{bmatrix}\cdot\boldsymbol{E} \tag{2-73}$$

$$\boldsymbol{E}(\mathrm{l},\mathrm{r})=\begin{bmatrix}\boldsymbol{E}_{\mathrm{l}}\cdot\boldsymbol{E}\\ \boldsymbol{E}_{\mathrm{r}}\cdot\boldsymbol{E}\end{bmatrix}=[\mathrm{l}\quad\boldsymbol{E}_{\mathrm{r}}]^{\mathrm{T}}\cdot\boldsymbol{E}=\frac{1}{\sqrt{2}}\begin{bmatrix}1 & \mathrm{j}\\ 1 & -\mathrm{j}\end{bmatrix}\cdot\boldsymbol{E} \tag{2-74}$$

显然,式(2-73)和式(2-74)可理解成从某种极化基分别变换到(H,V)极化基和(l,r)极化基。

若令从(H,V)极化基到(l,r)极化基的过渡矩阵为 $\boldsymbol{U}_{2\mathrm{HV}\to\mathrm{lr}}$,那么结合

式(2－64)、式(2－73)和式(2－74)，$\boldsymbol{U}_{2\text{HV}\to\text{lr}}$的具体表达式为

$$\boldsymbol{U}_{2\text{HV}\to\text{lr}}=\frac{1}{\sqrt{2}}\begin{bmatrix}1 & 1\\ -\text{j} & \text{j}\end{bmatrix} \tag{2-75}$$

需指出，式(2－75)中$\boldsymbol{U}_{2\text{HV}\to\text{lr}}$行列式的模值并不等于1，其原因为式(2－74)中过渡矩阵并不满足式(2－65)第二个等式。为使$\boldsymbol{U}_{2\text{HV}\to\text{lr}}$满足式(2－65)条件，可先对式(2－74)中过渡矩阵进行归一化处理。不过，式(2－75)是从(H,V)极化基到(l,r)极化基常用的过渡矩阵。

2.4.2 Stokes 矢量过渡矩阵

类似于Jones矢量，也可对Stokes矢量进行极化基变换处理，且利用Jones矢量与Stokes矢量之间的关系，很容易求得Stokes矢量极化基过渡矩阵。

同样，对于某个单色波来说，令它在(m,n)极化基和(H,V)极化基下的Stokes矢量分别为$\boldsymbol{g}(\text{m,n})$和$\boldsymbol{g}(\text{H,V})$，且它们之间的变换关系为

$$\boldsymbol{g}(\text{m,n})=\boldsymbol{U}_4\cdot\boldsymbol{g}(\text{H,V}) \tag{2-76}$$

式中：$\boldsymbol{U}_4$为(H,V)极化基变换到(m,n)极化基的Stokes矢量过渡矩阵。

利用Stokes矢量与Jones矢量之间的关系式(式(2－60))，式(2－76)可表示为

$$\boldsymbol{g}(\text{m,n})=\boldsymbol{U}_4\cdot\boldsymbol{R}(\boldsymbol{E}(\text{H,V})\otimes\boldsymbol{E}^*(\text{H,V})) \tag{2-77}$$

再利用从(H,V)极化基变换到(m,n)极化基的Jones矢量变换等式(式(2－64))，式(2－77)可进一步表示为

$$\boldsymbol{g}(\text{m,n})=\boldsymbol{U}_4\cdot\boldsymbol{R}(\boldsymbol{U}_2^{-1}\boldsymbol{E}(\text{m,n})\otimes\boldsymbol{U}_2^{-1*}\boldsymbol{E}^*(\text{m,n})) \tag{2-78}$$

利用Kronecker积性质：$(\boldsymbol{M}_1\otimes\boldsymbol{M}_2)(\boldsymbol{M}_3\otimes\boldsymbol{M}_4)=\boldsymbol{M}_1\boldsymbol{M}_3\otimes\boldsymbol{M}_2\boldsymbol{M}_4$，式(2－78)变为

$$\boldsymbol{g}(\text{m,n})=\boldsymbol{U}_4\cdot\boldsymbol{R}(\boldsymbol{U}_2^{-1}\otimes\boldsymbol{U}_2^{-1*})(\boldsymbol{E}(\text{m,n})\otimes\boldsymbol{E}^*(\text{m,n})) \tag{2-79}$$

根据式(2－79)，$\boldsymbol{U}_4$极化基过渡矩阵可表示为

$$\boldsymbol{U}_4=2\boldsymbol{R}(\boldsymbol{U}_2\otimes\boldsymbol{U}_2^*)\boldsymbol{R}^{\text{H}} \tag{2-80}$$

结合式(2－70)，$\boldsymbol{U}_4$的几何参数表达形式为

$$\boldsymbol{U}_4(2\psi,2\chi,2\xi_1)=\begin{bmatrix}1 & 0\\ 0 & \boldsymbol{U}_3(2\psi)\end{bmatrix}\begin{bmatrix}1 & 0\\ 0 & \boldsymbol{U}_3(2\chi)\end{bmatrix}\begin{bmatrix}1 & 0\\ 0 & \boldsymbol{U}_3(2\xi_1)\end{bmatrix} \tag{2-81}$$

其中，$\boldsymbol{U}_3(2\psi)=\begin{bmatrix}\cos2\psi & -\sin2\psi & 0\\ \sin2\psi & \cos2\psi & 0\\ 0 & 0 & 1\end{bmatrix}$，$\boldsymbol{U}_3(2\chi)=\begin{bmatrix}\cos2\chi & 0 & -\sin2\chi\\ 0 & 1 & 0\\ \sin2\chi & 0 & \cos2\chi\end{bmatrix}$，

$$\boldsymbol{U}_3(2\xi_1)=\begin{bmatrix}1 & 0 & 0\\ 0 & \cos2\xi_1 & \sin2\xi_1\\ 0 & -\sin2\xi_1 & \cos2\xi_1\end{bmatrix}。$$

结合式(2-69)，$\boldsymbol{U}_4$ 的极化比表示形式为

$$\boldsymbol{U}_3(\rho_1,\xi)=\frac{1}{1+|\rho_1|^2}\begin{bmatrix}1+|\rho_1|^2 & 0 & 0 & 0\\ 0 & 1-|\rho_1|^2 & -2\mathrm{Re}(\rho_1\mathrm{e}^{-\mathrm{j}\xi}) & -2\mathrm{Im}(\rho_1\mathrm{e}^{-\mathrm{j}\xi})\\ 0 & 2\mathrm{Re}(\rho_1) & \mathrm{Re}[(1-\rho_1^2)\mathrm{e}^{-\mathrm{j}\xi}] & \mathrm{Im}[(1-\rho_1^2)\mathrm{e}^{-\mathrm{j}\xi}]\\ 0 & 2\mathrm{Im}(\rho_1) & -\mathrm{Im}[(1+\rho_1^2)\mathrm{e}^{-\mathrm{j}\xi}] & \mathrm{Re}[(1+\rho_1^2)\mathrm{e}^{-\mathrm{j}\xi}]\end{bmatrix}$$

(2-82)

2.5 电磁波极化的可视化表征

在雷达极化中，电磁波极化可视化是另一个重要的研究内容。为了直观地表征电磁波极化或者分析不同极化状态之间的相互关系，通常将电磁波极化映射到某个平面或者空间，这种处理称为电磁波极化的可视化。2.3 节讨论了电磁波极化的两种数学表征及其 3 种参数化形式，本节将分别介绍它们对应的可视化表征。

2.5.1 Poincaré 极化球

根据式(2-57)，Stokes 参数、几何参数和相位参数均具有明确的几何含义：g_1、g_2、g_3 可看作半径为 g_0 的球上某点 P 的笛卡儿坐标；2χ 为该点的矢量半径相对于 g_1g_2 平面的仰角，且 2χ 的正负号与 g_3 一致，而 2ψ 则是该点矢量半径在 g_1g_2 平面的投影与 g_1 轴正方向的夹角，或该点矢量半径相对于 g_1 轴正方向的方位角坐标，其由 g_1 轴正方向逆时针旋转为正，其中观察方向为由 g_3 轴正向面对 g_1g_2 平面俯视；2α 为该点矢量半径相对于 g_1 轴正方向的球心角，同样由 g_3 轴正向面对 g_1g_2 平面俯视，逆时针旋转为正，而 δ 为该点矢量半径和 g_1 轴确定的大圆平面与 g_1g_2 平面的二面角，且 δ 的正负号与 g_3 一致。这种几何解释是由 Poincaré 引入，故将该球称为 Poincaré 极化球，如图 2-8 所示。

对于任意单色波来说，在 Poincaré 极化球上均能找到与之一一对应的点，因为 Poincaré 极化球半径表示波的振幅，球上任意一点的笛卡儿坐标表示波的极化状态。若以(H,V)为极化基，并利用 g_1g_2 平面将该球分为南北半球，那么图 2-7 中的几种典型极化状态均能在该球面上找到对应位置：①g_1g_2 平面与

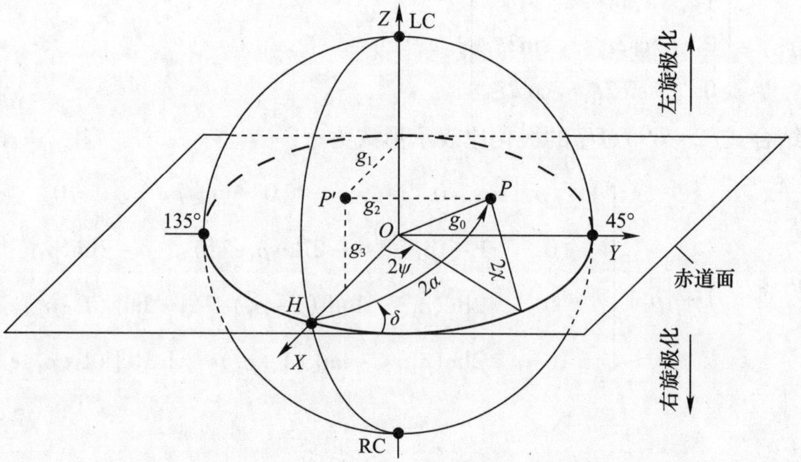

图 2-8 Poincaré 极化球及 3 种参数在球上的几何含义

极化球相交的大圆为线极化，其中 g_1 轴正方向与该大圆的交点为水平线极化，反方向与该大圆的交点为垂直线极化；②极化球的南北极点为圆极化，其中 g_3 轴正方向与球面的交点为左旋圆极化，反方向与球面的交点为右旋圆极化；③由于椭圆率 χ，或者相位差 δ 的符号表示椭圆旋向，因而根据它们的符号北半球为左旋极化，南半球为右旋极化。

Poincaré 极化球不仅有利于电磁波极化的直观表征，而且更利于直观地表现出不同极化状态之间的关系。诸如正交极化、共轭极化等特殊极化关系在极化球上均具有固定的几何关系。以正交极化为例，若令 $\boldsymbol{E}_{\perp}$ 为电磁波 $\boldsymbol{E}$ 的正交极化，则它们之间关系可表示为

$$\boldsymbol{E}_{\perp}=\begin{bmatrix}0 & 1\\ -1 & 0\end{bmatrix}\boldsymbol{E}^{*} \text{ 或 } \boldsymbol{E}_{\perp}^{\mathrm{H}}\cdot\boldsymbol{E}=0 \tag{2-83}$$

若将式(2-43)、式(2-44)和式(2-49)依次代入式(2-83)，则正交极化关系还可表示为

$$\begin{cases}\chi_{\perp}=-\chi,\psi_{\perp}=\psi\pm\pi/2\\ \alpha_{\perp}+\alpha=\pi/2,\delta_{\perp}-\delta=\pm\pi\\ \rho\cdot\rho_{\perp}^{*}=-1\end{cases} \tag{2-84}$$

显然，一对正交极化对应 Poincaré 极化球上一条直径的两端。也就是说，正交极化在球面上的点始终关于极化球心对称。

类似地，根据共轭极化定义($\boldsymbol{E}_{*}=\boldsymbol{E}^{*}$)，若忽略绝对相位，共轭极化关系可表示为

$$\alpha_* = \alpha, \delta_* = -\delta, \chi_* = -\chi, \psi_* = \psi, \rho_* = \rho^* \tag{2-85}$$

说明一对共轭极化在球面上的点始终关于 g_1g_2 平面对称。

2.5.2 极化比复平面

Poincaré 极化球对电磁波极化的表征和分析是十分有用的工具。但由于它是一个三维球面,远不如一张平面图看起来直观和易于理解,因而有必要研究极化状态的平面图示法。

从本质上讲,平面图示法可看成三维球面到一个二维平面的映射。若以极化比表征电磁波极化,根据 Stokes 矢量的极化比参数化形式,可将球面上的点投影到以极化比实部和虚部构成的二维平面上,该二维复平面称为极化比复平面。显然,对于任意单色波来说,在极化比复平面上均能找到一个点与之对应。同样,以(H,V)为极化基,图 2-9 在极化比复平面上标注了典型极化状态的具体位置。图中线极化对应 $\mathrm{Re}(\rho)$ 轴线,水平极化对应 $\mathrm{Re}(\rho)=0$,垂直极化对应 $\mathrm{Re}(\rho)=\infty$;圆极化对应单位圆与 $\mathrm{Im}(\rho)$ 轴的交点,左旋圆极化(LC)对应单位圆与 $+\mathrm{Im}(\rho)$ 轴的交点,右旋圆极化(RC)对应单位圆与 $-\mathrm{Im}(\rho)$ 轴的交点;若以 $\mathrm{Re}(\rho)$ 轴线将极化比复平面分为上下两部分,则左旋极化对应上部分,右旋极化对应下半部分。

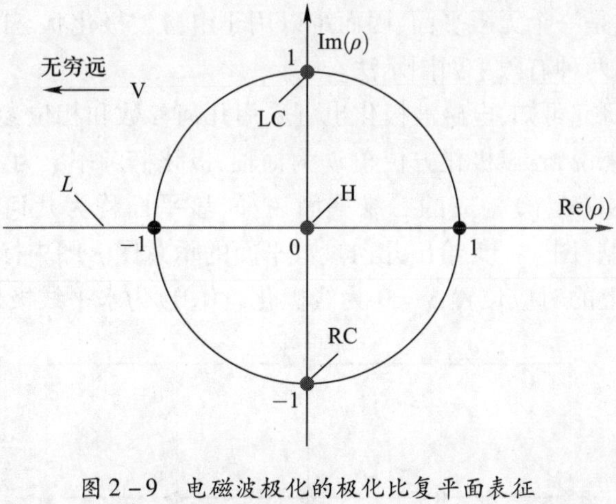

图 2-9　电磁波极化的极化比复平面表征

图 2-10 给出了 Poincaré 极化球与极化比复平面之间存在的固有映射关系。该图中极化比复平面原点与极化球 H 点重合,$\mathrm{Re}(\rho)$ 轴线在极化球赤道面上,$\mathrm{Im}(\rho)$ 轴线在极化球南北极点和 H 点确定的平面上。球面上任意一点 P 与极化比复平面的点 P'' 通过一条经过极化球上 V 点的射线建立一一对应关系。

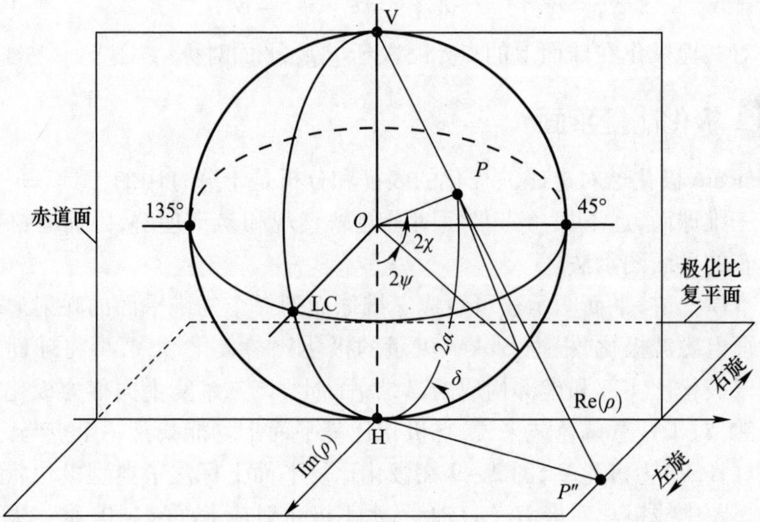

图 2-10 Poincaré 极化球与极化比复平面之间的映射关系

2.5.3 几何、相位参数平面

尽管极化比复平面与 Poincaré 极化球面之间存在简单而直观的几何映射关系，但由于它是一个无限平面，因而难以用于电磁波极化状态的分析和表征。为此，这里介绍两种有限平面图示法。

由 2.3 节研究可知，电磁波极化也可采用几何参数和相位参数表示。对于几何参数表示来说，若以极化方位角 ψ 为横轴，极化椭圆率 χ 为纵轴，那么任意单色波均可采用(ψ,χ)构成的二维平面表征，该平面称为几何参数平面。以(H,V)为极化基，图 2-11 给出几何参数平面的示意图。图中标注了典型极化状态在该平面上的对应位置：$\chi=0$ 为线极化，(0,0)为水平线极化，$(0,\pm\pi/2)$

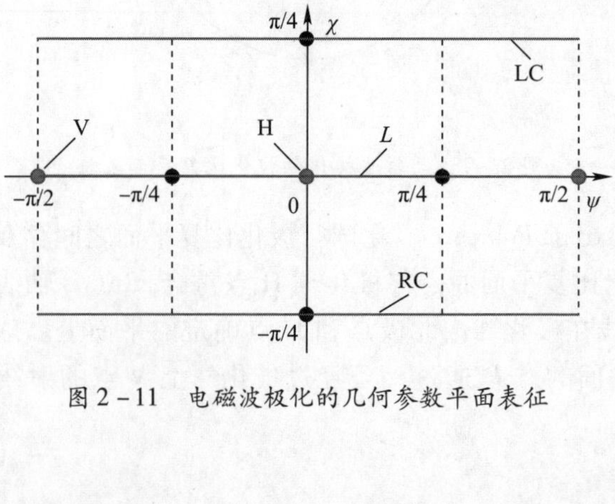

图 2-11 电磁波极化的几何参数平面表征

为垂直线极化；$\chi=\pi/4$ 为左旋圆极化，$\chi=-\pi/4$ 为右旋圆极化；$\chi>0$ 为左旋极化，$\chi<0$ 为右旋极化。同样，根据式(2-84)和式(2-85)可知，一对共轭极化在平面上的点始终关于 $\chi=0$ 对称。

对于相位参数表示来说，若以极化方位角 δ 为横轴，极化椭圆率 α 为纵轴，那么任意单色波均可采用(δ,α)构成的二维平面表征，该平面称为相位参数平面。以(H,V)为极化基，图 2-12 给出相位参数平面的示意图。图中标注了典型极化状态在该平面上的对应位置：$\delta=0$ 为线极化，(0,0)为水平线极化，(0,±π)为垂直线极化；(π/2,π/2)为左旋圆极化，(-π/2,π/2)为右旋圆极化；$\delta>0$ 为左旋极化，$\delta<0$ 为右旋极化。同样，根据式(2-83)和式(2-84)可知，一对共轭极化在平面上的点始终关于 $\delta=0$ 对称。

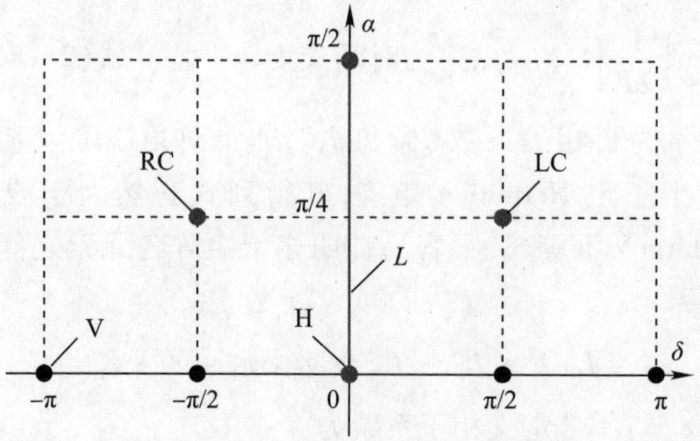

图 2-12　电磁波极化的相位参数表征

综上所述，几何参数和相位参数平面均为有限平面，其中几何参数平面的动态范围为 $\psi\in[-\pi/2,\pi/2]$ 和 $\chi\in[-\pi/4,\pi/4]$，相位参数平面的动态范围为 $\delta\in[-\pi,\pi]$ 和 $\alpha\in[0,\pi/2]$。相较于极化比复平面的无限平面来说，这两种有限平面更易于电磁波极化状态的表征和分析，尤其是几何参数平面。

2.6　部分极化电磁波

前文主要讨论了完全极化波的数学表征及其特性，这类波的极化表征参数如 w、a_H、a_V 和 δ 等均为常量。通常情况下，从一些自然的或人造的目标上辐射出的电磁波频率范围极宽，此时诸如 w、a_H、a_V 和 δ 等电磁波极化表征参数将不再是常量，而是一个时间和空间的函数。这类波的电场矢量端点在垂直于传播方向的平面内描绘出的轨迹也将不再是一个确定的椭圆，而是一条形状和方向随时间变化的类似于椭圆的曲线，故称为部分极化波。本节将讨论部分极化波的数学表征及其相关理论。

2.6.1 部分极化波数学表征

对于部分极化波来说,其极化表征需对时间和空间进行统计平均。类似于完全极化波相干矩阵,选取(H,V)为极化基,则部分极化波的相干矩阵定义为

$$\boldsymbol{J}=\langle \boldsymbol{E}\cdot\boldsymbol{E}^{\mathrm{H}}\rangle=\begin{bmatrix}\langle E_{\mathrm{H}}E_{\mathrm{H}}^{*}\rangle & \langle E_{\mathrm{H}}E_{\mathrm{V}}^{*}\rangle\\ \langle E_{\mathrm{V}}E_{\mathrm{H}}^{*}\rangle & \langle E_{\mathrm{V}}E_{\mathrm{V}}^{*}\rangle\end{bmatrix}=\begin{bmatrix}J_{\mathrm{HH}} & J_{\mathrm{HV}}\\ J_{\mathrm{VH}}^{*} & J_{\mathrm{VV}}\end{bmatrix}=\frac{1}{2}\begin{bmatrix}g_0+g_1 & g_2-\mathrm{j}g_3\\ g_2+\mathrm{j}g_3 & g_0-g_1\end{bmatrix} \tag{2-86}$$

式中:$\langle\cdots\rangle=\lim\limits_{T\to\infty}\left[\dfrac{1}{2T}\displaystyle\int_{-T}^{T}(\cdots)\mathrm{d}t\right]$为时间或集合平均。式(2-86)表明:①该矩阵主对角线上元素为自相关系数 J_{HH} 和 J_{VV},非主对角线上元素为互相关系数 J_{HV};②该矩阵为半正定 Hermitian 矩阵,其行列式必然大于或等于零。结合式(2-86)和 Schwartz 不等式,很容易证明相干矩阵各元素之间或 Stokes 参数之间存在如下关系:

$$|J_{\mathrm{HV}}|^2\leqslant J_{\mathrm{HH}}\cdot J_{\mathrm{VV}}\text{或 }g_0^2\geqslant g_1^2+g_2^2+g_3^2 \tag{2-87}$$

根据式(2-87):①若定义相干系数为

$$\mu_{\mathrm{HV}}=\frac{J_{\mathrm{HV}}}{\sqrt{J_{\mathrm{HH}}\cdot J_{\mathrm{VV}}}}=\frac{\langle E_{\mathrm{H}}E_{\mathrm{V}}^{*}\rangle}{\sqrt{\langle|E_{\mathrm{H}}|^2\rangle\langle|E_{\mathrm{V}}|^2\rangle}} \tag{2-88}$$

显然,相干系数$|\mu_{\mathrm{HV}}|$介于 0~1;当$|\mu_{\mathrm{HV}}|=0$时,E_{H} 和 E_{V} 完全不相关,此时电磁波为完全未极化波;当$|\mu_{\mathrm{HV}}|=1$时,二者完全相关,此时电磁波为完全极化波;介于这两种极限情况之间为部分极化波。②除此之外,还可定义波的极化度参数:

$$D_{\mathrm{p}}=\frac{\sqrt{g_1^2+g_2^2+g_3^2}}{g_0^2}=\left(1-\frac{4|\boldsymbol{J}|}{\mathrm{tr}(\boldsymbol{J})}\right)^{1/2} \tag{2-89}$$

同样,$D_{\mathrm{p}}=0$ 为完全未极化波,$D_{\mathrm{p}}=1$ 为完全极化波,介于二者之间为部分极化波。

尽管 μ_{HV} 和 D_{p} 均能区分不同类型的电磁波极化,但二者在取值和物理含义上均不同:μ_{HV} 为复数,表示 E_{H} 和 E_{V} 之间的相干性;D_{p} 为实数,表示波的极化程度。

类似于完全极化波,结合式(2-86),部分极化波的 Stokes 矢量定义为

$$
\boldsymbol{g}=\begin{bmatrix} g_0 \\ g_1 \\ g_2 \\ g_3 \end{bmatrix}=\begin{bmatrix} J_{\mathrm{HH}}+J_{\mathrm{VV}} \\ J_{\mathrm{HH}}-J_{\mathrm{VV}} \\ J_{\mathrm{HV}}+J_{\mathrm{VH}}^{*} \\ \mathrm{j}(J_{\mathrm{HV}}-J_{\mathrm{VH}}^{*}) \end{bmatrix}=\begin{bmatrix} \langle E_{\mathrm{H}}E_{\mathrm{H}}^{*}\rangle+\langle E_{\mathrm{V}}E_{\mathrm{V}}^{*}\rangle \\ \langle E_{\mathrm{H}}E_{\mathrm{H}}^{*}\rangle-\langle E_{\mathrm{V}}E_{\mathrm{V}}^{*}\rangle \\ \langle E_{\mathrm{H}}E_{\mathrm{V}}^{*}\rangle+\langle E_{\mathrm{V}}E_{\mathrm{H}}^{*}\rangle \\ \mathrm{j}(\langle E_{\mathrm{H}}E_{\mathrm{V}}^{*}\rangle-\langle E_{\mathrm{V}}E_{\mathrm{H}}^{*}\rangle) \end{bmatrix} \tag{2-90}
$$

显然，当 $g_0^2=g_1^2+g_2^2+g_3^2$ 时，式(2-90)退化为式(2-57)。

若将式(2-89)代入式(2-90)，部分极化波的 Stokes 矢量可简写为

$$
\boldsymbol{g}=g_0\,[1\quad D_{\mathrm{p}}\boldsymbol{g}_{13}]^{\mathrm{T}} \tag{2-91}
$$

式中：$\boldsymbol{g}_{13}=[g_1\quad g_2\quad g_3]^{\mathrm{T}}/\sqrt{g_1^2+g_2^2+g_3^2}$。显然式(2-91)是电磁波极化 Stokes 矢量的最一般表达式。当 $D_{\mathrm{p}}=1$ 时，式(2-91)为完全极化波 Stokes 矢量；当 $D_{\mathrm{p}}=0$ 时，为完全未极化波 Stokes 矢量；介于二者之间为部分极化波 Stokes 矢量。

类似于完全极化波的 Poincaré 极化球面表征，若以半径为 g_0 的实心球表示电磁波极化，所有极化状态均与该实心球上的点一一对应，其中完全极化波在该球体表面，完全未极化波在球心位置，部分极化波对应球体内部不包括球心的所有点。

2.6.2 波的分解理论

容易证明，几列独立的电磁波沿相同方向传播时，合成波的相干矩阵为各列波相干矩阵之和；反之，任何一列波都可看成若干列独立的波之和。特别地，任何一列部分极化波都可分解为相互独立的一列完全未极化波与一列完全极化波之和，且这种分解唯一。另外，任何一列部分极化波都可分解为相互独立的两列完全极化波之和，当波相干矩阵 $\boldsymbol{J}$ 有两个不同的特征值时，这种分解唯一。

1. 部分极化波 = 完全未极化波 + 完全极化波

令分解得到的完全未极化波和完全极化波的相干矩阵分别为

$$
\boldsymbol{J}_{\mathrm{up}}=\begin{bmatrix} A & 0 \\ 0 & A \end{bmatrix},\quad \boldsymbol{J}_{\mathrm{cp}}=\begin{bmatrix} B & D \\ D^{*} & C \end{bmatrix} \tag{2-92}
$$

其中 $A,B,C\geqslant 0$，且

$$
|\boldsymbol{J}_{\mathrm{cp}}|=BC-|D|^2=0 \tag{2-93}
$$

于是

$$
\boldsymbol{J}=\boldsymbol{J}_{\mathrm{up}}+\boldsymbol{J}_{\mathrm{cp}}=\begin{bmatrix} A+B & D \\ D^{*} & A+C \end{bmatrix}=\begin{bmatrix} J_{\mathrm{HH}} & J_{\mathrm{HV}} \\ J_{\mathrm{HV}}^{*} & J_{\mathrm{VV}} \end{bmatrix} \tag{2-94}
$$

结合式(2-92)和式(2-93),可得

$$(J_{\mathrm{HH}}-A)(J_{\mathrm{VV}}-A)-|J_{\mathrm{HV}}|^2=0 \tag{2-95}$$

可见 A 为相干矩阵 $\boldsymbol{J}$ 的特征根。可求出两个根为

$$\begin{aligned} A&=\frac{1}{2}\left(J_{\mathrm{xx}}+J_{\mathrm{yy}}\pm\sqrt{(J_{\mathrm{HH}}-J_{\mathrm{VV}})^2+4\,|J_{\mathrm{HV}}|^2}\right)\\ &=\frac{1}{2}\left(J_{\mathrm{HH}}+J_{\mathrm{VV}}\pm\sqrt{(J_{\mathrm{HH}}+J_{\mathrm{VV}})^2-4|\boldsymbol{J}|}\right)\end{aligned} \tag{2-96}$$

由于 $4|\boldsymbol{J}|\leqslant 4J_{\mathrm{HH}}J_{\mathrm{VV}}\leqslant(J_{\mathrm{xx}}+J_{\mathrm{yy}})^2$,故两个根都为非负实数。当式(2-96)中"±"取"-"时,由式(2-94)可得

$$B=\frac{1}{2}\left(J_{\mathrm{HH}}-J_{\mathrm{VV}}+\sqrt{(J_{\mathrm{HH}}+J_{\mathrm{VV}})^2-4|\boldsymbol{J}|}\right)$$

$$C=\frac{1}{2}\left(J_{\mathrm{VV}}-J_{\mathrm{HH}}+\sqrt{(J_{\mathrm{HH}}+J_{\mathrm{VV}})^2-4|\boldsymbol{J}|}\right)$$

$$D=J_{\mathrm{VV}}$$

由于 $\sqrt{(J_{\mathrm{HH}}+J_{\mathrm{VV}})^2-4|\boldsymbol{J}|}=\sqrt{(J_{\mathrm{HH}}-J_{\mathrm{VV}})^2+4\,|J_{\mathrm{HV}}|^2}\geqslant|J_{\mathrm{HH}}-J_{\mathrm{VV}}|$,故 B 和 C 也为非负实数。当式(2-96)中"±"取"+"时,得不到正的 B 和 C,因此必须舍弃。可见分解是唯一的。

分别对应式(2-96)中的"+"和"-",以 λ_1、λ_2 表示 $\boldsymbol{J}$ 的两个特征根,则 $\lambda_1\geqslant\lambda_2$。容易发现,$A=\lambda_2$,$\mathrm{tr}(\boldsymbol{J}_{\mathrm{cp}})=B+C=\lambda_1-\lambda_2$,因此上述分解可写成如下形式:

$$\boldsymbol{J}=2\lambda_2\,\tilde{\boldsymbol{J}}_{\mathrm{up}}+(\lambda_1-\lambda_2)\,\tilde{\boldsymbol{J}}_{\mathrm{cp}} \tag{2-97}$$

其中

$$\tilde{\boldsymbol{J}}_{\mathrm{up}}=\frac{1}{2}\boldsymbol{I},\quad \tilde{\boldsymbol{J}}_{\mathrm{cp}}=\frac{\boldsymbol{J}_{\mathrm{cp}}}{\mathrm{tr}(\boldsymbol{J}_{\mathrm{cp}})}=\frac{1}{B+C}\begin{bmatrix}B & D\\ D^* & C\end{bmatrix}$$

分别为单位强度完全未极化波和完全极化波的相干矩阵。$2\lambda_1$ 和 $(\lambda_1-\lambda_2)$ 分别为完全未极化波与完全极化波的强度。可见,$\lambda_2=0$ 时为完全极化波,$\lambda_1=\lambda_2$ 时为完全未极化波。

根据 Stokes 参数与波相干矩阵各元素间的对应关系,利用 Stokes 矢量可把上述分解表示为一种更简洁的形式:

$$\boldsymbol{g}=g_0(1-D_{\mathrm{p}})\begin{bmatrix}1\\0\end{bmatrix}+g_0D_{\mathrm{p}}\begin{bmatrix}1\\ \boldsymbol{g}_{13}\end{bmatrix}=\boldsymbol{g}_{\mathrm{up}}+\boldsymbol{g}_{\mathrm{cp}} \tag{2-98}$$

式中：$\boldsymbol{g}_{\mathrm{up}}$ 和 $\boldsymbol{g}_{\mathrm{cp}}$ 分别为完全未极化波和完全极化波的 Stokes 矢量。

2. 部分极化波 = 完全极化波 + 完全极化波

假设特征值 λ_1 和 λ_2 对应的单位特征矢量分别为 $\boldsymbol{v}_1$ 和 $\boldsymbol{v}_2$，则

$$\boldsymbol{J}=\lambda_1\tilde{\boldsymbol{J}}_1+\lambda_2\tilde{\boldsymbol{J}}_2=\lambda_1(\boldsymbol{v}_1\cdot\boldsymbol{v}_1^{\mathrm{H}})+\lambda_2(\boldsymbol{v}_2\cdot\boldsymbol{v}_2^{\mathrm{H}}) \tag{2-99}$$

式中：$\tilde{\boldsymbol{J}}_i=\boldsymbol{v}_i\cdot\boldsymbol{v}_i^{\mathrm{H}}(i=1,2)$。由于 $|\tilde{\boldsymbol{J}}_1|=|\tilde{\boldsymbol{J}}_2|=0$，故 $\tilde{\boldsymbol{J}}_1$、$\tilde{\boldsymbol{J}}_2$ 为单位强度完全极化波的相干矩阵。

当 $\lambda_1\neq\lambda_2$ 时，$\tilde{\boldsymbol{J}}_1$、$\tilde{\boldsymbol{J}}_2$ 是唯一确定的。实际上，满足特征方程 $\boldsymbol{J}\boldsymbol{v}=\lambda\boldsymbol{v}$ 的同一特征值对应的特征矢量必然是线性相关的，也就是说，对特征值 λ_i 的另一个单位特征矢量 $\boldsymbol{v}_i'$，必有 $\boldsymbol{v}_i'=\boldsymbol{v}_i\exp(\mathrm{j}\zeta_i)$（$\zeta_i$ 为实常数），从而 $\boldsymbol{v}_i'\cdot\boldsymbol{v}'^{\mathrm{H}}_i=\boldsymbol{v}_i\cdot\boldsymbol{v}_i^{\mathrm{H}}=\tilde{\boldsymbol{J}}_i$。

但是当 $\lambda_1=\lambda_2=\lambda$ 时，$\tilde{\boldsymbol{J}}_1$、$\tilde{\boldsymbol{J}}_2$ 不唯一。实际上，由式（2-96）可知，此时对应的是完全未极化波，相干矩阵为特征值与单位矩阵的数积，可分解为无穷多对不同的组合。不过在这无穷多对不同的组合中，比较有用的是两种。一种是分解为在水平、垂直方向振动的强度各为 λ 的独立线极化波之和，即

$$\boldsymbol{J}=\lambda\tilde{\boldsymbol{J}}_{\mathrm{H}}+\lambda\tilde{\boldsymbol{J}}_{\mathrm{V}} \tag{2-100}$$

式中：$\tilde{\boldsymbol{J}}_{\mathrm{H}}=\mathrm{diag}\{1,0\}$、$\tilde{\boldsymbol{J}}_{\mathrm{V}}=\mathrm{diag}\{0,1\}$ 分别为水平、垂直线极化波的单位强度相干矩阵。另一种是分解为强度各为 λ 的两列独立正交圆极化波之和：

$$\boldsymbol{J}=\lambda\begin{bmatrix}1&0\\0&1\end{bmatrix}=\lambda\tilde{\boldsymbol{J}}_{\mathrm{l}}+\lambda\tilde{\boldsymbol{J}}_{\mathrm{r}} \tag{2-101}$$

式中：$\tilde{\boldsymbol{J}}_{\mathrm{l}}=\dfrac{1}{2}\begin{bmatrix}1&-\mathrm{j}\\ \mathrm{j}&1\end{bmatrix}$、$\tilde{\boldsymbol{J}}_{\mathrm{r}}=\dfrac{1}{2}\begin{bmatrix}1&\mathrm{j}\\ -\mathrm{j}&1\end{bmatrix}$ 分别为左旋、右旋圆极化波的单位相干矩阵。

2.6.3 波的各向异性和熵

除了极化度和相干系数之外，度量电磁波相关性的参数还有波的各向异性和波的熵。下面将分别给出这两种参数的定义式。

根据矩阵分析理论，波的相干矩阵可表示为

$$\boldsymbol{J}=\boldsymbol{U}_2\begin{bmatrix}\lambda_1&0\\0&\lambda_2\end{bmatrix}\boldsymbol{U}_2^{-1}=\lambda_1(\boldsymbol{v}_1\cdot\boldsymbol{v}_1^{\mathrm{H}})+\lambda_2(\boldsymbol{v}_2\cdot\boldsymbol{v}_2^{\mathrm{H}}) \tag{2-102}$$

式中：$\boldsymbol{U}_2=[\boldsymbol{v}_1\quad\boldsymbol{v}_2]$ 为酉矩阵，$\boldsymbol{v}_1$ 和 $\boldsymbol{v}_2$ 为 $\boldsymbol{J}$ 单位特征矢量；λ_1 和 λ_2 为它们对应

的特征值,且

$$\begin{aligned}\lambda_1 &= \frac{1}{2}\left\{g_0 + \sqrt{g_1^2 + g_2^2 + g_3^2}\right\} \\ \lambda_2 &= \frac{1}{2}\left\{g_0 - \sqrt{g_1^2 + g_2^2 + g_3^2}\right\}\end{aligned} \tag{2-103}$$

波的各向异性和波的熵分别定义为

$$A_W = \frac{\lambda_1 - \lambda_2}{\lambda_1 + \lambda_2}, H_W = -\sum_{i=1}^{2} p_i \log_2(p_i) \quad \left(p_i = \frac{\lambda_1}{\lambda_1 + \lambda_2}\right) \tag{2-104}$$

式(2-104)表明,这两个参数的取值范围均为[0,1],但随着它们取值的增大,二者物理含义却各不相同:A_W 增大表示电磁波的极化程度越高,而 H_W 越大则表示电磁波的极化程度越低。不仅如此,当电磁波为完全极化时,$\lambda_2=0$,$H_W=0$ 和 $A_W=1$;当电磁波为部分极化时,$\lambda_1 \neq \lambda_2 \geqslant 0$,$0 \leqslant H_W \leqslant 1$ 和 $0 \leqslant A_W \leqslant 1$;当电磁波为未极化波时,$\lambda_1=\lambda_2$,$H_W=1$,$A_W=0$。

由式(2-104)可知:①波的各向异性和波的熵均采用波的相干矩阵的特征值定义,因而这两个参数与极化基变换无关;②波的各向异性与极化度定义形式不同,但若将式(2-103)代入波的各向异性定义,易证明二者是等价的。

2.7 电磁波的最佳接收问题

前文详细讨论了电磁波极化及其表征。本节将通过定义天线的极化来研究极化电磁波的最佳接收问题,并给出了天线与入射波的极化匹配系数概念之后,导出了完全极化波和部分极化的失、匹配接收条件。

2.7.1 天线有效长度定义

对于自由空间中的偶极子天线来说,在以天线口面中心为原点的球坐标系(图2-13)下,其远区辐射场可表示为

$$\boldsymbol{E}(r,\theta,\varphi) = \frac{\mathrm{j}Z_0 Il}{2\lambda r}\exp(\mathrm{j}kr)\sin\theta \boldsymbol{u}_\theta \tag{2-105}$$

式中:Z_0 为自由空间本征阻抗;k 为波数;λ 为波长;I 为偶极子馈入电流;$\boldsymbol{u}_\theta$ 为俯仰方向单位矢量。由式(2-105)可知,一个偶极子天线辐射场的极化方式与测量辐射场处的角坐标(θ,φ)有着密切的关系。

若仍然选取图2-13所示的球坐标系,那么式(2-105)可以推广到一般的天线辐射场,即

$$\boldsymbol{E}(r,\theta,\varphi)=\frac{\mathrm{j}Z_0Il}{2\lambda r}\exp(\mathrm{j}kr)\boldsymbol{h}(\theta,\varphi) \tag{2-106}$$

式中：$\boldsymbol{h}(\theta,\varphi)$称为天线的有效长度（或者天线有效高度），它与测量点空间角坐标(θ,φ)有关，表征天线的极化状态。由式（2-106）可知，天线辐射场与天线有效长度仅相差一个复标量常数，当天线馈入电流和测量点与天线相对位置确定之后，天线的极化状态可以用天线在该点的辐射场来定义。令该点辐射场的 Jones 矢量为 $\boldsymbol{E}$，天线极化 Jones 矢量定义为

$$\boldsymbol{h}=[h_\theta \quad h_\varphi]^{\mathrm{T}}=\frac{1}{\|\boldsymbol{E}\|}[E_\theta \quad E_\varphi]^{\mathrm{T}} \tag{2-107}$$

显然，天线极化 Jones 矢量与辐射场 Jones 矢量之间仅相差一个标量因子，在无须考虑天线增益或接收功率大小的场合，可以认为二者是一致的。

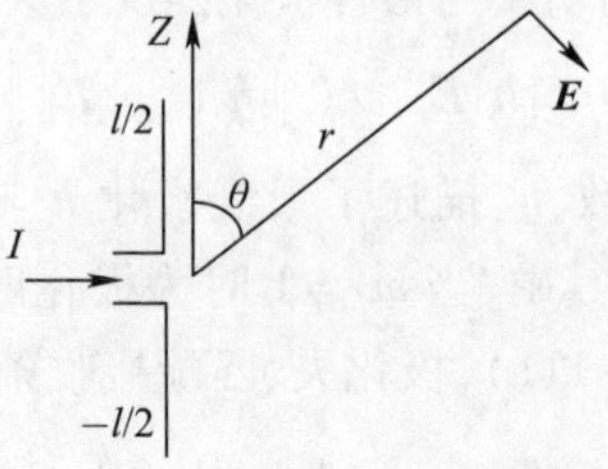

图 2-13　偶极子天线的辐射场

由于天线的极化实质上是根据该天线在给定方向上的辐射场定义的，因此前文讨论的所有电磁波极化描述均适用于天线的极化描述。特别指出，上述的天线极化是在单色波条件下定义的，即天线馈入电流是一个正弦波，这种定义方式也适用于大多数的窄带电磁系统。

2.7.2 天线失、匹配接收条件

设一根天线位于如图 2-14 所示的球面坐标系的原点，一个单色平面电磁波沿着(θ,φ)方向照射到天线。令天线在该方向上的 Jones 矢量为 $\boldsymbol{h}$，入射电磁波的 Jones 矢量为 $\boldsymbol{E}_\mathrm{i}$，则根据电磁网络理论可知，电磁波在接收天线上感应的开路电压定义为

$$V=\boldsymbol{h}^{\mathrm{T}}\boldsymbol{E}_\mathrm{i} \tag{2-108}$$

通常情况下，$\boldsymbol{h}$ 和 $\boldsymbol{E}_\mathrm{i}$ 均为复矢量，因此 V 是一个复数电压。需特别注意，式(2-108)中 $\boldsymbol{E}_\mathrm{i}$ 都是在以接收天线口面中心为原点的坐标系中定义的。

对于完全极化波来说，结合式（2-108）天线端口输出功率定义为

$$P=|V|^2=|\boldsymbol{h}^{\mathrm{T}}\boldsymbol{E}_\mathrm{i}|^2 \tag{2-109}$$

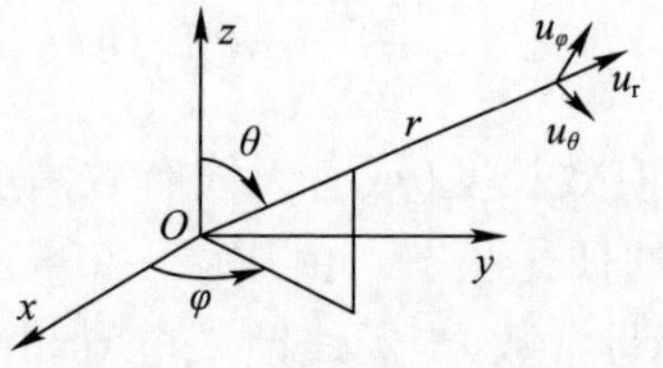

图 2-14 接收天线坐标系

利用 Swartz 不等式有

$$P = |\boldsymbol{h}^{\mathrm{T}}\boldsymbol{E}_{\mathrm{i}}|^2 \leqslant \|\boldsymbol{h}\|^2 \|\boldsymbol{E}_{\mathrm{i}}\|^2 \tag{2-110}$$

也就是说,天线接收功率最大值为 $P_{\max} = |\boldsymbol{h}|^2 |\boldsymbol{E}_{\mathrm{i}}|^2$。当输出功率最大时,我们称天线处于最佳匹配状态。如果改变天线极化状态,而保持相同的阻抗匹配条件,那么天线实际接收到的功率与最佳极化匹配下天线接收功率之比为

$$m_{\mathrm{p}} = |\boldsymbol{h}^{\mathrm{T}}\boldsymbol{E}_{\mathrm{i}}|^2 / (\|\boldsymbol{h}\|^2 \|\boldsymbol{E}_{\mathrm{i}}\|)^2 \tag{2-111}$$

式中:m_{p} 称为极化匹配系数,它描述了天线极化 $\boldsymbol{h}$ 与入射波极化 $\boldsymbol{E}_{\mathrm{i}}$ 的匹配程度,其取值范围为[0,1]。其中,当 $m_{\mathrm{p}}=1$ 时为极化匹配接收,当 $m_{\mathrm{p}}=0$ 时为极化失配接收,且根据式(2-111),极化失、匹配接收条件分别为

$$\boldsymbol{h}_{\mathrm{p}} = \boldsymbol{E}_{\mathrm{i}}^{*} / \|\boldsymbol{E}_{\mathrm{i}}\|, \boldsymbol{h}_{\mathrm{m}} = \begin{bmatrix} 0 & 1 \\ -1 & 0 \end{bmatrix} \boldsymbol{E}_{\mathrm{i}} / \|\boldsymbol{E}_{\mathrm{i}}\| \tag{2-112}$$

也就是说,入射波的归一化共轭极化给出了极化匹配接收条件,而归一化交叉极化给出了极化失配接收条件。

对于部分极化波来说,结合式(2-108),天线端口输出功率可定义为

$$P = \langle |V|^2 \rangle = \langle |\boldsymbol{h}^{\mathrm{T}}\boldsymbol{E}_{\mathrm{i}}|^2 \rangle \tag{2-113}$$

结合 Kronecker 积性质:

$$(\boldsymbol{AB}) \otimes (\boldsymbol{DF}) = (\boldsymbol{A} \otimes \boldsymbol{D})(\boldsymbol{B} \otimes \boldsymbol{F}) \text{和} (\boldsymbol{A} \otimes \boldsymbol{B})^{\mathrm{T}} = \boldsymbol{A}^{\mathrm{T}} \otimes \boldsymbol{B}^{\mathrm{T}} \tag{2-114}$$

以及相干矢量与 Stokes 矢量之间的关系,天线接收功率还可表示为

$$P = \boldsymbol{g}_{\mathrm{t}}^{\mathrm{T}} \boldsymbol{U}_{\mathrm{d4}} \boldsymbol{g}_{\mathrm{i}} / 2 = \boldsymbol{g}_{\mathrm{t}}^{\mathrm{T}} \boldsymbol{g}_{\mathrm{fi}} / 2 \tag{2-115}$$

式中:$\boldsymbol{g}_{\mathrm{t}}$ 和 $\boldsymbol{g}_{\mathrm{i}}$ 分别为天线和入射波的 Stokes 矢量。需要指出:①$\boldsymbol{g}_{\mathrm{t}}$ 和 $\boldsymbol{g}_{\mathrm{i}}$ 都是在同一坐标系中定义,也就是说都在以接收天线口面中心为原点的坐标系中定义的;②$\boldsymbol{U}_{\mathrm{d4}}$ 改变了 $\boldsymbol{g}_{\mathrm{fi}}$ 的极化旋向,从而使 $\boldsymbol{g}_{\mathrm{fi}}$ 与 $\boldsymbol{g}_{\mathrm{i}}$ 具有相同的极化基,但是极化旋向定义正好相反,这将在后文阐明。

由 2.6.2 节研究可知,任意部分极化波均可分解为一个完全极化波和一个完全未极化之和,因而根据式(2-98),$\boldsymbol{g}_{\mathrm{fi}}$ 可表示为

$$\boldsymbol{g}_{\mathrm{fi}} = g_{\mathrm{i0}}(1 - D_{\mathrm{pi}})\begin{bmatrix}1\\0\end{bmatrix} + g_{\mathrm{i0}}D_{\mathrm{pi}}\begin{bmatrix}1\\\boldsymbol{g}_{\mathrm{i13}}\end{bmatrix} \tag{2-116}$$

又由 2.7.1 节可知,对于窄带雷达系统,其天线极化为完全极化,故其 Stokes 矢量表征为

$$\boldsymbol{g}_{\mathrm{t}} = [1 \quad \boldsymbol{g}_{\mathrm{t13}}]^{\mathrm{T}} \tag{2-117}$$

将式(2-116)和式(2-117)均代入式(2-115),整理得

$$P = \underbrace{\frac{1}{2}g_{\mathrm{i0}}D_{\mathrm{pi}}\begin{bmatrix}1\\\boldsymbol{g}_{\mathrm{i13}}\end{bmatrix}^{\mathrm{T}}\begin{bmatrix}1\\\boldsymbol{g}_{\mathrm{t13}}\end{bmatrix}}_{\text{完全极化分量部分}} + \underbrace{\frac{1}{2}g_{\mathrm{i0}}(1 - D_{\mathrm{pi}})}_{\text{未极化分量部分}} \tag{2-118}$$

式中:$\boldsymbol{g}_{\mathrm{i13}}$ 和 $\boldsymbol{g}_{\mathrm{t13}}$ 均满足 $\boldsymbol{g}_{13}^{\mathrm{T}}\boldsymbol{g}_{13} = 1$。由式(2-118)可知:①接收天线极化仅影响入射波中的完全极化分量接收,而对未极化分量接收无影响;②对于任意部分极化散射回波而言,当接收天线极化与入射波中完全极化分量失配时,天线接收功率达到最小值;③当接收天线极化与入射波中完全极化分量匹配时,天线接收功率达到最大值。表 2-1 给出了天线失、匹配接收时部分极化入射波中完全极化分量、完全未极化分量和天线接收功率的计算公式。

表 2-1　部分极化散射回波的天线接收功率

接收方式	天线接收条件	完全极化分量	未极化分量	天线接收总功率
匹配接收	$[1 \quad \boldsymbol{g}_{\mathrm{i13}}]$	$g_{\mathrm{i0}}D_{\mathrm{pi}}$	$g_{\mathrm{i0}}(1-D_{\mathrm{pi}})/2$	$g_{\mathrm{i0}}(1+D_{\mathrm{pi}})/2$
失配接收	$[1 \quad -\boldsymbol{g}_{\mathrm{i13}}]$	0	$g_{\mathrm{i0}}(1-D_{\mathrm{pi}})/2$	$g_{\mathrm{i0}}(1-D_{\mathrm{pi}})/2$

第3章

雷达目标极化及其表征

雷达发射电磁波在空间自由传播时,遇到目标就会发生散射现象。在目标散射的过程中,入射波的一部分能量被雷达目标吸收,而另一部分能量则通过二次辐射方式产生目标散射回波。由于目标的信息加载或调制作用,其散射波在幅度、相位、极化等特性方面与入射波存在较大差异,这些差异是研究雷达目标的基础。

在雷达目标电磁散射特性研究中,雷达散射截面(Radar Cross Section,RCS)是最早出现且使用最为广泛的特征量。它是描述目标对入射波散射效率的量,表征了目标散射波与入射波之间的幅度变换特性。尽管 RCS 与入射波极化有关,但是它缺乏对相位和极化特性的表征。为此,本章将引入新的特征量来描述目标的极化散射特性。

本章结构安排:3.1 节引入了确定性目标的极化散射矩阵表征,并讨论了散射坐标选取和极化散射矩阵矢量化;3.2 节依次给出了分布式目标的 Mueller 矩阵、Kennaugh 矩阵、协方差矩阵和相干矩阵等表征;在此基础上,3.3 节、3.4 节依次讨论了这些极化表征之间的数学关系及各种极化表征的极化基过渡矩阵;3.5 节介绍了极化表征的 Huynen - Euler 参数和 Huynen 参数;3.6 节介绍了一些典型目标散射矩阵及其散射特性;3.7 节在详细分析现有目标特征极化理论的基础上,分别研究了相干情形和非相干情形目标特征极化理论。

3.1 确定性目标极化表征

一般来说,雷达目标大致可分为确定性和分布式两种。对于确定性目标来说,在单色波照射下,其散射波是完全极化的,这类目标也称为相干散射目标,其散射特性可用一个极化散射矩阵表征;对于分布式目标来说,无论采用何种入射波,其散射波通常都是部分极化的,故它又称为非相干散射目标。分布式目标可看成由许多相互独立的、空间随机分布的散射体构成,其散射特性一般采用 Mueller 矩阵、Kennaugh 矩阵、协方差矩阵和相干矩阵等表征。本节仅讨论确定性目标极化表征，分布式目标极化表征将在 3.2 节介绍。

3.1.1 雷达散射截面

雷达方程是电磁波与雷达目标相互作用规律的一般表征。假设雷达目标和天线均位于自由空间（如真空）中，它确定了发射电磁波功率 P_t 与天线接收功率 P_r，或目标入射波和散射波之间的功率关系，即

$$P_r = \frac{P_t G_t(\theta,\phi)}{4\pi r_t^2}\sigma\frac{A_{er}(\theta,\phi)}{4\pi r_r^2} \tag{3-1}$$

式中：$G_t(\theta,\phi)$ 为发射天线增益；$A_{er}(\theta,\phi)$ 为接收天线有效孔径；r_t 为发射天线与目标之间的距离；r_r 为目标与接收天线之间的距离；θ 和 ϕ 分别为方位角和俯仰角；σ 为 RCS。

雷达散射截面是描述目标对入射波散射效率的特征量。其定义方式有两种[228]：其一，利用电磁散射理论；其二，根据雷达方程。尽管由这两种方式导出的数学表达式各不相同，但它们在数学上是等价的，即均等于单位立体角内目标朝接收方向的散射功率与入射平面波功率密度之比的 4π 倍。根据雷达方程，雷达散射截面可表示为

$$\sigma = 4\pi r_r^2\left(\frac{P_r}{A_{er}(\theta,\phi)}\right)\bigg/\left(\frac{P_t G_t(\theta,\phi)}{4\pi r_t^2}\right) = 4\pi r_r^2\frac{|P_{ds}|}{|P_{di}|} \tag{3-2}$$

式中：$|P_{ds}|$ 为散射波在接收天线处的功率密度；$|P_{di}|$ 为入射波在目标处的功率密度。

当 r_t 和 r_r 均足够大时，目标入射波和散射波均可近似为平面电磁波。根据电磁理论可知，电磁波功率密度可表示为其电场矢量的函数[268]，即

$$P_d = \frac{1}{2}\boldsymbol{E}\boldsymbol{H}^* = \frac{|\boldsymbol{E}|^2}{2\eta_0}\boldsymbol{e}\boldsymbol{h}^*,\quad |P_d| = \frac{|\boldsymbol{E}|^2}{2\eta_0} \tag{3-3}$$

式中：$\boldsymbol{E}$ 和 $\boldsymbol{H}$ 分别为电场强度和磁场强度；$*$ 为复共轭；$\boldsymbol{e} = \boldsymbol{E}/|\boldsymbol{E}|$；$\boldsymbol{h} = \boldsymbol{H}/|\boldsymbol{H}|$；$\eta_0$ 为自由空间波阻抗，$\eta_0 = 377\Omega$。结合式（3-3），RCS 可进一步表示为

$$\sigma = \lim_{r_r\to\infty} 4\pi r_r^2\ |\boldsymbol{E}_s|^2/|\boldsymbol{E}_i|^2 \tag{3-4}$$

式中：$\boldsymbol{E}_s$ 和 $\boldsymbol{E}_i$ 分别为散射波和入射波电场强度。可见，在远场条件下，RCS 仅与入射波和散射波电场强度有关，而与 r_r 无关（因为散射场与 r_r 成反比，而与入射场成正比），或 RCS 仅表征了目标散射波与入射波之间的幅度变换特性，但无法体现入射波极化对 RCS 的影响[268]。

3.1.2 极化散射矩阵

极化散射矩阵又称 Sinclair 矩阵，它最早是由 George Sinclair 于 1948 年引入的。与雷达散射截面不同，极化散射矩阵完整地表征了雷达目标的电磁散射现象。

第 2 章研究表明，任意单色波的电场矢量均可采用 Jones 矢量表征，而任意 Jones 矢量又可分解为两个相互正交的 Jones 矢量的线性组合，这两个正交 Jones 矢量称为该单色波的极化基。在极化基选定之后，目标入射波和散射波可分别表示为

$$\boldsymbol{E}^{s}=E_{H}^{s}\boldsymbol{h}_{s}+E_{V}^{s}\boldsymbol{v}_{s}, \quad \boldsymbol{E}^{i}=E_{H}^{i}\boldsymbol{h}_{i}+E_{V}^{i}\boldsymbol{v}_{i} \tag{3-5}$$

式中：$\boldsymbol{E}^{s}$ 为散射波 Jones 矢量；$\boldsymbol{E}^{i}$ 为入射波 Jones 矢量；H 和 V 为选定的正交极化基。

通常情况下，雷达目标在远场区的电磁散射为一个线性过程。在散射坐标系和极化基选定之后，雷达目标入射波和散射波的各极化分量之间存在线性变换关系，且这种线性变换关系可用一个 2×2 复矩阵表征，即

$$\begin{bmatrix} E_{H}^{s} \\ E_{V}^{s} \end{bmatrix}=\frac{e^{jkr}}{r}\begin{bmatrix} S_{HH} & S_{HV} \\ S_{VH} & S_{VV} \end{bmatrix}\begin{bmatrix} E_{H}^{i} \\ E_{V}^{i} \end{bmatrix} \text{或} \boldsymbol{E}^{s}=\frac{e^{jkr}}{r}\boldsymbol{S}\boldsymbol{E}^{i} \tag{3-6}$$

该式为雷达目标的极化散射方程。式中：r 为雷达目标与接收天线之间的距离；k 为电磁波的波数；S 为极化散射矩阵；S_{HV} 为 V 极化方式发射和 H 极化方式接收的复散射系数；且当 $i=j$ 时，为同极化项；当 $i\neq j$ 时，为正交极化项。

若目标入射波极化记为 p，散射波极化记为 q，结合式(3-4)和式(3-6)，极化散射矩阵各元素与目标 RCS 之间存在如下关系：

$$\sigma_{qp}=4\pi\left|S_{qp}\right|^{2} \tag{3-7}$$

显然，与 RCS 一样，极化散射矩阵不但取决于目标自身的形状、尺寸、结构、材料等物理属性，而且还和目标与雷达收发系统之间的相对姿态取向、空间几何位置关系，以及雷达工作频率等观测条件有关。不仅如此，考虑到 Jones 矢量各元素取值与极化基有关，它还依赖散射坐标的选取。不过，在给定的观测条件和散射坐标框架下，极化散射矩阵具有唯一复数形式，且可表示为

$$\begin{aligned}\boldsymbol{S}&=\begin{bmatrix} \left|S_{HH}\right|e^{j\phi_{HH}} & \left|S_{HV}\right|e^{j\phi_{HV}} \\ \left|S_{VH}\right|e^{j\phi_{VH}} & \left|S_{VV}\right|e^{j\phi_{VV}} \end{bmatrix}=e^{j\phi_{HH}}\begin{bmatrix} \left|S_{HH}\right| & \left|S_{HV}\right|e^{j(\phi_{HV}-\phi_{HH})} \\ \left|S_{VH}\right|e^{j(\phi_{VH}-\phi_{HH})} & \left|S_{VV}\right|e^{j(\phi_{VV}-\phi_{HH})} \end{bmatrix}\\&=e^{j\phi_{HH}}\tilde{\boldsymbol{S}}\end{aligned} \tag{3-8}$$

式中：ϕ_{HH}为矩阵绝对相位；$\tilde{\boldsymbol{S}}$ 为相对极化散射矩阵。考虑到绝对相位依赖雷达与目标之间的距离，它不是一个独立参数，因而极化散射矩阵仅包含 7 个独立参数：4 个幅度参数（$|S_{HH}|$、$|S_{HV}|$、$|S_{VH}|$及$|S_{VV}|$）和 3 个相位差参数（$\phi_{HV}-\phi_{HH}$、$\phi_{VH}-\phi_{HH}$及$\phi_{VV}-\phi_{HH}$）。

在单静态互易条件下，发射天线和接收天线在同一位置，雷达目标入射波和散射波的 Jones 矢量均采用相同的极化基。极化散射矩阵为对称矩阵（$\boldsymbol{S}^{T}=\boldsymbol{S}$），它可表示为

$$\boldsymbol{S}=\begin{bmatrix}|S_{HH}|e^{j\phi_{HH}} & |S_{HV}|e^{j\phi_{HV}}\\ |S_{HV}|e^{j\phi_{HV}} & |S_{VV}|e^{j\phi_{VV}}\end{bmatrix}=e^{j\phi_{HH}}\begin{bmatrix}|S_{HH}| & |S_{HV}|e^{j(\phi_{HV}-\phi_{HH})}\\ |S_{HV}|e^{j(\phi_{HV}-\phi_{HH})} & |S_{VV}|e^{j(\phi_{VV}-\phi_{HH})}\end{bmatrix} \tag{3-9}$$

此时极化散射矩阵仅有 5 个独立参数：3 个幅度参数（$|S_{HH}|$、$|S_{HV}|$、$|S_{VV}|$）和 2 个相位参数（$\phi_{HV}-\phi_{HH}$、$\phi_{VV}-\phi_{HH}$）。

利用极化散射矩阵，目标散射 span 总功率定义为

$$\text{span}=\text{tr}(\boldsymbol{S}\boldsymbol{S}^{H})=\text{tr}(\boldsymbol{G})=|S_{HH}|^2+|S_{HV}|^2+|S_{VH}|^2+|S_{VV}|^2 \tag{3-10}$$

式中：tr($\boldsymbol{G}$)为矩阵 $\boldsymbol{G}$ 的迹运算，$\boldsymbol{G}$ 为 Graves 功率矩阵，其定义式为

$$\boldsymbol{G}=\boldsymbol{S}^{H}\boldsymbol{S}=\begin{bmatrix}|S_{HH}|^2+|S_{HV}|^2 & S_{HH}^{*}S_{HV}+S_{VH}^{*}S_{VV}\\ S_{HV}^{*}S_{HH}+S_{VV}^{*}S_{VH} & |S_{VH}|^2+|S_{VV}|^2\end{bmatrix} \tag{3-11}$$

显然，该矩阵为 Hermitian 矩阵（$\boldsymbol{G}^{H}=\boldsymbol{G}$）。在单静态互易条件下，式(3-10)分别退化为

$$\text{span}=|S_{HH}|^2+2|S_{HV}|^2+|S_{VV}|^2 \tag{3-12}$$

3.1.3 散射坐标框架

从前面的讨论可知，极化散射矩阵是目标极化变换特性等的表征，它首先取决于目标的物理属性，诸如形状、尺寸、结构等；其次其与雷达观测条件有关，主要包括雷达工作频率、目标与雷达相对姿态和空间几何位置关系等。除此之外，它的具体形式还依赖散射坐标系和极化基的选取，尽管这并不改变极化散射矩阵包含的目标信息量。

1. 极化基选取

理论上讲，电磁波 Jones 矢量的极化基可任意选取，即在电磁波传播截面上任意一对相互正交的极化波均可作为极化基。这意味着，若目标入射波和散射

波选取不同的极化基,其相应的极化散射矩阵具体形式是不同的。为了减少数学表征的复杂性及保证极化散射矩阵形式的唯一性,人们通常需对极化基的选取做一些简化处理。

通常情况下,首先在目标位置建立一个笛卡儿全局坐标系(x,y,z),如图3-1所示。在该坐标系中,收发天线的坐标位置分别为(x_r,y_r,z_r)和(x_t,y_t,z_t);然后在接收(或发射)天线位置沿着与散射波(或入射波)平行的方向$\hat{u}_\gamma^r$(或$\hat{u}_\gamma^t$)建立右手局部坐标系$(\hat{u}_\gamma^r,\hat{u}_\theta^r,\hat{u}_\varphi^r)$(或$(\hat{u}_\gamma^t,\hat{u}_\theta^t,\hat{u}_\varphi^t)$)。其中坐标系中各坐标系单位矢量分别表示为

$$\begin{cases}\hat{u}_\gamma = \sin\theta\cos\varphi\hat{x} + \sin\theta\sin\varphi\hat{y} + \cos\theta\hat{z}\\ \hat{u}_\theta = \cos\theta\cos\varphi\hat{x} + \cos\theta\sin\varphi\hat{y} - \sin\theta\hat{z}\\ \hat{u}_\varphi = -\sin\varphi\hat{x} + \cos\varphi\hat{y}\end{cases} \tag{3-13}$$

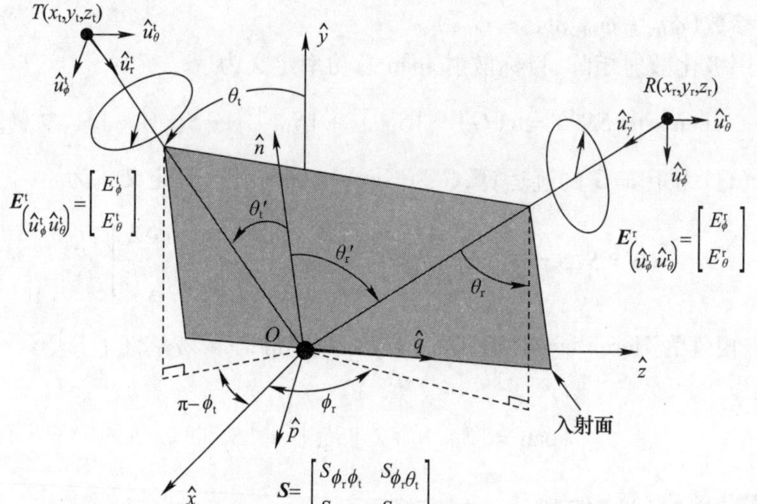

图3-1 散射坐标系和极化基

若在两个局部坐标系中分别选取$(\hat{u}_\theta^t,\hat{u}_\varphi^t)$和$(\hat{u}_\theta^r,\hat{u}_\varphi^r)$为入射波和散射波的极化基,则入射波和散射波的Jones矢量可分别表示为

$$\begin{cases}\boldsymbol{E}_t = E_\theta^t\hat{u}_\theta^t + E_\varphi^t\hat{u}_\varphi^t = [E_\theta^t \quad E_\varphi^t]^T\\ \boldsymbol{E}_r = E_\theta^r\hat{u}_\theta^r + E_\varphi^r\hat{u}_\varphi^r = [E_\theta^r \quad E_\varphi^r]^T\end{cases} \tag{3-14}$$

若忽略式(3-6)中常数项,则目标极化散射方程可表示为

$$\begin{bmatrix} E_\theta^{\mathrm{r}} \\ E_\varphi^{\mathrm{r}} \end{bmatrix} = \begin{bmatrix} S_{\theta_\mathrm{r}\theta_\mathrm{t}} & S_{\theta_\mathrm{r}\varphi_\mathrm{t}} \\ S_{\varphi_\mathrm{r}\theta_\mathrm{t}} & S_{\varphi_\mathrm{r}\varphi_\mathrm{t}} \end{bmatrix} \begin{bmatrix} E_\theta^{\mathrm{t}} \\ E_\varphi^{\mathrm{t}} \end{bmatrix} \tag{3-15}$$

显然,只要目标与收发天线之间空间位置确定,那么在全局坐标系中$\hat{u}_\gamma^{\mathrm{r}}$ 和$\hat{u}_\gamma^{\mathrm{t}}$ 的关系就能唯一确定。然而,($\hat{u}_\theta^{\mathrm{t}}$,$\hat{u}_\varphi^{\mathrm{t}}$)和($\hat{u}_\theta^{\mathrm{r}}$,$\hat{u}_\varphi^{\mathrm{r}}$)之间仍不存在固有的几何关系,这使由式(3-15)定义的极化散射矩阵形式仍不唯一。为此,人们通常对极化基的选取做如下约定:若入射平面定义为单位矢量$\hat{u}_\gamma^{\mathrm{t}}$ 与法线 $\hat{n}$ 所张成的平面,则令$\hat{u}_\theta^{\mathrm{t}}$ 和$\hat{u}_\theta^{\mathrm{r}}$ 共处于该入射平面内,而$\hat{u}_\varphi^{\mathrm{t}}$ 和$\hat{u}_\varphi^{\mathrm{r}}$ 均与入射平面垂直,如图3-2所示。

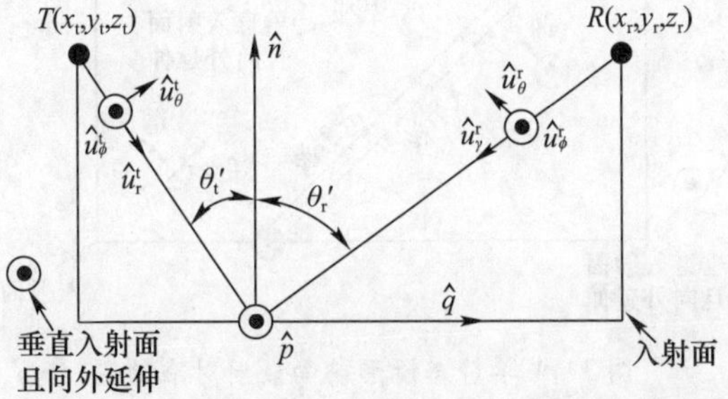

图3-2 入射波和散射波的极化基之间的关系约定

不过需指出,从严格意义上讲,在上述约定下,$\hat{u}_\theta^{\mathrm{t}}$ 和$\hat{u}_\theta^{\mathrm{r}}$ 一般并不平行,因而极化散射矩阵主对角线元素并不是同极化通道的,但通常将这些元素仍称为同极化项,而$\hat{u}_\theta^{\mathrm{t}}$ 与$\hat{u}_\varphi^{\mathrm{r}}$(或$\hat{u}_\varphi^{\mathrm{t}}$ 和$\hat{u}_\theta^{\mathrm{r}}$)却相互垂直,因而非主对角线元素为正交极化项。

2. 前向、后向对准约定

极化基选取之后,根据局部坐标系中$\hat{u}_\gamma$ 轴方向与波的方向关系,有两种散射坐标系选取的可能:一为前向散射对准约定(Forward Scatter Alignment,FSA)散射坐标系,即$\hat{u}_\gamma$ 轴方向与电磁波传播方向一致;二为后向散射对准约定(Back Scatter Alignment,BSA)散射坐标系,即$\hat{u}_\gamma$ 轴方向与雷达天线指向一致。

对于前向散射对准约定,发射天线位置局部坐标系中$\hat{u}_\gamma^{\mathrm{t}}$ 轴方向与入射电磁波方向相同,接收天线位置右手局部坐标系中$\hat{u}_\gamma^{\mathrm{r}}$ 轴方向与散射回波方向相同。在前文极化基选取约定下,图3-3和图3-4分别给出了双静态情形和单静态情形的前向散射对准约定散射坐标系。从图3-4中可以看出,在单静态情形下,收发天线位置的局部坐标系之间关系为 $\hat{u}_\theta^{\mathrm{rf}}=\hat{u}_\theta^{\mathrm{t}}$,$\hat{u}_\gamma^{\mathrm{rf}}=-\hat{u}_\gamma^{\mathrm{t}}$ 及$\hat{u}_\phi^{\mathrm{rf}}=-\hat{u}_\phi^{\mathrm{t}}$。

对于后向散射对准约定,发射天线位置右手局部坐标系中$\hat{u}_\gamma^{\mathrm{t}}$ 轴方向与发射

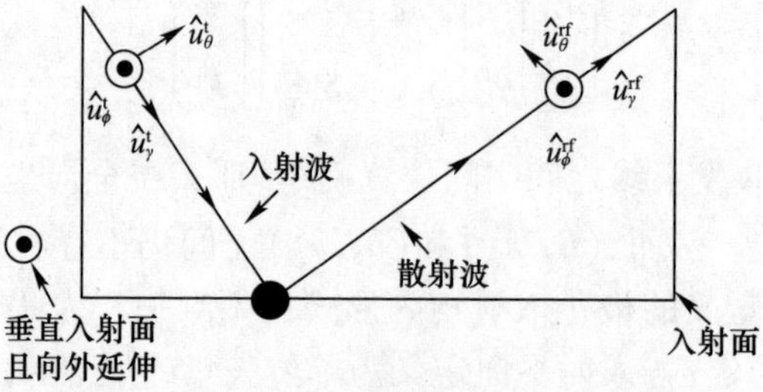

图 3-3 双静态情形前向散射对准约定

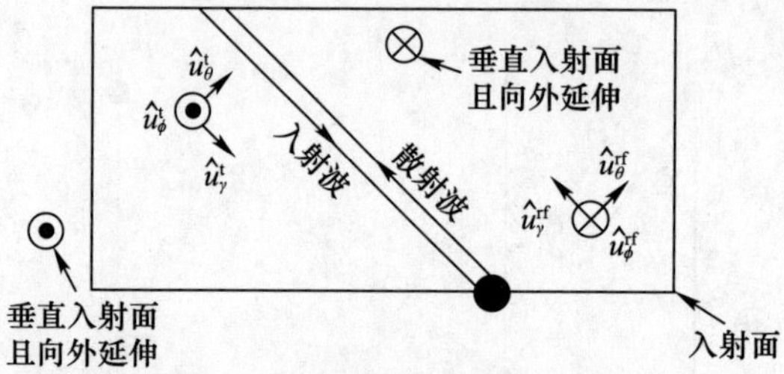

图 3-4 单静态情形前向散射对准约定

天线指向相同,接收天线位置右手局部坐标系中$\hat{u}_\gamma^r$轴方向与接收天线指向方向相同。在前文极化基选取约定下,图 3-5 和图 3-6 分别给出了双静态情形和单静态情形的后向散射对准约定散射坐标系。从图 3-6 中可以看出,在单静态情形,收发天线位置的右手局部坐标系完全重合。此时,若令 $u_\theta^t = u_\theta^{fr} = \mathrm{H}$ 及 $\boldsymbol{u}_\varphi^t = u_\varphi^{fr} = \mathrm{V}$,则在(H,V)极化基下,极化散射矩阵可表示为

$$\boldsymbol{S} = \begin{bmatrix} S_{\mathrm{HH}} & S_{\mathrm{HV}} \\ S_{\mathrm{VH}} & S_{\mathrm{VV}} \end{bmatrix} \tag{3-16}$$

式中:S_{HH}和S_{VV}为收发天线极化相同(简称同极化通道)时的复散射系数;S_{HV}和S_{VH}为收发天线极化正交(简称正交或交叉极化通道)时的复散射系数。不过需指出,尽管单静态情形入射波和散射波均采用相同的极化基,但它们极化基的定义方式是不同的:入射波的极化基是在局部右手螺旋坐标系中定义;而散射波的极化基是在左手螺旋坐标系中定义的。

以上分析表明,FSA 和 BSA 散射坐标系之间的差异在于接收天线处局部坐标系。在单静态情形后向散射,两种接收天线处局部坐标系中$\hat{u}_\gamma$与$\hat{u}_\phi$相差一个负号。采用极化散射矩阵表示,这种差异可表示为

$$\boldsymbol{S}_{\mathrm{BSA}} = \Lambda_{2,1}\boldsymbol{S}_{\mathrm{FSA}} \tag{3-17}$$

式中:$\boldsymbol{S}_{\mathrm{FSA}}$、$\boldsymbol{S}_{\mathrm{BSA}}$分别为 FSA 和 BSA 散射坐标系下的极化散射矩阵;$\Lambda_{2,1} = \mathrm{diag}\{-1,1\}$。

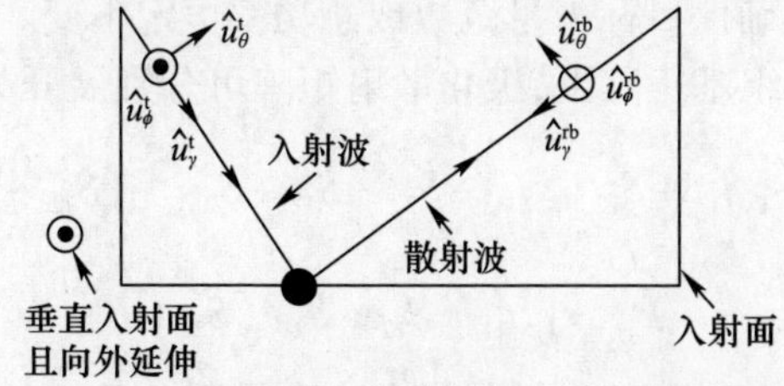

图 3-5　双静态情形后向散射对准约定

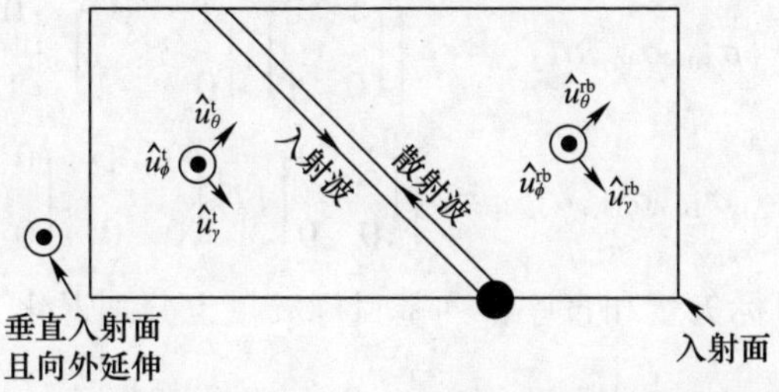

图 3-6　单静态情形后向散射对准约定

3.1.4 极化散射矩阵矢量化

为了便于提取目标信息,通常将极化散射矩阵矢量化,即

$$\boldsymbol{k}=V(\boldsymbol{S})=\frac{1}{2}\mathrm{tr}(\boldsymbol{S}\cdot\boldsymbol{\Psi})=[k_1\quad k_2\quad k_3\quad k_4]^{\mathrm{T}} \tag{3-18}$$

式中:$\boldsymbol{\Psi}$ 为满足 Hermitian 内积正交的一组复数基矩阵的集合。极化散射矩阵也可表示为矢量 $\boldsymbol{k}$ 各元素的函数,即

$$\boldsymbol{S}=\begin{bmatrix}S_{\mathrm{HH}} & S_{\mathrm{HV}}\\ S_{\mathrm{VH}} & S_{\mathrm{VV}}\end{bmatrix}=\frac{1}{\sqrt{2}}\begin{bmatrix}k_1+k_2 & k_3-\mathrm{j}k_4\\ k_3+\mathrm{j}k_4 & k_1-k_2\end{bmatrix} \tag{3-19}$$

可见,两种数学表征是等价的或可逆的,这说明它们包含了相同的目标信息量,故 $\boldsymbol{k}$ 通常俗称目标散射矢量。目前,满足 Hermitian 内积正交且应用广泛的基矩阵主要有 Pauli 基矩阵和直序排列基矩阵,它们分别为

$$\boldsymbol{\Psi}_{4\mathrm{P}}=\{\boldsymbol{\sigma}_{\mathrm{P0}},\boldsymbol{\sigma}_{\mathrm{P1}},\boldsymbol{\sigma}_{\mathrm{P2}},\boldsymbol{\sigma}_{\mathrm{P3}}\}=\sqrt{2}\left\{\begin{bmatrix}1&0\\0&1\end{bmatrix},\begin{bmatrix}1&0\\0&-1\end{bmatrix},\begin{bmatrix}0&1\\1&0\end{bmatrix},\begin{bmatrix}0&-\mathrm{j}\\\mathrm{j}&0\end{bmatrix}\right\} \tag{3-20}$$

$$\boldsymbol{\Psi}_{4\mathrm{L}}=\{\boldsymbol{\sigma}_{\mathrm{L0}},\boldsymbol{\sigma}_{\mathrm{L1}},\boldsymbol{\sigma}_{\mathrm{L2}},\boldsymbol{\sigma}_{\mathrm{L3}}\}=2\left\{\begin{bmatrix}1&0\\0&0\end{bmatrix},\begin{bmatrix}0&1\\0&0\end{bmatrix},\begin{bmatrix}0&0\\1&0\end{bmatrix},\begin{bmatrix}0&0\\0&1\end{bmatrix}\right\} \tag{3-21}$$

式中：系数$\sqrt{2}$和2是确保目标矢量范数或总功率恒定不变。

在$\boldsymbol{\Psi}_{\mathrm{P}}$和$\boldsymbol{\Psi}_{\mathrm{L}}$两组基矩阵下，极化散射矩阵可分别展开为

$$\boldsymbol{k}_{4\mathrm{P}}=\frac{1}{\sqrt{2}}[S_{11}+S_{22}\quad S_{11}-S_{22}\quad S_{12}+S_{21}\quad \mathrm{j}(S_{12}-S_{21})]^{\mathrm{T}} \tag{3-22}$$

$$\boldsymbol{k}_{4\mathrm{L}}=[S_{11}\quad S_{12}\quad S_{21}\quad S_{22}]^{\mathrm{T}} \tag{3-23}$$

这两列矢量分别称为Pauli基目标矢量和直序排列基目标矢量。

在单静态情形后向散射，极化散射矩阵为对称的，此时两组基矩阵退化为

$$\boldsymbol{\Psi}_{3\mathrm{P}}=\{\boldsymbol{\sigma}_{\mathrm{P0}},\boldsymbol{\sigma}_{\mathrm{P1}},\boldsymbol{\sigma}_{\mathrm{P2}}\}=\sqrt{2}\left\{\begin{bmatrix}1&0\\0&1\end{bmatrix},\begin{bmatrix}1&0\\0&-1\end{bmatrix},\begin{bmatrix}0&1\\1&0\end{bmatrix}\right\} \tag{3-24}$$

$$\boldsymbol{\Psi}_{3\mathrm{L}}=\{\boldsymbol{\sigma}_{\mathrm{L0}},\boldsymbol{\sigma}_{\mathrm{L1}},\boldsymbol{\sigma}_{\mathrm{L2}}\}=2\left\{\begin{bmatrix}1&0\\0&0\end{bmatrix},\sqrt{2}\begin{bmatrix}0&1\\0&0\end{bmatrix},\begin{bmatrix}0&0\\0&1\end{bmatrix}\right\} \tag{3-25}$$

相应地，Pauli基目标矢量和直序排列基目标矢量也分别退化为

$$\boldsymbol{k}_{3\mathrm{P}}=\frac{1}{\sqrt{2}}[S_{\mathrm{HH}}+S_{\mathrm{VV}}\quad S_{\mathrm{HH}}-S_{\mathrm{VV}}\quad 2S_{\mathrm{HV}}]^{\mathrm{T}} \tag{3-26}$$

$$\boldsymbol{k}_{3\mathrm{L}}=[S_{\mathrm{HH}}\quad \sqrt{2}S_{\mathrm{HV}}\quad S_{\mathrm{VV}}]^{\mathrm{T}} \tag{3-27}$$

结合式(3-22)、式(3-23)、式(3-26)和式(3-27)，Pauli基目标矢量和直序排列基目标矢量之间的变换关系可以表示为

双静态情形：

$$\boldsymbol{k}_{4\mathrm{P}}=\boldsymbol{Q}_4\boldsymbol{k}_{4\mathrm{L}},\quad \boldsymbol{k}_{4\mathrm{L}}=\boldsymbol{Q}_4^{\mathrm{H}}\boldsymbol{k}_{4\mathrm{P}} \tag{3-28}$$

单静态情形：

$$\boldsymbol{k}_{3\mathrm{P}}=\boldsymbol{Q}_3\boldsymbol{k}_{3\mathrm{L}},\quad \boldsymbol{k}_{3\mathrm{L}}=\boldsymbol{Q}_3^{\mathrm{T}}\boldsymbol{k}_{3\mathrm{P}} \tag{3-29}$$

其中变换矩阵$\boldsymbol{Q}_4$和$\boldsymbol{Q}_3$的定义分别为

$$\boldsymbol{Q}_4=\frac{1}{\sqrt{2}}\begin{bmatrix}1&0&0&1\\1&0&0&-1\\0&1&1&0\\0&\mathrm{j}&-\mathrm{j}&0\end{bmatrix},\quad \boldsymbol{Q}_3=\frac{1}{\sqrt{2}}\begin{bmatrix}1&0&1\\1&0&-1\\0&\sqrt{2}&0\end{bmatrix} \tag{3-30}$$

且这两个变换矩阵还具有如下特性：$\boldsymbol{Q}_4^{-1}=\boldsymbol{Q}_4^{\mathrm{H}}$，$\boldsymbol{Q}_3^{-1}=\boldsymbol{Q}_3^{\mathrm{T}}$。

3.2 分布式目标极化表征

通常情形，分布式目标可看成由许多相互独立的、空间随机分布的散射体

构成,其极化散射特性已无法采用极化散射矩阵表征。考虑到这类目标散射波的起伏性可看成一个平稳随机过程,故可采用统计平均的方法加以刻画。为此,本节将引入分布式目标的 Mueller 矩阵、Kennaugh 矩阵、协方差矩阵和相干矩阵等二阶统计量描述。

3.2.1 Mueller 矩阵

3.1 节介绍了雷达目标的极化散射矩阵表征,该表征给出了入射波与散射波 Jones 矢量之间的线性关系。由第 2 章研究可知,Jones 矢量只能用于描述完全极化波,而对于广泛存在的不完全极化波和完全未极化波则需要用 Stokes 矢量来描述。同样,我们也需要用一个矩阵来建立入射波和散射波 Stokes 矢量之间的线性关系,这个矩阵就是 Mueller 矩阵。

在 2.7.1 节中已经介绍了极化波的相干矩阵。采用式(3-18)对波的相干矩阵进行直序排列展开,得到极化波的相干矢量:

$$\tilde{\boldsymbol{C}} = \langle \boldsymbol{E} \otimes \boldsymbol{E}^* \rangle \tag{3-31}$$

该矢量为一列四维复列矢量,式中$\otimes$表示 Kronecker 直积。

若令入射波 Jones 矢量为 $\boldsymbol{E}_\mathrm{i}$,利用目标极化散射方程和 Kronecker 直积性质($(\boldsymbol{A}\otimes\boldsymbol{B})(\boldsymbol{C}\otimes\boldsymbol{D}) = \boldsymbol{AC}\otimes\boldsymbol{BD}$),并忽略常系数项,则散射波的相干矢量可表示为

$$\tilde{\boldsymbol{C}}_\mathrm{s} = \langle \boldsymbol{E}_\mathrm{s} \otimes \boldsymbol{E}_\mathrm{s}^* \rangle = \langle (\boldsymbol{S}\boldsymbol{E}_\mathrm{i}) \otimes (\boldsymbol{S}\boldsymbol{E}_\mathrm{i})^* \rangle = \langle (\boldsymbol{S}\otimes\boldsymbol{S}^*)(\boldsymbol{E}_\mathrm{i}\otimes\boldsymbol{E}_\mathrm{i}^*) \rangle \tag{3-32}$$

注意到极化散射矩阵与入射波 $\boldsymbol{E}_\mathrm{i}$ 是不相关的,式(3-32)变为

$$\tilde{\boldsymbol{C}}_\mathrm{s} = \langle \boldsymbol{S}\otimes\boldsymbol{S}^* \rangle (\boldsymbol{E}_\mathrm{i}\otimes\boldsymbol{E}_\mathrm{i}^*) = \boldsymbol{W}\tilde{\boldsymbol{C}}_\mathrm{i} \tag{3-33}$$

式中:$\boldsymbol{W}$ 为中间矩阵,利用 Kronecker 直积定义,可将其展开为

$$\boldsymbol{W} = \langle \boldsymbol{S}\otimes\boldsymbol{S}^* \rangle = \begin{bmatrix} \langle |S_\mathrm{HH}|^2 \rangle & \langle S_\mathrm{HH}S_\mathrm{HV}^* \rangle & \langle S_\mathrm{HV}S_\mathrm{HH}^* \rangle & \langle |S_\mathrm{HV}|^2 \rangle \\ \langle S_\mathrm{HH}S_\mathrm{VH}^* \rangle & \langle S_\mathrm{HH}S_\mathrm{VV}^* \rangle & \langle S_\mathrm{HV}S_\mathrm{VH}^* \rangle & \langle S_\mathrm{HV}S_\mathrm{VV}^* \rangle \\ \langle S_\mathrm{VH}S_\mathrm{HH}^* \rangle & \langle S_\mathrm{VH}S_\mathrm{HV}^* \rangle & \langle S_\mathrm{VV}S_\mathrm{HH}^* \rangle & \langle S_\mathrm{VV}S_\mathrm{HV}^* \rangle \\ \langle |S_\mathrm{VH}|^2 \rangle & \langle S_\mathrm{VH}S_\mathrm{VV}^* \rangle & \langle S_\mathrm{VV}S_\mathrm{VH}^* \rangle & \langle |S_\mathrm{VV}|^2 \rangle \end{bmatrix} \tag{3-34}$$

显然,一般情形,中间矩阵为四维非对称复数矩阵。利用相干矢量与 Stokes 矢量之间的等价关系式(2-60),并结合式(3-34),目标入射波与散射波 Stokes 矢量之间的线性变换关系为

$$\boldsymbol{g}_\mathrm{s} = \boldsymbol{R}\tilde{\boldsymbol{C}}_\mathrm{s} = \boldsymbol{RWR}^{-1}\boldsymbol{g}_\mathrm{i} = \boldsymbol{M}\boldsymbol{g}_\mathrm{i} \tag{3-35}$$

式中：$\boldsymbol{M}$ 为目标的 Mueller 矩阵，其定义为

$$\boldsymbol{M}=\boldsymbol{R}\boldsymbol{W}\boldsymbol{R}^{-1} \tag{3-36}$$

显然 Mueller 矩阵为中间矩阵 $\boldsymbol{W}$ 的相似变换，说明二者存在等价关系。尽管中间矩阵 $\boldsymbol{W}$ 为非对称复数矩阵，但 Mueller 矩阵为非对称实矩阵，其证明过程如下：

根据中间矩阵 $\boldsymbol{W}$ 定义式(3-34)，它具有如下性质：

$$\boldsymbol{P}\boldsymbol{W}\boldsymbol{P}^{*}=\boldsymbol{W}^{*} \tag{3-37}$$

也就是说，置换 $\boldsymbol{W}$ 第二、第三行和第二、第三列等效于对 $\boldsymbol{W}$ 进行共轭运算。利用该性质有

$$\begin{aligned}\boldsymbol{M}^{*}&=\boldsymbol{R}^{*}\boldsymbol{W}^{*}(\boldsymbol{R}^{-1})^{*}=\boldsymbol{R}^{*}\boldsymbol{P}\boldsymbol{W}\boldsymbol{P}^{*}(\boldsymbol{R}^{-1})^{*}\\&=\boldsymbol{R}^{*}\boldsymbol{P}\boldsymbol{R}^{-1}\boldsymbol{M}\boldsymbol{R}\boldsymbol{P}^{*}(\boldsymbol{R}^{-1})^{*}\end{aligned} \tag{3-38}$$

将 $\boldsymbol{P}$ 和 $\boldsymbol{R}$ 之间的关系 $\boldsymbol{R}^{*}\boldsymbol{P}\boldsymbol{R}^{-1}=\boldsymbol{I}$ 代入式(3-38)有 $\boldsymbol{M}^{*}=\boldsymbol{M}$，故 $\boldsymbol{M}$ 为实矩阵。

接下来，利用反证法阐明 $\boldsymbol{M}$ 仍为非对称矩阵。若假设 $\boldsymbol{M}$ 为对称矩阵，利用式(3-36)有

$$\begin{aligned}\boldsymbol{M}&=\boldsymbol{M}^{\mathrm{T}}\Rightarrow\boldsymbol{R}\boldsymbol{W}\boldsymbol{R}^{-1}=\boldsymbol{R}^{-\mathrm{T}}\boldsymbol{W}^{\mathrm{T}}\boldsymbol{R}^{\mathrm{T}}\Rightarrow\boldsymbol{W}^{\mathrm{T}}=\boldsymbol{R}^{\mathrm{T}}\boldsymbol{R}\boldsymbol{W}\boldsymbol{R}^{-1}\boldsymbol{R}^{-\mathrm{T}}\\&=\boldsymbol{P}\boldsymbol{W}\boldsymbol{P}^{-1}=\boldsymbol{P}\boldsymbol{W}\boldsymbol{P}^{*}\end{aligned} \tag{3-39}$$

由此，$\boldsymbol{W}^{\mathrm{T}}=\boldsymbol{W}^{*}$，这显然与式(3-34)相矛盾。故该假设不成立，$\boldsymbol{M}$ 为非对称矩阵。

与极化散射矩阵一样，Mueller 矩阵不仅依赖目标自身物理属性，而且与雷达观测条件、散射坐标框架选取有关。但需特别说明，上述 Mueller 矩阵定义式适用于 FSA 和 BSA 两种情形，差别仅在于 $\boldsymbol{S}$、$\boldsymbol{W}$ 和 $\boldsymbol{M}$ 下标不同。

为了推导 FSA 和 BSA 下 Mueller 矩阵之间的相互关系，首先定义以下对角矩阵

$$\begin{aligned}\boldsymbol{\Lambda}_{4,23}&=\mathrm{diag}\{1,\quad -1,\quad -1,\quad 1\},\\\boldsymbol{\Lambda}_{4,34}&=\mathrm{diag}\{1,\quad 1,\quad -1,\quad -1\}\end{aligned} \tag{3-40}$$

利用 BSA 和 FSA 下极化散射矩阵之间关系，BSA 和 FSA 下中间矩阵之间的关系为

$$\boldsymbol{W}_{\mathrm{BSA}}=\boldsymbol{S}_{\mathrm{BSA}}\otimes\boldsymbol{S}_{\mathrm{BSA}}^{*}=(\boldsymbol{\Lambda}_{2,1}\boldsymbol{S}_{\mathrm{FSA}})\otimes(\boldsymbol{\Lambda}_{2,1}\boldsymbol{S}_{\mathrm{FSA}}^{*})=\boldsymbol{\Lambda}_{4,23}\boldsymbol{W}_{\mathrm{FSA}} \tag{3-41}$$

也就是说，两种约定下中间矩阵的第二、第三行元素相差一个负号。

利用 Mueller 矩阵与中间矩阵之间的关系式(3-36)，FSA 和 BSA 下Mueller 矩阵之间的相互关系表示为

$$M_{BSA}=RW_{BSA}R^{-1}=R\Lambda_{4,23}W_{FSA}R^{-1}=R\Lambda_{4,23}R^{-1}M_{FSA}=\Lambda_{4,34}M_{FSA} \tag{3-42}$$

也就是说,两种约定下 Mueller 矩阵的第三、第四行元素相差一个负号。

3.2.2 Kennaugh 矩阵

3.2.1 节详细讨论了 Mueller 矩阵并针对它给出了目标入射波和散射波 Stokes 矢量之间的线性变换关系。本节将着重考虑雷达接收功率与收发天线极化的依赖关系,并由此导出目标 Kennaugh 矩阵表征。

由 2.8 节讨论可知,当某一平面单色波 $\boldsymbol{E}_i$ 照射到一个有效长度为 $\boldsymbol{h}_r$ 的天线时,结合目标极化散射方程,天线输出端口感应电压为

$$V=\boldsymbol{h}_r^T\boldsymbol{E}_s=\frac{1}{\sqrt{4\pi}r}e^{-jkr}\boldsymbol{h}_r^T\boldsymbol{S}\boldsymbol{E}_i \tag{3-43}$$

需特别说明,式(3-43)中 $\boldsymbol{h}_r$ 和 $\boldsymbol{E}_s$ 需在同一种散射坐标系和极化基中定义,且该散射坐标系通常是以接收天线处为坐标原点,沿着天线指向右手螺旋坐标系。这显然符合后向散射对准约定。

若入射波 $\boldsymbol{E}_i$ 表示为发射天线有效长度 $\boldsymbol{h}_t$ 的函数,即

$$\boldsymbol{E}_i=\frac{jZ_0I}{2\lambda r_1}e^{-jkr_1}\boldsymbol{h}_t \tag{3-44}$$

将其代入式(3-43),并忽略阻抗失配问题,天线接收功率与开路电压成正比,即

$$P=|V|^2=\frac{Z_0^2I^2}{128\pi R_a\lambda^2r_1^2r^2}|\boldsymbol{h}_r^T\boldsymbol{S}\boldsymbol{h}_t|^2 \tag{3-45}$$

该式反映了天线接收功率对收发天线极化的依赖关系,可称为雷达极化方程。

如果分布式目标可看成由许多相互独立的、在空间上随机分布的非相干散射中心构成,那么其天线接收功率等于这些散射中心天线接收功率的非相干叠加,即

$$P=|V|^2=\frac{Z_0^2I^2}{128\pi R_a\lambda^2r_1^2r^2}\langle|\boldsymbol{h}_r^T\boldsymbol{E}_s|^2\rangle=\frac{Z_0^2I^2}{128\pi R_a\lambda^2r_1^2r^2}\langle|\boldsymbol{h}_r^T\boldsymbol{S}\boldsymbol{h}_t|^2\rangle \tag{3-46}$$

利用 Kronecker 直积性质:① $A\otimes B=AB$;② $(\boldsymbol{A}\otimes\boldsymbol{B})(\boldsymbol{C}\otimes\boldsymbol{D})=\boldsymbol{AC}\otimes\boldsymbol{BD}$;③ $\boldsymbol{A}^T\otimes\boldsymbol{B}^T=(\boldsymbol{A}\otimes\boldsymbol{B})^T$,式(3-46)可变为

$$P=\frac{Z_0^2I^2}{128\pi R_a\lambda^2r_1^2r^2}(\boldsymbol{h}_r^T\boldsymbol{S}\boldsymbol{h}_t)\otimes(\boldsymbol{h}_r^H\boldsymbol{S}^*\boldsymbol{h}_t^*)=\frac{Z_0^2I^2}{128\pi R_a\lambda^2r_1^2r^2}\tilde{\boldsymbol{C}}_r^T\boldsymbol{W}\tilde{\boldsymbol{C}}_t \tag{3-47}$$

式中:$\tilde{\boldsymbol{C}}_t$ 和 $\tilde{\boldsymbol{C}}_r$ 分别为发射天线和接收天线的相干矢量。利用波的相干矢量与

Stokes 矢量之间关系,式(3-47)进一步变为

$$P=\frac{Z_0^2I^2}{128\pi R_{\mathrm{a}}\lambda^2r_1^2r^2}\boldsymbol{g}_{\mathrm{r}}^{\mathrm{T}}\boldsymbol{R}^*\boldsymbol{W}\boldsymbol{R}^{-1}\boldsymbol{g}_{\mathrm{t}}=\frac{Z_0^2I^2}{256\pi R_{\mathrm{a}}\lambda^2r_1^2r^2}\boldsymbol{g}_{\mathrm{r}}^{\mathrm{T}}\boldsymbol{K}\boldsymbol{g}_{\mathrm{t}} \tag{3-48}$$

该式就是天线接收功率与收发天线极化 Stokes 矢量之间的依赖关系式,式中:$\boldsymbol{K}$ 为 Kennaugh 矩阵,其定义为

$$\boldsymbol{K}=2\boldsymbol{R}^*\boldsymbol{W}\boldsymbol{R}^{-1} \tag{3-49}$$

显然,Kennaugh 矩阵为中间矩阵的相合变换,说明二者是等价关系。在互易条件下,Kennaugh 矩阵为实对称矩阵。因为

$$\boldsymbol{K}^*=2\boldsymbol{R}\boldsymbol{W}^*(\boldsymbol{R}^{-1})^*=2\boldsymbol{R}\boldsymbol{P}\boldsymbol{W}\boldsymbol{P}^*(\boldsymbol{R}^{-1})^*=\boldsymbol{R}\boldsymbol{P}(\boldsymbol{R}^*)^{-1}\boldsymbol{K}\boldsymbol{R}\boldsymbol{P}^*(\boldsymbol{R}^{-1})^* \tag{3-50}$$

将 $\boldsymbol{P}$ 和 $\boldsymbol{R}$ 之间的关系 $\boldsymbol{R}\boldsymbol{P}(\boldsymbol{R}^*)^{-1}=\boldsymbol{R}\boldsymbol{P}^*(\boldsymbol{R}^{-1})^*=\boldsymbol{I}$ 代入式(3-50),有 $\boldsymbol{K}^*=\boldsymbol{K}$,说明 $\boldsymbol{K}$ 为实数矩阵。接下来证明 $\boldsymbol{K}$ 为对称矩阵。对 $\boldsymbol{K}$ 转置运算,得

$$\boldsymbol{K}^{\mathrm{T}}=2(\boldsymbol{R}^{-1})^{\mathrm{T}}\boldsymbol{W}^{\mathrm{T}}\boldsymbol{R}^{\mathrm{H}}=2(\boldsymbol{R}^{-1})^{\mathrm{T}}\langle\boldsymbol{S}^{\mathrm{T}}\otimes\boldsymbol{S}^{\mathrm{H}}\rangle\boldsymbol{R}^{\mathrm{H}} \tag{3-51}$$

在互易条件下,极化散射矩阵为对称矩阵,即 $\boldsymbol{S}=\boldsymbol{S}^{\mathrm{T}}$。同时利用 $\boldsymbol{R}$ 的性质,式(3-51)变为

$$\boldsymbol{K}^{\mathrm{T}}=2\boldsymbol{R}^*\langle\boldsymbol{S}\otimes\boldsymbol{S}^*\rangle\boldsymbol{R}^{-1}=2\boldsymbol{R}^*\boldsymbol{W}\boldsymbol{R}^{-1} \tag{3-52}$$

显然 $\boldsymbol{K}^{\mathrm{T}}=\boldsymbol{K}$,说明 $\boldsymbol{K}$ 也为对称矩阵。综上所述,Kennaugh 矩阵为实对称矩阵得证。

3.2.3 协方差矩阵

前文介绍的两种分布式目标极化表征均为实数矩阵,尽管有利于数学运算处理,但不利于目标物理散射特性分析,因为无论是 Mueller 矩阵,还是 Kennaugh矩阵,其矩阵元素均难与某种测量数据或电磁散射结果相对应。为此,本节将引入分布式目标新的极化表征。

在双静态情形下,极化散射矩阵为非对称矩阵。若令收发天线 Jones 矢量分别为

$$\boldsymbol{h}_{\mathrm{r}}=[h_{\mathrm{r1}}\quad h_{\mathrm{r2}}]^{\mathrm{T}},\quad \boldsymbol{h}_{\mathrm{t}}=[h_{\mathrm{t1}}\quad h_{\mathrm{t2}}]^{\mathrm{T}} \tag{3-53}$$

将它们代入式(3-43),并忽略常系数,天线输出端口感应电压可展开为

$$V=\boldsymbol{h}_{\mathrm{r}}^{\mathrm{T}}\boldsymbol{S}\boldsymbol{h}_{\mathrm{t}}=S_{11}h_{\mathrm{r1}}h_{\mathrm{t1}}+S_{12}h_{\mathrm{r1}}h_{\mathrm{t2}}+S_{21}h_{\mathrm{r2}}h_{\mathrm{t1}}+S_{22}h_{\mathrm{r2}}h_{\mathrm{t2}}=\boldsymbol{H}_4^{\mathrm{T}}\boldsymbol{k}_{4\mathrm{L}} \tag{3-54}$$

式中:$\boldsymbol{k}_{4\mathrm{L}}$为直序排列目标矢量;$\boldsymbol{H}_4$ 为天线极化状态的函数,其定义为

$$\boldsymbol{H}_4=\boldsymbol{h}_{\mathrm{r}}\otimes\boldsymbol{h}_{\mathrm{t}}=[h_{\mathrm{r1}}h_{\mathrm{t1}}\quad h_{\mathrm{r1}}h_{\mathrm{t2}}\quad h_{\mathrm{r2}}h_{\mathrm{t1}}\quad h_{\mathrm{r2}}h_{\mathrm{t2}}]^{\mathrm{T}} \tag{3-55}$$

显然 $\boldsymbol{H}_4$ 不是天线极化的相干矢量,因为它等于收发天线有效长度的 Kronecker 直积。

若将式(3-55)代入式(3-46)，并忽略中间推导过程，天线接收功率与收发天线极化之间的依赖关系的第二种表达式为

$$P=\frac{Z_0^2I^2}{128\pi R_a\lambda^2r_1^2r^2}\langle(\boldsymbol{h}_r^{\mathrm{T}}\boldsymbol{S}\boldsymbol{h}_t)(\boldsymbol{h}_t^{\mathrm{H}}\boldsymbol{S}^{\mathrm{H}}\boldsymbol{h}_r^*)\rangle=\frac{Z_0^2I^2}{128\pi R_a\lambda^2r_1^2r^2}\langle(\boldsymbol{H}_4^{\mathrm{T}}\boldsymbol{k}_{4L})(\boldsymbol{H}_4^{\mathrm{T}}\boldsymbol{k}_{4L})^{\mathrm{H}}\rangle$$
$$=\frac{Z_0^2I^2}{128\pi R_a\lambda^2r_1^2r^2}\boldsymbol{H}_4^{\mathrm{T}}\langle\boldsymbol{k}_{4L}\boldsymbol{k}_{4L}^{\mathrm{H}}\rangle\boldsymbol{H}_4^*=\frac{Z_0^2I^2}{128\pi R_a\lambda^2r_1^2r^2}\boldsymbol{H}_4^{\mathrm{T}}\boldsymbol{C}_4\boldsymbol{H}_4^*\tag{3-56}$$

式中：$\boldsymbol{C}_4$ 为双静态情形目标协方差矩阵，其定义为

$$\boldsymbol{C}_4=\langle\boldsymbol{k}_{4L}\boldsymbol{k}_{4L}^{\mathrm{H}}\rangle=\begin{bmatrix}\langle|S_{HH}|^2\rangle & \langle S_{HH}S_{HV}^*\rangle & \langle S_{HH}S_{VH}^*\rangle & \langle S_{HH}S_{VV}^*\rangle\\ \langle S_{HV}S_{HH}^*\rangle & \langle|S_{HV}|^2\rangle & \langle S_{HV}S_{VH}^*\rangle & \langle S_{HV}S_{VV}^*\rangle\\ \langle S_{VH}S_{HH}^*\rangle & \langle S_{VH}S_{HV}^*\rangle & \langle|S_{VH}|^2\rangle & \langle S_{VH}S_{VV}^*\rangle\\ \langle S_{VV}S_{HH}^*\rangle & \langle S_{VV}S_{HV}^*\rangle & \langle S_{VV}S_{VH}^*\rangle & \langle|S_{VV}|^2\rangle\end{bmatrix}\tag{3-57}$$

显然，协方差矩阵 $\boldsymbol{C}_4$ 实质等于分布式目标所有子散射体的直序排列基目标矢量与其共轭转置之积的集合平均。尽管它与中间矩阵 $\boldsymbol{W}$ 各元素均为极化散射矩阵元素二阶统计量，且所包含的元素及个数相同，但在矩阵中相同元素的对应位置并不完全相同。

在单静态互易情形，极化散射矩阵为对称的。类似地，天线输出端口感应电压可展开为

$$V=\boldsymbol{h}_r^{\mathrm{T}}\boldsymbol{S}\boldsymbol{h}_t=S_{HH}h_{r1}h_{t1}+S_{HV}(h_{r1}h_{t2}+h_{r2}h_{t1})+S_{VV}h_{r2}h_{t2}=\boldsymbol{H}_3^{\mathrm{T}}\boldsymbol{k}_{3L}\tag{3-58}$$

式中：$\boldsymbol{k}_{3L}$为直序展开目标矢量；$\boldsymbol{H}_3$ 为收发天线极化的函数，其定义为

$$\boldsymbol{H}_3=[h_{r1}h_{t1}\quad(h_{r1}h_{t2}+h_{r2}h_{t1})/\sqrt{2}\quad h_{r2}h_{t2}]^{\mathrm{T}}\tag{3-59}$$

显然，$\boldsymbol{H}_3$ 不是天线极化的相干矢量，它与 $\boldsymbol{H}_4$ 之间也没有直接数学关系。

同样，将式(3-59)代入式(3-46)，并忽略中间推导过程，互易条件下天线接收功率为

$$P=\frac{Z_0^2I^2}{128\pi R_a\lambda^2r_1^2r^2}\langle(\boldsymbol{h}_r^{\mathrm{T}}\boldsymbol{S}\boldsymbol{h}_t)(\boldsymbol{h}_t^{\mathrm{H}}\boldsymbol{S}^{\mathrm{H}}\boldsymbol{h}_r^*)\rangle=\frac{Z_0^2I^2}{128\pi R_a\lambda^2r_1^2r^2}\langle(\boldsymbol{H}_3^{\mathrm{T}}\boldsymbol{k}_{3L})(\boldsymbol{H}_3^{\mathrm{T}}\boldsymbol{k}_{3L})^{\mathrm{H}}\rangle$$
$$=\frac{Z_0^2I^2}{128\pi R_a\lambda^2r_1^2r^2}\boldsymbol{H}_3^{\mathrm{T}}\langle k_{3L}k_{3L}^{\mathrm{H}}\rangle\boldsymbol{H}_3^*=\frac{Z_0^2I^2}{128\pi R_a\lambda^2r_1^2r^2}\boldsymbol{H}_3^{\mathrm{T}}\boldsymbol{C}_3\boldsymbol{H}_3^*\tag{3-60}$$

式中：$\boldsymbol{C}_3$ 为单静态协方差矩阵，定义为

$$\boldsymbol{C}_3=\langle\boldsymbol{k}_{3L}\boldsymbol{k}_{3L}^{\mathrm{H}}\rangle=\begin{bmatrix}\langle|S_{HH}|^2\rangle & \sqrt{2}\langle S_{HH}S_{HV}^*\rangle & \langle S_{HH}S_{VV}^*\rangle\\ \sqrt{2}\langle S_{HV}S_{HH}^*\rangle & 2\langle|S_{HV}|^2\rangle & \sqrt{2}\langle S_{HV}S_{VV}^*\rangle\\ \langle S_{VV}S_{HH}^*\rangle & \sqrt{2}\langle S_{VV}S_{HV}^*\rangle & \langle|S_{VV}|^2\rangle\end{bmatrix}\tag{3-61}$$

式(3-61)就是单静态情形协方差矩阵表征的天线接收功率。可以看出,$\boldsymbol{C}_3$ 也为极化散射矩阵元素的二阶统计量,但它与 $\boldsymbol{C}_4$ 不存在直接数学联系。

3.2.4 相干矩阵

类似于协方差矩阵定义方式,也可采用 Pauli 基目标矢量定义相干矩阵。由于 Pauli 基目标矢量各元素与实际的电磁散射结果相近,采用相干矩阵能更好地解释目标散射机制。

利用直序排列基目标矢量和 Pauli 基目标矢量之间的关系,天线接收电压还可表示为

$$V = \boldsymbol{h}_{\mathrm{r}}^{\mathrm{T}}\boldsymbol{S}\boldsymbol{h}_{\mathrm{t}} = \boldsymbol{H}_4^{\mathrm{T}}\boldsymbol{k}_{4\mathrm{L}} = \boldsymbol{H}_4^{\mathrm{T}}\boldsymbol{Q}_4^{\mathrm{H}}\boldsymbol{k}_{4\mathrm{P}} = \boldsymbol{L}_4^{\mathrm{T}}\boldsymbol{k}_{4\mathrm{P}} \tag{3-62}$$

式中:$\boldsymbol{k}_{4\mathrm{P}}$ 为 Pauli 基目标矢量;$\boldsymbol{L}_4$ 为天线极化状态的函数,其定义形式为

$$\begin{aligned}\boldsymbol{L}_4 &= \boldsymbol{Q}_4^{*}\boldsymbol{H}_4 \\ &= [h_{\mathrm{r}1}h_{\mathrm{t}1}+h_{\mathrm{r}2}h_{\mathrm{t}2} \quad h_{\mathrm{r}1}h_{\mathrm{t}1}-h_{\mathrm{r}2}h_{\mathrm{t}2} \quad h_{\mathrm{r}1}h_{\mathrm{t}2}+h_{\mathrm{r}2}h_{\mathrm{t}1} \quad -\mathrm{j}(h_{\mathrm{r}1}h_{\mathrm{t}2}-h_{\mathrm{r}2}h_{\mathrm{t}1})]^{\mathrm{T}}\end{aligned} \tag{3-63}$$

将式(3-62)代入式(3-46),并忽略中间推导过程,天线接收功率的第三种表达式为

$$\begin{aligned}P &= \frac{Z_0^2 I^2}{128\pi R_{\mathrm{a}}\lambda^2 r_1^2 r^2}\langle(\boldsymbol{L}_4^{\mathrm{T}}\boldsymbol{k}_{4\mathrm{P}})(\boldsymbol{L}_4^{\mathrm{T}}\boldsymbol{k}_{4\mathrm{P}})^{\mathrm{H}}\rangle \\ &= \frac{Z_0^2 I^2}{128\pi R_{\mathrm{a}}\lambda^2 r_1^2 r^2}\boldsymbol{L}_4^{\mathrm{T}}\langle\boldsymbol{k}_{4\mathrm{P}}\boldsymbol{k}_{4\mathrm{P}}^{\mathrm{H}}\rangle\boldsymbol{L}_4^{*} = \frac{Z_0^2 I^2}{128\pi R_{\mathrm{a}}\lambda^2 r_1^2 r^2}\boldsymbol{L}_4^{\mathrm{T}}\boldsymbol{T}_4\boldsymbol{L}_4^{*}\end{aligned} \tag{3-64}$$

式中:$\boldsymbol{T}_4$ 为四维相干矩阵,其定义为

$$\begin{aligned}\boldsymbol{T}_4 &= \langle\boldsymbol{k}_{4\mathrm{P}}\boldsymbol{k}_{4\mathrm{P}}^{\mathrm{H}}\rangle \\ &= \frac{1}{2}\begin{bmatrix} \langle|S_{\mathrm{HH}}+S_{\mathrm{VV}}|^2\rangle & \langle(S_{\mathrm{HH}}+S_{\mathrm{VV}})(S_{\mathrm{HH}}-S_{\mathrm{VV}})^*\rangle & \langle(S_{\mathrm{HH}}+S_{\mathrm{VV}})(S_{\mathrm{HV}}+S_{\mathrm{VH}})^*\rangle & -\mathrm{j}\langle(S_{\mathrm{HH}}+S_{\mathrm{VV}})(S_{\mathrm{HV}}-S_{\mathrm{VH}})^*\rangle \\ \langle(S_{\mathrm{HH}}-S_{\mathrm{VV}})(S_{\mathrm{HH}}+S_{\mathrm{VV}})^*\rangle & \langle|S_{\mathrm{HH}}-S_{\mathrm{VV}}|^2\rangle & \langle(S_{\mathrm{HH}}-S_{\mathrm{VV}})(S_{\mathrm{HV}}+S_{\mathrm{VH}})^*\rangle & -\mathrm{j}\langle(S_{\mathrm{HH}}-S_{\mathrm{VV}})(S_{\mathrm{HV}}-S_{\mathrm{VH}})^*\rangle \\ \langle(S_{\mathrm{HV}}+S_{\mathrm{VH}})(S_{\mathrm{HH}}+S_{\mathrm{VV}})^*\rangle & \langle(S_{\mathrm{HV}}+S_{\mathrm{VH}})(S_{\mathrm{HH}}-S_{\mathrm{VV}})^*\rangle & \langle|S_{\mathrm{HV}}+S_{\mathrm{VH}}|^2\rangle & -\mathrm{j}\langle(S_{\mathrm{HV}}+S_{\mathrm{VH}})(S_{\mathrm{HV}}-S_{\mathrm{VH}})^*\rangle \\ \mathrm{j}\langle(S_{\mathrm{HV}}-S_{\mathrm{VH}})(S_{\mathrm{HH}}+S_{\mathrm{VV}})^*\rangle & \mathrm{j}\langle(S_{\mathrm{HV}}-S_{\mathrm{VH}})(S_{\mathrm{HH}}-S_{\mathrm{VV}})^*\rangle & \mathrm{j}\langle(S_{\mathrm{HV}}-S_{\mathrm{VH}})(S_{\mathrm{HV}}+S_{\mathrm{VH}})^*\rangle & \langle|S_{\mathrm{HV}}-S_{\mathrm{VH}}|^2\rangle \end{bmatrix}\end{aligned} \tag{3-65}$$

显然,相干矩阵 $\boldsymbol{T}_4$ 实质等于分布式目标所有子散射体的 Pauli 基目标矢量与其共轭转置之积的集合平均。考虑到它与协方差矩阵之间的线性关系,它与中间矩阵包含的信息量完全相同。

在单静态互易情形,极化散射矩阵为对称的。同样利用直序排列基目标矢量和 Pauli 基目标矢量之间的关系,即 $\boldsymbol{k}_{3\mathrm{L}} = \boldsymbol{Q}_3^{\mathrm{T}}\boldsymbol{k}_{3\mathrm{P}}$,接收电压可表示为

$$V = \boldsymbol{h}_{\mathrm{r}}^{\mathrm{T}}\boldsymbol{S}\boldsymbol{h}_{\mathrm{t}} = \boldsymbol{H}_3^{\mathrm{T}}\boldsymbol{k}_{3\mathrm{L}} = \boldsymbol{H}_3^{\mathrm{T}}\boldsymbol{Q}_3^{\mathrm{T}}\boldsymbol{k}_{3\mathrm{P}} = \boldsymbol{L}_3^{\mathrm{T}}\boldsymbol{k}_{3\mathrm{P}} \tag{3-66}$$

式中：$\boldsymbol{k}_{3\text{P}}$为互易情形 Pauli 基目标矢量；$\boldsymbol{L}_3$ 为天线极化状态函数，其定义形式为

$$\boldsymbol{L}_3=\boldsymbol{Q}_3\boldsymbol{H}_3=\frac{1}{\sqrt{2}}[h_{\text{r1}}h_{\text{t1}}+h_{\text{r2}}h_{\text{t2}}\quad h_{\text{r1}}h_{\text{t1}}-h_{\text{r2}}h_{\text{t2}}\quad h_{\text{r1}}h_{\text{t2}}+h_{\text{r2}}h_{\text{t1}}]^{\text{T}} \tag{3-67}$$

同样，将式(3-66)代入式(3-46)，并忽略中间推导过程，互易条件下天线接收功率为

$$\begin{aligned}P&=\frac{Z_0^2I^2}{128\pi R_{\text{a}}\lambda^2r_1^2r^2}\langle(\boldsymbol{h}_{\text{r}}^{\text{T}}\boldsymbol{S}\boldsymbol{h}_{\text{t}})(\boldsymbol{h}_{\text{t}}^{\text{H}}\boldsymbol{S}^{\text{H}}\boldsymbol{h}_{\text{r}}^{*})\rangle=\frac{Z_0^2I^2}{128\pi R_{\text{a}}\lambda^2r_1^2r^2}\langle(\boldsymbol{H}_3^{\text{T}}\boldsymbol{X}_3)(\boldsymbol{H}_3^{\text{T}}\boldsymbol{X}_3)^{\text{H}}\rangle\\&=\frac{Z_0^2I^2}{128\pi R_{\text{a}}\lambda^2r_1^2r^2}\boldsymbol{L}_3^{\text{T}}\langle\boldsymbol{k}_{3\text{P}}\boldsymbol{k}_{3\text{P}}^{\text{H}}\rangle\boldsymbol{L}_3^{*}=\frac{Z_0^2I^2}{128\pi R_{\text{a}}\lambda^2r_1^2r^2}\boldsymbol{L}_3^{\text{T}}\boldsymbol{T}_3\boldsymbol{L}_3^{*}\end{aligned} \tag{3-68}$$

式中：$\boldsymbol{T}_3$ 为三维相干矩阵，定义为

$$\begin{aligned}\boldsymbol{T}_3&=\langle\boldsymbol{k}_{3\text{P}}\boldsymbol{k}_{3\text{P}}^{\text{H}}\rangle\\&=\frac{1}{2}\begin{bmatrix}\langle|S_{\text{HH}}+S_{\text{VV}}|^2\rangle & \langle(S_{\text{HH}}+S_{\text{VV}})(S_{\text{HH}}-S_{\text{VV}})^*\rangle & 2\langle(S_{\text{HH}}+S_{\text{VV}})S_{\text{HV}}^*\rangle\\ \langle(S_{\text{HH}}-S_{\text{VV}})(S_{\text{HH}}+S_{\text{VV}})^*\rangle & \langle|S_{\text{HH}}-S_{\text{VV}}|^2\rangle & 2\langle(S_{\text{HH}}-S_{\text{VV}})S_{\text{HV}}^*\rangle\\ 2\langle S_{\text{HV}}(S_{\text{HH}}+S_{\text{VV}})^*\rangle & 2\langle S_{\text{HV}}(S_{\text{HH}}-S_{\text{VV}})^*\rangle & 4\langle|S_{\text{HV}}|^2\rangle\end{bmatrix}\end{aligned} \tag{3-69}$$

式(3-69)就是单静态情形相干矩阵表征的天线接收功率。需指出：①由于 $\boldsymbol{T}_4$ 和 $\boldsymbol{T}_3$ 维数不同，因而二者不存在直接数学联系。但根据它们的定义形式，二者矩阵元素之间存在线性关系。②由于 Pauli 基目标矢量各元素具有一定的物理含义，这使得相干矩阵在分析目标散射特性方面更具优势。

3.3 不同极化表征之间的数学关系

3.2 节从雷达极化中两个基本方程出发，分别导出了目标的 4 种极化表征，即极化散射矩阵、Mueller 矩阵、Kennaugh 矩阵、协方差矩阵和相干矩阵。尽管这些极化表征的数学定义式各不相同，但在数学上是等价的，本节将给出它们之间的数学变换关系。

3.3.1 Mueller 矩阵与极化散射矩阵

对于 Mueller 矩阵来说，若令

$$\boldsymbol{M}=[m_{ij}]_{4\times4} \tag{3-70}$$

利用 Mueller 矩阵的定义式(式(3-36)),则 Mueller 矩阵元素的表达式为

$$
\begin{aligned}
&m_{00}=\frac{1}{2}(\langle |S_{\mathrm{HH}}|^2\rangle+\langle |S_{\mathrm{HV}}|^2\rangle+\langle |S_{\mathrm{VH}}|^2\rangle+\langle |S_{\mathrm{VV}}|^2\rangle),\\
&m_{01}=\frac{1}{2}(\langle |S_{\mathrm{HH}}|^2\rangle-\langle |S_{\mathrm{HV}}|^2\rangle+\langle |S_{\mathrm{VH}}|^2\rangle-\langle |S_{\mathrm{VV}}|^2\rangle)\\
&m_{02}=\mathrm{Re}\{\langle S_{\mathrm{HH}}S_{\mathrm{HV}}^*\rangle+\langle S_{\mathrm{VH}}S_{\mathrm{VV}}^*\rangle\},\quad m_{03}=\mathrm{Im}\{\langle S_{\mathrm{HH}}S_{\mathrm{VV}}^*\rangle+\langle S_{\mathrm{VH}}S_{\mathrm{VV}}^*\rangle\}\\
&m_{10}=\frac{1}{2}(\langle |S_{\mathrm{HH}}|^2\rangle+\langle |S_{\mathrm{HV}}|^2\rangle-\langle |S_{\mathrm{VH}}|^2\rangle-\langle |S_{\mathrm{VV}}|^2\rangle),\\
&m_{11}=\frac{1}{2}(\langle |S_{\mathrm{HH}}|^2\rangle-\langle |S_{\mathrm{HV}}|^2\rangle-\langle |S_{\mathrm{VH}}|^2\rangle+\langle |S_{\mathrm{VV}}|^2\rangle)\\
&m_{12}=\mathrm{Re}\{\langle S_{\mathrm{HH}}S_{\mathrm{HV}}^*\rangle-\langle S_{\mathrm{VH}}S_{\mathrm{VV}}^*\rangle\},\quad m_{13}=\mathrm{Im}\{\langle S_{\mathrm{HH}}S_{\mathrm{HV}}^*\rangle-\langle S_{\mathrm{VH}}S_{\mathrm{VV}}^*\rangle\}\\
&m_{20}=\mathrm{Re}\{\langle S_{\mathrm{HH}}S_{\mathrm{VH}}^*\rangle+\langle S_{\mathrm{HV}}S_{\mathrm{VV}}^*\rangle\},\quad m_{21}=\mathrm{Re}\{\langle S_{\mathrm{HH}}S_{\mathrm{VH}}^*\rangle-\langle S_{\mathrm{HV}}S_{\mathrm{VV}}^*\rangle\}\\
&m_{22}=\mathrm{Re}\{\langle S_{\mathrm{HH}}S_{\mathrm{VV}}^*\rangle+\langle S_{\mathrm{HV}}^*S_{\mathrm{VH}}\rangle\},\quad m_{23}=\mathrm{Im}\{\langle S_{\mathrm{HH}}S_{\mathrm{VV}}^*\rangle+\langle S_{\mathrm{VH}}S_{\mathrm{HV}}^*\rangle\}\\
&m_{30}=-\mathrm{Im}\{\langle S_{\mathrm{HH}}S_{\mathrm{VH}}^*\rangle+\langle S_{\mathrm{HV}}S_{\mathrm{VV}}^*\rangle\},\quad m_{31}=-\mathrm{Im}\{\langle S_{\mathrm{HH}}S_{\mathrm{VH}}^*\rangle-\langle S_{\mathrm{HV}}S_{\mathrm{VV}}^*\rangle\}\\
&m_{32}=-\mathrm{Im}\{\langle S_{\mathrm{HH}}S_{\mathrm{VV}}^*\rangle-\langle S_{\mathrm{VH}}S_{\mathrm{HV}}^*\rangle\},\quad m_{33}=\mathrm{Re}\{\langle S_{\mathrm{HH}}S_{\mathrm{VV}}^*\rangle-\langle S_{\mathrm{HV}}S_{\mathrm{VH}}^*\rangle\}
\end{aligned}
\tag{3-71}
$$

该式表明,Mueller 矩阵每个元素均为实数,并且都是极化散射矩阵元素的非线性函数。

考虑到分布式目标是由许多相互独立的、非相干散射中心在空间上的随机分布构成,其散射回波则是由这些散射中心的散射回波相干叠加而成。若令目标子散射体个数为 N,那么该目标散射波可表示为

$$
\boldsymbol{g}_{\mathrm{s}}=\sum_{i=1}^{N}\boldsymbol{g}_{\mathrm{s}i}=\sum_{i=1}^{N}(\boldsymbol{M}_i\boldsymbol{g}_{\mathrm{t}})=\left(\sum_{i=1}^{N}\boldsymbol{M}_i\right)\boldsymbol{g}_{\mathrm{t}}=\boldsymbol{M}\boldsymbol{g}_{\mathrm{t}} \tag{3-72}
$$

式中:$\boldsymbol{g}_{\mathrm{t}}$ 和 $\boldsymbol{g}_{\mathrm{s}i}$ 分别为入射波和第 i 个子散射体的散射波;$\boldsymbol{M}_i$ 为第 i 个子散射体的 Mueller 矩阵;$\boldsymbol{M}$ 为目标 Mueller 矩阵,其定义为

$$
\boldsymbol{M}=\left(\sum_{i=1}^{N}\boldsymbol{M}_i\right) \tag{3-73}
$$

该式表明,目标 Mueller 矩阵等于各子散射体 Mueller 矩阵的线性合成。由此,若将式(3-71)中集合平均运算符号"〈·〉"删除,就能得到每个子散射体 Mueller 矩阵元素的表达式。

考虑到每个子散射体对应一个极化散射矩阵,且极化散射矩阵有 7 个独立参数(不考虑绝对相位),子散射体 Mueller 矩阵 16 个元素之间必有 9 个关系式存在,它们分别为

$$
\begin{aligned}
&(m_{00}-m_{11})^2-(m_{01}-m_{10})^2=(m_{22}-m_{33})^2+(m_{23}-m_{32})^2\\
&m_{02}m_{12}+m_{03}m_{13}=m_{00}m_{10}-m_{01}m_{11}\\
&m_{20}m_{21}+m_{30}m_{31}=m_{00}m_{01}-m_{10}m_{11}\\
&m_{02}m_{03}-m_{12}m_{13}=m_{22}m_{23}+m_{32}m_{33}\\
&m_{20}m_{30}-m_{31}m_{31}=m_{22}m_{32}+m_{23}m_{33}\\
&m_{02}^2+m_{12}^2+m_{03}^2+m_{13}^2=m_{00}^2-m_{01}^2+m_{10}^2-m_{11}^2\\
&m_{30}^2+m_{21}^2+m_{30}^2+m_{31}^2=m_{00}^2+m_{01}^2-m_{10}^2-m_{11}^2\\
&m_{02}^2-m_{12}^2-m_{03}^2+m_{13}^2=m_{22}^2-m_{23}^2+m_{32}^2-m_{33}^2\\
&m_{20}^2-m_{21}^2-m_{30}^2+m_{31}^2=m_{22}^2+m_{23}^2-m_{32}^2-m_{33}^2
\end{aligned}
\tag{3-74}
$$

可以看出,这 9 个关系是非线性的,而且是彼此独立的。这意味着式(3-73)的线性关系在式(3-74)中不再保持。因此,分布式目标 Mueller 矩阵通常有 16 个独立变量,这显然不可能仅由 7 个独立变量的极化散射矩阵完全表征。

在单静态互易情形,极化散射矩阵为对称矩阵,即 $S_{HV}=S_{VH}$。由式(3-71),Mueller 矩阵元素与极化散射矩阵元素之间关系可简化为

$$
\begin{aligned}
&m_{00}=\frac{1}{2}(\langle|S_{HH}|^2\rangle+2\langle|S_{HV}|^2\rangle+\langle|S_{VV}|^2\rangle),\\
&m_{01}=\frac{1}{2}(\langle|S_{HH}|^2\rangle-\langle|S_{VV}|^2\rangle)\\
&m_{02}=\mathrm{Re}\{\langle(S_{HH}+S_{VV})S_{HV}^*\rangle\},\quad m_{03}=\mathrm{Im}\{\langle(S_{HH}-S_{VV})S_{HV}^*\rangle\}\\
&m_{10}=m_{12},\quad m_{11}=\frac{1}{2}(\langle|S_{HH}|^2\rangle-2\langle|S_{HV}|^2\rangle+\langle|S_{VV}|^2\rangle)\\
&m_{12}=\mathrm{Re}\{(S_{HH}-S_{VV})S_{HV}^*\},\quad m_{13}=\mathrm{Im}\{\langle(S_{HH}+S_{VV})S_{HV}^*\rangle\}\\
&m_{20}=m_{13},\quad m_{32}=m_{23}\\
&m_{22}=\mathrm{Re}\{\langle S_{HH}S_{VV}^*\rangle\}+\langle|S_{HV}|^2\rangle,\quad m_{23}=\mathrm{Im}\{\langle S_{HH}S_{VV}^*\rangle\}\\
&m_{30}=-m_{03},\quad m_{31}=-m_{13}\\
&m_{32}=-m_{23},\quad m_{33}=\mathrm{Re}\{\langle S_{HH}S_{VV}^*\rangle\}-\langle|S_{HV}|^2\rangle
\end{aligned}
\tag{3-75}
$$

显然,Mueller 矩阵 16 个元素之间存在 6 个直接的相等关系。除此之外,考虑到互易情形每个子散射体的极化散射矩阵仅有 5 个独立参数,Mueller 矩阵剩余的

10 个变量之间必存在 5 个关系式。由式(3－75)可知,这 5 个关系式分别为

$$
\begin{aligned}
&m_{00}=m_{11}+m_{22}-m_{33}\\
&m_{02}m_{12}+m_{03}m_{13}=m_{01}(m_{00}-m_{11})\\
&m_{02}m_{03}-m_{12}m_{13}=m_{23}(m_{22}-m_{33})\\
&m_{02}^2+m_{03}^2+m_{12}^2+m_{13}^2=m_{00}^2-m_{11}^2\\
&m_{02}^2-m_{03}^2-m_{12}^2+m_{13}^2=m_{22}^2-m_{33}^2
\end{aligned}
\tag{3-76}
$$

式(3－76)中除第一个关系式为线性的之外,其余 4 个关系式均为非线性的。

3.3.2 Kennaugh 矩阵与 Mueller 矩阵

前文讨论了 Mueller 矩阵与极化散射矩阵间的关系,采用类似的思路也可讨论 Kennaugh 矩阵与极化散射矩阵之间的关系。为了避免赘述,这里不予讨论,而直接讨论 Kennaugh 矩阵与 Mueller 矩阵之间的关系。

结合式(3－46)、Kronecker 直积性质和 Stokes 矢量与波的相干矢量之间的关系,天线接收功率还可表示为

$$
P=\frac{Z_0^2I^2}{128\pi R_a\lambda^2r_1^2r^2}(\boldsymbol{h}_r\otimes\boldsymbol{h}_r^*)^{\mathrm{T}}\langle\boldsymbol{E}_s\otimes\boldsymbol{E}_s^*\rangle=\frac{Z_0^2I^2}{256\pi R_a\lambda^2r_1^2r^2}\boldsymbol{g}_r^{\mathrm{T}}\boldsymbol{U}_4\boldsymbol{g}_s \tag{3-77}
$$

式中:$\Lambda_{4,4}=\mathrm{diag}\{1,1,1,-1\}$。需特别说明,天线接收功率需在后向散射对准约定下讨论。也就是说,式(3－77)中 $\boldsymbol{h}_r$ 与 $\boldsymbol{E}_s$(或 $\boldsymbol{g}_r$ 与 $\boldsymbol{g}_s$)具有相同的极化基。

在 BSA 下,假设入射波 $\boldsymbol{g}_i=\boldsymbol{g}_t$,且目标 Mueller 矩阵记为 $\boldsymbol{M}_{\mathrm{BSA}}$,则根据目标极化散射方程(式(3－35)),目标散射波 Stokes 矢量可表示为

$$
\boldsymbol{g}_{bs}=\boldsymbol{M}_{\mathrm{BSA}}\boldsymbol{g}_t \tag{3-78}
$$

考虑到后向散射对准约定下 $\boldsymbol{g}_{bs}$ 和 $\boldsymbol{g}_r$ 极化基相同,故可直接将式(3－78)代入式(3－77)得

$$
P=\frac{Z_0^2I^2}{256\pi R_a\lambda^2r_1^2r^2}\boldsymbol{g}_r^{\mathrm{T}}\boldsymbol{U}_4\boldsymbol{g}_s=\frac{Z_0^2I^2}{256\pi R_a\lambda^2r_1^2r^2}\boldsymbol{g}_r^{\mathrm{T}}\boldsymbol{U}_4\boldsymbol{M}_{\mathrm{BSA}}\boldsymbol{g}_t=\frac{Z_0^2I^2}{256\pi R_a\lambda^2r_1^2r^2}\boldsymbol{g}_r^{\mathrm{T}}\boldsymbol{K}\boldsymbol{g}_t \tag{3-79}
$$

显然,此时 Kennaugh 矩阵与 BSA 下 Mueller 矩阵之间的关系式为

$$
\boldsymbol{K}=\boldsymbol{\Lambda}_{4,4}\boldsymbol{M}_{\mathrm{BSA}} \tag{3-80}
$$

利用 FSA 和 BSA 下 Mueller 矩阵之间的关系式(3－42),假设 FSA 下 Mueller矩阵记为 $\boldsymbol{M}_{\mathrm{FSA}}$,那么 Kennaugh 矩阵与 FSA 下 Mueller 矩阵之间的关系为

$$
\boldsymbol{K}=\boldsymbol{\Lambda}_{4,3}\boldsymbol{M}_{\mathrm{FSA}} \tag{3-81}
$$

式中：$\boldsymbol{\Lambda}_{4,3}=\mathrm{diag}\{1,1,-1,1\}$。

由以上推导可知，Mueller 矩阵与 Kennaugh 矩阵之间仅相差一个常系数矩阵，且二者均为实数矩阵。尽管如此，但它们仍存在以下四个不同点：① 物理意义不同。Mueller 矩阵将目标入射波与散射波的 Stokes 矢量联系起来，而 Kennaugh矩阵则反映了雷达接收功率与收发天线极化之间的依赖关系。②定义形式不同。尽管它们均为中间矩阵 $\boldsymbol{W}$ 的函数，但 Mueller 矩阵为 $\boldsymbol{W}$ 的相似变换，而 Kennaugh 矩阵为 $\boldsymbol{W}$ 的相合变换。③散射坐标不同。Mueller 矩阵的导出与散射对准约定无关，前向、后向散射对准约定均可以，而 Kennaugh 矩阵是在后向散射对准约定下导出的。④对称与否不同：无论在什么情形下，Mueller 矩阵均为非对称实数矩阵，而 Kennaugh 矩阵在单静态互易情形为对称矩阵。

3.3.3 协方差矩阵与相干矩阵

根据前文研究可知，协方差矩阵、相干矩阵是目标的两种复数矩阵极化表征，它们均根据目标矢量定义，与极化散射矩阵各元素关系可由式(3-57)、式(3-61)、式(3-65)和式(3-69)表示。为此，这里也不再重复，直接讨论协方差矩阵与相干矩阵之间的关系。

这两个矩阵分别采用直序排列基目标矢量和 Pauli 基目标矢量定义，推导它们之间的数学关系可依据两列目标矢量之间关系式，即结合式(3-57)、式(3-65)和式(3-28)，双静态情形相干矩阵与协方差矩阵之间的关系可表示为

$$\boldsymbol{T}_4=\boldsymbol{Q}_4\boldsymbol{C}_4\boldsymbol{Q}_4^{\mathrm{H}}\ \text{或}\ \boldsymbol{C}_4=\boldsymbol{Q}_4^{\mathrm{H}}\boldsymbol{T}_4\boldsymbol{Q}_4 \tag{3-82}$$

类似地，结合式(3-61)、式(3-69)和式(3-29)，单静态情形相干矩阵与协方差矩阵之间的关系可表示为

$$\boldsymbol{T}_3=\boldsymbol{Q}_3\boldsymbol{C}_3\boldsymbol{Q}_3^{\mathrm{T}}\ \text{或}\ \boldsymbol{C}_3=\boldsymbol{Q}_3^{\mathrm{T}}\boldsymbol{T}_3\boldsymbol{Q}_3 \tag{3-83}$$

结合式(3-82)、式(3-83)及3.2节研究可得出如下结论：①这两个复数矩阵互为对方的相似变换，且变换矩阵为一常数矩阵 $\boldsymbol{Q}_4$（或 $\boldsymbol{Q}_3$），说明两个矩阵的元素之间为线性关系。②尽管三维目标矢量可看成四维目标矢量退化而来，且它们具有相同的元素，但二者却无法建立矢量之间的数学联系。这使得 $\boldsymbol{T}_4$ 与 $\boldsymbol{T}_3$、$\boldsymbol{C}_4$ 与 $\boldsymbol{C}_3$、$\boldsymbol{T}_3$ 与 $\boldsymbol{C}_4$、$\boldsymbol{T}_4$ 与 $\boldsymbol{C}_3$ 均无法直接建立联系。③从 $\boldsymbol{T}_4$ 与 $\boldsymbol{T}_3$ 形式可知，$\boldsymbol{T}_3$ 是 $\boldsymbol{T}_4$ 左上角的子矩阵块，即

$$\boldsymbol{T}_4=\begin{bmatrix}\boldsymbol{T}_3 & 0\\ 0 & 0\end{bmatrix} \tag{3-84}$$

这样 $\boldsymbol{C}_3$ 可通过 $\boldsymbol{T}_3$ 分别与 $\boldsymbol{T}_4$、$\boldsymbol{C}_4$ 间接建立联系。结合式(3-82)和式(3-83)有

$$\boldsymbol{T}_4=\begin{bmatrix}\boldsymbol{Q}_3\boldsymbol{C}_3\boldsymbol{Q}_3^{\mathrm{T}} & 0\\ 0 & 0\end{bmatrix} \text{和} \ \boldsymbol{C}_4=\boldsymbol{Q}_4^{\mathrm{H}}\begin{bmatrix}\boldsymbol{Q}_3\boldsymbol{C}_3\boldsymbol{Q}_3^{\mathrm{T}} & 0\\ 0 & 0\end{bmatrix}\boldsymbol{Q}_4 \tag{3-85}$$

④二种矩阵应用领域不同。协方差矩阵元素直接为极化散射矩阵元素的二阶统计量,因而它更适用于极化 SAR 图像的相干斑抑制、杂波统计建模和目标检测等方面;而 Pauli 基目标矢量各元素与实际的电磁波散射结果相近,可以用来更好地解释目标散射机制,因而相干矩阵更适用于目标极化分解、分类及识别等方面。

3.3.4 复数矩阵表征与实数矩阵表征

3.2 节研究表明,分布式目标的极化表征分为两类:一为实数矩阵表征,包括 Mueller 矩阵和 Kennaugh 矩阵,且二者相差一个常数矩阵;二为复数矩阵表征,包括相干矩阵和协方差矩阵,且它们互为对方的相似变换。本节将讨论这两类表征之间的数学变换关系。

对于 Kennaugh 矩阵和协方差矩阵来说,结合式(3-18)和式(3-21),直序排列基目标矢量为

$$\boldsymbol{k}_{4\mathrm{L}}=\frac{1}{2}\mathrm{tr}(\boldsymbol{S}\boldsymbol{\Psi}_{4\mathrm{L}})=\frac{1}{2}[\mathrm{tr}(\boldsymbol{S}\boldsymbol{\sigma}_{\mathrm{L1}}^{\mathrm{T}})\quad \mathrm{tr}(\boldsymbol{S}\boldsymbol{\sigma}_{\mathrm{L2}}^{\mathrm{T}})\quad \mathrm{tr}(\boldsymbol{S}\boldsymbol{\sigma}_{\mathrm{L3}}^{\mathrm{T}})\quad \mathrm{tr}(\boldsymbol{S}\boldsymbol{\sigma}_{\mathrm{L4}}^{\mathrm{T}})]^{\mathrm{T}} \tag{3-86}$$

式中:$\sigma_{\mathrm{L}i}$为直序排列基矩阵。将式(3-86)代入式(3-57),则协方差矩阵可表示为

$$\begin{aligned}\boldsymbol{C}_4&=\langle \boldsymbol{k}_{4\mathrm{L}}\boldsymbol{k}_{4\mathrm{L}}^{\mathrm{H}}\rangle=[\mathrm{tr}(\boldsymbol{S}\boldsymbol{\sigma}_{\mathrm{L}i}^{\mathrm{T}})\mathrm{tr}(\boldsymbol{S}\boldsymbol{\sigma}_{\mathrm{L}j}^{\mathrm{T}})^{\mathrm{H}}]_{4\times 4}\\&=[\langle \mathrm{tr}\{(\boldsymbol{S}\otimes\boldsymbol{S}^*)(\boldsymbol{\sigma}_{\mathrm{L}i}^{\mathrm{T}}\otimes\boldsymbol{\sigma}_{\mathrm{L}j}^{\mathrm{T}})\}\rangle]_{4\times 4}=[\langle \mathrm{tr}\{\boldsymbol{W}(\boldsymbol{\sigma}_{\mathrm{L}i}^{\mathrm{T}}\otimes\boldsymbol{\sigma}_{\mathrm{L}j}^{\mathrm{T}})\}\rangle]_{4\times 4}\end{aligned} \tag{3-87}$$

显然,它是中间矩阵 $\boldsymbol{W}$ 的函数。再利用 Kennaugh 矩阵与中间矩阵之间的数学关系,协方差矩阵也可表示为 Kennaugh 矩阵的函数,即

$$\boldsymbol{C}_4=[\langle \mathrm{tr}\{\boldsymbol{Q}_4^{\mathrm{T}}\boldsymbol{K}\boldsymbol{Q}_4(\boldsymbol{\sigma}_{\mathrm{L}i}^{\mathrm{T}}\otimes\boldsymbol{\sigma}_{\mathrm{L}j}^{\mathrm{T}})\}\rangle]_{4\times 4} \tag{3-88}$$

结合 $\boldsymbol{W}$ 和 $\boldsymbol{C}_4$ 的定义式可知,$\boldsymbol{W}=[\langle \mathrm{tr}\{\boldsymbol{C}_4(\boldsymbol{\sigma}_{\mathrm{L}i}^{\mathrm{T}}\otimes\boldsymbol{\sigma}_{\mathrm{L}j}^{\mathrm{T}})\}\rangle]_{4\times 4}$,由此 Kennaugh 矩阵可表示为

$$\boldsymbol{K}=2\boldsymbol{R}^*[\langle \mathrm{tr}\{\boldsymbol{C}_4(\boldsymbol{\sigma}_{\mathrm{L}i}^{\mathrm{T}}\otimes\boldsymbol{\sigma}_{\mathrm{L}j}^{\mathrm{T}})\}\rangle]_{4\times 4}\boldsymbol{R}^{-1} \tag{3-89}$$

对于 Kennaugh 矩阵和相干矩阵来说,采用类似的方法,同样可得 Kennaugh 矩阵与相干矩阵之间的矩阵变换关系,即

$$\boldsymbol{T}_4=[\langle \mathrm{tr}\{\boldsymbol{Q}_4^{\mathrm{T}}\boldsymbol{K}\boldsymbol{Q}_4(\boldsymbol{\sigma}_{\mathrm{P}i}\otimes\boldsymbol{\sigma}_{\mathrm{P}j})\}\rangle]_{4\times 4} \tag{3-90}$$

$$\boldsymbol{K}=[\langle \mathrm{tr}\{\boldsymbol{Q}_4^{\mathrm{H}}\boldsymbol{T}_4\boldsymbol{Q}_4(\boldsymbol{\sigma}_{\mathrm{P}i}\otimes\boldsymbol{\sigma}_{\mathrm{P}j})\}\rangle]_{4\times 4} \tag{3-91}$$

将 3.3.2 节中 Kennaugh 矩阵与 Mueller 矩阵的关系分别作用于式(3-88)~式(3-91),可得 Mueller 矩阵分别与 $\boldsymbol{T}_4$、$\boldsymbol{C}_4$ 的变换关系式。同样,将 3.3.3 节中 $\boldsymbol{T}_3$、$\boldsymbol{C}_3$ 分别与 $\boldsymbol{T}_4$、$\boldsymbol{C}_4$ 的变换关系式作用于式(3-88)~式(3-91),也可得到 $\boldsymbol{T}_3$、$\boldsymbol{C}_3$ 分别与 Kennaugh 矩阵的关系。

除了上述矩阵之间的数学变换关系之外,还可以建立矩阵元素之间的关系式。以 Mueller 矩阵元素与相干矩阵元素为例,它们之间的转换关系式为

$$m_{kl} = \frac{1}{2}\mathrm{tr}(\boldsymbol{T}_4 \boldsymbol{\eta}_{4k+l}) \tag{3-92}$$

式中:$k,l=1,2,3,4$;$\boldsymbol{\eta}_{4k+l} = (-1)^{-\delta_{\mathrm{L}3l}} \boldsymbol{Q}_4 \boldsymbol{\sigma}_{\mathrm{L}k} \otimes \boldsymbol{\sigma}_{\mathrm{L}l} \boldsymbol{Q}_4^{\mathrm{H}}$, $\delta_{\mathrm{L}kl} = \begin{cases} 0(k \neq l) \\ 1(k=l) \end{cases}$。

3.3.5 不同极化表征比较及其转换关系

总的来说,目标共有 5 种极化表征,分别为极化散射矩阵、Mueller 矩阵、Kennaugh 矩阵、协方差矩阵和相干矩阵。表 3-1 中比较了这些极化表征的物理内涵、数学特性和适用范围。从该表可以看出:在数学特性方面,这些极化表征可分为一阶统计量描述和二阶统计量描述。其中,一阶统计量描述只有极化散射矩阵,二阶统计量描述还可分为实数矩阵表征和复数矩阵表征,前者包含 Mueller 矩阵和 Kennaugh 矩阵,后者包含协方差矩阵和相干矩阵;在物理内涵方面,极化散射矩阵和 Mueller 矩阵均由目标极化散射方程导出,表示了入射波和散射波极化之间的变换关系,Kennaugh 矩阵、相干矩阵和协方差矩阵则由雷达目标极化方程或天线接收功率导出,表征了天线接收功率与收发天线极化之间的依赖关系;在适用范围方面,5 种极化表征均适用于确定性目标,此时极化散射矩阵与其余 4 种极化表征存在一一对应的非线性等价关系(图 3-7(a)),而其余 4 种极化表征之间存在一一对应的线性关系(图 3-7(b))。对于分布式目标来说,除极化散射矩阵之外,其余 4 种极化表征均适用,且此时这 4 种极化表征之间仍存在一一对应的线性关系(图 3-7(b))。

表 3-1　不同目标极化表征之间物理内涵、数学特性和适用范围比较

极化表征	物理内涵	数学特性	适用范围
极化散射矩阵 $\boldsymbol{S}$	依据目标极化散射方程导出,表征入射波与散射波 Jones 矢量之间的关系	一阶统计量描述、复数矩阵、互易条件为对称矩阵	确定性目标
Mueller 矩阵 $\boldsymbol{M}$	依据目标极化散射方程导出,表征入射波与散射波 Stokes 矢量之间的关系	二阶统计量描述、实数矩阵、恒为非对称矩阵	确定性目标 分布式目标
Kennaugh 矩阵 $\boldsymbol{K}$	依据雷达目标极化方程导出,表征天线接收功率与收发天线 Stokes 矢量之间的依赖关系	二阶统计量描述、实数矩阵、互易条件为对称矩阵	确定性目标 分布式目标
协方差矩阵 $\boldsymbol{C}$	依据雷达目标极化方程导出,表征天线接收功率与收发天线极化之间的依赖关系	二阶统计量描述、复数矩阵、恒为 Hermitian 矩阵	确定性目标 分布式目标
相干矩阵 $\boldsymbol{T}$	依据雷达目标极化方程导出,表征天线接收功率与收发天线极化之间的依赖关系	二阶统计量描述、复数矩阵、恒为 Hermitian 矩阵	确定性目标 分布式目标

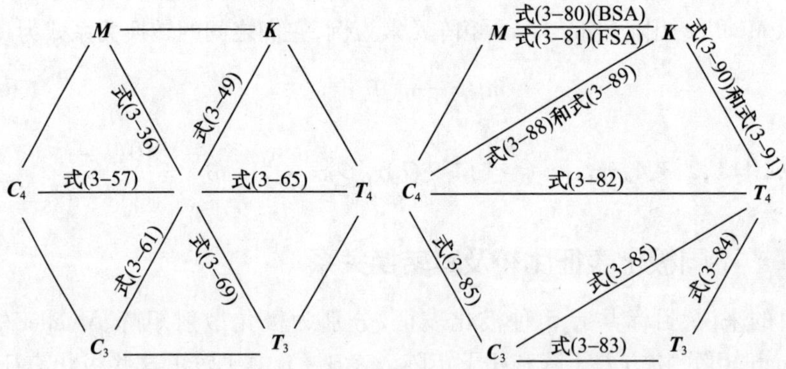

图 3-7 不同极化表征之间的转换关系图

3.4 不同极化表征的极化基过渡公式

类似于电磁波极化表征，目标极化表征也存在极化基变换处理，且不同极化基之间的相互转换可用一个过渡公式表示。尽管极化基变换处理并不改变目标极化表征所携带的目标信息量，但通过变极化基处理能简化某些散射问题的讨论。为此，本节将分别讨论目标不同极化表征的极化基过渡公式，且主要讨论 BSA 约定下的单静态后向散射情形。

3.4.1 极化散射矩阵极化基过渡公式

对于极化散射矩阵来说，推导其极化基过渡公式有两条途径：一是通过天线接收功率函数；二是通过目标极化散射方程。由这两条途径导出的极化基过渡公式是相同的。

由 2.5.1 节研究可知，若由极化基(m,n)变换到新极化基(u,v)的过渡矩阵为 $\boldsymbol{U}_2$，那么天线极化在两种极化基下的 Jones 矢量的变换关系为

$$\begin{cases}\boldsymbol{h}_{\mathrm{t}}(\mathrm{m},\mathrm{n}) = \boldsymbol{U}_2\boldsymbol{h}_{\mathrm{t}}(\mathrm{u},\mathrm{v}) \\ \boldsymbol{h}_{\mathrm{r}}(\mathrm{m},\mathrm{n}) = \boldsymbol{U}_2\boldsymbol{h}_{\mathrm{r}}(\mathrm{u},\mathrm{v})\end{cases} \tag{3-93}$$

式中：下标 t 和 r 分别为发射天线和接收天线；$\boldsymbol{U}_2$ 为 2.5.1 节中定义的酉矩阵。

由式(3-46)可知，若极化基(m,n)和新极化基(u,v)下的天线接收功率分别为

$$P = \frac{Z_0^2 I^2}{128\pi R_{\mathrm{a}}\lambda^2 r_1^2 r^2}\langle |\boldsymbol{h}_{\mathrm{r}}^{\mathrm{T}}(\mathrm{m},\mathrm{n})\boldsymbol{S}(\mathrm{m},\mathrm{n})\boldsymbol{h}_{\mathrm{t}}(\mathrm{m},\mathrm{n})|^2\rangle \tag{3-94}$$

$$P=\frac{Z_0^2I^2}{128\pi R_a\lambda^2r_1^2r^2}\langle|\boldsymbol{h}_r^T(u,v)\boldsymbol{S}(u,v)\boldsymbol{h}_t(u,v)|^2\rangle \tag{3-95}$$

将式(3-93)代入式(3-94),整理得

$$P=\frac{Z_0^2I^2}{128\pi R_a\lambda^2r_1^2r^2}\langle|\boldsymbol{h}_r^T(u,v)\boldsymbol{U}_2^T\cdot\boldsymbol{S}(m,n)\boldsymbol{U}_2\boldsymbol{h}_t(u,v)|^2\rangle \tag{3-96}$$

比较式(3-95)与式(3-96),可知

$$\boldsymbol{S}(u,v)=\boldsymbol{U}_2^T\boldsymbol{S}(m,n)\boldsymbol{U}_2 \tag{3-97}$$

该式就是极化散射矩阵极化基变换过渡公式。可见,$\boldsymbol{S}(u,v)$ 为 $\boldsymbol{S}(m,n)$ 的相合变换。

同样,式(3-97)也可由目标极化散射方程导出。不过,当根据目标极化散射方程进行推导时,需注意入射波和散射波极化基的旋向定义。通常情况下,极化基变换处理要求入射波和散射波极化基的旋向定义。对于天线接收功率,单静态情形存在收发天线 Jones 矢量具有相同的极化基及旋向定义的隐含条件,因而根据天线接收功率推导时无须考虑波的极化基问题;对于目标极化散射方程则不然,因为单静态情形目标散射波和入射波的传播方向正好相反($\boldsymbol{k}_i=-\boldsymbol{k}_s$),这使两列波极化基的旋向定义正好相反。

众所周知,对于同列电磁波来说,若它沿着相反的方向传播,且假设沿着 $\boldsymbol{k}$ 方向传播的 Jones 矢量为 $\boldsymbol{E}$,那么沿着 $-\boldsymbol{k}$ 方向传播的 Jones 矢量则可表示为

$$\boldsymbol{k}\to-\boldsymbol{k}\Rightarrow\boldsymbol{E}_{(-\boldsymbol{k})}=\boldsymbol{E}_{\boldsymbol{k}}^* \tag{3-98}$$

若由极化基(m,n)变换到新极化基(u,v),且这两个极化基的旋向是根据入射波传播方向定义的,那么考虑到单静态情形目标散射波和入射波传播方向正好相反,目标散射波的变极化基公式变为

$$\boldsymbol{E}_s(m,n)=\boldsymbol{U}_2^*\boldsymbol{E}_s(u,v) \tag{3-99}$$

又结合入射波变极化基公式($\boldsymbol{E}_I(m,n)=\boldsymbol{U}_2\boldsymbol{E}_I(u,v)$),那么在(m,n)极化基下的目标散射方程变为

$$\boldsymbol{E}_s(m,n)=\boldsymbol{S}(m,n)\boldsymbol{E}_I(m,n)\Rightarrow\boldsymbol{U}_2^*\boldsymbol{E}_s(u,v)=\boldsymbol{S}(m,n)\boldsymbol{U}_2\boldsymbol{E}_I(u,v) \tag{3-100}$$

显然,$\boldsymbol{S}(u,v)$ 仍是 $\boldsymbol{S}(m,n)$ 的相合变换,这与式(3-97)是一致的。

3.4.2 实数矩阵表征极化基过渡公式

由前文研究可知,实数矩阵表征包括 Kennaugh 矩阵和 Mueller 矩阵,推导它们的极化基过渡公式有 3 条途径:一是通过天线接收功率函数;二是通过目标极化散射方程;三是通过实数矩阵表征与极化散射矩阵之间关系和极化散射矩阵极化基过渡矩阵。且这几种途径导出的极化基过渡公式是相同的。本节

仍考虑前两种途径，并且考虑到 Kennaugh 矩阵和 Mueller 矩阵之间的线性关系，将首先导出 Kennaugh 矩阵极化基过渡矩阵，然后利用该过渡矩阵导出 Mueller 矩阵极化基过渡矩阵。

由 2.3.2 节研究可知，若由极化基(m,n)变换到新极化基(u,v)的过渡矩阵为 $\boldsymbol{O}_4$，那么天线极化在两种极化基下的 Stokes 矢量的变换关系为

$$\begin{cases}\boldsymbol{g}_{\mathrm{t}}(\mathrm{m,n}) = \boldsymbol{U}_4\boldsymbol{g}_{\mathrm{t}}(\mathrm{u,v}) \\ \boldsymbol{g}_{\mathrm{r}}(\mathrm{m,n}) = \boldsymbol{U}_4\boldsymbol{g}_{\mathrm{r}}(\mathrm{u,v})\end{cases} \tag{3-101}$$

式中：$\boldsymbol{U}_4$ 为 2.3.2 节中定义的酉矩阵。

由式(3-46)可知，若极化基(m,n)和新极化基(u,v)下的天线接收功率分别为

$$P = \frac{Z_0^2 I^2}{256\pi R_{\mathrm{a}}\lambda^2 r_1^2 r^2}\boldsymbol{g}_{\mathrm{r}}^{\mathrm{T}}(\mathrm{m,n})\boldsymbol{K}(\mathrm{m,n})\boldsymbol{g}_{\mathrm{t}}(\mathrm{m,n}) \tag{3-102}$$

$$P = \frac{Z_0^2 I^2}{256\pi R_{\mathrm{a}}\lambda^2 r_1^2 r^2}\boldsymbol{g}_{\mathrm{r}}^{\mathrm{T}}(\mathrm{u,v})\boldsymbol{K}(\mathrm{u,v})\boldsymbol{g}_{\mathrm{t}}(\mathrm{u,v}) \tag{3-103}$$

将式(3-101)代入式(3-102)，整理得

$$W = \frac{Z_0^2 I^2}{256\pi R_{\mathrm{a}}\lambda^2 r_1^2 r^2}\boldsymbol{g}_{\mathrm{r}}^{\mathrm{T}}(\mathrm{u,v})\boldsymbol{U}_4^{\mathrm{T}}\boldsymbol{K}(\mathrm{m,n})\boldsymbol{U}_4\boldsymbol{g}_{\mathrm{t}}(\mathrm{u,v}) \tag{3-104}$$

比较式(3-104)与式(3-103)，可知

$$\boldsymbol{K}(\mathrm{u,v}) = \boldsymbol{U}_4^{\mathrm{T}}\boldsymbol{K}(\mathrm{m,n})\boldsymbol{U}_4 \tag{3-105}$$

该式就是 Kennaugh 矩阵极化基变换过渡公式。可见，$\boldsymbol{K}(\mathrm{u,v})$ 为 $\boldsymbol{K}(\mathrm{m,n})$ 的相合变换。

当然，采用目标极化散射方程也可得到相同的结论。对于同列沿着相反方向传播的电磁波来说，它们的 Stokes 矢量之间的关系为

$$\boldsymbol{g}_{-\boldsymbol{k}} = \boldsymbol{\Lambda}_{4,4}\boldsymbol{g}_{\boldsymbol{k}} \tag{3-106}$$

在单静态情形，利用 Kennaugh 矩阵与 Mueller 矩阵之间的关系式，入射波和散射波之间的关系也可采用 Kennaugh 矩阵表征，即

$$\boldsymbol{g}_{\mathrm{s}} = \boldsymbol{M}_{\mathrm{BSA}}\boldsymbol{g}_{\mathrm{t}} \Rightarrow \boldsymbol{g}_{-\mathrm{s}} = \boldsymbol{\Lambda}_{4,4}\boldsymbol{M}_{\mathrm{BSA}}\boldsymbol{g}_{\mathrm{t}} = \boldsymbol{K}\boldsymbol{g}_{\mathrm{t}} \tag{3-107}$$

不过需注意，该式中 $\boldsymbol{g}_{-\mathrm{s}}$ 和 $\boldsymbol{g}_{\mathrm{t}}$ 对应电磁波的传播方向相同。极化基(m,n)和新极化基(u,v)下 Stokes 矢量表征的目标极化散射方程分别为

$$\boldsymbol{g}_{-\mathrm{s}}(\mathrm{m,n}) = \boldsymbol{K}(\mathrm{m,n})\boldsymbol{g}_{\mathrm{t}}(\mathrm{m,n}) \tag{3-108}$$

$$\boldsymbol{g}_{-\mathrm{s}}(\mathrm{u,v}) = \boldsymbol{K}(\mathrm{u,v})\boldsymbol{g}_{\mathrm{t}}(\mathrm{u,v}) \tag{3-109}$$

将式(3-101)代入式(3-108)，并整理得

$$\begin{aligned}\boldsymbol{g}_{-s}(\mathrm{m,n}) &= \boldsymbol{K}(\mathrm{m,n})\boldsymbol{g}_t(\mathrm{m,n}) \Rightarrow \boldsymbol{g}_{-s}(\mathrm{u,v}) \\ &= \boldsymbol{U}_4^{-1}\boldsymbol{K}(\mathrm{m,n})\boldsymbol{U}_4\boldsymbol{g}_t(\mathrm{u,v})\end{aligned} \tag{3-110}$$

比较式(3-109)和式(3-110)可知,$\boldsymbol{K}(\mathrm{u,v})$仍为$\boldsymbol{K}(\mathrm{m,n})$的相合变换,这与式(3-105)是统一的。

结合式(3-80)、式(3-81)和式(3-105),很容易得到 Mueller 矩阵的极化基变换公式,即

$$\begin{cases}\boldsymbol{M}_{\mathrm{BSA}}(\mathrm{u,v}) = \boldsymbol{\Lambda}_{4,4}\boldsymbol{U}_4^{\mathrm{T}}\boldsymbol{\Lambda}_{4,4}\boldsymbol{M}_{\mathrm{BSA}}(\mathrm{m,n})\boldsymbol{U}_4 \\ \boldsymbol{M}_{\mathrm{FSA}}(\mathrm{u,v}) = \boldsymbol{\Lambda}_{4,3}\boldsymbol{U}_4^{\mathrm{T}}\boldsymbol{\Lambda}_{4,3}\boldsymbol{M}_{\mathrm{FSA}}(\mathrm{m,n})\boldsymbol{U}_4\end{cases} \tag{3-111}$$

显然,$\boldsymbol{M}_{\mathrm{BSA}}(\mathrm{u,v})$不是$\boldsymbol{M}_{\mathrm{BSA}}(\mathrm{m,n})$的相合变换,$\boldsymbol{M}_{\mathrm{FSA}}(\mathrm{u,v})$也不是$\boldsymbol{M}_{\mathrm{FSA}}(\mathrm{m,n})$的相合变换。

综上所述,Kennaugh 矩阵极化基过渡公式实质是对旧极化基下 Kennaugh 矩阵进行相合变换,而 Mueller 矩阵则不同。

3.4.3 相干矩阵极化基过渡公式

不同于前面三种目标极化表征,三维相干矩阵只能通过天线接收功率来导出其极化基过渡公式。其原因如下:①三维相干矩阵与极化散射矩阵,或实数矩阵表征之间不存在比较简洁的数学关系;②相干矩阵无法直接表示散射波与入射波之间的联系。为此,本节将只讨论这一种途径的推导方法。

若令收发天线 Jones 矢量分别为 $\boldsymbol{h}_r = [h_{r1} \quad h_{r2}]^{\mathrm{T}}$ 和 $\boldsymbol{h}_t = [h_{t1} \quad h_{t2}]^{\mathrm{T}}$,并结合式(3-67)和式(3-93),$\boldsymbol{L}_3(\mathrm{m,n})$各元素与$\boldsymbol{L}_3(\mathrm{u,v})$之间的关系可表示为

$$\begin{aligned}h_{r1}(\mathrm{m,n})h_{t1}(\mathrm{m,n}) + h_{r2}(\mathrm{m,n})h_{t2}(\mathrm{m,n}) &= \boldsymbol{h}_r^{\mathrm{T}}(\mathrm{m,n})\boldsymbol{h}_t(\mathrm{m,n}) \\ &= \boldsymbol{h}_r^{\mathrm{T}}(\mathrm{u,v})\boldsymbol{U}_2^{\mathrm{T}}\boldsymbol{U}_2\boldsymbol{h}_t(\mathrm{u,v})\end{aligned} \tag{3-112}$$

$$\begin{aligned}h_{r1}(\mathrm{m,n})h_{t2}(\mathrm{m,n}) + h_{r2}(\mathrm{m,n})h_{t1}(\mathrm{m,n}) &= \boldsymbol{h}_r^{\mathrm{T}}(\mathrm{m,n})\begin{bmatrix}0 & 1\\ 1 & 0\end{bmatrix}\boldsymbol{h}_t(\mathrm{m,n}) \\ &= \boldsymbol{h}_r^{\mathrm{T}}(\mathrm{u,v})\boldsymbol{U}_2^{\mathrm{T}}\begin{bmatrix}0 & 1\\ 1 & 0\end{bmatrix}\boldsymbol{U}_2\boldsymbol{h}_t(\mathrm{u,v})\end{aligned} \tag{3-113}$$

$$\begin{aligned}h_{r1}(\mathrm{m,n})h_{t2}(\mathrm{m,n}) + h_{r2}(\mathrm{m,n})h_{t1}(\mathrm{m,n}) &= \boldsymbol{h}_r^{\mathrm{T}}(\mathrm{m,n})\begin{bmatrix}0 & 1\\ 1 & 0\end{bmatrix}\boldsymbol{h}_t(\mathrm{m,n}) \\ &= \boldsymbol{h}_r^{\mathrm{T}}(\mathrm{u,v})\boldsymbol{U}_2^{\mathrm{T}}\begin{bmatrix}0 & 1\\ 1 & 0\end{bmatrix}\boldsymbol{U}_2\boldsymbol{h}_t(\mathrm{u,v})\end{aligned} \tag{3-114}$$

假设 $\boldsymbol{U}_2=\boldsymbol{U}_2(\psi)=\begin{bmatrix}\cos\psi & -\sin\psi\\ \sin\psi & \cos\psi\end{bmatrix}$,则式(3-112)~式(3-114)中:

$$\boldsymbol{U}_2^{\mathrm{T}}\boldsymbol{U}_2=\boldsymbol{I},\boldsymbol{U}_2^{\mathrm{T}}\begin{bmatrix}1 & 0\\ 0 & -1\end{bmatrix}\boldsymbol{U}_2=\begin{bmatrix}\cos2\psi & -\sin2\psi\\ -\sin2\psi & -\cos2\psi\end{bmatrix},$$

$$\boldsymbol{U}_2^{\mathrm{T}}\begin{bmatrix}0 & 1\\ 1 & 0\end{bmatrix}\boldsymbol{U}_2=\begin{bmatrix}\sin2\psi & \cos2\psi\\ \cos2\psi & -\sin2\psi\end{bmatrix}\tag{3-115}$$

若令 $\boldsymbol{L}_3$ 从极化基(m,n)到新极化基(u,v)的过渡矩阵记为 $\boldsymbol{U}_3(\psi)$,则将式(3-112)~式(3-115)代入 $\boldsymbol{L}_3(\mathrm{m},\mathrm{n})=\boldsymbol{U}_3(\psi)\boldsymbol{L}_3(\mathrm{u},\mathrm{v})$,可导出

$$\boldsymbol{U}_3(\psi)=\begin{bmatrix}1 & 0 & 0\\ 0 & \cos2\psi & -\sin2\psi\\ 0 & \sin2\psi & \cos2\psi\end{bmatrix}\tag{3-116}$$

采用类似的方法,可分别导出

$$\boldsymbol{U}_2=\begin{bmatrix}\cos\chi & \mathrm{j}\sin\chi\\ \mathrm{j}\sin\chi & \cos\chi\end{bmatrix}\Rightarrow\boldsymbol{U}_3(\chi)=\begin{bmatrix}\cos2\chi & 0 & \mathrm{j}\sin2\chi\\ 0 & 1 & 0\\ \mathrm{j}\sin2\chi & 0 & \cos2\chi\end{bmatrix}\tag{3-117}$$

$$\boldsymbol{U}_2=\begin{bmatrix}\mathrm{e}^{\mathrm{j}\xi_1} & 0\\ 0 & \mathrm{e}^{-\mathrm{j}\xi_1}\end{bmatrix}\Rightarrow\boldsymbol{U}_3(\xi_1)=\begin{bmatrix}\cos2\xi_1 & \mathrm{j}\sin2\xi_1 & 0\\ \mathrm{j}\sin2\xi_1 & \cos2\xi_1 & 0\\ 0 & 0 & 1\end{bmatrix}\tag{3-118}$$

进一步,若 $\boldsymbol{U}_2=\boldsymbol{U}_2(\psi)\cdot\boldsymbol{U}_2(\chi)\cdot\boldsymbol{U}_2(\xi_1)$,则可导出

$$\boldsymbol{U}_3(2\psi,2\chi,2\xi_1)=\begin{bmatrix}1 & 0 & 0\\ 0 & \cos2\psi & -\sin2\psi\\ 0 & \sin2\psi & \cos2\psi\end{bmatrix}\begin{bmatrix}\cos2\chi & 0 & \mathrm{j}\sin2\chi\\ 0 & 1 & 0\\ \mathrm{j}\sin2\chi & 0 & \cos2\chi\end{bmatrix}\begin{bmatrix}\cos2\xi_1 & \mathrm{j}\sin2\xi_1 & 0\\ \mathrm{j}\sin2\xi_1 & \cos2\xi_1 & 0\\ 0 & 0 & 1\end{bmatrix}\tag{3-119}$$

利用 $\boldsymbol{U}_2(\rho_1,\xi)$ 与 $\boldsymbol{U}_2(\psi,\chi,\xi_1)$ 之间的关系,可得到极化比表征的 $\boldsymbol{U}_3$,即

$$\begin{aligned}\boldsymbol{U}_3(2\phi,2\tau,2\alpha)&=\boldsymbol{U}_3(\rho,\boldsymbol{\varepsilon})\\&=\frac{1}{1+|\rho|^2}\begin{bmatrix}\cos(2\xi)+\mathrm{Re}(\rho^2\mathrm{e}^{+2\mathrm{j}\xi}) & \mathrm{j}\sin(2\xi)-\mathrm{j}\mathrm{Im}(\rho^2\mathrm{e}^{+2\mathrm{j}\xi}) & 2\mathrm{j}\mathrm{Im}(\rho^2\mathrm{e}^{+2\mathrm{j}\xi})\\ \mathrm{j}\sin(2\xi)+\mathrm{j}\mathrm{Im}(\rho^2\mathrm{e}^{+2\mathrm{j}\xi}) & \cos(2\xi)-\mathrm{Re}(\rho^2\mathrm{e}^{+2\mathrm{j}\xi}) & 2\mathrm{Re}(\rho^2\mathrm{e}^{+2\mathrm{j}\xi})\\ 2\mathrm{j}\mathrm{Im}(\rho) & -2\mathrm{Re}(\rho) & 1-|\rho|^2\end{bmatrix}\end{aligned}\tag{3-120}$$

结合式(3-68),极化基(m,n)和新极化基(u,v)下天线接收功率分别为

$$P=\frac{Z_0^2I^2}{128\pi R_a\lambda^2r_1^2r^2}\boldsymbol{L}_3^{\mathrm{T}}(\mathrm{m,n})\boldsymbol{T}_3(\mathrm{m,n})\boldsymbol{L}_3^*(\mathrm{m,n}) \tag{3-121}$$

$$P=\frac{Z_0^2I^2}{128\pi R_a\lambda^2r_1^2r^2}\boldsymbol{L}_3^{\mathrm{T}}(\mathrm{u,v})\boldsymbol{T}_3(\mathrm{u,v})\boldsymbol{L}_3^*(\mathrm{u,v}) \tag{3-122}$$

将 $\boldsymbol{L}_3(\mathrm{m,n})=\boldsymbol{U}_3\boldsymbol{L}_3(\mathrm{m,n})$ 代入式(3－121),并整理得

$$P=\frac{Z_0^2I^2}{128\pi R_a\lambda^2r_1^2r^2}\boldsymbol{L}_3^{\mathrm{T}}(\mathrm{u,v})\boldsymbol{U}_3^{\mathrm{T}}\boldsymbol{T}_3(\mathrm{m,n})\boldsymbol{U}_3^*\boldsymbol{L}_3^*(\mathrm{u,v}) \tag{3-123}$$

比较式(3－122)与式(3－123),得到

$$\boldsymbol{T}_3(\mathrm{u,v})=\boldsymbol{U}_3^{\mathrm{T}}\boldsymbol{T}_3(\mathrm{m,n})\boldsymbol{U}_3^* \tag{3-124}$$

显然,$\boldsymbol{T}_3(\mathrm{u,v})$ 为 $\boldsymbol{T}_3(\mathrm{m,n})$ 的酉相似变换。

3.4.4 协方差矩阵极化基过渡公式

类似于相干矩阵,本节也将通过天线接收功率推导协方差矩阵极化基过渡公式。首先令收发天线 Jones 矢量分别为 $\boldsymbol{h}_{\mathrm{r}}=[h_{\mathrm{r1}}\quad h_{\mathrm{r2}}]^{\mathrm{T}}$ 和 $\boldsymbol{h}_{\mathrm{t}}=[h_{t1}\quad h_{t2}]^{\mathrm{T}}$,并结合式(3－93)有

$$\begin{aligned}\boldsymbol{h}_{\mathrm{r}}(\mathrm{m,n})\boldsymbol{h}_{\mathrm{t}}^{\mathrm{T}}(\mathrm{m,n})&=\begin{bmatrix}h_{\mathrm{r1}}(\mathrm{m,n})h_{\mathrm{t1}}(\mathrm{m,n}) & h_{\mathrm{r1}}(\mathrm{m,n})h_{\mathrm{t2}}(\mathrm{m,n})\\ h_{\mathrm{r2}}(\mathrm{m,n})h_{\mathrm{t1}}(\mathrm{m,n}) & h_{\mathrm{r2}}(\mathrm{m,n})h_{\mathrm{t2}}(\mathrm{m,n})\end{bmatrix}\\&=\boldsymbol{U}_2\boldsymbol{h}_{\mathrm{r}}(\mathrm{u,v})\boldsymbol{h}_{\mathrm{t}}^{\mathrm{T}}(\mathrm{u,v})\boldsymbol{U}_2^{\mathrm{T}}\\&=\boldsymbol{U}_2\begin{bmatrix}h_{\mathrm{r1}}(\mathrm{u,v})h_{\mathrm{t1}}(\mathrm{u,v}) & h_{\mathrm{r1}}(\mathrm{u,v})h_{\mathrm{t2}}(\mathrm{u,v})\\ h_{\mathrm{r2}}(\mathrm{u,v})h_{\mathrm{t1}}(\mathrm{u,v}) & h_{\mathrm{r2}}(\mathrm{u,v})h_{\mathrm{t2}}(\mathrm{u,v})\end{bmatrix}\boldsymbol{U}_2^{\mathrm{T}}\end{aligned} \tag{3-125}$$

再令 $\boldsymbol{U}_2=\begin{bmatrix}x_1 & x_2\\ x_3 & x_4\end{bmatrix}$,$\boldsymbol{h}_{\mathrm{r}}(\mathrm{u,v})\boldsymbol{h}_{\mathrm{t}}^{\mathrm{T}}(\mathrm{u,v})=\begin{bmatrix}y_1 & y_2\\ y_3 & y_4\end{bmatrix}$,将它们代入式(3－125),整理得

$$\begin{cases}h_{\mathrm{r1}}(\mathrm{m,n})h_{\mathrm{t1}}(\mathrm{m,n})=x_1^2y_1+x_1x_2(y_2+y_3)+x_2^2y_4\\ h_{\mathrm{r1}}h_{\mathrm{t2}}+h_{\mathrm{r2}}h_{\mathrm{t1}}=2x_1x_3y_1+(x_2x_3+x_1x_4)(y_2+y_3)+2x_2x_4y_4\\ h_{\mathrm{r2}}(\mathrm{m,n})h_{\mathrm{t2}}(\mathrm{m,n})=x_3^2y_1+x_3x_4(y_2+y_3)+x_4^2y_4\end{cases} \tag{3-126}$$

结合式(3－59)和式(3－126),$\boldsymbol{H}_3(\mathrm{m,n})$ 与 $\boldsymbol{H}_3(\mathrm{u,v})$ 之间的关系可表示为

$$\boldsymbol{H}_3(\mathrm{m,n})=\begin{bmatrix}x_1^2 & \sqrt{2}x_1x_2 & x_2^2\\ \sqrt{2}x_1x_3 & x_2x_3+x_1x_4 & \sqrt{2}x_2x_4\\ x_3^2 & \sqrt{2}x_3x_4 & x_4^2\end{bmatrix}\boldsymbol{H}_3(\mathrm{u,v})=\boldsymbol{U}_{3\mathrm{C}}\boldsymbol{H}_3(\mathrm{u,v}) \tag{3-127}$$

若 $\boldsymbol{U}_2$ 采用 2.5.1 节中极化比定义，则

$$\boldsymbol{U}_{3C}(\rho,\varepsilon)=\frac{1}{1+|\rho|^2}\begin{bmatrix} e^{+2j\xi} & \sqrt{2}\rho e^{+2j\xi} & \rho^2 e^{+2j\xi} \\ -\sqrt{2}\rho^* & 1-|\rho|^2 & \sqrt{2}\rho^* \\ \rho^{*2}e^{-2j\xi} & -\sqrt{2}\rho e^{-2j\xi} & e^{-2j\xi} \end{bmatrix} \tag{3-128}$$

结合式(3-68)，极化基(m,n)和新极化基(u,v)下天线接收功率分别为

$$P=\frac{Z_0^2 I^2}{128\pi R_a\lambda^2 r_1^2 r^2}\boldsymbol{H}_3^{\mathrm{T}}(\mathrm{m,n})\boldsymbol{C}_3(\mathrm{m,n})\boldsymbol{H}_3^*(\mathrm{m,n}) \tag{3-129}$$

$$P=\frac{Z_0^2 I^2}{128\pi R_a\lambda^2 r_1^2 r^2}\boldsymbol{H}_3^{\mathrm{T}}(\mathrm{u,v})\boldsymbol{C}_3(\mathrm{u,v})\boldsymbol{H}_3^*(\mathrm{u,v}) \tag{3-130}$$

将 $\boldsymbol{H}_3(\mathrm{m,n})=\boldsymbol{U}_{3C}(\rho,\varepsilon)\boldsymbol{H}_3(\mathrm{u,v})$ 代入式(3-129)，并整理得

$$P=\frac{Z_0^2 I^2}{128\pi R_a\lambda^2 r_1^2 r^2}\boldsymbol{H}_3^{\mathrm{T}}(\mathrm{u,v})\boldsymbol{U}_{3C}^{\mathrm{T}}(\rho,\varepsilon)\boldsymbol{C}_3(\mathrm{m,n})\boldsymbol{U}_{3C}^*(\rho,\varepsilon)\boldsymbol{H}_3^*(\mathrm{u,v}) \tag{3-131}$$

比较式(3-130)与式(3-131)，得

$$\boldsymbol{C}_3(\mathrm{u,v})=\boldsymbol{U}_{3C}^{\mathrm{T}}(\rho,\varepsilon)\boldsymbol{C}_3(\mathrm{m,n})\boldsymbol{U}_{3C}^*(\rho,\varepsilon) \tag{3-132}$$

同样，$\boldsymbol{C}_3(\mathrm{u,v})$ 为 $\boldsymbol{C}_3(\mathrm{m,n})$ 的酉相似变换。当然，结合相干矩阵与协方差矩阵之间的关系（式(3-83)）和相干矩阵极化基过渡公式（式(3-124)）也可推导出式(3-132)。此处不再赘述。

3.5 极化表征参数化及雷达目标方程

前文研究表明，极化散射矩阵不仅取决于目标尺寸、结构、材质等自身物理属性，还依赖雷达发射电磁波频率、波形、极化方式等观测条件和目标杂波背景等观测环境，因此直接建立极化散射矩阵与目标物理属性之间的关系是非常困难的。为此，Huynen 提出了雷达目标的唯象学理论。他认为，可将目标看成现实世界中一个客观存在的“物体”，不管雷达观测条件和外部环境如何，目标自身物理属性始终保持不变，因而总存在一些具有明确物理含义的物理量来表征目标物理属性。本节将着重讨论这些物理量对极化表征的参数化。

3.5.1 Huynen – Euler 参数

在注重对数据的物理解释这一思想指引下，Huynen 重新考察了绝对相位的定义方式，提出了极化波“最自然的”的数学描述——“几何参数”描述，接着把这个结论推广到了目标极化散射矩阵（Scattering Matrix，SM），得到了极化散

射矩阵的“几何参数”描述。

极化波和目标SM的几何参数描述是在对绝对相位(由雷达天线与目标之间的距离产生的参考相位)进行定义的时候导出的,而绝对相位是人们容易掉入的一个陷阱,即使现在仍有人在定义的时候犯错。为了避免这一问题,Huynen对绝对相位采用如下定义方式:

$$\boldsymbol{E}=A\mathrm{e}^{\mathrm{j}\zeta}\begin{bmatrix}\cos(\psi) & -\sin(\psi)\\ \sin(\psi) & \cos(\psi)\end{bmatrix}\begin{bmatrix}\cos(\chi)\\ \mathrm{j}\sin(\chi)\end{bmatrix} \tag{3-133}$$

式中:A为尺寸因子(波的幅度);ψ为极化方位角;χ为极化椭圆率角,如图3-8所示。这就是极化波的几何参数描述。参数A确定了波的功率A^2,参数ψ确定了极化椭圆的取向,参数χ的大小决定了极化椭圆的“胖瘦”,而符号则决定了电场的旋向:χ为负时是右旋极化,为正时是左旋极化。绝对相位ζ与系统给定的参考相位有关,目标视线方向上不超过一个雷达波长的轻微移动会改变绝对相位,但不会影响极化波的几何结构。可以把上述极化波的结论推广到目标SM的情况,假设目标SM为

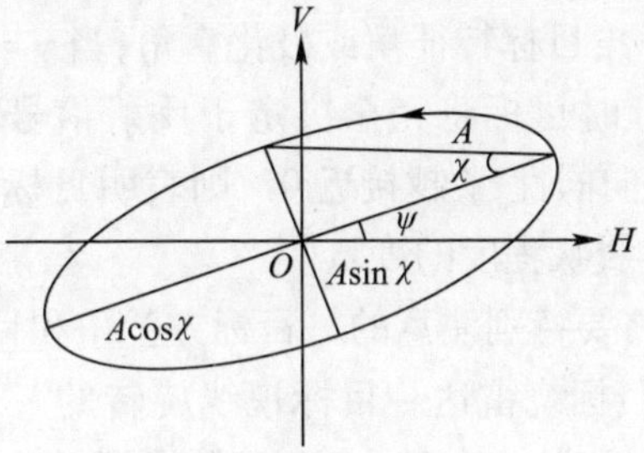

图3-8　左旋极化椭圆

$$\boldsymbol{S}=\begin{pmatrix}S_{\mathrm{HH}} & S_{\mathrm{HV}}\\ S_{\mathrm{VH}} & S_{\mathrm{VV}}\end{pmatrix}=\begin{pmatrix}a+b & c+\mathrm{j}d\\ c-\mathrm{j}d & a-b\end{pmatrix} \tag{3-134}$$

考虑目标互易的情况,则$S_{\mathrm{HV}}=S_{\mathrm{VH}}$,$d=0$。与极化波绝对相位的定义一样,我们不能直接从目标SM的某一元素中得到绝对相位,因为这会在该元素为零时失效。比如,假设绝对相位从$S_{\mathrm{HV}}=|S_{\mathrm{HV}}|\mathrm{e}^{\mathrm{j}\zeta}$中提取,那么当$|S_{\mathrm{HV}}|=0$时这种方法将不起作用,因此需要重新考虑绝对相位的定义方式。

沿着Kennaugh最佳极化(包括一对零极化和一对特征极化,后者又称本征极化)的思路,Huynen对SM的特征值问题进行了深入研究,得到了SM的完整描述:

$$\boldsymbol{S}=m\mathrm{e}^{\mathrm{j}\delta}\boldsymbol{U}^{*}\begin{pmatrix}1 & 0\\ 0 & \tan^{2}\gamma\end{pmatrix}\boldsymbol{U}^{\mathrm{H}} \tag{3-135}$$

式中：$\boldsymbol{U}$ 是一个酉矩阵，包含了在 Poincaré 球面上 3 根正交轴线的旋转。

对称的复散射矩阵 $\boldsymbol{S}$ 包含了 6 个独立的参数，由式(3-135)可以看出，$\boldsymbol{S}$ 可由另外 6 个独立参数描述，即通常所谓的 Huynen-Euler 参数：m、δ、ψ_m、χ_m、v 和 γ。这 6 个参数的物理意义如下。

(1) $m(m \geqslant 0)$：最大极化态，当雷达最佳极化发射时(对应于最大特征值)，m 为可获得的目标最大响应，是 S 最大特征值的模值，可用于表征目标幅度，是目标大小或雷达截面的度量。

(2) $\delta(-180° \leqslant \delta \leqslant 180°)$：散射矩阵绝对相位。

(3) $\psi_m(-90° \leqslant \psi_m \leqslant 90°)$：目标方位角确定了最佳极化时的目标方位，是目标围绕雷达视线旋转的一个度量。

(4) $\chi_m(-45° \leqslant \chi_m \leqslant 45°)$：目标螺旋角，即目标最佳极化椭圆率角，可用于度量目标的对称性。

(5) $v(-45° \leqslant v \leqslant 45°)$：目标跳跃角(skip angle)，与目标回波信号的弹跳次数有关。如果回波由偶次散射机制引起，v 将等于 45°，然而应当注意的是，有时仅有部分反射信号由偶次散射引起时，v 也等于 45°。

(6) $\gamma(0° \leqslant \gamma \leqslant 45°)$：目标特征角或极化率角，当 $\gamma=45°$ 时目标不改变发射信号的极化态，而 $\gamma=0°$ 时目标将完全决定于反射信号的极化态，γ 越接近于 45°，表明目标越接近各向同性，γ 越接近 0°，则表明目标越接近各向异性，故也认为 γ 是目标呈球状或线状程度的度量。

上述 6 个参数中，需要特别注意的是目标方位角和目标螺旋角。

目标方位角 ψ_m 是目标绕雷达-目标视线旋转的一个度量，当目标方位角发生变化时，回波及散射矩阵也会随之改变，但根据雷达目标唯象学的思想，不管目标绕视线如何旋转，其外形始终不变，即始终是“同一个”目标，目标方位角 ψ_m 与目标的形状和结构等因素无关。这样就要求从测量数据中提取出来的目标形状和结构信息具有与目标方位角的独立性，也就是去除方位角 ψ_m 的影响。实际上，雷达天线也有一个绕视线旋转的问题，对应的则是波的极化方位角 ψ。不难发现，目标绕视线的旋转完全可以通过天线绕视线旋转相同的量来补偿，即只有考虑天线与目标的相对方位角 $\psi-\psi_m$ 才有实际意义，Huynen 称这样一个旋转补偿的过程为目标方位角移除。目标方位角移除可极大提高目标参数结果的可理解性，因为 ψ_m 可认为是目标的运动参数，与目标的形状和结构无关。

雷达目标对称，即雷达观测时目标具有一个过视线的镜像对称平面。因此，任何一个物体如果横滚对称，则在所有的视角和倾斜角上(并且在所有的频率上)都具有雷达目标的对称性。然而有一些物体仅在一定的视角上镜像对称，一个立方体有许多个镜像对称的物理平面，但只有当平面包含了雷达视线时，这个物体才具有雷达目标对称性。举一个实例，当沿法线方向观测时，一个三面角将具有雷达目标对称性。Huynen 经过推导指出：当 $\chi_m=0$ 时，雷达目标具有对称性，否则不具对称性，可见目标螺旋角与目标对称性之间的密切关系。

3.5.2 Huynen 参数和目标结构方程

1. 单静态情形

对于一个确定性目标（或称为单纯态目标），当用单色完全极化波照射时，其电磁散射特性在给定观测条件下，可完全由目标散射矩阵描述。但对于一个时变目标或由一组独立子散射体组成的目标（又称为起伏目标或分布式目标）来说，其电磁散射特性不再是固定不变的，而且即使入射波保持不变，回波也是不相干的。此时，为了能够描述目标散射的随机性，必须利用统计的方法，此时统计处理中用到的目标数据就具有非相干可加性。目标散射矩阵由于绝对相位的存在，使其不具有非相干可加性，由于功率测量具有非相干可加性，因而可以考虑利用功率相关的数据，如 Kennaugh 矩阵（又称 Stokes 矩阵）、相干矩阵和协方差矩阵。另外，即使是确定性目标，如果入射波是部分极化的，反射波也部分极化，此时用一个散射矩阵根本无法描述目标对入射波的变极化效应，而 Kennaugh 矩阵作为入射波 Stokes 矢量到反射波 Stokes 矢量的线性算子，可以很好地描述目标的极化散射特性。

对于确定性目标而言，其 Kennaugh 矩阵可定义为

$$\boldsymbol{K}_{\psi}=2\boldsymbol{R}^{*}(\boldsymbol{S}\otimes\boldsymbol{S}^{*})\boldsymbol{R}^{-1} \tag{3-136}$$

可把 $\boldsymbol{K}_{\psi}$ 写成如下形式：

$$\boldsymbol{K}_{\psi}=\begin{pmatrix} A_0+B_0 & C_{\psi} & H_{\psi} & F_{\psi} \\ C_{\psi} & A_0+B_{\psi} & E_{\psi} & G_{\psi} \\ H_{\psi} & E_{\psi} & A_0-B_{\psi} & D_{\psi} \\ F_{\psi} & G_{\psi} & D_{\psi} & -A_0+B_0 \end{pmatrix} \tag{3-137}$$

式中：参数与 Sinclair 矩阵元素之间关系表示为

$$\begin{cases} A_0=\dfrac{1}{4}|S_{\mathrm{HH}}+S_{\mathrm{VV}}|^2, \quad B_0=\dfrac{1}{4}|S_{\mathrm{HH}}-S_{\mathrm{VV}}|^2+|S_{\mathrm{HV}}|^2, \quad B_{\Psi}=\dfrac{1}{4}|S_{\mathrm{HH}}-S_{\mathrm{VV}}|^2-|S_{\mathrm{HV}}|^2 \\ C_{\psi}=\dfrac{1}{2}|S_{\mathrm{HH}}-S_{\mathrm{VV}}|^2, \quad D_{\psi}=\mathrm{Im}\{S_{\mathrm{HH}}S_{\mathrm{VV}}^{*}\}, \quad E_{\psi}=\mathrm{Re}\{S_{\mathrm{HV}}^{*}(S_{\mathrm{HH}}-S_{\mathrm{VV}})\} \\ F_{\psi}=\mathrm{Im}\{S_{\mathrm{HV}}^{*}(S_{\mathrm{VV}}-S_{\mathrm{VV}})\}, \quad G_{\psi}=\mathrm{Im}\{S_{\mathrm{HV}}^{*}(S_{\mathrm{HH}}+S_{\mathrm{VV}})\}, \quad H_{\psi}=\mathrm{Re}\{S_{\mathrm{HV}}^{*}(S_{\mathrm{HH}}+S_{\mathrm{VV}})\} \end{cases}$$

(3-138)

这些参数均与绕雷达视线的旋转角或目标方位角有关，且该方位角可通过式(3-139)估计得到，即

$$\begin{cases}H_\psi = C\sin 2\psi, \quad C_\psi = C\cos 2\psi \\ B_\psi = B\cos 4\psi - E\sin 4\psi, \quad D_\psi = G\sin 2\psi + D\cos 2\psi \\ E_\psi = E\cos 4\psi + B\sin 4\psi, \quad F_\psi = F \\ G_\psi = G\cos 2\psi - D\sin 2\psi\end{cases} \tag{3-139}$$

对该矩阵进行方位角补偿，或消除目标方位角影响，得

$$\boldsymbol{K}_0 = \boldsymbol{U}_4(2\psi)\boldsymbol{K}_\psi \boldsymbol{U}_4^{-1}(2\psi) = \begin{pmatrix} A_0 + B_0 & C & H & F \\ C & A_0 + B & E & G \\ H & E & A_0 - B & D \\ F & G & D & -A_0 + B_0 \end{pmatrix} \tag{3-140}$$

$\boldsymbol{K}_0$ 中 A_0、B_0、B、C、D、E、F、G、H 统称 Huynen 参数。这 9 个参数对一般目标的分析是很有用的，不用参考任何模型，每个参数都包含目标的物理信息。实际上，利用 Huynen - Euler 参数中的 m、γ、ψ_m、υ 及 χ_m，可将这 9 个 Huynen 参数表示为

$$\begin{cases}A_0 = Q_0 f\cos^2 2\chi_m, \quad B_0 = Q_0(1 + \cos^2 2\gamma - f\cos^2 2\chi_m) \\ B = Q_0[1 + \cos^2 2\gamma - f(1 + \sin^2 2\chi_m)], \quad C = 2Q_0\cos 2\gamma\cos 2\chi_m \\ F = 2Q_0\cos 2\gamma\sin 2\chi_m, \quad D = Q_0\sin^2 2\gamma\sin 4\upsilon\cos 2\chi_m \\ E = -Q_0\sin^2 2\gamma\sin 4\upsilon\sin 2\chi_m, \quad G = Q_0 f\sin 4\chi_m, \quad H = 0\end{cases} \tag{3-141}$$

式中：$Q_0 = \dfrac{m^2}{8\cos^4\psi_m}$，$f = 1 - \sin^2 2\gamma\sin^2 2\upsilon$。根据 Kennaugh 矩阵和散射矩阵之间的关系可得

$$\begin{cases}2A_0 = |a|^2, \quad C - iD = ab^*, \quad B_0 + B = |b|^2 \\ E + iF = bc^*, \quad B_0 - B = |c|^2, \quad H + iG = ac^*\end{cases} \tag{3-142}$$

式(3-142)表明：①由于 a 与目标对称性直接相关，c 与目标的非对称性直接相关，故 $2A_0 = |a|^2$ 为目标对称因子，$B_0 - B = |c|^2$ 为目标非对称因子，而 $B_0 + B = |b|^2$ 对目标的对称部分和非对称部分都有贡献，故其为目标不规则因子。②C、D 与均 a、b 有直接关系，可认为其是与目标对称性有关的参数，E、F 与 c、b 均有直接关系，可认为其是与目标非对称性有关的参数，H、G 与 a、c 均有直接关系，可认为是目标对称部分与非对称部分之间的“耦合项”。③这些参数

中 C 和 D 均为目标形状的度量。不过,C 为“全局形状”,且当 $C=0$ 时对应球体,当 C 比较大时对应线状目标,而 D 与“局部形状”有关,可识别高频散射体凸面局部曲率差。④E 与目标表面转矩有关,是目标非对称的一部分。而 F 对应目标螺旋率,表示左旋与右旋圆极化回波之间的差异。⑤H 和 G 称为耦合项。其中 H 为目标没有对准引起的耦合,当 $H=0$ 时表示通过绕视线的旋转目标的倾斜角已被移除,值不为零则意味着目标没有对准。目标取向角补偿之后,G 表示对称部分和非对称部分之间的耦合。根据以上分析,Huynen 参数的物理含义可归纳为:

(1) A_0 为来自散射体规则平滑凸面部分的散射总功率。

(2) B_0 为目标不规则粗糙非凸面的去极化部分的散射总功率。

(3) A_0+B_0 近似为对称散射总功率。

(4) B_0+B 为对称或不规则去极化总功率。

(5) B_0-B 为非对称去极化总功率。

(6) C,D 为对称目标的去极化部分。

· C 为目标全局外形发生器;

· D 为目标局部外形发生器。

(7) E,F 为非对称去极化部分。

· E 为目标局部螺旋发生器;

· F 为目标全局螺旋发生器。

(8) G,H 为对称与非对称部分的耦合。

· G 为目标局部耦合发生器;

· H 为目标全局耦合发生器。

根据 Kennaugh 矩阵与相干矩阵之间的线性关系,相干矩阵的 Huynen 参数化形式为

$$\boldsymbol{T}_3=\begin{bmatrix}2A_0 & C-\mathrm{j}D & H+\mathrm{j}G\\ C+\mathrm{j}D & B_0+B & E+\mathrm{j}F\\ H-\mathrm{j}G & E-\mathrm{j}F & B_0-B\end{bmatrix} \tag{3-143}$$

对于确定性目标而言,相干矩阵与极化散射矩阵之间的关系为 $\boldsymbol{T}_3=\boldsymbol{k}_{3\mathrm{P}}\boldsymbol{k}_{3\mathrm{P}}^{\mathrm{H}}$。从数学上讲,此时相干矩阵为秩为 1 的 Hermitian 矩阵,其各阶主子式恒等于零,即

$$\begin{cases}2A_0(B_0+B)-C^2-D^2=0, & 2A_0(B_0-B)-G^2-H^2=0\\ -2A_0E+CH-DG=0, & B_0^2-B^2-E^2-F^2=0\\ C(B_0-B)-EH-GF=0, & -D(B_0-B)+FH-GE=0\\ 2A_0F-CG-DH=0, & -G(B_0+B)+FC-ED=0\\ H(B_0+B)-CE-DF=0\end{cases} \tag{3-144}$$

显然，根据上述9个等式，Huynen参数之间存在如下关系：

$$\begin{cases}2A_0(B_0+B)=C^2+D^2, & 2A_0(B_0-B)=G^2+H^2\\ 2A_0E=CH-DG, & 2A_0F=CG+DH\end{cases} \tag{3-145}$$

这4个等式为单静态情形确定性目标结构方程，它说明对于确定性目标而言，9个Huynen参数中仅有5个独立参数，这与极化散射矩阵独立参数是一致的。

图3-9给出了单静态情形确定性目标结构图(一)。该结构图表明了Huynen参数之间的对称性。由于A_0生成(C,D)和(G,H)，B_0+B产生(C,D)和(E,F)，B_0-B产生(E,F)和(G,H)，因而Kennaugh矩阵的对角线元素称为非对角线Huynen参数的产生器。经过中心的垂直线将该结构图分为两部分，左边表示对称部分，右边表示非对称部分。最底端两个参数G和H表示耦合项，且在对Kennaugh矩阵进行方位角补偿之后，参数G表示对称部分和非对称部分之间的耦合。3个目标产生器分别为对称产生器A_0、非对称产生器B_0-B和非规则产生器B_0+B。图3-10给出了另一种形式的目标结构图。该图表明，一般确定性目标可看成由对称部分(A_0,C,D)、非对称部分(B_0,B,E,F)及它们的耦合项(G,H)构成。

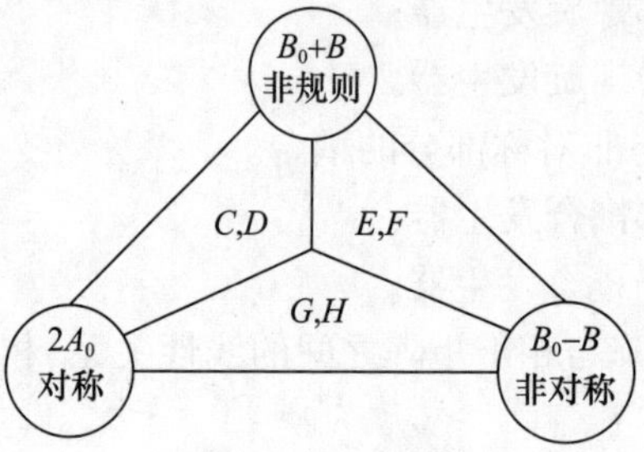

图3-9 单静态情形确定性目标结构图(一)

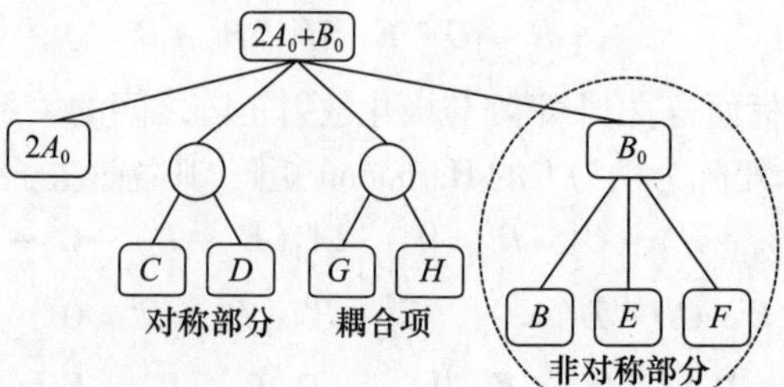

图3-10 单静态情形确定性目标结构图(二)

2. 双静态情形

在双静态情形下，即便在后向散射对准约定下，Sinclair 矩阵也不再对称。此时 Sinclair 矩阵可分解为一个对称矩阵 $\boldsymbol{S}^{\mathrm{S}}$ 和一个负对称矩阵 $\boldsymbol{S}^{\mathrm{SS}}$ 之和，即

$$\boldsymbol{S}=\begin{bmatrix}S_{11} & S_{12}\\ S_{21} & S_{22}\end{bmatrix}=\begin{bmatrix}S_{11} & S_{12}^{\mathrm{S}}\\ S_{21}^{\mathrm{S}} & S_{22}\end{bmatrix}+\begin{bmatrix}0 & S_{12}^{\mathrm{SS}}\\ -S_{12}^{\mathrm{SS}} & 0\end{bmatrix}=\boldsymbol{S}^{\mathrm{S}}+\boldsymbol{S}^{\mathrm{SS}} \quad (3-146)$$

式中：$S_{12}^{\mathrm{S}}=(S_{12}+S_{21})/2$；$S_{12}^{\mathrm{SS}}=(S_{12}-S_{21})/2$；$\boldsymbol{S}^{\mathrm{S}}$ 为对称矩阵，与单站结构有关；$\boldsymbol{S}^{\mathrm{SS}}$ 为负对称矩阵，与双站结构有关。将式(3-146)代入式(3-136)有

$$\boldsymbol{K}=2\boldsymbol{R}^{*}(\boldsymbol{S}\otimes\boldsymbol{S}^{*})\boldsymbol{R}^{-1}=2\boldsymbol{R}^{*}[(\boldsymbol{S}^{\mathrm{S}}+\boldsymbol{S}^{\mathrm{SS}})\otimes(\boldsymbol{S}^{\mathrm{S}}+\boldsymbol{S}^{\mathrm{SS}})^{*}]\boldsymbol{R}^{-1}=\boldsymbol{K}^{\mathrm{S}}+\boldsymbol{K}^{C}+\boldsymbol{K}^{\mathrm{SS}} \quad (3-147)$$

式中：$\boldsymbol{K}^{\mathrm{S}}$ 为对称 Kennaugh 矩阵，等效于单静态 Kennaugh 矩阵；$\boldsymbol{K}^{\mathrm{SS}}$ 为对角 Kennaugh矩阵，与负对称矩阵有关；$\boldsymbol{K}^{\mathrm{C}}$ 为对称部分与负对称部分的耦合 Kennaugh矩阵，它们分别写为

$$\begin{cases}\boldsymbol{K}^{\mathrm{S}}=2\boldsymbol{R}^{*}(\boldsymbol{S}^{\mathrm{S}}\otimes\boldsymbol{S}^{\mathrm{S}*})\boldsymbol{R}^{-1}\\ \boldsymbol{K}^{\mathrm{SS}}=2\boldsymbol{R}^{*}(\boldsymbol{S}^{\mathrm{SS}}\otimes\boldsymbol{S}^{\mathrm{SS}*})\boldsymbol{R}^{-1}\\ \boldsymbol{K}^{\mathrm{C}}=2\boldsymbol{R}^{*}(\boldsymbol{S}^{\mathrm{S}}\otimes\boldsymbol{S}^{\mathrm{SS}*})\boldsymbol{R}^{-1}+2\boldsymbol{R}^{*}(\boldsymbol{S}^{\mathrm{SS}}\otimes\boldsymbol{S}^{\mathrm{S}*})\boldsymbol{R}^{-1}\end{cases} \quad (3-148)$$

结合单静态情形 Kennaugh 矩阵参数化，双静态情形 Kennaugh 矩阵可表示为

$$\begin{aligned}\boldsymbol{K}&=\boldsymbol{K}^{\mathrm{S}}+\boldsymbol{K}^{\mathrm{C}}+\boldsymbol{K}^{\mathrm{SS}}\\ &=\begin{bmatrix}A_0+B_0 & C & H & F\\ C & A_0+B & E & G\\ H & E & A_0-B & D\\ F & G & D & -A_0+B\end{bmatrix}+\\ &\quad\begin{bmatrix}0 & I & N & L\\ -I & 0 & K & M\\ -N & -K & 0 & J\\ -L & -M & -J & 0\end{bmatrix}+\begin{bmatrix}-A & 0 & 0 & 0\\ 0 & A & 0 & 0\\ 0 & 0 & A & 0\\ 0 & 0 & 0 & A\end{bmatrix}\\ &=\begin{bmatrix}A_0+B_0-A & C+I & H+N & F+L\\ C-I & A_0+B+A & E+K & G+M\\ H-N & E-K & A_0-B+A & D+J\\ F-L & G-M & D-J & -A_0+B+A\end{bmatrix}\end{aligned} \quad (3-149)$$

式中：A_0、B_0、B、C、D、E、F、G 及 H 与单静态结构有关，I、N、L、K、M、J 及 A 与双静态结构有关，这些参数统称双静态 Huynen 参数。它们与 Sinclair 矩阵元素之间的关系为

$$\begin{cases} A_0 = \dfrac{1}{4}|S_{11}+S_{22}|^2, \quad A = |_{SS}S_{12}|^2 \\ B_0 = \dfrac{1}{4}|S_{11}-S_{22}|^2 + |_{S}S_{12}|^2, \quad B = \dfrac{1}{4}|S_{11}-S_{22}|^2 - |_{S}S_{12}|^2 \\ C = \dfrac{1}{2}|S_{11}-S_{22}|^2, \quad D = \mathrm{Im}\{S_{11}S_{22}^*\} \\ E = \mathrm{Re}\{S_{12}^*(S_{11}-S_{22})\}, \quad F = \mathrm{Re}\{S_{12}^*(S_{11}-S_{22})\} \\ G = \mathrm{Im}\{S_{12}^*(S_{11}+S_{22})\}, \quad H = \mathrm{Re}\{S_{12}^*(S_{11}+S_{22})\} \\ I = \dfrac{1}{2}(|S_{21}|^2 - |S_{12}|^2), \quad J = \mathrm{Im}\{S_{21}S_{12}^*\} \\ K = \mathrm{Re}\{S_{12}^*(S_{11}+S_{22})\}, \quad L = \mathrm{Im}\{S_{12}^*(S_{11}+S_{22})\} \\ M = \mathrm{Im}\{S_{12}^*(S_{11}-S_{22})\}, \quad N = \mathrm{Re}\{S_{12}^*(S_{11}-S_{22})\} \end{cases} \tag{3-150}$$

利用 Kennaugh 矩阵与相干矩阵之间的线性关系,相干矩阵可表示为

$$\boldsymbol{T}_4 = \begin{bmatrix} 2A_0 & C-\mathrm{j}D & H+\mathrm{j}G & L-\mathrm{j}K \\ C+\mathrm{j}D & B_0+B & E+\mathrm{j}F & M-\mathrm{j}N \\ H-\mathrm{j}G & E-\mathrm{j}F & B_0-B & J+\mathrm{j}I \\ L+\mathrm{j}K & M+\mathrm{j}N & J-\mathrm{j}I & 2A \end{bmatrix} \tag{3-151}$$

对于双静态确定性目标而言,Sinclair 矩阵有 7 个独立参量。根据相干矩阵与 Sinclair 矩阵之间的一一对应关系可知,16 个双静态 Huynen 参数并不是完全独立的。考虑到矩阵 $\boldsymbol{T}_4$ 的秩为 1,利用其各阶主子式等于零,可得

$$\begin{cases} 2A_0(B_0+B) = C^2+D^2, \quad 2A_0E = CH-DG, \quad G(B_0+B) = FC-ED \\ 2A_0(B_0-B) = G^2+H^2, \quad 2A_0F = CG+DH, \quad H(B_0+B) = CE-DF \\ 2A(B_0+B) = M^2+N^2, \quad 2A_0I = -HK-GL, \quad I(B_0+B) = -EN-FM \\ 2A(B_0-B) = I^2+J^2, \quad 2A_0J = HL-GK, \quad J(B_0+B) = EM-FN \\ B_0^2-B^2 = E^2+F^2, \quad 2A_0M = GL+DK, \quad K(B_0+B) = NC+DM \\ 4AA_0 = K^2+L^2, \quad 2A_0N = CK-DL, \quad L(B_0+B) = MC-DN \\ IC-DJ = -FL-EK, \quad 2AC = ML+NK, \quad C(B_0-B) = EH+GF \\ IC+DJ = -GM-HN, \quad 2AD = MK-NL, \quad D(B_0-B) = FH-GE \\ CJ-DI = HM-GN, \quad 2AE = JM-IN, \quad K(B_0-B) = -HI-JG \\ CJ+DI = EL-FK, \quad 2AF = -JN-IM, \quad L(B_0-B) = HJ-IG \\ HN-GM = EK-FL, \quad 2AG = -LI-KJ, \quad M(B_0-B) = EJ-IF \\ HM+GN = EL+KF, \quad 2AH = LJ-IK, \quad N(B_0-B) = -EI-JF \end{cases} \tag{3-152}$$

根据这 36 个等式,16 个双静态 Huynen 参数之间满足如下关系:

$$\begin{cases} 2A_0E = CH - DG, & 2A_0(B_0 + B) = C^2 + D^2, \quad 2AE = JM - IN \\ 2A_0F = CG + DH, & 2A_0(B_0 - B) = G^2 + H^2, \quad 2AF = -JN - IM \\ K(B_0 - B) = -HI - JG, & L(B_0 - B) = HJ - IG, \quad 2A(B_0 - B) = I^2 + J^2 \end{cases} \tag{3-153}$$

这9个等式为双静态情形确定性目标结构方程。它说明对于确定性目标而言，16个双静态 Huynen 参数中仅有7个独立参数，这与极化散射矩阵独立参数是一致的。

图3-11给出了双静态情形确定性目标结构图。该结构图可看成由单静态目标三角形结构图拓展到双静态四面体结构图。类似地，它由 A_0、B_0+B、B_0-B、A 目标产生器和 (E,F)、(G,H)、(I,J)、(K,L) 及 (M,N) 5对参数联系。

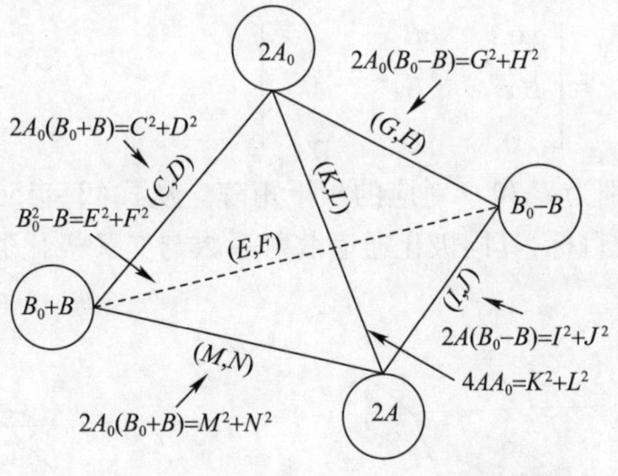

图3-11　双静态情形确定性目标结构图

3.6 散射对称性目标及简单目标极化特征图

3.6.1 散射对称性目标

在自然界中，散射对称性是一种比较普遍的目标特性。目标具有散射对称性不仅有利于简化其散射问题的研究，而且在具体分析其散射情况时能得出定量的结论。

图3-12(a)给出了一个满足反射对称性的分布式目标示意图。图中 P 和 Q 为目标散反面上任意两个点，且它们关于入射平面对称。从物理角度来看，如果 P 点存在反射现象，则 Q 点也必然存在反射现象，且它们的 Sinclair 矩阵可分别表示为

$$\boldsymbol{S}_P = \begin{bmatrix} a & b \\ b & c \end{bmatrix}, \quad \boldsymbol{S}_Q = \begin{bmatrix} a & -b \\ -b & c \end{bmatrix} \tag{3-154}$$

对上述 Sinclair 矩阵进行 Pauli 基矢量化,则它们对应的目标矢量分别为

$$\boldsymbol{k}_P \propto \begin{bmatrix} \alpha \\ \beta \\ \gamma \end{bmatrix}, \quad \boldsymbol{k}_Q \propto \begin{bmatrix} \alpha \\ \beta \\ -\gamma \end{bmatrix} \tag{3-155}$$

利用目标矢量与相干矩阵之间的关系,反射对称性目标的平均相干矩阵 $\boldsymbol{T}_3$ 可分解为两个独立相干矩阵 $\boldsymbol{T}_P$ 和 $\boldsymbol{T}_Q$ 之和,即

$$\begin{aligned}\boldsymbol{T}_3 = \boldsymbol{T}_P + \boldsymbol{T}_Q &= \begin{bmatrix} |\alpha|^2 & \alpha\beta^* & \alpha\gamma^* \\ \beta\alpha^* & |\beta|^2 & \beta\gamma^* \\ \gamma\alpha^* & \gamma\beta^* & |\gamma|^2 \end{bmatrix} + \begin{bmatrix} |\alpha|^2 & \alpha\beta^* & -\alpha\gamma^* \\ \beta\alpha^* & |\beta|^2 & -\beta\gamma^* \\ -\gamma\alpha^* & -\gamma\beta^* & |\gamma|^2 \end{bmatrix} \\ &= \begin{bmatrix} |\alpha|^2 & \alpha\beta^* & 0 \\ \beta\alpha^* & |\beta|^2 & 0 \\ 0 & 0 & |\gamma|^2 \end{bmatrix}\end{aligned} \tag{3-156}$$

式中:$\boldsymbol{T}_P$ 和 $\boldsymbol{T}_Q$ 分别为 P 和 Q 对应的相干矩阵。从式(3-156)可知,对于任意满足反射对称性的目标,其同极化通道散射系数与交叉极化通道散射系数互不相关。

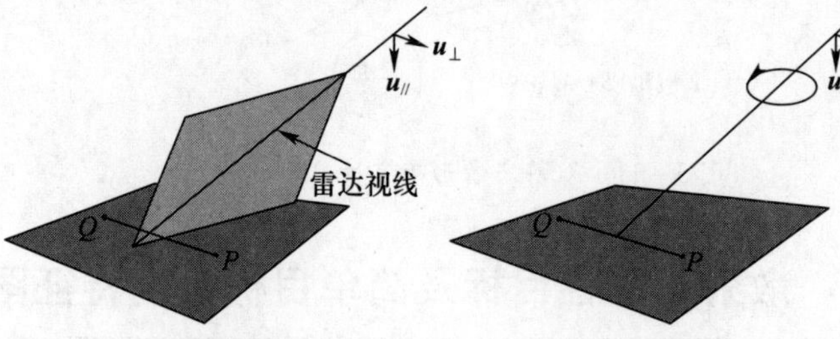

图 3-12 目标关于雷达视线反射对称

图 3-12(b)给出了一个满足旋转对称性的分布式目标示意图。若该目标平均相干矩阵为 $\boldsymbol{T}_3$,那么目标绕雷达视线旋转 θ 后的相干矩阵可写为

$$\boldsymbol{T}_3(\theta) = \boldsymbol{R}_3(\theta)\boldsymbol{T}_3\boldsymbol{R}_3^{-1}(\theta) \tag{3-157}$$

式中:$\boldsymbol{R}_3(\theta)$ 为旋转矩阵,其定义为

$$\boldsymbol{R}_3(\theta) = \begin{bmatrix} 1 & 0 & 0 \\ 0 & \cos 2\theta & \sin 2\theta \\ 0 & -\sin 2\theta & \cos 2\theta \end{bmatrix} \tag{3-158}$$

旋转不变性意味着平均相干矩阵为 $\boldsymbol{T}_3$ 在式(3 - 157)变换下保持不变。从数学角度来说,这等价于平均相干矩阵为 $\boldsymbol{T}_3$ 包含了所有具有旋转不变性的目标矢量。为了满足该条件,目标矢量必等于旋转矩阵 $\boldsymbol{R}_3(\theta)$ 的特征矢量,即

$$\boldsymbol{R}_3(\theta)\boldsymbol{u} = \lambda \boldsymbol{u} \tag{3-159}$$

该旋转矩阵存在如下 3 个特征矢量:

$$\boldsymbol{u}_1 = \begin{bmatrix} 1 \\ 0 \\ 0 \end{bmatrix}, \quad \boldsymbol{u}_2 = \frac{1}{\sqrt{2}}\begin{bmatrix} 0 \\ 1 \\ \mathrm{j} \end{bmatrix}, \quad \boldsymbol{u}_3 = \frac{1}{\sqrt{2}}\begin{bmatrix} 0 \\ \mathrm{j} \\ 1 \end{bmatrix} \tag{3-160}$$

考虑到 $\boldsymbol{u}_1$、$\boldsymbol{u}_2$、$\boldsymbol{u}_3$ 绕雷达视线旋转的不变性,满足旋转不变性的平均相干矩阵必等于这些特征矢量外积的线性组合,即

$$\begin{aligned} \boldsymbol{T}_3 &= \alpha \boldsymbol{u}_1 \cdot \boldsymbol{u}_1^{\mathrm{H}} + \beta \boldsymbol{u}_2 \cdot \boldsymbol{u}_2^{\mathrm{H}} + \gamma \boldsymbol{u}_3 \cdot \boldsymbol{u}_3^{\mathrm{H}} \\ &= \frac{1}{2}\begin{bmatrix} 2\alpha & 0 & 0 \\ 0 & \beta+\gamma & -\mathrm{j}(\beta-\gamma) \\ 0 & \mathrm{j}(\beta-\gamma) & \beta+\gamma \end{bmatrix} \end{aligned} \tag{3-161}$$

若目标既具有反射对称,又具有旋转对称,则该目标满足方位向对称。图 3 - 13 给出了满足方位向对称的分布式目标示意图。结合式(3 - 156)和式(3 - 161),该类目标平均相干矩阵一般形式可表示为

$$\begin{aligned} \boldsymbol{T}_3 &= \boldsymbol{T}_{PR} + \boldsymbol{T}_{QR} \\ &= \frac{1}{2}\begin{bmatrix} 2\alpha & 0 & 0 \\ 0 & \beta+\gamma & -\mathrm{j}(\beta-\gamma) \\ 0 & \mathrm{j}(\beta-\gamma) & \beta+\gamma \end{bmatrix} + \frac{1}{2}\begin{bmatrix} 2\alpha & 0 & 0 \\ 0 & \beta+\gamma & \mathrm{j}(\beta-\gamma) \\ 0 & -\mathrm{j}(\beta-\gamma) & \beta+\gamma \end{bmatrix} \\ &= \frac{1}{2}\begin{bmatrix} 2\alpha & 0 & 0 \\ 0 & \beta+\gamma & 0 \\ 0 & 0 & \beta+\gamma \end{bmatrix} \end{aligned} \tag{3-162}$$

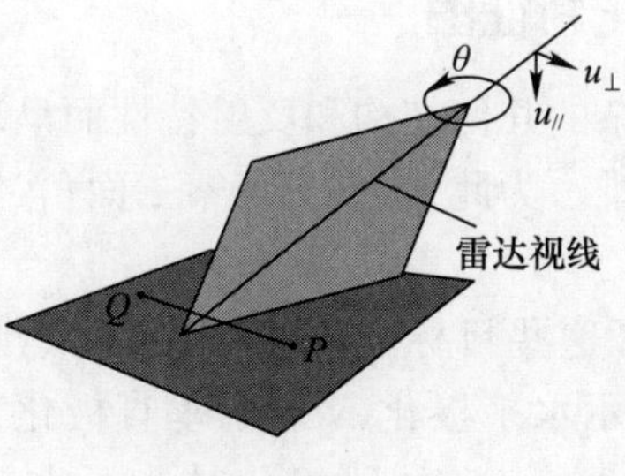

图 3 - 13　目标关于雷达视线方位向对称[4]

利用相干矩阵与协方差矩阵之间的线性关系，上述 3 种散射对称结构对应的平均协方差矩阵分别如下：

反射对称情况：

$$\boldsymbol{T}_3=\begin{bmatrix}a & b & 0\\ b^* & c & 0\\ 0 & 0 & d\end{bmatrix}\Rightarrow\boldsymbol{C}_3=\frac{1}{2}\begin{bmatrix}a+b+b^*+c & 0 & a-b+b^*-c\\ 0 & 2d & 0\\ a+b-b^*-c & 0 & a-b-b^*+c\end{bmatrix}$$

$$=\begin{bmatrix}\alpha & 0 & \beta\\ 0 & \delta & 0\\ \beta^* & 0 & \gamma\end{bmatrix}\tag{3-163}$$

旋转对称情况：

$$\boldsymbol{T}_3=\begin{bmatrix}a & 0 & 0\\ 0 & b & c\\ 0 & c^* & d\end{bmatrix}\Rightarrow\boldsymbol{C}_3=\frac{1}{2}\begin{bmatrix}a+b & \sqrt{2}c & a-b\\ \sqrt{2}c^* & 2d & -\sqrt{2}c^*\\ a-b & -\sqrt{2}c & a+b\end{bmatrix}\tag{3-164}$$

$$=\begin{bmatrix}\alpha & \beta & \delta\\ \beta^* & \gamma & -\beta^*\\ \delta & -\beta & \eta\end{bmatrix}$$

方位向对称情况：

$$\boldsymbol{T}_3=\begin{bmatrix}a & 0 & 0\\ 0 & b & 0\\ 0 & 0 & b\end{bmatrix}\Rightarrow\boldsymbol{C}_3=\frac{1}{2}\begin{bmatrix}a+b & 0 & a-b\\ 0 & 2b & 0\\ a-b & 0 & a+b\end{bmatrix}=\begin{bmatrix}\alpha & 0 & \beta\\ 0 & \delta & 0\\ \beta & 0 & \alpha\end{bmatrix}\tag{3-165}$$

3.6.2 简单目标极化特征图

实际目标由于其复杂的几何结构和反射特性而呈现出复杂的散射响应，对其进行物理解释相当困难。为此，本节只考察二面角、偶极子、螺旋目标等简单目标（图 3-14）。

表 3-2 分别列举了这些目标在极化基(h,v)、(l_{45},l_{-45})和(l,r)下的极化散射矩阵。其中 h 表示水平极化，v 表示垂直极化，l_{45}表示方位角为 45°的线极化，l_{-45}表示方位角为 -45°的线极化，l 表示左旋圆极化，r 表示右旋圆极化。

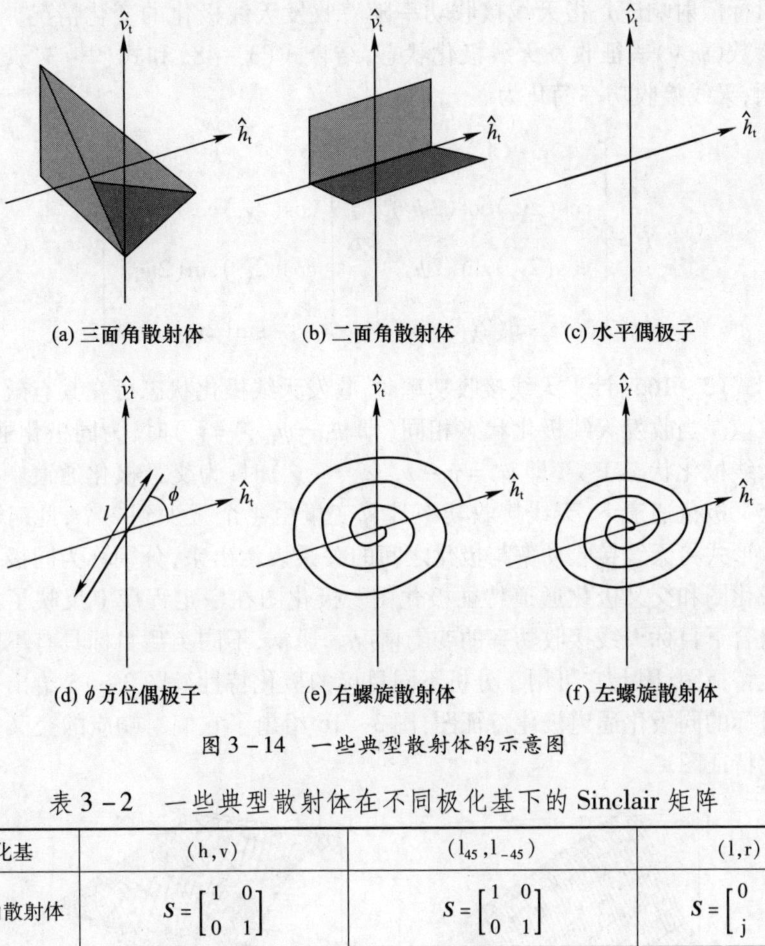

图 3-14　一些典型散射体的示意图

表 3-2　一些典型散射体在不同极化基下的 Sinclair 矩阵

极化基	(h,v)	(l_{45}, l_{-45})	(l,r)
三面角散射体	$\boldsymbol{S}=\begin{bmatrix}1 & 0\\0 & 1\end{bmatrix}$	$\boldsymbol{S}=\begin{bmatrix}1 & 0\\0 & 1\end{bmatrix}$	$\boldsymbol{S}=\begin{bmatrix}0 & \mathrm{j}\\\mathrm{j} & 0\end{bmatrix}$
二面角散射体	$\boldsymbol{S}=\begin{bmatrix}1 & 0\\0 & -1\end{bmatrix}$	$\boldsymbol{S}=\begin{bmatrix}0 & -1\\-1 & 0\end{bmatrix}$	$\boldsymbol{S}=\begin{bmatrix}1 & 0\\0 & 1\end{bmatrix}$
ϕ 方位二面角散射体	$\boldsymbol{S}=\begin{bmatrix}\cos2\phi & \sin2\phi\\\sin2\phi & -\cos2\phi\end{bmatrix}$	$\boldsymbol{S}=\begin{bmatrix}\sin2\phi & -\cos2\phi\\-\cos2\phi & -\sin2\phi\end{bmatrix}$	$\boldsymbol{S}=\begin{bmatrix}\mathrm{e}^{\mathrm{j}2\phi} & 0\\0 & \mathrm{e}^{-\mathrm{j}2\phi}\end{bmatrix}$
水平偶极子	$\boldsymbol{S}=\begin{bmatrix}1 & 0\\0 & 0\end{bmatrix}$	$\boldsymbol{S}=\frac{1}{2}\begin{bmatrix}1 & -1\\-1 & 1\end{bmatrix}$	$\boldsymbol{S}=\frac{1}{2}\begin{bmatrix}1 & -\mathrm{j}\\-\mathrm{j} & 1\end{bmatrix}$
ϕ 方位偶极子	$\boldsymbol{S}=\frac{1}{2}\begin{bmatrix}2\cos^2\phi & \sin2\phi\\\sin2\phi & 2\sin^2\phi\end{bmatrix}$	$\boldsymbol{S}=\frac{1}{2}\begin{bmatrix}1+\sin2\phi & -\cos2\phi\\-\cos2\phi & 1-\sin2\phi\end{bmatrix}$	$\boldsymbol{S}=\frac{1}{2}\begin{bmatrix}\mathrm{e}^{\mathrm{j}2\phi} & -\mathrm{j}\\-\mathrm{j} & \mathrm{e}^{-\mathrm{j}2\phi}\end{bmatrix}$
右螺旋散射体	$\boldsymbol{S}=\frac{\mathrm{e}^{-\mathrm{j}2\phi}}{2}\begin{bmatrix}1 & -\mathrm{j}\\-\mathrm{j} & -1\end{bmatrix}$	$\boldsymbol{S}=\frac{\mathrm{e}^{-\mathrm{j}2\phi}}{2}\begin{bmatrix}-\mathrm{j} & -1\\-1 & \mathrm{j}\end{bmatrix}$	$\boldsymbol{S}=\mathrm{e}^{-\mathrm{j}2\phi}\begin{bmatrix}0 & 0\\0 & -1\end{bmatrix}$
左螺旋散射体	$\boldsymbol{S}=\frac{\mathrm{e}^{-\mathrm{j}2\phi}}{2}\begin{bmatrix}1 & \mathrm{j}\\\mathrm{j} & -1\end{bmatrix}$	$\boldsymbol{S}=\frac{\mathrm{e}^{-\mathrm{j}2\phi}}{2}\begin{bmatrix}\mathrm{j} & -1\\-1 & -\mathrm{j}\end{bmatrix}$	$\boldsymbol{S}=\mathrm{e}^{-\mathrm{j}2\phi}\begin{bmatrix}1 & 0\\0 & 0\end{bmatrix}$

目标散射响应是指天线接收功率随着收发天线极化的变化情况。若采用几何参数(ψ,χ)表征收发天线极化状态,结合式(3-48)和式(2-34),并忽略系数项,天线接收功率简化为

$$P=\begin{bmatrix}1\\ \cos(2\chi_{\mathrm{r}})\cos(2\psi_{\mathrm{r}})\\ \cos(2\chi_{\mathrm{r}})\sin(2\psi_{\mathrm{r}})\\ \sin(2\chi_{\mathrm{r}})\end{bmatrix}^{\mathrm{T}}\boldsymbol{K}\begin{bmatrix}1\\ \cos(2\chi_{\mathrm{t}})\cos(2\psi_{\mathrm{t}})\\ \cos(2\chi_{\mathrm{t}})\sin(2\psi_{\mathrm{t}})\\ \sin(2\chi_{\mathrm{t}})\end{bmatrix} \tag{3-166}$$

在利用式(3-166)计算天线接收功率时,收发天线极化状态可在其有效范围内任意取值。当收发天线极化状态相同(即 $\psi_{\mathrm{r}}=\psi_{\mathrm{t}},\chi_{\mathrm{r}}=\chi_{\mathrm{t}}$)时,为同极化通道;当收发天线极化状态正交(即 $\psi_{\mathrm{r}}=\pi-\psi_{\mathrm{t}},\chi_{\mathrm{r}}=-\chi_{\mathrm{t}}$)时,为交叉极化通道。在同极化和交叉极化通道下,天线接收功率计算变量由 4 个减少到 2 个,此时可用三维图的形式将天线接收功率与极化之间的关系表示出来,分别称为同极化通道特征极化图和交叉极化通道特征极化图。极化图在一定程度上反映了在特定极化组合下目标天线接收功率的变幻情况。通常,不同类型目标具有不同形式的极化特征图,因此它可用于分析不同目标的极化特性。图 3-15 给出了上述简单目标的同极化通道极化特征图,图 3-16 给出了它们对响应的交叉极化通道极化特征图。

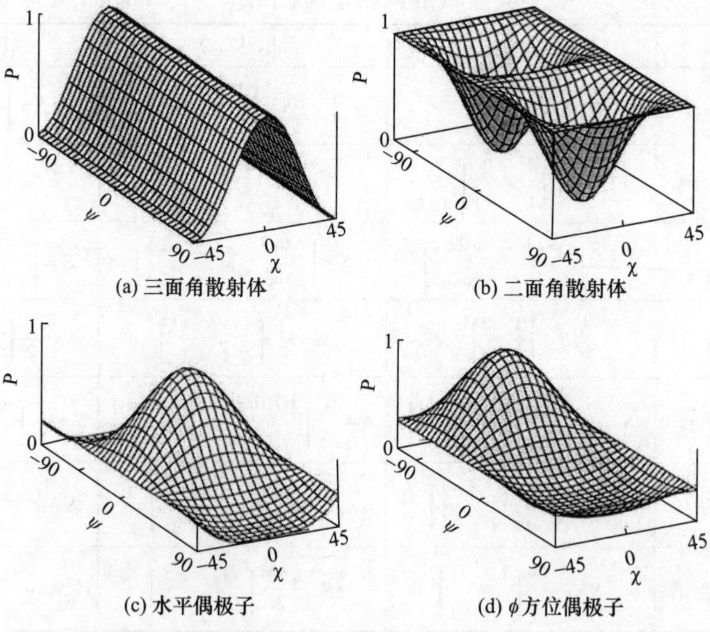

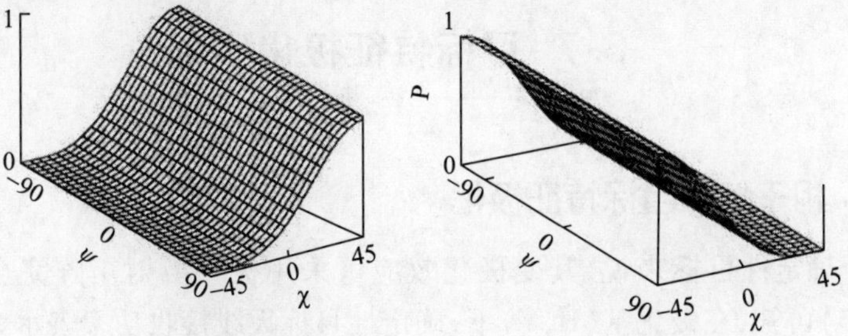

(e) 右螺旋散射体　　(f) 左螺旋散射体

图 3-15　典型散射体同极化通道天线接收功率密度图

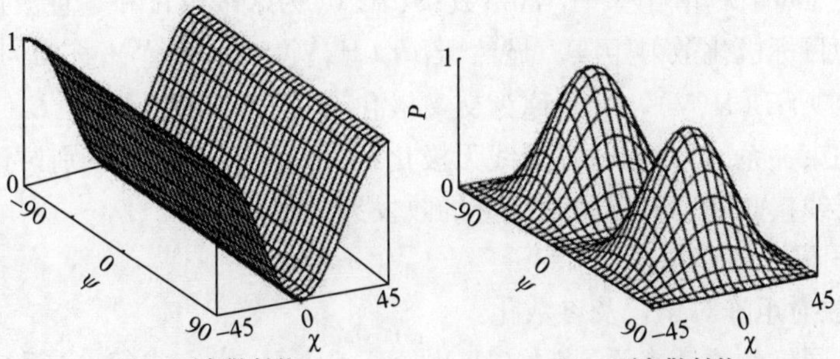

(a) 三面角散射体　　(b) 二面角散射体

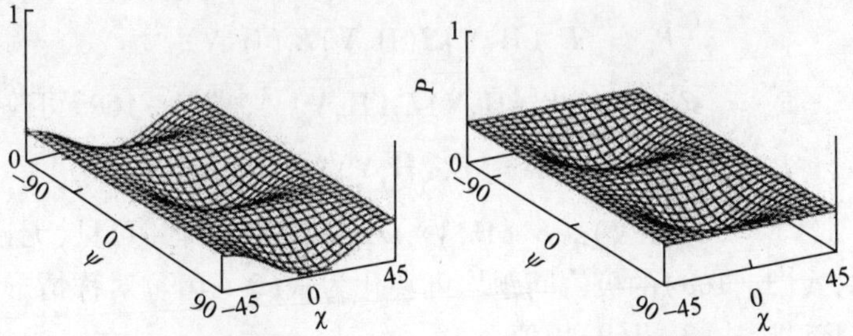

(c) 水平偶极子　　(d) ϕ方位偶极子

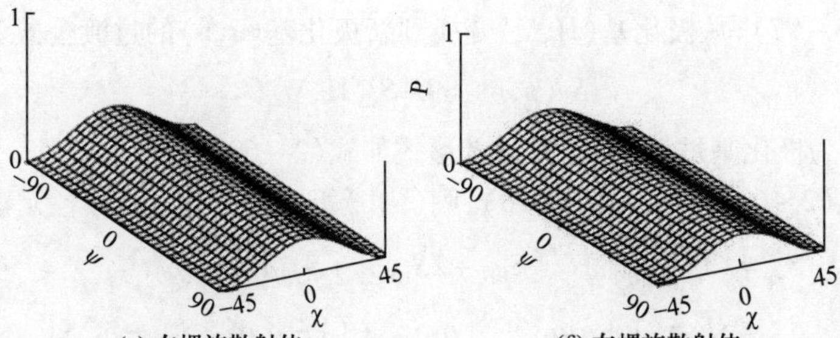

(e) 右螺旋散射体　　(f) 左螺旋散射体

图 3-16　典型目标交叉极化通道天线接收功率密度图

3.7 目标特征极化研究

3.7.1 相干情形目标特征极化

对于确定性目标来说,其变极化效应可采用极化散射矩阵完全表征。由式(3-45)可知,在极化基(H,V)下,确定性目标天线接收功率表示为

$$P=|\boldsymbol{h}_{\mathrm{r}}^{\mathrm{T}}(\mathrm{H},\mathrm{V})\boldsymbol{S}(\mathrm{H},\mathrm{V})\boldsymbol{E}_{\mathrm{t}}(\mathrm{H},\mathrm{V})|^{2} \tag{3-167}$$

式中:$\boldsymbol{E}_{\mathrm{t}}(\mathrm{H},\mathrm{V})$为发射天线极化 Jones 矢量;$\boldsymbol{h}_{\mathrm{r}}(\mathrm{H},\mathrm{V})$为天线有效高度,与接收天线极化 Jones 矢量相差一个常系数;$\boldsymbol{S}(\mathrm{H},\mathrm{V})$为水平极化和垂直极化构成的极化基下的目标极化散射矩阵。显然,若$\boldsymbol{h}_{\mathrm{r}}(\mathrm{H},\mathrm{V})=\boldsymbol{E}_{\mathrm{t}}(\mathrm{H},\mathrm{V})$,称为同极化通道;若$\boldsymbol{h}_{\mathrm{r}}^{\mathrm{H}}(\mathrm{H},\mathrm{V})\boldsymbol{E}_{\mathrm{t}}(\mathrm{H},\mathrm{V})=0$,则称为交叉极化通道;若$\boldsymbol{h}_{\mathrm{r}}(\mathrm{H},\mathrm{V})$和$\boldsymbol{E}_{\mathrm{t}}(\mathrm{H},\mathrm{V})$之间不存在约束关系,则称为收发天线无极化约束情形。下面将分别讨论上述 3 种情形的天线接收功率极值及其对应的收发天线极化状态。

1. 同极化通道情形

1)散射矩阵对角化及参数化

对于同极化通道来说,将$\boldsymbol{h}_{\mathrm{r}}(\mathrm{H},\mathrm{V})=\boldsymbol{E}_{\mathrm{t}}(\mathrm{H},\mathrm{V})$代入式(3-167),在极化基(H,V)下,确定性目标同极化通道天线接收功率为

$$P_{\mathrm{co}}=|\boldsymbol{E}_{\mathrm{t}}^{\mathrm{T}}(\mathrm{H},\mathrm{V})\boldsymbol{S}(\mathrm{H},\mathrm{V})\boldsymbol{E}_{\mathrm{t}}(\mathrm{H},\mathrm{V})|^{2} \tag{3-168}$$

考虑到$P_{\mathrm{co}}=P_{\mathrm{co}}^{\mathrm{T}}=|\boldsymbol{E}_{\mathrm{t}}^{\mathrm{T}}(\mathrm{H},\mathrm{V})\boldsymbol{S}^{\mathrm{T}}(\mathrm{H},\mathrm{V})\boldsymbol{E}_{\mathrm{t}}(\mathrm{H},\mathrm{V})|^{2}$,式(3-168)可改写为

$$P_{\mathrm{co}}=(P_{\mathrm{co}}+P_{\mathrm{co}}^{\mathrm{T}})/2=|\boldsymbol{E}_{\mathrm{t}}^{\mathrm{T}}(\mathrm{H},\mathrm{V})\boldsymbol{S}_{\mathrm{s}}(\mathrm{H},\mathrm{V})\boldsymbol{E}_{\mathrm{t}}(\mathrm{H},\mathrm{V})|^{2} \tag{3-169}$$

式中:$\boldsymbol{S}_{\mathrm{s}}(\mathrm{H},\mathrm{V})=(\boldsymbol{S}(\mathrm{H},\mathrm{V})+\boldsymbol{S}^{\mathrm{T}}(\mathrm{H},\mathrm{V}))/2$为对称矩阵。可见,无论$\boldsymbol{S}(\mathrm{H},\mathrm{V})$是否对称,式(3-168)的极值问题均可转化为式(3-169)对称情形极值求解,为此下文将讨论式(3-169)极值。

为简化式(3-169)极值讨论,鉴于$\boldsymbol{S}_{\mathrm{s}}(\mathrm{H},\mathrm{V})$为对称矩阵,可将其对角化。根据式(3-97),从极化基(H,V)变换到新极化基(a,b)的过渡公式为

$$\boldsymbol{S}_{\mathrm{s}}(\mathrm{a},\mathrm{b})=\boldsymbol{U}_{2}^{\mathrm{T}}\boldsymbol{S}_{\mathrm{s}}(\mathrm{H},\mathrm{V})\boldsymbol{U}_{2} \tag{3-170}$$

式中:$\boldsymbol{U}_{2}$为极化基过渡矩阵,其定义形式如式(2-69)。

将式(2-69)代入式(3-170),则(a,b)极化基下$\boldsymbol{S}_{\mathrm{s}}(\mathrm{a},\mathrm{b})$各元素可表示为

$$S_{\mathrm{aa}}=(1+\rho_1\rho_1^{*})^{-1}[S_{\mathrm{HH}}+2S_{\mathrm{HV}}\rho_1+S_{\mathrm{VV}}\rho_1^{2}]\mathrm{e}^{\mathrm{j}2\xi} \tag{3-171}$$

$$S_{\mathrm{ab}}=S_{\mathrm{ba}}=(1+\rho_1\rho_1^{*})^{-1}[\rho_1S_{\mathrm{VV}}+(1-\rho_1\rho_1^{*})S_{\mathrm{HV}}-\rho_1^{*}S_{\mathrm{HH}}] \tag{3-172}$$

$$S_{\mathrm{bb}}=(1+\rho_1\rho_1^{*})^{-1}[(\rho_1^{2})^{*}S_{\mathrm{HH}}-2S_{\mathrm{HV}}\rho_1^{*}+S_{\mathrm{VV}}]\mathrm{e}^{-\mathrm{j}2\xi} \tag{3-173}$$

式中：S_{HH}、S_{HV}、S_{VH}和S_{VV}均为$\boldsymbol{S}_{\mathrm{s}}(\mathrm{H},\mathrm{V})$元素。

为使$\boldsymbol{S}_{\mathrm{s}}(\mathrm{a},\mathrm{b})$为对角矩阵，令式(3-172)等于零，则

$$\rho_{1xn1,2}=\frac{-F\pm(F^2-4EG)^{1/2}}{2E} \tag{3-174}$$

式中：$E=S_{\mathrm{HV}}S_{\mathrm{HH}}^*+S_{\mathrm{VV}}S_{\mathrm{HV}}^*$；$F=|S_{\mathrm{HH}}|^2-|S_{\mathrm{VV}}|^2$；$G=-E^*$。与其他极化基相区别，通常称$\rho_{1xn1,2}$确定的极化基(a,b)为本征极化基，$\rho_{1xn1,2}$称为本征极化，二者之间满足正交性，即$\rho_{1xn1}\rho_{1xn2}^*=-1$。同时，$\boldsymbol{S}_{\mathrm{s}}(\mathrm{H},\mathrm{V})$对角化仅与$\rho_1$有关，而与$\xi$无关。

为便于下文分析特征极化随着目标参数变化情况，将$\boldsymbol{S}_{\mathrm{s}}(\mathrm{a},\mathrm{b})$参数化为

$$\boldsymbol{S}(\mathrm{a},\mathrm{b})=\begin{bmatrix}S_{mm} & 0\\ 0 & S_{nn}\end{bmatrix}=\begin{bmatrix}\lambda_1 & 0\\ 0 & \lambda_2\end{bmatrix}=\begin{bmatrix}\mu_1\mathrm{e}^{\mathrm{j}\varphi_1} & 0\\ 0 & \mu_2\mathrm{e}^{\mathrm{j}\varphi_2}\end{bmatrix}=m\mathrm{e}^{\mathrm{j}\delta}\begin{bmatrix}1 & 0\\ 0 & k\mathrm{e}^{\mathrm{j}\varphi}\end{bmatrix} \tag{3-175}$$

式中：$m=\mu_1=|S_{\mathrm{aa}}|$为矩阵幅度；$\delta=\varphi_1$为绝对相位；$k=\mu_2/\mu_1$为幅度比和$\varphi=\varphi_2-\varphi_1$为相位差。结合式(3-135)可知，这些参数与 Huynen-Euler 参数之间存在一一对应关系：若令$\mu_1\geqslant\mu_2$，m为 Huynen-Euler 参数中的天线最大接收功率，是目标大小或雷达截面的度量；k对应 Huynen-Euler 参数中的目标特征角，其取值范围为[0,1]，且当k接近 1 时，表明目标越接近各向同性，当k接近 0 时，表明越接近于各向异性；φ对应目标跳跃角，其取值范围为$[-\pi,\pi]$，若φ为π，则回波由偶次散射机制引起；δ为绝对相位，与雷达和目标之间距离有关。为便于下文分析，将上述 4 个参数统称目标参数。

2）特征极化与目标参数

在本征极化基下，结合式(2-70)、式(3-169)和式(3-175)，并令$\xi=0$，则确定性目标同极化通道可表示为极化椭圆几何参数的函数，即

$$\begin{aligned}P_{\mathrm{co}}&=|\boldsymbol{E}_{\mathrm{t}}^{\mathrm{T}}(\mathrm{a},\mathrm{b})\boldsymbol{S}(\mathrm{a},\mathrm{b})\boldsymbol{E}_{\mathrm{t}}(\mathrm{a},\mathrm{b})|^2\\&=\frac{1}{4}m^2\{(1+k^2)+2(1-k^2)\cos2\tau\cos2\phi+(1+k^2)\cos^22\tau\cos^22\phi+\\&\quad 2k\cos\varphi\cos^22\tau\sin^22\phi-2k\sin\varphi\sin4\tau\sin2\phi-2k\cos\varphi\sin^22\tau\}\end{aligned} \tag{3-176}$$

式中：$\phi\in[-\pi/2,\pi/2]$为极化椭圆方位角；$\tau\in[-\pi/4,\pi/4]$为椭圆率。由式(3-176)可知，在收发天线极化状态恒定的情形下，同极化通道天线接收功率仅与m、k和φ有关。

分别关于ϕ和τ对式(3-176)求偏导，整理得

$$\frac{\partial P_{\mathrm{co}}}{\partial\tau}=\frac{1}{4}m^2\{(1-k^2)\sin2\tau\cos2\phi+(1+k^2)\sin2\tau\cos2\tau\cos^22\phi+2k\cos\varphi\times$$

$$\sin2\tau\cos2\tau\sin^2 2\phi + 2k\sin\varphi\cos4\tau\sin2\phi + 2k\cos\varphi\sin2\tau\cos2\tau\} = 0 \tag{3-177}$$

$$\frac{\partial P_{co}}{\partial \phi} = \frac{1}{4}m^2\cos2\tau\{(1-k^2)\sin2\phi + (1+k^2)\cos2\tau\sin2\phi\cos2\phi - 2k\cos\varphi\cos2\tau\sin2\phi\cos2\phi + 2k\sin\varphi\sin2\tau\cos2\phi\} = 0 \tag{3-178}$$

同样,由式(3-177)和式(3-178)可知,在收发天线极化状态恒定的情形下,同极化通道天线接收功率的偏导数仅与 k 和 φ 有关。结合目标参数物理含义可知,同极化通道天线接收功率极值仅与目标自身物理属性中的散射特性有关,而与目标雷达散射截面等物理属性无关。

根据 k 和 φ 取值,天线接收功率极值讨论将分两种情况:其一,为 $k\in(0,1)$ 且 $\varphi\neq0,\pm\pi$ 的一般情形;其二,为 $\varphi=0,\pm\pi$ 或 $k=0,1$ 的特殊情形。通常特殊情形对应一些典型目标,如二面角散射体等,因而这种情形对应目标称为典型目标。

对于一般情形而言,式(3-177)和式(3-178)同时成立。此时,同极化通道天线接收功率函数极值情况分为三种,即 $\tau=\pm\pi/4$;$\tau=0$;$\tau\neq0,\pm\pi/4$ 且 $\phi\neq0,\pm\pi/2$。为便于直观演示,图 3-17 给出了某个一般目标的同极化通道天线接收功率在几何平面上的等高线图,简称目标功率密度图,图中采用 Min 和 Max 标识了最小、最大值。该目标参数分别为 $m=2$,$k=0.6$ 及 $\varphi=45°$。图中横坐标为极化椭圆倾角,纵坐标为极化椭圆率,单位均为度。下面将分别给出这三种情形的极值计算式。

情形 1: 若 $\tau=\pm\pi/4$,式(3-178)恒等于零。将其代入式(3-177),整理得

$$\tan2\phi = \pm(1-k^2)/(2k\sin\varphi) = \pm b \tag{3-179}$$

显然,在 ϕ 取值范围上,$\tan2\phi$ 并非单调函数,故需根据式(3-179)分子、分母符号确定 2ϕ 所在向限,进而确定 ϕ 具体取值。忽略中间分析过程,式(3-179)可改写为

$$\begin{cases} \tau=\pi/4, \phi_1=\arctan(b)/2 \text{ 或 } \phi_2=\phi_1\mp\pi/2 \\ \tau=-\pi/4, \phi_3=-\phi_1 \text{ 或 } \phi_4=-\phi_1\pm\pi/2 \end{cases} \tag{3-180}$$

其中 ϕ_1、ϕ_2、ϕ_3 及 ϕ_4 为稳定点的极化椭圆方位角,在图 3-17 中分别对应 Saddle②、Saddle①、Saddle③和 Saddle④的横坐标,而 $\mp$、$\pm$ 对应 ϕ_1 的正负号。式(3-180)表明,该情形同极化通道天线接收功率有 4 个极值点,且这 4 个极值点的极化方位角之间存在固有关系,只要已知其中 1 个极值点,由式(3-180)便可获得其他 3 个极值点。

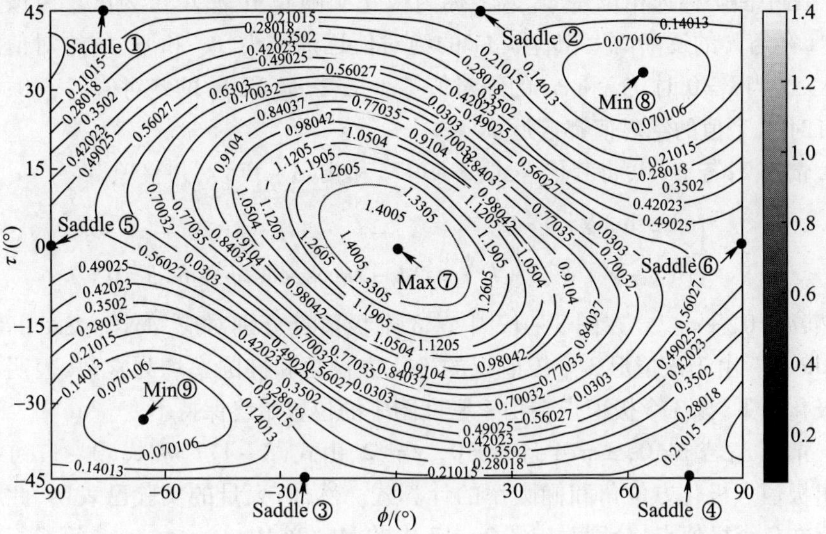

图 3－17　同极化通道天线接收功率图(一)

图 3－18 分别给出了这 4 个极值点在 $\tau = \pm\pi/4$ 线上随着 k 和 φ 的变化情

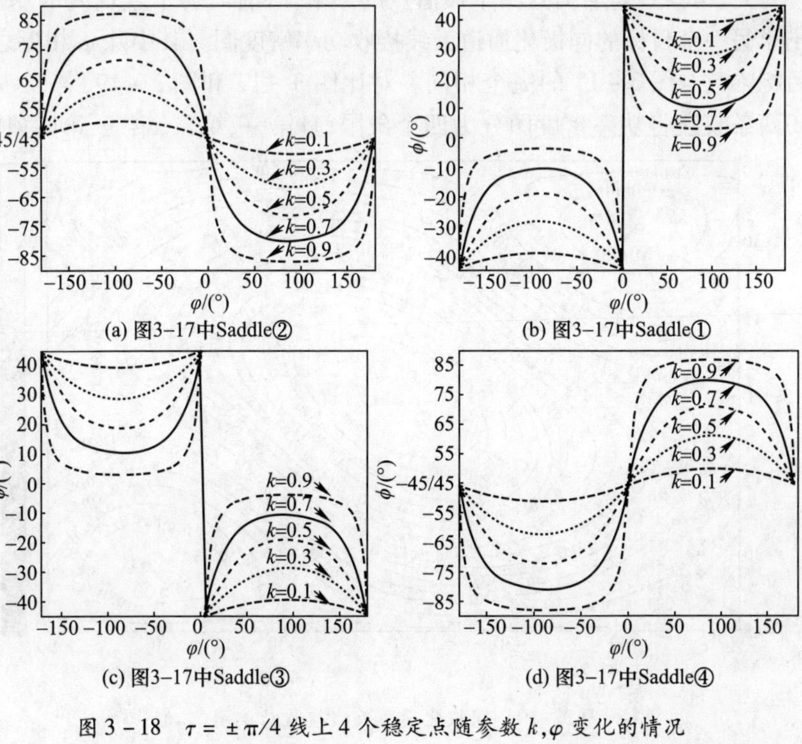

(a) 图3－17中Saddle②　(b) 图3－17中Saddle①

(c) 图3－17中Saddle③　(d) 图3－17中Saddle④

图 3－18　$\tau = \pm\pi/4$ 线上 4 个稳定点随参数 k,φ 变化的情况

况。图中横坐标为相位差 φ,纵坐标为极化椭圆倾角 ϕ,单位为度。由该图可知:①随着 k 的逐渐增大,ϕ_1 和 ϕ_3 的绝对值逐渐减少,ϕ_2 和 ϕ_4 的绝对值逐渐增大,②当 $k=0$ 时,ϕ_1 和 ϕ_3 的绝对值等于 $\pi/2$,ϕ_2 和 ϕ_4 的绝对值等于 0;③当 $k=1$时,4 个值的绝对值都接近 $\pi/4$。

情形 2:若 $\tau=0$,将其代入式(3-177)和式(3-178),并整理得

$$\begin{cases}\sin\varphi\sin2\phi=0\\ [(1-k^2)+(1+k^2)\cos2\phi-2k\cos\varphi\cos2\phi]\sin2\phi=0\end{cases} \tag{3-181}$$

显然,$\phi=0,\pm\pi/2$。在图 3-17 中这 3 个极值点分别对应 Max⑦、Saddle⑤和 Saddle⑥。由于该情形 3 个极值点的极化方位角和椭圆率均为常数,表明在本征极化基下,该 3 个极值点在功率密度图中的位置始终保持不变。

情形 3:若 $\tau\neq0,\pm\pi/4$ 且 $\phi\neq0,\pm\pi/2$,由式(3-177)和式(3-178)很难给出极值点极化方位角和椭圆率的计算式。然而,大量的实验已表明,此时始终存在 2 个极值点,分别对应图 3-17 中的 Min⑧、Min⑨。表 3-3 第 6 行给出了这两个极值点极化方位角和椭圆率的计算公式,详细的推导过程可参见文献[48],这里主要分析这两个极值点随着目标参数变化的情况。

首先,考察 φ 符号对这两个极值点的影响。同样,为了直观演示,图 3-19 给出了另一个目标的同极化通道天线接收功率密度图。其中除 φ 相反之外,其余目标参数与图 3-17 的完全相同。对比图 3-17 和图 3-19,若以 $\phi=0$ 和 $\tau=0$两条直线将功率密度图分为四个象限,且第一、第二、第三、第四象限依次

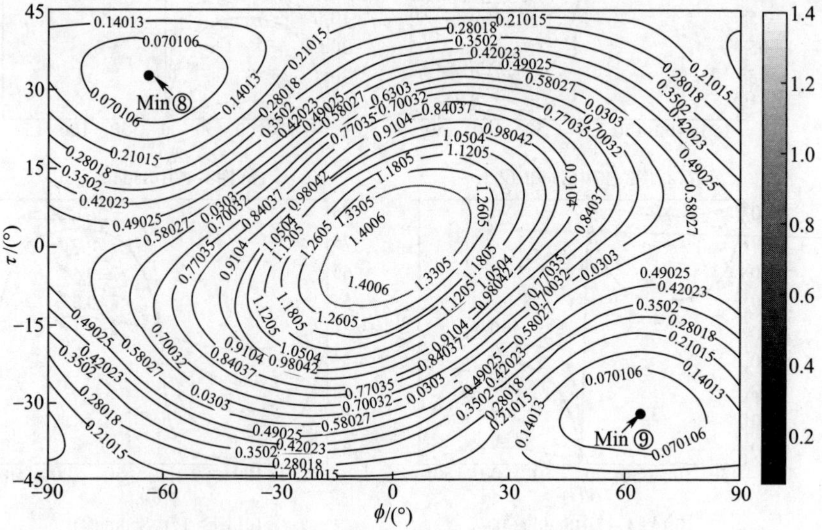

图 3-19 同极化通道天线接收功率图(二)

对应图中右上角、左上角、左下角和右下角，由此看出：若 $\varphi>0$，这两个极值点分别在第一、第三象限；若 $\varphi<0$，则它们分别在第二、第四象限。显然，该结论具有一般性，因为根据表 3-3 中这两个极值点的计算公式也可证实。

其次，图 3-20 给出了这两个极值点随 k,φ 变化的情况。图中横坐标为极化椭圆倾角 ϕ，纵坐标为极化椭圆率 τ，单位为度。其中子图按象限排列，即图 3-20(b)、(a)、(c)及(d)分别对应为第一、第二、第三、第四象限。由该图可得零功率特征极化随 k,φ 的变化规律：

（1）φ 的正负决定了零功率特征极化所在象限。

（2）k 决定曲线半径大小，极限情形即 $k=0$ 情形零功率特征极化在 $\tau=0$ 线上。

（3）曲线交点 X_1、X_2 确定的矩形框 OX_1BX_2 为零功率特征极化随目标参数变化的最小区域。

（4）两个零功率特征极化关于原点(0,0)对称，即 $\tau_{n1}=-\tau_{n2}$，$\phi_{n1}=-\phi_{n2}$，因此只要知道其中一个点的坐标位置，另一个点的坐标即可确定。

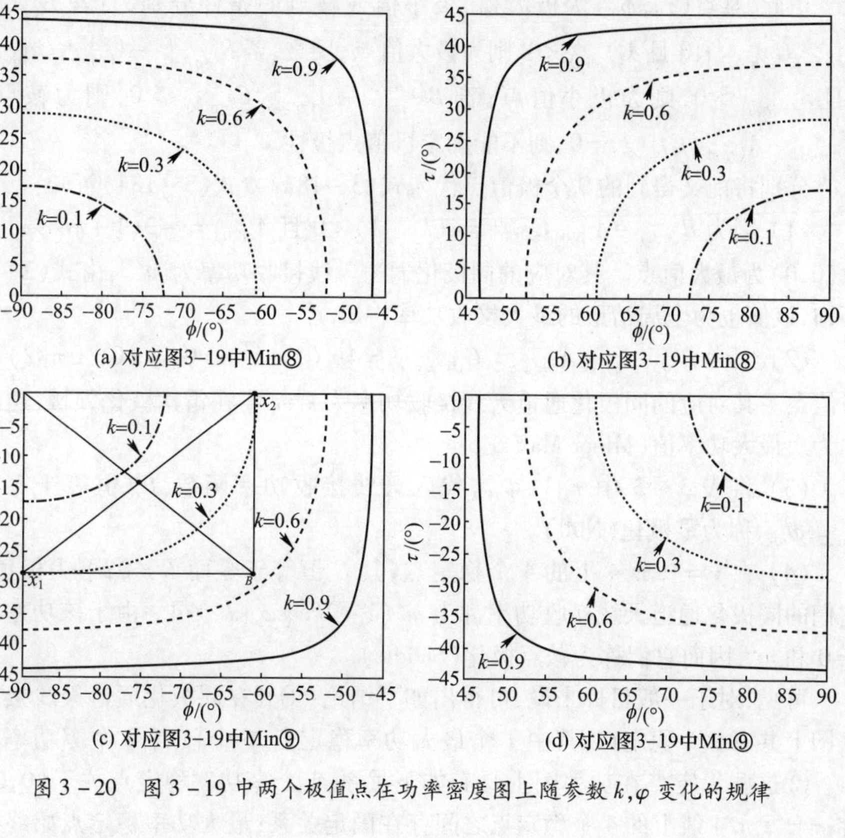

图 3-20　图 3-19 中两个极值点在功率密度图上随参数 k,φ 变化的规律

根据上述 3 种情形的讨论可知,一般情形同极化通道天线接收功率共有 9 个极值点。这些极值点到底是极大值点,还是极小值点,或是鞍点? 接下来,就该问题进行研究。

在数学中,常采用函数二阶偏导数来确定函数极值点极性。首先,关于 τ 和 ϕ 对同极化通道天线接收功率求二阶偏导数,即

$$\frac{\partial^2 P_{\mathrm{co}}}{\partial \tau^2}=\frac{1}{4}m^2\{(1-k^2)\cos2\tau\cos2\phi+(1+k^2)\cos4\tau\cos^22\phi+ \quad (3-182)$$

$$2k\cos\varphi\cos4\tau(1+\sin^22\phi)-4k\sin\varphi\sin4\tau\sin2\phi\}=-A$$

$$\frac{\partial^2 P_{\mathrm{co}}}{\partial \phi\partial \tau}=\frac{1}{4}m^2\{(1-k^2)\sin2\tau\sin2\phi+(1-2k\cos\varphi+k^2)\sin4\tau\sin4\phi/2-$$

$$2k\sin\varphi\cos4\tau\cos2\phi\}=B \quad (3-183)$$

$$\frac{\partial^2 P_{\mathrm{co}}}{\partial \phi^2}=\frac{1}{4}m^2\{(1-k^2)\cos2\tau\cos2\phi+(1+k^2)\cos^22\tau\cos4\phi- \quad (3-184)$$

$$2k\cos\varphi\cos^22\tau\cos4\phi-k\sin\varphi\sin4\tau\sin2\phi\}=-C$$

由此,某点(τ_0,ϕ_0)为极大值、极小值或鞍点的条件分别为:若 $B^2_{(\tau_0,\phi_0)}-A_{(\tau_0,\phi_0)}C_{(\tau_0,\phi_0)}<0$ 且 $A_{(\tau_0,\phi_0)}<0$,则为极大值点;反之,若 $B^2_{(\tau_0,\phi_0)}-A_{(\tau_0,\phi_0)}C_{(\tau_0,\phi_0)}<0$ 且 $A_{(\tau_0,\phi_0)}>0$,则为极小值点;若 $B^2_{(\tau_0,\phi_0)}-A_{(\tau_0,\phi_0)}C_{(\tau_0,\phi_0)}>0$,则为鞍点;若 $B^2_{(\tau_0,\phi_0)}-A_{(\tau_0,\phi_0)}C_{(\tau_0,\phi_0)}=0$,则不能确定极值点极性。

分别将前文得到的 9 个极值点代入式(3-182)~式(3-184)可知:

(1) 因为 $B^2_{(0,0)}-A_{(0,0)}C_{(0,0)}=4(k^2-1)<0$ 且 $A_{(0,0)}=-2(1+k\cos\varphi)<0$,故(0,0)为最大值点。其对应的同极化通道天线接收功率为 m^2。由式(2-23)可知,该值也为全局情形的最大接收功率(Max)。

(2) 因为 $B^2_{(0,\pm\pi/2)}-A_{(0,\pm\pi/2)}C_{(0,\pm\pi/2)}=4k^2(1-k^2)>0$,故$(0,\pm\pi/2)$不是极值点。其对应的同极化通道天线接收功率为 k^2m^2。在雷达极化领域,通常称之为次最大功率值(Minor Max.)。

(3) 将表 3-3 中 $\tau_{n1,2}$,$\phi_{n1,2}$ 代入天线接收功率函数,P_{co} 恒等于零。故 $\tau_{n1,2}$,$\phi_{n1,2}$ 称为零极化(Null)。

(4) 在 $\tau=\pm\pi/4$ 上的 4 个稳定点,其 C 恒等于零而 $B\neq0$,不为极值点。它们的同极化通道天线接收功率都为 $m^2(1-2k\cos\varphi+k^2)/4$。由于该功率值介于 0 和 m^2,因而它们称为鞍点极化(Saddle)。

可见,对于一般目标来说,可得出如下结论:①其在同极化通道天线接收功率图上共有 9 个稳定点,其中 1 个最大功率稳定点,6 个鞍点,2 个零功率稳定点。②这些稳定点在功率图上具有如下关系:2 个零功率稳定点关于(0,0)对称;$\tau=\pm\pi/4$ 线上的 4 个稳定点之间存在固定关系;最大功率稳定点始终位于

(0,0)处;其余2个稳定点分别位于(−90°,0)和(0,90°)处。③这些稳定点随k,φ呈规律性变化,如图3−18和图3−20所示。

对于典型目标(如金属平板、二面角反射器、偶极子等),其目标参数k,φ通常为一些特殊值,如$k=0,1$或$\varphi=0,\pm\pi$等。将其目标参数k,φ具体值代入式(3−177)和式(3−178)可简化同极化通道天线接收功率一阶偏导数,然后类似前文思路可得到一些较为特殊的极值点。

表3−3 相干情形下同极化通道目标特征极化及对应的天线接收功率

参数(k,φ)	特征极化$(\tau,\phi)\Rightarrow$天线接收功率P	个数	$(\tau,\phi)\Rightarrow$极化比ρ
$k=0$	$(0,0)\Rightarrow m^2$(Max.) $(0,\pm\pi/2)\Rightarrow 0$(Min.) $(\pm\pi/4,\pm\pi/4)\Rightarrow m^2/4$(Saddle)	7	$(\pi/4,-\pi/4),(-\pi/4,+\pi/4)$ $(0,0)\Rightarrow 0;(0,\pm\pi/2)\Rightarrow\infty$ $(\pi/4,\pi/4)\Rightarrow(1+\mathrm{j})$ $(-\pi/4,-\pi/4)\Rightarrow-(1+\mathrm{j})$
$k=1,\varphi=0$	(0,任意角)$\Rightarrow m^2$(Max.) ($\pm\pi/4$,任意角)$\Rightarrow 0$(Min.)	无数	(0,任意角)$\Rightarrow\tan\phi$ ($\pm\pi/4$,任意角)$\Rightarrow$ $(\tan\phi\pm\mathrm{j})/(1\mp\mathrm{j}\tan\phi)$
$k=1,\varphi\neq0$, 或$\varphi=\pm\pi$	$(\pm\pi/4,0,\pm\pi/2)\Rightarrow$ $(1-\cos\varphi)m^2/2$(Saddle) $\left.\begin{cases}\phi=-\pi/4,\tau=\begin{cases}a-\pi/4(\varphi>0)\\a+\pi/4(\varphi<0)\end{cases}\\\phi=\pi/4,\tau=\begin{cases}-a+\pi/4(\varphi>0)\\-a-\pi/4(\varphi<0)\end{cases}\end{cases}\right\}\Rightarrow 0$(Null) $a=\varphi/4$ $\tan2\tau=-\dfrac{1-\cos\varphi}{\sin\varphi}\sin2\phi\Rightarrow m^2$(Max.)	无数	$(\pm\pi/4,\pm\pi/2)\Rightarrow\pm\mathrm{j}$ $(\pm\pi/4,0)\Rightarrow\pm1$ $(-\pi/4,(\varphi-\pi)/4)\Rightarrow$ $-2/(1+a-\mathrm{j}(1-a))(\varphi>0)$ $(-\pi/4,(\varphi+\pi)/4)\Rightarrow$ $2k/(1-a+\mathrm{j}(1+a))(\varphi<0)$ $(\pi/4,(-\varphi+\pi)/4)\Rightarrow$ $2/(1+a-\mathrm{j}(1-a))(\varphi>0)$ $(\pi/4,(-\varphi-\pi)/4)\Rightarrow$ $-2k/(1-a+\mathrm{j}(1+a))(\varphi<0)$
$k\in(0,1)$, $\varphi=0$	$(0,0)\Rightarrow m^2$(Max.) $(0,\pm\pi/2)\Rightarrow k^2m^2$(Minor Max.) $(\pm\pi/4,\pm\pi/4)\Rightarrow(1-k)^2m^2/4$(Saddle) $\left(\pm\dfrac{1}{2}\arccos\left(\dfrac{1-k}{1+k}\right),\pm\pi/2\right)\Rightarrow 0$(Null)	11	$(\pi/4,-\pi/4),(-\pi/4,+\pi/4)$ $(0,0)\Rightarrow 0;(0,\pm\pi/2)\Rightarrow\infty$ $(\pi/4,\pi/4)\Rightarrow(1+\mathrm{j})$ $(-\pi/4,-\pi/4)\Rightarrow-(1+\mathrm{j})$ $\left(\pm\dfrac{1}{2}\arccos\left(\dfrac{1-k}{1+k}\right),\pm\pi/2\right)\Rightarrow\pm\mathrm{j}/\sqrt{k}$
$k\in(0,1)$, $\varphi=\pm\pi$	$(0,0)\Rightarrow m^2$(Max.) $(0,\pm\pi/2)\Rightarrow k^2m^2$(Minor Max.) $(\pm\pi/4,\pm\pi/4)\Rightarrow(1+k)^2m^2/4$(Saddle) $\left(0,\pm\dfrac{1}{2}\left(\pi-\arccos\left(\dfrac{1-k}{1+k}\right)\right)\right)\Rightarrow 0$(Null)	9	$(\pi/4,-\pi/4),(-\pi/4,+\pi/4)$ $(0,0)\Rightarrow 0;(0,\pm\pi/2)\Rightarrow\infty$ $(\pi/4,\pi/4)\Rightarrow(1+\mathrm{j})$ $(-\pi/4,-\pi/4)\Rightarrow-(1+\mathrm{j})$ $\left(0,\pm\dfrac{1}{2}\left(\pi-\arccos\left(\dfrac{1-k}{1+k}\right)\right)\right)\Rightarrow\pm1/\sqrt{k}$

续表

参数(k,φ)	特征极化$(\tau,\phi)\Rightarrow$天线接收功率P	个数	$(\tau,\phi)\Rightarrow$极化比ρ
一般目标	$(0,0)\Rightarrow m^2(\text{Max.})$； $(0,\pm\pi/2)\Rightarrow k^2m^2(\text{Minor Max})$ $\tau=\pi/4,\phi=\begin{cases}\arctan(b)/2\\ \arctan(b)/2-\pi/2\end{cases}$ $\tau=-\pi/4,\phi=\begin{cases}-\arctan(b)/2\\ -\arctan(b)/2+\pi/2\end{cases}$ $\Rightarrow m^2(1-2k\cos\varphi+k^2)/4(\text{Saddle})$ $\left.\begin{array}{l}\tau_{n1,2}=\pm\arcsin(2k^{1/2}\cos(\varphi/2)/(k+1))/2\\ \phi_{n1,2}=\begin{cases}\pm\arctan\left\{\dfrac{2k^{1/2}\sin(\varphi/2)}{(k-1)}\right\}\pm\pi/2(\varphi>0)\\ \pm\arctan\left\{\dfrac{2k^{1/2}\sin(\varphi/2)}{(k-1)}\right\}\mp\pi/2(\varphi<0)\end{cases}\end{array}\right\}$ $\Rightarrow 0(\text{Null})$	9	$(0,0)\Rightarrow 0;(0,\pm\pi/2)\Rightarrow\infty$ $(\pm\pi/4,\pm\arctan(b))$ $\Rightarrow\dfrac{\mathrm{j}+\tan(\arctan(b)/2)}{\pm1\mp\mathrm{j}\tan(\arctan(b)/2)}$ $(\pi/4,\arctan(b)-\pi/2)$ $\Rightarrow\dfrac{-1+\mathrm{j}\tan(\arctan(b)/2)}{\mathrm{j}+\tan(\arctan(b)/2)}$ $(-\pi/4,-\arctan(b)+\pi/2)$ $\Rightarrow\dfrac{1-\mathrm{j}\tan(\arctan(b)/2)}{\mathrm{j}+\tan(\arctan(b)/2)}$ $(\tau_{n1,2},\phi_{n1,2})\Rightarrow\pm k^{-1/2}\mathrm{e}^{\mathrm{j}(\pi-\varphi)/2}$

表3－3已给出了典型目标同极化通道天线接收功率极值点计算式，为避免累述，这里就不再展开讨论。根据这些计算式，可以看出：

(1) 当$k=0$时，所有的稳定点在功率图上位置恒定不变，即最大功率稳定点在$(0,0)$处，零功率稳定点在$(0,\pm\pi/2)$，鞍点在$(\pm\pi/4,\pm\pi/4)$处。

(2) 当$k=1$时，最大功率稳定点构成一条连续的曲线。此时，若$\varphi=0$，则零功率稳定点在功率图上为$\tau=\pm\pi/4$两条直线。

(3) 当$\varphi=0$或$\pm\pi$且$k\in(0,1)$时，除了零功率稳定点外，其余在功率图上位置保持不变，即最大功率稳定点在$(0,0)$处，鞍点在$(\pm\pi/4,\pm\pi/4)$和$(0,\pm\pi/2)$处。

2. 交叉极化通道情形

对于交叉极化通道来说，极化散射矩阵对称与否，其交叉极化通道天线接收功率数学模型是不同的，且无法通过一定变换将这两种数学模型统一起来，因此，本节将分别讨论这两种情形天线接收功率极值情况。

1) 单静态或单站情形

对于单静态或单站情形，通常认为极化散射矩阵为对称的。类似于3.2.1节，先对极化散射矩阵进行对角化处理，然后采用式(3－175)参数化形式。同时，在本征极化基下，交叉极化通道情形的收发天线之间关系可表示为

$$\boldsymbol{h}_{\mathrm{r}}(\mathrm{a},\mathrm{b})=\boldsymbol{E}_{\perp\mathrm{t}}(\mathrm{a},\mathrm{b})=\begin{bmatrix}0&-1\\1&0\end{bmatrix}\boldsymbol{E}_{\mathrm{t}}^{*}(\mathrm{a},\mathrm{b}) \tag{3-185}$$

结合式(3－167)、式(3－175)和式(3－185)，交叉极化通道天线接收功率

同样可表示为极化椭圆几何参数的函数,即

$$P_{\mathrm{x}}=\left|\boldsymbol{E}_{\perp t}^{\mathrm{T}}(\mathrm{a},\mathrm{b})\boldsymbol{S}(\mathrm{a},\mathrm{b})\boldsymbol{E}_{t}(\mathrm{a},\mathrm{b})\right|^{2}$$

$$=\frac{1}{4}m^{2}\{(1+k^{2})-(1+k^{2})\cos^{2}2\tau\cos^{2}2\phi-2k\cos\varphi\cos^{2}2\tau\sin^{2}2\phi+2k\sin\varphi\sin4\tau\sin2\phi+2k\cos\varphi\sin^{2}2\tau\} \tag{3-186}$$

显然,在收发天线极化状态恒定的情形下,交叉极化通道天线接收功率也仅与 m、k 和 φ 有关。

关于 ϕ 和 τ 分别对式(3-186)求偏导,整理得

$$\frac{\partial P_{\mathrm{x}}}{\partial\tau}=[(1-2k\cos\varphi+k^{2})\cos^{2}2\phi+4k\cos\varphi]\sin4\tau+4k\sin\varphi\cos4\tau\sin2\phi=0 \tag{3-187}$$

$$\frac{\partial P_{\mathrm{x}}}{\partial\phi}=\cos2\tau\cos2\phi[(1-2k\cos\varphi+k^{2})\cos2\tau\sin2\phi+2k\sin\varphi\sin2\tau]=0 \tag{3-188}$$

同样,由式(3-187)和式(3-188)可知,在收发天线极化状态恒定的情形下,交叉极化通道天线接收功率的偏导数仅与 k 和 φ 有关。结合目标参数物理含义可知,交叉极化通道天线接收功率极值仅与目标自身物理属性中的散射特性有关,而与目标雷达散射截面等物理属性无关。

对于一般情形而言,式(3-187)和式(3-188)同时成立。此时,交叉极化通道天线接收功率函数极值情况分为4种,即 $\tau=\pm\pi/4$;$\phi=\pm\pi/4$;$\tau=0$;$\tau\neq0,\pm\pi/4$ 或 $\phi\neq0,\pm\pi/4,\pm\pi/2$。为便于直观演示,图3-21给出了某个一般目标交叉极化通道天线接收功率的功率密度图。其目标参数分别为 $m=2$,$k=0.6$ 及 $\varphi=45°$。该图中横坐标为极化椭圆倾角,纵坐标为极化椭圆率,单位均为度。下面将结合该图讨论上述4种情形极值点计算式。

(1) 若 $\tau=\pm\pi/4$,式(3-188)等于零,由式(3-187)整理得 $\sin2\phi=0$,则 $\phi=0,\pm\pi/2$。即此时有6个极值点。

(2) 若 $\phi=\pm\pi/4$,式(3-188)等于零,由式(3-187)整理得 $\cos\varphi\sin4\tau\pm\sin\varphi\cos4\tau=0$,其中±与 ϕ 对应。进一步解相位模糊得:当 $\phi=\pi/4$ 时,$\tau=-\varphi/4$ 或 $\pi/4-\varphi/4$;当 $\phi=-\pi/4$ 时,$\tau=\varphi/4$ 或 $\varphi/4-\pi/4$。此时有4个极值点。

(3) 若 $\tau=0$,由式(3-187)和式(3-188)均有 $\sin2\phi=0$,即 $\phi=0,\pm\pi/2$ 为其解。此时有3个极值点。

(4) 若 $\tau\neq0,\pm\pi/4$ 或 $\phi\neq0,\pm\pi/4,\pm\pi/2$,利用三角函数易证明此种情形不可能成立。

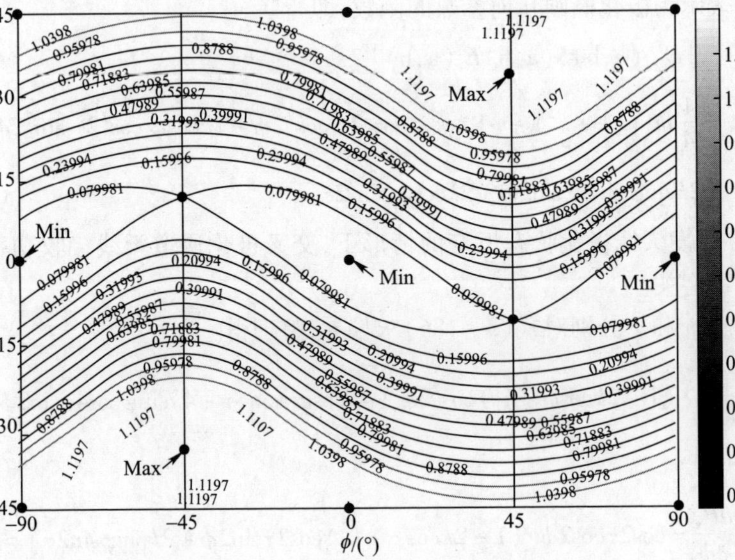

图 3－21 交叉极化通道天线接收功率图

将这些极值点分别代入式(3－186),则它们对应的天线接收功率为

$$\tau=\pm\pi/4,\quad \phi=0,\quad \pm\pi/2\Rightarrow m^2(1+2k\cos\varphi+k^2)/4 \tag{3-189}$$

$$\tau=0,\quad \phi=0,\quad \pm\pi/2\Rightarrow 0 \tag{3-190}$$

$$\tau=\mp\varphi/4,\quad \phi=\pm\pi/4\Rightarrow m^2(1-k)^2/4 \tag{3-191}$$

$$\tau=\pm\pi/4\mp\varphi/4,\quad \phi=\pm\pi/4\Rightarrow m^2(1+k)^2/4 \tag{3-192}$$

由此可见,对于一般性目标,可得出如下结论:①其在交叉极化通道天线接收功率图上共有 13 个稳定点,其中 2 个最大功率稳定点,8 个鞍点,3 个零功率稳定点;②这些稳定点在功率图上具有如下关系:3 个零功率稳定点分别在(0,0)、(0,π/2)和(0,－π/2)处,2 个最大功率稳定点分别在(π/4－φ/4,π/4)和(－π/4＋φ/4,－π/4),且始终关于(0,0)对称,其余稳定点为鞍点,其中(－φ/4,π/4)和(φ/4,－π/4)同样关于(0,0)对称,且与 2 个最大功率稳定点之间相差 π/4;③2 个最大功率稳定点和鞍点(－φ/4,π/4)、(＋φ/4,－π/4)始终位于直线 $\phi=\pi/4$ 和 $\phi=-\pi/4$ 上,且随 φ 在两条直线上移动,其余稳定点固定不变。

类似地,可讨论 k、φ 为一些特殊值时天线接收功率函数稳定点。为避免赘述,表 3－4 仅给出了 k、φ 为这些值时功率函数稳定点的计算公式。

由该表可知,这些功率稳定点具有如下特征:

(1) 当 $k=1$ 且 $\varphi\neq\pm\pi$ 时,零功率稳定点在功率图上构成一条连续曲线。

此时，若 $\varphi=0$，那么最大功率稳定点在功率图上为 $\tau=\pm\pi/4$ 两条直线。

（2）其余特殊情形功率稳定点在功率图上的位置始终保持不变。

表3-4　相干情形下交叉极化通道目标特征极化及对应的天线接收功率

参数取值	特征极化→天线接收功率
$k=0$	$\tau=0,\phi=0,\pm\pi/2\to 0$，$\left.\begin{matrix}\tau=\pm\pi/4,\phi=任意\\ \tau=任意,\phi=\pm\pi/4\end{matrix}\right\}\to\frac{1}{4}m^2$
$k=1,\varphi=0$	$\tau=0,\phi=任意\to 0,\tau=\pm\pi/4,\phi=任意\to m^2$
$k=1,\varphi=\pm\pi$	$\left.\begin{matrix}\phi=0,\pm\pi/2\\ \tau=\pm\pi/4\end{matrix}\right\}\to 0,\tau=0,\phi=\pm\pi/4\to m^2$
$k=1,\varphi\neq 0,\pm\pi$	$\tau=\pm\pi/4,\phi=0,\pm\pi/2\to m^2(1+\cos\varphi)/2$ $\tau=\pm\pi/4\mp\varphi/4,\phi=\pm\pi/4\to m^2$ $\tan 2\tau=-\frac{1-\cos\varphi}{\sin\varphi}\sin 2\phi\to 0$
$\varphi=0$	$\tau=0,\phi=0,\pm\pi/2\to 0$ $\tau=0,\phi=\pm\pi/4\to m^2(1-k)^2/4$ $\tau=\pm\pi/4\to m^2(1+k)^2/4$
$\varphi=\pm\pi$	$\tau=0,\phi=0,\pm\pi/2\to 0$ $\tau=0,\phi=\pm\pi/4\to m^2(1+k)^2/4$ $\tau=\pm\pi/4\to m^2(1-k)^2/4$
$k\neq 0,1$ 和 $\varphi\neq 0,\pm\pi$	$\tau=\pm\pi/4,\phi=0,\pm\pi/2\Rightarrow m^2(1+2k\cos\varphi+k^2)/4$ $\tau=0,\phi=0,\pm\pi/2\Rightarrow 0$ $\tau=\mp\varphi/4,\phi=\pm\pi/4\Rightarrow m^2(1-k)^2/4$ $\tau=\pm\pi/4\mp\varphi/4,\phi=\pm\pi/4\Rightarrow m^2(1+k)^2/4$

2）双静态或双站情形

对于双静态或双站情形，极化散射矩阵不再对称。在数学中，任意非对称复极化散射矩阵均可表示为一个对称部分和负对称部分之和[59]：

$$\begin{aligned}\boldsymbol{S}(\mathrm{H},\mathrm{V})&=\begin{bmatrix}S_{\mathrm{HH}} & S_{\mathrm{HV}}\\ S_{\mathrm{VH}} & S_{\mathrm{VV}}\end{bmatrix}=\begin{bmatrix}s_1 & s_2\\ s_2 & s_3\end{bmatrix}+\Delta(\mathrm{H},\mathrm{V})\begin{bmatrix}0 & 1\\ -1 & 0\end{bmatrix}\\ &=\boldsymbol{S}_{\mathrm{s}}(\mathrm{H},\mathrm{V})+\Delta(\mathrm{H},\mathrm{V})\boldsymbol{S}_{\sigma}\end{aligned}\tag{3-193}$$

式中：$s_2=(S_{\mathrm{HV}}+S_{\mathrm{VH}})/2$；$\Delta=(S_{\mathrm{HV}}-S_{\mathrm{VH}})/2$ 及 $\boldsymbol{S}_{\mathrm{s}}=(\boldsymbol{S}^{\mathrm{T}}+\boldsymbol{S})/2$。其中，对称部分可理解为单站结构的目标变极化效应，负对称部分则为双站结构引入的额外信息，但对称部分不仅依赖目标自身物理特性，还与雷达系统位置有关。

为简化后续极值讨论，同样进行酉相合变换，不过是对非对称极化散射矩

阵中的对称部分 $\boldsymbol{S}_{\mathrm{s}}(\mathrm{H},\mathrm{V})$ 进行对角化。其对角化和参数化类似于 3.2.1 节。由此得到：

$$\boldsymbol{S}(\mathrm{a},\mathrm{b})=\boldsymbol{S}_{\mathrm{s}}(\mathrm{a},\mathrm{b})+\Delta(\mathrm{a},\mathrm{b})\boldsymbol{S}_{\sigma}=m\mathrm{e}^{\mathrm{j}\xi}\begin{bmatrix}1 & 0\\ 0 & k\mathrm{e}^{\mathrm{j}\varphi}\end{bmatrix}+\Delta\begin{bmatrix}0 & 1\\ -1 & 0\end{bmatrix}=m\mathrm{e}^{\mathrm{j}\xi}\begin{bmatrix}1 & b\\ -b & k\end{bmatrix}\tag{3-194}$$

式中：$b=\Delta\mathrm{e}^{-\mathrm{j}(\varphi/2+\xi-\theta)}/m$；参数 m、k、ξ 和 φ 可借鉴前文的物理含义，并统称目标参数；Δ 为双站结构引入的额外信息；(a,b)也称双静态目标本征极化基。

在本征极化基下，结合式(3-167)、式(3-185)和式(3-194)，交叉极化通道天线接收功率可写为

$$\begin{aligned}P_x=\frac{1}{4}m^2\{&4|b|^2+(1+k^2)-(1+k^2)\cos^2 2\tau\cos^2 2\phi-2k\cos^2 2\tau\sin^2 2\phi+\\&2k\sin^2 2\tau+4\mathrm{Re}(b)(1-k)\cos 2\tau\sin 2\phi-4\mathrm{Im}(b)(1+k)\sin 2\tau\}\end{aligned}\tag{3-195}$$

τ 和 ϕ 分别对式(3-195)求偏导数，并整理得

$$\begin{aligned}\frac{\partial P_x}{\partial\tau}=&\{(1+k^2)\cos^2 2\phi+2k\sin^2 2\phi+2k\}\cos 2\tau\sin 2\tau-\\&2\mathrm{Re}(b)(1-k)\sin 2\tau\sin 2\phi-2\mathrm{Im}(b)(1+k)\cos 2\tau=0\end{aligned}\tag{3-196}$$

$$\frac{\partial P_x}{\partial\phi}=\cos 2\tau\cos 2\phi\{(1-k)^2\cos 2\tau\sin 2\phi+2(1-k)\mathrm{Re}(b)\}=0\tag{3-197}$$

同样分情形讨论式(3-196)和式(3-197)方程组根，或式(3-195)极值点：

(1) 当 $\tau=\pm\pi/4$ 时，式(3-197)等于零。将其代入式(3-196)可得 $\phi=0$ 或 $\phi=\pm\pi/2$。可见此种情形共有 6 个极值点。当 $\tau=\pi/4$ 时，天线接收功率为 $m^2\{4|b|^2+(1+k^2)+2k-4\mathrm{Im}(b)(1+k)\sin 2\tau\}/4$；当 $\tau=-\pi/4$ 时，天线接收功率为 $m^2\{4|b|^2+(1+k^2)+2k+4\mathrm{Im}(b)(1+k)\sin 2\tau\}/4$。

(2) 当 $\phi=\pm\pi/4$ 时，同样式(3-197)等于零。将其代入式(3-196)，可整理得

$$2k\cos 2\tau\sin 2\tau\mp\mathrm{Re}(b)(1-k)\sin 2\tau-\mathrm{Im}(b)(1+k)\cos 2\tau=0\tag{3-198}$$

求解该式可得天线接收功率函数 4 个稳定点。

(3) 当 $\tau\neq\pm\pi/4$ 且 $\phi\neq\pm\pi/4$ 时，由式(3-197)等于零，可得

$$\cos 2\tau\sin 2\phi=-2\mathrm{Re}(b)/(1-k)\tag{3-199}$$

若令 $x_1=\cos 2\tau\cos 2\phi$，$x_2=\cos 2\tau\sin 2\phi$ 和 $x_3=\sin 2\tau$，式(3-196)乘以 $\cos 2\tau$

后可得

$$\{(1+k^2)x_1^2+2kx_2^2+2k(1-x_3^2)\}x_3-2\mathrm{Re}(b)(1-k)x_3x_2-$$
$$2\mathrm{Im}(b)(1+k)(1-x_3^2)=0 \tag{3-200}$$

将式(3-199)和 $x_1^2=1-x_2^2-x_3^2$ 代入式(3-200),并整理得

$$x_3=2\mathrm{Im}(b)/(1+k) \tag{3-201}$$

将 x_2 和 x_3 代入 $x_1^2=1-x_2^2-x_3^2$,可得

$$x_1=\pm\sqrt{1-4\,\mathrm{Re}^2(b)/(1-k)^2-4\,\mathrm{Im}^2(b)/(1+k)^2} \tag{3-202}$$

显然 2 个极值点始终关于 $\tau=0$ 对称。不过需指出,这两个极值点存在的条件为

$$\mathrm{Re}^2(b)/(1-k)^2+\mathrm{Im}^2(b)/(1+k)^2\leqslant 0.25 \tag{3-203}$$

可见,双静态交叉极化通道天线接收功率极值分两种情况:①若式(3-203)成立,共有 12 个特征极化,且将 x_1、x_2 和 x_3 代入式(3-195)可得,其天线接收功率恒等于零,说明这两个极值点为零功率点,且始终关于 $\phi=\pi/4$(b 相位绝对值大于 $\pi/2$ 时)或 $\phi=-\pi/4$(b 相位绝对值小于 $\pi/2$ 时)对称,最大功率稳定点在 $\phi=\pm\pi/4$ 上;②若式(3-203)不成立时,仅有 10 个稳定点,最大功率稳定点和零功率稳定点均在 $\phi=\pm\pi/4$ 上。

图 3-22 和图 3-23 分别给出了上述两种情形的双静态情形交叉极化通道天线接收功率密度图。图中采用 Min 和 Max 标识了最小值、最大值。

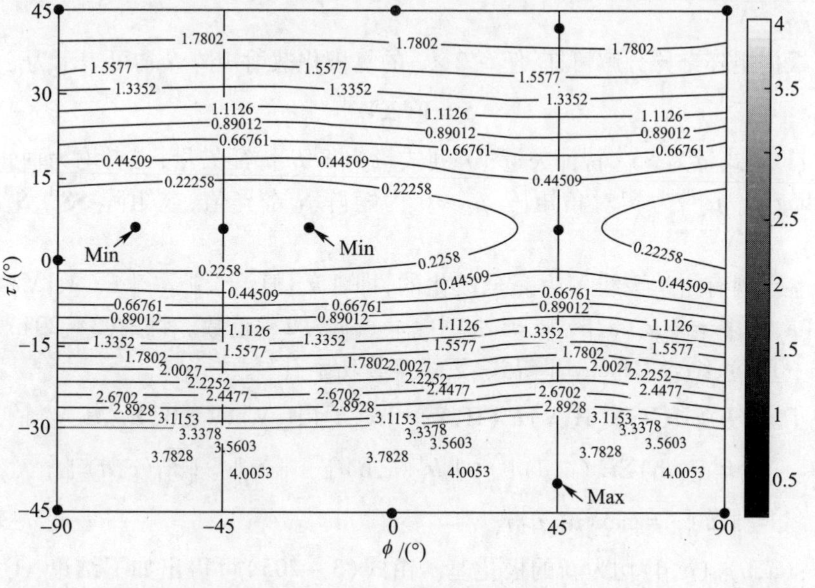

图 3-22　双静态情形交叉极化通道天线接收功率密度图($k=0.7,b=0.2e^{j\pi/3}$)

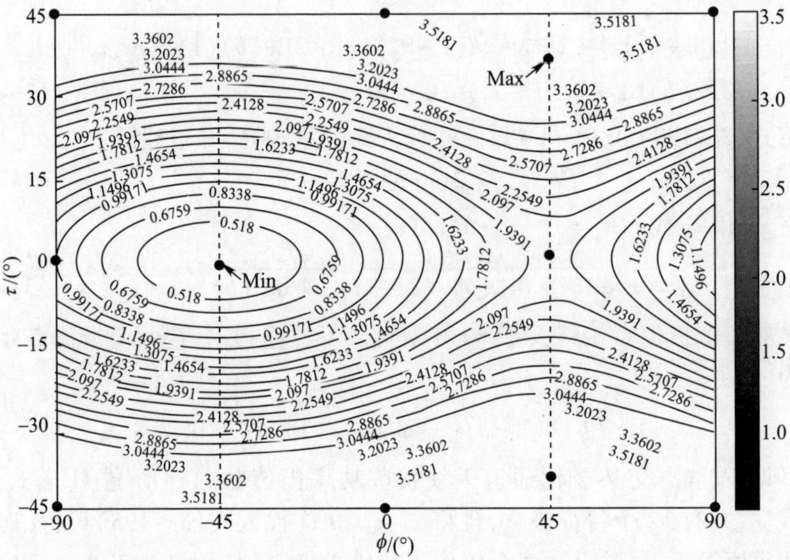

图 3-23 双静态情形交叉极化通道天线接收功率密度图($k=0.6$, $b=0.5\mathrm{e}^{\mathrm{j}\pi/200}$)

3. 收发天线无极化约束情形

对于收发天线无极化约束情形,收发天线极化均为独立变量,若将天线接收功率表示为几何参数函数,是一个四元高次函数,采用偏导数方法求极值将变得非常困难。现有研究中曾提出了"三步"解耦求解法,本节将提出另一种求解思路。

根据矩阵奇异分解可知,任意 2×2 的复极化散射矩阵 $\boldsymbol{S}$ 均可表示为

$$\boldsymbol{S}=\boldsymbol{V}^{*}\Sigma\boldsymbol{W}^{\mathrm{H}} \tag{3-204}$$

式中:$\boldsymbol{V}$ 列式量为 $\boldsymbol{SS}^{\mathrm{H}}$ 特征矢量;$\boldsymbol{W}$ 列式量为 $\boldsymbol{S}^{\mathrm{H}}\boldsymbol{S}$ 特征矢量,二者均为酉矩阵;$\Sigma=\mathrm{diag}\{\mu_1,\mu_2\}$ 为实对角矩阵,$\mu_i\geqslant0$ 为矩阵 $\boldsymbol{S}$ 奇异值,或矩阵 $\boldsymbol{SS}^{\mathrm{H}}$、$\boldsymbol{S}^{\mathrm{H}}\boldsymbol{S}$ 特征值。

鉴于现有雷达天线多为完全极化的,即 $\|\boldsymbol{h}_{\mathrm{r}}(\mathrm{H},\mathrm{V})\|=\|\boldsymbol{E}_{\mathrm{t}}(\mathrm{H},\mathrm{V})\|=\|\boldsymbol{h}_{\mathrm{r}}(\mathrm{a},\mathrm{b})\|=\|\boldsymbol{E}_{\mathrm{t}}(\mathrm{a},\mathrm{b})\|=1$,式中:$\|\cdot\|$ 为 2-范数。将式(3-204)代入式(3-167),结合 Cauchy 不等式,天线接收功率有

$$\begin{aligned}P&=|\boldsymbol{h}_{\mathrm{r}}^{\mathrm{T}}(\mathrm{H},\mathrm{V})\boldsymbol{S}(\mathrm{H},\mathrm{V})\boldsymbol{E}_{\mathrm{t}}(\mathrm{H},\mathrm{V})|^2=|\boldsymbol{h}_{\mathrm{r}}^{\mathrm{T}}(\mathrm{H},\mathrm{V})\boldsymbol{V}^{*}\Sigma\boldsymbol{W}^{\mathrm{H}}\boldsymbol{E}_{\mathrm{t}}(\mathrm{H},\mathrm{V})|^2\\&=|\boldsymbol{h}_{\mathrm{r}}^{\mathrm{T}}(\mathrm{a},\mathrm{b})\Sigma\boldsymbol{E}_{\mathrm{t}}(\mathrm{c},\mathrm{d})|^2\leqslant\|\boldsymbol{h}_{\mathrm{r}}^{\mathrm{T}}(\mathrm{a},\mathrm{b})\|^2\ \|\Sigma\|^2\ \|\boldsymbol{E}_{\mathrm{t}}(\mathrm{c},\mathrm{d})\|^2\\&=\|\Sigma\|^2=\max(\mu_1^2,\mu_2^2)\end{aligned} \tag{3-205}$$

式中:(a,b)、(c,d)均为新的极化基。由式(3-205)可得出如下结论:①无论收发天线是否存在极化约束关系、目标极化散射对称与否,确定性目标的天线

接收功率始终介于 0 和矩阵 $\boldsymbol{S}$ 最大奇异值平方之间；②天线接收功率全局最大值是在发射天线 Jones 矢量为 $\boldsymbol{S}\boldsymbol{S}^{\mathrm{H}}$ 最大特征值对应特征矢量，而接收天线 Jones 矢量为 $\boldsymbol{S}^{\mathrm{H}}\boldsymbol{S}$ 最大特征值对应特征矢量时取得；③在单色波照射下，确定性目标散射回波为完全极化波，因而只要调整接收天线极化状态使其与目标散射回波正交，就能得到零天线接收功率；④在单静态情形，$\boldsymbol{S}$ 为对称矩阵，那么必有 $\boldsymbol{S}\boldsymbol{S}^{\mathrm{H}}=\boldsymbol{S}^{\mathrm{H}}\boldsymbol{S}$。故当天线接收功率取得全局最大值时，收发天线极化状态相同，即单静态情形确定性目标全局特征极化与同极化通道特征极化相同。

根据结论②，天线接收功率取得全局最大值的条件是在发射天线 Jones 矢量等于 $\boldsymbol{S}\boldsymbol{S}^{\mathrm{H}}$ 最大特征值对应特征矢量，且接收天线 Jones 矢量等于 $\boldsymbol{S}^{\mathrm{H}}\boldsymbol{S}$ 最大特征值对应特征矢量时。又因 $\boldsymbol{S}^{\mathrm{H}}\boldsymbol{S}$ 和 $\boldsymbol{S}\boldsymbol{S}^{\mathrm{H}}$ 均为 Hermitian 矩阵，二者具有相同的奇异值。若令 $\boldsymbol{G}=\boldsymbol{S}^{\mathrm{H}}\boldsymbol{S}$ 或 $\boldsymbol{G}=\boldsymbol{S}\boldsymbol{S}^{\mathrm{H}}$，则其奇异值可表示为

$$\lambda_{1,2}=\frac{1}{2}\left\{\mathrm{tr}(\boldsymbol{G})\pm\sqrt{\mathrm{tr}^2(\boldsymbol{G})-4\det(\boldsymbol{G})}\right\} \tag{3-206}$$

式中：tr(·)为矩阵迹运算；det(·)为矩阵行列式运算，二者均具有酉矩阵相合不变性。这样，在新极化基(a,b)下，对应归一化特征矢量为

$$\boldsymbol{E}_{\mathrm{t}}(\mathrm{a,b})=\frac{1}{\sqrt{1+x^2}}[1\quad x]^{\mathrm{T}}\ \text{和}\ \boldsymbol{h}_{\mathrm{r}}(\mathrm{a,b})=\frac{1}{\sqrt{1+y^2}}[1\quad y]^{\mathrm{T}} \tag{3-207}$$

式中：$x=(1+|b|^2-\lambda)/(kb^*-b)$；$y=(1+|b|^2-\lambda)/(b^*-kb)$；* 为复数共轭运算。

根据结论①，天线接收功率全局最小值为零。而根据结论③，当收发天线极化为自由变量时，无论发射天线采用什么样的极化状态，只要接收天线失配接收（接收天线极化与目标散射回波正交），天线接收功率均等于零。显然，这样的收发天线极化对有无穷多，因此此时讨论天线接收功率极小值点已无意义。

3.7.2 Poincaré 极化球表征

1. 同极化通道情形

3.7.2 节讨论了同极化通道天线接收功率稳定点及其在天线接收功率图上随 k、φ 变化的情况，这一节将进一步把这些稳定点表征到 Poincaré 极化球上，借此分析它们在极化球上的几何关系及 k、φ 变化对它们的影响。利用几何描述子 τ、ϕ 与 Stokes 矢量之间的关系，很容易将表 3-3 中的稳定点表征到 Poincaré 极化球上。图 3-24 分别给出了 k、φ 为不同取值时同极化通道天线接收功率函数稳定点的极化球表征。为了叙述简便，这里同样分一般性目标和特殊性目标两种情形来分别说明，同时这些功率稳定点对应的极化球上的点统称特征极化点。

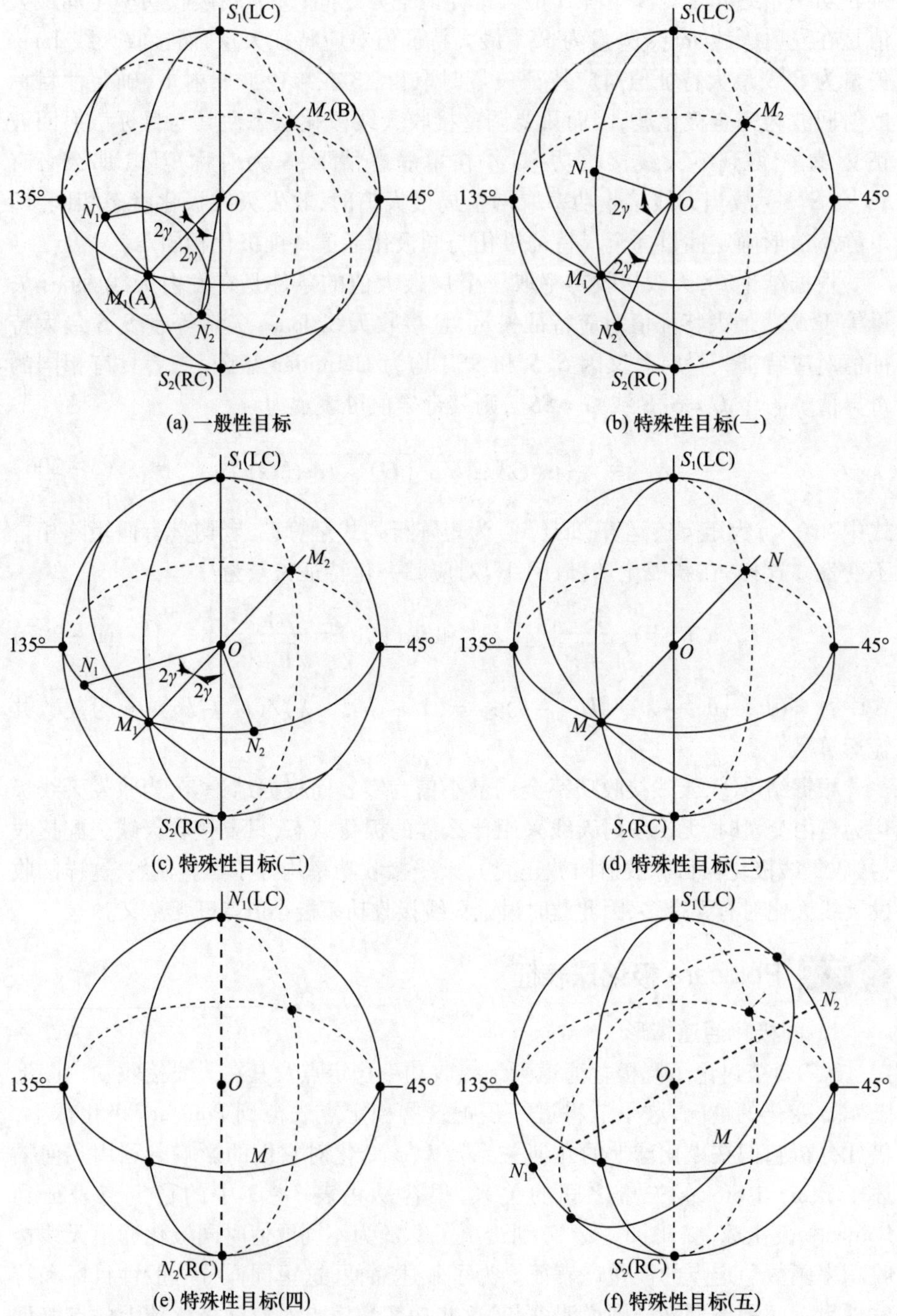

(a) 一般性目标　(b) 特殊性目标(一)

(c) 特殊性目标(二)　(d) 特殊性目标(三)

(e) 特殊性目标(四)　(f) 特殊性目标(五)

图 3－24　利用 Poincaré 极化球表征同极化通道情形的目标特征极化

1）一般性目标

图 3－24(a)为一般性目标功率稳定点的极化球表征。由于极化球南北极点与极化椭圆倾角 ϕ 无关，因而在功率密度图 $\tau= \pm\pi/4$ 线上 4 个鞍点分别合并为南北极点 S_1、S_2，$\tau=0$，$\phi= \pm\pi/2$ 处两个鞍点合并为极化球上 M_2，而最大功率点 $\tau=0$，$\phi=0$ 和两个零功率点分别对应极化球上 M_1、N_1 及 N_2 点，这样在 Poincaré 极化球上目标只有 6 个特征极化点。由图 3－24(a)可知，6 个特征极化点之间存在以下几何关系：

（1）点 M_1 和 M_2 构成的直径$\overline{M_1M_2}$垂直于由点 S_1 和 S_2 构成的直径$\overline{S_1S_2}$，且该直径平分由点 N_1、N_2 构成的球心角$\angle N_1ON_2$。

（2）点 N_1、N_2 与直径$\overline{M_1M_2}$一起构成一个叉，即所谓的极化叉，$\overline{M_1M_2}$为极化叉的轴，N_1、N_2 为极化叉的齿。

（3）过点 N_1、N_2 的大圆与直径$\overline{S_1S_2}$并不在同一平面内，其原因是目标参数 φ 引起点 N_1、N_2 所在的大圆绕轴$\overline{M_1M_2}$顺时针偏离直径$\overline{S_1S_2}$，当 $\varphi=0$ 时，直径$\overline{S_1S_2}$与 N_1、N_2 所在的大圆在同一个平面内（图 3－24(b)），而当 $\varphi= \pm\pi$ 时，直径$\overline{S_1S_2}$垂直于 N_1、N_2 所在的大圆平面（图 3－24(c)）。

2）特殊性目标

图 3－24(b)～(f)分别给出了 $k=0,1$ 或 $\varphi=0, \pm\pi$ 时同极化通道天线接收功率函数稳定点的极化球表征。其中图 3－24(b)和图 3－24(c)可看成图 3－24(a)的特殊情况，即将 N_1、N_2 所在的大圆绕轴$\overline{M_1M_2}$旋转获得，因而这里着重介绍后面几种。

图 3－24(d)给出了 $k=0$ 时函数稳定点的极化球表征。此时在极化球上只有 4 个特征极化点，即 M、N 分别对应最大功率特征极化点和零功率特征极化点，且直径$\overline{MN}$与南北极点 S_1、S_2 的连线垂直。

图 3－24(f)给出了 $k=1$ 且 $\varphi\in(-\pi,0)\cup(0,\pi)$ 时函数稳定点的极化球表征。图中 M 为最大功率特征极化点，N_1、N_2 为零功率特征极化点，S_1、S_2 为鞍点特征极化点。此时这些特征极化点具有以下特征：最大功率特征极化点在极化球上构成一个大圆，N_1、N_2、S_1、S_2 4 个点位于同一个大圆上，但直径$\overline{N_1N_2}$并不垂直直径$\overline{S_1S_2}$。同时由表 3－3 第 4 行可知，N_1、N_2 到最大功率大圆平面距离相等，且目标参数$|\varphi|$变大时引起大圆所在平面面向直径$\overline{S_1S_2}$逆时针旋转，而$\overline{N_1N_2}$背离$\overline{S_1S_2}$顺时针旋转。特殊情形，当 $\varphi=0$ 时，直径$\overline{S_1S_2}$与直径$\overline{N_1N_2}$重合，最大值大圆垂直于直径$\overline{N_1N_2}$（图 3－24(e)）；当 $\varphi= \pm\pi$ 时，大圆与直径$\overline{S_1S_2}$在同平面上，而$\overline{N_1N_2}$正好垂直该平面。

2. 交叉极化通道情形

同样，利用几何描述子 τ、ϕ 与 Stokes 矢量之间的关系，很容易将表 3－4 中的稳定点表征到 Poincaré 极化球上。图 3－25 分别给出了 k、φ 为不同取值时交叉极化通道天线接收功率函数稳定点的极化球表征。这里仍将分两种情形来说明。

1）一般性目标

图 3－25(a)为一般性目标功率稳定点的极化球表征。在 Poincaré 极化球上,6 个鞍点合并为 S_1、S_2、S_3 及 S_4 4 个点,3 个零极化点合并为 2 个点 N_1、N_2,加上 2 个极大值点 M_1、M_2,共有 8 个特征极化点。由图 3－25(a)可知,8 个特征极化点之间存在以下几何关系:

(1) 直径$\overline{M_1M_2}$、$\overline{S_1S_2}$及$\overline{S_4S_3}$在同一个大圆平面上,该平面与直径$\overline{N_1N_2}$垂直。

(2) 直径$\overline{M_1M_2}$与直径$\overline{S_4S_3}$相互正交,而点 S_1、S_2 为极化球南北极点。同时直径$\overline{M_1M_2}$与直径$\overline{S_4S_3}$构成的十字叉将随参数 φ 单调减小而逆时针旋转。

(3) 极限情形:当 $\varphi=\pm\pi$ 时,直径$\overline{S_3S_4}$与直径$\overline{S_1S_2}$相互重合;若 $\varphi=0$ 时直径$\overline{M_1M_2}$与直径$\overline{S_1S_2}$相互重合(图 3－25(d))。在这两种特殊情况,极化球上目标特征极化点数均退化为 6 个。

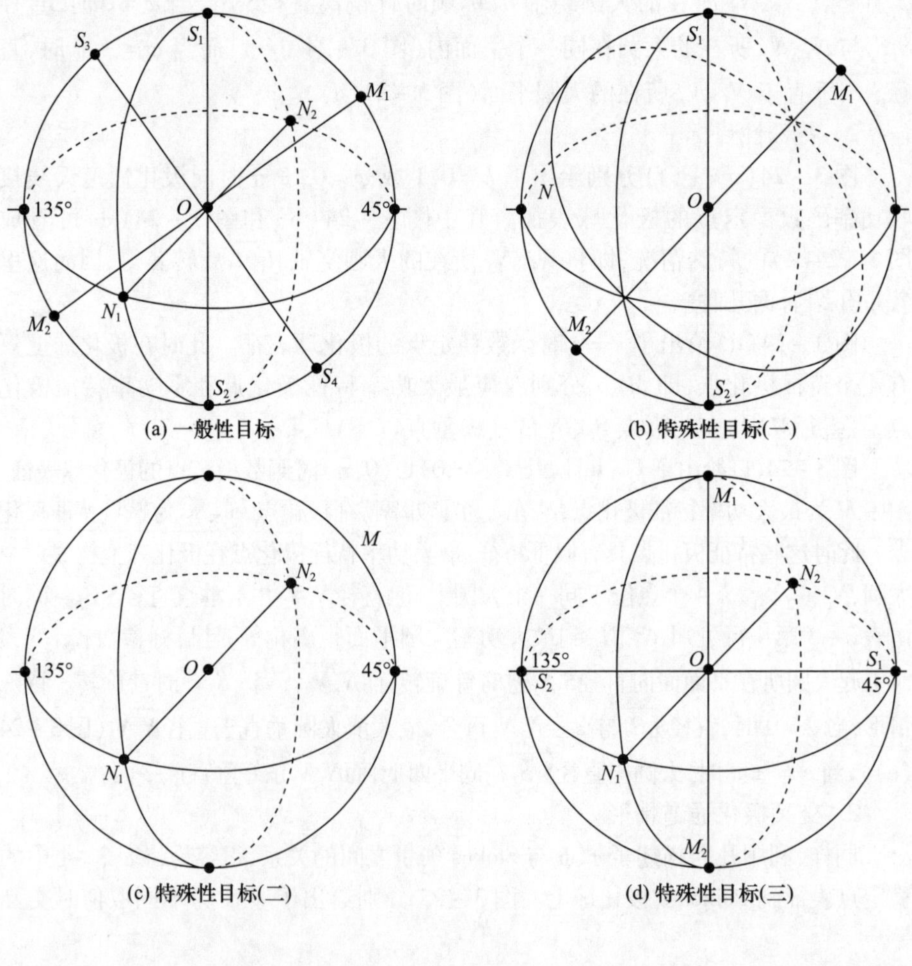

(a) 一般性目标　(b) 特殊性目标(一)

(c) 特殊性目标(二)　(d) 特殊性目标(三)

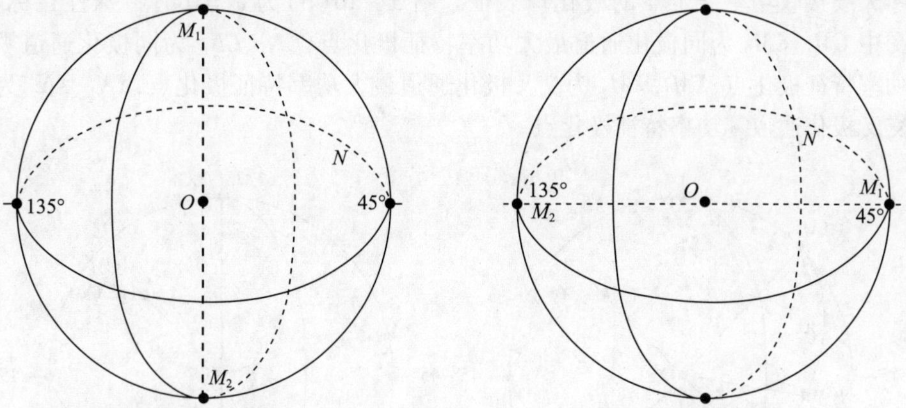

(e) 特殊性目标(四)　　(f) 特殊性目标(五)

图 3-25　利用 Poincaré 极化球表征交叉极化通道情形的目标特征极化

2）特殊性目标

图 3-25(b)～(f)分别给出了 $k=0,1$ 或 $\varphi=0,\pm\pi$ 时交叉极化通道天线接收功率函数稳定点的极化球表征。其中图 3-25(d)为图 3-25(a)的特殊情形，因而这里介绍另外几种。

图 3-25(b)给出了 $k=1$ 且 $\varphi\neq0$ 或 $\varphi=\pm\pi$ 时函数稳定点的极化球表征。图中 N 为零功率特征极化点，在极化球上为一个大圆，S_1、S_2 为鞍点特征极化，M_1、M_2 为最大功率特征极化点。同样，参数 φ 的变化将引起直径 $\overline{M_1M_2}$ 和大圆 N 的旋转。极限情形：当 $\varphi=0$ 时，大圆 N 在赤道平面，直径 $\overline{M_1M_2}$ 与直径 $\overline{S_1S_2}$ 重合(图 3-25(e))；当 $\varphi=\pm\pi$ 时，大圆 N 经过极化球南北极，直径 $\overline{M_1M_2}$ 垂直于大圆 N 平面(图 3-25(f))。

图 3-25(c)给出了 $k=0$ 时函数稳定点的极化球表征。图中 M 为最大功率特征极化点，在极化球上为一个大圆，N_1 和 N_2 为零功率特征极化点，垂直大圆 M 平面。此时，无论 φ 如何变化，极化球上的特征极化点保持不变。

3. 极化叉和极化树

在实际应用上，为改善雷达探测性能或抑制杂波背景，人们往往更多地关注最大接收功率和零天线接收功率对应的收发天线极化状态。同时，为便于分析同极化通道和交叉极化通道天线接收功率稳定点的几何关系，将两种情形的最大接收功率和零功率稳定点同时表征在极化球上。考虑到单、双静态情形，交叉极化通道天线接收功率极值不同，这里将分别讨论这两种情况。

1）单静态情形

图 3-26(a)给出了一般性目标的同极化通道、交叉极化通道情形最大和

零天线接收功率稳定点的极化球表征。图 3－26(b)为 $\varphi=0$ 时特殊性目标。图中 CM_1、CM_2 为同极化通道最大功率特征极化点，CN_1、CN_2 为同极化通道零功率特征极化点，XM_1、XM_2 为交叉极化通道最大功率特征极化点，XN_1、XN_2 为交叉极化通道零功率特征极化点。

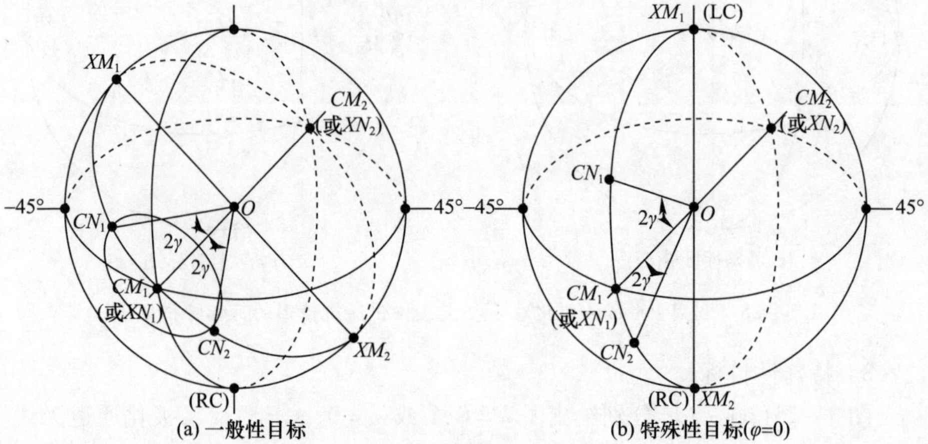

图 3－26　极化叉和极化树之间的关系

由图 3－26(a)可得出这些特征极化点的几何关系及特点：

(1) 在 Poincaré 极化球上，CM_1(或 CM_2)与 XN_1(或 XN_2)重合为一点，说明同极化通道最大功率特征极化与交叉极化通道零功率特征极化相同。

(2) CN_1、CN_2、CM_1 和 $CM_2$4 个点正好位于一个大圆平面上，且 CM_1 与 CM_2 的连线正好平分 CN_1 与 CN_2 构成球心角。这 4 个点和球心 O 一起构成了一个叉形结构(极化叉)，其中 CM_1 与 CM_2 的连线为叉柄，CN_1、CN_2 分别与球心的连线为叉齿。

(3) XM_1 与 XM_2 的连线和上述极化叉在同一个大圆平面上，且该连线始终垂直于 CM_1 与 CM_2 的连线。XM_1 与 XM_2 的连线和上述极化叉一起构成一个树形结构。

可见，在 Poincaré 极化球上，单静态、相干情形目标共有 6 个特征极化点。结合这些特征极化的表达式可知，在 Poincaré 极化球上，CM_1、CM_2 位置恒定不变；其余 4 个点随参数 k、φ 呈规律变化，即 k 决定了 CN_1 与 CN_2 构成球心角大小，φ 仅引起极化叉和 XM_2XM_1 所在大圆平面绕轴线 CM_2CM_1 旋转，但保持这些特征极化点之间的几何关系。图 3－26(b)给出了 $\varphi=0$ 时目标特征极化 Poincaré 极化球表征。此外，当目标参数 k、φ 分别取其他一些特殊值时，其目标特征极化 Poincaré 极化球表征与图 3－26 略有差异。

2) 双静态情形

对于双静态、同极化通道，由于其特征极化求解过程及计算公式与单静态、同极化通道的特征极化求解过程及计算公式相同，故其特征极化在 Poincaré 极化球上几何关系类似于图 3 – 24，即最大特征极化与球心连线始终平分两个最小特征极化构成的球心角；对于双静态、交叉极化通道，图 3 – 27 给出了其特征极化的 Poincaré 极化球表征。图 3 – 27 中 M 表示交叉极化通道天线最大接收功率特征极化，N 则为天线最小接收功率特征极化。由该图可知：①在满足式(3 – 203)时，最大特征极化 M 所在平面平分最小特征极化 N_1 和 N_2 构成的球心角，也就是说三个特征极化构成一个叉形结构。②不满足式(3 – 203)时，最大、最小特征极化在同一平面上；对于双静态、全局情形，同样可将其特征极化表征到极化球上，但难以确定它与其他情形特征极化之间的几何关系，因而这里未予给出。

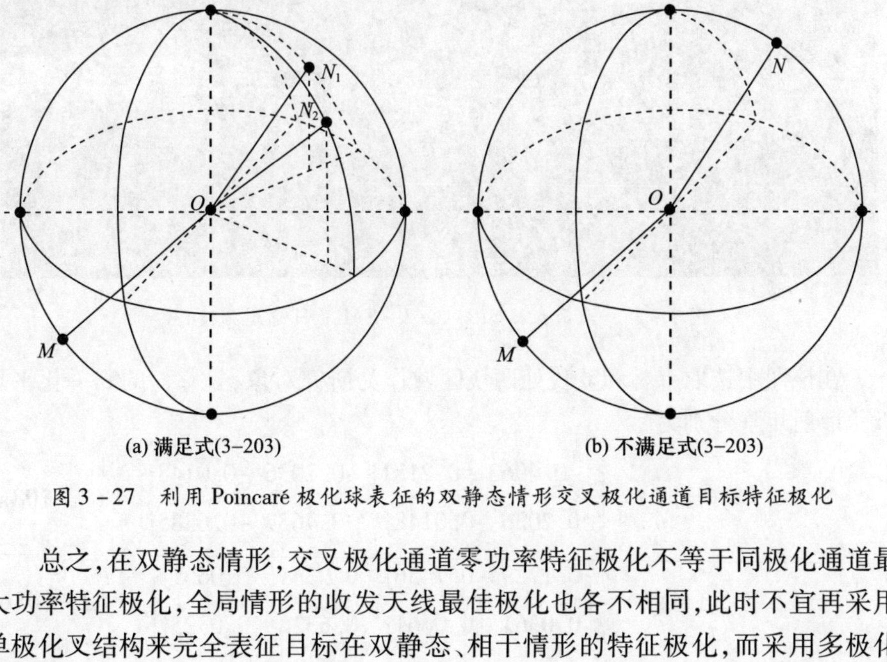

(a) 满足式(3–203)　　(b) 不满足式(3–203)

图 3 – 27　利用 Poincaré 极化球表征的双静态情形交叉极化通道目标特征极化

总之，在双静态情形，交叉极化通道零功率特征极化不等于同极化通道最大功率特征极化，全局情形的收发天线最佳极化也各不相同，此时不宜再采用单极化叉结构来完全表征目标在双静态、相干情形的特征极化，而采用多极化叉结构。

3.7.3 典型目标散射特性分析

为了验证前文研究，本节将通过一些典型实例来演示前文研究在目标特征极化求解和典型目标特征极化分析中的应用。

1. 简化目标特征极化求解中的应用

为演示前文研究在简化目标特征极化求解过程中的应用，这里采用 NASA SIR – C/X – SAR 于 1994 年对中国天山森林地区进行全极化成像的图像作为实验数据。图像尺寸为900 像素 ×450 像素,存储格式为极化散射矩阵。图3 - 28 给出了该地区 HH 通道强度图。其中,黑色线条为道路,黑色区域为砍伐处,黑白相间的区域为森林。

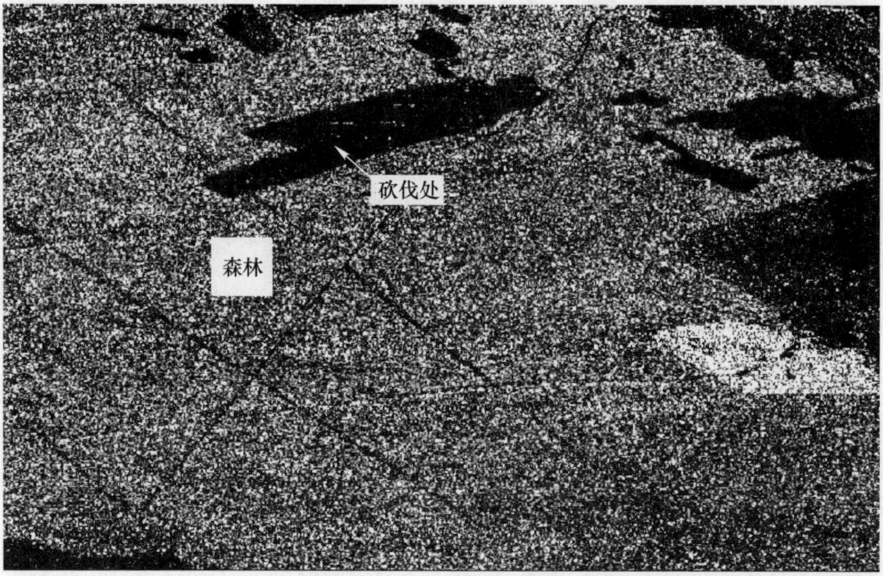

图3 - 28　天山森林 SIR - C/X - SAR HH 通道强度图

在该图中选取森林和砍伐处两块区域作为研究对象,且它们的归一化平均极化散射矩阵分别为

$$\boldsymbol{S}_1(\mathrm{H,V})=\begin{bmatrix}-0.4963+0.2181\mathrm{j} & 0.2036-0.0148\mathrm{j}\\ 0.2036-0.0148\mathrm{j} & 0.4637-0.6385\mathrm{j}\end{bmatrix} \tag{3-208a}$$

$$\boldsymbol{S}_2(\mathrm{H,V})=\begin{bmatrix}0.1789-0.7456\mathrm{j} & 0.0361-0.0661\mathrm{j}\\ 0.0361-0.0661\mathrm{j} & 0.6323-0.0325\mathrm{j}\end{bmatrix} \tag{3-208b}$$

首先根据式(3 - 171) ~ 式(3 - 175)分别计算森林和砍伐处的极化散射矩阵本征极化基及目标参数,其结果见表3 - 5 第2、第3 行。接下来,分别计算同极化通道和交叉极化通道两种情形的天线接收功率函数稳定点。

表3 - 5　森林、砍伐处的目标参数、特征极化及对应天线接收功率

目标	森林	砍伐处
本征极化	$-0.0062+2.4590\mathrm{j}$	$0.3523-0.2432\mathrm{j}$
目标参数	$m=0.8541\quad k=0.6089$ $\xi=2.1411\quad \varphi=-2.4094$	$m=0.7972\quad k=0.6038$ $\xi=-1.3488\quad \varphi=1.3189$

续表

目标	森林	砍伐处
同极化通道	$(0,0)\Rightarrow 0.7296$(Max.) $(0,\pm\pi/2)\Rightarrow 0.2704$(Saddle) $(\pi/4,-0.3290)$,$(\pi/4,1.2418)$, $(-\pi/4,0.3290)$, $(-\pi/4,-1.2418)\Rightarrow 0.4152$(Saddle) $(-0.1773,0.9165)$, $(0.1773,-0.9165)\Rightarrow 0$(Null)	$(0,0)\Rightarrow 0.6355$(Max.) $(0,\pm\pi/2)\Rightarrow 0.3645$(Saddle) $(\pi/4,0.1414)$,$(\pi/4,-1.4294)$, $(-\pi/4,-0.1414)$, $(-\pi/4,1.4294)\Rightarrow 0.190$(Saddle) $(0.4495,0.8973)$, $(-0.4495,-0.8973)\Rightarrow 0$(Null)
正交极化通道	$(-1.3877,-\pi/4)$, $(1.3877,\pi/4)\Rightarrow 0.4721$(Max.) $(\pm\pi/4,0)$, $(\pm\pi/4,\pm\pi/2)\Rightarrow 0.0848$(Saddle) $(-0.6024,-\pi/4)$, $(0.6024,\pi/4)\Rightarrow 0.0279$(Saddle) $(0,0)$,$(0,\pm\pi/2)\Rightarrow 0$(Null)	$(-0.4557,-\pi/4)$, $(0.4557,\pi/4)\Rightarrow 0.4087$(Max.) $(\pm\pi/4,0)$, $(\pm\pi/4,\pm\pi/2)\Rightarrow 0.2646$(Saddle) $(0.3297,-\pi/4)$, $(-0.3297,\pi/4)\Rightarrow 0.0249$(Saddle) $(0,0)$,$(0,\pm\pi/2)\Rightarrow 0$(Null)

对于同极化通道情形，根据 3.7.2 节结论②可直接得到森林最大功率稳定点在(0,0)处，两个鞍点稳定点分别在$(0,\pi/2)$和$(0,-\pi/2)$处；先利用表 3－3 第 7 行第 2 列公式得到一个零功率稳定点在(－0.1773,0.9165)处，然后由图 3－20(d)可知另一个稳定点在(0.1773,－0.9165)处；同样，可先利用表 3－3 第 7 行第 2 列公式得到剩余 4 个鞍点稳定点中的某个点在$(\pi/4,-0.3290)$处，然后由式(3－180)可得其他 3 个鞍点稳定点分别在$(\pi/4,1.2418)$，$(-\pi/4,0.3290)$和$(-\pi/4,-1.2418)$位置。同样，利用上述方法可快速获得砍伐处的同极化通道天线接收功率稳定点，如表 3－5 第 4 行第 3 列。可见，利用 3.7.2 节研究可简化同极化通道情形的天线接收功率函数稳定点求解。不仅如此，根据 3.7.2 节研究还可预判稳定点的大致位置，从而为检验计算结果的正确性提供理论依据。例如，由于砍伐处$\varphi>0$，根据图 3－20 结论可立即判定它的零功率稳定点位于一、三象限，显然这与表 3－5 第 4 行第 3 列零功率稳定点计算结果是一致的。

对于交叉极化通道情形，结合同极化通道情形天线接收功率稳定点，利用极化叉或极化树可直接得到森林 3 个零功率稳定点分别在(0,0)，$(0,\pi/2)$和$(0,-\pi/2)$处；根据 3.7.2 节结论 2)可直接得到 6 个鞍点稳定点分别在$(\pm\pi/4,\pm\pi/2)$，$(\pm\pi/4,0)$处；先利用表 3－5 第 8 行第 2 列公式得到一个最大功率稳定点在$(-1.3877,-\pi/4)$处，然后根据 3.7.2 节结论 2)可分别得到另一个最大功率在$(1.3877,\pi/4)$处，剩余 2 个鞍点稳定点分别在$(-0.6024,-\pi/4)$和$(0.6024,\pi/4)$。类似地，可计算砍伐处交叉极化通道天线接收功率稳定点，如

表3-5第五行第三列。

2. 典型目标散射特性分析中的应用

对于一些典型目标，如金属球体、角反射器、偶极子及螺旋目标等，由于其在极化散射理论分析、系统校正等方面具有重要作用而备受人们关注，而这些目标也往往表现出一些不同于一般目标的极化散射特性。表3-6给出了部分典型目标在极化基(H,V)下的极化散射矩阵、本征极化及目标参数。图3-29分别给出了这些规范目标的同极化通道和交叉极化通道的天线接收功率图。

表3-6 典型目标极化散射矩阵、本征极化基和目标参数

目标散射体	(H,V)	本征极化基(a,b)	目标参数
金属球或平面板	$\begin{bmatrix}1&0\\0&1\end{bmatrix}$	任何一对相互正交的线极化	$m=1,\xi=0,k=1,\varphi=0$ (H,V)为极化基
二面角反射器	$\begin{bmatrix}1&0\\0&-1\end{bmatrix}$	水平极化、垂直极化及极化球上南北极点确定的大圆上任意一条直径的端点	$m=1,\xi=0,k=1,\varphi=\pm\pi$ (H,V)为极化基
水平偶极子	$\begin{bmatrix}1&0\\0&0\end{bmatrix}$	水平极化和垂直极化(H,V)	$m=1,\xi=0$ $k=0,\varphi=$任意
垂直偶极子	$\begin{bmatrix}0&0\\0&1\end{bmatrix}$	水平极化和垂直极化(H,V)	$m\to0,\xi=0$ $k\to\infty,\varphi=$任意
45°偶极子	$\frac{1}{2}\begin{bmatrix}1&1\\1&1\end{bmatrix}$	45°线极化，135°线极化	$m\to1,\xi=0$ $k\to\infty,\varphi=$任意
右旋螺旋目标	$\frac{1}{2}\begin{bmatrix}1&-j\\-j&-1\end{bmatrix}$	极化球上南北极点	$m=1,\xi=0$ $k=0,\varphi=$任意
左旋螺旋目标	$\frac{1}{2}\begin{bmatrix}1&j\\j&-1\end{bmatrix}$	极化球上南北极点	$m=1,\xi=\pm\pi$ $k=0,\varphi=$任意

1) 金属球或平面板

如表3-6所示，任何一对相互正交的线极化都可作为该类目标的本征极化基，这里选择水平极化和垂直极化作为其本征极化基。目标在该本征极化基下的目标参数如表3-6中第2行第4列。图3-29(a)和图3-30(a)分别为其同极化通道和交叉极化通道天线接收功率图。其极化球表征分别对应图3-24(e)和图3-25(e)。从这些图中可以看出，在$\tau=0$线上无论ϕ为何值，其都对应同极化通道天线接收功率最大值和交叉极化通道天线接收功率最小值。

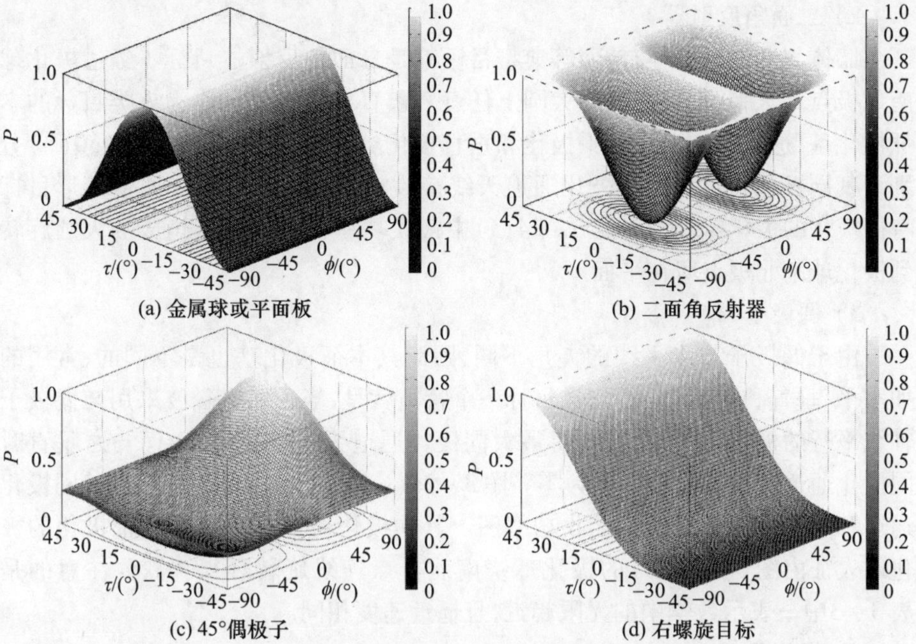

(a) 金属球或平面板　　(b) 二面角反射器

(c) 45°偶极子　　(d) 右螺旋目标

图 3 – 29　规范目标同极化通道天线接收功率图

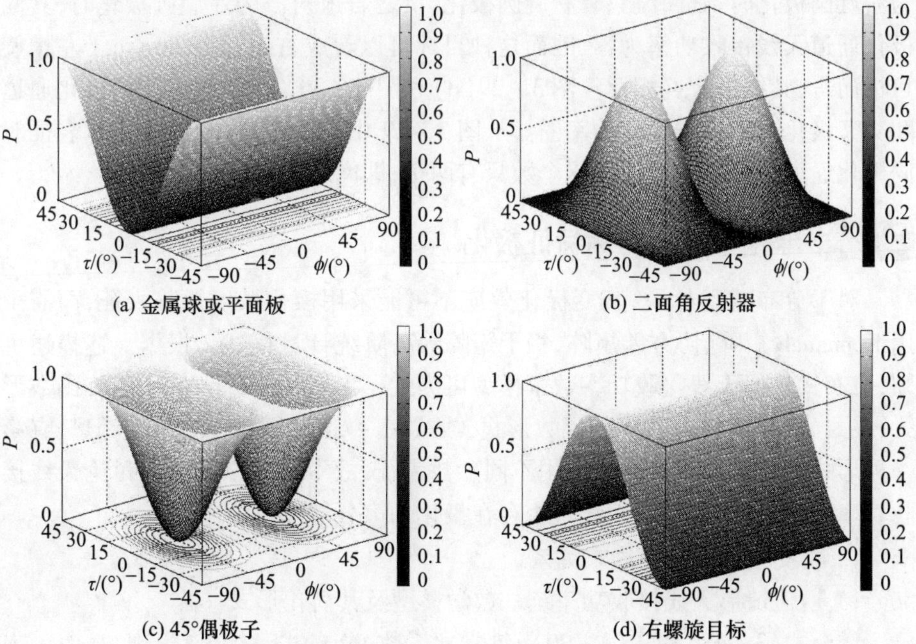

(a) 金属球或平面板　　(b) 二面角反射器

(c) 45°偶极子　　(d) 右螺旋目标

图 3 – 30　规范目标交叉极化通道天线接收功率图

2）二面角反射器

墙体与地面、树干与地面等典型目标都是二面角反射器目标。经过极化球南北极点和水平、垂直极化的大圆上任意一条直径两端都可作为该类目标的本征极化基，这里同样选择水平极化和垂直极化。图3－29(b)和图3－30(b)分别为其同极化通道和交叉极化通道天线接收功率图。其同极化通道情形目标特征极化的极化球表征为图3－24(f)中最大功率特征极化点构成的大圆旋转到极化球南北极点所在平面。

3）偶极子

由于偶极子与水平线的夹角不同，因此其本征极化基也是不同的，常用的如水平、垂直和45°斜角。这类目标一个特征就是，当入射电磁波采用与偶极子轴线平行的极化方式时，能获得最大同极化通道天线接收功率，而与之垂直时同极化通道天线接收功率则为零。图3－29(c)和图3－30(c)分别为其同极化通道和交叉极化通道天线接收功率图。其同极化通道情形目标特征极化的极化球表征由图3－24(d)的极化球绕南北极点连线旋转获得。需要注意的是表3－3中⇒表示数学中的无限趋近，且逼近速度相同。

4）螺旋目标

该类目标的本征极化为极化球上南北极点。对右螺旋目标而言，当入射波为右旋圆极化时，其回波只有右旋圆极化，反之若入射波为左旋圆极化时，其同极化通道天线接收功率为零，因而这种目标可以看成右旋圆极子。对于左螺旋目标而言，其结论正好相反。图3－29(d)和图3－30(d)分别为其同极化通道和交叉极化通道天线接收功率图。从图3－29中可以看出，利用极化球表征时同极化通道情形目标特征极化个数只有两个，即南北极点。

3.7.4 非相干情形目标特征极化

对于分布式目标说，其变极化效应不可能采用极化散射矩阵表征，而需采用Kennaugh矩阵、协方差矩阵、相干矩阵等高阶统计量描述。根据上述描述可知，分布式目标天线接收功率数学模型可为式(3－49)的Kennaugh矩阵函数形式，或式(3－57)协方差矩阵函数形式，或式(3－64)相干矩阵形式。但只有第一种形式的收发天线极化才采用不同参数表征，故本节将以该形式讨论天线接收功率极值，并根据收发天线是否存在极化约束分情况讨论[269－274]。

1. 收发天线有极化约束关系

1）通道情形天线接收功率统一数学模型及其简化形式

结合式(3－48)和式(2－90)，忽略常系数，分布式目标天线接收功率可表示为

$$P=\frac{1}{2}\begin{bmatrix}1\\ \boldsymbol{g}_{\mathrm{R}}\end{bmatrix}^{\mathrm{T}}\begin{bmatrix}k_{00} & \boldsymbol{N}^{\mathrm{T}}\\ \boldsymbol{M} & \boldsymbol{Q}\end{bmatrix}\begin{bmatrix}1\\ \boldsymbol{g}_{\mathrm{T}}\end{bmatrix} \tag{3-209}$$

式中：$\boldsymbol{g}_{\mathrm{R}}$ 和 $\boldsymbol{g}_{\mathrm{T}}$ 分别对应收发天线 Stokes 矢量；k_{00}、N、M 和 Q 为目标 Kennaugh 矩阵元素。考虑到现有雷达收发天线都是完全极化状态的，收发天线极化满足 $\boldsymbol{g}_{\mathrm{T}}^{\mathrm{T}}\boldsymbol{g}_{\mathrm{T}}=\boldsymbol{g}_{\mathrm{R}}^{\mathrm{T}}\boldsymbol{g}_{\mathrm{R}}=1$ 约束关系。

实际上，若收发天线的极化状态之间存在 $\boldsymbol{g}_{\mathrm{R}}=\boldsymbol{W}\boldsymbol{g}_{\mathrm{T}}$ 关系，则通道情形天线接收功率可统一表示为如下模型：

$$P_{\mathrm{ch}}=\frac{1}{4}\begin{bmatrix}1\\ \boldsymbol{g}_{\mathrm{T}}\end{bmatrix}^{\mathrm{T}}\left\{\begin{bmatrix}1 & 0\\ 0 & \boldsymbol{W}^{\mathrm{T}}\end{bmatrix}\begin{bmatrix}k_{00} & \boldsymbol{N}^{\mathrm{T}}\\ \boldsymbol{M} & \boldsymbol{Q}\end{bmatrix}+\begin{bmatrix}k_{00} & \boldsymbol{M}^{\mathrm{T}}\\ \boldsymbol{N} & \boldsymbol{Q}^{\mathrm{T}}\end{bmatrix}\begin{bmatrix}1 & 0\\ 0 & \boldsymbol{W}\end{bmatrix}\right\}\begin{bmatrix}1\\ \boldsymbol{g}_{\mathrm{T}}\end{bmatrix}=\frac{1}{2}\boldsymbol{J}_{\mathrm{R}}^{\mathrm{T}}\boldsymbol{A}\boldsymbol{J}_{\mathrm{T}} \tag{3-210}$$

式中：$\boldsymbol{A}$ 为对称矩阵；$\boldsymbol{W}$ 为酉矩阵。若式(3－209)中 $\boldsymbol{g}_{\mathrm{R}}^{\mathrm{T}}\boldsymbol{g}_{\mathrm{T}}=1$，或式(3－210)中 $\boldsymbol{W}$ 为单位矩阵 $\boldsymbol{I}$，则式(3－210)为同极化通道天线接收功率；若式(3－209)中 $\boldsymbol{g}_{\mathrm{R}}^{\mathrm{T}}\boldsymbol{g}_{\mathrm{T}}=-1$，或式(3－210)中 $\boldsymbol{W}$ 为 $-\boldsymbol{I}$，则式(3－210)为交叉极化通道天线接收功率。可见，同极化通道和交叉极化通道的天线接收功率优化问题均为式(3－210)的特殊情形，对该式进行求解就能获得这两种极化通道情形目标特征极化。表 3－7 给出了同极化和交叉极化通道 $\boldsymbol{K}$ 元素表征的 $\boldsymbol{A}$ 矩阵。

表 3－7　$\boldsymbol{K}$ 矩阵元素表征的 $\boldsymbol{A}$ 矩阵

通道	通道关系	单静态情形($\boldsymbol{M}=\boldsymbol{N}$)	双静态情形($\boldsymbol{M}\neq\boldsymbol{N}$)
同极化	$\begin{bmatrix}1 & 0\\ 0 & \boldsymbol{I}\end{bmatrix}$	$\begin{bmatrix}k_{00} & \boldsymbol{N}^{\mathrm{T}}\\ \boldsymbol{M} & \boldsymbol{Q}\end{bmatrix}$	$\begin{bmatrix}k_{00} & (\boldsymbol{N}+\boldsymbol{M})^{\mathrm{T}}/2\\ (\boldsymbol{N}+\boldsymbol{M})^{\mathrm{T}}/2 & (\boldsymbol{Q}+\boldsymbol{Q}^{\mathrm{T}})/2\end{bmatrix}$
交叉极化	$\begin{bmatrix}1 & 0\\ 0 & -\boldsymbol{I}\end{bmatrix}$	$\begin{bmatrix}k_{00} & 0\\ 0 & -\boldsymbol{Q}\end{bmatrix}$	$\begin{bmatrix}k_{00} & (\boldsymbol{N}-\boldsymbol{M})^{\mathrm{T}}/2\\ (\boldsymbol{N}-\boldsymbol{M})^{\mathrm{T}}/2 & -(\boldsymbol{Q}+\boldsymbol{Q}^{\mathrm{T}})/2\end{bmatrix}$

类似于前文，同样可对式(3－210)进行变极化基处理。为此，首先将其展开为

$$2P_{\mathrm{ch}}=\boldsymbol{J}_{\mathrm{T}}^{\mathrm{T}}\boldsymbol{A}\boldsymbol{J}_{\mathrm{T}}=\begin{bmatrix}1\\ \boldsymbol{g}_{\mathrm{T}}\end{bmatrix}^{\mathrm{T}}\begin{bmatrix}a_{11} & \boldsymbol{U}^{\mathrm{T}}\\ \boldsymbol{U} & \boldsymbol{V}\end{bmatrix}\begin{bmatrix}1\\ \boldsymbol{g}_{\mathrm{T}}\end{bmatrix}=a_{11}+2\boldsymbol{U}^{\mathrm{T}}\boldsymbol{g}_{\mathrm{T}}+\boldsymbol{g}_{\mathrm{T}}^{\mathrm{T}}\boldsymbol{V}\boldsymbol{g}_{\mathrm{T}} \tag{3-211}$$

式中：a_{11}、$\boldsymbol{U}$ 及 $\boldsymbol{V}$ 均为 $\boldsymbol{A}$ 元素。若 $\boldsymbol{V}$ 的特征值为 λ_i，其中，$i=1,2,3(\lambda_1\geqslant\lambda_2\geqslant\lambda_3)$，且它们对应的单位特征矢量为 $\boldsymbol{x}_i(i=1,2,3)$。根据 $\boldsymbol{A}$ 的对称性可知，$\boldsymbol{V}$ 同样也为对称矩阵，那么 $\boldsymbol{V}$ 的单位特征矢量两两正交。在 $\boldsymbol{x}_1$、$\boldsymbol{x}_2$、$\boldsymbol{x}_3$ 三维坐标系下，任意三维矢量都可进行正交分解，故

$$\boldsymbol{U}=\sum_{i=1}^{3}\beta_i x_i,\ \boldsymbol{g}_T=\sum_{i=1}^{3}\alpha_i x_i \tag{3-212}$$

式中:$\beta_i(i=1,2,3)$为 $\boldsymbol{U}$ 在 $\boldsymbol{x}_1$、$\boldsymbol{x}_2$、$\boldsymbol{x}_3$ 轴上投影;$\alpha_i(i=1,2,3)$为 $\boldsymbol{g}_{\mathrm{T}}$ 投影。在雷达极化领域,这种坐标系变换实际是对极化球进行的旋转变换,它类似于3.2节中酉相合变换,不过二者的差别在于3.2节针对极化散射矩阵,而这里针对Kennaugh矩阵。同样,为便于下文描述,$x_i(i=1,2,3)$称为本征极化基。

将式(3-212)代入式(3-211),通道情形天线接收功率简化模型为

$$2P_{\mathrm{ch}}=a_{11}+2\sum_{i=1}^{3}\beta_i\alpha_i+\sum_{i=1}^{3}\lambda_i\alpha_i^2=a_{11}+2\boldsymbol{b}^{\mathrm{T}}\boldsymbol{a}+\boldsymbol{a}^{\mathrm{T}}\boldsymbol{\Lambda}\boldsymbol{a}\qquad(3-213)$$

式中:$\boldsymbol{a}=\begin{bmatrix}\alpha_1\\\alpha_2\\\alpha_3\end{bmatrix}$,$\boldsymbol{b}=\begin{bmatrix}\beta_1\\\beta_2\\\beta_3\end{bmatrix}$,$\boldsymbol{\Lambda}=\begin{bmatrix}\lambda_1&0&0\\0&\lambda_2&0\\0&0&\lambda_3\end{bmatrix}$。同时将式(3-212)代入 $\boldsymbol{g}_{\mathrm{T}}^{\mathrm{T}}\boldsymbol{g}_{\mathrm{T}}=1$,有 $\boldsymbol{a}^{\mathrm{T}}\boldsymbol{a}=1$。式(3-213)的约束极值问题实质简化为式(3-212)在 $\boldsymbol{a}^{\mathrm{T}}\boldsymbol{a}=1$ 约束下的极值问题。接下来,将围绕该模型求解通道情形分布式目标特征极化。

2）单变量拉格朗日乘因子法求解及其改进

根据 $\boldsymbol{b}$ 和 $\boldsymbol{\Lambda}$ 取值不同,式(3-213)的求解可分为两种情况:①若 $\boldsymbol{b}$ 恒等于零,则式(3-213)实质为对角矩阵 $\boldsymbol{\Lambda}+a_{11}\boldsymbol{I}$ 的Hermitian二次型函数。此时,天线接收功率始终介于 λ_3+a_{11} 和 λ_1+a_{11} 之间,且当天线极化状态为 λ_1 对应归一化特征矢量 $\boldsymbol{x}_1$ 时取得最大值,而当为 λ_3 对应归一化特征矢量 $\boldsymbol{x}_3$ 时取得最小值。②若 $\boldsymbol{b}$ 不等于零,则式(3-213)实质为 $\boldsymbol{a}^{\mathrm{T}}\boldsymbol{a}=1$ 约束下的非线性优化问题。

对于第一种情形,可直接通过矩阵特征值分解求解;而对于第二种情形,文献[64]给出了单变量拉格朗日乘因子求解。然而,正如前文所说,该算法存在运算量偏大等不足。以实用性为目的,本节对该算法进行优化处理。不过,在对其进行优化处理之前,本节首先给出了单变量拉格朗日乘因子求解,分析了其运算量偏大、不易工程实现的原因;其次理论推导了天线接收功率极值与拉格朗日乘因子方程根的关系,确定了方程最大、最小根的隔根区间,这些研究为后续的优化处理提供了理论依据;最后给出了改进单变量拉格朗日乘因子求解的具体步骤。

(1) 单变量拉格朗日乘因子求解。

在 $\boldsymbol{b}\neq0$ 时,拉格朗日乘因子辅助函数为

$$L=2P_{\mathrm{ch}}+v(1-\boldsymbol{a}^{\mathrm{T}}\boldsymbol{a})\qquad(3-214)$$

式中:v 为拉格朗日乘因子。对于该无约束极值问题,可直接利用多元函数极值方法求解。关于 $\boldsymbol{a}$ 对式(3-214)求偏导数,并令其等于零整理得

$$\boldsymbol{a}=-(\boldsymbol{\Lambda}-v\boldsymbol{I})^{-1}\boldsymbol{b}\qquad(3-215)$$

式中:$\boldsymbol{I}$ 为 3×3 单位矩阵。将其代入 $\boldsymbol{a}^{\mathrm{T}}\boldsymbol{a}=1$ 有

$$a^{\mathrm{T}}a = b^{\mathrm{T}}(\boldsymbol{\Lambda} - v\boldsymbol{I})^{-2}b = 1 \Rightarrow \sum_{i=1}^{3}\left(\frac{\beta_i}{v-\lambda_i}\right)^2 = 1 \tag{3-216}$$

该式就是著名的拉格朗日乘因子方程。

可见,式(3-213)在 $b \neq 0$ 时的极值问题最终归结为式(3-216)的拉格朗日乘因子方程根的求解。只要获得该方程的根,将其代入式(3-215)就能得到其对应的天线极化状态,将该极化状态代入式(3-213)就能获得对应的天线接收功率。然而,由于拉格朗日乘因子方程为 v 的六次多项式方程,根据阿贝尔定理可知,在数学中高于五次的多项式方程就无法给出其根的解析表达式,因而该问题最终需借助数值方法求解。此外,在数值求解过程中,该方法还面临以下问题:①在雷达极化中,人们往往只关注目标天线最大、最小接收功率,以及它们对应的天线最佳极化状态。也就是说,拉格朗日乘因子方程的根中只有两个是我们所需的,但由于不知道拉格朗日乘因子方程的根与天线接收功率极值之间的关系,就必须求出该方程所有的根,这势必增加了大量额外的运算时间。②由于拉格朗日乘因子方程根的隔根区间无法自动获取,需人工确定,因而该方法不便于编程实现。

(2) 拉格朗日乘因子方程根与天线接收功率极值之间的关系。

前文研究表明,拉格朗日乘因子方程根与天线接收功率极值之间的关系未知是造成单变量拉格朗日乘因子求解运算量偏大、不易工程实现的主要原因,为此这里将通过理论推导确定二者的关系。

大量实验表明,拉格朗日乘因子方程的根与天线接收功率极值之间存在固有联系,即该方程的根取值越大,其对应的天线接收功率也越大。这一关系在早期的研究中也曾提及,但却未从理论上给予证明。为便于说明,这里首先以定理形式给出了该关系的数学描述,然后通过理论推导加以证明。

定理1:若 v_1 和 v_2 均为拉格朗日乘因子方程根,并令它们对应的天线接收功率分别为 P_{ch1},P_{ch2},那么只要 $v_1 \geqslant v_2$ 存在,则必有 $P_{\mathrm{ch}}(v_1) \geqslant P_{\mathrm{ch}}(v_2)$ 成立。

证明:首先将式(3-215)代入式(3-213),则天线接收功率可直接表示成 v 的函数:

$$2P_{\mathrm{ch}}(v) = a_{11} + \sum_{i=1}^{3}\left\{(2v-\lambda_i)\frac{\beta_i^2}{(v-\lambda_i)^2}\right\} \tag{3-217}$$

若 v_1、v_2 均为拉格朗日乘因子方程的根,则必有

$$2P_{\mathrm{ch}}(v_1) = a_{11} + v_1 + \sum_{i=1}^{3}\left(\frac{\beta_i^2}{v_1-\lambda_i}\right) \tag{3-218}$$

$$2P_{\mathrm{ch}}(v_2) = a_{11} + v_2 + \sum_{i=1}^{3}\left(\frac{\beta_i^2}{v_2-\lambda_i}\right) \tag{3-219}$$

将上述两式相减,并整理得

$$2P_{\mathrm{ch}}(v_1) - 2P_{\mathrm{ch}}(v_2) = (v_1 - v_2)\left[1 - \sum_{i=1}^{3} \frac{\beta_i^2}{(v_1 - \lambda_i)(v_2 - \lambda_i)}\right] \tag{3-220}$$

若令 $a = 1/(v_1 - \lambda_i)$ 和 $b = 1/(v_2 - \lambda_i)$,结合不等式 $ab \leqslant (a^2 + b^2)/2$ 和拉格朗日乘因子方程,式(3-220)变为

$$\sum_{i=1}^{3} \frac{\beta_i^2}{(v_1 - \lambda_i)(v_2 - \lambda_i)} \leqslant \sum_{i=1}^{3} \left\{\frac{\beta_i^2}{2(v_1 - \lambda_i)^2} + \frac{\beta_i^2}{2(v_2 - \lambda_i)^2}\right\} = 1 \tag{3-221}$$

考虑 $v_1 \geqslant v_2$,结合式(3-220)和式(3-221),则必有 $P_{\mathrm{ch}}(v_1) \geqslant P_{\mathrm{ch}}(v_2)$ 成立,从而定理1得证。

根据定理1很容易得到如下推论:

推论:若 $v_{\max}$、$v_{\min}$ 分别为拉格朗日乘因子方程最大、最小根,那么它们分别对应天线最大、最小接收功率。

证明:不失一般性,令拉格朗日乘因子方程有6个根,且它们满足如下关系 $v_1 \geqslant \cdots \geqslant v_6$。根据定理1,必有 $P_{\mathrm{ch}}(v_1) \geqslant \cdots \geqslant P_{\mathrm{ch}}(v_6)$。显然,$v_1$ 为拉格朗日乘因子方程最大根,其对应的天线接收功率 $P_{\mathrm{ch}}(v_1)$ 也最大;同样,v_6 为最小根,其对应的天线接收功率 $P_{\mathrm{ch}}(v_1)$ 最小。类似可证根的个数为其他情形时,由此推论得证。

(3) 拉格朗日乘因子方程最大、最小根的隔根区间。

前面已证明拉格朗日乘因子方程最大、最小根分别对应天线接收功率最大、最小值,为便于在实数域内搜索这两个根,这里将通过分析确定它们的隔根区间。

首先讨论式(3-216)的根在实数轴上的分布情况。令 y 等于式(3-216)右端,图3-31给出了函数 y 随拉格朗日乘因子变量 v 的变化示意图。其中横轴为 v,纵轴为 y。

由该图可知:

① 由 $\boldsymbol{\Lambda}, \boldsymbol{b}$ 的取值不同,拉格朗日乘因子方程的根在实数轴上有九种分布情形。

② 拉格朗日乘因子方程根至少2个,最多6个,且根的个数为2,3,4,5及6的概率依次为1/9、2/9、3/9、2/9及1/9,也就是说有4个根的概率最大,有2个根或6个根的概率最小。

③ 拉格朗日乘因子方程的最大根始终介于 λ_1 和正无穷 ∞ 之间,最小根始

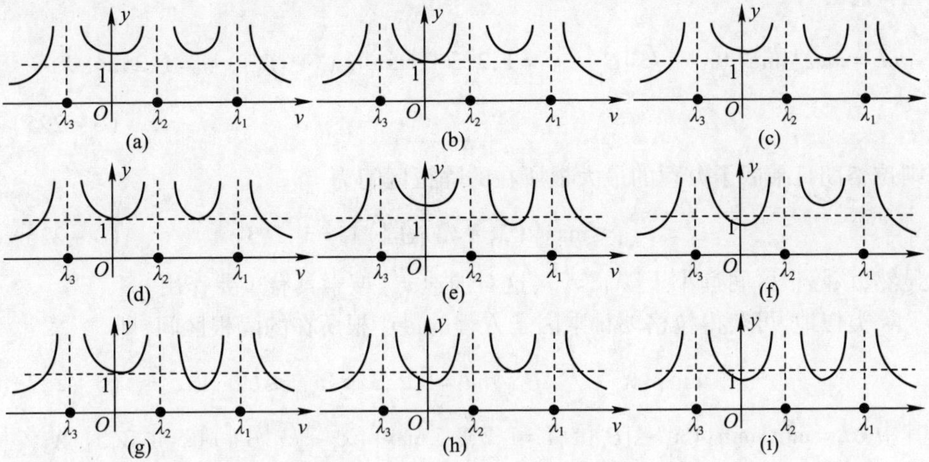

图 3-31　函数 y 随变量 v 的变化情况

终介于负无穷 $-\infty$ 和 λ_3 之间。

④ y 始终大于零，且只有当 v 趋近 ∞ 或 $-\infty$ 时，y 才接近零，而当 v 趋近 $\lambda_i(i=1,2,3)$ 时，y 才趋近 ∞。

显然，拉格朗日乘因子方程的最大根、最小根分别在单调区间 $[\lambda_1,\infty)$ 和 $(-\infty,\lambda_3]$ 上。直接在这两个隔根区间（区间上只有一个根存在）上搜索就可获得最大、最小根。不过，为进一步加快收敛速度，下面将通过理论分析缩小这两个隔根区间。

首先，将拉格朗日乘因子方程展开为

$$\left(\frac{\beta_1}{v-\lambda_1}\right)^2+\left(\frac{\beta_2}{v-\lambda_2}\right)^2+\left(\frac{\beta_3}{v-\lambda_3}\right)^2=1 \tag{3-222}$$

显然，由该式得 $|\beta_i|/|v-\lambda_i|\leqslant 1$。若 $v=v_{\max}$，那么由 $|\beta_i|/(v_{\max}-\lambda_i)\leqslant 1$ 必有 $v_{\max}\geqslant\max\{(\lambda_i+|\beta_i|)\,|\,i=1,2,3\}$。若令

$$t_1=\max\left\{\left(\frac{\beta_i}{v_{\max}-\lambda_i}\right)^2\,\middle|\,i=1,2,3\right\} \tag{3-223}$$

则要使式（3-222）成立，必有 $t_1\geqslant 1/3$，即 $v_{\max}\leqslant\max\{(\lambda_i+\sqrt{3}\,|\beta_i|)\,|\,i=1,2,3\}$。

进一步，若令

$$t_2=\min\left\{\left(\frac{\beta_i}{v_{\max}-\lambda_i}\right)^2\,\middle|\,i=1,2,3\right\} \tag{3-224}$$

要使式（3-222）成立，必有 $t_2\leqslant 1/3$，即 $v_{\max}\geqslant\min\{(\lambda_i+\sqrt{3}\,|\beta_i|)$

$|i=1,2,3\}$。令

$$LL=\max\{\min\{(\lambda_i+\sqrt{3}|\beta_i|)|i=1,2,3\},\max\{(\lambda_i+|\beta_i|)|i=1,2,3\},\lambda_1\} \tag{3-225}$$

则拉格朗日乘因子方程的最大根所在的隔根区间为

$$LL\leqslant v_{\max}\leqslant\max\{(\lambda_i+\sqrt{3}|\beta_i|)|i=1,2,3\} \tag{3-226}$$

显然,该隔根区间远小于$[\lambda_1,\infty)$,这对加速 $v_{\max}$ 搜索具有重要作用。

类似地,可获得拉格朗日乘因子方程的最小根所在的隔根区间,即

$$\min\{(\lambda_i-\sqrt{3}|\beta_i|)|i=1,2,3\}\leqslant v_{\min}\leqslant UL \tag{3-227}$$

其中 $UL=\min\{\min\{(\lambda_i-|\beta_i|)|i=1,2,3\},\max\{(\lambda_i-\sqrt{3}|\beta_i|)|i=1,2,3\},\lambda_3\}$。

(4) 改进单变量拉格朗日乘因子求解的具体步骤。

前面研究表明,拉格朗日乘因子方程的最大、最小根分别对应天线最大、最小接收功率,且这两个根的隔根区间分别由式(3-226)和式(3-227)确定。以此为依据,改进单变量拉格朗日乘因子求解的具体实施步骤可归纳为:

① 根据收发天线极化关系 $\boldsymbol{W}$ 和式(3-210)计算矩阵 $\boldsymbol{A}$,并由此得到 a_{11}、$\boldsymbol{U}$ 及 $\boldsymbol{V}$。

② 计算 $\boldsymbol{V}$ 的特征值 $\lambda_i(i=1,2,3)$ 及其对应的归一化特征矢量 $\boldsymbol{x}_i(i=1,2,3)$,并在该特征矢量构成的坐标系下,对 $\boldsymbol{U}$ 进行坐标投影获得 $\boldsymbol{b}$。

③ 利用式(3-226)和式(3-227)分别计算拉格朗日乘因子方程的最大根和最小根的隔根区间。图 3-32 给出了这两个根在实数轴上的隔根区间示意图,其中最小根在区间$[a_{\min},b_{\min}]$上,最大根在区间$[a_{\max},b_{\max}]$上。

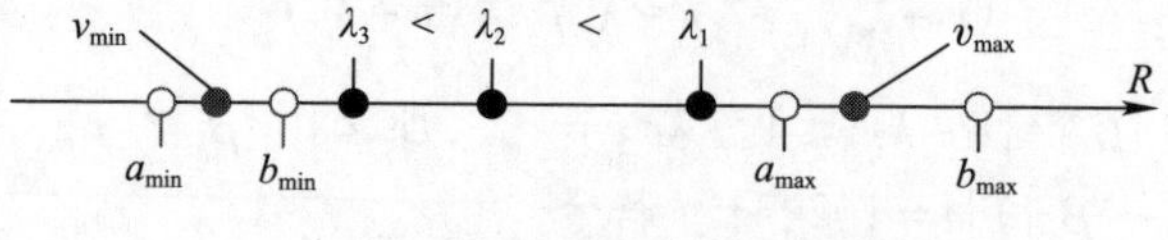

图 3-32 二分法搜索示意图

④ 利用区间二分法在隔根区间内搜索拉格朗日乘因子方程的最大、最小根。这里仅以最大根搜索为例进行说明,最小根的搜索方法类似。

首先,令拉格朗日乘因子方程最大根的初始值为 $v_0=(a_0+b_0)/2$,其中 $a_0=LL,b_0=\max\{(\lambda_i+\sqrt{3}|\beta_i|)|i=1,2,3\}$。

其次,根据拉格朗日乘因子方程计算 $\gamma(v_n)$。若 $\gamma(v_n)>1$,则令 $a_{n+1}=v_n$,$b_{n+1}=b_n$;若 $\gamma(v_n)<1$,则令 $a_{n+1}=a_n$,$b_{n+1}=v_n$;若 $\gamma(v_n)\equiv1$,则令 $v_{\max}=v_n$,并跳出循环。

最后,循环终止条件为 $|\gamma(v_n)-1|\leqslant 0.001$,即若满足该条件,令 $v_{\max}=v_n$,并跳出循环;否则,令 $v_{n+1}=(a_{n+1}+b_{n+1})/2$,并返回(b)。

⑤ 采用上述类似流程可迭代搜索拉格朗日乘因子方程的最小根。

⑥ 在得到拉格朗日乘因子方程最大根和最小根后,将它们分别代入式(3-217)和式(3-215)即可获得天线最佳接收功率和天线最佳极化状态。

为阐明改进单变量拉格朗日乘因子求解较单变量拉格朗日乘因子求解在运算量方面的优势,这里将二者的运算量进行了对比分析。为便于后文描述,这里将改进单变量拉格朗日乘因子求解英文简称为 ISL,而单变量拉格朗日乘因子求解英文简称为 SL。

实际上,ISL 和 SL 运算量主要集中在拉格朗日乘因子方程根的求解,且二者的主要差别也集中在此,因而为便于将二者运算量进行对比分析,这里做如下简化:

① 只考虑迭代搜索拉格朗日乘因子方程根时所用的运算时间。

② 不考虑 SL 因人为确定隔根区间所花费的时间。

③ 无论是 ISL 求解时理论确定的隔根区间,还是 SL 求解时人工确定的隔根区间,均假设其隔根区间长度相同。

④ 无论是 ISL,还是 SL,均采用区间二分法搜索拉格朗日乘因子方程的根。

显然在上述简化下,两种方法搜索拉格朗日乘因子方程的每个根时所用时间均相同,这样它们的运算量就只与所需搜索根的个数成正比。由图 3-32 可知,拉格朗日乘因子方程根的个数为 2~6 个,SL 需搜索所有的根,而 ISL 只需搜索最大根和最小根,可见二者运算量之比为 1~3。若考虑 SL 人工确定隔根区间所用时间,ISL 的运算量为 SL 的 1/3~1。

3) 基于区间定位的通道特征极化求解

以追求解析求解为目的,针对通道情形目标特征极化问题,文献[75]给出了单变量拉格朗日乘因子求解。针对该算法存在运算量偏大、不易工程实现等不足,上面对其进行了优化处理,提高了算法的运算效率,但仍可能无法满足大数据量实时处理的需要。为此,以实用性为目的,提出了一种基于区间定位的目标特征极化快速搜索方法。其基本思路:在理论确定天线接收功率极值位置的基础上,采用区间二分法迭代搜索天线最佳极化状态。算法关键是天线接收功率极值位置确定。首先通过理论分析确定了天线接收功率极值在功率密度图上的大致位置,其次给出了基于区间定位的目标特征极化求解的具体步骤。

(1) 天线接收功率极值与 $\boldsymbol{b}$ 的关系分析。

在 $\boldsymbol{b}\neq 0$ 的情形下,考虑到式(3-213)中 a_{11} 为常数,为简化叙述,这里将直

接讨论式(3-213)后两项的极值情况,即令

$$\gamma = 2\boldsymbol{b}^{\mathrm{T}}\boldsymbol{a} + \boldsymbol{a}^{\mathrm{T}}\boldsymbol{\Lambda}\boldsymbol{a} \tag{3-228}$$

式中:$\gamma = P_{\mathrm{ch}} - a_{11}$。显然 P_{ch} 与 γ 具有相同极值点,因而下面将采用 γ 替代 P_{ch} 来讨论通道优化情形的天线接收功率极值问题。

首先对式(3-228)右端 $\boldsymbol{a}^{\mathrm{T}}\boldsymbol{\Lambda}\boldsymbol{a}$ 和 $2\boldsymbol{b}^{\mathrm{T}}\boldsymbol{a}$ 两个项分别进行分析。$\boldsymbol{a}^{\mathrm{T}}\boldsymbol{\Lambda}\boldsymbol{a}$ 为矩阵 $\boldsymbol{\Lambda}$ 的 Hermitian 二次型函数,它具有如下性质:空间任意 8 个点($\pm\alpha_1$, $\pm\alpha_2$, $\pm\alpha_3$)具有相同的 $\boldsymbol{a}^{\mathrm{T}}\boldsymbol{\Lambda}\boldsymbol{a}$ 函数值,或 $\boldsymbol{a}^{\mathrm{T}}\boldsymbol{\Lambda}\boldsymbol{a}$ 具有对称性。

将 $\boldsymbol{a}$ 表示为$[\cos2\tau\cos2\phi \quad \cos2\tau\sin2\phi \quad \sin2\tau]^{\mathrm{T}}$,其中 τ 和 ϕ 分别为极化椭圆方位角和椭圆率,其几何关系见图 3-33(a)。以 $\boldsymbol{\Lambda} = \mathrm{diag}\{3,2,1\}$ 为例,图 3-34 给出了 $\boldsymbol{a}^{\mathrm{T}}\boldsymbol{\Lambda}\boldsymbol{a}$ 随 ϕ 和 τ 变化的等高线图。若以 xOy, xOz 及 yOz 平面将图 3-43(a)中的 Poincaré 极化球平分为 8 个卦限,那么从上到下且沿逆时针方向 8 个卦限顺序对应图 3-34 Ⅰ ~ Ⅷ中 Ⅰ ~ Ⅷ区域。从该图可看出,这 8 个区域中任意 2 个区域的函数值都具有对称关系。

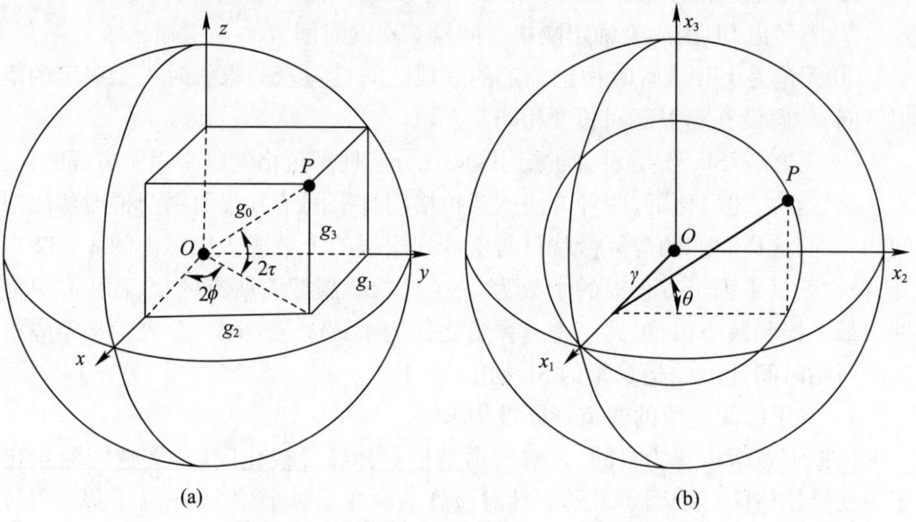

图 3-33 电磁波极化的 Poincaré 极化球表征

而 $2\boldsymbol{b}^{\mathrm{T}}\boldsymbol{a}$ 始终关于轴向 $\boldsymbol{a} = \boldsymbol{b}/\sqrt{\boldsymbol{b}^{\mathrm{T}}\boldsymbol{b}}$ 对称,即若令 $\boldsymbol{a}$ 与 $\boldsymbol{b}$ 的夹角为 $\gamma(\gamma \in [0,\pi])$,则 $\boldsymbol{b}^{\mathrm{T}}\boldsymbol{a} = |\boldsymbol{b}|\cos\gamma$,即 $2\boldsymbol{b}^{\mathrm{T}}\boldsymbol{a}$ 是关于 γ 的一个单调递减函数。若令 $\boldsymbol{b} = [0.1, 1, 0.3]^{\mathrm{T}}$,图 3-35 给出了 $2\boldsymbol{b}^{\mathrm{T}}\boldsymbol{a}$ 随 ϕ 和 τ 的等高线图。由该图可知,$2\boldsymbol{b}^{\mathrm{T}}\boldsymbol{a}$ 最大值在第Ⅰ卦限,最小值在第Ⅶ卦限。

综上所述,根据 $\boldsymbol{a}^{\mathrm{T}}\boldsymbol{\Lambda}\boldsymbol{a}$ 的对称性和 $2\boldsymbol{b}^{\mathrm{T}}\boldsymbol{a}$ 特性,可以断定函数 γ 的极值所在卦限仅与 $\boldsymbol{b}$ 有关。下面将首先以定理形式给出其数学描述,然后给出数学证明过程。

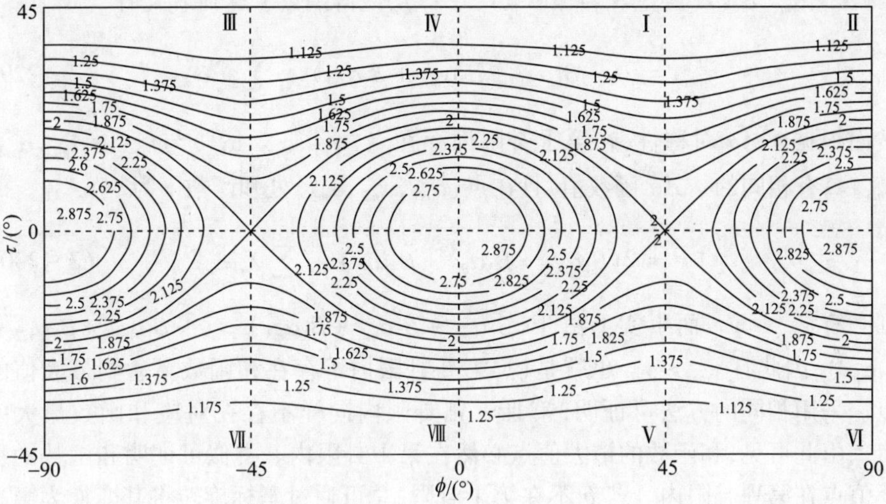

图 3-34 $a^{\mathrm{T}}\boldsymbol{\Lambda} a$ 在(ϕ,τ)平面上的变化情况

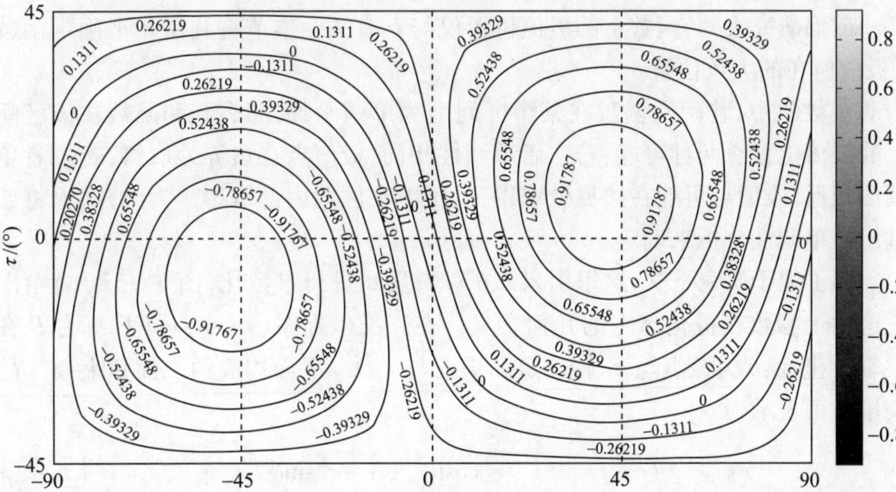

图 3-35 $2\boldsymbol{b}^{\mathrm{T}}\boldsymbol{a}$ 在(ϕ,τ)平面上的变化情况

定理 2 函数 $y=2\boldsymbol{b}^{\mathrm{T}}\boldsymbol{a}+\boldsymbol{a}^{\mathrm{T}}\boldsymbol{\Lambda}\boldsymbol{a}$ 的极值位置仅与 $\boldsymbol{b}$ 有关，且其最大值与 $\boldsymbol{b}$ 在同一个卦限内，最小值与 $-\boldsymbol{b}$ 在同一个卦限内。

证明：不失一般性，令 $\beta_i \geqslant 0(i=1,2,3)$，即 $\boldsymbol{b}$ 在第Ⅰ卦限内（除非特别说明，否则下文仍沿用该假设，因为即便 $\boldsymbol{b}$ 不在第Ⅰ卦限，仍可通过坐标旋转将其变换到该卦限内）。若 y 的最大值在第Ⅱ卦限内，即第Ⅱ卦限内存在一点

$(-\alpha_{m1},\alpha_{m2},\alpha_{m3})$（这里 $\alpha_{mi}\geqslant 0(i=1,2,3)$），使得函数 y 达到最大值

$$y_{\max} = 2(-\beta_1\alpha_{m1}+\beta_2\alpha_{m2}+\beta_3\alpha_{m3})+\sum_{i=1}^{3}\lambda_i\alpha_{mi}^2 \tag{3-229}$$

然而根据 $\boldsymbol{a}^{\mathrm{T}}\boldsymbol{\Lambda a}$ 对称性，在第Ⅰ卦限内存在点 $(\alpha_{m1},\alpha_{m2},\alpha_{m3})$ 与点 $(-\alpha_{m1},\alpha_{m2},\alpha_{m3})$ 具有相同的 $\boldsymbol{a}^{\mathrm{T}}\boldsymbol{\Lambda a}$ 函数值，且在点 $(\alpha_{m1},\alpha_{m2},\alpha_{m3})$ 处和函数 y 为

$$y = 2(\beta_1\alpha_{m1}+\beta_2\alpha_{m2}+\beta_3\alpha_{m3})+\sum_{i=1}^{3}\lambda_i\alpha_{mi}^2 \tag{3-230}$$

则必有 $y_{\max}\geqslant y$。而事实上由于 $(\beta_1\alpha_{m1}+\beta_2\alpha_{m2}+\beta_3\alpha_{m3})\geqslant(-\beta_1\alpha_{m1}+\beta_2\alpha_{m2}+\beta_3\alpha_{m3})$，因此有 $y_{\max}\leqslant y$。也就是说，第Ⅱ卦限内不存在和函数 y 达到最大值的点。采用相同的方法可证明，第Ⅲ～Ⅷ卦限内同样不存在对应和函数最大的点。由此可见，和函数的最大值点必然在第Ⅰ卦限内。类似可证明和函数的最小值点在第Ⅶ卦限内。若 $\boldsymbol{b}$ 不在第Ⅰ卦限，总可通过坐标旋转将其变换为第Ⅰ卦限。由此，定理 2 得证。

(2) 天线接收功率极值所在区间位置。

前面研究表明，函数 y 的极值位置仅与 $\boldsymbol{b}$ 有关。本节将利用 $\boldsymbol{b}$ 来确定函数 y 极值所在的大致位置。

在数学中，若两个函数在某个区间上为单调函数，那么其和函数在该区间上的极值位置有两种可能：若二者单调性相同，极值点在边界处取得；若二者单调性相反，极值点可能在边界处取得，也可能在区间内部取得。为此，这里将通过函数单调性分析来确定。

为了便于研究下文，这里引入 r、θ 对矢量 $\boldsymbol{a}$ 进行参数化，图 3-33(b) 给出了这两个参数在极化球上的几何含义。在三维坐标系 (x_1,x_2,x_3) 下，r 为 P 在 x_1 轴上坐标，θ 为该点与 x_1 轴确定的平面与 x_1Ox_2 平面构成的二面角夹角。故矢量 $\boldsymbol{a}$ 可表示为

$$\boldsymbol{a}=\begin{bmatrix} r & \sqrt{1-r^2}\cos\theta & \sqrt{1-r^2}\sin\theta \end{bmatrix}^{\mathrm{T}} \tag{3-231}$$

式中：参数 r、θ 的取值范围分别为 $[-1,1]$ 和 $[-\pi,\pi]$。

将式(3-231)分别代入 $2\boldsymbol{b}^{\mathrm{T}}\boldsymbol{a}$ 和 $\boldsymbol{a}^{\mathrm{T}}\boldsymbol{\Lambda a}$ 两项，并令

$$y_1=2\boldsymbol{b}^{\mathrm{T}}\boldsymbol{a}=2\beta_1 r+2\sqrt{1-r^2}(\beta_2\cos\theta+\beta_3\sin\theta) \tag{3-232}$$

$$y_2=\boldsymbol{a}^{\mathrm{T}}\boldsymbol{\Lambda a}=\lambda_1 r^2+(1-r^2)[\lambda_2\cos^2\theta+\lambda_3\sin^2\theta] \tag{3-233}$$

关于 θ 对式(3-232)和式(3-233)求偏导数

$$\frac{\partial(y_1)}{\partial\theta}=2\sqrt{1-r^2}(-\beta_2\sin\theta+\beta_3\cos\theta) \tag{3-234}$$

$$\frac{\partial(y_2)}{\partial\theta} = -(1-r^2)(\lambda_2-\lambda_3)\sin2\theta \tag{3-235}$$

图 3-36(a)给出了 y_1 和 y_2 的偏导数随 θ 的变化情况。图中实线为 y_1 偏导数,虚线为 y_2 偏导数。图 3-36(b)为本征极化基下的极化球沿 x_1 轴垂直面的剖面图,且其中 + 表示 y_2 单调递增,- 表示 y_2 单调递减,网格部分表示 y_1 单调递增,画线部分表示 y_1 单调递减。由该图可知,y_1 和 y_2 在$[\arctan(\beta_3/\beta_2),\pi/2]$区间上都随 θ 单调递减,那么二者在该区间的极大值在下边界处取得;而它们在$[0,\arctan(\beta_3/\beta_2)]$区间上单调性相反。若令 $\theta_0=\arctan(\beta_3/\beta_2)$,则函数 y 在第 I 卦限内随 θ 变化的最大值必在区间$[0,\theta_0]$上。

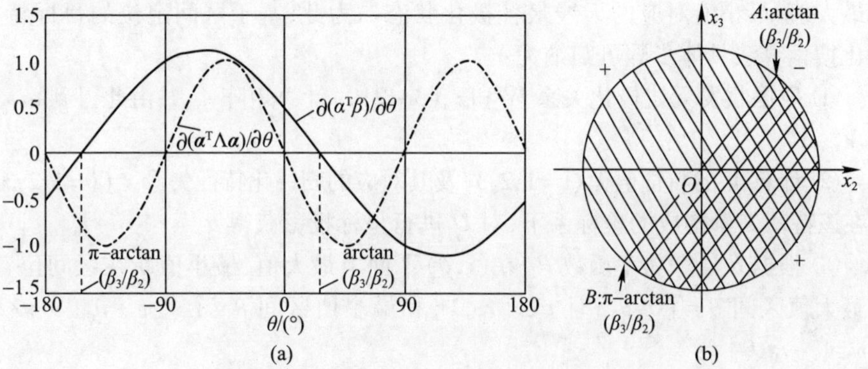

图 3-36　函数 y_1 和 y_2 随 θ 变化的单调性

接着,关于 r 对式(3-232)和式(3-233)求偏导数

$$\frac{\partial(y_1)}{\partial r} = 2\beta_1 - \frac{2r}{\sqrt{1-r^2}}(-\beta_2\sin\theta+\beta_3\cos\theta) \tag{3-236}$$

$$\frac{\partial(y_2)}{\partial r} = 2r[(\lambda_1-\lambda_3)-(\lambda_2-\lambda_3)\cos^2\theta] \tag{3-237}$$

由式(3-237)知,在 $r\in[0,1]$区间,$\partial(y_2)/\partial r$ 恒为正;若$\partial(y_1)/\partial r_0=0$,则在 $r\in[0,r_0]$区间上有$\partial(y_1)/\partial r\geqslant0$,而在$[r_0,1]$区间上有$\partial(y_1)/\partial r\leqslant0$。可见,$y_1$ 和 y_2 在$[0,r_0]$上均单调递增,而在区间$[r_0,1]$上二者单调性正好相反,故函数 y 在第 I 卦限内随 r 变化的最大值必在区间$[r_0,1]$上。

综上所述,在 $\beta_i\geqslant0(i=1,2,3)$假设条件下,函数 y 在第 I 卦限内的最大值在区间 $\theta\in[0,\theta_0]$且 $r\in[r_0,1]$上。又根据定理 1 可知,和函数 y 在整个极化域上的最大值在第 I 卦限内,故第 I 卦限内的局部最大值实际就是 y 的全局最大值,且必在区间 $\theta\in[0,\theta_0]$且 $r\in[r_0,1]$上。由$\partial(y_1)/\partial r_0=0$,$r_0=$

$\beta_1/\sqrt{\beta_1^2+(\beta_2\cos\theta+\beta_3\sin\theta)^2}$。

同样,在 $\beta_i \geqslant 0(i=1,2,3)$ 假设条件下,采用上述分析方法,可进一步获得由参数 r、θ 表征的和函数 y 在整个极化域上的全局最小值区间,即 $\theta \in [-\pi+\theta_0,-\pi/2]$ 且 $r \in [-r_0,0]$。

(3) 基于区间定位的目标特征极化搜索算法。

前面通过理论分析得到了函数 y 在 (r,θ) 平面上的最大值、最小值区间位置,由于和函数 y 与功率函数 P_{ch} 仅相差一个常数,因而功率函数 P_{ch} 极值也在上述区间上,即其最大值在 $\theta \in [0,\theta_0]$ 且 $r \in [r_0,1]$ 上,最小值在 $\theta \in [-\pi+\theta_0,-\pi/2]$ 且 $r \in [-r_0,0]$ 区间上。通过在这两个区间进行搜索就能得到函数 P_{ch} 的最大值、最小值对应的天线最佳极化状态。为此,基于区间定位的目标特征极化搜索算法具体步骤可归纳为:

① 根据收发天线极化关系 $\boldsymbol{W}$ 和式(3-210)计算矩阵 $\boldsymbol{A}$,并由此得到 a_{11}、$\boldsymbol{U}$ 及 $\boldsymbol{V}$。

② 计算 $\boldsymbol{V}$ 的特征值 $\lambda_i(i=1,2,3)$ 及其对应的归一化特征矢量 $\boldsymbol{x}_i(i=1,2,3)$,并在该特征矢量构成的坐标系下,对 $\boldsymbol{U}$ 进行坐标投影获得 $\boldsymbol{b}$。

③ 根据 $\boldsymbol{b}$ 计算功率函数 P_{ch} 在 (r,θ) 平面上最大值、最小值所在区间位置,即最大值区间 $\theta \in [0,\theta_0]$ 且 $r \in [r_0,1]$ 和最小值区间 $\theta \in [-\pi+\theta_0,-\pi/2]$ 且 $r \in [-r_0,0]$。

④ 利用区间二分法在区间位置内搜索功率函数 P_{ch} 极值的精确位置。这里仅以最大值位置搜索为例进行说明,最小值位置搜索方法类似。

初始区间位置,即 $\theta_0^a=0,\theta_0^b=\theta_0,r_0^a=r_0$ 及 $r_0^b=1$。

计算 $\theta_n=(\theta_n^a+\theta_n^b)/2$ 和 $r_n=(r_n^a+r_n^b)/2$ 处偏导数 $De_r=\partial(P_{ch})/\partial r|_{(r_n,\theta_n)}$ 和 $De_\theta=\partial(P_{ch})/\partial\theta|_{(r_n,\theta_n)}$。若 $De_\theta>0$,令 $\theta_{n+1}^a=\theta_n,\theta_{n+1}^b=\theta_n^b$;若 $De_\theta<0$,令 $\theta_{n+1}^a=\theta_n^a,\theta_{n+1}^b=\theta_n$;若 $De_r>0$,令 $r_{n+1}^a=r_n,r_{n+1}^b=r_n^b$;若 $De_r<0$,令 $r_{n+1}^a=r_n^a,r_{n+1}^b=r_n$。

循环终止条件为 $|De_\theta|<0.001$ 和 $|De_r|<0.001$。若满足该条件,则令 $\theta_{max}=\theta_{n+1}$ 且 $r_{max}=r_{n+1}$,并跳出循环,否则返回(b)。

⑤ 将 θ_{max} 和 r_{max} 代入式(3-231)即可获得天线最佳极化状态,代入式(3-213)即可获得天线最大接收功率。采用类似方法,在区间 $\theta \in [-\pi+\theta_0,-\pi/2]$ 且 $r \in [-r_0,0]$ 上搜索最小值精确位置,同样将其分别代入式(3-231)和式(3-213)即可获得天线最佳极化状态和最小接收功率。

由此可见,该算法的关键在于确定天线接收功率极值在 (r,θ) 平面上的位置区间,这是提高算法运算速度的主要原因,也是采用区间二分法迭代搜索目标最优极化的前提,因为天线接收功率函数在整个极化域上存在多个局部极值点,若在整个极化域上直接进行迭代搜索将很难获得全局最优极化。

(4) 运算性能分析。

为说明基于区间定位的目标特征极化搜索算法在运算效率方面的优良性能,这里将从理论上分析它和遍历搜索法、SL、ISL 的运算量。由于前面已说明了 ISL 在运算效率方面优于 SL,因而这里只分析另外 3 种算法。

对于遍历搜索法而言,其基本思路为首先将整个极化域网格化,并计算每个网格点对应的天线接收功率,其次逐点搜索天线接收功率最大、最小对应的网格点(目标最优极化)。其中,网格疏密程度决定了计算精度,也决定了该算法的运算量。图 3-37 为天线接收功率在(r,θ)平面上的示意图。图中将(r,θ)平面平分为 8 个区域(序号①~⑧表征),且按序号顺序对应三维空间 8 个卦限的极化球面。遍历搜索算法的计算量主要集中在网格点天线接收功率的计算,若假设每次计算天线接收功率值所用时间为 t_0,且将(r,θ)平面网格化为 1024×2048(在误差精度为 $r_w<0.002$ 及 $\theta_w<0.003$ 情况下),则该算法总的计算时间为 2.0972×10^6 倍 t_0。基于区间定位的搜索算法的计算量主要集中在采用区间二分法迭代搜索最大、最小目标最优极化。若忽略第 1~第 3 步所费时间,且假设计算 De_r,De_θ,θ_n 及 r_n 所用时间与计算天线接收功率所用时间相同,那么在第 4 步中每迭代一次需要 $5t_0$。在相同的误差精度要求下,若采用区间二分法在目标最优极化所在卦限(图 3-37 中第①或第⑦区域)搜索目标最优极化需要 9 次迭代运算,那么第 4 步总共花费了 $45t_0$。基于区间定位的搜索算法获取最大、最小目标最优极化所用总时间为 $90t_0$。由此可见,遍历搜索算法运算时间至少是基于区间定位的目标特征极化求解(IM)的 2.3302×10^4 倍,且随着精度要求的提高,IM 的运算优势将更加明显。

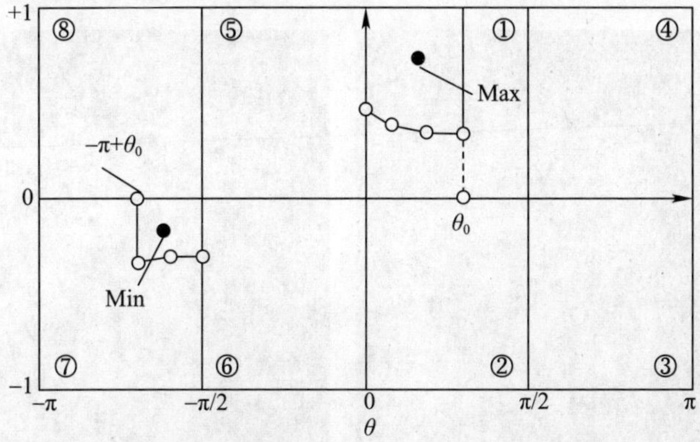

图 3-37　天线最佳极化在(r,θ)平面的示意图

对于 ISL 而言,其求解步骤(3.7.2 节)与 IM 极其相似,即都是在理论确定的区间上采用区间二分法迭代搜索。所不同的是:①搜索空间不同,前者是在

实数空间上搜索,后者则在(r,θ)二维平面上搜索;②区间边界的确定方法和循环条件判断不同;③迭代搜索结果不同,前者为拉格朗日乘因子方程的根,后者为天线最佳极化。尽管二者搜索空间不同,但若在(r,θ)平面上的初始迭代区域边长与优化方法初始区间长度相等,那么它们收敛速度和精度都相同,也就是说在相同的精度要求下,它们迭代的次数相同。同时,尽管 ISL 的迭代初始区间运算较后者的复杂,但迭代过程中区间边界更新运算却相对简单。由此,若只考虑迭代搜索过程,那么二者运算时间几乎相当。然而,由于 ISL 的迭代搜索结果为拉格朗日乘因子方程根,还需求解天线最佳极化,而后者迭代搜索结果为天线最佳极化,因而整体上 IM 优于 ISL。综上所述,在上述几种算法中,IM 运算量运算效率最高。

(5) 仿真实验与分析。

针对通道情形目标特征极化问题,前文分别提出了两种不同的求解算法。为验证这两种算法的有效性,这里首先将它们分别与 SL 进行比较,然后比较二者的运算性能。实验数据为 NASA JPL AIRSAR 于 1994 年对旧金山地区全极化成像的 L 波段图像(图 3-38)和 AIRSAR 于 1985 年对旧金山地区成像的实测极化图像中某一城区目标,其 Kennaugh 矩阵为

$$\boldsymbol{K}=\begin{bmatrix} 2.1000 & 0.2524 & 0.3798 & 0.1528 \\ 0.0524 & 1.4364 & 0.8664 & -0.0230 \\ 0.1798 & 0.6664 & -0.5604 & 0.2192 \\ -0.0472 & -0.2230 & 0.0192 & 0.8238 \end{bmatrix} \tag{3-238}$$

(a) 总功率图

(b) 同极化通道天线最大接收功率图

图 3-38 旧金山海湾地区 AIRSAR 图像

① 改进单变量拉格朗日乘因子求解(Improved Single Lagrange,ISL)。

根据表 3－7 求出同极化通道情形 $\boldsymbol{V}$ 的特征值,即 $\lambda_1 = 1.7037, \lambda_2 = 0.8308, \lambda_3 = -0.8347$,那么 $\boldsymbol{U}$ 在 $\boldsymbol{V}$ 单位特征矢量构成的基上的投影为 $\beta_1 = 0.2274, \beta_2 = 0.0931, \beta_3 = 0.2095$。接着,采用数值方法求拉格朗日乘因子方程的根,分别为 $v_1 = 1.9327, v_2 = 1.4729, v_3 = 0.9291, v_4 = 0.7342, v_5 = -0.6236, v_6 = -1.0452$。图 3－39 给出了同极化通道天线接收功率随拉格朗日乘因子 v 变化的曲线,其中标注了六次多项式方程根对应的天线接收功率值。由该图可知:a. 天线接收功率随拉格朗日乘因子 v 并不是单调变化的;b. 六次多项式方程的根不一定在某个单调区间内;c. 六次多项式方程根的大小关系与它们对应的天线接收功率值的大小关系保持一致。由此,定理 1 显然是成立的。

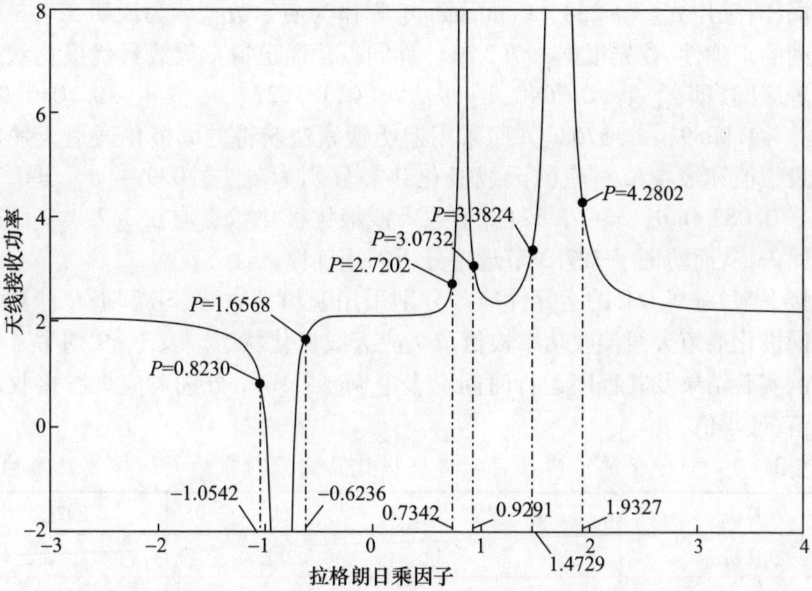

图 3－39　天线接收功率随拉格朗日乘因子 v 变化情况

采用 SL 和 ISL 分别求解同极化通道、交叉极化通道的天线接收功率极值及对应的天线最佳极化状态。表 3－8 给出了它们的求解结果及其对应的程序运行时间。由该表可知:a. ISL 的隔根区间是自动获取的,SL 需要人工选取;b. 这两种方法获得拉格朗日乘因子方程最大根、最小根是一致的;c. 在精度要求为 $|y(v) - 1| \leqslant 0.001$ 情形下,ISL 运算时间仅为 SL 的 1/10。考虑到 SL 的隔根区间人工选取及程序编译时间等因素,实验结果与 3.7.3 节理论分析是一致的。

表 3-8 ISL 和 SL 运算性能比较

项目			隔根区间及确定	迭代次数/次	根估计值	总运算时间/s
ISL	同极化	最大根	[1.9311,2.0976],自动获取	6	1.9324	0.0160
		最小根	[-1.1976,-1.0442],自动获取	6	-1.0454	
	交叉极化	最大根	[0.88742,0.92603],自动获取	6	0.8877	0.0150
		最小根	[-1.9064,-1.8207],自动获取	6	-1.8230	
SL	同极化	最大根	手动选取	—	1.9327	0.1432
		最小根	手动选取	—	-1.0452	
	交叉极化	最大根	手动选取	—	0.8876	0.1517
		最小根	手动选取	—	-1.8233	

② 基于区间定位的目标特征极化求解。

同样,采用式(3-238) Kennaugh 矩阵作为演示数据。为说明 3.7.3 节理论区间的正确性,首先根据 3.7.3 节计算同极化通道情形天线最优极化状态所在位置区间,即 $r_{\max}\in[0.7040,1]$,$\theta_{\max}\in[0,1.1527]$,$r_{\min}\in[-0.7040,0]$和$\theta_{\min}\in[-1.9889,-1.5708]$。而采用遍历搜索法获得的同极化通道天线接收功率最大值和最小值对应的天线极化状态分别为 $r_{\max}=0.994$,$\theta_{\max}=0.728$,$r_{\min}=-0.083$ 和 $\theta_{\min}=-1.621$。上述天线最优极化状态均在 3.7.3 节所确定的区间内,从而验证了 3.7.3 节理论分析的正确性。

接下来,考察 IZL 的运算性能。分别采用遍历搜索法、SL 和 IZL 计算城区目标同极化通道天线接收功率极值及对应天线极化状态。表 3-9 列举了 3 种算法的实验结果及其程序运行时间。表中 Max.、Min. 分别对应天线接收功率最大值、最小值。

表 3-9 同极化通道情形目标特征极化及它们对应的天线接收功率值

算法		遍历搜索	SL	IZL
迭代初值		无	人工选取	理论确定
精度要求		$r_w<0.002$	$r_w<0.002,\theta_w<0.003$	$r_w<0.002,\theta_w<0.003$
天线极化	Max.	(0.994,0.728)	(0.994,0.728)	(0.994,0.728)
	Min.	(-0.083,-1.621)	(-0.083,-1.621)	(-0.083,-1.621)
接收功率	Max.	2.14	2.14	2.14
	Min.	0.41	0.41	0.41
总运算时间/s		120.080	0.681	0.015
迭代次数/次		—	9	9

由该表可知:a. 3 种算法获得的天线接收功率极值及对应的天线最优极化状态是一致的,说明了 3.7.3 节搜索算法的有效性;遍历搜索法无须选取迭代

初值或区间,仅根据误差精度设定网格疏密程度即可。b. 后两种算法都需要迭代搜索天线最佳极化状态,所不同的在于,SL 的隔根区间为人工选取,而 IZL 的隔根区间为直接计算。c. 在误差精度为 $r_w < 0.002$ 及 $\theta_w < 0.003$ 情况下,遍历搜索法运算时间为 IZL 的 12008 倍。考虑程序编译及计算 $De_r, De_\theta, \theta_n$ 及 r_n 所用时间可能大于计算天线接收功率的时间,这与前文理论分析是一致的。d. 忽略人工选取隔根区间所用时间,SL 所用时间仍比 IZL 长,同样这与前文理论分析是一致的。

由此可见,在 3 种算法中 IZL 运算效率最快。

③ ISL 与 IZL 的实验对比。

前面已证实了 ISL 和 IZL 在运算效率方面均优于 SL。这里将考察它们相互之间的运算优劣。在旧金山地区 L 波段图像中选取尺寸为 600 像素 ×600 像素的区域作为研究对象。图 3－38(a)给出了该区域总功率图。分别采用上述两种方法计算该区域同极化通道天线接收功率最大值及对应的天线极化状态。图 3－38(b)给出了该地区同极化通道天线最大接收功率图。在前文硬件环境和精度要求下,这两种方法运算时间分别为 56.4380s 和 101.4530s。可见,IZL 较 ISL 运算速度更快,这与 3.7.2 节分析结论一致。因为 ISL 在搜索到拉格朗日乘因子方程的根后还需计算对应天线最优极化状态,而 IZL 搜索的结果就是天线最优极化状态。

2. 收发天线无极化约束关系

前面研究了通道情形目标特征极化快速求解,在此将讨论收发天线之间不存在极化约束情形(或全局情形)目标特征极化求解。针对该问题,Titin－Schnaider 提出了双变量拉格朗日乘因子求解法[69]。但由于该算法求解时存在诸多不足,因此将提出一种基于“三步”解耦思想的全局情形目标特征极化求解法。

1) 基于“三步”解耦思想的全局特征极化求解

1981 年,Kostinski 提出了“三步”解耦法[47],并将其成功应用于相干情形天线接收功率极值求解问题。该方法的基本思想是将天线接收功率优化求解问题转化为目标散射优化和天线接收优化两个求解问题,即首先调整发射天线极化使得目标散射回波最优,然后调整接收天线极化使得天线匹配接收,从而实现天线接收功率最大化。由于确定性目标的散射回波为完全极化,只要调整接收天线极化与散射回波正交即可实现天线零功率接收,因而“三步”解耦法在求解相干情形天线接收功率优化问题时,只考虑天线最大功率接收。该方法对天线接收功率实现了降维,即将一个 2－自由度优化问题转化为两个 1－自由度优化问题,从而简化了优化问题的求解。为此,将利用这种降维思想来解决非相干情形天线接收功率极值求解问题。

根据“三步”解耦思想可知,非相干情形目标特征极化求解,其关键仍在于发射天线最佳极化求解。但由于分布式目标散射回波为部分极化波,因而发射天线最佳极化求解不可能通过优化目标散射回波功率得到。为此,首先讨论了发射天线最佳极化求解问题,即在部分极化散射回波最佳接收分析基础上,首次推导了任意部分极化散射回波的天线接收功率上下限,并利用该上下限求取了发射天线最佳极化。以此为基础,根据“三步”解耦思想总结了全局情形目标特征极化求解步骤。其中,部分极化散射波最佳接收研究为基于“三步”解耦思想的全局情形目标特征极化求解提供了理论依据。

(1) 部分极化散射回波最佳接收问题。

对于分布式目标而言,即便在单色波照射下,其散射回波也为部分极化。根据 2.6.2 节可知,任意部分极化波均可表示为一个完全极化波和一个未极化波的加权和,即

$$\boldsymbol{g}_{\mathrm{s}}=\boldsymbol{g}_{\mathrm{sp}}+\boldsymbol{g}_{\mathrm{su}}=g_{\mathrm{s0}}p_{\mathrm{s}}\begin{bmatrix}1\\ \boldsymbol{g}_{\mathrm{s13}}\end{bmatrix}+\begin{bmatrix}g_{\mathrm{s0}}(1-p_{\mathrm{s}})\\ 0\end{bmatrix} \tag{3-239}$$

式中:$\boldsymbol{g}_{\mathrm{s}}$ 为目标散射回波 Stokes 矢量;g_{s0}为散射回波总能量;p_{s} 为其极化纯度;$\boldsymbol{g}_{\mathrm{sp}}$为完全极化分量;$\boldsymbol{g}_{\mathrm{su}}$为未极化分量。

由目标散射方程[1]可知,散射回波还可表示为发射天线极化状态函数,即

$$\boldsymbol{J}_{\mathrm{s}}=\boldsymbol{K}\boldsymbol{J}_{\mathrm{t}} \text{ 或 } g_{\mathrm{s0}}\begin{bmatrix}1\\ p_{\mathrm{s}}\boldsymbol{g}_{\mathrm{s13}}\end{bmatrix}=\begin{bmatrix}k_{00} & \boldsymbol{N}^{\mathrm{T}}\\ \boldsymbol{M} & \boldsymbol{Q}\end{bmatrix}\begin{bmatrix}1\\ \boldsymbol{g}_{\mathrm{t13}}\end{bmatrix} \tag{3-240}$$

式中:$\boldsymbol{K}$ 为目标 Kennaugh 矩阵;k_{00},$\boldsymbol{N}$,$\boldsymbol{M}$ 和 $\boldsymbol{Q}$ 为该矩阵元素;$\boldsymbol{g}_{\mathrm{t}}$ 为发射天线 Stokes 矢量,同样满足 $\boldsymbol{g}_{\mathrm{t13}}^{\mathrm{T}}\boldsymbol{g}_{\mathrm{t13}}=1$。

结合式(3-239)和式(3-240),散射波总能量和极化纯度可表示为发射天线极化状态的函数:

$$g_{\mathrm{s0}}=k_{00}+\boldsymbol{N}^{\mathrm{T}}\boldsymbol{g}_{\mathrm{t13}} \tag{3-241}$$

$$p_{\mathrm{s}}=\frac{\sqrt{(\boldsymbol{M}+\boldsymbol{Q}\boldsymbol{g}_{\mathrm{t13}})^{\mathrm{T}}(\boldsymbol{M}+\boldsymbol{Q}\boldsymbol{g}_{\mathrm{t13}})}}{(k_{00}+\boldsymbol{N}^{\mathrm{T}}\boldsymbol{g}_{\mathrm{t13}})} \tag{3-242}$$

根据表 2-1 可知,在天线失配、匹配接收条件下,任意目标天线接收功率存在上、下限,且可分别表示为

$$P_{\mathrm{L}}=\left(k_{00}+\boldsymbol{N}^{\mathrm{T}}\boldsymbol{g}_{\mathrm{t13}}-\sqrt{(\boldsymbol{M}+\boldsymbol{Q}\boldsymbol{g}_{\mathrm{t13}})^{\mathrm{T}}(\boldsymbol{M}+\boldsymbol{Q}\boldsymbol{g}_{\mathrm{t13}})}\right)/2 \tag{3-243}$$

$$P_{\mathrm{U}}=\left(k_{00}+\boldsymbol{N}^{\mathrm{T}}\boldsymbol{g}_{\mathrm{t13}}+\sqrt{(\boldsymbol{M}+\boldsymbol{Q}\boldsymbol{g}_{\mathrm{t13}})^{\mathrm{T}}(\boldsymbol{M}+\boldsymbol{Q}\boldsymbol{g}_{\mathrm{t13}})}\right)/2 \tag{3-244}$$

显然 P_L、P_U 均为发射天线极化的非线性函数。

(2) 发射天线最佳极化求解。

前面研究表明,对于任意部分极化散射回波,其天线接收功率始终介于 P_L 和 P_U 之间,且它们又是发射天线极化状态的函数,那么对于任意分布式目标,其天线接收功率全局最大值等于 P_U 最大值,而全局最小值则等于 P_L 最小值,而它们对应的发射天线极化则为分布式目标特征极化。基于此,将具体讨论 P_L 和 P_U 极值问题。

为简化问题的讨论,这里首先对式(3-243)和式(3-244)进行变极化基处理,即根据矩阵奇异分解理论,将实对称矩阵 $\boldsymbol{Q}^{\mathrm{T}}\boldsymbol{Q}$ 表示为 $\boldsymbol{V\Sigma V}^{\mathrm{T}}$ 形式,其中 $\Sigma=\mathrm{diag}\{\lambda_1,\lambda_2,\lambda_3\}$,$\lambda_i$ 为该对称矩阵的特征值,$\boldsymbol{V}$ 列矢量为这些特征值对应的归一化特征矢量 $\boldsymbol{x}_i(i=1,2,3)$。若进一步令

$$m_0=\boldsymbol{M}^{\mathrm{T}}\boldsymbol{M},\quad \boldsymbol{a}=\boldsymbol{V}^{\mathrm{T}}\boldsymbol{g}_{\mathrm{t}13},\quad \boldsymbol{b}_1=\boldsymbol{V}^{\mathrm{T}}N,\quad \boldsymbol{b}_2=\boldsymbol{V}^{\mathrm{T}}\boldsymbol{Q}^{\mathrm{T}}\boldsymbol{M} \tag{3-245}$$

那么,在新坐标系(x_1,x_2,x_3)下,式(3-243)和式(3-244)可改写为

$$P_{\mathrm{L}}=\left(k_{00}+\boldsymbol{b}_1^{\mathrm{T}}\boldsymbol{a}-\sqrt{m_0+2\boldsymbol{b}_2^{\mathrm{T}}\boldsymbol{a}+\boldsymbol{a}^{\mathrm{T}}\Sigma\boldsymbol{a}}\right)/2 \tag{3-246}$$

$$P_{\mathrm{U}}=\left(k_{00}+\boldsymbol{b}_1^{\mathrm{T}}\boldsymbol{a}+\sqrt{m_0+2\boldsymbol{b}_2^{\mathrm{T}}\boldsymbol{a}+\boldsymbol{a}^{\mathrm{T}}\Sigma\boldsymbol{a}}\right)/2 \tag{3-247}$$

且由 $\boldsymbol{g}_{\mathrm{t}13}^{\mathrm{T}}\boldsymbol{g}_{\mathrm{t}13}=1$ 可导出 $\boldsymbol{a}^{\mathrm{T}}\boldsymbol{a}=1$。这样,式(3-246)和式(3-247)均为在 $\boldsymbol{a}^{\mathrm{T}}\boldsymbol{a}=1$ 约束条件下的非线性优化问题。式(3-246)和式(3-247)中根号之内的部分与式(3-243)相差一个常数。根据3.7.3节可知,根号内部最大、最小值位置只与 $\boldsymbol{b}_2$ 有关。然而,由于式(3-246)和式(3-247)中增加了 $\boldsymbol{b}_1^{\mathrm{T}}\boldsymbol{a}$ 项,它们的极值位置不仅与 $\boldsymbol{b}_2$ 有关,还与 $\boldsymbol{b}_1$ 有关,因而3.7.3节求解方法显然行不通。同时,采用拉格朗日乘因子法求解也是困难的,因为 P_L 和 P_U 的表达式中均存在开根号。为此,这里将给出一种非线性函数总体极值搜索的简单方法。

为便于叙述该数值求解法,首先将 $\boldsymbol{a}$ 参数化为

$$\boldsymbol{a}=[\cos2\tau\cos2\phi\quad \cos2\tau\sin2\phi\quad \sin2\tau]^{\mathrm{T}} \tag{3-248}$$

式中:τ 和 ϕ 分别为极化椭圆率和方位角,且 τ 的取值范围为$[-\pi/4,\pi/4]$,ϕ 的取值范围为$[0,\pi]$。将式(3-248)分别代入式(3-246)和式(3-247),P_L、P_U 均变为 τ,ϕ 的无约束非线性函数。鉴于这两个函数在(τ,ϕ)平面上的极值不可能有无穷多个,这里采用粗搜索和精搜索相结合的搜索方法。若以 P_L 最小值搜索为例,具体搜索过程为:

① 计算 $\boldsymbol{Q}^{\mathrm{T}}\boldsymbol{Q}$ 的特征值 $\lambda_i(i=1,2,3)$ 及对应的归一化特征矢量 $\boldsymbol{x}_i(i=1,2,3)$,并分别得到 $\boldsymbol{N}$、$\boldsymbol{Q}^{\mathrm{T}}\boldsymbol{M}$ 在新坐标系(x_1,x_2,x_3)的投影 $\boldsymbol{b}_1$、$\boldsymbol{b}_2$;

② 将(τ,ϕ)平面网格化为 $2n^2$ 区域,利用式(3-246)计算每个网格点对应

的 P_L，搜索最小 P_L 对应的(τ_0,ϕ_0)；

③ 以最小 P_L 对应的(τ_0,ϕ_0)为初始位置，采用 Newton - Raphson 法精确搜索(τ_0,ϕ_0)位置附近的局部极值位置(τ_{min},ϕ_{min})；

④ 将(τ_{min},ϕ_{min})代入式(3 - 246)得到发射天线最优极化状态，再结合目标散射方程和表 2 - 1 可得接收天线最优极化状态。

采用上述相同的思路可搜索 P_U 最大值对应的发射天线最优极化。当然，对于多峰极值搜索问题，还有其他一些优化搜索方法。但若采用上述方法，应注意网格疏密程度选取，因为若网格选得太稀，其搜索结果有可能为局部极值；若网格选得太密，将大幅增加算法运算量。一般情形，$n>10$ 就能保证上述搜索的正确性。

(3) 基于"三步"解耦思想的目标特征极化求解(UTSP)。

前文讨论了分布式目标发射天线最佳极化求解。以此为依据，基于"三步"解耦思想的全局情形目标特征极化求解步骤可归纳为：

① 发射天线最佳极化：根据 3.7.3 节搜索 P_L 最小值和 P_U 最大值对应的发射天线极化状态，这是整个求解步骤的关键；

② 最优散射回波求解：将发射天线最佳极化 $\boldsymbol{g}_{tmin}$ 和 $\boldsymbol{g}_{tmax}$ 分别代入目标散射方程，即可得到它们对应的最优散射回波 $\boldsymbol{g}_{smin}$ 和 $\boldsymbol{g}_{smax}$；

③ 接收天线最佳极化：根据部分极化波天线失、匹配接收条件(表 2 - 1 第 2 列)，即可得到接收天线最优极化 $\boldsymbol{g}_{rmin}$ 和 $\boldsymbol{g}_{rmax}$。

显然，根据上述求解步骤可知，发射天线最佳极化求解是整个求解过程的关键，基于"三步"解耦思想的全局情形目标特征极化求解的主要创新也在于此。

由上述求解步骤可知，与求解确定性目标最优极化一样，发射天线最优极化求解仍是基于"三步"解耦思想的分布式目标最优极化求解的关键。但与前者相比，二者存在以下不同：①发射天线最优极化获取方法不同。对于确定性目标而言，采用"三步"解耦思想求解时，其发射天线最优极化通过优化 Grave 矩阵定义的目标散射回波功率函数得到；对于分布式目标而言，则是通过优化天线失、匹配接收条件下的天线接收功率得到。之所以无法像确定性目标那样优化散射回波功率函数，是因为分布式目标散射回波为部分极化波。②基于"三步"解耦思想的分布式目标最优极化求解法可获得天线最小接收功率及其对应的收发天线最优极化，而基于"三步"解耦思想的确定性目标最优极化求解法却无法获得这对最小天线接收功率最优极化，因为对于确定性目标散射回波，只要接收天线极化状态与其正交，天线接收功率恒等于零。

2）仿真实验与分析

为了验证 USTP 的有效性，将它与遍历搜索法、ML 进行了比较。实验数据为 1985 年 AIRSAR 旧金山地区全极化成像图像中某城区数据，其 Kennaugh 矩阵为

$$
\boldsymbol{K}=\begin{bmatrix} 2.1000 & 0.2524 & 0.3798 & 0.1528 \\ 0.0524 & 1.4364 & 0.8664 & -0.0230 \\ 0.1798 & 0.6664 & -0.5604 & 0.2192 \\ -0.0472 & -0.2230 & 0.0192 & 0.8238 \end{bmatrix} \tag{3-249}
$$

首先，为了验证 USTP 中粗 + 精搜索法的正确性，分别采用遍历搜索法和粗 + 精搜索法在 (τ,ϕ) 平面上搜索 P_L 最小值和 P_U 最大值对应的收发天线最佳极化。所谓的遍历搜索法，即在满足一定的精度要求下先将 (τ,ϕ) 平面密集网格化，然后根据网格点对应的天线接收功率大小搜索天线最大或最小接收功率位置。图 3-40(a)、(b) 在 (τ,ϕ) 平面上分别标注了遍历搜索法得到的 P_L 最小值和 P_U 最大值位置。表 3-10 第 2 ~ 第 5 行列出了两种算法获得的天线最优接收功率及其对应的收发天线最佳极化状态。表中天线极化状态采用 τ 和 ϕ 表征，单位为度。由图 3-40 和表 3-10 均可以看出，两种搜索得到的结果几乎一致，由此说明了粗 + 精搜索法的正确性。

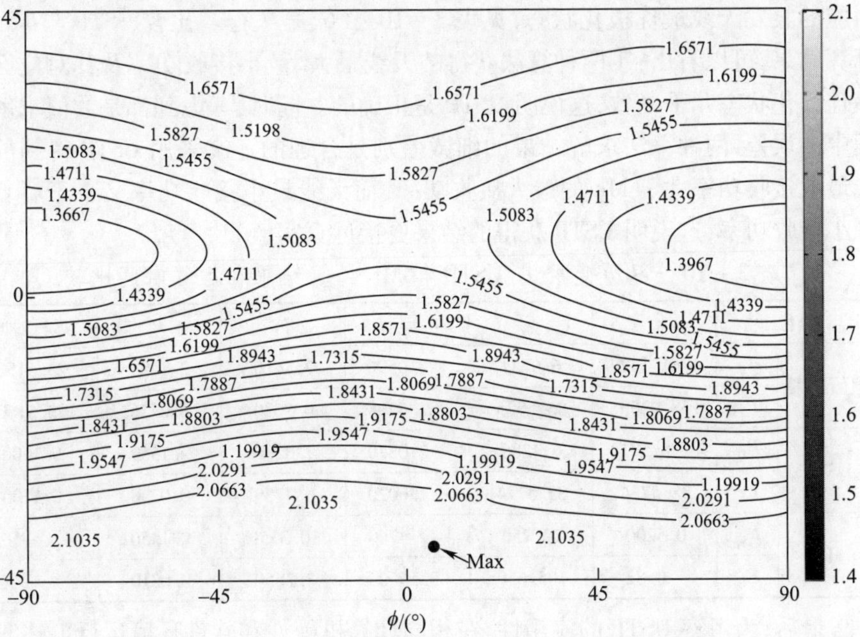

(a) P_U

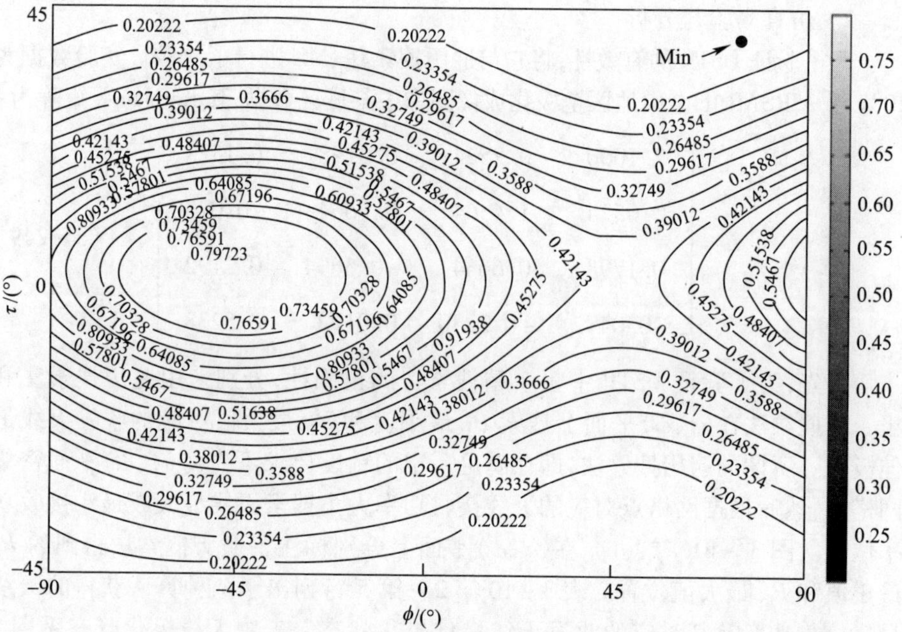

(b) P_L

图 3-40　部分极化散射回波天线接收功率上下限随发射天线极化的变化情况

其次，采用文献[69]中 ML 计算上述目标的天线最大、最小接收功率及其对应的收发天线最优极化状态，见表 3-10 第 6、第 7 行。比较 USTP 与 ML 的计算结果，可以看出：①两种算法获得的天线最大、最小接收功率及其对应天线最佳极化状态几乎一致，这说明 USTP 是正确的。同时，考虑到都是数值求解过程中的误差，两种算法求解结果的细微差别是合理的。②采用 USTP 得到的天线最大接收功率大于 ML 的最大接收功率，而天线最小接收功率又小于后者的最小接收功率，这说明 USTP 获得的结果更接近真实值。

表 3-10　遍历搜索法、USTP 和 ML 计算结果和运算时间比较

项目		τ_t	ϕ_t	τ_r	ϕ_r	P	运行时间
遍历搜索	P_U	−41.1727	6.0734	−3.0596	7.8610	2.1594	23.5150
	P_L	38.9268	85.5025	−1.5298	0.7620	0.0236	23.5160
USTL	P_U	−38.5714	6.4286	−2.0370	7.3730	2.1559	0.1100
	P_L	38.5714	83.5714	−1.6020	0.4739	0.0238	0.1100
ML	P_U	0.5200	12.750	−1.4700	10.3350	2.1550	—
	P_L	−0.82	105.650	0.5050	3.3850	0.0310	—

最后，为考察 USTP 的实用性，在相同计算机硬件和软件环境运行上述 3 种算法。表 3-10 最后一列分别列举了这 3 种方法的运算时间。遍历搜索法和

USTP 的运算量主要集中在网格点天线接收功率计算,因而若忽略其他次要计算,二者运算量之比正比于它们的网格点个数之比。这里遍历搜索法的网格密集程度为 200 × 100,本章算法为 20 × 10,于是二者运算量之比为 100:1。从表 3 - 7 中运算时间看,前者约为后者的 200 倍,考虑到 Matlab 编译影响,这与上述理论分析一致。对于 ML,表 3 - 10 中没有给出具体的运算时间,但其运算过程需进行人工干预,因而其运算时间比 USTP 的长。

综上所述,从算法运算效率及编程实现上看,USTP 均优于 ML。

第4章

目标极化散射特性

目标极化散射特性研究对于目标极化检测、分类及识别等应用具有重要意义。目前，目标极化散射特性研究可分为极化目标分解和散射相似性理论两大类。其中，前者是直接从目标表征矩阵入手，而后者是将目标表征矩阵与典型目标表征矩阵进行比较。

极化目标分解研究始于20世纪70年代。1970年，Huynen在《雷达目标唯象学理论》一文中首次提出了极化目标分解概念。此后，Cloude、Krogager、Freeman等知名学者相继进行该方面研究，取得了一系列杰出的研究成果。根据研究对象不同，极化目标分解可分为相干情形和非相干情形，其中前者主要针对确定性目标，后者则针对分布式目标。除了极化目标分解外，其他目标散射特性分析途径也被更多地考虑，其中比较有代表性的是散射相似性理论。2000年，Yang首次提出了散射相似性概念，从而开辟了目标散射特性分析的新途径。与极化目标分解不同，它通过将目标散射与典型散射相比得来，度量的是目标散射与典型散射（如球面散射、二面角散射等）的相似程度。由于其计算简单，具有目标旋转不变性、尺度无关性等性质，因此已被广泛应用于目标分类及检测。然而，Yang散射相似性，或称为相似性系数，是用目标极化散射矩阵定义的，它不能直接用于分布式目标散射特性分析。

本章不仅详细介绍了现有的目标极化散射特性主要研究成果，还介绍了我们对散射相似性理论的发展和创新。本章结构安排：4.1节介绍了几种经典的相干分解；4.2节介绍了Huynen分解及其衍生分解；4.3节介绍了Cloude分解及其衍生分解；4.4节介绍了Yang定义的散射相似性和我们定义的散射相似性参数，新参数可用于分布式目标散射特性分析，适用性更强。

4.1 相干分解

在Huynen分解启发下，一些学者认为，确定性目标散射也可理解为某种散射或几种散射的合成，以便建立测量数据与目标物理属性之间的直接联系。他们尝试着将测量极化散射矩阵分解为一些简单目标（如二面角、偶极子等）极化散射矩阵的加权组合，即

$$\boldsymbol{S} = \sum_{k=1}^{N} c_k \boldsymbol{S}_k \tag{4-1}$$

式中：$\boldsymbol{S}_k$ 为第 k 个简单目标的极化散射矩阵；c_k 为该目标对应的加权系数。相干分解是指此类分解基于相干叠加方式进行，与测量散射矩阵的相干过程一致。然而，该类分解却存在以下不足：①忽视了相干斑噪声的影响。相干斑噪声造成极化 SAR 图像解译困难和降低图像视觉效果，故极化 SAR 图像解译之前有必要进行相干斑滤波。但考虑到极化散射矩阵的相干特性，相干斑滤波通常基于相干矩阵等高阶统计量。②相干分解的非唯一性。在缺乏先验知识情况下，对极化散射矩阵的相干分解有无穷多种。本节将依次介绍 Pauli 基分解、Krogager 分解、Cameron 分解等经典相干分解算法[275-281]。

4.1.1 Pauli 基分解

鉴于 Pauli 基矩阵既具有良好数学性质，又具有明确物理含义，Cloude 将测量极化散射矩阵分解为这些矩阵线性加权组合。在正交线性极化基（H,V）下，Pauli 基分解表示为

$$\begin{aligned}\boldsymbol{S} &= \begin{bmatrix} S_{\mathrm{HH}} & S_{\mathrm{HV}} \\ S_{\mathrm{VH}} & S_{\mathrm{VV}} \end{bmatrix} = a \cdot \boldsymbol{S}_{\mathrm{a}} + b \cdot \boldsymbol{S}_{\mathrm{b}} + c \cdot \boldsymbol{S}_{\mathrm{c}} + d \cdot \boldsymbol{S}_{\mathrm{d}} \\ &= \frac{a}{\sqrt{2}}\begin{bmatrix} 1 & 0 \\ 0 & 1 \end{bmatrix} + \frac{b}{\sqrt{2}}\begin{bmatrix} 1 & 0 \\ 0 & -1 \end{bmatrix} + \frac{c}{\sqrt{2}}\begin{bmatrix} 0 & 1 \\ 1 & 0 \end{bmatrix} + \frac{d}{\sqrt{2}}\begin{bmatrix} 0 & -\mathrm{j} \\ \mathrm{j} & 0 \end{bmatrix}\end{aligned} \tag{4-2}$$

式中：a、b、c、d 均为复系数，它们可表示为极化散射矩阵元素的函数：

$$a = \frac{S_{\mathrm{HH}} + S_{\mathrm{VV}}}{\sqrt{2}}, b = \frac{S_{\mathrm{HH}} + S_{\mathrm{VV}}}{\sqrt{2}}, c = \frac{S_{\mathrm{HV}} + S_{\mathrm{VH}}}{\sqrt{2}}, d = \mathrm{j}\,\frac{S_{\mathrm{HV}} - S_{\mathrm{VH}}}{\sqrt{2}} \tag{4-3}$$

结合 Pauli 基矩阵的物理含义，确定性目标散射可理解为以下四类典型散射的相干叠加：①矩阵 $\boldsymbol{S}_{\mathrm{a}}$ 表征的球体、平面或三面角的单次（或奇次）散射；②矩阵 $\boldsymbol{S}_{\mathrm{b}}$ 表征的 0°取向二面角散射体的二次（或偶次）散射；③矩阵 $\boldsymbol{S}_{\mathrm{c}}$ 表征的 45°取向二面角散射体的二次（或偶次）散射，该散射的显著特点为其回波与入射波极化相互正交；④$\boldsymbol{S}_{\mathrm{d}}$ 为矩阵表征的非对称部分的散射。而复系数 a、b、c、d 依次表示 $\boldsymbol{S}_{\mathrm{a}}$、$\boldsymbol{S}_{\mathrm{b}}$、$\boldsymbol{S}_{\mathrm{c}}$、$\boldsymbol{S}_{\mathrm{d}}$ 对测量获得的极化散射矩阵的贡献，或这些典型散射分别对目标整个后向散射的贡献大小，它们模的平方反映了来自这些典型散射的功率，因为根据式（4-3）可知，这些复系数模值平方之和正好等于目标总功

率,即

$$\mathrm{Span}=|S_{HH}|^2+|S_{HV}|^2+|S_{VH}|^2+|S_{VV}|^2=|a|^2+|b|^2+|c|^2+|d|^2 \tag{4-4}$$

在单静态情形,绝大多数目标具有互易性,相应的极化散射矩阵为对称矩阵。此时,目标非对称部分散射功率恒等于零,Pauli 基分解简化为

$$\boldsymbol{S}=\begin{bmatrix} S_{HH} & S_{HV} \\ S_{VH} & S_{VV} \end{bmatrix}=a\cdot\boldsymbol{S}_a+b\cdot\boldsymbol{S}_b+c\cdot\boldsymbol{S}_c \tag{4-5}$$

为了更直观地演示 Pauli 基分解,这里选用 AIRSAR 对旧金山地区极化成像 L 波段数据进行实验。图像大小为 900 像素 ×700 像素,场景中包含了海洋、城区和公园等典型地物。图 4-1(a)~(c)依次给出了该数据经 Pauli 基分解系数 a,b,c 的强度图。图 4-1(d)给出了相应的 RGB 伪彩图。显然,Pauli 基

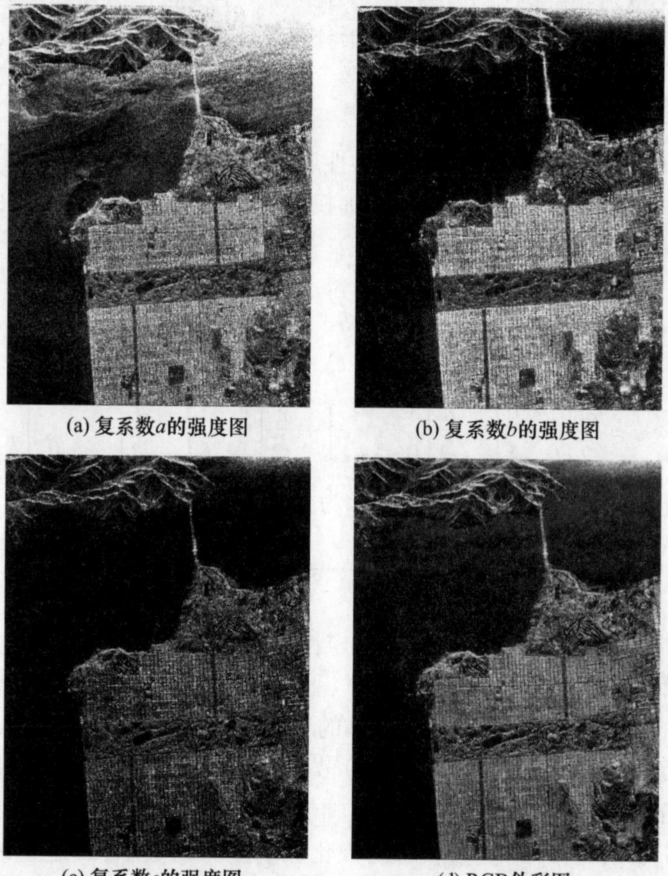

(a) 复系数a的强度图 (b) 复系数b的强度图 (c) 复系数c的强度图 (d) RGB伪彩图

图 4-1 美国旧金山地区 AIRSAR 极化 SAR 图像 Pauli 基分解

分解结果能在一定程度上体现不同地物之间的散射差异,进而能将海洋、城区和公园等典型地物区分开。但它提供的物理解释仅仅具有一定启发性,只能说明极化 SAR 图像中出现的部分实际现象并不具备普适性[9]。

4.1.2 Krogager 分解

在互易条件下,Krogager 采用球体、二面角和螺旋体三种典型目标散射近似表征各种确定性目标散射,该表征称为 Krogager 分解[275]。在极化基(H,V)下,Krogager 分解可写为

$$\begin{aligned}\boldsymbol{S} &= \mathrm{e}^{\mathrm{j}\varphi}\{\mathrm{e}^{\mathrm{j}\varphi}k_{\mathrm{s}}\cdot\boldsymbol{S}_{\mathrm{sphere}} + k_{\mathrm{d}}\cdot\boldsymbol{S}_{\mathrm{diplane}} + k_{\mathrm{h}}\cdot\boldsymbol{S}_{\mathrm{helix}}\} \\ &= \mathrm{e}^{\mathrm{j}\varphi}\left\{\mathrm{e}^{\mathrm{j}\varphi}k_{\mathrm{s}}\begin{bmatrix}1 & 0\\ 0 & 1\end{bmatrix} + k_{\mathrm{d}}\begin{bmatrix}\cos 2\theta & \sin 2\theta\\ \sin 2\theta & -\cos 2\theta\end{bmatrix} + k_{\mathrm{h}}\mathrm{e}^{\mp\mathrm{j}2\theta}\begin{bmatrix}1 & \pm\mathrm{j}\\ \pm\mathrm{j} & -1\end{bmatrix}\right\}\end{aligned} \tag{4-6}$$

式中:矩阵 $\boldsymbol{S}_{\mathrm{sphere}}$、$\boldsymbol{S}_{\mathrm{diplane}}$ 和 $\boldsymbol{S}_{\mathrm{helix}}$ 分别为球体散射、二面角散射和螺旋体散射;k_{s}、k_{d}、k_{h} 分别为这些典型散射对目标后向散射的贡献,它们模的平方则为这些典型散射的散射功率;φ 为该散射相对于二面角散射和螺旋散射的相位偏移;θ 为二面角和螺旋体的方位角;φ 为绝对相位,它取决于雷达与目标之间的距离。

与 Pauli 基分解一样,Krogager 分解有 6 个独立表征参数,分别为 k_{s}、k_{d}、k_{h}、θ、φ_{s}、φ。然而,直接根据式(4-6)反演这些参数是非常困难的,为方便计算这些参数,这里首先将极化基(H,V)下的 Krogager 分解变换到圆极化基(r,l)下,即

$$\begin{aligned}\boldsymbol{S}(\mathrm{r},\mathrm{l}) &= \begin{bmatrix}S_{\mathrm{rr}} & S_{\mathrm{rl}}\\ S_{\mathrm{rl}} & S_{\mathrm{ll}}\end{bmatrix} = \begin{bmatrix}|S_{\mathrm{rr}}|\mathrm{e}^{\mathrm{j}\varphi_{\mathrm{rr}}} & |S_{\mathrm{rl}}|\mathrm{e}^{\mathrm{j}\varphi_{\mathrm{rl}}}\\ |S_{\mathrm{rl}}|\mathrm{e}^{\mathrm{j}\varphi_{\mathrm{rl}}} & |S_{\mathrm{ll}}|\mathrm{e}^{\mathrm{j}\varphi_{\mathrm{ll}}}\end{bmatrix} \\ &= \mathrm{e}^{\mathrm{j}\varphi}\left\{\mathrm{e}^{\mathrm{j}\varphi_{\mathrm{s}}}k_{\mathrm{s}}\begin{bmatrix}0 & \mathrm{j}\\ \mathrm{j} & 0\end{bmatrix} + k_{\mathrm{d}}\begin{bmatrix}\mathrm{e}^{\mathrm{j}2\theta} & 0\\ 0 & -\mathrm{e}^{-\mathrm{j}2\theta}\end{bmatrix} + k_{\mathrm{h}}\begin{bmatrix}0 & 0\\ 0 & -\mathrm{e}^{-\mathrm{j}2\theta}\end{bmatrix}\right\} \\ &= \mathrm{e}^{\mathrm{j}\varphi}\begin{bmatrix}k_{\mathrm{d}}\mathrm{e}^{\mathrm{j}2\theta} & \mathrm{j}k_{\mathrm{s}}\mathrm{e}^{\mathrm{j}\varphi_{\mathrm{s}}}\\ \mathrm{j}k_{\mathrm{s}}\mathrm{e}^{\mathrm{j}\varphi_{\mathrm{s}}} & -(k_{\mathrm{d}}+k_{\mathrm{h}})\mathrm{e}^{-\mathrm{j}2\theta}\end{bmatrix}\end{aligned} \tag{4-7}$$

显然,根据式(4-7)很容易得出参数 k_{s}、θ、φ_{s}、φ 的计算式:

$$k_{\mathrm{s}} = |S_{\mathrm{rl}}|,\ \theta = \frac{1}{4}(\varphi_{\mathrm{rr}} - \varphi_{\mathrm{ll}} + \pi),\ \varphi = \frac{1}{2}(\varphi_{\mathrm{rr}} + \varphi_{\mathrm{ll}} - \pi),\ \varphi_{\mathrm{s}} = \varphi_{\mathrm{rl}} - \frac{1}{2}(\varphi_{\mathrm{rr}} + \varphi_{\mathrm{ll}}) \tag{4-8}$$

考虑到 k_{d}、k_{h} 均为非负值,根据 S_{rr} 和 S_{ll} 的绝对值相对大小关系及式(4-7),k_{d}、k_{h} 的计算分为以下两种情况:

$$\text{右螺旋}:|S_{ll}|>|S_{rr}|\Rightarrow\begin{cases}k_d^+=|S_{rr}|\\k_h^+=|S_{ll}|-|S_{rr}|\end{cases}\tag{4-9}$$

$$\text{左螺旋}:|S_{rr}|>|S_{ll}|\Rightarrow\begin{cases}k_d^-=|S_{ll}|\\k_h^-=|S_{rr}|-|S_{ll}|\end{cases}\tag{4-10}$$

根据以上分析可以看出:①Krogager 分解参数 k_s、k_d、k_h 具有旋转不变性,因为根据它们的式(4-8)~式(4-10),它们可表示为 Huynen 参数 A_0、B_0、F 的函数:

$$k_s^2=2A_0,k_d^2=2(B_0-|F|)\text{和 }k_h^2=4(B_0-\sqrt{B_0^2-F^2})\tag{4-11}$$

而根据第 3 章研究可知,这些 Huynen 参数具有旋转不变性。②若将 Krogager 分解写为矢量形式,有

$$\boldsymbol{k}=\sqrt{2}k_s\mathrm{e}^{\mathrm{j}(\varphi_s+\varphi)}\begin{bmatrix}1\\0\\0\end{bmatrix}+\sqrt{2}k_d\mathrm{e}^{\mathrm{j}\varphi}\begin{bmatrix}0\\\cos2\theta\\\sin2\theta\end{bmatrix}+\sqrt{2}k_h\mathrm{e}^{\mp\mathrm{j}2\theta}\mathrm{e}^{\mathrm{j}\varphi}\begin{bmatrix}0\\1\\\pm\mathrm{j}\end{bmatrix}\tag{4-12}$$

显然,球体散射与二面角散射(或螺旋体散射)之间的目标矢量相互正交,二面角散射与螺旋体散射之间的目标矢量并不正交,因而 Krogager 分解不具有极化基变换不变性。但它通过这些典型散射矩阵能在测量数据与目标实际物理散射之间建立直接的联系。

为了更直观地演示 Krogager 分解,图 4-2 依次给出了旧金山地区 AIRSAR 极化 SAR 数据经 Krogager 分解系数 k_s、k_d、k_h 的强度图。图 4-3 给出了相应的 RGB 伪彩图,其中 RGB 三通道分别为 k_d^2、k_h^2、k_s^2。显然,利用 Krogager 分解也能

图 4-2 美国旧金山地区 AIRSAR 极化 SAR 图像 Krogager 分解

将海洋、城区和公园等典型地物区分开,与 Pauli 基分解相比,两种相干分解的分类结果比较相似,因为它们都是将目标的散射矩阵分解为 3 种成分的加权和,且相应的 3 种成分的物理解释也较为相似。

图 4-3　Krogager 分解 RGB 伪彩图

4.1.3 Cameron 分解

前文两种相干分解均是将极化散射矩阵表示为几种典型散射矩阵的线性组合,且每种典型散射矩阵与某个简单目标相对应,因而它们实质可理解为基于模型的相干分解。根据目标互易和对称两种属性,Cameron 提出了另一种思路的相干分解[276],即首先根据目标互易性将非对称极化散射矩阵分解为互易和非互易两部分;其次将互易部分分为两部分,分别对应对称部分和非对称部分;最后将最大对称部分分别与三面角、二面角、偶极子等典型对称目标进行比较,以确定其具体的目标类别。

在正交线性极化基(H,V)下,Cameron 分解的形式为

$$\boldsymbol{k} = a\{\cos\theta_{\text{rec}}\{\cos\tau_{\text{sym}}\boldsymbol{k}_{\text{sym}}^{\max} + \sin\tau_{\text{sym}}\boldsymbol{k}_{\text{sym}}^{\min}\} + \sin\theta_{\text{rec}}\boldsymbol{k}_{\text{nonrec}}\} \tag{4-13}$$

式中:$a = \|\boldsymbol{k}\|_2^2 = \text{span}(\boldsymbol{S})$;$\theta_{\text{rec}}$ 为对应互易散射体部分所占比例;τ_{sym} 为对应对称散射体部分所占比例;$\boldsymbol{k}_{\text{nonrec}}$ 为归一化的非互易散射体目标矢量;$\boldsymbol{k}_{\text{sym}}^{\max}$ 为归一化

的对称散射体目标矢量,$\boldsymbol{k}_{\mathrm{sym}}^{\min}$为归一化的非对称部分散射体目标矢量。

步骤1:将极化散射矩阵分解为互易和非互易部分。首先将极化散射矩阵表示为Pauli基矩阵线性加权形式,即

$$\begin{aligned}\boldsymbol{S}&=\alpha\cdot\boldsymbol{S}_{\mathrm{A}}+\beta\cdot\boldsymbol{S}_{\mathrm{B}}+\gamma\cdot\boldsymbol{S}_{\mathrm{C}}+\delta\cdot\boldsymbol{S}_{\mathrm{D}}\\&=\frac{\alpha}{\sqrt{2}}\begin{bmatrix}1&0\\0&1\end{bmatrix}+\frac{\beta}{\sqrt{2}}\begin{bmatrix}1&0\\0&-1\end{bmatrix}+\frac{\gamma}{\sqrt{2}}\begin{bmatrix}0&1\\1&0\end{bmatrix}+\frac{\delta}{\sqrt{2}}\begin{bmatrix}0&-1\\1&0\end{bmatrix}\end{aligned}\tag{4-14}$$

式中:α、β、γ、δ均为复系数。可将式(4-14)直序展开为

$$\begin{aligned}\boldsymbol{k}&=\alpha\cdot\boldsymbol{k}_{\mathrm{A}}+\beta\cdot\boldsymbol{k}_{\mathrm{B}}+\gamma\cdot\boldsymbol{k}_{\mathrm{C}}+\delta\cdot\boldsymbol{k}_{\mathrm{D}}\\&=\frac{\alpha}{\sqrt{2}}\begin{bmatrix}1\\0\\0\\1\end{bmatrix}+\frac{\beta}{\sqrt{2}}\begin{bmatrix}1\\0\\0\\-1\end{bmatrix}+\frac{\gamma}{\sqrt{2}}\begin{bmatrix}0\\1\\1\\0\end{bmatrix}+\frac{\delta}{\sqrt{2}}\begin{bmatrix}0\\-1\\1\\0\end{bmatrix}\end{aligned}\tag{4-15}$$

根据互易定理可知,满足互易条件的目标,其极化散射矩阵非主对角线元素相等。根据式(4-14)可知,除$\boldsymbol{S}_{\mathrm{D}}$之外,Pauli基矩阵$\boldsymbol{S}_{\mathrm{A}}$、$\boldsymbol{S}_{\mathrm{B}}$、$\boldsymbol{S}_{\mathrm{C}}$均为对称矩阵。也就是说,只有$\boldsymbol{S}_{\mathrm{D}}$不满足互易条件,因而目标互易程度或互易部分所占比例可定义为

$$\theta_{\mathrm{rec}}=\arccos\left(\sqrt{\frac{|\alpha|^2+|\beta|^2+|\gamma|^2}{|\alpha|^2+|\beta|^2+|\gamma|^2+|\delta|^2}}\right)=\arccos\left(\frac{\|\boldsymbol{P}_{\mathrm{rec}}\boldsymbol{k}\|}{\|\boldsymbol{k}\|}\right)\tag{4-16}$$

式中:$\boldsymbol{P}_{\mathrm{rec}}=\boldsymbol{I}-\boldsymbol{P}_{\mathrm{D}}$,$\boldsymbol{I}$为四维单位矩阵,且$\boldsymbol{P}_{\mathrm{D}}=\boldsymbol{k}_{\mathrm{D}}\cdot\boldsymbol{k}_{\mathrm{D}}^{\mathrm{T}}$;$\boldsymbol{P}_{\mathrm{rec}}\boldsymbol{k}$为$\boldsymbol{k}$的互易部分,$(\boldsymbol{I}-\boldsymbol{P}_{\mathrm{rec}})\boldsymbol{k}$为非互易部分;参数$\theta_{\mathrm{rec}}\in[0,\pi/2]$,且当$\theta_{\mathrm{rec}}=0$时,表示满足互易条件,当$\theta_{\mathrm{rec}}=\pi/2$时,表示不满足互易条件。

步骤2:将互易部分分解为对称散射部分和非对称散射部分。对称散射体的显著特征是它在垂直于雷达视线的平面上存在一条对称轴,在Poincaré球面上具有线性特征极化态。从数学上讲,对称散射体的散射矩阵可通过一个刚性(rigid)旋转矩阵对角化,或存在一个目标方位角满足以下条件:

$$\boldsymbol{R}_2(\psi)\cdot\boldsymbol{S}\cdot\boldsymbol{R}_2(-\psi)\in\boldsymbol{M}_{\mathrm{d}}\tag{4-17}$$

式中:$\boldsymbol{M}_{\mathrm{d}}$为$2\times2$对角矩阵的子空间,旋转矩阵为

$$\boldsymbol{R}_2(\psi)=\begin{pmatrix}\cos\psi&-\sin\psi\\\sin\psi&\cos\psi\end{pmatrix}\tag{4-18}$$

将式(4-17)作用于 Pauli 基矩阵 $\boldsymbol{S}_A$、$\boldsymbol{S}_B$、$\boldsymbol{S}_C$，有

$$\begin{aligned}&\boldsymbol{R}_2(\psi)\boldsymbol{S}_A\boldsymbol{R}_2(-\psi)=\boldsymbol{S}_A\\&\boldsymbol{R}_2(\psi)\boldsymbol{S}_B\boldsymbol{R}_2(-\psi)=\cos(2\psi)\boldsymbol{S}_B+\sin(2\psi)\boldsymbol{S}_C\\&\boldsymbol{R}_2(\psi)\boldsymbol{S}_C\boldsymbol{R}_2(-\psi)=-\sin(2\psi)\boldsymbol{S}_B+\cos(2\psi)\boldsymbol{S}_C\end{aligned}\tag{4-19}$$

显然，使 $\boldsymbol{P}_{rec}\boldsymbol{k}=\alpha\cdot\boldsymbol{k}_A+\beta\cdot\boldsymbol{k}_B+\gamma\cdot\boldsymbol{k}_C$ 对角化的充分条件为

$$\beta\sin(2\psi)+\gamma\cos(2\psi)=0\tag{4-20}$$

由此可见，对称散射体对应的目标矢量具有如下形式：

$$\boldsymbol{k}_{sym}=\alpha\cdot\boldsymbol{k}_A+\varepsilon(\cos(\theta)\cdot\boldsymbol{k}_B+\sin(\theta)\cdot\boldsymbol{k}_C)\tag{4-21}$$

归纳为一般数学表达式为

$$\boldsymbol{k}_{sym}=\mathrm{D}\boldsymbol{k}=(\boldsymbol{k},\boldsymbol{k}_A)\boldsymbol{k}_A+(\boldsymbol{k},\boldsymbol{k}')\boldsymbol{k}'\tag{4-22}$$

式中：$\boldsymbol{k}'=\cos(\theta)\cdot\boldsymbol{k}_B+\sin(\theta)\cdot\boldsymbol{k}_C$；内积 $(\boldsymbol{k},\boldsymbol{k}_A)=\boldsymbol{k}^H\boldsymbol{k}_A=\alpha$，$(\boldsymbol{k},\boldsymbol{k}')=\boldsymbol{k}^H\boldsymbol{k}'=\beta\cos(\theta)+\gamma\sin(\theta)$。可见，$\boldsymbol{k}_{sym}$ 为 θ 的函数，通过调整 θ 使得 $|(\boldsymbol{k},\boldsymbol{k}')|$ 最大，可得到最大对称散射部分，且取得该最大值的条件为

$$\tan 2\chi=\frac{\beta\gamma^*+\beta^*\gamma}{|\beta|^2-|\gamma|^2}\quad\left(\chi=\frac{\theta}{2}\right)\tag{4-23}$$

此时，对称散射体所占比例可定义为

$$\cos\tau_{sym}=\frac{\|(\boldsymbol{P}_{rec}\boldsymbol{k},\mathrm{D}\boldsymbol{k})\|}{\|\boldsymbol{P}_{rec}\boldsymbol{k}\|\cdot\|\mathrm{D}\boldsymbol{k}\|}\quad\left(0\leqslant\tau_{sym}\leqslant\frac{\pi}{4}\right)\tag{4-24}$$

显然，当 $\tau_{sym}=0$ 时，表示 $\boldsymbol{P}_{rec}\boldsymbol{k}$ 为二面角等对称散射体目标矢量；当 $\tau_{sym}=\pi/4$ 时，表示 $\boldsymbol{P}_{rec}\boldsymbol{k}$ 为螺旋体等非对称散射体目标矢量。

步骤 3：在对称散射体空间搜索散射体类型。为进一步细分对称散射体，可将对称散射体目标矢量参数化为

$$\boldsymbol{k}_{sym}^{max}=a\mathrm{e}^{\mathrm{j}\phi}\boldsymbol{R}_4(\psi)\boldsymbol{\Lambda}(z)\tag{4-25}$$

式中：a 为矩阵幅度；ϕ 为绝对相位；ψ 为散射体方位角；$\boldsymbol{\Lambda}(z)$ 定义为

$$\boldsymbol{\Lambda}(z)=\frac{1}{\sqrt{1+|z|^2}}[1\quad 0\quad 0\quad z]^{\mathrm{T}}\tag{4-26}$$

式中：z 为复系数，它与典型对称散射体具有如下对应关系：

$$\begin{cases}\text{二面角}:\boldsymbol{k}_A=\boldsymbol{\Lambda}(1) & \text{圆柱体}:\boldsymbol{k}_{cyl}=\boldsymbol{\Lambda}(0.5)\\\text{三面角}:\boldsymbol{k}_B=\boldsymbol{\Lambda}(-1) & \text{窄二面角}:\boldsymbol{k}_{nd}=\boldsymbol{\Lambda}(-0.5)\\\text{偶极子}:\boldsymbol{k}_{dip}=\boldsymbol{\Lambda}(0) & 1/4\text{ 波长}:\boldsymbol{k}_{1/4}=\boldsymbol{\Lambda}(\pm j)\end{cases}\tag{4-27}$$

目标矢量旋转矩阵 $\boldsymbol{R}_4(\psi)=\boldsymbol{R}_2(\psi)\otimes\boldsymbol{R}_2(\psi)$。

为了比较不同对称散射体,定义以下距离度量:

$$d(z_1,z_2)=\arccos\left(\frac{\max\{|1+z_1z_2^*|,|z_1+z_2^*|\}}{\sqrt{1+|z_1|^2}\sqrt{1+|z_2|^2}}\right) \tag{4-28}$$

该距离度量表征了不同对称散射体之间的相似程度。

图4-4给出了基于Cameron分解的目标散射分类流程图。归纳起来,其具体步骤为:

(1) 首先根据 $\theta_{\rm rec}$ 判断目标是否满足互易条件,即若 $\theta_{\rm rec}\leqslant\pi/4$,则非互易部分占主导地位,该目标被判定为非互易散射体,否则为互易散射体;

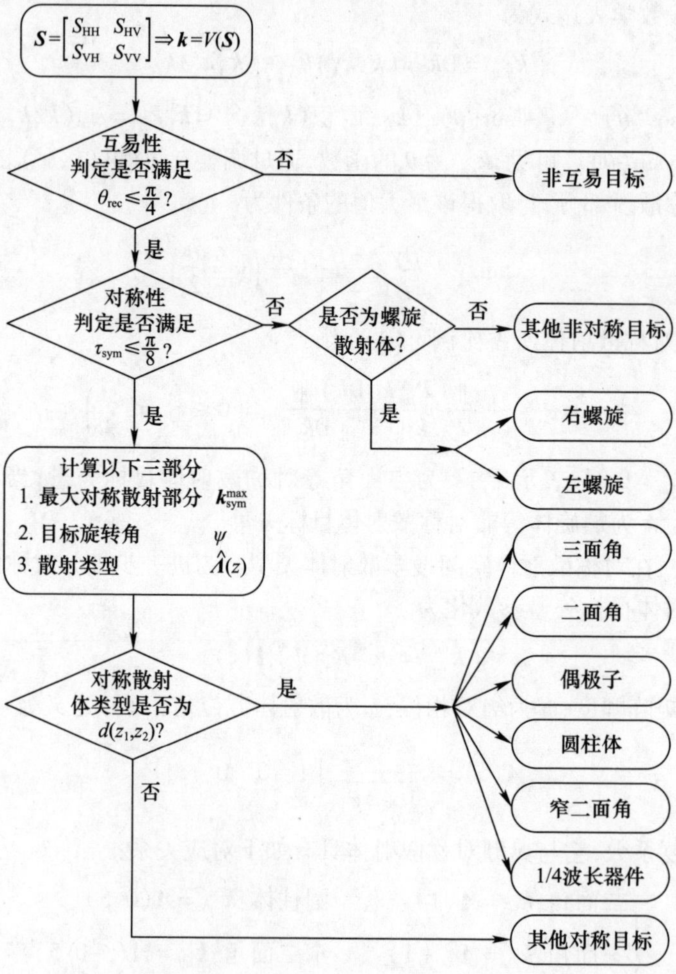

图4-4 基于Cameron分解的目标散射分类流程图

(2) 对于互易散射体，进一步判断它是否为对称目标，即若 $\theta_{rec} \leqslant \pi/4$，该目标被判定为对称目标，否则为非对称目标；

(3) 对于对称目标，将其与二面角、三面角等典型对称目标进行匹配比较，若存在匹配则该目标为相应的对称目标，反之为其他对称目标；

(4) 同样，对于非对称目标，将其与螺旋体进行匹配比较，若匹配则为螺旋目标，反之为其他非对称目标。

为了更直观地展示 Cameron 分解结果，这里选择 NASA SIR - C/X - SAR 对中国新疆天山地区全极化成像的 L 波段数据进行实验。图像大小为 450 像素 × 450 像素，场景中包含森林、砍伐处及道路。图 4 - 5(a)给出了该地区总功率图。图 4 - 5(b)为基于 Cameron 分解的散射分类结果。该图中依次将左旋螺旋体、右旋螺旋体、一般非对称散射体、三面角、二面角、偶极子、圆柱体、窄二面角、1/4 波长器件、一般对称散射体等 10 种散射体用不同颜色表示。从分类结果可以看出，对于天山地区中的砍伐处、道路等地物，通过 Cameron 分解均能判定归属于三面角成分，与目标奇次散射机制占主导的实际散射符合；对于森林等复杂地物，则判定成分较为杂乱，无法给出明确的物理解释，由此说明了 Cameron分解具有一定的局限性。

综上所述，Cameron 分解不但能实现目标基于对称性的相干分解，而且在一定意义上具备了目标粗略分类的能力。Cameron 分解对目标对称性的刻画能力，对自然地物背景中鉴别部分人造目标(如车辆、舰船等)尤其重要，因为人造目标往往具有较明显的对称性，据此以从不具对称性的自然地物中区分出来，故而其广泛应用于舰船及小型飞机检测等[12]。Cameron 分解的缺陷也较为明显，其使用的度量因子阈值在设定上缺乏明确的物理依据，造成其对目标的分类并不准确，是否能用一种基本散射对目标进行有效描述仍然值得商榷。

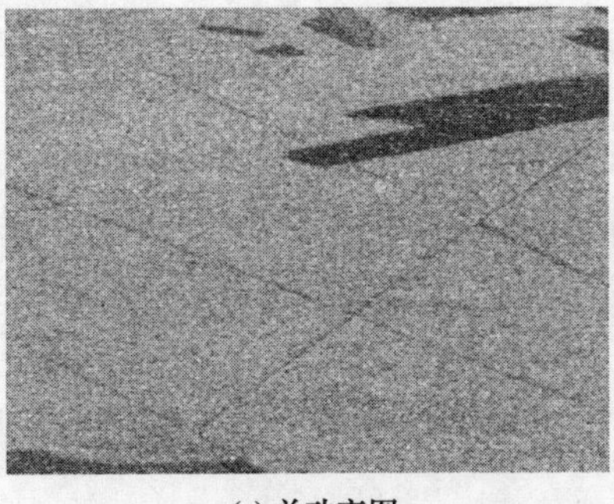

(a) 总功率图

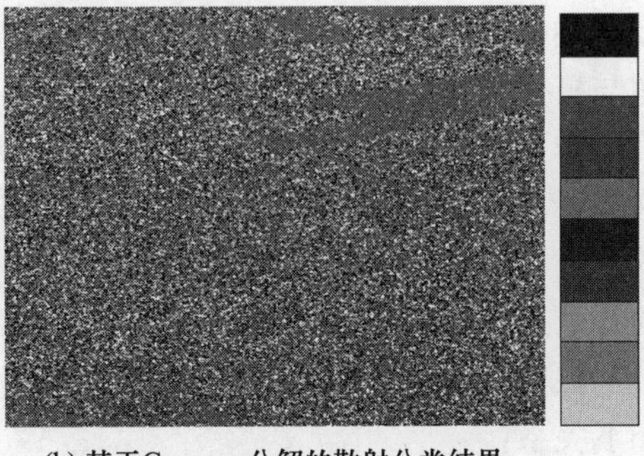

(b) 基于Cameron分解的散射分类结果

图 4 - 5　天山地区 SIR - C/X - SAR 图像的 Cameron 分解结果

4.1.4 Polar 分解

前面介绍的三种相干分解都是将极化散射矩阵表示成几种典型极化散射矩阵的加权和,没有考虑相干斑噪声影响。为在极化分解的同时考虑相干斑影响,Carrea 等提出了一种乘性分解方法。该分解将极化散射矩阵表示为几种单元矩阵之积,故称 Polar 分解。

根据矩阵分析理论,任意非奇异矩阵均可以唯一地表示为

$$\boldsymbol{S}=\boldsymbol{KUH} \tag{4-29}$$

式中:$\boldsymbol{H}$ 为 Hermitian 矩阵;$\boldsymbol{U}$ 为酉矩阵;$\boldsymbol{K}$ 为归一化矩阵,且它们的关系为

$$\boldsymbol{K}=\det(\boldsymbol{S})\cdot\boldsymbol{I},\boldsymbol{H}=\sqrt{\tilde{\boldsymbol{S}}^{\mathrm{H}}\tilde{\boldsymbol{S}}},\quad \boldsymbol{U}=\tilde{\boldsymbol{S}}\boldsymbol{H}^{-1} \tag{4-30}$$

式中:$\tilde{\boldsymbol{S}}=\boldsymbol{K}^{-1}\boldsymbol{S}$ 为归一化散射矩阵;$\boldsymbol{I}$ 为单位矩阵。

显然,基于上述矩阵分解,目标散射机制可理解为对入射电磁波依次进行 $\boldsymbol{H}$ 变换(boost)和 $\boldsymbol{U}$ 旋转变换(rotation)。这两种变换矩阵可分别表示为

$$\boldsymbol{H}=\begin{bmatrix}\cosh\dfrac{\alpha}{2}+m_x\sinh\dfrac{\alpha}{2} & (m_y-\mathrm{j}m_z)\sinh\dfrac{\alpha}{2}\\ (m_y+\mathrm{j}m_z)\sinh\dfrac{\alpha}{2} & \cosh\dfrac{\alpha}{2}-m_x\sinh\dfrac{\alpha}{2}\end{bmatrix} \tag{4-31}$$

$$\boldsymbol{U}=\begin{bmatrix}\cos\dfrac{\theta}{2}-\mathrm{j}n_x\sin\dfrac{\theta}{2} & -\mathrm{j}(n_y-\mathrm{j}n_z)\sin\dfrac{\theta}{2}\\ -\mathrm{j}(n_y+\mathrm{j}n_z)\sin\dfrac{\theta}{2} & \cos\dfrac{\theta}{2}+\mathrm{j}n_x\sin\dfrac{\theta}{2}\end{bmatrix} \tag{4-32}$$

其中,α 为 Poincaré 极化球上某点沿单位矢量 $\boldsymbol{m}=(m_x,m_y,m_z)^{\mathrm{T}}$ 方向的增加量(图 4-6(a)),θ 为 Poincaré 极化球某点的旋转角,单位矢量 $\boldsymbol{n}=(n_x,n_y,n_z)^{\mathrm{T}}$ 为旋转轴(图 4-6(b))。由于 $\boldsymbol{H}$ 矩阵和 $\boldsymbol{U}$ 矩阵均为 Hermitian 酉矩阵,因而该分解与极化基的选取无关。

结合式(4-28)、式(4-30)和式(4-31),对于一个非对称极化散射矩阵来说,Polar 分解由 8 个独立参数表征:θ 为极化方位角,(ψ_n,χ_n) 为单位矢量 $\boldsymbol{n}$ 的球坐标,α 为增强速度,(ψ_m,χ_m) 为单位矢量 $\boldsymbol{m}$ 的球坐标,还有极化散射矩阵的行列式 $\det(\boldsymbol{S})$。

在单静态情形,通常极化散射矩阵为对称的,此时 Polar 分解参数之间满足如下关系:

$$n_z=0 \text{ 和 } \tan\frac{\theta}{2}=-\frac{m_z}{n_xm_y-n_ym_x} \tag{4-33}$$

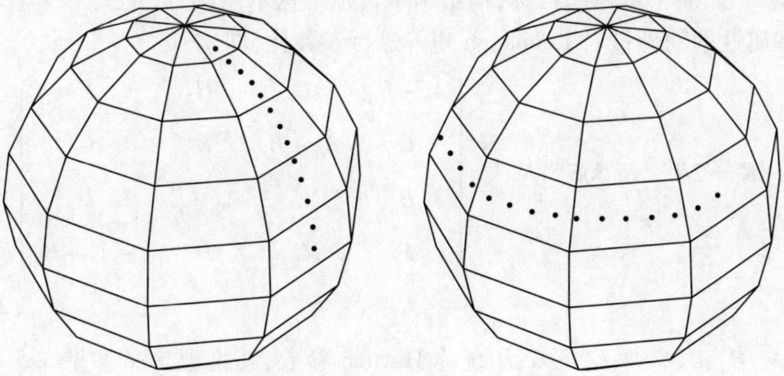

图 4-6　Poincaré 极化球上 $\boldsymbol{H}$ 变换(a)和 $\boldsymbol{U}$ 旋转变换(b)影响

于是该相干分解中仅有 6 个独立的参数(对应于绝对后向散射 $\boldsymbol{S}$ 矩阵中的 6 个自由度):(ψ_m,χ_m)为单位矢量 $\hat{\boldsymbol{m}}$ 的两个球坐标,α 为增强速度,ϕ_n 是单位矢量 $\hat{\boldsymbol{n}}$ 的极化坐标,还有 Sinclair 矩阵的行列式 det($\boldsymbol{S}$)。

4.2　Huynen 分解及其衍生分解

Huynen 分解是最早提出的极化目标分解,后续的极化目标分解均受该分解启发,因而它在极化目标分解中占有重要地位。受部分极化波二分法启发,Huynen 将表征目标变极化效应的 Kennaugh 矩阵分解为一个等效单目标 Kennaugh矩阵和一个 N-目标剩余项之和,称为 Huynen 分解。然而,Barnes 和 Yang 等指出,Huynen 分解存在分解形式非唯一性、对噪声敏感等问题,并分别提出了具体的改进方法,这些改进方法分别称为 Barnes-Holm 分解和 Yang 分解。由于这两种分解与 Huynen 分解没有本质差别,因而可将它们看成 Huynen 分解的衍生分解。

4.2.1　Huynen 分解

从某种意义上讲,极化散射矩阵描述了雷达目标与入射电磁波作用的复杂过程,因而它包含了与目标相关的全部信息。众所周知,极化散射矩阵各元素不仅取决于目标尺寸、结构、材质等自身物理属性,还依赖雷达发射电磁波频率、波形、极化方式等观测条件和目标杂波背景等观测环境,因此直接建立极化散射矩阵与目标物理属性之间的关联是非常困难的。正因为如此,Huynen 提出了雷达目标的现象学理论。他认为,雷达目标作为一种客观存在的事物,其物理属性与观测条件和环境无关,因而可以通过一些物理量来表征目标固有物理属性[239]。对于单稳态目标,他给出了目标结构示意图,并定义了9个表征目标物理属性的物理量对 Kennaugh 矩阵进行参数化,即

$$\boldsymbol{K}_{\mathrm{s}}=2\boldsymbol{R}^{*}(\boldsymbol{S}^{\mathrm{T}}\otimes\boldsymbol{S}^{\mathrm{H}})\boldsymbol{R}^{-1}=\begin{bmatrix}A_0+B_0 & C & H & F\\ C & A_0+B & E & G\\ H & E & A_0-B & D\\ F & G & D & -A_0+B_0\end{bmatrix} \tag{4-34}$$

式中:A_0、B_0、B、C、D、E、F、G、H 统称 Huynen 参数,其物理含义参见3.5节。鉴于 Kennaugh 矩阵与极化散射矩阵的一一对应关系,9个 Huynen 参数并不是完全独立的,而是存在4个目标结构等式(3.5节)。也就是说,单稳态目标只有5个独立描述参数。对于时变或分布式目标,通常采用统计平均方法描述目标,即

$$\boldsymbol{K}=\begin{bmatrix}\langle A_0\rangle+\langle B_0\rangle & \langle C\rangle & \langle H\rangle & \langle F\rangle\\ \langle C\rangle & \langle A_0\rangle+\langle B\rangle & \langle E\rangle & \langle G\rangle\\ \langle H\rangle & \langle E\rangle & \langle A_0\rangle-\langle B\rangle & \langle D\rangle\\ \langle F\rangle & \langle G\rangle & \langle D\rangle & -\langle A_0\rangle+\langle B_0\rangle\end{bmatrix} \tag{4-35}$$

显然,由式(4-35)可知:①平均处理破坏了 Huynen 参数之间的依赖关系,故此类目标无法采用极化散射矩阵表征,因为它有9个独立表征参数;②此类目标 Kennaugh 矩阵是通过非相干叠加得到,因而可将它分解为一个等效单稳态目标和一个剩余项(N-目标)两部分,其中等效单稳态目标由5个参数表征,N-目标由4个参数表征,且它们之间相互独立。同时,N-目标与目标方位角无关,或具有旋转不变性,它表征目标非对称部分。

正如前文所说,采用 Huynen 参数表征单稳态目标时9个物理量并不是完全独立的,它们可通过4个目标结构等式联系起来,其中一个物理量具有如下结构:

$$B_0^2=B^2+E^2+F^2 \tag{4-36}$$

显然,这与完全极化波 Stokes 矢量各元素之间关系式 $g_0^2=g_1^2+g_2^2+g_3^2$ 具有相同的结构。

对于部分极化而言,Stokes 矢量各元素之间又具有以下关系:

$$g_0^2\geqslant g_1^2+g_2^2+g_3^2 \tag{4-37}$$

根据波的二分法理论,任意部分极化波 Stokes 矢量均可表示为一列完全极化波 Stokes 矢量和一列未极化波 Stokes 矢量之和,即

$$\boldsymbol{g}=\boldsymbol{g}_{\mathrm{c}}+\boldsymbol{g}_{\mathrm{u}} \tag{4-38}$$

式中:$\boldsymbol{g}_{\mathrm{u}}$ 为未极化波分量,$\boldsymbol{g}_{\mathrm{u}}=(g,0,0,0)^{\mathrm{T}}$;$\boldsymbol{g}_{\mathrm{c}}$ 为完全极化波分量,$\boldsymbol{g}_{\mathrm{c}}=(g_0-g,g_1,g_2,g_3)^{\mathrm{T}}$,且其各元素之间满足 $(g_0-g)^2=g_1^2+g_2^2+g_3^2$。

类似地,可将矢量 $(B_0,B,E,F)^{\mathrm{H}}$ 分解为分别对应于一个等效单目标和一个剩余目标(N - 目标)的两个矢量,且它们对应元素之间满足如下关系:

$$\begin{cases}B_0=B_0^{\mathrm{T}}+B_0^{\mathrm{N}},B=B^{\mathrm{T}}+B^{\mathrm{N}}\\E=E^{\mathrm{T}}+E^{\mathrm{N}},F=F^{\mathrm{T}}+F^{\mathrm{N}}\end{cases} \tag{4-39}$$

式中:T 和 N 分别代表等效单目标和 N - 目标。其中 N - 目标对应目标非对称部分,它仅由参数 $(B_0^{\mathrm{N}},B^{\mathrm{N}},E^{\mathrm{N}},F^{\mathrm{N}})$ 表示,等效单纯态则由参数 $(A_0,C,D,H,G,B_0^{\mathrm{T}},B^{\mathrm{T}},E^{\mathrm{T}},F^{\mathrm{T}})$ 9 个参数唯一表示,且后 4 个参数可通过以下 4 个关系式确定,即

$$\begin{cases}2A_0(B_0^{\mathrm{T}}+B^{\mathrm{T}})=C^2+D^2,2A_0E^{\mathrm{T}}=CH-DG\\2A_0(B_0^{\mathrm{T}}-B^{\mathrm{T}})=G^2+H^2,2A_0F^{\mathrm{T}}=CG-DH\end{cases} \tag{4-40}$$

而参数 $(B_0^{\mathrm{N}},B^{\mathrm{N}},E^{\mathrm{N}},F^{\mathrm{N}})$ 则通过 Kennaugh 矩阵分解得到,即

$$\begin{aligned}\boldsymbol{K}&=\boldsymbol{K}_0+\boldsymbol{K}_{\mathrm{N}}\\&=\begin{bmatrix}\langle A_0\rangle+B_0^{\mathrm{T}} & \langle C\rangle & \langle H\rangle & F^{\mathrm{T}}\\ \langle C\rangle & \langle A_0\rangle+B^{\mathrm{T}} & E^{\mathrm{T}} & \langle G\rangle\\ \langle H\rangle & E^{\mathrm{T}} & \langle A_0\rangle-B^{\mathrm{T}} & \langle D\rangle\\ F^{\mathrm{T}} & \langle G\rangle & \langle D\rangle & -\langle A_0\rangle+B_0^{\mathrm{T}}\end{bmatrix}+\\&\quad\begin{bmatrix}B_0^{\mathrm{N}} & 0 & 0 & F^{\mathrm{N}}\\ 0 & B^{\mathrm{N}} & E^{\mathrm{N}} & 0\\ 0 & E^{\mathrm{N}} & -B^{\mathrm{N}} & 0\\ F^{\mathrm{N}} & 0 & 0 & B_0^{\mathrm{N}}\end{bmatrix}\end{aligned} \tag{4-41}$$

该式为 Kennaugh 矩阵形式的 Huynen 分解。

利用相干矩阵与 Kennaugh 矩阵之间的线性关系,相干矩阵形式的 Huynen 分解为

$$\boldsymbol{T}_3=\begin{bmatrix}\langle 2\mathrm{A}_0\rangle & \langle C\rangle-\mathrm{j}\langle D\rangle & \langle H\rangle+\mathrm{j}\langle G\rangle\\ \langle C\rangle+\mathrm{j}\langle D\rangle & \langle B_0\rangle+\langle B\rangle & \langle E\rangle+\mathrm{j}\langle F\rangle\\ \langle H\rangle-\mathrm{j}\langle G\rangle & \langle E\rangle-\mathrm{j}\langle F\rangle & \langle B_0\rangle-\langle B\rangle\end{bmatrix}=\boldsymbol{T}_0+\boldsymbol{T}_\mathrm{N} \quad (4-42)$$

其中

$$\boldsymbol{T}_0=\begin{bmatrix}\langle 2\mathrm{A}_0\rangle & \langle C\rangle-\mathrm{j}\langle D\rangle & \langle H\rangle+\mathrm{j}\langle G\rangle\\ \langle C\rangle+\mathrm{j}\langle D\rangle & B_0^\mathrm{T}+B^\mathrm{T} & E^\mathrm{T}+\mathrm{j}F^\mathrm{T}\\ \langle H\rangle-\mathrm{j}\langle G\rangle & E^\mathrm{T}-\mathrm{j}F^\mathrm{T} & B_0^\mathrm{T}-B^\mathrm{T}\end{bmatrix},\quad \boldsymbol{T}_\mathrm{N}=\begin{bmatrix}0 & 0 & 0\\ 0 & B_0^\mathrm{N}+B^\mathrm{N} & E^\mathrm{N}+\mathrm{j}F^\mathrm{N}\\ 0 & E^\mathrm{N}-\mathrm{j}F^\mathrm{N} & B_0^\mathrm{N}-B^\mathrm{N}\end{bmatrix} \quad (4-43)$$

式中：$\boldsymbol{T}_0$ 为一个单稳态目标，因而它与极化散射矩阵一一对应，其矩阵秩恒等于 1；$\boldsymbol{T}_\mathrm{N}$ 为一个分布式目标，故其矩阵秩恒大于 1。同时，由于 $\boldsymbol{T}_\mathrm{N}$ 实质对应目标非对称部分，因而它具有旋转不变性，其数学表达式为

$$\begin{aligned}\boldsymbol{T}_\mathrm{N}(\theta)&=\boldsymbol{U}_3(\theta)\boldsymbol{T}_\mathrm{N}\boldsymbol{U}_3^{-1}(\theta)\\ &=\begin{bmatrix}1 & 0 & 0\\ 0 & \cos2\theta & \sin2\theta\\ 0 & -\sin2\theta & \cos2\theta\end{bmatrix}\begin{bmatrix}0 & 0 & 0\\ 0 & B_0^\mathrm{N}+B^\mathrm{N} & E^\mathrm{N}+\mathrm{j}F^\mathrm{N}\\ 0 & E^\mathrm{N}-\mathrm{j}F^\mathrm{N} & B_0^\mathrm{N}-B^\mathrm{N}\end{bmatrix}\begin{bmatrix}1 & 0 & 0\\ 0 & \cos2\theta & -\sin2\theta\\ 0 & \sin2\theta & \cos2\theta\end{bmatrix}\end{aligned} \quad (4-44)$$

其中 $\boldsymbol{T}_\mathrm{N}(\theta)$ 具有如下形式，即

$$\boldsymbol{T}_\mathrm{N}(\theta)=\begin{bmatrix}0 & 0 & 0\\ 0 & B_0^\mathrm{N}(\theta)+B^\mathrm{N}(\theta) & E^\mathrm{N}(\theta)+\mathrm{j}F^\mathrm{N}(\theta)\\ 0 & E^\mathrm{N}(\theta)-\mathrm{j}F^\mathrm{N}(\theta) & B_0^\mathrm{N}(\theta)-B^\mathrm{N}(\theta)\end{bmatrix} \quad (4-45)$$

显然，变换前后 $\boldsymbol{T}_\mathrm{N}$ 具有相同的结构。

基于以上分析，图 4-7 给出了分布式目标结构示意图。显然，与单稳态目标结构示意图相比，分布式目标结构示意图增加了表征 N-目标的（B_0^N，B^N，E^N，F^N），等效单稳态目标采用（B_0^T，B^T，E^T，F^T）表征其非对称部分。

图 4-8 给出了旧金山地区 AIRSAR 全极化数据 Huynen 分解等效单稳态目标相干矩阵对角线元素，图中 $T_{ii\mathrm{T}}$ 为相干矩阵 i 行 i 列元素。图 4-9 给出了该地区 Huynen 分解 RGB 伪彩图，其中 RGB 三通道分别为 $T_{22\mathrm{T}}$、$T_{33\mathrm{T}}$、$T_{11\mathrm{T}}$。

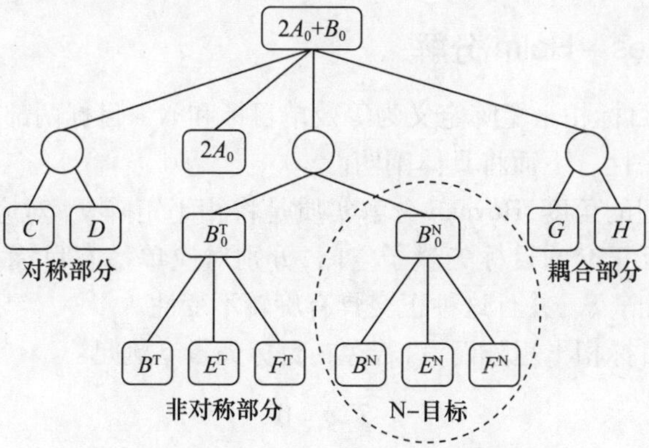

图 4 - 7　分布式目标结构示意图

图 4 - 8　Huynen 分解等效单稳态目标相干矩阵对角线元素

图 4 - 9　Huynen 分解 RGB 伪彩图

（其中 $R = T_{22T}$，$G = T_{33T}$ 和 $B = T_{11T}$）

4.2.2 Barnes – Holm 分解

Huynen 将目标相干矩阵定义为等效单目标和 N – 目标两部分之和，但这种结构具有非唯一性。下面将具体阐明。

从矢量空间的角度，Huynen 分解实质是将相干矩阵 $\boldsymbol{T}_3$ 对应的目标矢量空间分为两个相互正交的目标矢量子空间，分别对应单稳态目标相干矩阵 $\boldsymbol{T}_0$ 和 N – 目标相干矩阵 $\boldsymbol{T}_{\mathrm{N}}$，并且这种正交具有旋转不变性。

对于 N – 目标相干矩阵而言，若存在目标矢量 $\boldsymbol{q}$ 满足：

$$\boldsymbol{T}_{\mathrm{N}}\boldsymbol{q}=0 \tag{4-46}$$

则目标矢量 $\boldsymbol{q}$ 张成的空间就是 N – 目标零空间。$\boldsymbol{T}_{\mathrm{N}}$ 旋转不变性要求 N – 目标零空间在 $\boldsymbol{T}_{\mathrm{N}}$ 旋转变换下仍保持不变，即

$$\boldsymbol{T}_{\mathrm{N}}\boldsymbol{q}=0\Rightarrow\boldsymbol{U}_3(\theta)\boldsymbol{T}_{\mathrm{N}}\boldsymbol{U}_3^{-1}(\theta)\boldsymbol{q}=0 \tag{4-47}$$

从数学上讲，这实质等效于 $\boldsymbol{T}_0$ 对应的目标矢量空间包含了该零空间所有目标矢量。

将式(4 – 43)代入式(4 – 46)，容易看出：要同时满足上述条件，矢量 $\boldsymbol{q}$ 必为矩阵 $\boldsymbol{U}_3^{-1}(\theta)$ 的特征矢量，即

$$\boldsymbol{T}_{\mathrm{N}}(\theta)\boldsymbol{q}=0\Rightarrow(\boldsymbol{U}_3^{-1}(\theta)-\lambda\boldsymbol{I})\boldsymbol{q}=0 \tag{4-48}$$

然而，根据 $\boldsymbol{U}_3(\theta)$ 的表达式可知，$\boldsymbol{U}_3^{-1}(\theta)$ 具有 3 个特征矢量，分别为

$$\boldsymbol{q}_1=[1\quad 0\quad 0]^{\mathrm{T}},\boldsymbol{q}_2=\frac{1}{\sqrt{2}}[0\quad 1\quad \mathrm{j}]^{\mathrm{T}},\quad \boldsymbol{q}_3=\frac{1}{\sqrt{2}}[0\quad \mathrm{j}\quad 1]^{\mathrm{T}} \tag{4-49}$$

这意味着，N – 目标零空间有 3 种不同定义，分别为目标矢量 $\boldsymbol{q}_i(i=1,2,3)$ 张成空间。换句话说，具有 Huynen 分解结构的解并不是唯一的，它们分别对应 $\boldsymbol{U}_3^{-1}(\theta)$ 3 个特征矢量。

对于每个特征矢量而言，可通过下式定义单稳态目标的目标矢量，即

$$\left.\begin{aligned}\boldsymbol{T}_3\boldsymbol{q}=\boldsymbol{T}_0\boldsymbol{q}+\boldsymbol{T}_{\mathrm{N}}\boldsymbol{q}=\boldsymbol{T}_0\boldsymbol{q}=\boldsymbol{k}_0\boldsymbol{k}_0^{\mathrm{H}}\boldsymbol{q}\\ \boldsymbol{q}^{\mathrm{H}}\boldsymbol{T}_3\boldsymbol{q}=\boldsymbol{q}^{\mathrm{H}}\boldsymbol{k}_0\boldsymbol{k}_0^{\mathrm{H}}\boldsymbol{q}=|\boldsymbol{k}_0^{\mathrm{H}}\boldsymbol{q}|^2\end{aligned}\right\}\Rightarrow\boldsymbol{k}_0=\frac{\boldsymbol{T}_3\boldsymbol{q}}{\boldsymbol{k}_0^{\mathrm{H}}\boldsymbol{q}}=\frac{\boldsymbol{T}_3\boldsymbol{q}}{\sqrt{\boldsymbol{q}^{\mathrm{H}}\boldsymbol{T}_3\boldsymbol{q}}} \tag{4-50}$$

若将 $\boldsymbol{q}_1$ 代入式(4 – 50)，则有

$$\boldsymbol{k}_{01}=\frac{\boldsymbol{T}_3\boldsymbol{q}_1}{\sqrt{\boldsymbol{q}_1^{\mathrm{H}}\boldsymbol{T}_3\boldsymbol{q}_1}}=\frac{1}{\sqrt{\langle 2A_0\rangle}}\begin{bmatrix}\langle 2A_0\rangle\\ \langle C\rangle+\mathrm{j}\langle D\rangle\\ \langle H\rangle-\mathrm{j}\langle G\rangle\end{bmatrix} \tag{4-51}$$

显然,结合式(4-50)易证,$\boldsymbol{k}_{01}$定义的相干矩阵 $\boldsymbol{T}_0$ 正好与 Huynen 分解得到的一致。除此之外,分别将 $\boldsymbol{q}_2$ 和 $\boldsymbol{q}_3$ 代入式(4-17)可得其他两种单稳态目标归一化的目标矢量,即

$$\boldsymbol{k}_{02}=\frac{\boldsymbol{T}_3\boldsymbol{q}_2}{\sqrt{\boldsymbol{q}_2^{\mathrm{H}}\boldsymbol{T}_3\boldsymbol{q}_2}}=\frac{1}{\sqrt{2(\langle B_0\rangle-\langle F\rangle)}}\begin{bmatrix}\langle C\rangle-\langle G\rangle+\mathrm{j}\langle H\rangle-\mathrm{j}\langle D\rangle\\ \langle B_0\rangle+\langle B\rangle-\langle F\rangle+\mathrm{j}\langle E\rangle\\ \langle E\rangle+\mathrm{j}\langle B_0\rangle-\mathrm{j}\langle B\rangle-\mathrm{j}\langle F\rangle\end{bmatrix} \tag{4-52}$$

$$\boldsymbol{k}_{03}=\frac{\boldsymbol{T}_3\boldsymbol{q}_3}{\sqrt{\boldsymbol{q}_3^{\mathrm{H}}\boldsymbol{T}_3\boldsymbol{q}_3}}=\frac{1}{\sqrt{2(\langle B_0\rangle+\langle F\rangle)}}\begin{bmatrix}\langle H\rangle+\langle D\rangle+\mathrm{j}\langle C\rangle+\mathrm{j}\langle G\rangle\\ \langle E\rangle+\mathrm{j}\langle B_0\rangle+\mathrm{j}\langle B\rangle+\mathrm{j}\langle F\rangle\\ \langle B_0\rangle-\langle B\rangle+\langle F\rangle+\mathrm{j}\langle E\rangle\end{bmatrix} \tag{4-53}$$

这两种目标矢量称为 Barnes-Holm 分解。

图 4-10 给出了旧金山地区 AIRSAR 全极化数据 Barnes-Holm 分解等效单目标相干矩阵对角线元素,图中 $T_{ii\mathrm{T}}$为相干矩阵 i 行 i 列元素。图 4-11 给出了该地区 Barnes-Holm 分解 RGB 伪彩图,其中 RGB 三通道分别为 $T_{22\mathrm{T}}$、$T_{33\mathrm{T}}$、$T_{11\mathrm{T}}$。

$T_{11\mathrm{T}}=\dfrac{(\langle C\rangle-\langle G\rangle)^2+(\langle H\rangle-\langle D\rangle)^2}{2(\langle B_0\rangle-\langle F\rangle)}$　$T_{22\mathrm{T}}=\dfrac{(\langle B_0\rangle+\langle B\rangle-\langle F\rangle)^2+\langle E\rangle^2}{2(\langle B_0\rangle-\langle F\rangle)}$　$T_{33\mathrm{T}}=\dfrac{(\langle B_0\rangle-\langle B\rangle-\langle F\rangle)^2+\langle E\rangle^2}{2(\langle B_0\rangle-\langle F\rangle)}$

图 4-10　Barnes-Holm 分解等效单稳态目标相干矩阵对角线元素

图 4-11 Barnes-Holm 分解 RGB 伪彩图

4.2.3 Yang 分解

除了非唯一问题之外，Yang 等指出[282]：①对于 A_0 较小的情况，等效单稳态目标参数($B_0^{\mathrm{T}}, B^{\mathrm{T}}, E^{\mathrm{T}}, F^{\mathrm{T}}$)对平均 Kennaugh 矩阵非常敏感，此时对平均Kennaugh矩阵进行 Huynen 分解无法得到正确的等效单稳态目标 Kennaugh 矩阵；②尤其是当 $A_0=0$ 时，无法对平均 Kennaugh 矩阵进行 Huynen 分解。

基于以上认知，为了获得正确的等效单稳态目标 Kennaugh 矩阵，Yang 等对 Huynen 分解进行了修正，其具体措施为：

(1) 将 A_0 与平均 Kennaugh 矩阵首元素 k_{00} 进行比较。若 $A_0 \geqslant k_{00}/10$，则可采用4.2.1 节中方法对平均 Kennaugh 矩阵进行分解。

(2) 若 $A_0 < k_{00}/10$ 成立，那么定义两个新的平均 Kennaugh 矩阵，分别为

$$
\boldsymbol{K}_1=\boldsymbol{R}_1\boldsymbol{K}\boldsymbol{R}_1^{-1}=\begin{bmatrix}\langle A_0\rangle+\langle B_0\rangle & \langle C\rangle & \langle F\rangle & -\langle H\rangle \\ \langle C\rangle & \langle A_0\rangle+\langle B_0\rangle & \langle G\rangle & -\langle E\rangle \\ \langle F\rangle & \langle G\rangle & \langle A_0\rangle-\langle B_0\rangle & \langle D\rangle \\ -\langle H\rangle & -\langle E\rangle & \langle D\rangle & \langle A_0\rangle-\langle B_0\rangle\end{bmatrix}
$$

$$
=\begin{bmatrix}\langle A_{01}\rangle+\langle B_{01}\rangle & \langle C_1\rangle & \langle H_1\rangle & \langle F_1\rangle \\ \langle C_1\rangle & \langle A_{01}\rangle+\langle B_{01}\rangle & \langle E_1\rangle & \langle G_1\rangle \\ \langle H_1\rangle & \langle E_1\rangle & \langle A_{01}\rangle-\langle B_{01}\rangle & \langle D_1\rangle \\ \langle F_1\rangle & \langle G_1\rangle & \langle D_1\rangle & \langle A_{01}\rangle-\langle B_{01}\rangle\end{bmatrix}
\tag{4-54}
$$

$$\boldsymbol{K}_2 = \boldsymbol{R}_2\boldsymbol{K}\boldsymbol{R}_2^{-1} = \begin{bmatrix} \langle A_0\rangle + \langle B_0\rangle & \langle H\rangle & \langle F\rangle & \langle C\rangle \\ \langle H\rangle & \langle A_0\rangle - \langle B\rangle & \langle D\rangle & \langle E\rangle \\ \langle F\rangle & \langle D\rangle & \langle B_0\rangle - \langle A_0\rangle & \langle G\rangle \\ \langle C\rangle & \langle E\rangle & \langle D\rangle & \langle A_0\rangle + \langle B\rangle \end{bmatrix}$$

$$= \begin{bmatrix} \langle A_{02}\rangle + \langle B_{02}\rangle & \langle C_2\rangle & \langle H_2\rangle & \langle F_2\rangle \\ \langle C_2\rangle & \langle A_{02}\rangle + \langle B_2\rangle & \langle E_2\rangle & \langle G_2\rangle \\ \langle H_2\rangle & \langle E_2\rangle & \langle A_{02}\rangle - \langle B_2\rangle & \langle D_2\rangle \\ \langle F_2\rangle & \langle G_2\rangle & \langle D_2\rangle & \langle A_{02}\rangle - \langle B_{02}\rangle \end{bmatrix} \tag{4-55}$$

其中

$$\boldsymbol{R}_1^{-1} = \boldsymbol{R}_1^{\mathrm{T}} = \begin{bmatrix} 1 & 0 & 0 & 0 \\ 0 & 1 & 0 & -1 \\ 0 & 0 & 0 & 0 \\ 0 & 0 & -1 & 0 \end{bmatrix} \quad \boldsymbol{R}_2^{-1} = \boldsymbol{R}_2^{\mathrm{T}} = \begin{bmatrix} 1 & 0 & 0 & 0 \\ 0 & 0 & 0 & 1 \\ 0 & 1 & 0 & 0 \\ 0 & 0 & 1 & 0 \end{bmatrix} \tag{4-56}$$

(3) 若 $A_{01} \geqslant A_{02}$,则对 Kennaugh 矩阵 $\boldsymbol{K}_1$ 进行 Huynen 分解,即

$$\boldsymbol{K}_1 = \boldsymbol{K}_{10} + \boldsymbol{K}_{1\mathrm{N}} \tag{4-57}$$

那么修正 Huynen 分解表达式为

$$\boldsymbol{K} = \boldsymbol{R}_1^{-1}\boldsymbol{K}_1\boldsymbol{R}_1 = \boldsymbol{R}_1^{-1}(\boldsymbol{K}_{10} + \boldsymbol{K}_{1\mathrm{N}})\boldsymbol{R}_1 \equiv \boldsymbol{K}_0 + \boldsymbol{K}_{\mathrm{N}} \tag{4-58}$$

(4) 若 $A_{01} \leqslant A_{02}$,则对 Kennaugh 矩阵 $\boldsymbol{K}_2$ 进行 Huynen 分解,即

$$\boldsymbol{K}_2 = \boldsymbol{K}_{20} + \boldsymbol{K}_{2\mathrm{N}} \tag{4-59}$$

那么修正 Huynen 分解表达式为

$$\boldsymbol{K} = \boldsymbol{R}_2^{-1}\boldsymbol{K}_2\boldsymbol{R}_2 = \boldsymbol{R}_2^{-1}(\boldsymbol{K}_{20} + \boldsymbol{K}_{2\mathrm{N}})\boldsymbol{R}_2 \equiv \boldsymbol{K}_0 + \boldsymbol{K}_{\mathrm{N}} \tag{4-60}$$

Yang 等将修正 Huynen(或 Yang 分解)与 Holm - Barnes 分解、Cloude 分解进行了比较。实验结果表明,无论 A_0 是否较小或为 0,这几种方法的分解结果都是一致的。

4.3 Cloude 非相干分解及其衍生分解

前文研究表明,Huynen 分解实质是从目标平均相干矩阵中提取一个秩为 1 的相干矩阵,且该相干矩阵与某种散射机制相对应。然而,这种分解结构存在以下不足:①不具有唯一性,4.2.2 节已指出,该分解结构存在 3 种不同形式;

②Huynen 分解具有旋转不变性,或绕雷达视线旋转不变性,但在更广泛的酉矩阵变换下它并不具有不变性;③等效单目标不一定是一个对后向散射贡献最大的等效单目标。

基于此,Cloude 借助矩阵特征值分析提出了一种新的极化目标分解[283],即 Cloude 分解。其基本思想为:利用相干矩阵特征值和特征矢量分解,选取特征值最大对应的归一化特征矢量与最大特征值一起构造等效单目标相干矩阵。考虑到采用等效单目标表征目标不准确,尤其当目标散射随机性较强时,Cloude 借助量子力学中熵的概念定义了极化散射熵,用于表征目标散射随机性,与等效单目标散射一起构成目标散射描述,称为 H/α 分解。但由于 H/α 分解是在 Cloude 分解基础上进行的改进,故将它看成 Cloude 分解的衍生。

4.3.1 Cloude 分解

若令目标相干矩阵的特征值为 $\lambda_i(i=1,2,3)$,对应的归一化特征矢量为 $\boldsymbol{u}_i(i=1,2,3)$,则该相干矩阵可分解为 3 个秩为 1 的相干矩阵加权和[243],即

$$\boldsymbol{T}_3 = \boldsymbol{U}_3\boldsymbol{\Sigma}\boldsymbol{U}_3^{-1} = \sum_{i=1}^{3}\lambda_i T_{3i} = \sum_{i=1}^{3}\lambda_i\boldsymbol{u}_i\cdot\boldsymbol{u}_i^{\mathrm{H}} \tag{4-61}$$

式中:$\boldsymbol{\Sigma}=\mathrm{diag}\{\lambda_1,\lambda_2,\lambda_3\}$;$\boldsymbol{U}_3=[\boldsymbol{u}_1\quad\boldsymbol{u}_2\quad\boldsymbol{u}_3]^{\mathrm{T}}$;$\boldsymbol{T}_{3i}$ 为 $\boldsymbol{u}_i$ 协方差矩阵。式(4-60)表明,若将 $\boldsymbol{u}_i$ 理解为某种散射机制,则分布式目标可理解为 3 种相互正交的散射机制贡献之和,而 λ_i 为对应散射机制的权重系数,或该散射机制对目标整个后向散射的贡献。

不失一般性,若令 $\lambda_1\geqslant\lambda_2\geqslant\lambda_3$,则 λ_1 对应的特征矢量 $\boldsymbol{u}_1$ 为目标主散射机制,因为它对目标整个后向散射的贡献最大,而其他两个特征矢量 $\boldsymbol{u}_2$、$\boldsymbol{u}_3$ 依次为目标的次要散射机制、最次散射机制。目标主散射机制对应的相干矩阵定义为

$$\boldsymbol{T}_{31}=\lambda_1\boldsymbol{u}_1\cdot\boldsymbol{u}_1^{\mathrm{H}}=\boldsymbol{k}_1\cdot\boldsymbol{k}_1^{\mathrm{H}} \tag{4-62}$$

式中:$\boldsymbol{k}_1$ 为 Pauli 基目标矢量;λ_1 等于目标矢量 $\boldsymbol{k}_1$ 的 2-范数的平方。根据 3.4.1 节中相干矩阵的 Huynen 参数化形式,主散射机制对应的目标矢量可表示为

$$\boldsymbol{k}_1=\sqrt{\lambda_1}\boldsymbol{u}_1=\frac{\mathrm{e}^{\mathrm{j}\phi}}{\sqrt{2A_0}}\begin{bmatrix}2A_0\\C+\mathrm{j}D\\H-\mathrm{j}G\end{bmatrix}=\mathrm{e}^{\mathrm{j}\phi}\begin{bmatrix}\sqrt{2A_0}\\\sqrt{B_0+B}\,\mathrm{e}^{+\mathrm{j}\arctan(D/C)}\\\sqrt{B_0-B}\,\mathrm{e}^{-\mathrm{j}\arctan(G/H)}\end{bmatrix} \tag{4-63}$$

式中:ϕ 为绝对相位,其取值范围为$[-\pi,\pi]$。显然,该目标矢量各元素模值平方正好等于 Huynen 参数 $2A_0$、B_0+B 和 B_0-B。为此,在没有先验知识的情况

下，利用这 3 个 Huynen 参数及其对应的物理含义，目标主散射机制可分为：

表面散射：若 $2A_0 \gg B_0 + B$ 和 $2A_0 \gg B_0 - B$，则目标主散射机制为表面散射。

偶次散射：若 $B_0 + B \gg 2A_0$ 和 $B_0 + B \gg B_0 - B$，则目标主散射机制为偶次散射。

体散射：若 $B_0 - B \gg 2A_0$ 和 $B_0 - B \gg B_0 + B$，则主散射机制为体散射。

可见，目标主散射机制也可看成上述三种典型散射的合成，主散射机制目标矢量各元素模值平方为这些散射对应的散射功率。

为了演示 Cloude 分解，图 4－8 给出了旧金山地区 AIRSAR 极化数据对应的 $2A_0$，$B_0 + B$ 和 $B_0 - B$，图 4－12 给出了这 3 幅图的 RGB 伪彩图，其中 RGB 三通道分别为 $B_0 + B$、$B_0 - B$、$2A_0$。

图 4－12　Cloude 分解 RGB 伪彩图
（其中，$R = B_0 + B$，$G = B_0 - B$ 和 $B = 2A_0$）

4.3.2 H/α 分解

尽管 Cloude 分解不存在与 Huynen 分解类似的不足，但只采用主散射机制表征目标散射显得过于粗糙或不准确，尤其是当主散射机制对于目标整个后向散射贡献率不占绝对主导地位，甚至是 3 种散射机制对目标后向散射贡献率几乎相等时；而且仅采用主散射机制表征目标散射也无法体现各种不同散射机制对整个后向散射贡献的分布情况。这种描述不准确的原因在于对相干矩阵信息利用得不充分,因为它仅利用了相干矩阵最大特征值对应的特征矢量,而忽略了其他特征矢量和特征值信息。考虑到实际地物散射的复杂性,只有尽可能地充分利用这些信息才能准确地表征实际目标散射情况。因此,Cloude 等提出采用平均散射机制和散射随机性相结合的目标散射表征方法——H/α 分解,从而更准确地描述了实际目标散射情况。

1. 随机散射介质散射模型

Cloude 认为,任意目标散射均可看成某种平均散射机制上的随机起伏。他将目标散射等于三种散射机制的贡献之和,而每种散射机制由 $\boldsymbol{U}_3$ 矩阵的列矢量表征,且它们对应的发生概率定义为

$$p_i = \lambda_i / \sum_{k=1}^{3} \lambda_k \quad 且 \sum_{k=1}^{3} p_k = 1 \tag{4-64}$$

为了便于提取目标平均散射机制,他首先采用 $\alpha-\beta$ 模型对相干矩阵特征矢量构成的酉矩阵进行参数化,即

$$\boldsymbol{U}_3 = \begin{bmatrix} \cos\alpha_1 e^{j\phi_1} & \cos\alpha_2 e^{j\phi_2} & \cos\alpha_3 e^{j\phi_3} \\ \sin\alpha_1 \cos\beta_1 e^{j(\delta_1+\phi_1)} & \sin\alpha_2 \cos\beta_2 e^{j(\delta_2+\phi_2)} & \sin\alpha_3 \cos\beta_3 e^{j(\delta_3+\phi_3)} \\ \sin\alpha_1 \sin\beta_1 e^{j(\gamma_1+\phi_1)} & \sin\alpha_2 \sin\beta_2 e^{j(\gamma_2+\phi_2)} & \sin\alpha_3 \sin\beta_3 e^{j(\gamma_3+\phi_3)} \end{bmatrix} \tag{4-65}$$

式中:α_i 为某种散射机制类型;β_i 为对应目标方位角;ϕ_i 为目标绝对相位;δ_i 和 γ_i 为目标相位角。考虑到相干矩阵特征矢量相互正交,参数$(\alpha_1,\alpha_2,\alpha_3)$、$(\beta_1,\beta_2,\beta_3)$、$(\delta_1,\delta_2,\delta_3)$和$(\gamma_1,\gamma_2,\gamma_3)$并不是相互独立的,而$(\phi_1,\phi_2,\phi_3)$为目标绝对相位,可认为是独立参数。

基于上述参数化形式,平均散射机制目标矢量定义为

$$\boldsymbol{k}_0 = \sqrt{\lambda}\,\boldsymbol{u}_0 = \sqrt{\lambda}\, e^{j\phi} [\cos\alpha \quad \sin\alpha\cos\beta e^{j\delta} \quad \sin\alpha\sin\beta e^{j\gamma}]^{T} \tag{4-66}$$

显然,式中 α、β、ϕ、δ 和 γ 均为随机变量。假设目标散射为一个三变量伯努利随机过程,且对于任意随机变量,若已知它的发生序列为

$$x = \{x_1 x_2 x_2 x_3 x_1 x_2 x_3 x_1 \cdots\} \tag{4-67}$$

而每个可能出现值的发生概率为 $p_i(i=1,2,3)$,那么其估计值为

$$x = p_1 x_1 + p_2 x_2 + p_3 x_3 \tag{4-68}$$

类似地,式(4-65)中变量的估计式分别为

$$\alpha = \sum_{k=1}^{3} p_k \alpha_k, \quad \beta = \sum_{k=1}^{3} p_k \beta_k, \quad \delta = \sum_{k=1}^{3} p_k \delta_k, \quad \gamma = \sum_{k=1}^{3} p_k \gamma_k, \quad \lambda = \sum_{k=1}^{3} p_k \lambda_k \tag{4-69}$$

尽管采用式(4-65)表征目标平均散射机制,但并不是该式中所有参数均可用于表征目标散射类型。若将目标绕雷达视线旋转 θ,相干矩阵变为

$$\boldsymbol{T}_3(\theta)=\boldsymbol{R}_3(\theta)\boldsymbol{T}_3\boldsymbol{R}_3(\theta)^{-1}=\boldsymbol{R}_3(\theta)\boldsymbol{U}_3\boldsymbol{\Sigma}\boldsymbol{U}_3^{-1}\boldsymbol{R}_3(\theta)^{-1}=\boldsymbol{U}_3'\boldsymbol{\Sigma}\boldsymbol{U}'^{-1}_3 \tag{4-70}$$

式中:$\boldsymbol{R}_3(\theta)$为酉矩阵,其定义见式(3-89),而

$$\boldsymbol{U}_3'=\boldsymbol{R}_3(\theta)\boldsymbol{U}_3=\begin{bmatrix}\cos\alpha_1 e^{j\phi'_1} & \cos\alpha_2 e^{j\phi_2'} & \cos\alpha_3 e^{j\phi_3'}\\ \sin\alpha_1\cos\beta_1' e^{j(\delta_1'+\phi_1')} & \sin\alpha_2\cos\beta_2' e^{j(\delta_2'+\phi_2')} & \sin\alpha_3\cos\beta_3' e^{j(\delta_3'+\phi_3')}\\ \sin\alpha_1\sin\beta_1' e^{j(\gamma_1'+\phi_1')} & \sin\alpha_2\sin\beta_2' e^{j(\gamma_2'+\phi_2')} & \sin\alpha_3\sin\beta_3' e^{j(\gamma_3'+\phi_3')}\end{bmatrix} \tag{4-71}$$

显然,$(\alpha_1,\alpha_2,\alpha_3)$、$(\lambda_1,\lambda_2,\lambda_3)$和$(p_1,p_2,p_3)$为旋转不变量;$(\beta_1,\beta_2,\beta_3)$、$(\delta_1,\delta_2,\delta_3)$和$(\gamma_1,\gamma_2,\gamma_3)$则为旋转可变量,故式(4-69)中只有 α、λ 为旋转不变量,β、δ 和 γ 为与方位角有关的可变量。尽管 α 和 λ 均只与目标物理特性有关,但后者与目标散射功率有关,因而表征目标散射类型参数只可能为 α。

2. 目标散射类型

前文分析可知,α 不仅为旋转不变量,而且它还与目标散射类型之间存在直接联系。这里将以粒子云团为例阐明该问题,若假设粒子云团中任意单个散射体的散射矩阵为

$$\boldsymbol{S}=\begin{bmatrix}a & 0\\ 0 & b\end{bmatrix} \tag{4-72}$$

式中:a 和 b 为复散射系数。若将该散射体绕雷达视线旋转 θ,其相干矩阵变为

$$\boldsymbol{T}_3(\theta)=\boldsymbol{R}_3(\theta)\begin{bmatrix}\varepsilon & \mu & 0\\ \mu^* & \nu & 0\\ 0 & 0 & 0\end{bmatrix}\boldsymbol{R}_3(\theta)^{-1}=\begin{bmatrix}\varepsilon & \mu\cos 2\theta & \mu\sin 2\theta\\ \mu^*\cos 2\theta & \nu\cos^2 2\theta & \nu\cos 2\theta\sin 2\theta\\ \mu^*\sin 2\theta & \nu\cos 2\theta\sin 2\theta & \nu\sin^2 2\theta\end{bmatrix} \tag{4-73}$$

式中:$\varepsilon=|a+b|^2/2$;$\nu=|a-b|^2/2$;$\mu=(a+b)(a-b)^*/2$。若假设 θ 在 $[0,2\pi]$上服从均匀分布,那么平均相干矩阵为

$$\langle\boldsymbol{T}_3\rangle_\theta=\int_0^{2\pi}\boldsymbol{T}_3(\theta)P(\theta)\mathrm{d}\theta=\frac{1}{2}\begin{bmatrix}2\varepsilon & 0 & 0\\ 0 & \nu & 0\\ 0 & 0 & \nu\end{bmatrix} \tag{4-74}$$

显然,该目标平均相干矩阵为对角矩阵,其特征矢量构成酉矩阵为三维单位矩

阵。此时,α 参数可表示为

$$\alpha=\frac{\pi}{2}(P_2+P_3),\quad 其中\ p_2=p_3=\frac{\nu}{2(\varepsilon+\nu)} \tag{4-75}$$

根据 a 和 b 之间的大小关系,α 有以下 3 种特殊情形:

(1) 若 $a=b$,粒子云团由大量随机分布的金属球体构成,其散射主要由球体单次散射叠加而成。此时,由 $\nu=0$ 可知,该粒子云团相干矩阵秩恒等于 1,进而结合式(4-75)有 $p_2=p_3=0$ 和 $\alpha=0$;反过来,若 $\alpha=0$,则表明目标为各向同性单次散射。

(2) 若 $a=-b$,即粒子云团表现出偶次散射。此时,由 $\varepsilon=0$ 可知,该粒子云团相干矩阵为对角矩阵 $\mathrm{diag}\{0,\nu/2,\nu/2\}$,进而可得 $p_2=p_3=0.5$ 和 $\alpha=\pi/2$。这说明 $\alpha=\pi/2$ 时,目标为各向同性偶次散射。

(3) 若 $a\gg b$,极限情形为 $b=0$,即粒子云团由大量随机分布的偶极子构成。此时,$\varepsilon=\nu$,进而有 $p_2=p_3=0.25$ 及 $\alpha=\pi/4$。这说明 $\alpha=\pi/4$ 时,目标为各向异性偶极子散射。

显然,上述分析说明 α 与目标散射机制存在直接联系。进一步地,利用 α 可建立起观测数据与目标物理特性之间的关系。除上述 3 种特殊情况,由式(4-75)可得,α 的一般表达形式

$$\alpha=\frac{\pi(|a|^2+|b|^2-2|a||b|\cos\omega)}{4(|a|^2+|b|^2)} \tag{4-76}$$

式中:$\omega=|\phi_a-\phi_b|$,ϕ_a 为复数 a 相位,ϕ_b 为复数 b 相位。根据 $|a|^2+|b|^2\geqslant 2|a||b|$ 可知,α 的动态范围为 $[0,\pi/2]$,且取得上下边界的条件分别为 $a=-b$ 和 $a=b$。同时,若相位差 ω 介于 $0\sim\pi$ 时,$0<\cos\omega<1$,此时 α 介于 $0\sim\pi/4$,表明目标为各向异性单次散射;若相位差 ω 介于 $\pi\sim2\pi$ 时,$-1<\cos\omega<0$,此时 α 介于 $\pi/4\sim\pi/2$,表明目标为各向异性偶次散射。

综上所述,在区间 $[0,\pi/2]$ 上,随着 α 逐渐增加,以几何光学表面散射($\alpha=0$)为起点,经过物理光学的布拉格表面散射到达偶极子散射($\alpha=\pi/4$),再经过非传导体表面的二面角散射最终达到金属表面的二面角散射($\alpha=\pi/2$)。

3. 极化散射熵

正如前文所说,目标散射是在某种平均散射机制上的随机起伏。尽管根据参数 α 能够将不同主散射机制的目标加以识别,但无法区分具有相同主散射机制而散射随机性不同的目标。从数学上,目标散射随机性主要体现为相干矩阵特征值之间相对大小关系。为此,在 Von Neumann 意义上,度量目标散射随机性的参数——极化散射熵可定义为

$$H=-\sum_{i=1}^{n}p_i\log_n(p_i) \tag{4-77}$$

式中：p_i 为相干矩阵特征值 λ_i 对应发生概率；n 为相干矩阵维数（单静态情形 $n=3$；双静态情形 $n=4$）。显然，H 取值范围为 $[0,1]$，且因 p_i 为旋转不变特征量，H 也为不变特征量。

考虑到 $p_1+p_2+p_3=1$，若不失一般性，令 $p_1 \geqslant p_2 \geqslant p_3$，则极化散射熵还可表示为

$$H=-(p_1\log_3(p_1)+p_3\log_3(p_3)+(1-p_1-p_3)\log_3(1-p_1-p_3)) \tag{4-78}$$

根据该式，图 4-13 给出了 H 在 (p_3,p_1) 平面上的等高线图。由该图可知：①若极化散射熵较小，例如 $H<0.3$，易知 $p_1 \geqslant 0.91$，目标为弱去极化，可采用某个等效点目标散射表征目标散射，因为该点目标对应的散射机制对目标整个后向散射贡献占绝对主导，而其他次要散射机制由于更易受到相干斑噪声影响而被忽略；②但若极化散射熵较高，目标为强去极化的，此时不存在单一的"等效点散射体"，需考虑特征值谱上所有可能点散射体的混合，且随着极化熵逐渐增大，根据观测量可区分的散射类别数量越来越少。极限情况：当 $H=1$ 时，极化信息为零，目标散射为一个纯粹的随机噪声过程。

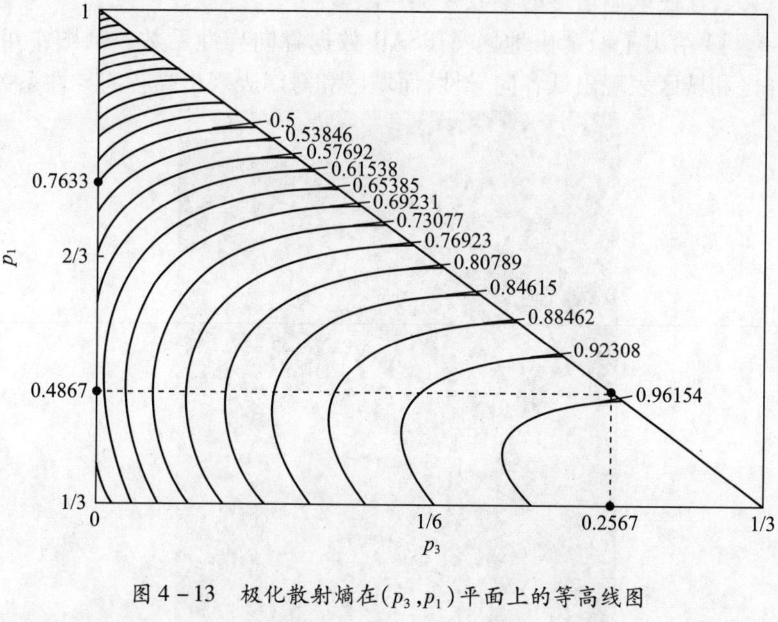

图 4-13　极化散射熵在 (p_3,p_1) 平面上的等高线图

4. 各向异性系数

尽管极化散射熵表征了目标散射随机性，但它并不与相干矩阵特征值，或与 (p_1,p_2,p_3) 一一对应，即对于某个确定的 H_0，根据式（4-77）可知，p_1（或 p_3）

为 p_3（或 p_1）的连续函数，在图 4－13 中则表现为一条等高曲线。为了克服极化散射熵表征目标散射随机性的模糊性，Cloude 引入了极化各向异性系数 A，其定义式为

$$A=\frac{\lambda_2-\lambda_3}{\lambda_2+\lambda_3}=\frac{p_2-p_3}{p_2+p_3} \tag{4-79}$$

显然，参数 A 的动态范围为 $[0,1]$，且当 $\lambda_2=\lambda_3$ 时，$A=0$；当 $\lambda_3=0$ 时，$A=1$。同时，由于相干矩阵的特征值均为旋转不变量，因而参数 A 也为旋转不变量。

极化各向异性系数是极化散射熵的补充，因为它度量了相干矩阵第二、第三特征值的相对重要性，从而提高了不同散射类型鉴别能力。例如，对于 $H_0=0.8$ 情况，假设 $p_1=0.500$，利用式（4－78）可知，$p_3=0.061$，进而利用 $p_1+p_2+p_3=1$ 可知，$p_2=0.439$；若假设 $p_1=0.600$，可得 $p_3=0.084$，$p_2=0.316$。尽管采用极化散射熵无法识别这两种情况，但采用极化各向异性系数，因为它们对应的极化各向异性系数分别为 $A=0.7560$ 和 $A=0.5800$。

从实用性观点看，极化各向异性系数主要应用于极化散射熵较高情形（$H>0.7$），因为对于极化散射熵较低的情形，第二、第三特征值较小，且受相干斑噪声影响巨大，这使低熵情形的参数 A 噪声较多。

图 4－14 给出了旧金山地区 AIRSAR 数据各向异性系数。从图中可以看出，海洋区和城区表现出低各向异性，而城区和海岸表现出高各向异性系数。

图 4－14　旧金山地区 AIRSAR 数据各向异性系数

4.3.3 H/α 替代参数

由前文分析可知,采用目标平均散射机制和散射随机性相结合的目标散射描述是目前最为合理且应用广泛的一种描述。然而,由于提取表征目标平均散射机制的参数 α 和表征目标散射随机性的参数 H 涉及复杂的矩阵特征值和特征矢量分解,不利于大数量的极化 SAR 图像实时处理。为此,Parks 等利用归一化相干矩阵导出了 H/α 的替代参数[284]。

首先,对相干矩阵 $\boldsymbol{T}_3$ 进行归一化处理,即

$$\boldsymbol{N}_3 = \langle \boldsymbol{k}^{\mathrm{H}} \cdot \boldsymbol{k} \rangle^{-1} \langle \boldsymbol{k} \cdot \boldsymbol{k}^{\mathrm{H}} \rangle = \frac{\boldsymbol{T}_3}{\mathrm{tr}(\boldsymbol{T}_3)} \tag{4-80}$$

该式表明,归一化相干矩阵 $\boldsymbol{N}_3$ 具有以下特征:①$\boldsymbol{N}_3$ 与 $\boldsymbol{T}_3$ 具有相同的特征矢量,且这些特征矢量对应的特征值为 $\lambda_i(i=1,2,3)$,即 $\boldsymbol{T}_3$ 特征矢量对应的发生概率。②由于 $\boldsymbol{T}_3$ 为 Hermitian 矩阵,$\boldsymbol{N}_3$ 也为 Hermitian 矩阵,因此它有以下 3 个酉相似变换不变特征量:

$$\mathrm{tr}(\boldsymbol{N}_3) = \sum_{i=1}^{3} \lambda_i, \ \| \boldsymbol{N}_3 \|_{\mathrm{F}}^2 = \sum_{i=1}^{3} \sum_{j=1}^{3} |\langle N_{ij} \rangle|^2 = \sum_{i=1}^{3} \lambda_i^2, \ |\boldsymbol{N}_3| = \prod_{i=1}^{3} \lambda_i \tag{4-81}$$

式中:$\| \cdot \|_{\mathrm{F}}^2$ 为矩阵 F－范数。③鉴于 $\boldsymbol{N}_3$ 的迹恒等于 1,其特征值 λ_i 为以下多项式方程的根,即

$$\lambda_i^3 - \lambda_i^2 + \frac{\lambda_i}{2}\left(1 - \sum_{i=1}^{3} \sum_{j=1}^{3} |\langle N_{ij} \rangle|^2\right) = |\boldsymbol{N}_3| \tag{4-82}$$

显然,$\boldsymbol{N}_3$ 特征值 p_i 可表示为上述酉相似变换不变特征量函数,进而极化散射熵为矩阵行列式和 F－范数的函数。Parks 研究表明,$\boldsymbol{N}_3$ 的 F－范数与极化散射熵包含信息非常相似,且当 $H=1$ 时,$\boldsymbol{N}_3$ 的 F－范数最小($\|\boldsymbol{N}_3\|_{\mathrm{F}}^2 = 1/3$);当 $H=0$ 时,$\boldsymbol{N}_3$ 的 F－范数最大($\|\boldsymbol{N}_3\|_{\mathrm{F}}^2 = 1$)。为此,他利用 $\boldsymbol{N}_3$ 的 F－范数定义了极化散射熵的替代参数

$$H' = \frac{3}{2}(1 - \|\boldsymbol{N}_3\|_{\mathrm{F}}^2) \tag{4-83}$$

显然,H' 和 H 均为 $\boldsymbol{N}_3$ 特征值 $\lambda_i(i=1,2,3)$ 的函数,因而它们存在以下约束关系:

(1) 若归一化相干矩阵某个特征值等于 1,也就是另外 2 个特征值等于零,此时 F－范数等于 1,$H' = H = 0$。这种情形对应目标只包含一种散射机制,或确定性目标。

(2) 若3个特征值相等,均为1/3,此时2-范数等于1/3,$H'=H=1$。该情形对应目标包含三种散射机制,且它们的发生概率相同。

(3) 若其中两个小的特征值相等,即 $\lambda_2=\lambda_3=\lambda,\lambda_1=1-2\lambda$。此时,极化散射熵可表示为替代参数函数:

$$H\leqslant -2\lambda\log_3\lambda-(1-2\lambda)\log_3(1-2\lambda) \tag{4-84}$$

式中:$\lambda=(1-(1-H')^{1/2})/3$,且 $H'\in[0,1]$。

(4) 若其中大的特征值相等,即 $\lambda_1=\lambda_2=\lambda,\lambda_3=1-2\lambda$,且满足 $1/3\leqslant\lambda\leqslant 1/2$。此时,极化散射熵同样可表示为替代参数的函数

$$H\geqslant -2\lambda\log_3\lambda-(1-2\lambda)\log_3(1-2\lambda) \tag{4-85}$$

式中:$\lambda=(1+(1-H')^{1/2})/3$,而 $H'\in[3/4,1]$。

(5) 若最小特征值等于零,若令 $\lambda_1=\lambda$,则 $\lambda_2=1-\lambda_1$。此时极化散射熵可表示为

$$H\geqslant -\lambda\log_3\lambda-(1-\lambda)\log_3(1-\lambda) \tag{4-86}$$

式中:$\lambda=(1+(1-4H'/3)^{1/2})/2$,而 $H'\in[0,3/4]$。

通过研究相干矩阵特征矢量参数化形式(式(4-64)),归一化相干矩阵首元素可表示为

$$N_{11}=\sum_{i=1}^{3}p_i\cos^2\alpha_i \tag{4-87}$$

显然,α 与 N_{11} 具有许多相似之处:①二者均为 p_i、α_i 的函数,说明它们包含了相同的目标信息;②尽管二者取值范围不同,但均为有限值域;③具有旋转不变性。同时,它们还存在以下3种数学约束关系:

(1) 目标包含多种散射机制,且其中有一种为单次散射情况,那么其他特征矢量散射角必为 $\pi/2$,此时二者之间存在线性关系,$N_{11}=1-2\alpha/\pi$。

(2) 目标只包含一种散射机制,$N_{11}=\cos^2\alpha$。

(3) 只包含两种散射机制,它们的散射矢量都不与单次散射矢量正交,二者存在如下关系:

$$N_{11}=\frac{2\cos^2(\alpha\cdot\sin(2/\pi)/2)}{\alpha\cdot\sin(2/\pi)-\pi}\left(\alpha-\frac{\pi}{2}\right)\quad\left(\alpha\cdot\sin(2/\pi)/2\leqslant\bar{\alpha}\leqslant\frac{\pi}{2}\right) \tag{4-88}$$

以旧金山地区 AIRSAR 图像为例,图4-15(a)给出了该地区数据在极化散射熵与替代参数的二维平面上的散布图。其中,线为极化散射熵与替代参数的极限约束曲线,点对应该地区数据点。从该图中可以看出,所有数据点均在式(4-83)~式(4-85)曲线确定的封闭区域内验证了这些曲线的正确性;同时,根据曲线确定的封闭区域形状可以看出,极化散射熵和替代参数之间存在一种近似正比线性映射关系,因该地区数据对应的两参数平均相对差为

0.0325，最大相对差不超过 0.0891，相对标准差为 0.0237。图 4-15(b)以实线、虚线和点划线分别绘出了 α 与 N_{11} 之间 3 条数学约束关系曲线。这些曲线构成的封闭区域包含了所有 α 和 N_{11} 的可能取值组合。由这些曲线可知：①α 和 N_{11} 之间不存在一一对应的映射关系；②任意 $N_{11} < 0.5$ 的取值，其对应的 α 均大于 $\pi/4$，而任意 $N_{11} > 0.5$ 的取值，其对应的 α 却有可能小于 $\pi/4$ 或大于 $\pi/4$；③任意 α 小于 $\pi/4$ 的取值，其对应的 N_{11} 值均大于 0.5，而任意 α 大于 $\pi/4$ 的取值，其对应的 N_{11} 值却有可能大于 0.5 或小于 0.5。由以上分析可知，若 $N_{11} \in (0, 0.5)$，则可判定目标以二面角散射为主。图 4-15(b)中的灰色点对应旧金山地区 AIRSAR 数据。图中所有灰色点均分布在条状封闭区域内，极少灰色点分布在区域边界上，验证了上述 3 条边界曲线的正确性。同时，3 条曲线构成的封闭区域呈条状，说明二者可近似为一种线性关系。例如，当 $\alpha = 0$ 时，$N_{11} = 1$；当 $\alpha = \pi/2$ 时，$N_{11} = 0$。

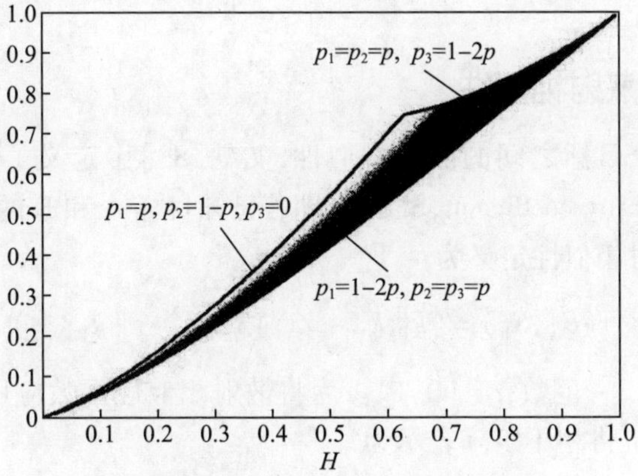

(a) 极化散射熵与替代参数之间约束关系

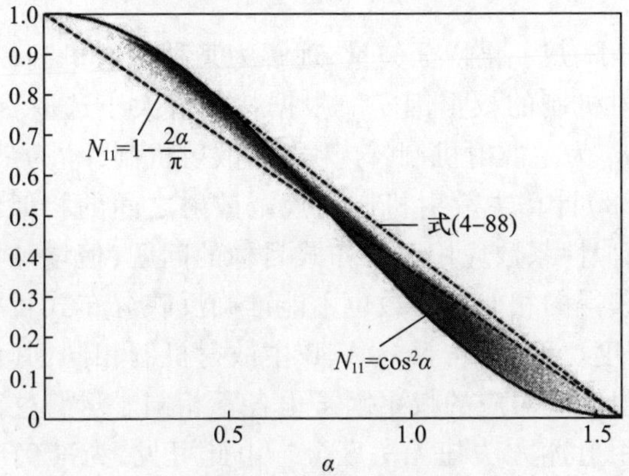

(b) α 与 N_{11} 之间的约束关系

图 4-15　H/α 与替代参数的约束关系

4.4 散射相似性理论

尽管极化分解理论是目前最常用的极化散射特性分析工具，然而正如Cloude所指出的，经典极化分解均存在应用范围、假设条件约束。为此，人们开始寻求其他方式的极化散射特性分析手段。其中，较为典型的是Yang提出的相似性理论。借助特殊相关系数概念，他定义了目标散射与典型散射的相似性，以此实现目标极化散射特性理解和分析。在确定性情形、Yang散射相似性的基础上，文献[83]提出了分布式情形下的散射相似性。本节首先介绍了文献[83]方法针对现有相似性参数存在的不足，其次定义了一种新的散射相似性参数，然后作为一种实际应用，利用它提取了目标散射分别与表面散射、偶次散射等的相似性参数，最后重点讨论了目标与球面散射的相似性。

4.4.1 经典散射相似性

为度量两个目标之间的散射相似性，文献[83]中定义了散射相似性系数(scattering similarity coefficient，SSC)。即若已知目标A和B的Pauli基矢量，两目标之间的散射相似性定义为

$$r(\boldsymbol{S}_{\mathrm{A}},\boldsymbol{S}_{\mathrm{B}})=|\boldsymbol{k}_{\mathrm{PA}}^{\mathrm{H}}\boldsymbol{k}_{\mathrm{PB}}|^2/(\|\boldsymbol{k}_{\mathrm{PA}}\|_2^2\cdot\|\boldsymbol{k}_{\mathrm{PB}}\|_2^2) \tag{4-89}$$

式中：$\|\cdot\|_2$为2-范数；$r\in[0,1]$。为将散射相似性系数应用于分布式目标，根据Cloude分解将相干矩阵表示为

$$\boldsymbol{T}=\lambda_1\boldsymbol{e}_1\boldsymbol{e}_1^{\mathrm{H}}+\lambda_2\boldsymbol{e}_2\boldsymbol{e}_2^{\mathrm{H}}+\lambda_3\boldsymbol{e}_3\boldsymbol{e}_3^{\mathrm{H}} \tag{4-90}$$

式中：$\boldsymbol{e}_i$为相干矩阵归一化特征矢量，理解为某种散射机制；λ_i为相干矩阵特征值，为对应散射机制的权重因子。根据特征值大小选取目标主散射机制，若$\lambda_1\geqslant\lambda_2\geqslant\lambda_3$，$\boldsymbol{e}_1$为主散射机制，$\boldsymbol{e}_2$为次要散射机制，$\boldsymbol{e}_3$为最次散射机制；最后，利用式(4-88)计算主散射机制与规范散射之间的相似性系数。尽管这种方法解决了相似性系数应用于分布式目标的问题，但增加了大量额外的运算量，而且由此获得的相似性系数也不能准确反映分布式目标与典型目标之间的散射相似程度。例如，若目标A、B主散射机制相同，其他散射机制各不相同，且这些散射机制对应的权重因子也各不相同。尽管这两个目标散射差异性较大，但利用上述方法却无法区分。由此可见，为准确度量分布式目标与典型目标的散射相似程度，需全面考虑分布式目标包含散射机制与规范散射之间的相似性。

4.4.2 新散射相似性

1. 定义及性质

考虑到相干矩阵包含了分布式目标所有散射机制,可用它来定义分布式目标散射相似性。即若已知分布式目标的相干矩阵和典型目标 Pauli 基矢量,新散射相似性系数定义为

$$r(\boldsymbol{k}_{\mathrm{P}},\boldsymbol{T})=\frac{\boldsymbol{k}_{\mathrm{P}}^{\mathrm{H}}\boldsymbol{T}\boldsymbol{k}_{\mathrm{P}}}{\mathrm{tr}(\boldsymbol{k}_{\mathrm{P}}\cdot\boldsymbol{k}_{\mathrm{P}}^{\mathrm{H}})\cdot\mathrm{tr}(\boldsymbol{T})} \tag{4-91}$$

若将式(4-89)代入式(4-90),式(4-91)可表示为如下形式:

$$r(\boldsymbol{k}'_{\mathrm{P}},\boldsymbol{T})=p_1\|\boldsymbol{k}'^{\mathrm{H}}_{\mathrm{P}}\boldsymbol{e}_1\|_2^2+p_2\|\boldsymbol{k}'^{\mathrm{H}}_{\mathrm{P}}\boldsymbol{e}_2\|_2^2+p_3\|\boldsymbol{k}'^{\mathrm{H}}_{\mathrm{P}}\boldsymbol{e}_3\|_2^2 \tag{4-92}$$

式中:$\boldsymbol{k}'_{\mathrm{P}}$为$\boldsymbol{k}_{\mathrm{P}}$的归一化矢量;$p_i$为$\boldsymbol{e}_i$发生概率,定义为$p_i=\lambda_i/(\lambda_1+\lambda_2+\lambda_3)$;$\|\boldsymbol{k}'^{\mathrm{H}}_{\mathrm{P}}\boldsymbol{e}_i\|_2^2$为$e_i$和$\boldsymbol{k}_{\mathrm{P}}$的散射相似性。这样,新散射相似性度量可表示为分布式目标所有散射机制与规范散射相似性的加权和,权重为对应散射机制的发生概率。

若分布式目标由 N 个子散射体组成,根据 Mueller 矩阵与相干矩阵的关系,可得

$$\boldsymbol{T}=\sum_{i=1}^{N}\boldsymbol{T}_i=\sum_{i=1}^{N}\boldsymbol{k}_{\mathrm{P}i}\boldsymbol{k}_{\mathrm{P}i}^{\mathrm{H}} \tag{4-93}$$

若将式(4-92)代入式(4-90),新散射相似性度量还具有另一种表现形式:

$$r(\boldsymbol{k}_{\mathrm{P}},\boldsymbol{T})=\sum_{i=1}^{L}\boldsymbol{k}'^{\mathrm{H}}_{\mathrm{P}}\boldsymbol{k}_{\mathrm{P}i}\boldsymbol{k}_{\mathrm{P}i}^{\mathrm{H}}\boldsymbol{k}'_{\mathrm{P}}/\mathrm{tr}(\boldsymbol{k}'_{\mathrm{P}}\cdot\boldsymbol{k}'^{\mathrm{H}}_{\mathrm{P}})\cdot\sum_{i=1}^{L}\mathrm{tr}(\boldsymbol{k}_{\mathrm{P}i}\cdot\boldsymbol{k}_{\mathrm{P}i}^{\mathrm{H}}) \tag{4-94}$$

即新散射相似性度量还可表示为分布式目标所包含散射中心的散射与规范散射相似性之和。

显然,新散射相似性包含了分布式目标所有散射(或所有散射机制)与规范散射的相似性,因而其能准确度量分布式目标与典型目标之间的散射相似性。不仅如此,根据式(4-93)和式(4-94)可知,若相干矩阵只有一个特征值不为零或目标只有一个散射中心,则新散射相似性度量定义形式可退化为式(4-88)形式,即相似性系数为新散射相似性度量的特殊情况。

尽管新散射相似性度量与相似性系数定义形式不同,但它同样具有如下性质:

(1) 尺度无关性:$r(\boldsymbol{k}_{\mathrm{P}},b\cdot\boldsymbol{T})=r(\boldsymbol{k}_{\mathrm{P}},\boldsymbol{T})$,$b$ 为非零复数。

(2) 有限值域:$r(\boldsymbol{k}_{\mathrm{P}},\boldsymbol{T})\in[0,1]$,且当$\boldsymbol{T}=a\cdot\boldsymbol{k}_{\mathrm{P}}\cdot\boldsymbol{k}_{\mathrm{P}}^{\mathrm{H}}$时,$r$ 等于 1;当 $\boldsymbol{T}=a\cdot$

$\boldsymbol{k}_{P\perp} \cdot \boldsymbol{k}_{P\perp}^{H}$时，$r$ 等于 0（其中 a 是非零复数，$\boldsymbol{k}_{P}^{H} \cdot \boldsymbol{k}_{P\perp} = 0$）。

（3）若任意 3 个规范散射的 Pauli 基矢量满足关系：$\boldsymbol{k}_{Pi}^{H}\boldsymbol{k}_{Pj} = 0(i \neq j)$，则它们与同一个目标的散射相似性恒等于 1。

若消除相干矩阵中目标取向角的影响因素，新参数还具有目标旋转不变性，即将目标零方位角的相干矩阵代入式（4-91），新参数仅与目标散射有关，与其空间相对位置无关。有关目标方位角补偿或归零处理的具体研究，可参见文献[199]。

显然根据定义式（4-91），很容易证明新散射相似性具有尺度无关性。为此，这里仅给出后面两个性质的简要证明过程。为了便于讨论，不失一般性，假设规范目标的 Pauli 基矢量已经过归一化处理，则式（4-91）可简写为

$$r(\boldsymbol{k},\boldsymbol{T}) = \boldsymbol{k}^{H}\boldsymbol{T}\boldsymbol{k}/\mathrm{tr}(\boldsymbol{T}) \tag{4-95}$$

对于新散射相似性第二个性质，将式（4-93）代入式（4-95），消除相干矩阵中目标取向角的影响因素，新参数还具有目标旋转不变性，即将目标 0 取向角

$$r(\boldsymbol{k},\boldsymbol{T}) = \boldsymbol{k}^{H}\boldsymbol{T}\boldsymbol{k}/\mathrm{tr}(\boldsymbol{T}) = \sum_{i=1}^{L} \|\boldsymbol{k}^{H}\boldsymbol{k}_i\|_2^2 \Big/ \sum_{i=1}^{L}(\boldsymbol{k}_i^{H}\boldsymbol{k}_i) \tag{4-96}$$

由于 $\|\boldsymbol{k}^{H}\boldsymbol{k}_i\|_2^2/(\boldsymbol{k}_i^{H}\boldsymbol{k}_i)$ 实质等于三维空间上两个矢量夹角的余弦平方，故对所有 i 均有 $\|\boldsymbol{k}^{H}\boldsymbol{k}_i\|_2^2/(\boldsymbol{k}_i^{H}\boldsymbol{k}_i) \leqslant 1$ 成立，也就是式（4-96）分子始终小于或等于分母，同时考虑到式（4-96）分子、分母恒为正，式（4-96）取值始终介于 0 到 1。且当 $\boldsymbol{T} = a \cdot \boldsymbol{k} \cdot \boldsymbol{k}^{H}$ 时，取到上边界；当 $\boldsymbol{T} = a \cdot \boldsymbol{k}_{\perp} \cdot \boldsymbol{k}_{\perp}^{H}$（且 $\boldsymbol{k}^{H} \cdot \boldsymbol{k}_{\perp} = 0$）时，取到下边界。由此得证。

对于新散射相似性第三个性质，对于任意 3 个规范散射 $\boldsymbol{k}_{01}$、$\boldsymbol{k}_{02}$、$\boldsymbol{k}_{03}$，利用式（4-96）有

$$\begin{aligned} & r(\boldsymbol{k}_{01},\boldsymbol{T}) + r(\boldsymbol{k}_{02},\boldsymbol{T}) + r(\boldsymbol{k}_{03},\boldsymbol{T}) = \\ & \sum_{i=1}^{L}(\|\boldsymbol{k}_{01}^{H}\boldsymbol{k}_i\|_2^2 + \|\boldsymbol{k}_{02}^{H}\boldsymbol{k}_i\|_2^2 + \|\boldsymbol{k}_{03}^{H}\boldsymbol{k}_i\|_2^2)/\sum_{i=1}^{L}(\boldsymbol{k}_i^{H}\boldsymbol{k}_i) \end{aligned} \tag{4-97}$$

若3 个规范散射 Pauli 基矢量满足 $\boldsymbol{k}_{0i}^{H}\boldsymbol{k}_{0j} = 0(i \neq j)$，即两两正交，则 $\boldsymbol{k}_{01}^{H}\boldsymbol{k}_i$、$\boldsymbol{k}_{02}^{H}\boldsymbol{k}_i$ 和 $\boldsymbol{k}_{03}^{H}\boldsymbol{k}_i$ 分别为 $\boldsymbol{k}_i$ 在 $\boldsymbol{k}_{01}$、$\boldsymbol{k}_{02}$、$\boldsymbol{k}_{03}$ 上投影。于是，对于所有 i 均有 $\boldsymbol{k}_i^{H}\boldsymbol{k}_i = \|\boldsymbol{k}_{01}^{H}\boldsymbol{k}_i\|_2^2 + \|\boldsymbol{k}_{02}^{H}\boldsymbol{k}_i\|_2^2 + \|\boldsymbol{k}_{03}^{H}\boldsymbol{k}_i\|_2^2$ 恒成立。可见，式（4-97）分子始终等于分母，从而第 3 个性质成立。

2. 新散射相似性与典型目标的极化散射相似性比较

作为一种实际应用，利用新参数定义可提取目标与金属球体等典型目标的

散射相似性。表4-1列举了目标与金属球体、角反射器、螺旋器等典型目标的散射相似性。由该表可知:①金属球体、0°取向和45°取向二面角反射器的Pauli基矢量相互正交,它们对应的目标散射相似性之和恒等于1,金属球体、左螺旋体和右螺旋体也如此。这正好验证了性质(3);②金属球体、0°取向和45°取向二面角反射器对应的目标散射相似性还可表示为

$$r_{\mathrm{s}}=\frac{2A_0}{2(A_0+B_0)},\quad r_{\mathrm{d}}=\frac{B_0+B}{2(A_0+B_0)},\quad r_{\mathrm{v}}=\frac{B_0-B}{2(A_0+B_0)} \tag{4-98}$$

式中:A_0、B_0 和 B 为 Huynen 参数;$2(A_0+B_0)$ 为目标散射回波的总功率;$2A_0$ 为球面散射回波功率;B_0+B 为偶次散射回波功率;B_0-B 为体散射回波功率,即 r_{s}、r_{d} 和 r_{v} 可依次理解为球面散射、偶次散射和体散射对目标总散射的贡献。

表4-1　目标与一些常见典型目标的散射相似性

目标	金属球体	0°二面角	45°二面角	水平偶极子	右螺旋体	左螺旋体
Pauli 矢量	$[\sqrt{2},0,0]^{\mathrm{T}}$	$[0,\sqrt{2},0]^{\mathrm{T}}$	$[0,0,\sqrt{2}]^{\mathrm{T}}$	$\left[\frac{1}{\sqrt{2}},\frac{1}{\sqrt{2}},0\right]^{\mathrm{T}}$	$\left[0,\frac{1}{\sqrt{2}},\frac{-i}{\sqrt{2}}\right]^{\mathrm{T}}$	$\left[0,\frac{1}{\sqrt{2}},\frac{-i}{\sqrt{2}}\right]^{\mathrm{T}}$
散射相似性	$\frac{T_{11}}{\mathrm{span}}$	$\frac{T_{22}}{\mathrm{span}}$	$\frac{T_{33}}{\mathrm{span}}$	$\frac{T_{11}+T_{22}}{2\mathrm{span}}+\frac{\mathrm{Re}(T_{12})}{\mathrm{span}}$	$\frac{T_{22}+T_{33}}{2\mathrm{span}}+\frac{\mathrm{Im}(T_{23})}{\mathrm{span}}$	$\frac{T_{22}+T_{33}}{2\mathrm{span}}-\frac{\mathrm{Im}(T_{23})}{\mathrm{span}}$

3. 新散射相似性与经典散射相似性参数比较

为验证新参数度量目标散射相似性的有效性,这里将它与现有散射相似性参数进行了比较。实验数据为旧金山地区 NASA/JPL AIRSAR L 波段极化图像。图像尺寸为600像素×800像素,经过4视处理。为进一步抑制相干斑噪声,采用改进 Lee 滤波对图像进行了滤波处理。图4-16(a)给出了该地区滤波后总功率图。该地区主要包含城区、海洋和植被3类地物。图4-16(b)给出了其对应的 Pauli 基 RGB 伪彩图。其中 RGB 三通道分别代表二次散射、体散射、表面散射。可见,城区主要表现为二次散射,海洋为表面散射,植被为体散射。

考虑到旧金山地区地物实际散射情况,这里选取球面散射、0°取向二面角散射和45°取向二面角散射作为参考规范散射。利用新的散射相似性定义分别计算该地区地物散射与这3类规范散射的相似性 r_{s}、r_{d} 和 r_{v}。图4-16(c)给出了基于3个新散射相似性参数的 RGB 伪彩图。其中 RGB 三通道分别代表 r_{d}、r_{v}、r_{s}。根据这3个散射相似性,能将城区、海洋和植被3类地物完全区分。这说明采用散射相似性进行地物散射分类是可行的。

为便于比较,这里也用现有散射相似性参数对地物进行散射分类,即首先提取该地区地物目标主散射,然后分别计算目标主散射与这3种规范散射的相

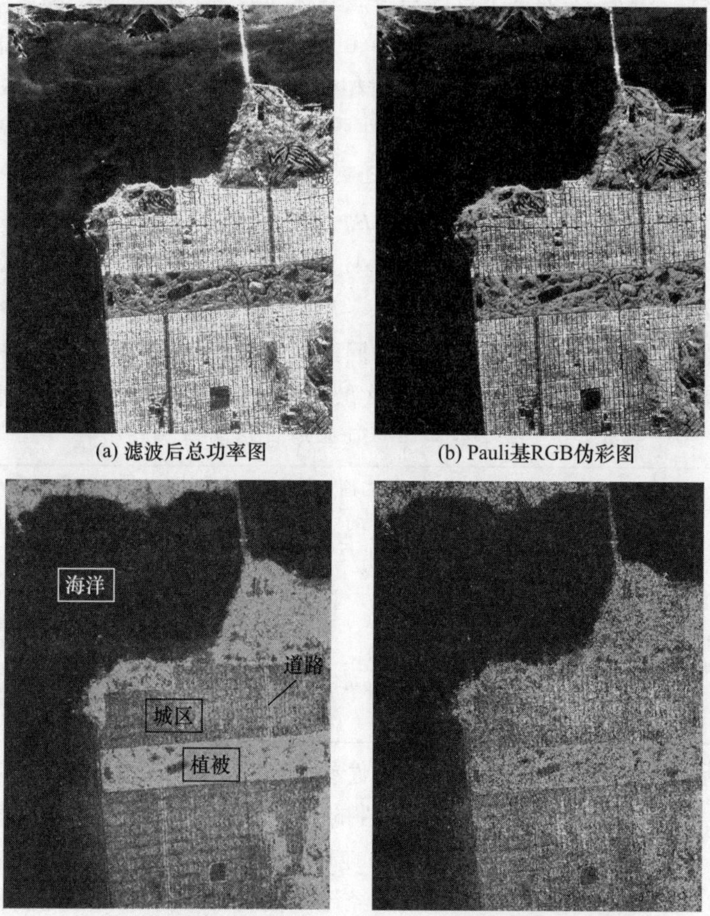

(a) 滤波后总功率图　(b) Pauli基RGB伪彩图

(c) 基于新散射相似性参数的RGB伪彩图　(d) 基于经典散射相似性参数的 RGB伪彩图

图 4－16　美国旧金山海湾地区 AIRSAR 图像

似性系数 r_{ss}、r_{dd}和 r_{vv}。图 4－16(d)给出了基于这 3 个相似性系数的 RGB 伪彩图。为便于与图 4－16 (c)进行比较,图 4－16 中 RGB 三通道分别为 r_{dd}、r_{vv}、r_{ss}。根据图 4－16(d),也能将城区、海洋、植被 3 类地物有效地区分开,但与图 4－16(c)相比,显然后者的区分效果更好。尤其值得一提的是,图 4－16 (c)中能清楚地区分出道路目标。

分别选取 4 个主散射发生概率 p_1 各不相同的目标,表 4－2 列举了它们对应的散射相似性 C (现有的,表中简记为 SSC)和散射相似性 P(新定义的,表中简记为 SSP)。表中散射相似性 C 为目标主散射分别与表面散射、偶次散射和体散射的相似性。由该表可知,当目标主散射发生概率 p_1 较大时,目标主散射与规范散射的散射相似性 C 和目标与规范散射的散射相似性 P 差别不大；而当目标主散射发生概率 p_1 较小时，二者差别就较大（如表 4－2 第 4、5 行）。例如，易将公园 2 误判为海洋区，因其对应的相似性系数为 0.8817。而该地物实质是以表面散射为主的植被区。其原因在于散射相似性 C 仅考虑了目标主散射，若目标主散射并不绝对占优，则它与规范散射相似性很高时，很容易造成误判。

表 4－2　不同目标相似性系数与散射相似性比较

目标	p_1	散射相似性	表面散射	二面角散射	体散射
海洋	0.9629	SSC	0.9510	0.0443	0.0047
		SSP	0.9168	0.0640	0.0192
城区	0.6643	SSC	0.3625	0.5639	0.0736
		SSP	0.4084	0.4937	0.0979
公园 1	0.5829	SSC	0.2308	0.5489	0.2204
		SSP	0.3522	0.4105	0.2372
公园 2	0.4833	SSC	0.8817	0.0792	0.0391
		SSP	0.4622	0.3041	0.2337

不仅如此，目标主散射提取也额外增加了获取散射相似性参数的运算量，分别基于散射相似性 C 和散射相似性 P 对该地区地物进行散射分类。二者花费的时间分别为 30.7190s 和 0.0400s。由此可见，后者运算量远小于前者。

综上所述，无论是在参数的运算效率方面，还是在目标散射相似性度量的准确性方面，新散射相似性度量参数均优于现有参数。

4.4.3 目标与球面散射的相似性

在自然界中，球面散射（或表面散射）是一类较为普遍的散射，几乎所有地物目标均包含球面散射，例如平坦裸地的地表散射、城区屋顶和墙体的表面散射、植被枝叶的表面散射等。为此，这一节将着重研究分布式目标散射与球面散射的相似性（以下简称球面散射相似性）。本节首先分析了球面散射相似性的旋转不变性及表征目标散射类型的功能，然后理论推导了球面散射相似性与平均散射角 α（同样具有表征目标散射类型的功能）之间的数学约束，最后为便于下文构建基于球面散射相似性与极化散射熵的散射分类，推导了这两个参数之间的数学约束。

1. 雷达视线旋转不变性

在雷达极化中，旋转不变性是参数定义的重要特性之一。下面将讨论上述目标散射相似性参数是否具有该特性。为便于下文讨论，首先将目标相干矩阵

表示为

$$\boldsymbol{T}=\boldsymbol{U\Sigma U}^{\mathrm{H}} \tag{4-99}$$

式中：$\boldsymbol{\Sigma}=\mathrm{diag}\{\lambda_1,\lambda_2,\lambda_3\}$，$\boldsymbol{U}=[\boldsymbol{e}_1\quad \boldsymbol{e}_2\quad \boldsymbol{e}_3]$。

其次，将相干矩阵特征矢量表示为[102]

$$\boldsymbol{e}_i=\mathrm{e}^{\mathrm{j}\phi_i}[\cos\alpha_i\quad \sin\alpha_i\cos\beta_i\mathrm{e}^{\mathrm{j}\delta_i}\quad \sin\alpha_i\sin\beta_i\mathrm{e}^{\mathrm{j}\gamma_i}]^{\mathrm{T}} \tag{4-100}$$

式中：α_i 为目标散射类型；β_i 为其方位角；δ_i 和 γ_i 为其相位角；ϕ_i 为其绝对相位。

从数学角度，目标绕雷达视线旋转是对其相干矩阵进行酉相似变换[195]，即

$$\boldsymbol{T}(\theta)=\boldsymbol{R}(\theta)\boldsymbol{U\Sigma U}^{\mathrm{H}}\boldsymbol{R}^{\mathrm{H}}(\theta)=\boldsymbol{U}'\boldsymbol{\Sigma}\boldsymbol{U}'^{\mathrm{H}} \tag{4-101}$$

式中：θ 为目标取向角；旋转矩阵 $\boldsymbol{R}(\theta)$ 为酉矩阵；$\boldsymbol{U}'=\boldsymbol{R}(\theta)\boldsymbol{U}$，具体参数化形式为

$$\boldsymbol{R}(\theta)=\begin{bmatrix}1 & 0 & 0\\ 0 & \cos2\theta & \sin2\theta\\ 0 & -\sin2\theta & \cos2\theta\end{bmatrix}$$

$$\boldsymbol{U}'=\begin{bmatrix}\cos\alpha_1\mathrm{e}^{\mathrm{j}\phi_1'} & \cos\alpha_2\mathrm{e}^{\mathrm{j}\phi_2'} & \cos\alpha_3\mathrm{e}^{\mathrm{j}\phi_3'}\\ \sin\alpha_1\cos\beta_1'\mathrm{e}^{\mathrm{j}(\delta_1'+\phi_1')} & \sin\alpha_2\cos\beta_2'\mathrm{e}^{\mathrm{j}(\delta_2'+\phi_2')} & \sin\alpha_3\cos\beta_3'\mathrm{e}^{\mathrm{j}(\delta_3'+\phi_3')}\\ \sin\alpha_1\sin\beta_1'\mathrm{e}^{\mathrm{j}(\gamma_1'+\phi_1')} & \sin\alpha_2\sin\beta_2'\mathrm{e}^{\mathrm{j}(\gamma_2'+\phi_2')} & \sin\alpha_3\sin\beta_3'\mathrm{e}^{\mathrm{j}(\gamma_3'+\phi_3')}\end{bmatrix} \tag{4-102}$$

结合式(4-99)~式(4-102)可知，目标绕雷达视线旋转将引起 β_i、δ_i、γ_i、ϕ_i 参数变化，而 α_i、λ_i 保持不变，或它们为旋转不变特征量。进一步，由 λ_i 定义的 p_i 同样具有旋转不变性。

若将式(4-99)和式(4-102)代入目标散射相似性参数定义，则目标分别与上述规范目标的散射相似性参数可表示为这些参数的函数式，即

$$\begin{cases}r_{\mathrm{s}}=\sum\limits_{i=1}^{3}p_i\cos^2\alpha_i,\ r_{\mathrm{do}}=\sum\limits_{i=1}^{3}p_i\left|\cos\alpha_i\mathrm{e}^{\mathrm{j}\phi_i'}+\sin\alpha_i\cos\beta'_i\mathrm{e}^{\mathrm{j}(\delta_i'+\phi_i')}\right|^2\\ r_{\mathrm{d}}=\sum\limits_{i=1}^{3}p_i\sin^2\alpha_i\cos^2\beta_i',\ r_{\mathrm{rh}}=\sum\limits_{i=1}^{3}p_i\left|\sin\alpha_i\cos\beta_i'\mathrm{e}^{\mathrm{j}(\delta_i'+\phi_i')}+\mathrm{j}\sin\alpha_i\sin\beta_i'\mathrm{e}^{\mathrm{j}(\gamma_i'+\phi_i')}\right|^2\\ r_{\mathrm{v}}=\sum\limits_{i=1}^{3}p_i\sin^2\alpha_i\sin^2\beta'_i,\ r_{\mathrm{lh}}=\sum\limits_{i=1}^{3}p_i\left|\sin\alpha_i\cos\beta_i'\mathrm{e}^{\mathrm{j}(\delta_i'+\phi_i')}-\mathrm{j}\sin\alpha_i\sin\beta_i\mathrm{e}^{\mathrm{j}(\gamma_i'+\phi_i')}\right|^2\end{cases} \tag{4-103}$$

显然，除了球面散射相似性参数仅为不变特征量的函数之外，其他散射相

似性参数均为可变特征量的函数。也就是说,不需要进行目标取向角补偿,球面散射相似性参数就具有旋转不变性。这是与实际情况相符的:目标绕雷达视线旋转实质可等价为规范目标绕雷达视线旋转,而随着目标取向角的变化,除金属球体之外,其他规范目标的 Pauli 基矢量都将发生改变,从而造成散射相似性参数的变化。

2. 球面散射相似性对目标散射的表征

根据前文研究可知,球面散射相似性参数不仅具有旋转不变性,还具有双重物理含义,其一是目标散射与球面散射的相似性程度的统计平均度量,若相似度等于1,则说明目标散射为球面散射;其二是球面散射对整个后向散射的贡献率度量。除此之外,球面散射相似性参数取值还与实际的目标物理散射机制一致。这里将以各向异性随机粒子云团为例简要说明该问题。假设粒子云团中的粒子个体极化散射矩阵为[94]

$$\boldsymbol{S}=\begin{bmatrix} a & 0 \\ 0 & b \end{bmatrix} \tag{4-104}$$

式中:a 和 b 均为粒子在本征极化基下的复散射系数。利用相干矩阵酉相似变换公式,θ 取向角的粒子个体其相干矩阵可表示为

$$\boldsymbol{T}(\theta)=\begin{bmatrix} \varepsilon & \mu\cos2\theta & \mu\sin2\theta \\ \mu^{*}\cos2\theta & v\cos^{2}2\theta & v\cos2\theta\sin2\theta \\ \mu^{*}\sin2\theta & v\cos2\theta\sin2\theta & v\sin^{2}2\theta \end{bmatrix} \tag{4-105}$$

式中:$\varepsilon=|a+b|^{2}/2$;$v=|a-b|^{2}/2$;$\mu=(a+b)(a-b)^{*}/2$。进一步,假设这些粒子的取向角在$[0,2\pi]$上服从均匀分布。这样,对式(4-104)积分,各向异性随机粒子云团的平均相干矩阵为

$$\langle\boldsymbol{T}\rangle=\int_{0}^{2\pi}[T(\theta)]P(\theta)\mathrm{d}\theta=\frac{1}{2}\begin{bmatrix} 2\varepsilon & 0 & 0 \\ 0 & v & 0 \\ 0 & 0 & v \end{bmatrix} \tag{4-106}$$

显然,在上述假设条件下,各向异性随机粒子云团的相干矩阵为对角矩阵。结合表4-1和式(4-91),各向异性随机粒子云团与球面散射的相似性参数可表示为

$$r_{\mathrm{s}}=\varepsilon/(\varepsilon+v) \tag{4-107}$$

根据 a 和 b 的相互关系,球面散射相似性参数具有以下3种特殊情形,分别对应不同的随机粒子云团:

(1) 若 $a=b$,由此 $v=0$,$r_{\mathrm{s}}=1$,说明粒子云团散射与球面散射完全相似。此时粒子云团实际上是由大量随机分布的金属球体构成的,其散射由单个金属

球体的单次散射或表面散射叠加而成。

(2) 若 $a=-b$,则 $\varepsilon=0$,$r_{\mathrm{s}}=0$,说明粒子云团散射与球面散射完全不相似。此时粒子云团是由许多取向角随机的二面角反射器构成,其散射由偶次散射叠加而成。

(3) 若 $a\gg b$(a 的幅度远大于 b 的幅度),其极限情形为 $b=0$,则 $\varepsilon=v$,$r_{\mathrm{s}}=1/2$,说明粒子云团散射与球面散射并不完全相似。此时粒子云团是由许多取向随机的偶极子构成,其散射由偶极子散射叠加而成。

同时,根据球面散射相似性参数的第二个物理含义,若 $r_{\mathrm{s}}>1/2$,说明粒子云团中大部分的粒子个体均与球面散射完全相似,或粒子云团以球面散射为主导;若 $r_{\mathrm{s}}<1/2$,说明粒子云团中大部分粒子个体散射并不与球面散射相似,或与球面散射完全相似的个体占少数。

综上所述,球面散射相似性参数的取值与实际目标的物理散射机制之间存在直接联系,因而直接利用它即可实现目标散射类型鉴别。

3. 球面散射相似性参数与平均散射角 α 之间的数学约束关系

以上研究表明,球面散射相似性参数具有表征目标散射类型的功能。在雷达极化中,平均散射角 α 也具有这种功能。为此,下面将分析二者之间的数学约束关系。

为便于分析,将式(4-100)代入式(4-94),球面散射相似性参数的另一种表达形式为

$$r_{\mathrm{s}}=p_1\cos^2\alpha_1+p_2\cos^2\alpha_2+p_3\cos^2\alpha_3 \tag{4-108}$$

显然它与 Cloude 分解中的平均散射角 α,即

$$\bar{\alpha}=p_1\alpha_1+p_2\alpha_2+p_3\alpha_3 \tag{4-109}$$

具有许多相似之处:①二者均仅为 p_i,α_i 的函数,说明它们包含了相同的目标信息;②尽管二者取值范围不同,但均为有限值域;③具有旋转不变性。同时考虑到 $p_1+p_2+p_3=1$,球面散射相似性和平均散射角 α 之间还存在以下 3 种约束关系:

(1) 目标包含多种散射机制,且其中有一种为单次散射情况,那么其他特征矢量散射角必为 $\pi/2$,此时二者之间存在线性关系,$r_{\mathrm{s}1}=1-2\bar{\alpha}/\pi$;

(2) 目标只包含一种散射机制,$r_{\mathrm{s}2}=\cos^2\bar{\alpha}$;

(3) 目标只包含两种散射机制,且它们的散射矢量都不与单次散射矢量正交,二者存在如下关系:

$$r_{\mathrm{s}3}=\frac{2\cos^2(\arcsin(2/\pi)/2)}{\arcsin(2/\pi)-\pi}\left(\bar{\alpha}-\frac{\pi}{2}\right)\left(\arcsin(2/\pi)/2\leqslant\bar{\alpha}\leqslant\frac{\pi}{2}\right) \tag{4-110}$$

图 4-17 以实线、虚线和点划线分别绘出了上述 3 条曲线。这些曲线构成的封闭区域包含了所有平均散射角 α 和球面散射相似性的可能取值组合。由这些曲线可知:①球面散射相似性与平均散射角 α 之间不存在一一对应的映射关系;②任意 $r<0.5$ 的取值,其对应的平均散射角 α 均大于 $\pi/4$,而任意 $r_s>0.5$ 的取值,其对应的平均散射角 α 却有可能小于 $\pi/4$ 或大于 $\pi/4$;③任意平均散射角 α 小于 $\pi/4$ 的取值,其对应的 r_s 值均大于 0.5,而任意平均散射角 α 大于 $\pi/4$ 的取值,其对应的 r_s 值却有可能大于 0.5 或小于 0.5。由以上分析可知,若 $r_s\in(0,0.5)$,则可判定目标以二面角散射为主。

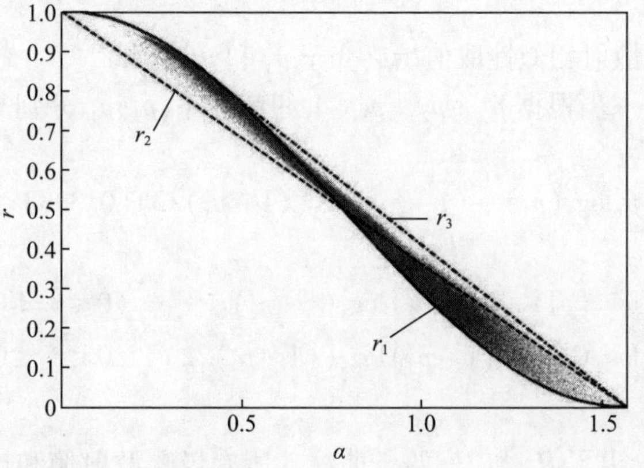

图 4-17　球面散射相似性与平均散射角 α 的约束关系

图 4-17 中的灰色点对应旧金山地区 AIRSAR 数据。图中所有灰色点均分布在条状封闭区域内,极少灰色点分布在区域边界上,验证了上述 3 条边界曲线的正确性。同时,3 条曲线构成的封闭区域呈条状,说明二者可近似为一种线性关系。例如,当平均散射角 α 为零时,球面散射相似性参数为 1;当平均散射角 α 为 $\pi/2$ 时,球面散射相似性参数为 0。

可见,鉴于球面散射相似性计算简洁,在提取目标平均散射机制时,可用它替代平均散射角 α。

4. 球面散射相似性与极化散射熵之间的数学约束关系

式(4-108)表明,球面散射相似性与 Cloude 分解中的极化散射熵[94],即

$$H=-\sum_{i=1}^{3}p_i\log_3(p_i) \tag{4-111}$$

之间同样存在约束关系。例如,当 $H=0$ 时,球面散射相似性可取 0~1 的任何值;当 $H=1$ 时,球面散射相似性等于 1/3。也就是说,随着极化散射熵的逐渐增大,球面散射相似性的可能取值逐渐减少,且该可能取值的区间由主散射机制

和最次散射机制的发生概率确定。因利用相干矩阵特征矢量之间的相互正交特性和目标散射相似性性质(3)，α_1、α_2 和 α_3 三者满足$\cos^2\alpha_1+\cos^2\alpha_2+\cos^2\alpha_3=1$。若令 $p_1\geqslant p_2\geqslant p_3$，由式(4-108)得

$$p_1-r_s=p_1-\sum_{i=1}^{3}p_i\cos^2\alpha_i=(p_1-p_2)\cos^2\alpha_2+(p_1-p_3)\cos^2\alpha_3\geqslant 0 \tag{4-112}$$

$$r_s-p_3=\sum_{i=1}^{3}p_i\cos^2\alpha_i-p_3=(p_1-p_3)\cos^2\alpha_1+(p_2-p_3)\cos^2\alpha_2\geqslant 0 \tag{4-113}$$

也就是说，球面散射相似性取值始终介于 p_3 和 p_1 之间。

接下来，进一步根据 $p_1+p_2+p_3=1$ 约束关系，p_3、p_1 分别与极化散射熵之间的约束关系为

$$H_1\leqslant -p_1\log_3(p_1)-(1-p_1)\log_3((1-p_1)/2)\quad(0.3333\leqslant p_1\leqslant 1) \tag{4-114}$$

$$H_2\geqslant\begin{cases}-p_2\log_3(p_2)-(1-p_2)\log_3(1-p_2) & (0\leqslant p_2\leqslant 0.5,p_3=0)\\ -p_3\log_3(p_3)-(1-p_3)\log_3((1-p_3)/2) & (0\leqslant p_3\leqslant 0.3333)\end{cases} \tag{4-115}$$

图4-18 绘出了 H_1 和 H_2 两条曲线。所有极化散射熵和球面散射相似性的可能取值组合均介于这两条曲线之间的区域内。显然，这两条曲线在 H/r_s 平面确定的有效区域和著名 H/α 平面的有效区域相似，均随着极化散射熵的增大，有效取值的范围逐渐缩小。图4-18 中的灰色点对应旧金山地区 AIRSAR 数据。图中所有灰色点均分布在两条曲线之间的区域。

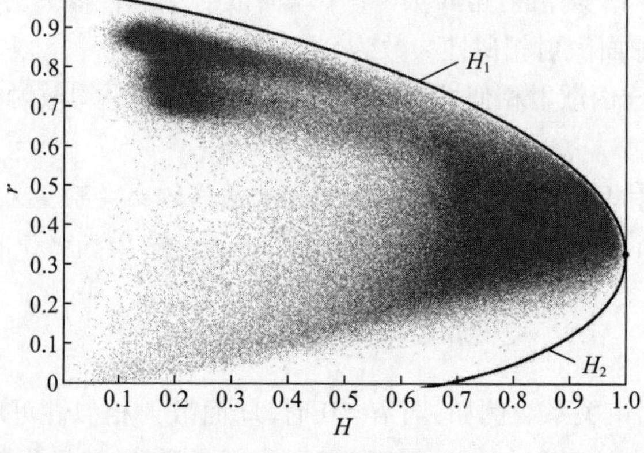

图4-18 球面散射相似性与极化散射熵之间的约束关系

第5章

目标精细极化分解

第4章介绍的目标散射特性研究是目标检测、分类以及识别等应用的基础。以二阶极化矩阵为主体的极化散射信息的获取,使目标散射特性的准确描述成为可能,极化目标分解技术则是将这一可能变为实际的最有效的手段。由于绝大部分自然地物属于分布式目标,一个成像单元内的散射往往是由多种地物混合散射叠加而成的,因此相较于相干目标分解,非相干目标分解应用更广泛,效果也更显著。

非相干目标分解可以分为基于散射模型和基于特征值(Cloude 分解)两类。尽管 Cloude 分解在极化信息挖掘和运用上得到人们广泛的关注,但这类方法无法将特征矢量和不同实际物理散射进行联系,因此也无法求得不同散射机制功率等参数。由于大多数研究聚焦于利用特征值参数来分析目标特征,并没有新的实用分解方法或参数被提出来,目标散射特性无法被有效刻画,所以目前 Cloude 分解的发展已陷入停滞风险。相较之下,基于散射模型的非相干目标分解不依赖数据分布,无须假定数据符合某种特定的统计分布,避免了模型参数估计中的复杂计算和累积误差。更重要的是,该分解提取的特征是与物理散射相关的极化特征,直接与物理意义相联系,因此它在散射机制解译方面具有独特的优势。

基于散射模型的非相干目标分解能够从混合散射体中分离出不同类型散射成分的贡献,并依据贡献大小辨别不同目标的主导散射。然而,经典散射模型的建立通常具有狭隘缺陷。对于方位变化的人造目标,散射模型参数与实际不符的狭隘使交叉极化响应被错误地划分与增强,导致散射特性呈现与实际物理相违背的情况。对于结构复杂的人造目标,散射成分考虑不充分的狭隘使得总体散射中混杂散射难以被分离,导致散射行为无法被全面且准确地刻画。如何体现散射模型的客观泛化及独特刻画能力,充分挖掘目标极化分解在人造目标散射精细刻画上的应用潜力是亟待深入研究的热点和难点问题。

本章在剖析经典散射模型缺陷的基础上,通过对建筑物这一典型人造目标散射模型进行优化和拓展，提出了目标精细极化分解方法[285-299]。本章结构安排:5.1节介绍了经典的基于散射模型的非相干目标分解及其缺陷;5.2节介绍了基于散射能量迁移的精细极化分解;5.3节介绍了基于散射方位延拓的精细分解;5.4节介绍了基于散射成分分配的精细极化分解。三类精细极化分解方法可有效改善散射机制混淆问题，更适用于人造目标散射机制刻画与分析。

5.1 经典的基于散射模型的极化分解

5.1.1 Freeman 三成分分解

1993年，Van Zyl提出了一种基于特征值和对称假设的分解方法，在该分解中，同极化和交叉极化之间被假定为不存在相干性，它得到的前两个特征矢量所对应的散射行为可看作表面散射和二次散射[300]。1997年，Freeman借鉴了Van Zyl分解的思想，开始研究角度瞄准在如何让目标分解所获得的散射权重能够定性以及定量地刻画不同目标的散射行为，着重探索了如何合理地对3种典型的实际物理散射——表面散射、二次散射以及体散射进行数学建模，由此提出了著名的Freeman三成分目标分解方法[16]。由于Freeman三成分分解方法不需要任何先验知识，每个模型都贴近实际物理过程且具有非常直观明了的物理阐释，故而在目标分解领域应用非常广泛。

对于体散射，可认为其模型符合雷达回波来自短圆柱体组成的随机取向散射体云的情况。在0°取向角下，体散射模型由某种散射体产生的散射过程来表征，这种散射体的散射矩阵具有如下形式：

$$\boldsymbol{S}=\begin{bmatrix} S_{\mathrm{H}} & 0 \\ 0 & S_{\mathrm{V}} \end{bmatrix} \tag{5-1}$$

假定散射体随机取向，其关于雷达视线与垂直极化方向间的夹角为θ，对一个特定的散射体，通过旋转将其坐标系的水平面与散射体标准方位一致，即可获得其散射矩阵，由此可得到该散射体在雷达坐标系下的散射矩阵

$$\begin{aligned}\begin{bmatrix} S_{\mathrm{HH}} & S_{\mathrm{HV}} \\ S_{\mathrm{VH}} & S_{\mathrm{VV}} \end{bmatrix} &= \begin{bmatrix} \cos\theta & \sin\theta \\ -\sin\theta & \cos\theta \end{bmatrix} \cdot \boldsymbol{S} \cdot \begin{bmatrix} \cos\theta & -\sin\theta \\ \sin\theta & \cos\theta \end{bmatrix} \\ &= \begin{bmatrix} S_{\mathrm{H}}\sin^2\theta + S_{\mathrm{V}}\cos^2\theta & (S_{\mathrm{H}}-S_{\mathrm{V}})\cos\theta\sin\theta \\ (S_{\mathrm{H}}-S_{\mathrm{V}})\cos\theta\sin\theta & S_{\mathrm{H}}\cos^2\theta + S_{\mathrm{V}}\sin^2\theta \end{bmatrix}\end{aligned} \tag{5-2}$$

若散射体方位夹角的概率密度函数为$p(\theta)$，则其散射矩阵元素各二阶统

计量的期望值可表示为

$$\langle F \rangle = \int_0^{2\pi} F(\theta) p(\theta) \mathrm{d}\theta \tag{5-3}$$

在假定散射体为短圆柱体($S_\mathrm{H}=1, S_\mathrm{V}=0$)以及 $p(\theta)$ 服从平均分布的条件下,可以得到表征体散射模型的协方差矩阵的二阶统计量(相对于 VV 极化分量归一化后):

$$\begin{cases} \langle |S_\mathrm{HH}|^2 \rangle_\mathrm{V} = \langle |S_\mathrm{VV}|^2 \rangle_\mathrm{V} = 1 \\ \langle S_\mathrm{HH} \cdot S_\mathrm{VV}^* \rangle_\mathrm{V} = \langle |S_\mathrm{HV}|^2 \rangle_\mathrm{V} = 1/3 \\ \langle S_\mathrm{HH} \cdot S_\mathrm{HV}^* \rangle_\mathrm{V} = \langle S_\mathrm{HV} \cdot S_\mathrm{VV}^* \rangle_\mathrm{V} = 0 \end{cases} \tag{5-4}$$

对于表面散射,可采用著名的一阶 Bragg 散射模型来描述,因此表征表面散射模型的协方差矩阵的二阶统计量(相对于 VV 极化分量归一化后)为

$$\langle |S_\mathrm{HH}|^2 \rangle_\mathrm{S} = |\beta|^2, \langle |S_\mathrm{VV}|^2 \rangle_\mathrm{S} = 1, \langle |S_\mathrm{HV}|^2 \rangle_\mathrm{S} = 0$$
$$\langle S_\mathrm{HH} \cdot S_\mathrm{VV}^* \rangle_\mathrm{S} = \beta, \langle S_\mathrm{HH} \cdot S_\mathrm{HV}^* \rangle_\mathrm{S} = \langle S_\mathrm{HV} \cdot S_\mathrm{VV}^* \rangle_\mathrm{S} = 0 \tag{5-5}$$

式中:β 为 Bragg 模型参数。

对于二次散射,可用来自二面角反射器的散射构建其数学模型,其中反射器表面由两种不同电介质材料构成,垂直表面对于水平和垂直极化分别具有 Fresnel 反射系数 R_tH 和 R_tV,水平表面则相应地有反射系数 R_gH 和 R_gV,引入传播因子 $\mathrm{e}^{\mathrm{j}2\gamma_\mathrm{V}}$ 和 $\mathrm{e}^{\mathrm{j}2\gamma_\mathrm{H}}$ 来表示波从雷达传播到地面再返回的过程中垂直和水平极化波的任何衰减和相位变化更加符合物理实际,由此二次散射相应的散射矩阵可表示为

$$\boldsymbol{S} = \begin{bmatrix} \mathrm{e}^{\mathrm{j}2\gamma_\mathrm{H}} R_\mathrm{gH} R_\mathrm{tH} & 0 \\ 0 & \mathrm{e}^{\mathrm{j}2\gamma_\mathrm{V}} R_\mathrm{gV} R_\mathrm{tV} \end{bmatrix} \tag{5-6}$$

令 $\alpha = \mathrm{e}^{\mathrm{j}2(\gamma_\mathrm{H}-\gamma_\mathrm{V})}(R_\mathrm{gH} R_\mathrm{tH} / R_\mathrm{gV} R_\mathrm{tV})$,则表征二次散射模型的协方差矩阵的二阶统计量(相对于 VV 极化分量归一化后)为

$$\begin{cases} \langle |S_\mathrm{HH}|^2 \rangle_\mathrm{D} = |\alpha|^2, \langle |S_\mathrm{VV}|^2 \rangle_\mathrm{D} = 1, \langle |S_\mathrm{HV}|^2 \rangle_\mathrm{D} = 0 \\ \langle S_\mathrm{HH} \cdot S_\mathrm{VV}^* \rangle_\mathrm{D} = \alpha, \langle S_\mathrm{HH} \cdot S_\mathrm{HV}^* \rangle_\mathrm{D} = \langle S_\mathrm{HV} \cdot S_\mathrm{VV}^* \rangle_\mathrm{D} = 0 \end{cases} \tag{5-7}$$

由此,根据式(3-83),可得到表征 3 种典型物理散射模型的相干矩阵,分别为

$$[\boldsymbol{T}]_\mathrm{S} = \frac{1}{1+|\beta|^2} \begin{bmatrix} 1 & \beta^* & 0 \\ \beta & |\beta|^2 & 0 \\ 0 & 0 & 0 \end{bmatrix}, [\boldsymbol{T}]_\mathrm{D} = \frac{1}{1+|\alpha|^2} \begin{bmatrix} |\alpha|^2 & \alpha & 0 \\ \alpha^* & 1 & 0 \\ 0 & 0 & 0 \end{bmatrix},$$

$$[\boldsymbol{T}]_{\mathrm{V}}=\frac{1}{4}\begin{bmatrix}2&0&0\\0&1&0\\0&0&1\end{bmatrix} \tag{5-8}$$

式中：$[\boldsymbol{T}]_{\mathrm{S}}$ 与 $[\boldsymbol{T}]_{\mathrm{D}}$ 的秩为1，二者本质上代表的是一种相干散射。$[\boldsymbol{T}]_{\mathrm{V}}$ 的秩为3，其矩阵各元素（各二阶统计量的期望值）是通过假定散射体取向角服从均匀分布，在区间 $[0,2\pi]$ 内由其对应散射矩阵元素积分所得，因此它代表的是一种非相干散射。在3种散射模型的基础上，Freeman 认为目标的相干矩阵可由3种散射成分相干矩阵的加权和表示，由此 Freeman 分解可表示为

$$\langle\boldsymbol{T}\rangle=f_{\mathrm{S}}[\boldsymbol{T}]_{\mathrm{S}}+f_{\mathrm{D}}[\boldsymbol{T}]_{\mathrm{D}}+f_{\mathrm{V}}[\boldsymbol{T}]_{\mathrm{V}} \tag{5-9}$$

式中：f_{S}、f_{D}、f_{V} 分别为3种散射成分的权重。进一步假定体散射、表面散射和二次散射3种基本成分是不相关的，则目标测量得到的二阶统计量是上述3种成分二阶统计量的总和，即

$$\begin{gathered}T_{11}=f_{\mathrm{S}}+f_{\mathrm{D}}|\alpha|^2+f_{\mathrm{V}}/2,T_{12}=f_{\mathrm{S}}\beta^*+f_{\mathrm{D}}\alpha\\ T_{22}=f_{\mathrm{S}}|\beta|^2+f_{\mathrm{D}}+f_{\mathrm{V}}/4,T_{33}=f_{\mathrm{V}}/4\end{gathered} \tag{5-10}$$

式(5-10)提供了包含5个未知量 f_{S}、f_{D}、f_{V}、α、β 的4个等式。一般而言，若已知一个未知量即可得到上面4个等式的解。由于该模型中表面散射与二次散射成分均不对交叉极化分量产生贡献，可利用这一点直接估计出体散射的权重，然后从前3个等式中去除体散射的贡献。根据 Van Zyl[300] 可进一步求解出剩余4个未知量，由每种散射机制成分的权重可得到目标的极化散射总功率以及各种散射机制成分的功率：

$$\begin{gathered}\mathrm{span}=P_{\mathrm{V}}+P_{\mathrm{S}}+P_{\mathrm{D}}\equiv\langle|S_{\mathrm{HH}}|^2\rangle+2\langle|S_{\mathrm{HV}}|^2\rangle+\langle|S_{\mathrm{VV}}|^2\rangle\\ P_{\mathrm{V}}=f_{\mathrm{V}},P_{\mathrm{S}}=f_{\mathrm{S}}(1+|\beta|^2),P_{\mathrm{D}}=f_{\mathrm{D}}(1+|\alpha|^2)\end{gathered} \tag{5-11}$$

可以看出，3种散射机制成分的功率 P_{S}、P_{D}、P_{V} 能够描述不同类型目标的散射特性，可以作为描述目标属性的特征量。

5.1.2 Yamaguchi 四成分分解

Freeman 三成分分解方法通常用于刻画自然散射体所产生的散射行为，它具有分辨不同地物散射和确定地物主导散射的能力，也是衡量自然变化（特别是洪水、火灾后的森林变化）的一种重要手段。尽管如此，Freeman 三成分分解却内在地要求地物必须满足反射对称特性，这严重损失了极化信息。反射对称是雷达极化中一个重要的理论概念，它的定义为在雷达入射平面内，某个像素区域的散射体具有对称的形式，也就是说，在一个像素区域内，相反方位角分布

的散射体具有相等的极化响应[199]。对于多视数据,如果一个分布式散射体在与入射平面垂直的平面内具有反射对称性,那么在平均相干矩阵中,交叉极化散射系数与同极化散射系数不相关,也就是说非对角线元素 T_{13} 和 T_{23} 近似为零[301]。如果要求整个相干矩阵具有反射对称的形式,那么地表面的法矢量必须要在散射体本征极化的平面,只有这样,散射体才能具有共同的本征极化基(相同的方位向)[302]。一般而言,在 P、L、C 波段的自然分布场景中,互易介质具有反射对称性[303]。然而,Yamaguchi 等发现在建筑物等造目标等非自然分布环境中,反射对称假设不再成立,模型的建立需要充分考虑反射不对称这一情况。鉴于此,Yamaguchi 等额外引入了一种新的散射成分——螺旋体散射,并利用不同的散射体方位角分布,进一步修正了体散射模型,提出了泛化能力更强的 Yamaguchi 四成分分解[33]。

Yamaguchi 首先着手构建螺旋散射所具有的数学模型,由于螺旋目标会对所有的线极化入射产生圆极化,可将该成分视为圆极化产生的来源。对于左螺旋和右螺旋情况,其散射矩阵分别为

$$\boldsymbol{S}_{\mathrm{LH}}=\frac{1}{2}\begin{bmatrix}1 & \mathrm{j}\\ \mathrm{j} & -1\end{bmatrix},\boldsymbol{S}_{\mathrm{RH}}=\frac{1}{2}\begin{bmatrix}1 & -\mathrm{j}\\ -\mathrm{j} & -1\end{bmatrix} \tag{5-12}$$

相应的平均相干矩阵为

$$[\boldsymbol{T}]_{\mathrm{LH}}=\frac{1}{2}\begin{bmatrix}0 & 0 & 0\\ 0 & 1 & -\mathrm{j}\\ 0 & \mathrm{j} & 1\end{bmatrix},[\boldsymbol{T}]_{\mathrm{RH}}=\frac{1}{2}\begin{bmatrix}0 & 0 & 0\\ 0 & 1 & \mathrm{j}\\ 0 & -\mathrm{j} & 1\end{bmatrix} \tag{5-13}$$

螺旋体散射的引入,在一定程度缓解了反射对称假设的影响(但不能完全消除反射对称的影响:因为在相干矩阵层面,螺旋体成分与偶平面成分不正交,在减去螺旋体散射分量情况下,余下的成分不满足反射对称性,在实际中体现为 T_{23} 项实部不为零)[301]。此外,在 Yamaguchi 四成分分解框架中,螺旋体散射贡献是通过 T_{23} 项的虚部计算得到的,这意味着它能进一步利用极化信息。由于上述模型中 $\langle S_{\mathrm{HH}}\cdot S_{\mathrm{HV}}^{*}\rangle=\langle S_{\mathrm{HV}}\cdot S_{\mathrm{VV}}^{*}\rangle$ 为纯虚数,指定此值作为实际测量数据的虚部。如果螺旋散射的功率值为 f_{H},且由于式(5-13)矩阵的迹是单位的,相应的 $\langle S_{\mathrm{HV}}\cdot S_{\mathrm{VV}}^{*}\rangle$ 大小为 $f_{\mathrm{H}}/4$。由此,螺旋散射功率与实际测量数据的关系可表示为

$$\frac{f_{\mathrm{H}}}{4}=\frac{1}{2}\left|\mathrm{Im}\{\langle S_{\mathrm{HH}}\cdot S_{\mathrm{HV}}^{*}\rangle+\langle S_{\mathrm{HV}}\cdot S_{\mathrm{VV}}^{*}\rangle\}\right| \tag{5-14}$$

具体旋转的选择根据式(5-14)中 $\langle S_{\mathrm{HH}}\cdot S_{\mathrm{HV}}^{*}\rangle$ 与 $\langle S_{\mathrm{HV}}\cdot S_{\mathrm{VV}}^{*}\rangle$ 的和虚部的符号决定:对于左圆极化,有

$$\mathrm{Im}\{\langle S_{\mathrm{HH}} \cdot S_{\mathrm{HV}}^* \rangle + \langle S_{\mathrm{HV}} \cdot S_{\mathrm{VV}}^* \rangle\} < 0 \tag{5-15}$$

而对于右圆极化,则有

$$\mathrm{Im}\{\langle S_{\mathrm{HH}} \cdot S_{\mathrm{HV}}^* \rangle + \langle S_{\mathrm{HV}} \cdot S_{\mathrm{VV}}^* \rangle\} > 0 \tag{5-16}$$

Freeman 在构建体散射模型时假定散射体方位角的概率密度函数 $p(\theta)$ 服从均匀分布,但实际上对于森林、树干、树杈等目标,垂直结构占据主导地位,上述均匀分布对于植被环境不再适用。为此,Yamaguchi 提出了下述概率分布函数:

$$p(\theta) = \begin{cases} \sin\theta/2 & (0 < \theta < \pi) \\ 0 & (\pi < \theta < 2\pi) \end{cases}, \int_0^{2\pi} p(\theta)\,\mathrm{d}\theta = 1 \tag{5-17}$$

由此,对于垂直偶极子和水平偶极子,体散射的平均相干矩阵可表示为

$$\begin{cases} \boldsymbol{S}_{\mathrm{VD}} = \begin{bmatrix} 0 & 0 \\ 0 & 1 \end{bmatrix} \Rightarrow [\boldsymbol{T}]_{\mathrm{V}} = \dfrac{1}{30}\begin{bmatrix} 15 & 5 & 0 \\ 5 & 7 & 0 \\ 0 & 0 & 8 \end{bmatrix} \\ \boldsymbol{S}_{\mathrm{HD}} = \begin{bmatrix} 1 & 0 \\ 0 & 0 \end{bmatrix} \Rightarrow [\boldsymbol{T}]_{\mathrm{V}} = \dfrac{1}{15}\begin{bmatrix} 15 & -5 & 0 \\ -5 & 7 & 0 \\ 0 & 0 & 8 \end{bmatrix} \end{cases} \tag{5-18}$$

在实际应用中,具体采用哪种偶极子体散射可以根据垂直极化通道与水平极化通道之间的能量比 $10\log(\langle |\boldsymbol{S}_{\mathrm{VV}}|^2 \rangle / \langle |\boldsymbol{S}_{\mathrm{HH}}|^2 \rangle)$ 来确定。若该能量比大于 2dB,则采用水平偶极子体散射模型;若该能量比小于 -2dB,则采用垂直偶极子体散射模型;若能量比介于二者之间,则仍采用 Freeman 三成分分解中的体散射模型。Yamaguchi 使用体散射、表面散射、二次散射、螺旋体散射四成分模型,将测量到的相干矩阵分解为

$$\langle \boldsymbol{T} \rangle = f_{\mathrm{S}} [\boldsymbol{T}]_{\mathrm{S}} + f_{\mathrm{D}} [\boldsymbol{T}]_{\mathrm{D}} + f_{\mathrm{V}} [\boldsymbol{T}]_{\mathrm{V}} + f_{\mathrm{H}} [\boldsymbol{T}]_{\mathrm{H}} \tag{5-19}$$

以垂直偶极子体散射模型为例,比较上述方程两边可得到具有 6 个未知量的 5 个等式:

$$T_{11} = f_{\mathrm{S}} + f_{\mathrm{D}} |\alpha|^2 + f_{\mathrm{V}}/2 \tag{5-20}$$

$$T_{12} = f_{\mathrm{S}} \beta^* + f_{\mathrm{D}} \alpha + f_{\mathrm{V}}/6 \tag{5-21}$$

$$T_{22} = f_{\mathrm{S}} |\beta|^2 + f_{\mathrm{D}} + 7f_{\mathrm{V}}/30 + f_{\mathrm{H}}/2 \tag{5-22}$$

$$T_{33} = f_{\mathrm{V}}/4 + f_{\mathrm{H}}/2 \tag{5-23}$$

$$|\mathrm{Im}(T_{23})| = f_{\mathrm{H}}/2 \tag{5-24}$$

Yamaguchi 进一步推导出了所有未知量的解,由此四成分散射模型的功率

可分别表示为

$$P_{\mathrm{S}}=f_{\mathrm{S}}(1+|\beta|^2),P_{\mathrm{D}}=f_{\mathrm{D}}(1+|\alpha|^2),P_{\mathrm{V}}=f_{\mathrm{V}},P_{\mathrm{H}}=f_{\mathrm{H}} \tag{5-25}$$

综上所述,基于散射模型的极化分解的基本思想就是通过对典型的物理散射过程进行物理化简与数学构建,从而导出具有代表性与适用性的散射模型,在假定模型的前提下对目标进行分解,以获得目标对于雷达波的不同散射回波所蕴含的目标信息。由于此类方法自始至终强调物理原型,模型构建过程均基于实际物理参数,因此分解的物理意义非常明确,往往能获得较为理想的分解结果。

5.1.3 散射机制混淆剖析

Freeman 三成分分解与 Yamaguchi 四成分分解作为先驱,引导了后续诸多对基于散射模型的极化分解的思考,其中关注最多的为散射模型的拓展,包括线散射模型和旋转二面角模型等。尽管如此,作为奠定基础的两类方法,它们或多或少地存在一定不足,其中最明显的缺陷即散射机制混淆,主要体现为体散射过估计。

体散射在地物后向散射中体现为一种混沌的状态,其主要性质表现为它的结构非常复杂,所对应散射介质的 Pauli 矢量非相干平均的随机性很高[304]。从散射机制层面来说,体散射通常来源于奇次散射和偶次散射的去相关效应(消除或弱化奇次散射和偶次散射之间的相关性)[305]。在 Freeman 三成分分解中,通过比较各散射模型的矩阵元素可以发现,只有体散射模型的 T_{33} 项不为零,这说明在散射功率计算时,输入矩阵总能量中的交叉极化能量($\langle|S_{\mathrm{HV}}|^2\rangle$)完全由体散射引导。在自然区域,由于树枝、树干以及它们与地表面之间的多次交互会产生强烈的交叉极化能量,因此这种引导方式是合理的。然而,对于人造目标中的旋转二面角结构,如旋转建筑物(相对于非旋转建筑物,即相对传感器平台飞行方向有一定夹角的建筑物),由于极化基扭转,它们同样会产生显著的交叉极化能量。不仅如此,对于一些去极化效应明显且具有一定地形斜率的粗糙表面,交叉散射能量同样会产生。在这种情况下,利用 Freeman 三成分分解进行地物解译会导致非自然区域目标呈现出与本身散射机制不符的体散射,即存在体散射过度估计这一现象。在 Yamaguchi 四成分分解中,由于螺旋体散射相干矩阵 T_{33} 项不为零,因此螺旋体散射分担了一部分的交叉极化能量,在一定程度上缓解了体散射过估现象。尽管如此,螺旋体散射能量完全是由输入矩阵 T_{23} 项的虚部估计得到的,在实际中,输入矩阵 T_{23} 项的虚部通常非常小,因此螺旋体散射对改善体散射过估的能力非常微弱。体散射过估带来的最直接影响便是散射机制混淆,除此之外,它还会带来一种间接影响,即散射负能量。在目

标分解中，不同于表面散射和二次散射模型，体散射模型不存在未知的参数，它的散射能量通常第一个被估计。然而，这种优先度却严重影响了其他散射成分能量的估计。由于输入总能量恒不变，若体散射过估严重以至它的散射能量大于输入总能量，此时表面散射和二次散射能量便会不可避免地呈现负值。而在特定收发天线极化方式下，雷达散射截面与雷达系统所接收的能量是成比例的，因此能量值是不可能为负数的。

以美国旧金山地区 RADARSAT－2 全极化数据为例，图 5－1(a)和(b)分别给出了其原始 Pauli 伪彩色图像及相应的光学图像。图 5－1(c)和(d)则分别展示了 Freeman 三成分分解及 Yamaguchi 四成分分解结果，其中 RGB 三通道分别为二次散射、体散射、表面散射。可以看到，对于植被、海洋等自然区域，两种经典分解方法都可以正确地实现散射机制解译。然而，对于图中框标记的旋转建筑物，在分解结果中均呈现出与自然植被区域相同的散射成分，这显然与实际情况不符，即存在明显的体散射过估计现象。

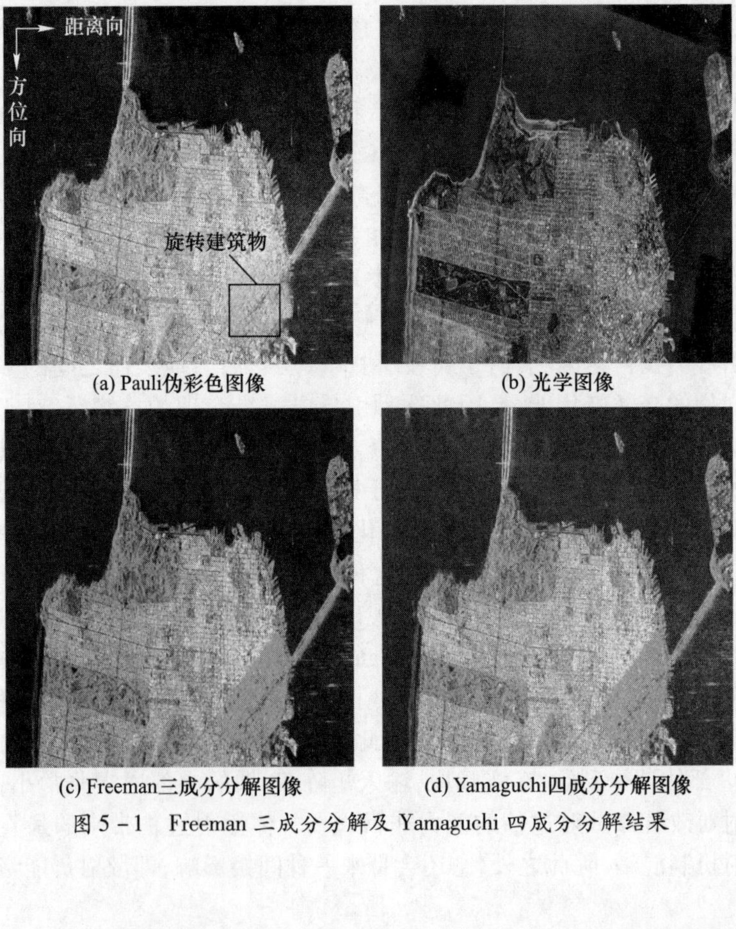

(a) Pauli伪彩色图像　(b) 光学图像

(c) Freeman三成分分解图像　(d) Yamaguchi四成分分解图像

图 5－1　Freeman 三成分分解及 Yamaguchi 四成分分解结果

5.2 基于散射能量迁移的精细极化分解

以改善体散射过估,特别是将消除建筑物等人造目标与自然区域散射机制的混淆作为突破点,基于散射模型的非相干目标分解方法主要从 3 个方面进行了优化:①极化方位角补偿——减小交叉极化能量而增大同极化能量;②体散射模型优化——引入更泛化的基本散射体或方位角分布;③层次性分解——对建筑物等人造目标和自然区域散射分别进行散射建模和分解。在这些方法中,较为突出的是以日本新潟大学的 Sato 和印度理工学院的 Singh 等为主的工作。2012 年,Sato 等[221]论述了具有非零方位的二面角散射体应服从余弦分布,并依此构造了延展体散射模型,随后在 Yamaguchi 四成分分解基础上,结合极化方位角补偿,提出了散射模型延展的四成分分解方法。2013 年,Singh 在 Sato 等工作的基础上,通过对输入相干矩阵进行极化方位角补偿和螺旋角变换这一操作,进一步拓展和完善了他们的目标分解框架[306]。Sato 和 Singh 的工作涵盖了前两个优化方面,这在一定程度上缓解了体散射过估,在某些非自然区域,地物散射机制得以正确表征。尽管如此,二者的工作却没有涉及第三个优化方面。事实上,延展体散射模型的利用,已经略微触及了第三个优化方面。但他们没有意识到延展体散射模型与体散射本质的不同,而是仍然将延展体散射模型归类为体散射。除此之外,Sato 和 Singh 的工作中酉相似变换方法的采用仅考虑了交叉极化能量和偶次散射同极化能量之间的转化,这意味着他们只从二次散射能量增强的层面改善了体散射过估。但在实际应用中,建筑物等人造目标散射由于街道、墙体以及屋顶等典型结构的存在,还伴随着显著的奇次散射行为,因此交叉极化能量和奇次散射同极化能量之间的迁移同样值得深究。

5.2.1 模型特殊酉相似变换及物理特性

在 Sato 和 Singh 的目标分解框架中,输入相干矩阵首先利用极化方位角补偿进行变换。极化方位角补偿是为了移除随机分布目标方位角在极化散射中的波动影响。从物理意义上说,它能够令具有不同方位角的相同目标产生相同的极化矩阵,最终使得目标分解获得相同的结果[139]。从数学形式上说,极化方位角补偿代表的是相干矩阵的一种酉相似旋转变换:

$$\langle[\boldsymbol{T}(\theta_{\mathrm{OA}})]\rangle=\boldsymbol{R}(\theta_{\mathrm{OA}})\langle[\boldsymbol{T}]\rangle\boldsymbol{R}(\theta_{\mathrm{OA}})^{\mathrm{H}} \tag{5-26}$$

式中:$\boldsymbol{R}(\theta_{\mathrm{OA}})$为三维特殊酉相干矩阵群中的极化方位角变换矩阵,其具体形式为

$$\boldsymbol{R}(\theta_{\mathrm{OA}})=\begin{bmatrix}1 & 0 & 0\\ 0 & \cos 2\theta_{\mathrm{OA}} & \sin 2\theta_{\mathrm{OA}}\\ 0 & -\cos 2\theta_{\mathrm{OA}} & \cos 2\theta_{\mathrm{OA}}\end{bmatrix} \tag{5-27}$$

式中：θ_{OA}为目标极化方位角(Orientation Angle,OA)。对于一个服从反射对称性的目标,它的极化方位角为零;但是对于具有方位向斜率的表面以及表面法线与雷达照射方向不在一个平面内的二面角结构目标,它的极化方位角不再为零,而是会发生明显的改变[307]。极化方位角的改变与地形斜率和入射角具有很大关联,但由于实际中无法获取这二者的真值,因此极化方位角很难根据严格的几何关系进行推导计算。2000 年,美国海军研究实验室的 Lee 等提出了经典的基于圆极化基的极化方位角估计方法[198],它被证明是当前所有方法中鲁棒性和精确性最高的估计方法。基于圆极化基的极化方位角估计的核心思想在于极化方位角可以通过圆极化基下共极化分量的相位差进行估计,其具体表达式为

$$-4\theta_{\mathrm{OA}}=\arg(\langle \mathrm{S_{RR}S_{LL}^{*}}\rangle)=\arctan\left[\frac{-4\mathrm{Re}(\langle(\mathrm{S_{HH}}-\mathrm{S_{VV}})\mathrm{S_{HV}^{*}}\rangle)}{-\langle|\mathrm{S_{HH}}-\mathrm{S_{VV}}|^{2}\rangle+4\langle|\mathrm{S_{HV}}|^{2}\rangle}\right] \tag{5-28}$$

若直接采用上式会产生估计错误,这是因为对于反射对称介质,T_{22}项通常是大于T_{33}项的,此时分母为负值。当分子接近零时,反正切值接近为 ±π,这将导致极化方位角改变为 ±π/4 而不为零,这种现象也称极化方位角估计缠绕[199]。估计缠绕的存在可能令矩阵沿错误的轴旋转,从而使交叉极化能量被错误地增强,因此需要对缠绕现象进行消除。为了保证交叉极化能量最小,需要令补偿后T_{33}项的二阶导数大于零,此时可得到极化方位角最终估计:

$$\theta_{\mathrm{OA}}=\begin{cases}\theta_{\mathrm{OA}},\theta_{\mathrm{OA}}\in\left[0,\dfrac{\pi}{8}\right]\&\mathrm{Re}(T_{23})\geqslant 0\\[2ex] \theta_{\mathrm{OA}},\theta_{\mathrm{OA}}\in\left[-\dfrac{\pi}{8},0\right]\&\mathrm{Re}(T_{23})<0\\[2ex] \theta_{\mathrm{OA}}-\dfrac{\pi}{4},\theta_{\mathrm{OA}}\in\left[0,\dfrac{\pi}{8}\right]\&\mathrm{Re}(T_{23})<0\\[2ex] \theta_{\mathrm{OA}}+\dfrac{\pi}{4},\theta_{\mathrm{OA}}\in\left[-\dfrac{\pi}{8},0\right]\&\mathrm{Re}(T_{23})\geqslant 0\end{cases} \tag{5-29}$$

上式估计得到的极化方位角取值范围为[-π/4,π/4]。值得注意的是,真实的极化方位角取值范围为[-π/2,π/2],但是尝试将估计出的极化方位角范围拓展至[-π/2,π/2]很困难,这是因为在实际应用中同极化与交叉极化通道

的相位差会使估计产生不一致的结果[308]。值得注意的是，由于补偿过后T_{23}的实部变为零，变换后的相干矩阵自由度由9降至8，有效地缓解了极化信息利用不充分这一问题。

事实上，如果极化方位角改变完全由方位向斜率导致，那么在极化方位角准确估计的基础上（对非旋转建筑物，极化方位角计算值与理论估计值是一致的），极化方位角补偿理论上会使相干矩阵旋转至反射对称。但是，文献[309]指出在具有较大极化方位角的旋转建筑物区域，即使采用了极化方位角补偿，交叉极化能量依然很强。这是因为对于大极化方位角的旋转建筑物目标，它们的极化方位角通常是欠估计的，其原因有三：①在实际中，T_{23}的实部会随着建筑物方位的变化而变化；②极化方位角估计缠绕现象；③不同散射成分的能量混叠会使极化方位角估计的纯度降低。与非旋转建筑物相比，旋转建筑物是在地表面上发生旋转，从而使相对传感器平台飞行方向产生方位向交角，因此它形成的旋转二面角结构是绕地表面的法线有旋转，而不是绕雷达视线有旋转。因此，极化方位角补偿并不能完全去除旋转建筑物散射产生的交叉极化能量。不仅如此，空间平均处理（像素包含了不同的散射特性，即概率密度存在差异）[307]和雷达频率（波长越短，极化方位角估计噪声越明显）[303]同样会影响极化方位角的估计纯度，这些因素共同制约着极化方位角补偿对旋转建筑物的适用性。

鉴于此，Singh 通过引入螺旋角变换（Helix Angle Compensation，HAC）进一步降低交叉极化能量。从物理上说，螺旋角变换通常代表了目标的结构信息，它包含了不同方位角以及不同观测距离下的二次散射成分[310]。螺旋角变换能够将极化方位角补偿后的T_{23}项的虚部变换为零，此时变换后的相干矩阵自由度由8降至7，因此极化信息利用不充分的这一缺陷得到进一步改善。无论是极化方位角补偿还是螺旋角变换，它们的目的都是最大化地消除（HH－VV）与HV通道之间的相关性，以求将输入相干矩阵变换至原有反射对称形式，通过持续降低交叉极化能量，并把降低部分迁移至偶次散射同极化能量中，在充分利用极化信息的基础上，实现对旋转建筑物区域体散射过估问题的改善。尽管如此，具有反射对称形式的相干矩阵同时还要求（HH＋VV）与HV通道不具有相关性，此时就必须考虑用其他矩阵变换来消除二者的关联。更重要的是，以屋顶、街道和墙体为散射介质的单次散射及以建筑物之间的混叠结构为散射介质的三次散射在建筑物后向散射中同样占据着相当显著的比重。因此，从刻画建筑物散射出发，交叉极化能量与奇次散射同极化能量之间的迁移同样需要考虑。

鉴于上述原因，并考虑到酉相似变换仅改变矩阵的表征形式而不损失任何极化信息，进一步挖掘三维特殊酉相干矩阵群中矩阵酉相似变换信息，采用下述酉相似矩阵对极化方位角补偿后的相干矩阵再次进行变换,称为相位角变换(Phase Angle Transformation,PAT)矩阵:

$$\boldsymbol{U}(\phi_{PA})=\begin{bmatrix}\cos2\phi_{PA} & 0 & \mathrm{j}\sin2\phi_{PA}\\ 0 & 1 & 0\\ \mathrm{j}\sin2\phi_{PA} & 0 & \cos2\phi_{PA}\end{bmatrix} \tag{5-30}$$

从而,可以得到相位角变换之后的相干矩阵:

$$\langle[\boldsymbol{T}(\phi_{PA})]\rangle=\boldsymbol{U}(\phi_{PA})\langle[\boldsymbol{T}(\theta_{OA})]\rangle\boldsymbol{U}(\phi_{PA})^{\mathrm{H}} \tag{5-31}$$

为了最小化交叉极化能量,可以令相位角变换后的 T_{33} 项一阶导数为零,同时保证二阶导数为正值,此时可得到相位角的最终估计。

$$\phi_{PA}=\begin{cases}\phi_{PA},\phi_{PA}\in\left[0,\dfrac{\pi}{8}\right]\text{且 Im}(T_{13})\geqslant0\\ \phi_{PA},\phi_{PA}\in\left[-\dfrac{\pi}{8},0\right]\text{且 Im}(T_{13})<0\\ \phi_{PA}-\dfrac{\pi}{4},\phi_{PA}\in\left[0,\dfrac{\pi}{8}\right]\text{且 Im}(T_{13})<0\\ \phi_{PA}+\dfrac{\pi}{4},\phi_{PA}\in\left[-\dfrac{\pi}{8},0\right]\text{且 Im}(T_{13})\geqslant0\end{cases},$$

$$\phi_{PA}=\frac{1}{4}\left[\arctan\frac{2\mathrm{Im}[T_{33}(\theta_{OA})]}{T_{33}(\theta_{OA})-T_{33}(\theta_{OA})}\right] \tag{5-32}$$

由一阶导数计算得到的相位角取值范围为$[-\pi/8,\pi/8]$,由二阶导数进一步计算得到的相位角取值范围为$[-\pi/4,\pi/4]$。从物理上说,相位角变换可能对应目标的实际变化,或者这个变化中所提取出的参数,这个参数可能是目标的实际结构特性[311]。相较于螺旋角变换,相位角变换降低交叉极化能量的能力更强,并且减少散射能量为负的像素数更多,这一结论将由下述实验结果论证。

经过极化方位角补偿和相位角变换,相干矩阵的 T_{13} 项虚部为零,由于极化方位角补偿之后 T_{23} 项的实部为零,因此经过相位角变换后的 T_{12} 项与 T_{23} 项自由度的和为3(分别是 T_{12} 以及 T_{23} 项的虚部),故而相干矩阵自由度仍然为7。在传统分解方法中,输入矩阵的 T_{13} 项通常被直接置零,这实际上丢失了 T_{13} 项实部和虚部两个自由度的极化信息。而经过相位角变换后的 T_{13} 项,仅实部不为零,这不仅降低了极化信息损耗,也缓解了 T_{13} 项的不可解译性。需要注意的是,交叉极化能量和奇次散射同极化能量之间的迁移还可以利用三维特殊酉相干矩阵群中 T_{13} 项实部酉相似变换矩阵来实现,此时变换后相干矩阵的 T_{13} 项实部为零。但实际上 T_{13} 项实部酉相似变换和相位角变换具有同等迁移交叉极化能量的能力,并且连续变换和一次变换相比,交叉极化能量基本不再改变,因此仅考虑相位角变换。

5.2.2 泛化精细分解及参数求解

为了实现对极化信息的完全利用,对极化方位角补偿后的输入矩阵进行下述分层分解:

$$\langle [\boldsymbol{T}(\theta_{\mathrm{OA}})] \rangle = f_{\mathrm{S}}[\boldsymbol{T}]_{\mathrm{S}} + f_{\mathrm{D}}[\boldsymbol{T}]_{\mathrm{D}} + f_{\mathrm{H}}[\boldsymbol{T}]_{\mathrm{H}} + \begin{cases} f_{\mathrm{V}}[\boldsymbol{T}]_{\mathrm{V}} \\ f_{\mathrm{C}}[\boldsymbol{T}]_{\mathrm{C}} \end{cases} \tag{5-33}$$

在 Sato 和 Singh 工作中,即便延展体散射模型与体散射模型进行了预先选择,但延展体散射仍然被归类为体散射,这潜在地造成了体散射过估风险。考虑到交叉极化能量同时产生于建筑物和自然区域,更合理的方式是对这两种散射行为分别进行辨别,因此利用一定的判决准则将第四种成分划分为两种散射:泛化体散射$[\boldsymbol{T}]_{\mathrm{V}}$ 和交叉散射$[\boldsymbol{T}]_{\mathrm{C}}$。

在 Yamaguchi 四成分分解中,体散射模型的选取根据同极化通道之间的能量比值来确定,这个阈值一般为 ±2dB。尽管如此,这个阈值并不具泛化特性,对于 L 波段数据,同极化通道之间的能量比值水平分布主要在[0.2,2.1][312],当阈值大于 2dB 时,偶极子的选取只适用于很小一部分区域。不仅如此,当同极化通道能量比正好落于该阈值上时,也难以抉择采取何种体散射模型。换言之,冠层散射模型应该具有连续的形式而不是跳跃的形式。鉴于此,采用散射能量具有连续变化的一般形式体散射模型(Generalized Volume Scattering Model,GVSM),其数学形式为

$$[\boldsymbol{T}]_{\mathrm{V}} = \frac{1}{3(\tau+1) - 2\sqrt{\tau}/3} \begin{bmatrix} \tau + \dfrac{2\sqrt{\tau}}{3} + 1 & \tau - 1 & 0 \\ \tau - 1 & \tau - \dfrac{2\sqrt{\tau}}{3} + 1 & 0 \\ 0 & 0 & \tau - \dfrac{2\sqrt{\tau}}{3} + 1 \end{bmatrix} \tag{5-34}$$

其中,$\tau = \langle |S_{\mathrm{HH}}|^2 \rangle / \langle |S_{\mathrm{VV}}|^2 \rangle$。一般形式体散射模型由 Antropov 等在 2011 年提出,它不仅适用于同极化通道能量比分布非常广泛的自然地物,还内在地涵盖了 Freeman 三成分和 Yamaguchi 四成分分解中体散射模型。

对于旋转建筑物,由于极化基扭转,它们会产生显著的交叉极化能量。产

生这种交叉极化能量的典型散射体是一个具有非零极化方位角的二面角反射器。2016 年，项德良等指出了建筑物相对于传感器平台飞行方向的方位角对其散射机制影响很大，在 Sato 思想的启发下，他提出建筑物二面角反射子应具有极化方位角导向的余弦分布，并推导出了建筑物的交叉散射模型（cross scattering model，CSM）[223]：

$$[\boldsymbol{T}]_{\mathrm{C}}=\begin{bmatrix}0 & 0 & 0\\ 0 & \dfrac{15-\cos 4\theta_{\mathrm{OA}}}{30} & 0\\ 0 & 0 & \dfrac{15+\cos 4\theta_{\mathrm{OA}}}{30}\end{bmatrix} \tag{5-35}$$

可以看到，交叉散射模型是自适应的，它与建筑物的极化方位角密切相关，建筑物极化方位角越大，它所指代的交叉散射能量就越强。值得注意的是，当极化方位角为 0°时，交叉散射模型退化为 Sato 所提出的延展体散射模型，这说明交叉散射模型的泛化性更强，在刻画较大极化方位角所诱导的交叉散射上更具优势。

由于连续变换后的相干矩阵 T_{13} 项的实部仍不为零，为了解译 T_{13} 项的实部，对极化方位角补偿后的泛化精细分解进行相位角变换：

$$\langle[\boldsymbol{T}(\phi_{\mathrm{PA}})]\rangle=f_{\mathrm{S-PAT}}[\boldsymbol{T}]_{\mathrm{S-PAT}}+f_{\mathrm{D-PAT}}[\boldsymbol{T}]_{\mathrm{D-PAT}}+f_{\mathrm{H-PAT}}[\boldsymbol{T}]_{\mathrm{H-PAT}}+\begin{cases}f_{\mathrm{V-PAT}}[\boldsymbol{T}]_{\mathrm{V-PAT}}\\ f_{\mathrm{C-PAT}}[\boldsymbol{T}]_{\mathrm{C-PAT}}\end{cases} \tag{5-36}$$

式中：下标 PAT 代表相位角矩阵变换。在进行分解前，泛化体散射模型和交叉散射模型的采用需要通过一定的判决条件预先确定，这一处理的目的是合理分配交叉极化能量。在 Sato 和 Singh 分解中，体散射模型和旋转二面角散射模型通常利用延展分支条件来选取，即当去除螺旋体散射成分后的输入矩阵 T_{11} 项大于 T_{22} 项时，则采用体散射模型，否则采用延展体散射模型。然而，该分支条件会在处理旋转建筑物区域时失效，这也是体散射过估的一个重要原因。鉴于此，利用文献[228]提出的相关系数比进行改善，其表达式为

$$RCC=\frac{|\rho_{(\mathrm{HH-VV})-\mathrm{HV}}|}{|\rho_{\mathrm{HH-VV}}|}=\frac{T_{23}}{\sqrt{T_{22}\cdot T_{33}}}\cdot\frac{\sqrt{C_{11}\cdot C_{33}}}{C_{13}} \tag{5-37}$$

式中：C 为协方差矩阵。由于反射对称性广泛存在于自然区域，因此在自然区域相干矩阵项 $|\rho_{(\mathrm{HH-VV})-\mathrm{HV}}|$ 的取值接近零（T_{23} 项为零）。在非旋转建筑物区域，反射对称假设不再成立，因此相干矩阵项具有较强区分二者的能力。然而，在

旋转建筑物区域，由于交叉极化能量（T_{33}项）很强，导致目标对应的相干矩阵项$|\rho_{(HH-VV)-HV}|$取值较低，因此不易与自然区域进行区分。协方差矩阵项$|\rho_{HH-VV}|$的引入可以有效地改善这一情况，这是因为协方差矩阵项在自然区域取值较高，而在建筑物区域取值较低，因此，相关系数比可以有效区分建筑物和其他自然区域，其具体操作为

$$\begin{aligned} &C1: RCC < T_D \quad （其他区域） \\ &C2: RCC > T_D \quad （建筑物） \end{aligned} \tag{5-38}$$

式中：T_D为分割阈值。

由于泛化分解是在不同层面进行的，因此模型求解分别以泛化体散射模型和交叉散射模型为导向。此处以交叉散射模型为例，对基于散射能量迁移的精细极化分解进行流程化阐述。通过对变换后各散射模型元素进行叠加，可获得如下等式组：

$$\begin{cases} T_{11}(f_{PA}) + T_{33}(f_{PA}) = f_S + f_D|\alpha|^2 + \dfrac{f_H}{2} + f_C\dfrac{15+\cos 4\theta_{OA}}{30} \\ T_{11}(f_{PA}) - T_{33}(f_{PA}) = \left(f_S + f_D|\alpha|^2 - \dfrac{f_H}{2} - f_C\dfrac{15+\cos 4\theta_{OA}}{30}\right)\cos 4f_{PA} \\ T_{12}(f_{PA})\cos 2f_{HA} = f_S\beta^*\cos^2 2f_{PA} + f_D\alpha\cos^2 2f_{PA} \pm \dfrac{f_H\cos 2f_{PA}\sin 2f_{PA}}{2} \\ -jT_{32}(f_{PA})\sin 2f_{HA} = f_S\beta^*\sin^2 2f_{PA} + f_D\alpha\sin^2 2f_{PA} \mp \dfrac{f_H\cos 2f_{PA}\sin 2f_{PA}}{2} \end{cases} \tag{5-39}$$

由于相位角变换后相干矩阵T_{13}项虚部为零，即$\mathrm{Im}\{T_{13}(f_{PA})\}=0$，代入式（5-39）可得

$$\begin{aligned} 2T_{33}(\theta_{OA}) &= [T_{11}(f_{PA}) + T_{33}(f_{PA})] - [T_{11}(f_{PA}) - T_{33}(f_{PA})]\cos 4\phi_{PA} \\ &= f_H + f_C\frac{15+\cos 4\theta_{OA}}{15} \end{aligned} \tag{5-40}$$

$$\begin{cases} f_H = 2|\mathrm{Im}(T_{23})| \\ f_C = \dfrac{15}{15+\cos 4\theta_{OA}}[2T_{33}(\theta_{OA}) - f_H] \\ f_S + f_D|\alpha|^2 = T_{11}(\theta_{OA}) + T_{33}(\theta_{OA}) - \dfrac{f_H}{2} - f_C\dfrac{15+\cos 4\theta_{OA}}{30} \\ f_S|\beta|^2 + f_D = T_{22}(\theta_{OA}) - \dfrac{f_H}{2} - f_C\dfrac{15-\cos 4\theta_{OA}}{30} \\ f_S\beta^* + f_D\alpha = T_{12}(f_{PA})\cos(2\phi_{PA}) - jT_{32}(f_{PA})\sin(2\phi_{PA}) = T_{12}(\theta_{OA}) \end{cases} \tag{5-41}$$

同上述求解过程相似,可以求得自然区域分解层面各散射成分功率的表达式:

$$\begin{cases}f_{\mathrm{H}}=2|\mathrm{Im}(T_{23})|\\ f_{\mathrm{V}}=\dfrac{9(\tau+1)-2\sqrt{\tau}}{2(3\tau-2\sqrt{\tau}+3)}[2T_{33}(\theta_{\mathrm{OA}})-f_{\mathrm{H}}]\\ f_{\mathrm{S}}+f_{\mathrm{D}}|\alpha|^2=T_{11}(\theta_{\mathrm{OA}})+T_{33}(\theta_{\mathrm{OA}})-\dfrac{f_{\mathrm{H}}}{2}-f_{\mathrm{V}}\dfrac{6(\tau+1)}{9(\tau+1)-2\sqrt{\tau}}\\ f_{\mathrm{S}}|\beta|^2+f_{\mathrm{D}}=T_{22}(\theta_{\mathrm{OA}})-\dfrac{f_{\mathrm{H}}}{2}-f_{\mathrm{V}}\dfrac{3\tau-2\sqrt{\tau}+3}{9(\tau+1)-2\sqrt{\tau}}\\ f_{\mathrm{S}}\beta^*+f_{\mathrm{D}}\alpha=T_{12}(\theta_{\mathrm{OA}})-f_{\mathrm{V}}\dfrac{3(\tau-1)}{9(\tau+1)-2\sqrt{\tau}}\end{cases} \tag{5-42}$$

对于式(5-41)和式(5-42),可以发现二者均为欠定方程组,这是因为方程组包含5个方程等式,但是却有6个未知数。在这种情况下,需要根据一定假设来消除或者固定其中一个未知数。利用经典的分支条件[70]可以有效解决这一问题:

$$C_{\mathrm{BV}}=T_{12}(\theta_{\mathrm{OA}})-T_{22}(\theta_{\mathrm{OA}})+\frac{1}{2}f_{\mathrm{H}}-\frac{4\sqrt{\tau}}{9(\tau+1)-2\sqrt{\tau}}f_{\mathrm{V}} \tag{5-43}$$

分支条件指出,去除螺旋体散射和体散射成分(二者被预先去除的原因是其模型中不存在未知参数)后的残余矩阵主要存在表面散射和二次散射,在该残余矩阵中,若 T_{11} 项大于 T_{22} 项,则残余矩阵的同极化相位相较于 π 更接近零,那么散射机制由表面散射主导,此时可以将二次散射模型中的参数 α 置零,对表面散射模型中参数 β 进行较精确的估计;若 T_{11} 项小于 T_{22} 项,则残余矩阵的同极化相位更接近 π,那么散射机制由二次散射主导,此时则可以将表面散射模型的参数 β 置零,对二次散射模型参数 α 进行较精确的估计。需要注意的是,由于交叉散射模型的采用已判定了地物中存在二面角散射结构,因此默认二次散射为主导散射,此时可直接将表面散射模型参数 β 置零,无须再利用分支条件进行判断。通过上述处理,最终可以求得各散射成分的能量值:

$$P_{\mathrm{S}}=f_{\mathrm{S}}(1+|\beta|^2),P_{\mathrm{D}}=f_{\mathrm{D}}(1+|\alpha|^2),P_{\mathrm{H}}=f_{\mathrm{H}},P_{\mathrm{V}}=f_{\mathrm{V}},P_{\mathrm{C}}=f_{\mathrm{C}} \tag{5-44}$$

5.2.3 定性与定量分解结果分析

在本节中将采用机载 AIRSAR C/L 波段全极化数据来验证所提出的基于散射能量迁移的精细极化分解方法有效性。图 5-2 给出了机载 AIRSAR C 波段和 L 波段的 Pauli 伪彩色图，其中 RGB 三通道分别为 HH－VV、HV、HH＋VV。图像成像地点位于美国旧金山湾区，其近距和远距入射角分别为 21.5°和 71.4°。数据原始方位向分辨率为 9.3m，距离向分辨率为 6.6m。

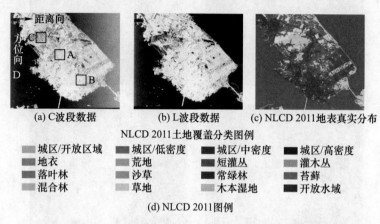

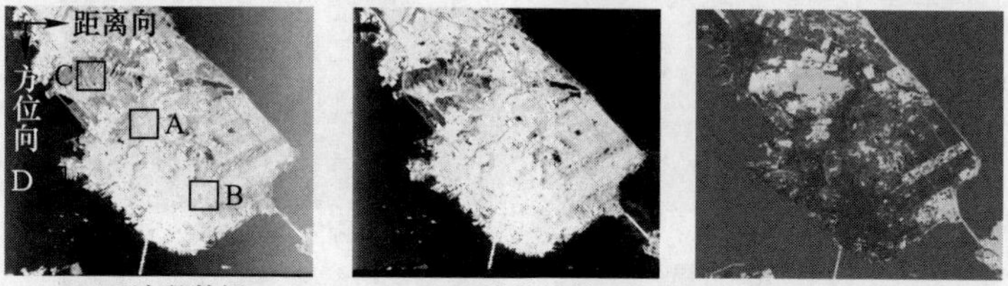

(a) C波段数据　(b) L波段数据　(c) NLCD 2011地表真实分布

NLCD 2011土地覆盖分类图例

城区/开放区域	城区/低密度	城区/中密度	城区/高密度
地衣	荒地	短灌丛	灌木丛
落叶林	沙草	常绿林	苔藓
混合林	草地	木本湿地	开放水域

(d) NLCD 2011图例

图 5－2　机载 AIRSAR 不同波段 Pauli 伪彩色图及地表真实分布

为了便于后续处理，原始数据方位向和距离向进行了四视多视处理。为了与地物真实类别对比，利用 2011 年美国国家土地覆被数据库（National Land Cover Database 2011，NLCD 2011）[313] 作为参考数据，该数据库共包含 16 类不同的覆盖地物。为了评估所提方法对地物散射的分辨能力，从成像区域选取了不同地物类型进行实验。这些地物类型主要包括非旋转建筑物（区域 A）、旋转建筑物（区域 B）、山体植被（区域 C）以及海洋水体（区域 D）。

为了验证所提方法的有效性，本章将其与基于泛化体散射模型的延拓分支条件分层分解方法（Quan 方法）、基于螺旋角变换的一般四成分分解方法（Singh 方法）[306] 以及改进的一般四成分分解方法（Bhattacharya 方法）[314] 进行了比较。出于客观公正考虑，所有方法均采用相同的图像预处理手段。此外，为了保证分解结果物理非负性，对所有方法中出现能量为负的散射成分进行一般非负能量约束。图 5－3 给出了不同方法的伪彩色分解合成图，其中 RGB 三通道分别为建筑物散射、体散射、表面散射。可以看到，对于所有分解结果，体散射在山谷森林区域占主导而表面散射在海洋区域占主导，这说明这些方法对自然区域散射特性分解是正确、合理的。但是从视觉上看，所提方法分解结果能够更加清楚地辨别旋转建筑物，这说明在旋转建筑物区域，所提方法能够明显降低体散射而显著提升交叉散射。相比之下，其他方法分解结果中旋转建筑物区域仍然存在显著的体散射成分，这说明它们受到严重体散射过估的影响。

上述比较从定性的角度对所提方法进行了验证，为了定量地验证所提方法的有效性，选取了非旋转建筑物和旋转建筑物两个区域（图 5－3 中白色及黑色矩形

(a) Singh方法　(e) Singh方法

(b) Bhattacharya方法　(f) Bhattacharya方法

(c) Quan方法　(g) Quan方法

(d) 本章方法　(h) 本章方法

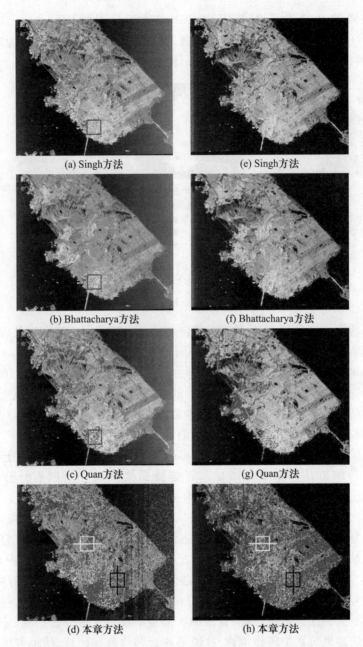

图 5-3　分解伪彩色合成图(第一列:AIRSAR C 波段数据;第二列:AIRSAR L 波段数据;其中 RGB 三通道分别为建筑物散射、体散射、表面散射)

区域)并计算了这些区域的归一化散射能量,其中各散射成分能量的相对大小见图 5-4,且不同方法对旋转建筑物区域计算的主导散射能量大小已用数字标出。

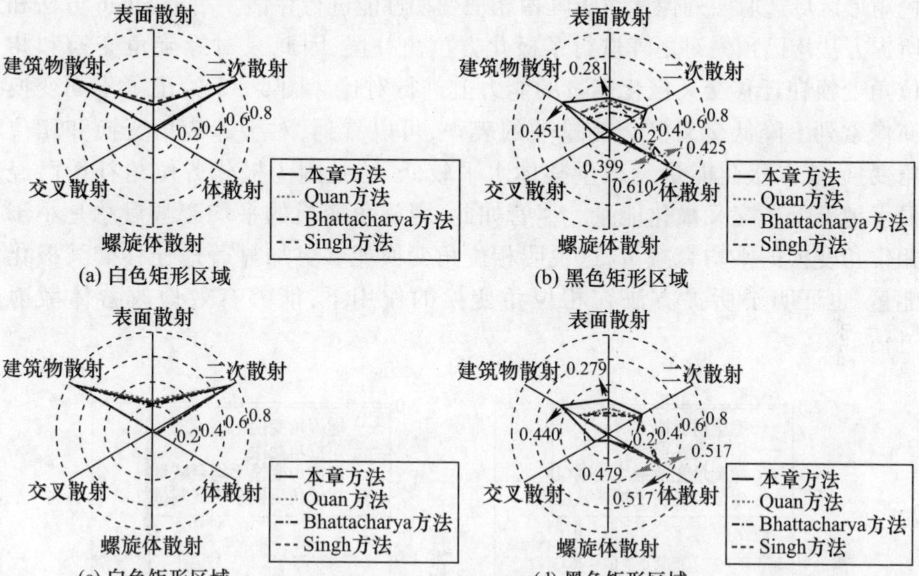

(a) 白色矩形区域　(b) 黑色矩形区域

(c) 白色矩形区域　(d) 黑色矩形区域

图 5－4　不同区域散射成分贡献雷达图(第一行:AIRSAR C 波段数据;第二行:AIRSAR L 波段数据)

从图 5－4 中可以看到,所提方法显著地提升了旋转建筑物区域的建筑物散射。具体来说,对于 C 波段数据,所提方法将 Singh 方法中建筑物散射占比从 29.9% 提升至 45.1% ,其中交叉散射占总散射能量的 10.1% 。相比之下,体散射只占总散射能量的 21.8% (其他 3 种方法分别占 39.9% 、42.5% 以及 61.0%)。这不仅说明交叉散射模型能够准确地刻画旋转建筑物区域的散射机制,还证明了极化方位角补偿和相位角变换能够有效地降低交叉极化能量。值得注意的是,旋转建筑物区域表面散射在总散射能量中占 28.1% ,且要明显大于其他 3 种方法中的能量比重。这意味着相位角变换能够合理地将交叉极化能量迁移至奇次散射同极化能量,从而凸显了以屋顶、街道和墙体为散射介质的奇次散射。相比之下,其他方法均将旋转建筑物区域的主导散射误判为体散射。具体来说,在 L 波段数据下,Singh 方法、Bhattacharya 方法以及 Quan 方法对旋转建筑物区域估计出的归一化体散射分别为 0.517、0.517 和 0.479,这说明它们的主导散射机制解译存在错误。对于非旋转建筑物,可以看到,4 条折线基本重合且主导散射均为二次散射,这说明所有方法都能对非旋转建筑物散射机制进行正确解译。

进一步对比分析了相位角变换在目标散射机制分解中的表现,特别是改善体散射过估以及散射负能量的能力。为了不失一般性,从图 5－3 中白色及黑色矩形区域选取两列像素对矩阵酉相似变换性能进行评估。由于 Singh 方法和所提方法均已预先对矩阵进行了极化方位角补偿,因此只对螺旋角变换和相位角变换在迁移交叉极化能量的能力上进行对比。图 5-5 给出了不同变换在像素列上降低交叉极化能量项的表现,可以看到,对于螺旋角变换和相位角变换,交叉极化能量衰减量整体水平较低,这是因为极化方位角补偿已经显著地降低了交叉极化能量。尽管如此,螺旋角变换的平均衰减量总是小于相位角变换的平均衰减量,这说明相位角变换能够更加显著地迁移交叉极化能量,也证明了所提方法在相位角变换的作用下,能够有效地改善体散射过估。

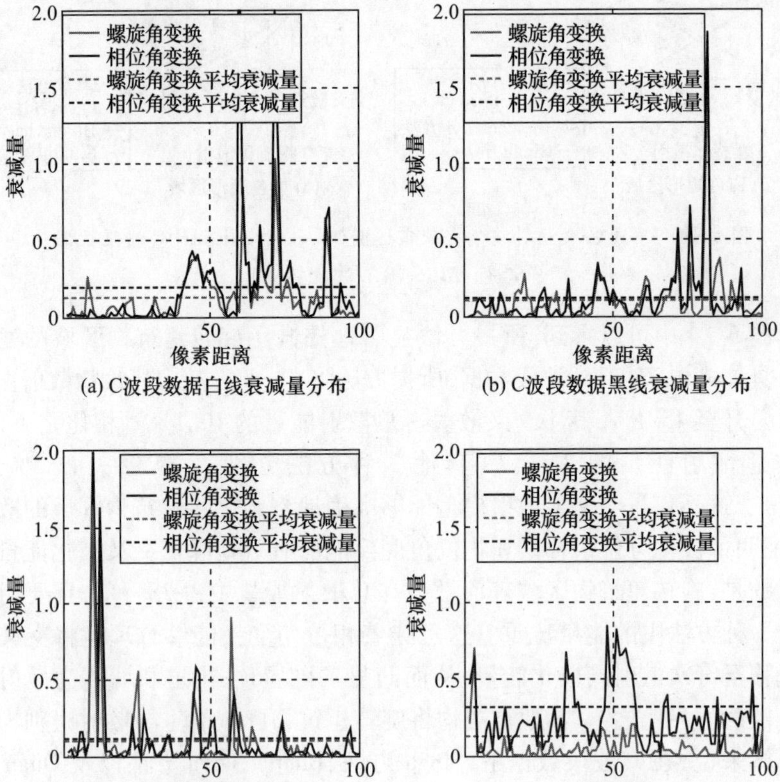

图 5-5 不同酉相似变换下交叉极化成分衰减量

另一个需要注意的问题是散射负能量的产生。散射能量为负的现象仍然存在于所有方法中,尽管它们都对能量为负的散射成分进行了一般非负能量约束。由于体散射和螺旋体散射通常是首先估计的,因此能量为负现象通常发生于表面散射和二次散射,故而对下述两种情况进行了讨论:①表面散射能量或二次散射能量为负;②表面散射能量和二次散射能量同时为负。从表 5-1 和表 5-2 中可以看到,在不同波段和不同情况下,所提方法分解产生散射负能量像素点数总是最少的。具体而言,对于情况①,相较于 Singh 方法,所提方法分解产生散射能量为负像素数在 C 波段和 L 波段数据下分别降低了 6.2% 和 12.6% 。而对于情况②,散射能量为负像素数则分别降低了 15.4% 和 3.1% 。上文已经提到,相位角变换具有更好的迁移交叉极化能量的能力,这在一定程度改善了体散射过估,使估计出的体散射能量小于总散射能量,从而降低了表面散射能量为负和二次散射能量为负发生的可能,这一点通过对比 Quan 的方法和 Singh 方法也可以验证(因为 Quan 方法中也采用了相位角变换)。从而,相位角变换要优于螺旋角变换,所提方法也因此能够更加有效地限制散射负能量的发生。

表 5-1　AIRSAR C 波段数据散射负能量统计

方法	表面或二次散射能量为负	表面和二次散射能量同时为负
本章所提方法	4.8%	10.7%
Quan 方法	10.5%	20.2%
Bhattacharya 方法	9.7%	41.9%
Singh 方法	11.0%	26.1%

表 5-2　AIRSAR L 波段数据散射负能量统计

方法	表面或二次散射能量为负	表面和二次散射能量同时为负
本章所提方法	2.7%	3.3%
Quan 方法	4.0%	3.3%
Bhattacharya 方法	10.5%	14.0%
Singh 方法	15.3%	6.4%

5.3　基于散射方位延拓的精细极化分解

目标方位对目标散射解译会产生重要的影响。对具有零方位的建筑物而言,其二面角散射结构是反射对称的,此时二次散射会诱导强烈的同极化响应。而对于具有非零方位的建筑物,其二面角散射结构的反射对称性不再成立,在这种情况下,其主导散射会由二次散射转变为交叉散射,伴随而来的是强烈交叉极化响应的产生。以极化方位角补偿为核心的矩阵酉相似变换在一定程度上虽然能将交叉极化成分转移至同极化成分,约束体散射过估现象,但是从刻画交叉极化成分这一点出发,极化方位角补偿不再适用,这是因为极化方位角

估计与 T_{33} 项紧密相关,其信息本身就是交叉极化信息的一部分[218]。同时,同极化成分与交叉极化成分之间的迁移还会使原有结构呈现出与输入不一致的极化响应,从而不利于散射成分的精细化刻画。不仅如此,由于交叉极化成分降低,极化方位角补偿之后的自然区域的植被散射特性会呈现异常,体现为体散射的主导特性被削弱,而与之实际散射特性不符的表面散射、偶次散射却相对增加。以刻画交叉极化成分为目标,本节将介绍极化方位角信息的多维度挖掘以及其在精细极化分解中的影响。

5.3.1 极化方位角剖析及维度拓展

在极化 SAR 数据处理中,建筑物散射机制分析通常是通过建立基本散射目标的典型模型来实现的。在建筑物散射建模研究中,应用最广泛、意义最深远的是 2002 年由 Franceschetti 等所提出的平行六面体散射结构,其主要特征体现为墙体与传感器平台飞行方向(方位向)之间存在一个固有夹角[315]。建筑物后向散射主要由三部分组成:①地表面、屋顶或者墙体产生的单次散射;②墙体和地表面形成的二面角(包括旋转或非旋转)结构产生的偶次散射;③墙体—地表面—墙体或者地表面—墙体—地表面结构产生的三次散射,如图 5 - 6 所示。在实际应用中,在雷达波长的观测尺度下,地表面和墙体的粗糙度非常小,因此单次散射能量通常可以忽略不计。对于三次散射,由于电磁波散射路径是单向的,因此其散射能量也通常较弱。在这种情况下,建筑物主导散射机制主要是

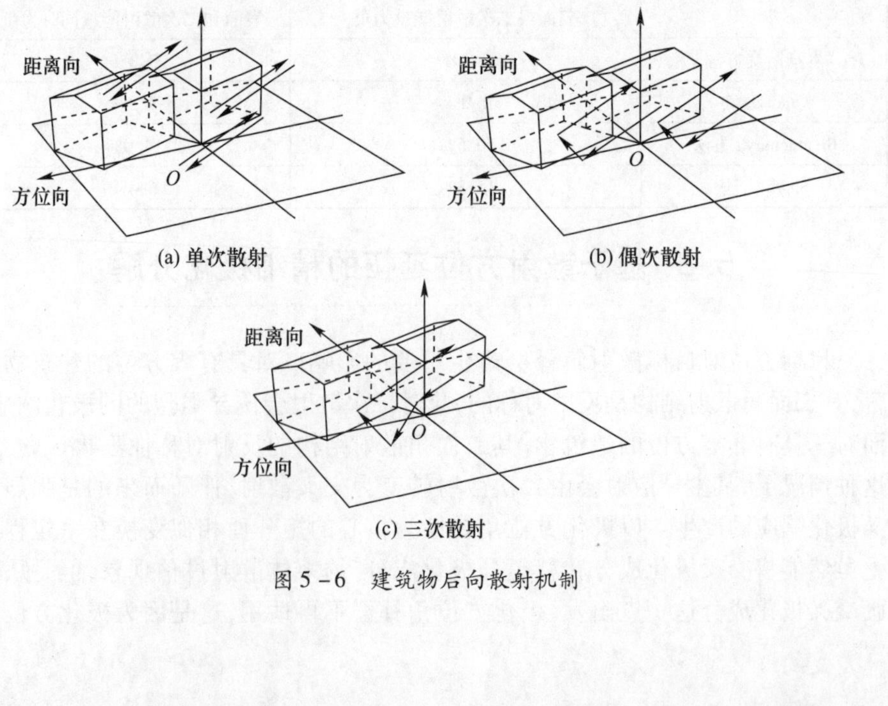

图 5 - 6　建筑物后向散射机制

由墙体和地表面形成的二面角(包括旋转或非旋转)产生的偶次散射,这是因为电磁波散射路径具有双向重复性,故而可以极大地累积极化响应[316]。与此同时,每个二面角都足以产生一定的偶次散射,并且所有偶次散射之和均产生了非常强烈的后向散射[317]。偶次散射作为一种基本散射,在建筑物散射解译中具有非常重要的意义。

更加重要的是建筑物方位的定义。对于非旋转建筑物,它们的方位角通常较小,相应的后向散射会产生强烈的同极化能量,此时墙体与地表面所形成的二面角结构可以认为是反射对称的。尽管如此,建筑物地貌中还包含大量旋转建筑物,其结构通常不具有反射对称性。此时,旋转建筑物区域正交极化状态之间存在能量耦合,它们的主导散射不再是二次散射而是交叉散射,大量的交叉极化能量也因此产生[318]。图 5－7 给出了非旋转建筑物和旋转建筑物的几何散射示意图。其中,ϕ 表示雷达入射角,旋转角 α_1 和 α_2 分别代表两个墙体与方位向之间的夹角。由于没有明显的地形起伏,因此地表面距离向通常可认为不存在地形斜率[319]。此时,由于墙体的旋转,仅使得方位向地形斜率不为零。需要注意的是,尽管建筑物散射回波是三种散射机制的结合,但建筑物方位取决于它们之中的主导散射机制[316]。

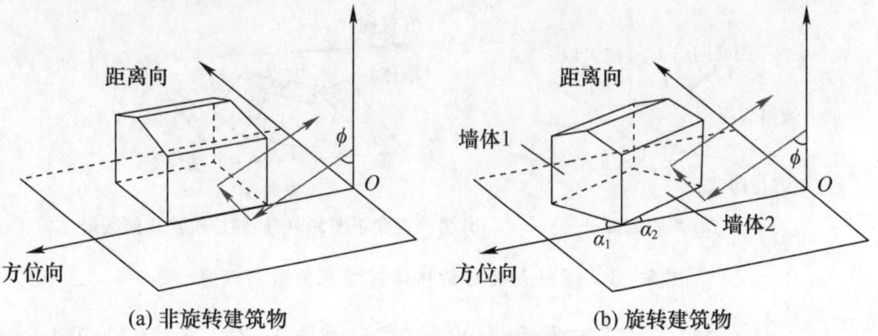

图 5－7　建筑物几何散射

建筑物方位(下文定义为旋转角 α)对建筑物散射解译有至关重要的影响。已有对建筑物方位的研究主要分为两类:一是极化方位角分析;二是极化方位角补偿。其中,后者通常与目标分解相联系。尽管如此,这些研究通常只关注了第一个二面角结构(墙体 1 与地表面形成的二面角结构)的方位,却很少考虑和研究第二个二面角结构(墙体 2 与地表面形成的二面角结构)的方位。2016 年,李洪钟等首次论述了建筑物后向散射实际上是上述两个相互垂直的二面角结构散射的相干叠加,但他们的研究并没有揭示二面角结构方位的具体推导以及它对目标散射机制分解的影响[320]。因此,以两个二面角结构方位数学推导为目标,从更为实际和全面的角度来刻画建筑物散射机制,依此来指导后续的建筑物散射建模。

极化方位角 θ 定义为极化椭圆主轴与水平极化基之间的夹角，通过分析极化方位角的改变，可以从实际地物中提取地形斜率以及方位等物理信息。Lee等指出极化方位角的改变与地形斜率和入射角之间存在一定几何关系，它们的数学关系式为

$$\tan\theta = \frac{\tan\alpha}{-\tan\gamma\cos\phi + \sin\phi} \tag{5-45}$$

式中：$\tan\alpha$ 和 $\tan\gamma$ 分别为方位向和距离向的斜率。地形斜率对极化响应产生了两个方面的影响：一是会改变每个成像单元的雷达散射截面；二是方位向斜率诱导的极化方位角改变会影响电磁波的极化状态。图 5-8(a)给出了一个倾斜表面的几何散射示意图。假设极化 SAR 系统已经过几何校正并且分别定义 $X-Y$ 平面和 $X-Z$ 平面为水平面和入射平面，对于一个无倾斜的表面，其法矢量在入射平面内，此时电磁波的极化状态保持不变，其极化方位角也不会发生任何改变。对于一个倾斜表面(方位向或距离向斜率不为零)，其法矢量不再位于入射平面，此时电磁波的极化状态发生改变，其极化方位角也会产生非零变化。

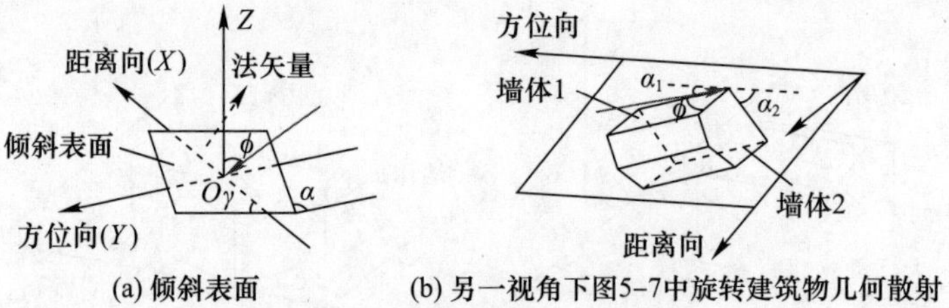

图 5-8 倾斜表面与旋转建筑物几何散射联系

式(5-45)表征了由于地形斜率的存在，会诱导极化状态发生改变，而这种极化状态的改变则会进一步诱导极化方位角的改变[321]。尽管如此，利用式(5-45)很难对极化方位角改变进行计算，因为式中所有参数均是未知的。一种行之有效的替代方法便是利用 Lee 等提出的基于圆极化基的方法进行估计：

$$\theta = \begin{cases} \eta & \left(\eta \leqslant \dfrac{\pi}{4}\right) \\ \eta - \dfrac{\pi}{2} & \left(\eta > \dfrac{\pi}{4}\right) \end{cases}, \eta = \frac{1}{4}\left[\arctan\left(\frac{-4\mathrm{Re}(<(S_{\mathrm{HH}} - S_{\mathrm{VV}})S_{\mathrm{HV}}^{*}>)}{-<|S_{\mathrm{HH}} - S_{\mathrm{VV}}|^2> + 4<|S_{\mathrm{HV}}|^2>}\right) + \pi\right] \tag{5-46}$$

与大多数研究一致,此处仍利用基于圆极化基的方法对第一个二面角结构的极化方位角(第一维极化方位角)进行估计。基于圆极化基的极化方位角估计方法已被证明能在建筑物和自然区域产生较为精确的结果。

尽管如此,若极化方位角改变(由散射机制中多重散射或高复杂度所产生)发生于大量散射体区域,特别是在森林区域或者人造目标结构中,去极化效应的影响会变得十分明显,同极化响应的峰值也不再唯一,一些不同于周围环境的非一致像素由此产生,在极化方位角估计中通常体现为白色或者黑色的孤立噪声。为了降低上述影响,利用弧距中值滤波(Arc Distance Median Filtering, ADMF)算法对基于圆极化基的极化方位角估计方法进行修正。圆值数据(或称方位数据)是一类广泛存在于实际应用中的数据,它具有以模值计算大小的特点。由于取值位于单位圆上(弧度取值),因此极化方位角就是一种典型的圆值数据。2017 年,Storath 等在圆弧距离的基础上,针对圆值数据提出了弧距中值滤波算法[322]。中值滤波具有鲁棒性高,能够有效地保持边缘和圆值数据细节的特点。弧距中值滤波算法主要具有以下 3 个方面的优势:①每个弧距中值都具有二分性;②在准确求解中值的情况下,弧距中值具有唯一性,且能够保证它始终在原始数据中取值;③低计算复杂度和高计算效率。图 5-9 对弧距中值滤波算法进行了直观的阐述。

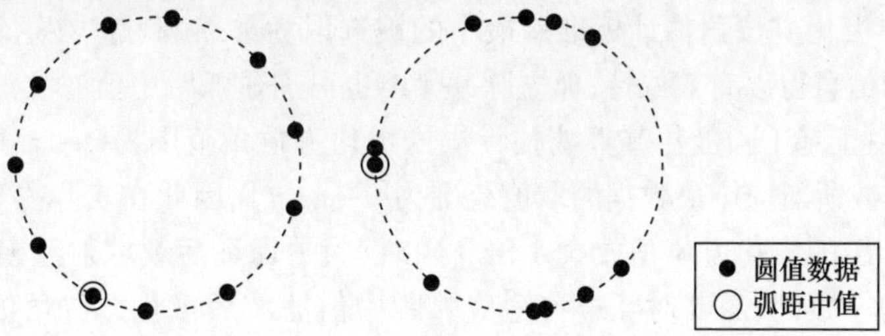

图 5-9　单位圆上弧距中值

根据文献[322],弧距中值滤波算法可表示为

$$\mathrm{med}(y) = \arg\min_{a \in \mathrm{T}} \sum_{i=-r}^{r} \sum_{j=-t}^{t} d(a, y_{m+i,n+j}) \tag{5-47}$$

其中,$\mathrm{med}(y)$ 代表弧距中值,$a \in [-\pi, \pi]$ 和 y 代表单位圆上的圆值数据。$R = 2r+1$ 和 $T = 2t+1$ 则表示像素 (i,j) 邻域的长度和宽度。弧长距 d 用于衡量数据 a 和 y 之间最小的角度,其表达式为

$$d(a,y) = \begin{cases} |a-y| & (|a-y| < \pi) \\ 2\pi - |a-y| & (\text{其他}) \end{cases} \tag{5-48}$$

当对极化方位角估计数据进行滤波时,一般倾向于选用较小的邻域窗口。

然而,如果采用固定形状的邻域,有可能会过度滤波,许多微小的结构信息便会丢失。不仅如此,在极化 SAR 图像中一个单元内,建筑物的排列是整齐规则的,并且具有相同的方位,由于局部入射角近似相等,因此它们对极化方位角估计的影响可以忽略不计[323]。文献[324]进一步指出在中低分辨率下(5m 左右),极化方位角估计可认为是均匀且连续的[324]。为了保持空间细节,考虑对弧距中值滤波算法施加一个自适应邻域,其结构设计如图 5-10 所示。

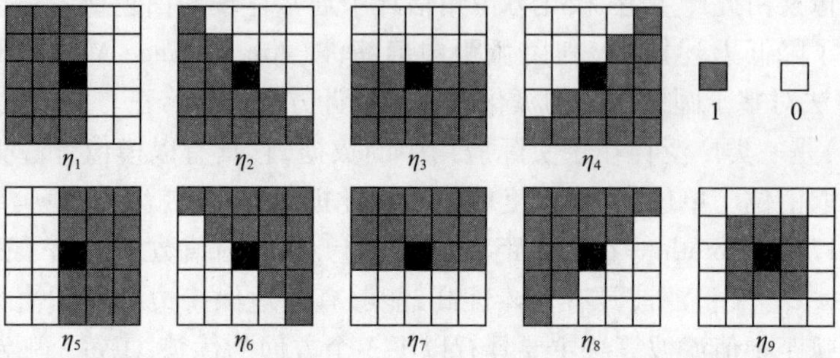

图 5-10 待选自适应邻域

该自适应邻域具有 9 个待选对象,它们的形状结构分别对应不同的局部均匀区域和线性边界。在初始基于圆极化基算法估计的极化方位角结果中,9 个待选邻域中极化方位角估计标准差最小的被选取为最终邻域。在这种情况下,一致性结构信息得以有效保持,孤立脉冲噪声也可通过弧距中值滤波消除。需要注意的是,由于基于圆极化基算法估计出的极化方位角范围为[$-\pi/4,\pi/4$],而弧距中值滤波所对应圆值数据的取值范围为[$-\pi,\pi$],因此在实际操作中,需要预先将估计出的极化方位角放大 4 倍。同时,为了保证后续散射建模中方位角取值范围的一致性,需要对经过自适应弧距中值滤波后极化方位角估计进行 4 倍缩小处理。

对于具有平行六面体基本几何结构的建筑物,它的两个墙体均与地表面形成了二面角,并且每个二面角结构均对后向散射产生影响。在大多数文献中,关于第二个二面角结构的散射特性很少被人们关注。这在很大程度上是因为第二个二面角的极化方位角(称为第二维极化方位角)很难进行描述与计算。事实上,文献[320]指出,即便已知雷达入射角,也不可能精确地反演出建筑物的第二维方位。鉴于此,考虑对第二维极化方位角进行数学建模,并结合阴影形状恢复方法(shape - from - shading technique, SFS)[321]提出它的一种近似估计。

在建筑物区域,不同极化通道之间的相关性非常高,方位向地形斜率信息能够合理地表征方位信息[199],此时第二维极化方位角便可以根据对应的方位向地形斜率进行估计。为了明确第二维极化方位角的定义，此处进一步对旋转建筑物墙体的几何散射进行阐述。图 5－8(b)与图 5－7(b)是同一建筑物在不同视角下的几何观测，通过对比图 5－8(b)与图 5－8(a)可以发现，旋转建筑物墙体的几何散射实际上类似于具有方位向斜率倾斜表面的几何散射。二者的差别仅在于墙体的几何散射所对应的雷达入射角和方位分别为 $\pi/2-\phi$ 和 $-\alpha$（两个垂直平面的入射角相互之间是互余的，方位是相反的）。因此根据式(5－45)，墙体诱导的极化方位角改变可改写为

$$\tan\theta=\frac{\tan(-\alpha)}{-\tan 0\cos\left(\dfrac{\pi}{2}-\phi\right)+\sin\left(\dfrac{\pi}{2}-\phi\right)}=-\frac{\tan\alpha}{\cos\phi} \tag{5-49}$$

另外，阴影形状恢复方法具有从辐射测量或者更准确地说，从一片成像平面的后向散射强度中估计其散射几何参数的能力[325－327]。阴影形状恢复方法指出，在以下假设合理情况下，电磁波的传播可以用朗伯准则予以概述：①地表面是局部平整的；②地形斜率足够平缓，不存在突变（例如建筑物与自然区域交界）；③地表面散射是近似均匀的[328]。此时，图像强度 I 可认为是成像平面方位参数和散射介质的函数[321]：

$$I(\gamma,\alpha,\phi)=\frac{K\sigma_0 R_r R_a\cos\phi\cos\alpha\,\sin^2(\phi+\gamma)}{\cos(\phi+\gamma)} \tag{5-50}$$

式中：α 和 γ 分别为方位向和距离向的斜率角；K 为一个关于系统校正的常数；σ_0 为地表面后向散射系数，通常认为也是一个常数；R_a 和 R_r 则分别为方位向和距离向的分辨率。从式(5－50)可以看到，由于太多未知参数的存在，朗伯方程难以求解。鉴于此，考虑一个方位向和距离向斜率角均为零的表面的散射强度 I_0：

$$I_0=I(0,0,\phi)=K\sigma_0 R_r R_a\,\sin^2\phi \tag{5-51}$$

在实际应用中，后向散射强度 I_0 通常是整个成像场景散射强度的均值，因此它可以认为是一个常数。另外，对于一个垂直墙体，其散射强度 I_w 可以根据几何参数（$\pi/2-\phi$ 入射角以及 $-\alpha$ 方位）进行计算：

$$I_w=I\left(0,-\alpha,\frac{\pi}{2}-\phi\right)=K\sigma_0 R_r R_a\,\cos^2\phi\cos\alpha \tag{5-52}$$

将式(5－51)和式(5－52)相除，可以得到方位向斜率角和入射角的关联等式：

$$R=\frac{I_w}{I_0}=\frac{\cos\alpha}{\tan^2\phi} \tag{5-53}$$

阴影形状恢复方法指出,后向散射强度实际上是地形斜率的索引。我们知道,极化方位角的改变会使旋转建筑物的相干矩阵具有反射不对称特性,并产生强烈的交叉极化能量,这说明 HV 极化后向散射强度与旋转二面角散射具有非常紧密的对应关系,因此根据 HV 极化后向散射强度可以有效地反演出地形斜率。需要注意的是,总后向散射强度是不同地形尺度下散射贡献的混合,它不适用于结合至地形斜率诱导方位角变换的关系式来反演斜率。

图 5-11 分别给出了在不同方位向斜率角下,极化方位角和雷达入射角的变化曲线[式(5-49)和式(5-53)]。从图 5-11(a)可以看到,在特定入射角情况下,当方位向斜率角为正时,极化方位角为负值;当方位向斜率角为负时,极化方位角为正值,但都随着方位向斜率角增大而减小。对于图 5-11(b),可以看到在特定交叉极化强度比情况下,当方位向斜率角为负时,雷达入射角随着方位向斜率角增大而增大;当方位向斜率角为正时,则可以得到相反的观测结果。

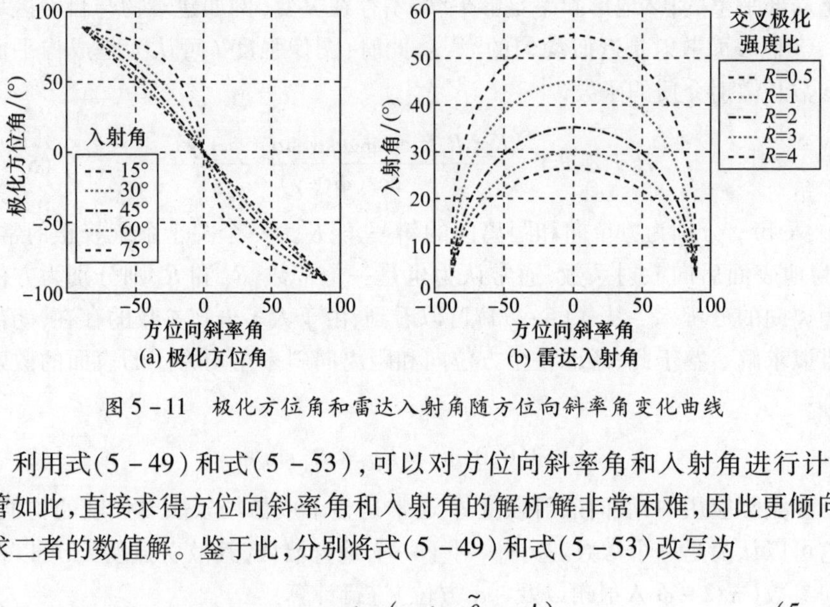

图 5-11　极化方位角和雷达入射角随方位向斜率角变化曲线

利用式(5-49)和式(5-53),可以对方位向斜率角和入射角进行计算。尽管如此,直接求得方位向斜率角和入射角的解析解非常困难,因此更倾向于寻求二者的数值解。鉴于此,分别将式(5-49)和式(5-53)改写为

$$\alpha_1 = \arctan(-\tan\tilde{\theta}_1\cos\phi) \tag{5-54}$$

和

$$\phi' = \arctan\left(\sqrt{\frac{\cos\alpha_1}{R}}\right) \tag{5-55}$$

式中:$\tilde{\theta}_1$ 为修正的第一维极化方位角;α_1 为第一维极化方位角对应的方位向斜率角。从而,给定一个初始入射角值 ϕ,利用式(5-54)可以计算出当前方位向

斜率角计算值 α_1,随后根据 α_1 和式(5-55)可以计算得到更新后的入射角值 ϕ',上述迭代过程将反复进行直至方位向斜率角 α_1 和入射角 ϕ 满足某一特定收敛条件。在所提方法中,收敛阈值设为0.01°,即当现阶段估计与上阶段估计的差值小于0.01°时,迭代终止。

在估计第二维极化方位角之前,还需要确定另一个参数,即第二维极化方位角对应的方位向斜率角 α_2。关于方位向斜率角 α_2 正负的定义,已有不少文献对其进行阐述。Kimura 定义当方位向斜率位于 H-V 平面内一、三象限时,α_2 为正;而当方位向斜率位于 H-V 平面二、四象限时,α_2 为负[329]。李洪钟等指出在极化 SAR 传感器右侧视成像情形下,当 α_2 相对方位向逆时针旋转时,其值为正;而在极化 SAR 传感器左侧视成像情形下,当 α_2 相对方位向逆时针旋转时,α_2 为负[320]。无论如何定义 α_2 的正负,它的取值总是与 α_1 相反。由于建筑物的几何结构可以简化为一个平行六面体,因此 α_1 与 α_2 满足如下关系:

$$|\alpha_1-\alpha_2|=\frac{\pi}{2} \tag{5-56}$$

根据式(5-54)和式(5-55)可以估计出第一维极化方位角所对应的方位向斜率角 α_1 和雷达入射角 ϕ。利用式(5-56),可以进一步计算出第二维极化方位角对应的方位向斜率角 α_2,最后将雷达入射角 ϕ 和第二维极化方位角对应的方位向斜率角 α_2 再重新代入式(5-49)中,便可以得到第二维极化方位角 θ_2 的估计。需要注意的是,式(5-49)估计出的第二维极化方位角的取值范围为 $[-\pi/2,\pi/2]$,而第一维极化方位角的取值范围为 $[-\pi/4,\pi/4]$。为了保证后续散射建模中方位角取值范围的一致性,提出下述修正处理将第二维极化方位角取值范围约束至 $[-\pi/4,\pi/4]$:

$$\tilde{\theta}_2=\begin{cases}\dfrac{\pi}{2}-\theta_2\left(\theta_2>\dfrac{\pi}{4}\right)\\ \theta_2\left(-\dfrac{\pi}{4}\leqslant\theta_2\leqslant\dfrac{\pi}{4}\right)\\ -\dfrac{\pi}{2}-\theta_2\left(\theta_2<-\dfrac{\pi}{4}\right)\end{cases} \tag{5-57}$$

5.3.2 双交叉散射模型及矩阵元素驱动散射特征

对于一个常规放置的、具有零方位的二面角,由于雷达的照射路径一致,因此散射前后电磁波的极化方式保持不变。但对于一个具有非零方位的旋转二面角,由于其垂直表面相对方位向发生了旋转,因此后向散射会导致电磁波信号产生多重交互,此时电磁波便会改变其原有的极化方式,衍生出截然不同的极化响应。交叉散射模型的推导来源于一个具有自适应极化方位角的旋转二面角结构,它能够从总交叉极化散射能量中有效地分离出旋转建筑物区域的交叉极化散射能量。然而,交叉散射模型只利用了一个旋转二面角的极化方位角(第一维极化方位角)。考虑到实际中旋转建筑物存在两个相互垂直的旋转二面角,结合上述推导的第一维和第二维极化方位角,进一步延拓交叉散射模型以精细刻画旋转建筑物散射。

对于平行六面体结构,文献[320]指出两个相互垂直的旋转二面角具有相同的介电常数和入射角。考虑其中一个二面角,其 Sinclair 散射矩阵具有如下形式:

$$\boldsymbol{S}=\begin{bmatrix} r & 0 \\ 0 & 1 \end{bmatrix} \tag{5-58}$$

其中 $r=S_{\mathrm{HH}}/S_{\mathrm{VV}}$ 代表散射体类型索引。对于二面角结构,通常有 $\mathrm{Re}(r)<0$。进一步地,具有 θ 极化方位角的旋转二面角对应的相干矩阵可表示为

$$\begin{aligned} \boldsymbol{T}(\theta) &= \boldsymbol{R}(\theta)\begin{bmatrix} \varepsilon & \mu & 0 \\ \mu^{*} & \upsilon & 0 \\ 0 & 0 & 0 \end{bmatrix}\boldsymbol{R}(\theta)^{\mathrm{H}} \\ &= \begin{bmatrix} \varepsilon & \mu\cos2\theta & \mu\sin2\theta \\ \mu^{*}\cos2\theta & \upsilon\cos^{2}2\theta & \upsilon\cos2\theta\sin2\theta \\ \mu^{*}\sin2\theta & \upsilon\cos2\theta\sin2\theta & \upsilon\sin^{2}2\theta \end{bmatrix} \end{aligned} \tag{5-59}$$

式中:$\boldsymbol{R}(\theta)$ 为极化方位角变换矩阵。参数 ε、μ 和 υ 的表达式分别为

$$\varepsilon=\frac{|r+1|^{2}}{2},\upsilon=\frac{|r-1|^{2}}{2},\mu=\frac{(r+1)(r-1)^{*}}{2} \tag{5-60}$$

对于具有相同形状、尺寸以及介电常数,但不同极化方位角的旋转二面角组合,其散射模型的平均相干矩阵是在对应的极化方位角分布范围内,通过对其相干矩阵和相同概率分布函数进行分别积分,再求和所得:

$$[\boldsymbol{T}]_{\mathrm{DC}} = \int_{\tilde{\theta}_1-\frac{\pi}{2}}^{\tilde{\theta}_1+\frac{\pi}{2}} \boldsymbol{T}(\theta)p(\tilde{\theta}_1)\mathrm{d}\theta + \int_{\tilde{\theta}_2-\frac{\pi}{2}}^{\tilde{\theta}_2+\frac{\pi}{2}} \boldsymbol{T}(\theta)p(\tilde{\theta}_2)\mathrm{d}\theta \tag{5-61}$$

在交叉散射模型中,旋转二面角结构通常具有自适应极化方位角的余弦分布,其表达式为

$$p(\theta)=\frac{\cos(\theta-\tilde{\theta})}{2}\quad\left(\tilde{\theta}-\frac{\pi}{2}<\theta<\tilde{\theta}+\frac{\pi}{2}\right) \tag{5-62}$$

结合式(5-61)和式(5-62),可以推导出具有一般形式的双交叉散射模型(Doubled Cross Scattering Model,DCSM):

$$[\boldsymbol{T}]_{\mathrm{GDC}}=\begin{bmatrix}2\varepsilon & \dfrac{\mu S}{3} & \dfrac{\mu D}{3}\\ \dfrac{\mu S}{3} & \dfrac{\upsilon(30-C)}{60} & 0\\ \dfrac{\mu D}{3} & 0 & \dfrac{\upsilon(30+C)}{60}\end{bmatrix}\tag{5-63}$$

其中参数 S、D 和 C 的表达式分别为

$$S=\cos2\tilde{\theta}_1+\cos2\tilde{\theta}_2,D=\sin2\tilde{\theta}_1+\sin2\tilde{\theta}_2,C=\cos4\tilde{\theta}_1+\cos4\tilde{\theta}_2\tag{5-64}$$

通过式(5-64)可以看到,双交叉散射模型是一个具有连续散射体类型索引取值的泛化模型,它的泛化性体现为具有不同散射体类型索引取值的二面角结构具有不同形式的相干矩阵。在实际中,求得散射体类型索引 r 的取值非常困难。张腊梅等提出散射体类型索引取值可以通过模值计算[216]。但若利用模值计算 r,双交叉散射能量便完全由相干矩阵的 T_{13} 项确定,也就是说完全根据反射不对称程度决定。在这种情况下,双交叉散射模型便无法有效分辨非旋转建筑物和旋转建筑物的散射特性。为了保证双交叉散射模型能有效分离交叉极化能量,对一般形式的双交叉散射模型进行简化,考虑一个标准二面角结构($r=-1$),便可以得到简化后的双交叉散射模型:

$$[\boldsymbol{T}]_{\mathrm{DC}}=\begin{bmatrix}0 & 0 & 0\\ 0 & 1-\dfrac{\cos4\tilde{\theta}_1+\cos4\tilde{\theta}_2}{30} & 0\\ 0 & 0 & 1+\dfrac{\cos4\tilde{\theta}_1+\cos4\tilde{\theta}_2}{30}\end{bmatrix}\tag{5-65}$$

此时,双交叉散射能量由相干矩阵的 T_{33} 项唯一确定。可以看到,在第一维和第二维极化方位角的作用下,双交叉散射模型能够进一步揭示旋转建筑物的散射机制。为了对不同的散射模型进行比较和概述,图5-12画出了以第一维和第二维极化方位角为特征空间的不同散射模型相干矩阵归一化元素的取值范围。其中黑点、白点以及红线分别表示延展体散射模型、偶平面散射模型以及交叉散射模型矩阵元素的取值范围。为了让对比更加直观,该图中使用第一维极化方位角和±22.5°第二维极化方位角表征上述3个散射模型的元素,这是因为4倍±22.5°第二维极化方位角的余弦值为零,它不对散射元素产生贡

献。可以看到,双交叉散射模型元素取值范围覆盖远大于其他散射模型,这说明在实际中它的适用性更好。值得注意的是,尽管在自然区域也存在一部分旋转二面角结构,但是它们的交叉极化响应不会随方位角的改变而改变。同时旋转建筑物区域的旋转二面角交叉极化响应要远大于森林旋转二面角的交叉极化响应。

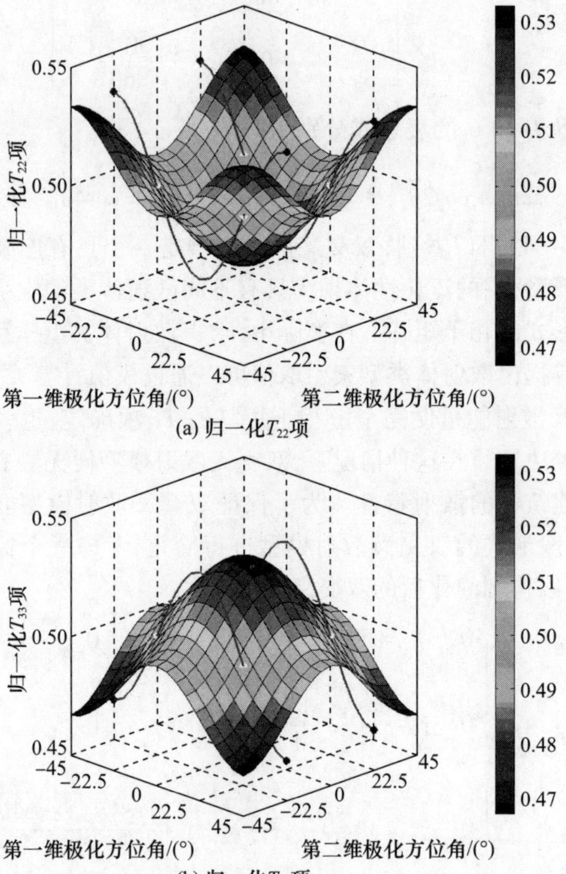

图 5-12 不同散射模型归一化 T_{22} 项和 T_{33} 项(见彩图)

在将双交叉散射模型引入目标分解框架之前,需对建筑物和自然区域进行预分割。一方面,这是因为第二维极化方位角的分析和推导只适用于建筑物区域;另一方面,由于建筑物和自然区域都会产生交叉极化能量,因此需要分层次对不同区域散射采用不同的散射模型进行表征。已有大量文献对建筑物和自然区域分割进行了研究,例如 Moriyama 等利用同极化和交叉极化相关系数区分建筑物和自然区域[330],Yajima 等利用延展分支条件分辨建筑物散射和体散射[331]，项德良等结合相关系数比改善了同极化相关系数对建筑物和自然区域的分辨能力[228]。尽管如此，这些方法通常鲁棒性较低，它们会在某些区域产生不准确的结果，因此实际中需要设计一种简便有效的方法来精细分割建筑物和自然区域。

上文提到，如果相干矩阵 T_{22} 项的值很高，那么相干矩阵所对应目标的主导散射为二次散射，考虑到这点，相干矩阵 T_{22} 项是非旋转建筑物一个很好的索引特征。对于旋转建筑物，由于旋转二面角散射会产生大量的交叉极化能量，因此它们的相干矩阵 T_{33} 项的值也会很大，理论上来说，相干矩阵 T_{33} 项是旋转建筑物的一个索引特征。然而，自然区域也存在大量的交叉极化能量，单纯使用相干矩阵 T_{33} 项会造成建筑物和自然区域的误判。鉴于此，考虑引入反射不对称特性来改善上述缺陷。由于反射对称结构广泛分布于自然区域而极少存在于旋转建筑物区域，因此旋转建筑物区域相干矩阵 T_{23} 项的值会明显大于自然区域。根据上述不同地物散射特性的分析，提出候选相干矩阵元素驱动的散射特征：

$$SC_{\mathrm{B}} = |T_{23}| \cdot T_{33} + T_{22} \tag{5-66}$$

在自然区域，T_{22} 项和 T_{33} 项的值都比较小，因此可以预期其相应的 SC_{B} 的值也较小。然而在实际中，自然区域 T_{33} 项的值要远大于 T_{23} 项的值。在这种情况下，自然区域仍会与旋转建筑物区域产生混淆，因为二者都具有显著的交叉极化能量。除此之外，非旋转建筑物的 T_{22} 项也要明显大于旋转建筑物的 $|T_{23}| \cdot T_{33}$ 项，这在一定程度上会压制旋转建筑物的散射特性。鉴于此，将候选相干矩阵元素驱动的散射特征修正为

$$SC_{\mathrm{B}} = |T_{23}|^{k} \cdot \sqrt{T_{33}} + \sqrt{T_{22}} \quad (k \geqslant 1) \tag{5-67}$$

一方面，T_{33} 项均方根的引入是为了削弱 $|T_{23}| \cdot T_{33}$ 的贡献，从而压制自然区域的散射特性；另一方面，T_{23} 项指数 k 的引入能够进一步削弱自然区域 T_{33} 项过大的影响。在实际应用中，可以根据自然区域交叉极化能量适当调整 k 的取值，但通过大量实验发现，$k=1$ 能够满足需求。T_{22} 项均方根的引入则是为了保证 $|T_{23}|^{k} \cdot \sqrt{T_{33}}$ 和 $\sqrt{T_{22}}$ 的取值处于同一水平，这样 SC_{B} 能够同时凸显旋转建筑物和非旋转建筑物的散射特性。前面已经提到，同极化相关系数 $|\rho_{\mathrm{HH-VV}}|$ 在自然区域取值较高，而在建筑物区域取值较低，在上述候选建筑物散射特征的基础上，为了进一步呈现建筑物和自然区域的散射差异，相干矩阵元素驱动的散射特征最终被设计为

$$SF_{\mathrm{B}} = \frac{SC_{\mathrm{B}}}{|\rho_{\mathrm{HH-VV}}|} = \frac{|T_{23}|^{k} \cdot \sqrt{T_{33}} + \sqrt{T_{22}}}{\dfrac{C_{13}}{\sqrt{C_{11} \cdot C_{33}}}} \quad (k \geqslant 1) \tag{5-68}$$

需要注意的是,相干矩阵元素驱动的散射特征中元素的利用均来源于原始输入矩阵,而无须经过极化方位角补偿。在相干矩阵元素驱动的散射特征的作用下,建筑物和其他区域的分辨可表示为

$$\begin{cases} \mathrm{R1}: SF_{\mathrm{B}} < T_{\mathrm{D}} \quad (\text{其他区域}) \\ \mathrm{R2}: SF_{\mathrm{B}} > T_{\mathrm{D}} \quad (\text{建筑物}) \end{cases} \tag{5-69}$$

式中:T_{D} 为分割阈值。

5.3.3 分层精细分解及模型求解

利用双交叉散射模型和相干矩阵元素驱动的散射特征,精细化分层目标分解可表示为

$$\langle [\boldsymbol{T}] \rangle = f_{\mathrm{S}} [\boldsymbol{T}]_{\mathrm{S}} + f_{\mathrm{D}} [\boldsymbol{T}]_{\mathrm{D}} + f_{\mathrm{H}} [\boldsymbol{T}]_{\mathrm{H}} + \begin{cases} f_{\mathrm{V}} [\boldsymbol{T}]_{\mathrm{V}}, \mathrm{R1} \\ f_{\mathrm{DC}} [\boldsymbol{T}]_{\mathrm{DC}}, \mathrm{R2} \end{cases} \tag{5-70}$$

式中:f_{S}、f_{D}、f_{H}、f_{V} 和 f_{DC} 分别为表面散射、二次散射、螺旋体散射、体散射以及双交叉散射功率。关于自然区域的散射功率计算已在 5.2 节给出,此处仅针对双交叉散射在建筑物区域的散射功率进行推导。通过对表面散射、二次散射、螺旋体散射以及双交叉散射模型元素的叠加和计算,可获得如下等式:

$$\begin{cases} f_{\mathrm{H}} = 2 \left| \operatorname{Im}(T_{23}) \right| \\ f_{\mathrm{DC}} = \dfrac{T_{33} - \dfrac{f_{\mathrm{H}}}{2}}{1 + \dfrac{\cos 4\tilde{\theta}_1 + \cos 4\tilde{\theta}_2}{30}} \\ f_{\mathrm{S}} + f_{\mathrm{D}} |\alpha|^2 = T_{11} \\ f_{\mathrm{S}} \beta^* + f_{\mathrm{D}} \alpha = T_{12} \\ f_{\mathrm{S}} |\beta|^2 + f_{\mathrm{D}} + \dfrac{f_{\mathrm{H}}}{2} + \left(1 - \dfrac{\cos 4\tilde{\theta}_1 + \cos 4\tilde{\theta}_2}{30}\right) f_{\mathrm{DC}} = T_{22} \end{cases} \tag{5-71}$$

可以看到式(5-70)为欠定方程组(5 个等式 6 个未知参数),需要利用一定假设来消除或者固定其中一个未知参数。与分支条件相似,在去除螺旋体散射和双交叉散射成分贡献后,通过判断残余矩阵中表面散射还是二次散射占主导可以有效解决这一问题。由于双交叉散射模型的引入,对应的分支条件修正为

$$C_{\mathrm{DC}} = T_{11} - T_{22} + \frac{f_{\mathrm{H}}}{2} + \left(1 - \frac{\cos 4\tilde{\theta}_1 + \cos 4\tilde{\theta}_2}{30}\right) f_{\mathrm{DC}} \tag{5-72}$$

如果 $C_{\mathrm{DC}}>0$,那么残余矩阵中表面散射占主导,此时可令 $\alpha=0$;否则残余矩阵中二次散射占主导,则令 $\beta=0$。通过计算和推导,最终可以得到不同散射成分的能量:

$$P_{\mathrm{S}} = f_{\mathrm{S}}(1+|\beta|^2),\ P_{\mathrm{D}} = f_{\mathrm{D}}(1+|\alpha|^2),\ P_{\mathrm{H}} = f_{\mathrm{H}},\ P_{\mathrm{DC}} = 2f_{\mathrm{DC}} \tag{5-73}$$

5.3.4 实验分析及对比

本节将采用机载 UAVSAR 和 AIRSAR L 波段全极化数据来验证所提出的模型方位导向的精细极化分解方法有效性。其中,UAVSAR 数据成像地点位于美国圣洛伦佐区,成像时间为 2014 年 11 月 20 日,方位向和距离向分辨率分别为 7.2m 和 5.0m。AIRSAR 数据成像地点位于美国长滩市,成像时间为 1998 年 10 月 24 日,原始方位向分辨率为 9.3m,距离向分辨率为 3.3m。图 5-13 和图 5-14 分别给出了 AIRSAR 和 UAVSAR 数据的 Pauli 伪彩色图,其中 RGB 三通道分别为 HH-VV、HV、HH+VV。为了与地物真实类别进行对比,同样利用 2011 年美国国家土地覆被数据库(NLCD 2011)作为参考数据。可以看到,在 Pauli 伪彩色图中存在大量的体散射成分,其中不仅包括以体散射为主的自然区域,还覆盖了大量的旋转建筑物,因此体散射过估以及散射机制混淆问题仍广泛存在。

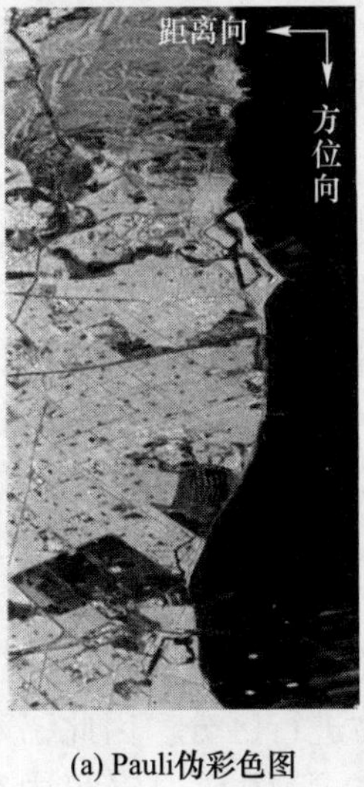

(a) Pauli伪彩色图

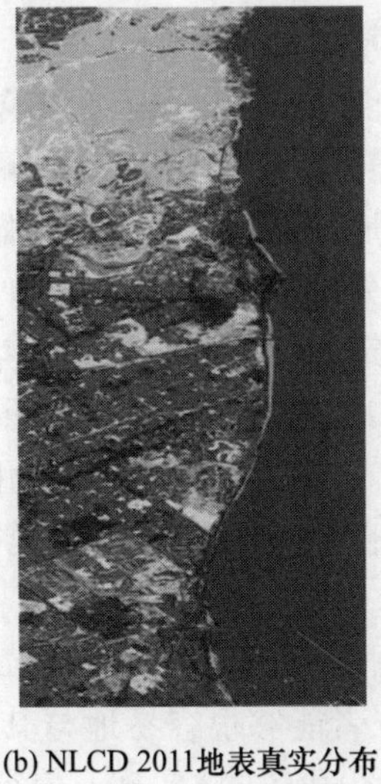
(b) NLCD 2011地表真实分布

图 5-13　AIRSAR L 波段数据 Pauli 伪彩色图及地表真实分布

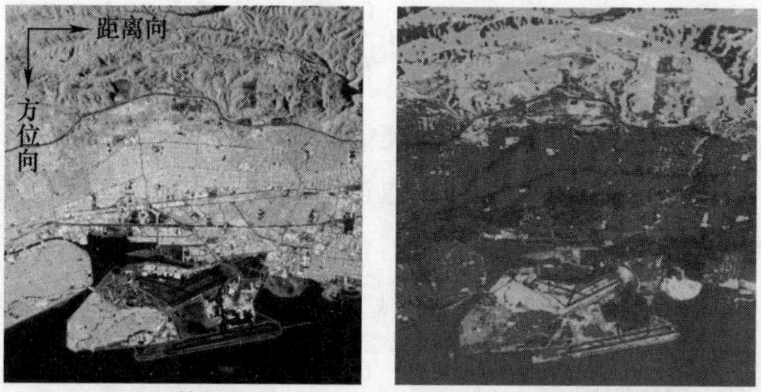

(a) Pauli伪彩色图　　(b) NLCD 2011地表真实分布

图 5 – 14　UAVSAR L 波段数据 Pauli 伪彩色图及地表真实分布

图 5 – 15 分别给出了 AIRSAR 数据同极化相关系数倒数、候选散射特征以及相干矩阵元素驱动散射特征的幅度图。对于同极化相关系数倒数，可以看到它在建筑物区域和山谷区域具有明显不同的幅度值。然而，浅滩区域却具有与建筑物区域相近的同极化相关系数倒数幅值[图 5 – 15(a)中圆形区域]，这说明同极化相关系数倒数在区分建筑物和其他区域的表现上具有局限性。相比于同极化相关系数倒数，候选散射特征不仅可以很好地刻画建筑物的散射特性而且可以有效地压制浅滩区域的散射特性。然而，某些山谷区域的候选散射特征的幅值同样很高，这是因为山谷区域具有从平缓到陡峭的斜率，从雷达照射方向来看，它类似于一个倾斜的表面，在这种情况下，它会产生很强的交叉极化响应。这实际上增大了建筑物和其他区域混淆的风险。通过对同极化相关系数倒数和候选散射特征的结合，相干矩阵元素驱动散射特征具有更好表征建筑物散射特性的能力，体现为山谷和浅滩区域的散射特性被同时压制，并且旋转建筑物和非旋转建筑物具有相近的幅值。

为了定量地验证提出的相干矩阵元素驱动散射特征的有效性以及确定精细化分层中的分割阈值，本节从成像区域选取了不同地物类型进行实验，主要包括非旋转建筑物(区域 A)、旋转建筑物(区域 B)、山谷植被(区域 C)以及海洋水体(区域 D)，对应的特征直方图见图 5 – 15。可以发现相较于同极化相关系数倒数以及候选散射特征，建筑物区域在相干矩阵元素驱动散射特征直方图中与其他区域直方图相去更远，这说明建筑物区域和其他区域的散射特性差异被进一步拉大。

此外，从图 5 – 15(c)还可以看到旋转建筑物和非旋转建筑物的直方图基本重合，这使二者能够很容易地与其他地物进行区分。因此，分割阈值的选取可以利用直方图阈值方法实现。值得注意的是，图 5 – 15(c)中存在两个波谷，由于建筑物与其他区域的散射特性差异较大，为了保证更多的建筑物像素被保

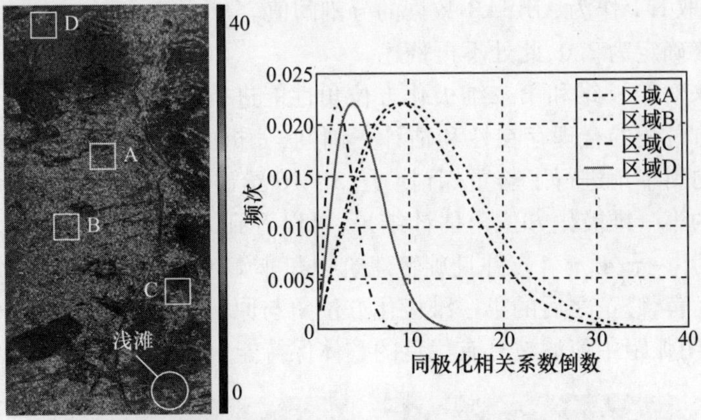

(a) 同极化相关系数倒数幅度图及不同地物特征直方图分布

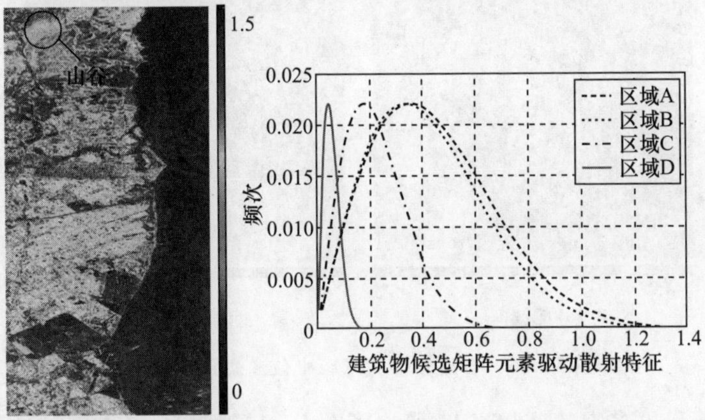

(b) 建筑物候选相干矩阵元素驱动散射特征幅度图及不同地物特征直方图分布

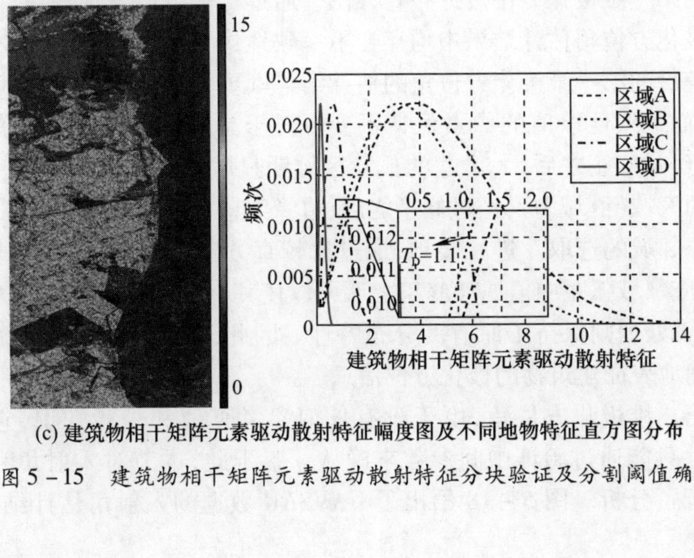

(c) 建筑物相干矩阵元素驱动散射特征幅度图及不同地物特征直方图分布

图 5－15　建筑物相干矩阵元素驱动散射特征分块验证及分割阈值确定

留，最终选取1.1作为AIRSAR数据的分割阈值。与之相同，UAVSAR数据的分割阈值最终确定为2.0，此处不再赘述。

接下来对第一维和第二维极化方位角性能进行分析，特别地，为了验证第二维极化方位角的合理存在性和估计正确性，分析中对两个中间参数，即入射角和方位向斜率角进行了着重探讨。图5－16给出了UAVSAR数据原始的以及修正后的第一维极化方位角估计结果，可以看到，第一维极化方位角估计的取值范围为[－π/4，π/4]，并且旋转建筑物和非旋转建筑物具有明显不同的取值。整体而言，修正之后的第一维极化方位角与原始的第一维极化方位角区别不大，这说明弧距中值滤波具有优良的整体保持能力。

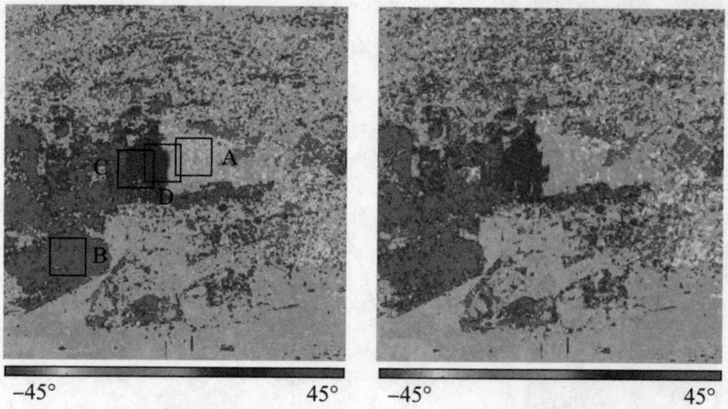

(a) 滤波前　　(b) 滤波后

图5－16　自适应邻域弧距中值滤波前后结果

为了展示更多细节，图5－17给出了图5－16中4个矩形区域的放大结果以及对应的第一维极化方位角分布直方图。通过比较可以发现，所有区域原始的第一维极化方位角估计结果中均存在不一致性像素，体现为许多孤立噪声的存在。修正后的第一维极化方位角的估计结果则更为光滑，不一致性取值像素显著减少，而一致性取值的像素保持不变。对于具有较大极化方位角的区域（区域C），经过修正之后，大尺寸的孤立区域明显收缩。对于具有突变极化方位角取值的区域（区域D），经过修正之后，边缘信息仍能很好地保持，这主要得益于自适应邻域的选取。进一步地，通过比较直方图可以发现，对于非旋转建筑物，自适应邻域弧距中值滤波修正之后可以使其直方图更加聚集。对于旋转建筑物，修正处理则保持了原有的分布特性。因此，自适应弧距中值滤波修正能够更准确地表征建筑物的极化方位信息。

对于第二维极化方位角，由于没有任何参考真值和先验知识，它的客观性和准确性只能通过验证中间参数来确认。鉴于此，本节对入射角和方位向斜率角进行了分析。图5－18给出了UAVSAR数据的入射角估计结果，其中不同取值的颜色图例位于图下方。从左至右可以看到，入射角估计结果由深蓝色逐渐变至浅蓝色，表明入射角估计值逐渐降低，这证明它的变化与实际相一致（注意雷达波是由左入射）。为了定量地评估入射角估计的准确性，进行了下述实验。

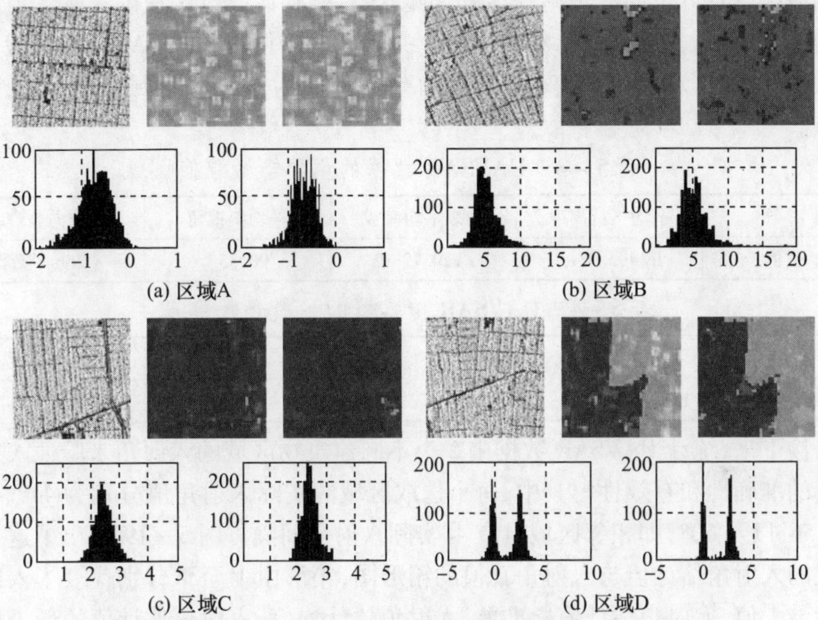

图 5－17　不同区域滤波放大结果及对应直方图

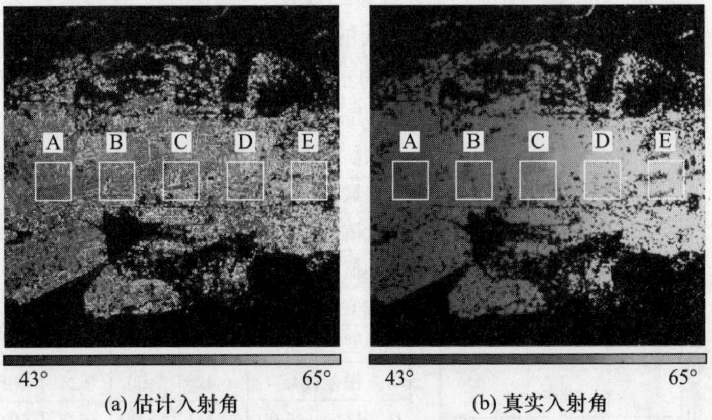

图 5－18　UAVSAR 数据入射角估计及真实分布

表 5－3 和表 5－4 分别给出了 UAVSAR 成像区域数据的主要参数信息以

及 UAVSAR 传感器的一般参数信息，但该参数表却没有包含成像区域入射角的分布范围。鉴于此，首先需要利用这些几何成像参数来推导出实际入射角的分布。根据表 5－3 可以看到，传感器在成像区域的平均斜视角约为 90°，这说明 UAVSAR 工作模式为正侧视成像。在此基础上，结合全局平均飞行高度、地表平均海拔以及方位向分辨率等参数，可以计算得到该成像区域的实际入射角范围为 44°～65°，其真值计算结果见图 5－18。值得注意的是，UAVSAR 一般参数中入射角范围为 25°～65°，起始值的差异是因为该成像区域不处于原始近距点。

表 5－3　UAVSAR 数据的主要参数信息

参数	平均飞行高度	地表平均海拔	平均斜视角	方位向分辨率
数值	12495.38m	220.79m	90.35°	4.99m/像素

表 5－4　UAVSAR 传感器的一般参数信息

参数	频率	带宽	持续脉冲	入射角	飞行高度
数值	1.26MHz	80MHz	5～50μs	25°～65°	2000～18000m

接下来，统计 UAVSAR 数据中 5 个不同建筑物区域的入射角来验证入射角估计的准确性和有效性。其中，每个选取区域的实际入射角值分别为 44°、48°、52°、56°以及 60°，即相邻区域具有 4°实际入射角间隔。图 5－19 给出了这 5 个区域的入射角估计值与入射角真值的箱形图，箱形由上至下分别代表了入射角估计最大值、入射角估计值标准差、入射角估计均值、入射角估计值的最小均方误差以及入射角估计最小值。通过图 5－19 可以发现，不同区域箱形图中的入射角估计均值点均贴近入射角真值线，这说明入射角估计值与实际入射角具有明显的一致性。其中，区域 A 具有最低的离散度(3.93)，而区域 C 具有最高的离散度(9.97)，这主要是因为区域 C 的最大估计值和最小估计值偏离了入射角真值线。值得注意的是，由于区域 D 入射角估计值的最小均方误差仅为 0.21，

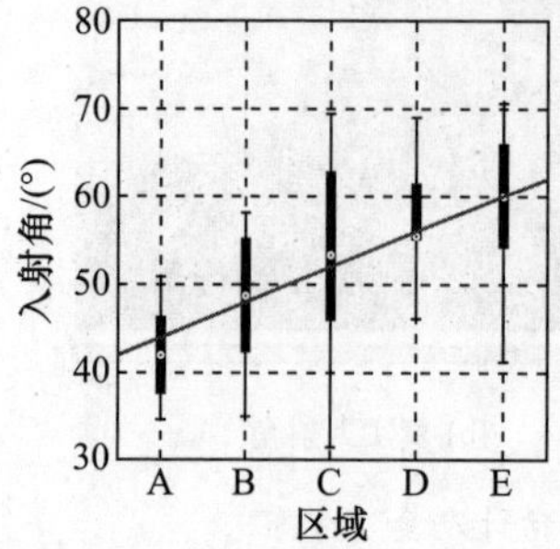

区域	A	B	C	D	E
最大值	50.73	57.96	69.40	68.87	70.56
最小值	34.51	34.94	31.49	46.00	41.20
平均值	42.16	48.47	52.92	55.41	59.25
标准差	3.93	6.54	9.97	6.13	6.65
均方根差	4.74	6.42	7.00	0.21	5.15
真实值	44.00	48.00	52.00	56.00	60.00

图 5－19　入射角估计箱形图及分布统计

因此该区域具有最佳的入射角估计效果。总体来说,尽管估计值中存在一定的偏差,入射角估计仍具有可观的准确性和有效性,这一点也可由视觉观测获知。

最后,将分析估计的方位向斜率角以进一步验证第二维极化方位角估计的有效性。图5-20给出了AIRSAR数据的入射角和方位向斜率角估计结果,其中入射角估计范围为30°(近距点)至70°(远距点)。对于估计得到的方位向斜率角,可以看到非旋转建筑物具有平缓的方位向地形起伏,而旋转建筑物区域方位向地形起伏非常剧烈。为了定量分析不同建筑物区域的方位向斜率估计,利用AIRSAR数据选取了3种不同方位的建筑物类型(非旋转建筑物,具有一致旋向的旋转建筑物和具有不一致旋向的旋转建筑物),并将这些区域的方位向斜率角和入射角估计的直方图画于图5-21。

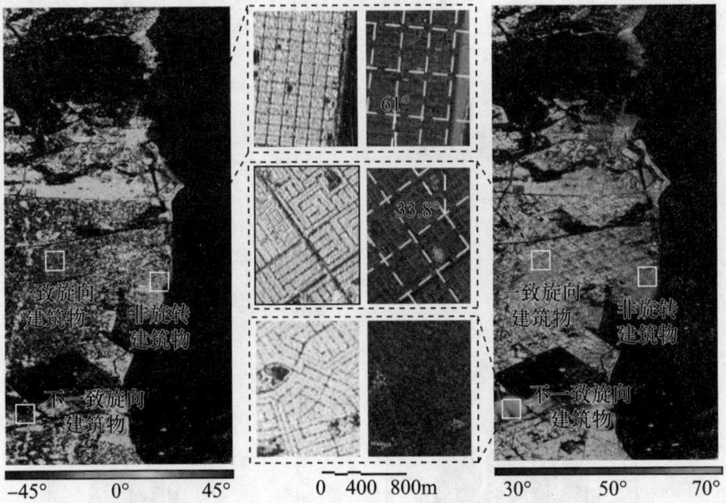

图5-20 AIRSAR数据方位向斜率角及入射角估计

从估计入射角直方图峰值的移动来看,随着方位向距离的增加(注意雷达波是由右入射),入射角逐渐增大,这进一步验证了阴影形状恢复方法估计第二维极化方位角的准确性。对于非旋转建筑物,可以观测到方位向斜率角的直方图峰值约为6°,而在实际应用中该区域的主导方位向斜率角为6.1°(图5-20中两条虚白线之间的夹角),这说明在非旋转建筑物区域,方位向斜率角的估计具有较高的精度。对于具有一致旋向的旋转建筑物,可以看到方位向斜率角的直方图具有两个显著且近似对称的波峰,其峰值绝对值约为23°。

但在实际应用中该区域的主导方位向斜率角为33.8°,即估计值与参考值

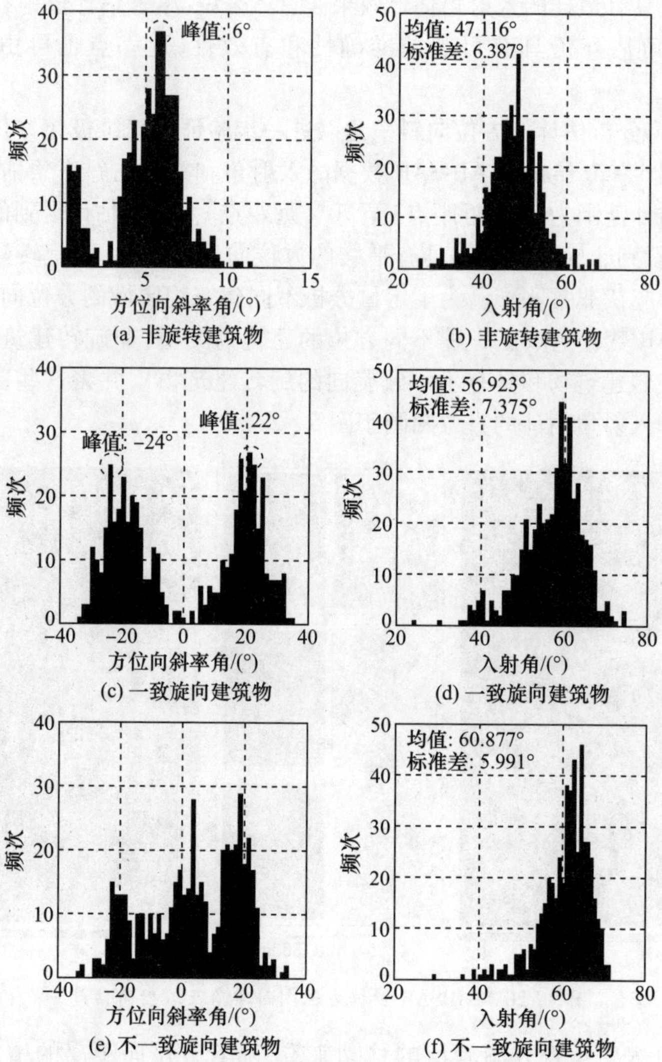

图 5-21 不同区域方位角及入射角直方图

相差约 11°,造成这一现象的原因主要如下:第一,对于较小的方位向斜率角,极化方位角改变与地形斜率和入射角之间的几何关系(式 5-45)具有非常高的客观准确性;但对于较大的方位向斜率角,其几何关系吻合程度会显著降低[332]。第二,由于入射角估计过程中存在的一定偏差,其自然会进一步体现在方位向斜率角估计的累积误差中。第三,方位向斜率角的估计是在理想情况下利用阴影形状恢复方法来实现的,然而在实际应用中,其中一些理想假设(例如距离向斜率为零)并不成立或者不完全满足。尽管如此,作为一种近似的测量,方位向斜率角估计仍是可接受的。对于具有不一致旋向的旋转建筑物,可以看到它的方位向斜率角直方图近似为均匀分布,其估计结果与实际基本相符。因此,基于上述入射角和方位向斜率角估计的分析,第二维极化方位角确实得到了有效而客观的估计。

图5－22和图5－24分别给出了UAVSAR和AIRSAR数据建筑物区域修正的第一维极化方位角以及估计的第二维极化方位角的结果。可以看到,第二维极化方位角具有与第一维方位角截然不同的特性。为了进一步剖析二者的性能,在UAVSAR数据中选取了两条横切线(图5－22中白线和黑线)并将第一维和第二维极化方位角在其上的数值分布画于图5－23。通过图5－23可以发现,由于第一维和第二维极化方位角对应的方位向斜率角取值相反,故而它们的取值分布也相反,即同一建筑物不可能具有同时为正或同时为负的二维极化方位角,此外,第二维极化方位角的绝对值要小于第一维极化方位角。同样的结论可见于AIRSAR,此处不再赘述。

(a) 第一维极化方位角

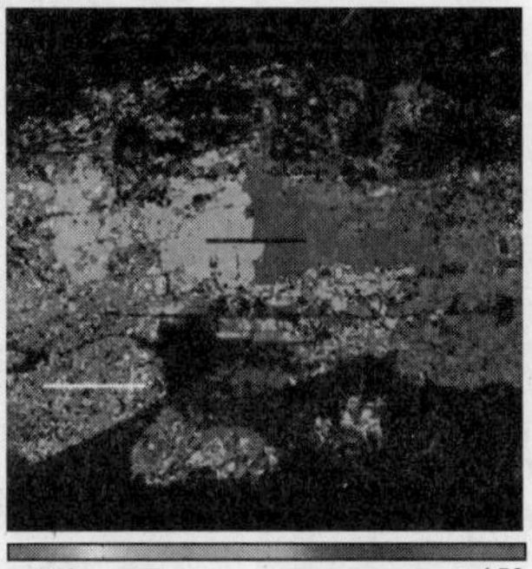

(b) 第二维极化方位角

图5－22　UAVSAR数据第一维和第二维极化方位角估计

通过估计第一维和第二维极化方位角,可以直接获得双交叉散射模型的数学形式,在精细化分层的基础上,利用目标分解框架阐明了双交叉散射模型刻画旋转建筑物散射的能力。为了保证客观,将所提方法与基于极化方位角补偿的四成分分解方法(Yamaguchi方法)、基于螺旋角变换的一般四成分分解方法(Singh方法)、基于交叉散射模型的五成分分解方法(Xiang方法)、基于线散射模型的五成分分解方法(Zhang方法)以及5.2节的基于散射能量迁移的精细极化分解方法进行比较。所有方法均采用相同的图像预处理手段。此外,为了保证分解结果物理非负性,对所有方法中出现能量为负的散射成分进行一般非负能量约束。

图5－24给出了所提方法计算得出的五种散射成分的目标分解结果。可

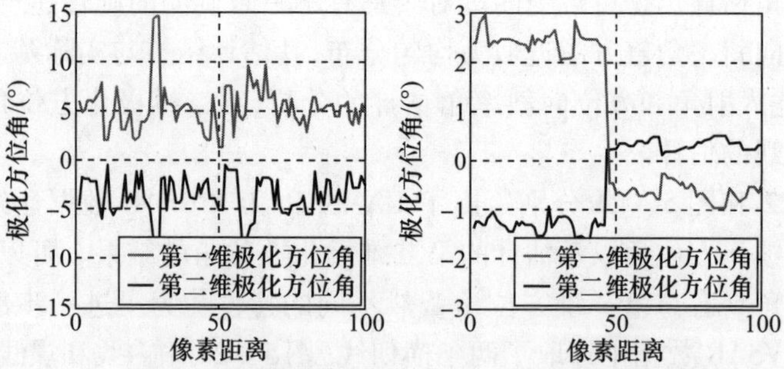

(a) 图5-22图中白线 (b) 图5-22图中黑线

图 5-23 第一维和第二维极化方位角分布

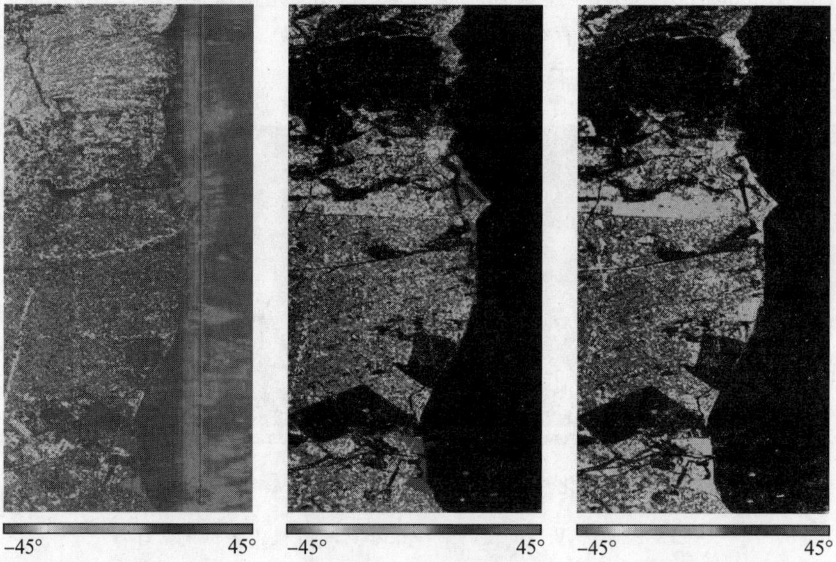

(a) 原始第一维极化方位角 (b) 修正第一维极化方位角 (c) 第二维极化方位角

图 5-24 AIRSAR 数据第一维和第二维极化方位角估计

以看到,非旋转建筑物区域具有非常强烈的二次散射能量而旋转建筑物区域具有非常显著的双交叉散射能量,螺旋体散射能量则表征了建筑物区域的反射不对称效应,并且在精细化分层的引导下,建筑物区域具有非常低的体散射能量。因此,分层精细分解得到的散射成分很好地表征了不同地物类型的散射机制。

为了凸显双交叉散射模型的优势,首先对一维极化方位角(第一维极化方位角)引导的目标分解(Yamaguchi 方法、Singh 方法以及 Xiang 方法)和二维极化方位角(第一维和第二维极化方位角)引导的目标分解(所提方法)的散射特性进行了研究。图 5-25 给出了不同方法的伪彩色分解合成结果图,其中 RGB

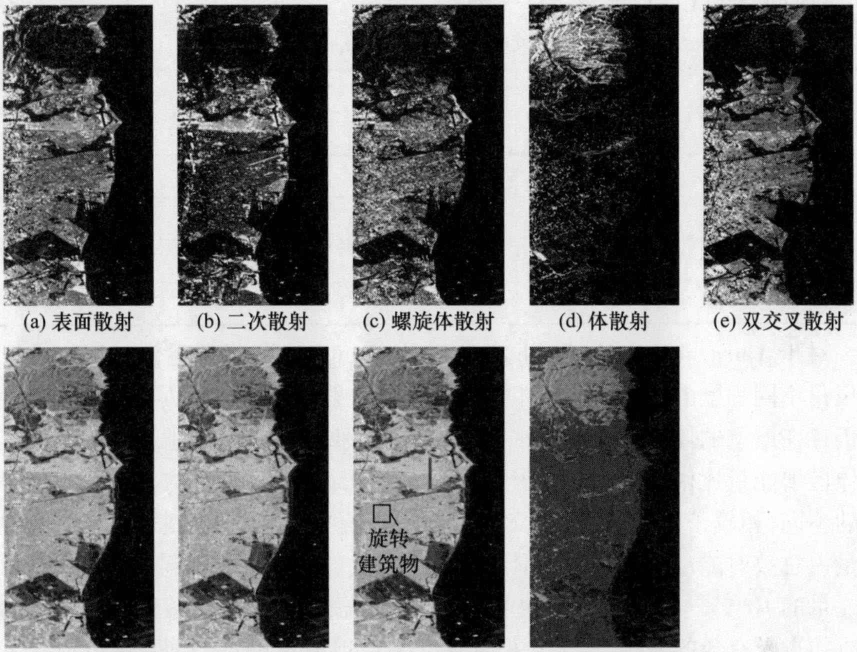

(a) 表面散射　(b) 二次散射　(c) 螺旋体散射　(d) 体散射　(e) 双交叉散射

(f) Yamaguchi方法分解伪彩色合成结果　(g) Singh方法分解伪彩色合成结果　(h) Xiang方法分解伪彩色合成结果　(i) 所提方法分解伪彩色合成结果

图 5－25　AIRSAR 数据分解合成结果图

三通道分别为建筑物散射体散射、表面散射。从整体来看,上述 3 种方法所产生的分解结果在非旋转建筑物呈现出以建筑物散射为主导的散射机制,在山谷及海洋区域则分别呈现出以体散射和表面散射为主导的散射机制。然而,在旋转建筑物区域,这些方法均出现了明显的体散射过估现象,造成了旋转建筑物与山谷等自然区域散射机制的严重混淆。相比之下,所提方法产生的伪彩色分解结果中旋转建筑物区域的体散射能量显著下降,旋转建筑物与山谷等自然区域被有效区分。在总结方法优势时,有两个方面需要特别注意:第一,建筑物矩阵元素驱动散射特征的引入仅仅是作为建筑物区域和其他区域的预分割,具体的散射机制需要进一步利用基于双交叉散射模型的目标散射机制分解进行描述。第二,第二维极化方位角估计以及双交叉散射模型必须要在预分割这一前提下才具有实际物理意义。因此,必须从整体的角度凸显所提方法的优势,而不是仅从建筑物矩阵元素驱动散射特征或者双交叉散射模型等个体角度来阐述。

为了定量评估不同方法的分解性能,从 AIRSAR 数据成像区域选取了一块旋转建筑物区域(图 5－25 中黑色矩形区域)来比较不同散射成分的能量百分比,对应的归一化散射能量统计见表5.5。

表5-5 旋转建筑物区域归一化散射能量

方法	Yamaguchi 方法	Singh 方法	Xiang 方法	所提方法
表面散射	11.3%	13.1%	26.1%	41.4%
二次散射	10.5%	13.6%	7.1%	8.8%
体散射	71.0%	66.1%	56.3%	10.9%
螺旋体散射	7.2%	7.2%	6.3%	7.2%
交叉/双交叉散射	—	—	4.2%	31.7%

对于 Yamaguchi 方法、Singh 方法以及 Xiang 方法,可以看到对第一维极化方位角不同程度的整合,会不同程度地改善散射机制解译。尽管如此,这些方法仍存在严重的体散射过估。举例来说,这3种方法在旋转建筑物区域所产生的体散射能量比例分别为71.0%、66.1%以及56.3%。所提方法则呈现出了明显的不同,相较于交叉散射,双交叉散射显著提升,从百分比来看,双交叉散射能量占总散射能量的31.7%。不仅如此,体散射能量也显著降低,且只占总散射能量的10.9%。一方面,这说明双交叉散射模型能够对旋转建筑物区域的散射行为进行有效的刻画,显著地提升双交叉散射能量;另一方面,这也证明了所提方法可以有效地降低旋转建筑物的体散射能量。除此之外,我们还可以发现旋转建筑物区域的表面散射能量也显著提升,由于建筑物区域还存在屋顶、街道以及墙体等以表面散射为主的散射结构,因此这是符合实际的。对于二次散射和螺旋体散射,所提方法与另外3种方法之间并没有明显区别。通过上述分析可以发现,对于第一维极化方位角,无论它被引至极化方位角补偿(Yamaguchi方法),或者应用至体散射模型泛化的极化方位角补偿(Singh 方法),还是整合至交叉散射模型(Xiang 方法),它刻画旋转建筑物散射特性的能力均十分微弱,这说明在分解中只考虑第一维极化方位角存在很大局限性。相较之下,所提方法可以有效地表征旋转建筑物散射以及合理地分配总交叉散射能量,这说明同时考虑并整合第一维和第二维极化方位角,可使目标分解在旋转建筑物区域具有更明确的物理意义和更强的散射机制解译能力。

为了进一步比较交叉散射和双交叉散射,从 AIRSAR 数据测试区域选取了一条横切线(图5-25 中灰色线条)并将交叉散射和双交叉散射在其上的能量变化以及第一维和第二维极化方位角在其上的取值分布画于图5-26。根据图5-26可以看到,相较于非旋转建筑物,旋转建筑物具有更高的双交叉散射能量,这说明双交叉散射能量的分布是与建筑物极化方位角分布一一对应的,即较大的极化方位角具有更强烈的双交叉散射能量。相较之下,无论是在旋转建筑物区域还是在非旋转建筑物区域,交叉散射能量均非常微弱,且二者之间没有明显的差异。这说明交叉散射模型无法有效地表征这些旋转建筑物的散射机制。事实上,对于具有中等极化方位角的旋转建筑物(大约20°),交叉散射模型不再有效。

(a) 光学场景中分布红线

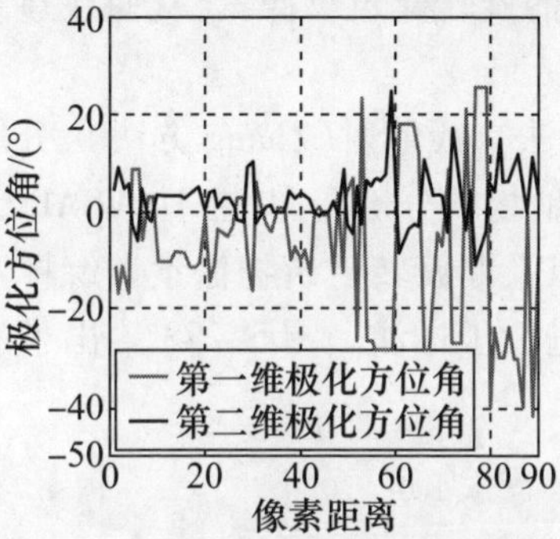

(a) 第一维和第二维极化方位角

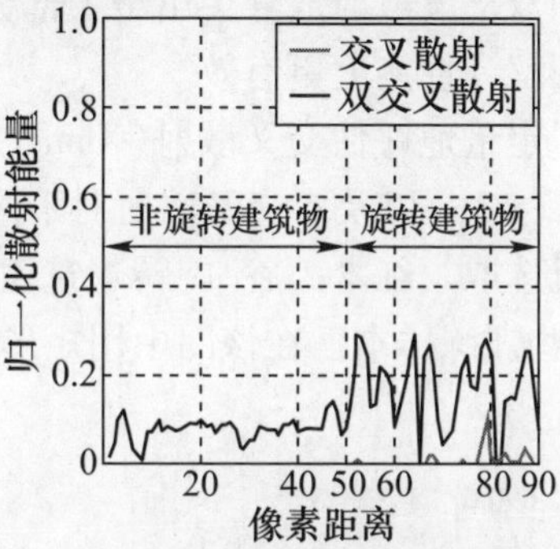

(b) 交叉和双交叉散射成分

图5-26　不同散射成分及方位角分布

接下来,对不同延展散射成分的性能进行了分析。图5-27给出了Xiang方法、Zhang方法以及5.2节基于散射能量迁移的精细极化分解方法在UAVSAR数据计算得到的体散射和延展散射成分的幅度图。可以看到,对于Xiang方法,交叉散射成分呈现为零星和孤立的分布,它的散射能量被严重低

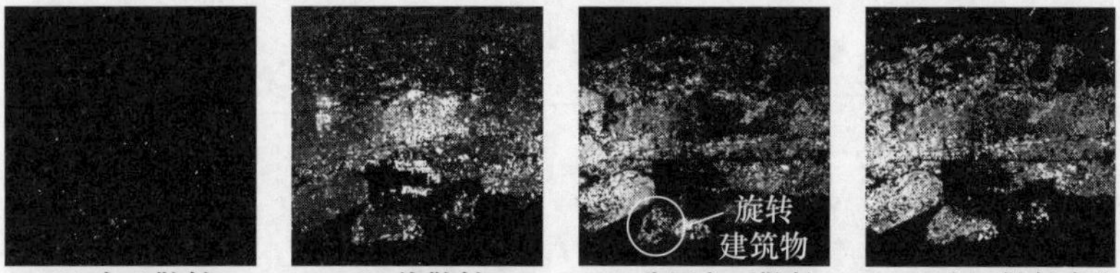

(a) 交叉散射　(b) 线散射　(c) 分层交叉散射　(d) 双交叉散射成分

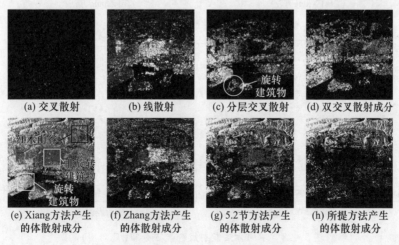

(e) Xiang方法产生的体散射成分　(f) Zhang方法产生的体散射成分　(g) 5.2节方法产生的体散射成分　(h) 所提方法产生的体散射成分

图5-27　UAVSAR数据分解结果

估,与此同时,体散射成分在绝大部分旋转建筑物区域占主导地位,从而造成了错误的散射机制解译。对于 Zhang 方法,可以看到线散射能量在非旋转建筑物区域非常强烈,而旋转建筑物区域仅有小部分的线散射成分,因此 Zhang 方法也受限于体散射过估而无法正确地对这些地物进行散射机制解译。从图 5-27(c)和图 5-27(g)来看,5.2 节方法可以很大程度地改善体散射过估,显著地增强旋转建筑物的散射特性。尽管如此,在某些旋转建筑物区域,它仍然会产生误判[图 5-27(c)中圆形区域]。相较之下,尽管存在少部分体散射能量,所提方法能够利用双交叉散射成分突出绝大部分的旋转建筑物像素,从而在建筑物区域散射机制解译性能上更有效。

为了定量地评估交叉散射(Xiang 方法)、线散射(Zhang 方法)、分层交叉散射(5.2 节方法)以及双交叉散射对不同地物的分辨能力,在 UAVSAR 数据成像区域随机选取了红木山谷、旋转建筑物以及非旋转建筑物像素训练样本进行了实验,这些训练样本已在该图中用矩形进行了标注。图 5-28 给出了不同散射

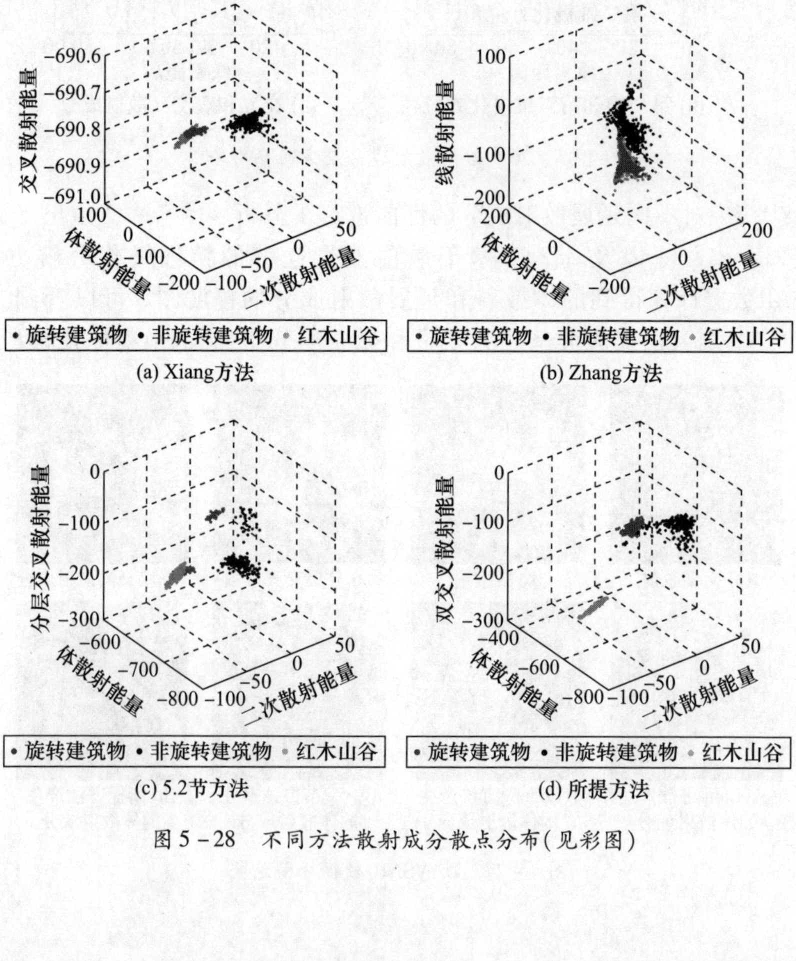

图 5-28 不同方法散射成分散点分布(见彩图)

成分在分辨不同地物目标能力上的散点图，其中 X 轴和 Y 轴分别代表二次散射和体散射能量，Z 轴则代表了交叉散射、线散射、分层交叉散射以及双交叉散射能量。红点表示非旋转建筑物像素，黑点表示旋转建筑物像素，蓝点则表示红木山谷像素，所有散射成分的能量均进行 10 倍对数处理。从该图中可以看到，双交叉散射成分能够清楚地将旋转建筑物和红木山谷以及非旋转建筑物进行分离。相较之下，其他延展散射成分均存在不同程度的混淆。一方面，这说明这些散射模型无法有效地表征旋转建筑物散射机制；另一方面，这证明了提出的基于散射方位延拓的精细极化分解方法能够有效地分配总交叉极化能量，在这种情况下，双交叉散射模型能够挖掘更多的旋转建筑物散射信息，也更适用于辨别旋转建筑物。

5.4　基于散射成分分配的精细极化分解

建筑物的后向散射会随着极化方位角的改变而产生显著的变化。交叉散射模型通过将极化方位角信息融入散射建模，有效地分离了整体交叉极化成分中由旋转建筑物产生的部分。双交叉散射模型则进一步地将不同维度的极化方位角信息整合至散射模型，从多个观测角度更加细致地刻画了旋转建筑物散射。无论是交叉散射模型还是双交叉散射模型，其模型元素均是与极化方位角相关的表达式，因此模型的散射刻画能力与极化方位角的估计息息相关。对于旋转建筑物，不同散射成分的能量混叠和空间平均处理，会使极化方位角估计的纯度降低，并且雷达频率越高，极化方位角对地表斜率的敏感性越高，极化方位角估计也会呈现出更多的噪声，这在一定程度上制约了交叉散射和双交叉散射模型的适用性。当极化方位角估计存在较大偏差时，模型的泛化能力和改善能力将受到严重影响。另外，建筑物方位直接决定了散射体极化响应的性质，一旦建筑物方位具有非零取值，散射体的反射对称性便会被打破，此时同极化成分会迅速降低，取而代之的是交叉极化成分的急剧增加，并且交叉极化成分要显著大于同极化成分。对于交叉散射和双交叉散射模型，散射体结构和方位角分布限定了二者必须具有同等水平的同极化和交叉极化成分，这使模型存在一定的物理实际不契合性，从而进一步制约了它们的实用性。

因此，以增强泛化和贴合实际为目标，本节介绍了建筑物旋转不变散射特征的提取及其对交叉散射和双交叉散射模型的修正准则，从而对如何实现建筑物区域散射行为进行了客观和准确描述。

5.4.1　矩阵特征值及其衍生参数

考虑到仅采用主散射机制表征目标散射无法体现各种不同散射机制对整

个后向散射贡献的分布情况,Cloude 等提出采用平均散射机制、散射随机性以及各向异性相结合的经典特征值参数组合来准确描述实际目标散射情况。为了直观地表征经典特征值参数组合分辨不同地物类型的能力,本节利用两组星载全极化 SAR 数据进行了实验。图 5-28 给出了星载RADARSAT-2 C 波段和 ALOS PALSAR L 波段的 Pauli 伪彩色图,其中 RGB 三通道分别为 HH-VV、HV、HH+VV,图像成像地点均位于美国旧金山湾区。其中,RADARSAT-2 数据成像时间为 2008 年 4 月 9 日,平均入射角约为 28°。ALOS PALSAR 数据成像时间为 2009 年 11 月 11 日,平均入射角约为 22°。本节为了降低噪声的干扰,对原始 C 波段数据方位向和距离向分别进行了 10 视和 5 视处理,对原始 L 波段数据方位向和距离向则分别进行了 6 视和 3 视处理,最终获得的图像数据分辨率大小分别为 24.1m× 23.7m 以及 21.2m×28.1m。为了与地物真实类别对比,本节仍然利用 2011 年美国国家土地覆被数据库(NLCD 2011)作为参考数据。从图 5-29 中可以看到,该成像区域包含了大量的具有不同方位的建筑物,并且旋转建筑物和非旋转建筑物的先验信息已在 Pauli 伪彩色图中标记。

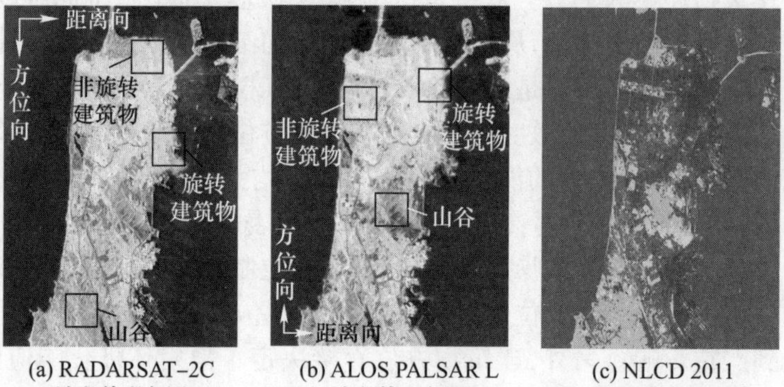

(a) RADARSAT-2C 波段伪彩色图　(b) ALOS PALSAR L 波段伪彩色图　(c) NLCD 2011 地表真实分布

图 5-29 RADARSAT-2 和 ALOS PALSAR Pauli 伪彩色图及地表真实分布

针对无监督地物分类这一需求,Cloude 和 Pottier 提出利用二维极化熵—平均散射角平面来表征目标所有的随机散射过程。该思想的核心在于通过定义平面上不同区域的不同散射行为,将极化 SAR 数据投射到该平面上,便可以根据数据点所在的区域确定其散射类别。Cloude 将极化熵—平均散射角平面分为 9 个具有不同基本散射特性的区域,每个区域对应不同的地物类别。值得注意的是,极化熵—平均散射角平面每个区域的边界是根据散射机制的一般特性确定的,故而其不依赖任何数据且具有一定的任意性。此外,由于相干平均的存在,不是所有平均散射角值都可以给定一个对应的极化熵值,因此极化熵—

平均散射角平面中区域并不是连续的，而是具有边界的[333-334]。

图 5-30 给出了两组星载极化 SAR 数据的二维极化熵—平均散射角平面分布结果，其中每个像素所对应的散射类型用不同颜色进行了标记，数据分类图中各子区散射特征详见本书第 7 章。从图 5-30 可以看到，极化熵—平均散射角对地物散射分类具有一定优势，体现在海洋水体、建筑物区域以及自然区域可以被明显区分。此外，对于同属某种散射的不同地物（例如以表面散射为主的海洋以及机场跑道），极化熵的引入可以有效地对它们进行辨别（图中分别属于低熵表面散射和中熵表面散射）。值得注意的是，某些浅海区域同样会呈现中熵表面散射（图中右上角紫色像素区域），这是因为这些电磁波能在水位较浅的情况下穿透水体，从而使散射介质产生多重散射（反射以及折射）。在这种情况下，相较于远海区域，其散射过程的去极化效应更强烈，因此散射随机性会显著增加。

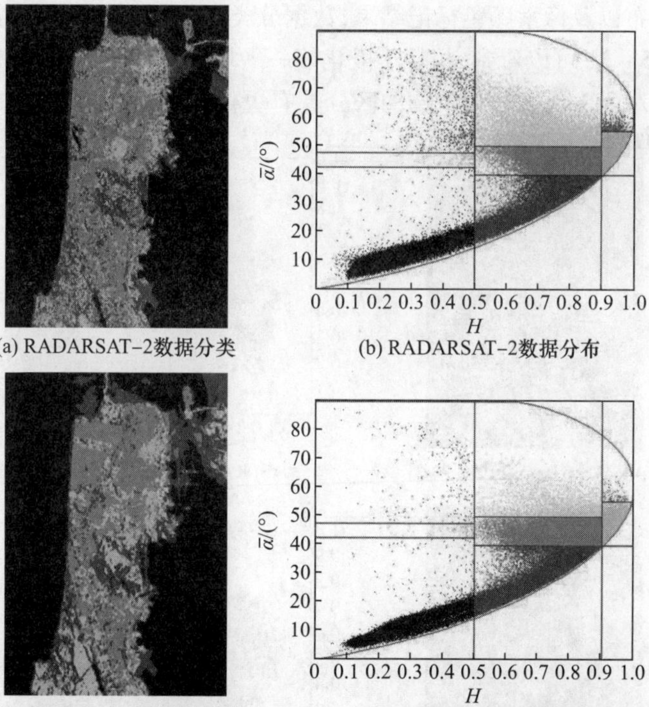

(a) RADARSAT-2数据分类　(b) RADARSAT-2数据分布

(c) ALOS PALSAR数据分类　(d) ALOS PALSAR数据分布

图 5-30　二维极化熵-平均散射角平面及分类结果（见彩图）

尽管二维极化熵—平均散射角可以将散射过程简单地参数化，但是它仍存在严重的散射特性混淆问题，体现为不同地物具有相同的散射特性。例如，螺旋体和二面角的散射类型角都是 90°，此时无法判别两类散射体[335]。从参数估计角度来说，Lopez - Matinez 和 Pottier 在理论上解释了相干矩阵的偏差是由加性噪声导致的，因此最大的特征值通常是过估计的，而最小的特征值则是欠估计的，介于中间的特征值则两者均有可能。在这种情况下，散射熵总是欠估计的，各向异性和平均散射角则两者均有可能[336]。另外，文献[337]指出在绝大部分情况下，平均散射角总是过估计的，因为只有对称散射体，它的平均散射角才能被准确地计算出来。除此之外，在极化熵—平均散射角平面中，具有较大平均散射角的散射体较少，它们大部分集中在较小的平均散射角区域，这样会导致类间距较小，从而难以对目标进行分类。为了拓展基于特征值的一般分类流程，Cloude 整合了极化熵以及极化各向异性的信息，提出了二维极化熵—极化各向异性平面。

经典的二维极化熵—极化各向异性平面一般被分为 6 个具有不同基本散射属性的区域，图 5 - 31 给了两组星载极化 SAR 数据的二维极化熵—极化各向异性平面分布以及像素颜色标记结果，数据分类图中各子区散射特征详见文献[4]。从图 5 - 31 可以看到，相较于极化熵—平均散射角平面，极化熵—极化各向异性平面对于不同方位建筑物的区分具有更优良的效果，体现在旋转建筑物

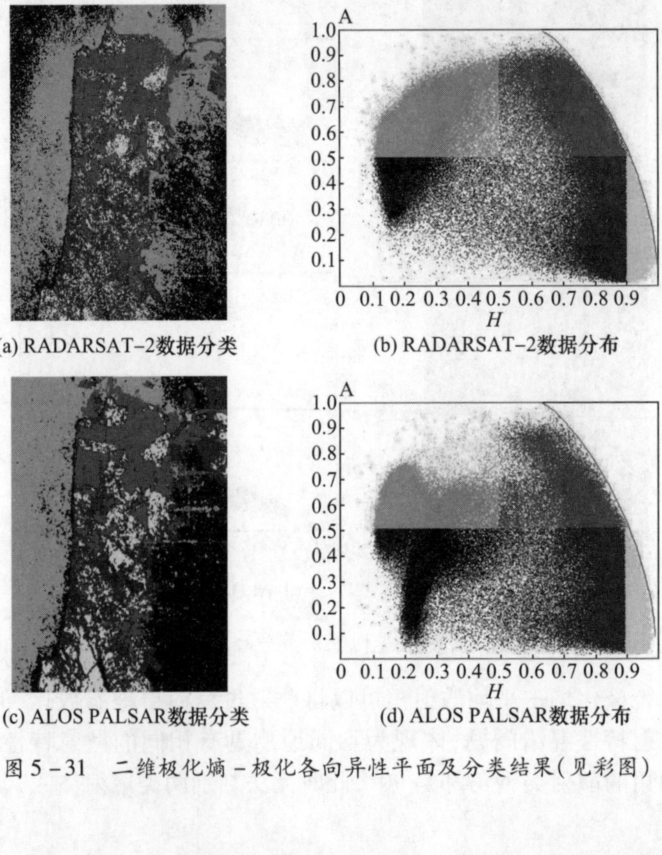

(a) RADARSAT-2数据分类　　(b) RADARSAT-2数据分布

(c) ALOS PALSAR数据分类　　(d) ALOS PALSAR数据分布

图 5 - 31　二维极化熵 - 极化各向异性平面及分类结果(见彩图)

与非旋转建筑物可以被有效地区分。尽管如此,对于极化熵—极化各向异性平面,当目标具有低熵散射时,第二特征和第三特征会受到噪声的严重干扰。在这种情况下,极化各向异性的抗噪性能十分微弱,导致相同地物会被误判为不同的散射类型。不仅如此,平均相干矩阵多视处理的窗口大小也会影响极化熵和极化各向异性的估计精度。鉴于上述分析和观测结果,仍需额外地提出一种稳健的散射过程参数化分类方法。

在经典的 Cloude 分解基础上,专家学者们依据目标不同的散射行为,有针对性地对特征值的不同组合进行了研究。鉴于极化熵—极化各向异性平面在建筑物散射分类上的优势,在这些不同组合的特征值参数中额外引入两个与极化熵以及极化各向异性具有相似表征能力的衍生特征值参数,并利用实测数据验证了二者相对经典特征值参数的优势。

上文已经提到,散射过程的随机性可由统计意义上的极化熵参数进行表征。除此之外,散射过程随机性还可以通过极化信号中的雷达植被指数(radar vegetation index,RVI)予以衡量,其定义为

$$\mathrm{RVI}=\frac{4\lambda_3}{\lambda_1+\lambda_2+\lambda_3}=\frac{4\lambda_3}{\mathrm{SPAN}}\quad\left(0\leqslant\mathrm{RVI}\leqslant\frac{4}{3}\right)\tag{5-74}$$

其中常数因子 4 的确定是因为一个随机分布的标准偶极子的雷达植被指数的值为 1[4]。雷达植被指数这一定义首先由 Kim 和 Van Zyl 提出,它的推导是通过将植被冠层模拟成一簇随机方位的偶极子云而得来,它最初被用于测定森林区域植被冠层茂盛程度,后来转而用于衡量散射过程的随机程度[338]。对于一个确定性目标,由于第二特征值和第三特征值为零,因此它的雷达植被指数取值为零。对于一个完全去极化的目标,由于 3 个特征值非零且相等,因此它的雷达植被指数为 4/3。极化熵和雷达植被指数的差别仅在二者取值的动态范围。

与极化各向异性信息类似,极化不对称性定义为极化回波中特征值之差与特征值之和的比值,它用于衡量两种散射的相对强度,其定义为[4]

$$\mathrm{PA}=\frac{\lambda_1-\lambda_2}{\mathrm{SPAN}-3\lambda_3}\quad(0\leqslant\mathrm{PA}\leqslant1)\tag{5-75}$$

为了改善特征值参数分辨不同散射机制的能力,受到极化熵—极化各向异性平面的启发,通过整合雷达植被指数和极化不对称性的信息,本节提出了非监督的二维雷达植被指数—极化不对称性分割平面。考虑到不同散射特性的分布,不同于极化熵—极化各向异性平面,将二维雷达植被指数—极化不对称性平面分为 9 个具有相同尺寸大小,且对应不同基本散射特性的区域。其划分区间分别为

$$L-PA=0.33,\quad H-PA=0.67$$
$$L-RVI=0.45,\quad H-RVI=0.90 \tag{5-76}$$

需要注意的是,雷达植被指数—极化不对称性平面每个区域的边界是根据散射机制的一般特性确定的,故而它不依赖任何数据且具有一定的任意性。与极化熵—平均散射角平面类似,二维雷达植被指数—极化不对称性平面的上下边界可以通过式(5-77)确定[339]:

$$\text{上边界}:\langle[\boldsymbol{T}]\rangle_{\mathrm{I}}=\begin{bmatrix}1&0&0\\0&m&0\\0&0&m\end{bmatrix}\begin{cases}\mathrm{RVI}=\dfrac{4m}{2m+1} & (0\leqslant m\leqslant 1)\\ \mathrm{PA}=\dfrac{1-m}{2m+1-3m}(=1) & (0\leqslant m\leqslant 1)\end{cases}$$

$$\text{下边界}:\begin{cases}\langle[\boldsymbol{T}]\rangle_{\mathrm{II}}=\begin{bmatrix}0&0&0\\0&1&0\\0&0&2m\end{bmatrix}\begin{cases}\mathrm{RVI}=\dfrac{0}{2m+1}(=0) & (0\leqslant m\leqslant 0.5)\\ \mathrm{PA}=\dfrac{1-2m}{2m+1} & (0\leqslant m\leqslant 0.5)\end{cases}\\ \langle[\boldsymbol{T}]\rangle_{\mathrm{II}}=\begin{bmatrix}2m-1&0&0\\0&1&0\\0&0&1\end{bmatrix}\begin{cases}\mathrm{RVI}=\dfrac{8(2m-1)}{2m+1} & (0.5\leqslant m\leqslant 1)\\ \mathrm{PA}=\dfrac{0}{1-4m}(=0) & (0.5\leqslant m\leqslant 1)\end{cases}\end{cases} \tag{5-77}$$

式中:m 为去极化因子。整个二维雷达植被指数—极化不对称性平面的上下边界如图5-32(a)所示。但由于雷达植被指数的取值范围为0~4/3,因此二维雷达植被指数—极化不对称性平面上下边界被约束至如图5-32(b)所示。

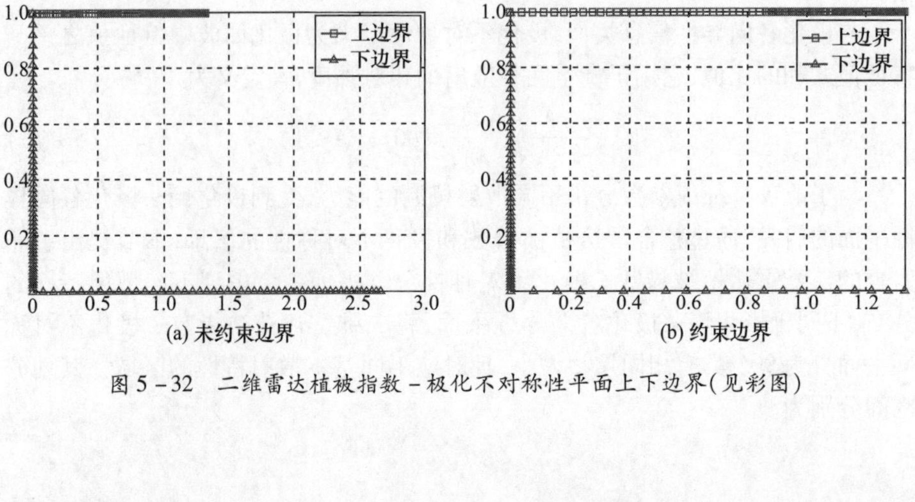

(a) 未约束边界 (b) 约束边界

图5-32 二维雷达植被指数-极化不对称性平面上下边界(见彩图)

图 5－33 给出了两组星载极化 SAR 数据的二维雷达植被指数—极化不对称性平面分布以及像素颜色标记结果，其中红色线条代表平面的边界。可以看到，所有的随机散射过程均可以用数据点在二维雷达植被指数—极化不对称性平面上的位置进行描述。相较于极化熵—极化各向异性平面，雷达植被指数—极化不对称性平面不仅保持了区分不同方位建筑物的能力，而且进一步改善了森林山谷区域和浅海区域的散射混淆现象。除此之外，由于二维雷达植被指数—极化不对称性平面整合了所有的特征值信息，因此噪声对极化不对称性的干扰被有效压制，体现在所有的海洋区域均呈现出低雷达植被指数和高极化不对称性散射（黑色像素区域）。

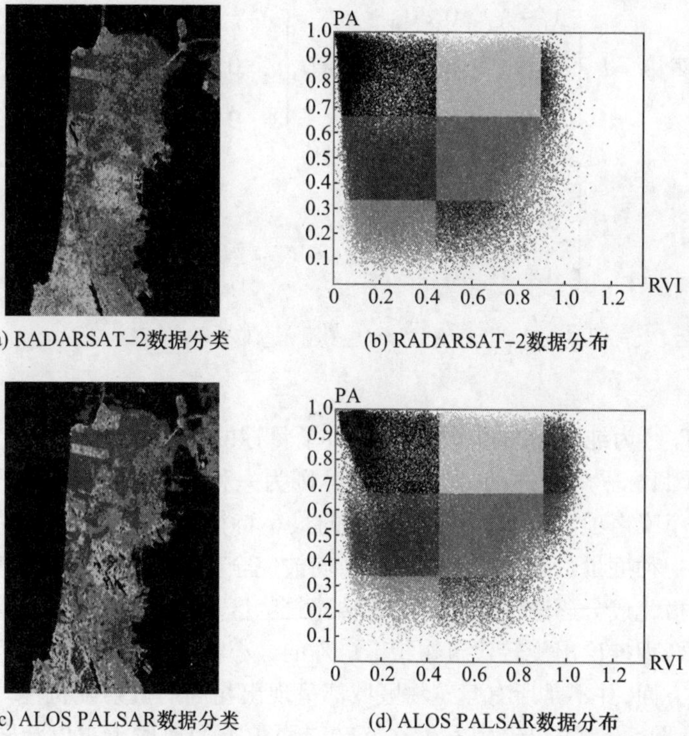

(a) RADARSAT-2数据分类　　(b) RADARSAT-2数据分布

(c) ALOS PALSAR数据分类　　(d) ALOS PALSAR数据分布

图 5－33　二维雷达植被指数－极化不对称性平面及分类结果（见彩图）

5.4.2 基于衍生特征值的散射特征描述子

上述理论推导和实验结果证明了二维雷达植被指数—极化不对称性平面可以在降低噪声干扰以及特征值估计偏差情况下，稳健地参数化散射过程。鉴于此，在二维雷达植被指数—极化不对称性平面基础上，针对旋转建筑物的散射特性，本节提出了一种基于衍生特征值的散射特征描述子，它将为后续散射建模和模型特征修正驱动分解提供理论基础。

在旋转建筑物区域,旋转二面角反射结构的广泛存在会产生大量的交叉极化能量。Lee 等指出,Pauli 分解中的第三个矩阵实际上对应于一个相对于雷达视线方向具有 45°旋转的二面角反射器的散射矩阵,因此它本身只包含散射中的交叉极化成分。Van Zyl 等则进一步指出在绝大部分实际应用中,强烈的交叉极化成分往往伴随着散射过程中显著的去极化效应[340]。4.2.2 节中已经介绍,Holm 和 Barnes 通过将目标的相干矩阵分解为一个秩为 1 的相干矩阵(具有单一散射矩阵)以及两个噪声(残余)相干矩阵,提出了一种特征值谱替代的物理解译方法,即著名的 Holm - Barnes 分解方法:

$$
\begin{aligned}
\langle[\boldsymbol{T}]\rangle &= U_3\begin{bmatrix}\lambda_1-\lambda_2 & 0 & 0\\ 0 & 0 & 0\\ 0 & 0 & 0\end{bmatrix}U_3^{-1}+U_3\begin{bmatrix}\lambda_2-\lambda_3 & 0 & 0\\ 0 & \lambda_2-\lambda_3 & 0\\ 0 & 0 & 0\end{bmatrix}U_3^{-1}+\\
&\quad U_3\begin{bmatrix}\lambda_3 & 0 & 0\\ 0 & \lambda_3 & 0\\ 0 & 0 & \lambda_3\end{bmatrix}U_3^{-1}\\
&=\langle[\boldsymbol{T}_1]\rangle+\langle[\boldsymbol{T}_2]\rangle+\langle[\boldsymbol{T}_3]\rangle\quad(\lambda_1\geqslant\lambda_2\geqslant\lambda_3)
\end{aligned}\tag{5-78}
$$

式中:$\langle[\boldsymbol{T}_1]\rangle$为纯目标的相干矩阵,提供了目标的平均描述;$\langle[\boldsymbol{T}_2]\rangle$为混合目标,提供了目标平均表述的方差;$\langle[\boldsymbol{T}_3]\rangle$则为一种完全去极化的混合状态,它等效于一个噪声项。事实上,相干矩阵的最小特征值 λ_3 是总能量中完全去极化成分的一种度量。当 λ_3 为零时,散射回波完全极化;当 λ_3 不为零时,散射回波中的去极化成分逐渐增加。由于旋转建筑物区域存在强烈的交叉极化能量,因此可以合理推论出旋转建筑物相干矩阵的最小特征值应具有非常大的取值。

另一方面,并不是所有建筑物区域都呈现出相同的散射随机性。对于旋转建筑物,从图 5 - 7 可以看到发生在旋转二面角上的散射不再以相同的路径传播至雷达接收机,这种不对称反射路径容易受到来自其他介质(如屋顶、地表面)散射的干扰,从而导致接收到的信号的随机性变大。从二维雷达植被指数—极化不对称性平面中可以看到,相较于非旋转建筑物,旋转建筑物具有更高的散射随机性,体现在它们主要具有中雷达植被指数散射,因此利用雷达植被指数可以进一步凸显旋转建筑物的散射特性。值得注意的是,在自然区域,由于植被冠层之间的多重散射,会使它的散射过程也具有很高的去极化效应和散射随机性,从而旋转建筑物和自然区域会存在被误分的风险。鉴于此,考虑利用极化不对称性来消除这一风险。从二维雷达植被指数—极化不对称性平面中可以看到,对于建筑物区域,它们的散射行为呈现出中等程度的极化不对称性,而对于自然区域,它们则具有高极化不对称性散射。因此,进一步整合极化不对称性可以有效地降低旋转建筑物和自然区域误分的风险。在上述分析的基础上,提出的基于衍生特征值的散射特征描述子的表达式为

$$D_{\mathrm{OOB}} = \lambda_3 \cdot \frac{4\lambda_3}{\mathrm{SPAN}} \cdot \left(1 - \frac{\lambda_1 - \lambda_2}{\mathrm{SPAN} - 3\lambda_3}\right)^2 \tag{5-79}$$

式中:指数2的引入是为了确保自然区域散射的高随机性和高去极化效应干扰能够被消除,过高的指数运算会导致旋转建筑物散射局部信息的显著丢失。需要强调的是,散射特征描述子的构造更多是从定性的层面考虑的,即构造过程不关注实际取值而只关注相对取值,因此特征值参数估计精度的影响可以忽略不计。

图5-34给出了两组星载极化SAR数据的旋转建筑物散射特征描述子幅

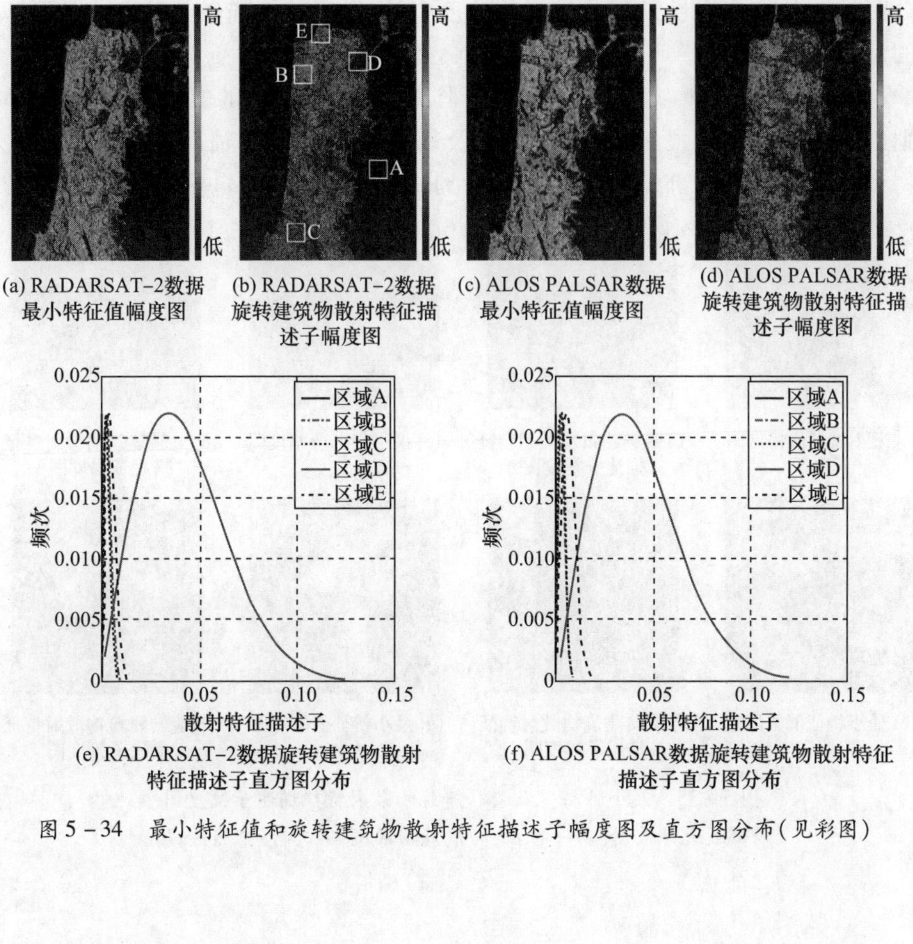

(a) RADARSAT-2数据最小特征值幅度图　(b) RADARSAT-2数据旋转建筑物散射特征描述子幅度图　(c) ALOS PALSAR数据最小特征值幅度图　(d) ALOS PALSAR数据旋转建筑物散射特征描述子幅度图

(e) RADARSAT-2数据旋转建筑物散射特征描述子直方图分布　(f) ALOS PALSAR数据旋转建筑物散射特征描述子直方图分布

图5-34　最小特征值和旋转建筑物散射特征描述子幅度图及直方图分布(见彩图)

度图，通过图 5 - 34 可以发现，旋转建筑物被明显标记为棕色，其他区域包括非旋转建筑物、山谷森林、海洋水体等区域则均被标记为蓝色，旋转建筑物和其他地物区域的散射差异被显著凸显，这说明散射特征描述子能够有效地刻画旋转建筑物散射特性。除此之外，幅度图中的旋转建筑物的颜色深浅还表征了建筑物方位的旋转程度，即颜色越深，建筑物的方位越大。

为了定量地衡量散射特征描述子的性能，从两幅幅度图中选取了海洋水体（区域 A）、非旋转建筑物（区域 B）、山谷（区域 C）、旋转建筑物（区域 D）以及森林公园（区域 E）5 种不同地物类型的幅值进行统计，它们的拟合直方图分别如图 5 - 34 所示。可以看到，对于海洋水体、非旋转建筑物、山谷以及森林公园区域，它们对应的散射特征描述子取值的变化非常微弱，散射特征描述子直方图峰值接近零，且彼此之间基本重合，这说明散射特征描述子同等地压制了这些地物的散射特性。相较之下，旋转建筑物对应的散射特征描述子直方图具有明显的动态变化范围，其直方图波峰与其他地物波峰之间存在非常陡峭且纵深十分明显的山谷。因此，从区分二者的角度来说，散射特征描述子具有非常可观的分类性能。

图 5 - 34(a)和(c)给出了相干矩阵最小特征值 λ_3 的幅度图，图 5 - 35 则给出了相干矩阵最小特征值 λ_3 以及散射特征描述子幅度图在旋转建筑物和自然区域的局部放大图。可以看到，旋转建筑物和自然区域散射均具

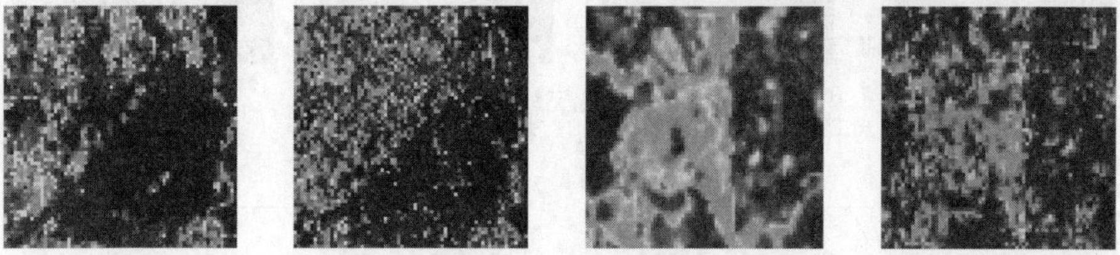

(a) 最小特征值幅度图　(b) 旋转建筑物散射特征描述子幅度图　(c) 最小特征值幅度图　(d) 旋转建筑物散射特征描述子幅度图

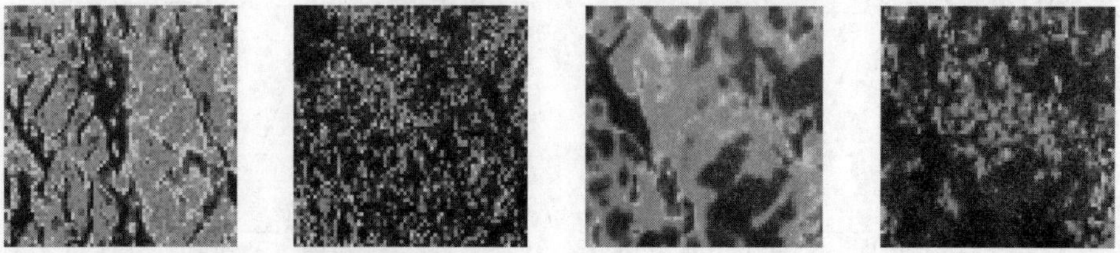

(e) 最小特征值幅度图　(f) 旋转建筑物散射特征描述子幅度图　(g) 最小特征值幅度图　(h)旋转建筑物散射特征描述子幅度图

图 5 - 35　最小特征值及旋转建筑物散射特征描述子幅度图局部放大结果图（第一行：旋转建筑物区域；第二行：自然区域）

有非常强烈的去极化效应。通过融合雷达植被指数和极化不对称性，散射特征描述子能够更加清楚地勾勒旋转建筑物的轮廓，并显著地压制非旋转建筑物和自然区域的散射特性，因此它是旋转建筑物一种稳健且有效的极化特征。

5.4.3 旋转建筑物散射模型及广义泛化精细分解

交叉散射和双交叉散射模型已被证明具有刻画不同方位的旋转建筑物散射的能力，二者是依据垂直结构的散射体具有余弦分布这一客观事实提出的。从交叉散射和双交叉散射模型的矩阵元素可以看到，它们约束旋转建筑物区域具有近乎同等的同极化成分（模型中 T_{22} 项）和交叉极化成分（模型中 T_{33} 项），因为模型中 T_{22} 项与 T_{33} 项的最大偏差仅为 ±1/15。然而，在实际旋转建筑物区域，Guinvarc'h 等指出无论建筑物方位发生何种变化，只要其取值非零，交叉极化成分便始终远大于同极化成分[341]。具体地，当建筑物方位在 0°～10°范围内增大时，交叉极化成分会急剧增加；当建筑物方位增大为 20°～30°范围内时，交叉极化成分会持续增加达到峰值；当建筑物方位进一步增大为 30°～45°范围内时，交叉极化成分略有降低，但仍保持在一个非常显著的水平。另外，由于方位向斜率的存在，雷达后向散射不再是水平和垂直表面的镜面反射，从而削弱了二面角散射，因此同极化成分会显著降低[318]。从实际同极化和交叉极化成分占比来看，交叉散射和双交叉散射模型均存在一定的物理不契合性。鉴于此，通过整合旋转建筑物散射特征描述子，本节提出了一种新的旋转建筑物散射模型(Obliquely Oriented Building Scattering Model, OOBSM)：

$$[\boldsymbol{T}]_{\mathrm{OOB}} = \begin{bmatrix} 0 & 0 & 0 \\ 0 & O_{22} & 0 \\ 0 & 0 & O_{33} \end{bmatrix} \tag{5-80}$$

其中，模型元素 O_{22} 和 O_{33} 具有如下形式：

$$O_{22} = \frac{D_{\mathrm{OOB}}}{D_{\mathrm{OOB}} + \dfrac{D_{\mathrm{OOB}}}{\mathrm{M} - D_{\mathrm{OOB}} + \xi}}, \quad O_{33} = \frac{\dfrac{D_{\mathrm{OOB}}}{M - D_{\mathrm{OOB}} + \xi}}{D_{\mathrm{OOB}} + \dfrac{D_{\mathrm{OOB}}}{M - D_{\mathrm{OOB}} + \xi}} \tag{5-81}$$

式中：M 为旋转建筑物散射特征描述子 D_{OOB} 的最大值；ξ 为一个无穷小的正值，其作用是为了防止除零情况的发生。根据式(5-80)可以看到，旋转建筑物散射模型的一般形式设计为与交叉散射及双交叉散射模型一致（仅有 T_{22} 项

和 T_{33}项非零)，这是因为这种形式可以有效地凸显旋转建筑物散射的交叉极化成分。相较于交叉散射及双交叉散射模型，旋转建筑物散射模型从两个方面进行了优化：第一，在不具有任何先验信息的情况下，交叉散射及双交叉散射模型中原始 T_{22}项用旋转建筑物散射特征描述子 D_{OOB}代替，它代表旋转建筑物区域一定数量的同极化成分；第二，考虑到旋转建筑物区域交叉极化成分的比重，交叉散射及双交叉散射模型中原始 T_{33}项用 $D_{OOB}/(M-D_{OOB})$代替，其合理性在于 $D_{OOB}/(M-D_{OOB})$要显著大于 D_{OOB}(因为实际中 D_{OOB}的值始终小于1，该值一般为经验值)，从而与实际中交叉极化和同极化成分的相对比重相对应。尽管旋转建筑物区域的 D_{OOB}值比较大，但 $D_{OOB}/(M-D_{OOB})$总是要大于 D_{OOB}，因此同极化成分总是要低于交叉极化成分。最后，由于旋转建筑物散射特征描述子没有确定的取值范围(因为矩阵的最小特征值没有确定的取值范围)，因此旋转建筑物散射模型进一步将元素归一化，使得散射系数等于散射能量，便于后续计算。

为了直观地表征同极化与交叉极化成分的相对比重，选取某一旋转建筑物所对应的相干矩阵进行说明。表5-6列出了该相干矩阵的元素值，利用该相干矩阵，可以计算出它对应的特征值以及旋转建筑物散射特征描述子的大小，从而得到旋转建筑物散射模型各元素的取值，如表5-7所示。从输入相干矩阵可以看到，交叉极化成分(0.3317)显著大于同极化成分(0.1280)，其实际比重为2.59(T_{33}/T_{22})。对于交叉散射模型，其交叉极化成分(0.4758)近似等于同极化成分(0.5242)，它们之间的相对比重为0.91；而对于双交叉散射模型，其交叉极化成分(0.4912)近似等于同极化成分(0.5088)，它们之间的相对比重为0.97，这与上述理论分析一致。而在旋转建筑物散射模型中，同极化成分(0.3116)和交叉极化成分(0.6884)的相对大小(2.21)表明它更贴近实际散射，可以预期它能更加准确地分配旋转建筑物区域的交叉极化成分。

表5-6　旋转建筑物像素相干矩阵

矩阵元素	取值
T_{11}	0.3558
T_{12}	0.0152 - 0.0104i
T_{13}	-0.0368 - 0.0713i
T_{22}	0.1280
T_{23}	-0.0965 - 0.0513i
T_{33}	0.3317

表 5-7　不同散射模型元素值及成分比

模型	交叉散射模型	双交叉散射模型	旋转建筑物散射模型
同极化成分(T_{22})	0.5242	0.5088	0.3116
交叉极化成分(T_{33})	0.4758	0.4912	0.6884
估计成分比(T_{33}/T_{22})	0.91	0.97	2.21
实际成分比(T_{33}/T_{22})		2.59	

在旋转建筑物散射模型的基础上，提出基于散射成分分配的广义泛化精细分解方法，其中"广义"的定义是相对"分层"的定义而言的。对于分层分解，建筑物和自然区域的预分割在一定程度掩盖了散射模型对某些地物目标散射刻画能力不足这一缺陷，这是因为预分割实际上已经对整体交叉极化能量进行了分离。不仅如此，由于预分割属于硬阈值二元分类，因此在目标分解结果中不可避免地存在散射成分突变和孤立点噪声现象。其广义泛化精细极化分解数学形式为

$$\langle [\boldsymbol{T}] \rangle = f_S [\boldsymbol{T}]_S + f_D [\boldsymbol{T}]_D + f_H [\boldsymbol{T}]_H + f_V [\boldsymbol{T}]_V + f_O [\boldsymbol{T}]_{OOB} \tag{5-82}$$

式中：f_S、f_D、f_H、f_V 和 f_O 分别表示表面散射、二次散射、螺旋体散射、体散射以及旋转建筑物散射成分功率。通过对 5 种散射模型元素及散射成分贡献的叠加和计算，可获得如下等式：

$$\begin{cases} f_S + f_D |\alpha|^2 + \dfrac{f_V}{2} = T_{11} \\ f_S |\beta|^2 + f_D + \dfrac{f_V}{4} + \dfrac{f_H}{2} + f_O O_{22} = T_{22} \\ \dfrac{f_V}{4} + \dfrac{f_H}{2} + f_O O_{33} = T_{33} \\ f_S \beta^* + f_D \alpha = T_{12} \\ \dfrac{f_H}{2} = |\mathrm{Im}(T_{23})| \end{cases} \tag{5-83}$$

同样地，上述方程组具有 5 个等式但包含 6 个未知参数，为了求解这一欠定问题，需要对模型参数做出一定预设。由于当前阶段无法求得体散射与旋转建筑物散射成分的贡献，因此不同于分支条件，此处直接利用 $T_{11} - T_{22} + f_H/2$ 的正负号来判断是残余矩阵中表面散射还是二次散射占主导。若 $T_{11} - T_{22} + f_H/2 > 0$，则表面散射占主导，此时可令二次散射系数 f_D 为零。若 $T_{11} - T_{22} + f_H/2 < 0$，则二次散射占主导，此时可令表面散射系数 f_S 为零。需要注意的是，尽管

式(5-83)具有紧凑形式,但直接求得各散射成分功率的解析解却十分困难。事实上,如果旋转建筑物散射特征描述子 D_{OOB} 的值较小,那么旋转建筑物的方位也较小,此时旋转建筑物散射处于一个较低的水平(f_{O} 较小),从而 $f_{\mathrm{O}}O_{22}$ 可以直接忽略。如果旋转建筑物散射特征描述子 D_{OOB} 的值较大,归一化处理可使得 O_{22} 非常小,此时同样可将 $f_{\mathrm{O}}O_{22}$ 直接忽略。因此,进一步利用模值计算法可以有效地求解上述方程组,模值计算的具体形式为

$$\begin{cases} T_{11}-T_{22}+\dfrac{f_{\mathrm{H}}}{2}>0:\mathrm{Re}(\beta)=\dfrac{\mathrm{Re}(T_{12})}{f_{\mathrm{S}}},\mathrm{Im}(\beta)=\dfrac{-\mathrm{Im}(T_{12})}{f_{\mathrm{S}}} \\ T_{11}-T_{22}+\dfrac{f_{\mathrm{H}}}{2}<0:\mathrm{Re}(\alpha)=\dfrac{\mathrm{Re}(T_{12})}{f_{\mathrm{D}}},\mathrm{Im}(\alpha)=\dfrac{\mathrm{Im}(T_{12})}{f_{\mathrm{D}}} \end{cases} \tag{5-84}$$

将式(5-84)代入式(5-83),可以获得如下关于表面散射(二次散射)系数的一元二次方程:

$$\begin{cases} T_{11}-T_{22}+\dfrac{f_{\mathrm{H}}}{2}>0:f_{\mathrm{S}}^2+(2T_{22}-f_{\mathrm{H}}-T_{11})f_{\mathrm{S}}-2|T_{12}|^2=0 \\ T_{11}-T_{22}+\dfrac{f_{\mathrm{H}}}{2}<0:2f_{\mathrm{D}}^2+(T_{11}+f_{\mathrm{H}}-2T_{22})f_{\mathrm{D}}-|T_{12}|^2=0 \end{cases} \tag{5-85}$$

显然,式(5-85)中的二次方程判别式总是为正(因为一次二次项系数为正,零次项系数为负),从而该一元二次方程总是有两个实根,且对应抛物线开口向上。此时表面散射(二次散射)系数需要根据下列三种情况确定:①若两根中较大的根为负,那么表面散射(二次散射)系数强制为零,因为散射系数为负不具物理意义;②若两根中较大的根为正而较小的根为负,那么表面散射(二次散射)系数等于较大的根;③若两根中较小的根为正,那么表面散射(二次散射)系数仍等于较大的根,这是为了在总能量不变的情况下进一步约束体散射贡献。

一旦确定了表面散射或者二次散射系数,那么根据式(5-83)可确定其余成分的散射系数,它们的表达式如下:

$$\begin{cases} T_{11}-T_{22}+\dfrac{f_{\mathrm{H}}}{2}>0:f_{\mathrm{D}}=0,f_{\mathrm{H}}=2|\mathrm{Im}(T_{23})| \\ f_{\mathrm{S}}=\dfrac{\sqrt{(2T_{22}-f_{\mathrm{H}}-T_{11})^2+8|T_{12}|^2}-(2T_{22}-f_{\mathrm{H}}-T_{11})}{2} \\ f_{\mathrm{V}}=2(T_{11}-f_{\mathrm{S}}),f_{\mathrm{O}}=\dfrac{4T_{33}-2f_{\mathrm{H}}-f_{\mathrm{V}}}{4O_{33}} \end{cases} \tag{5-86}$$

或者

$$\begin{cases} T_{11}-T_{22}+\dfrac{f_{\mathrm{H}}}{2}>0:f_{\mathrm{S}}=0,f_{\mathrm{H}}=2\left|\mathrm{Im}(T_{23})\right| \\ f_{\mathrm{D}}=\dfrac{\sqrt{(T_{11}+f_{\mathrm{H}}-2T_{22})^{2}+8\left|T_{12}\right|^{2}}-(T_{11}+f_{\mathrm{H}}-2T_{22})}{4} \\ f_{\mathrm{V}}=2(2T_{22}-2f_{\mathrm{D}}-f_{\mathrm{H}}),f_{\mathrm{O}}=\dfrac{4T_{33}-2f_{\mathrm{H}}-f_{\mathrm{V}}}{4O_{33}} \end{cases} \tag{5-87}$$

最后,为了保证总散射能量不变,利用下述非负能量约束实现最终的广义泛化目标分解方法:

$$\begin{cases} P_{\mathrm{S}}=f_{\mathrm{S}}(1+|\beta|^{2}),P_{\mathrm{D}}=f_{\mathrm{D}}(1+|\alpha|^{2}) \\ P_{\mathrm{H}}=f_{\mathrm{H}},P_{\mathrm{O}}=f_{\mathrm{O}},P_{\mathrm{V}}=\mathrm{SPAN}-P_{\mathrm{S}}-P_{\mathrm{D}}-P_{\mathrm{H}}-P_{\mathrm{O}} \end{cases} \tag{5-88}$$

5.4.4 实验结果及分析

由于两个波段数据成像场景一致,因此图 5-36 只给出了星载 RADARSAT-2 C 波段极化 SAR 数据下所提方法所获得的伪彩色合成分解结果,其中 RGB 三通道分别为建筑物散射、体散射、表面散射,颜色的深浅代表了散射能量的高低。为了体现所提方法的优势,对比了基于交叉散射模型的五成分目标分解方法(Xiang 方法),由于双交叉散射模型的应用需要预先分层,因此不对其进行对比。为了保证客观,两类方法均采用相同的图像预处理手段。此外,为了保证分解结果物理非负性,对所有方法中出现能量为负的散射成分进行一般非负能量约束。除了伪彩色合成分解结果之外,图 5-36 还给出了旋转建筑物散射成分以及交叉散射成分的幅度图。

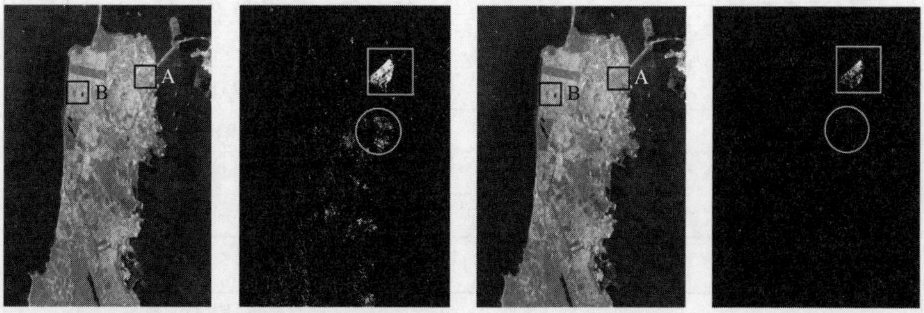

(a) 所提方法伪彩色合成分解图　(b) 旋转建筑物散射成分　(c) Xiang方法伪彩色合成分解图　(d) 交叉散射成分

图 5-36　星载 RADARSAT-2 C 波段数据分解结果

从图5-36可以看到，交叉散射明显存在于旋转建筑物区域，而在其他区域，交叉散射成分基本可忽略不计。尽管如此，除去一些具有较大极化方位角的旋转建筑物（图5-36(b)中矩形框区域），在具有中等或者较小极化方位角的旋转建筑物区域，交叉散射能量仅处于一个微弱的水平，这使得这些旋转建筑物不易被辨别。相较之下，旋转建筑物散射成分呈现出更可观的结果，体现为几乎所有的旋转建筑物（图5-36(b)中圆形区域）均具有明显的散射贡献，它能够凸显较小方位的旋转建筑物散射和全面地刻画交叉极化成分，这说明在旋转建筑物区域旋转建筑物散射是显著的且十分有效的。从两种方法获得伪彩色合成结果图来看，二者似乎没有明显的区别。但实际上并非如此，后续的定量分析会详细地说明二者散射成分的差异。

为了定量地比较交叉散射模型和旋转建筑物散射模型，从成像区域选取了具有不同方位的建筑物（图5-36中的黑色矩形框区域A和区域B）进行深入分析。区域A主要由高层建筑组成，它们墙体的法矢量相对传感器飞行方向具有大约37°的倾斜，即方位向斜率角为37°。区域B是一块住宅区，它主要包含了方位向墙体法矢量与飞行方向平行的非旋转建筑物。表5-8和表5-9分别给出了两种方法在不同区域下的归一化散射能量统计。为了充分体现所提方法的优势，进一步将具有3种不同形式的交叉散射模型（具有不同主导极化方位角的交叉散射模型）引入评价。当建筑物主导极化方位角为0°时，交叉散射模型退化为Sato方法中的延展体散射模型。当建筑物主导极化方位角为22.5°时，交叉散射模型与Hong方法中的偶平面散射模型一致。当建筑物主导极化方位角具有自适应取值时，交叉散射模型为Xiang方法中的一般模型。

表5-8　区域A归一化散射能量统计

方法	所提方法	交叉散射模型方法		
		Sato方法	Hong方法	Xiang方法
表面散射	20.49%	1.77%	1.75%	1.76%
二次散射	4.19%	4.25%	4.25%	4.25%
体散射	32.37%	65.97%	65.93%	65.95%
螺旋体散射	6.44%	6.44%	6.44%	6.44%
交叉散射/旋转建筑物散射	36.51%	21.57%	21.63%	21.60%

表5-9　区域B归一化散射能量统计

方法	所提方法	交叉散射模型方法		
		Sato方法	Hong方法	Xiang方法
表面散射	24.86%	25.02%	25.01%	25.02%
二次散射	63.56%	63.53%	63.50%	63.52%

续表

方法	所提方法	交叉散射模型方法		
		Sato 方法	Hong 方法	Xiang 方法
体散射	9.42%	9.10%	9.11%	9.11%
螺旋体散射	1.73%	1.73%	1.73%	1.73%
交叉散射/旋转建筑物散射	0.43%	0.62%	0.65%	0.62%

对于3类基于不同交叉散射模型的分解方法，可以看到不同的主导极化方位角会导致不同比例交叉散射成分的产生。然而，基于交叉散射模型的分解方法在区域A都存在严重的体散射过估现象（体散射能量占比分别为65.97%、65.93%和65.95%）。相较之下，基于旋转建筑物散射的分解方法可以显著降低体散射能量并同时增强表面散射能量。一方面，这说明所提方法能够有效地改善体散射过估；另一方面，绝大部分体散射能量的衰减部分被转移至表面散射能量的增量中。表面散射的显著性可以解释为来自屋顶、街道以及两幢建筑之间的奇次散射，因此这种分解结果更符合实际建筑物区域散射。不仅如此，旋转建筑物区域仅存在微量的二次散射能量，这充分论证了旋转建筑物区域的交叉极化成分要显著大于同极化成分。

最值得注意的是，相较于交叉散射能量，旋转建筑物散射能量得到了明显的提升（大约为15%），这说明所提方法不仅能够保持并且能够凸显旋转建筑物区域的交叉极化成分。在这种情况下，旋转建筑物的散射解译可以通过强调旋转建筑物散射而得到进一步明确。对于非旋转建筑物，可以看到在所有分解方法下，它的主导散射机制均为二次散射（占比约为65%），并且其他不同散射成分的能量均处于相近的水平，这说明所提方法能够在正确解译非旋转建筑物散射基础上，有效地刻画旋转建筑物的散射特性。

除了上述对比之外，本节还对旋转建筑物散射模型在其他人造目标散射刻画性能上进行了分析。为了凸显交叉散射和旋转建筑物散射的差异，图5-37对图5-36中的矩形框进行了放大，并统计了交叉散射成分和旋转建筑物散射成分在图中桥梁像素上的变化，其结果如图5-37所示。可以看到，交叉散射成分在旋转建筑物区域分布非常分散且不连续，且存在明显的欠估计。相较之下，旋转建筑物散射成分在旋转建筑物区域分布更加广泛和饱满，且在桥梁像素上的变化更加显著和强烈，因此利用它能够更加清晰地对桥梁进行辨别。

为了证明所提方法在不同传感器和不同波段数据下的有效性，本节采用机载AIRSAR L波段全极化数据来进一步凸显旋转建筑物散射成分和交叉散射成分在较高分辨率数据中的差异。图5-38给出了AIRSAR数据的Pauli伪彩色图，其中红色通道表示（HH-VV）同极化散射，绿色通道表示交叉散射，蓝色通

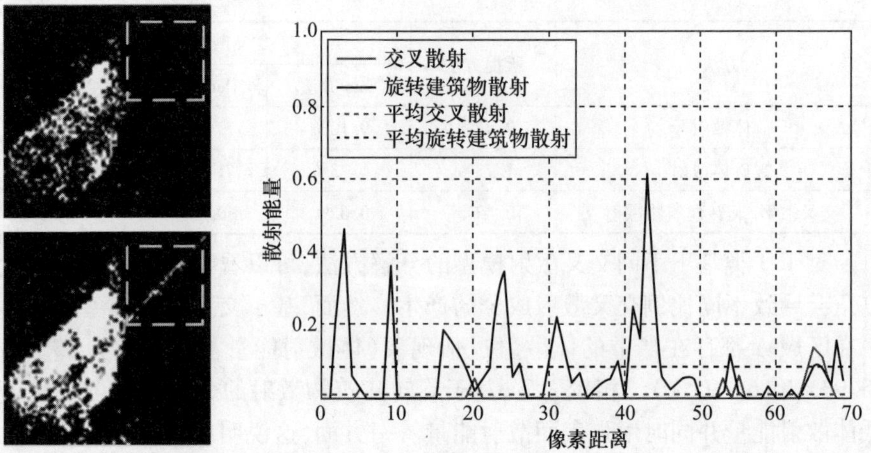

图 5-37 交叉散射和旋转建筑物散射差异及分布

道表示(HH + VV)同极化散射。数据成像地点位于美国圣迭戈市,原始方位向分辨率为9.3m,方位向分辨率为3.3m。为了突出重点,仅选取成像场景中以旋转建筑物为主要地物类型的区域进行说明。可以看到,绿色成分广泛存在于Pauli伪彩色图中,这说明在旋转建筑物区域存在强烈的交叉极化能量,若散射建模不恰当,则会产生非常严重的体散射过估问题。

图5.38给出了基于交叉散射模型和基于旋转建筑物散射模型的分解伪彩色合成结果。同样地,红色通道表示建筑物散射(二次散射、螺旋体以及旋转建筑物散射之和),绿色通道表示体散射,蓝色通道表示表面散射。从所提方法分解结果可以看到,非旋转建筑物区域(红色像素区域)的主导散射机制为二次散射,并且绝大部分旋转建筑物像素呈现出旋转建筑物散射,同时建筑物的轮廓可以清楚地辨别。相较之下,基于交叉散射模型的分解方法在旋转建筑物区域产生的交叉散射能量非常微弱,并且损失了大量的旋转建筑物的轮廓细节。通过比较图5-38(a)和(b),可以很明显地发现旋转建筑物像素在所提方法分解结果下为淡黄色,而在基于交叉散射模型的分解结果下仍然为绿色,这说明所提方法可以显著地降低体散射能量以及提升表面散射能量。

进一步地,为了定量地评价不同方法,选取了AIRSAR数据中某一旋转建筑物区域(图中红色矩形框区域),并统计了它归一化散射能量的比重,其结果列于表5-10。根据表5-10可以看到所提方法在改善体散射过估和提升旋转建筑物交叉极化能量方面要显著优于基于交叉散射模型的分解方法。除此之外,所提方法估计出的表面散射能量要比基于交叉散射模型分解方法估计出的表面散射能量多20%,由于该区域还包含大量的来自屋顶、街道的奇次散射,因

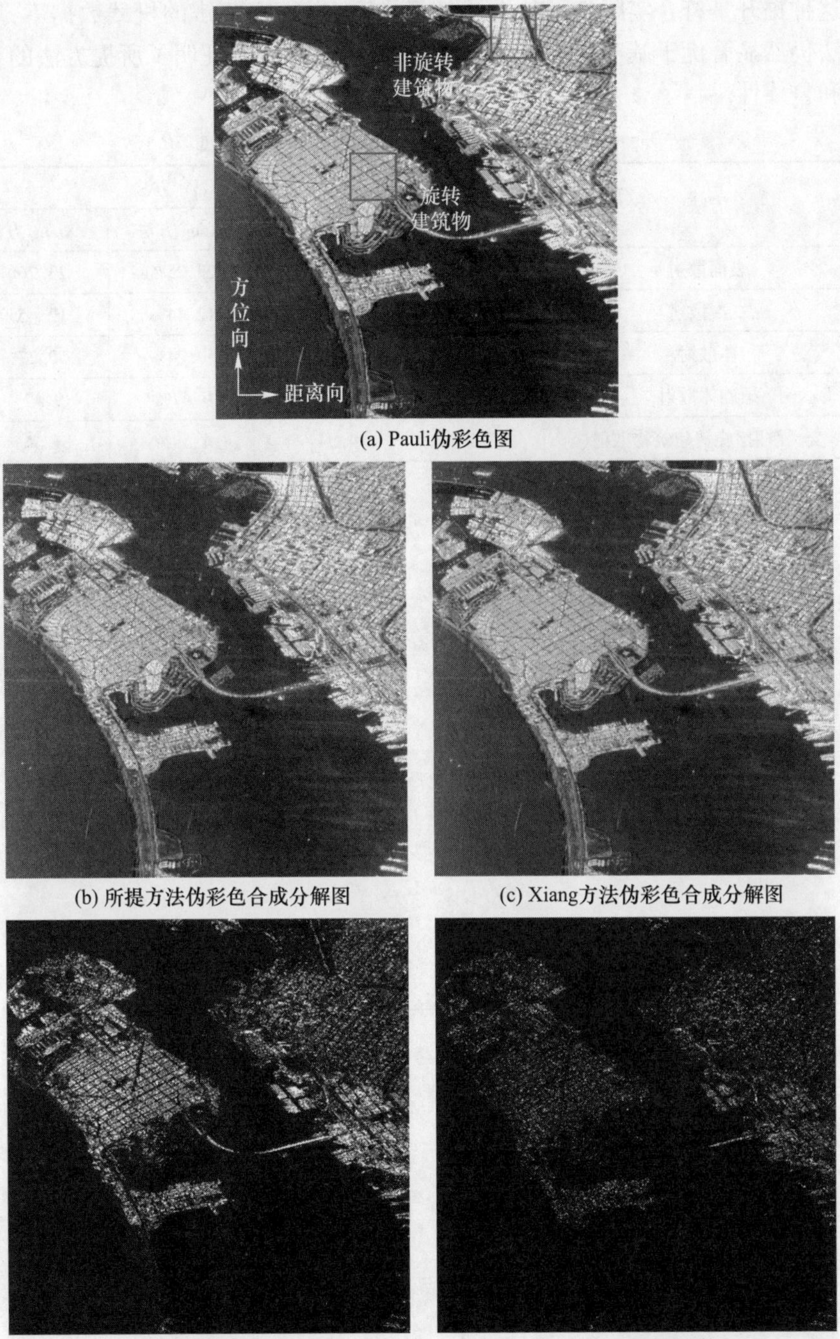

(a) Pauli伪彩色图

(b) 所提方法伪彩色合成分解图　　(c) Xiang方法伪彩色合成分解图

(d) 旋转建筑物散射成分　　(e) 交叉散射成分

图 5 - 38　AIRSAR L 波段数据及分解结果(见彩图)

此这种提升是符合实际的。从上述结果来看,在更高分辨的机载数据下,所提方法仍然显著优于基于交叉散射模型的分解方法,从而证明了所提方法的有效性和鲁棒性。

表 5-10 旋转建筑物区域归一化散射能量统计

方法	所提方法	CSM 方法		
		Sato 方法	Hong 方法	Xiang 方法
表面散射	43.85%	23.26%	23.25%	23.26%
二次散射	11.06%	12.45%	12.44%	12.45%
体散射	18.10%	50.28%	50.24%	50.27%
螺旋体散射	9.47%	9.47%	9.47%	9.47%
交叉散射/旋转建筑物散射	17.53%	4.54%	4.59%	4.56%

第6章

极化SAR目标信息提取

受到极化 SAR 系统成像固有缺陷及人造目标复杂几何结构的影响,发生在目标内部和外部的散射会产生大量交互。不仅如此,由于交叉极化成分的异源特点,人造目标散射在极化 SAR 图像中容易受到自然区域散射的干扰,如何高效率、高质量地剔除自然区域的影响成了极化 SAR 人造目标信息提取的关键。本章在第 5 章散射机制精细化描述的基础上,介绍了利用精细极化分解方法对建筑物等极化 SAR 目标进行信息提取的方法。本章结构安排:6.1 节介绍了极化 SAR 目标检测;6.2 节介绍了极化 SAR 目标边缘提取;6.3 节介绍了极化 SAR 目标分割。基于目标精细极化分解,上述极化 SAR 目标信息提取方法从检测定位、几何边缘提取以及图像分割等方面实现了对建筑物目标的几何形状、位置以及拓扑结构等信息的精细化提取。

6.1 极化 SAR 目标检测

作为极化 SAR 图像中分布最广泛、散射特性最明显的典型人造目标,建筑物检测在军用及民用遥感领域都具有重要意义。检测极化 SAR 图像中典型建筑物目标或群体,可为了解整体部署情况、全面掌握打击目标位置分布、引导精确制导、评估战场毁伤效果等军事应用提供支持。此外,建筑物检测也是城市遥感的主要应用领域,它反映了城市整体二维甚至三维布局和变化等信息,为城市规划管理、灾害动态监测提供了重要决策支持。

6.1.1 基于特征值衍生参数的散射显著性目标检测

在第 5 章已经提到,建筑物的方位变化会使建筑物产生不同的后向散射行为,特别是在旋转建筑物区域,由于旋转二面角结构的广泛存在,交叉极化能量会显著增强,此时建筑物不再呈现传统的二次散射机制。为了解决和避免由建筑物方位变化带来的风险,针对旋转建筑物和非旋转建筑物,本节提出了一种旋转不变的方法来分别对这两类建筑物进行检测。从相干矩阵的特征值及其衍生参数出发,提出了基于特征值衍生参数的散射显著性目标检测。散射显著性目标检测可解释为依据目标的特定散射,通过构造特定的散射特征来实现对目标的检测。

针对 Cloude 分解中经典特征值参数估计及其组合在建筑物分类性能上存在的缺陷,5.4 节利用两个衍生特征值参数,即雷达植被指数和极化不对称性,通过设定经验区间和求解理论上下边界,提出了散射机制分辨能力优化的非监督二维雷达植被指数—极化不对称性分割平面。在该平面上,所有的随机散射过程均可以用数据点的位置进行描述。此外,由于二维雷达植被指数—极化不对称性平面整合了所有的特征值信息,因此它显著地降低了相干噪声的干扰,稳健地参数化了散射过程。

更重要地,通过图 5 – 32 可以看到被标记了品红色和浅蓝色的像素(具有低雷达植被指数和低极化不对称性)实际上是非旋转建筑物的一种潜在指示。在该区域内,建筑物的方位近似为零,即墙体表面法矢量近似垂直于传感器平台飞行方向,此时建筑物散射呈现出强烈的二次散射,因此可以利用这种指示对非旋转建筑物进行检测。注意尽管图 5 – 30 中极化熵—各向异性平面的红色成分(具有中熵和较高的各向异性)也可以作为一种潜在的检测指示,但是 6 个区域的分割设定难以表征非旋转建筑物散射。值得注意的是,在对非旋转建筑物检测时,海洋等水体目标(具有低雷达植被指数和高极化不对称性)需要被预先筛除。因此,在二维雷达植被指数—极化不对称性平面构造的基础上,提出下述两种检测子的组合以对非旋转建筑物进行检测:

$$\begin{aligned} D_{\mathrm{WB}} &= \left(\frac{4}{3} - \frac{4\lambda_3}{\mathrm{SPAN}}\right)\frac{\lambda_1 - \lambda_2}{\mathrm{SPAN} - 3\lambda_3} \quad \left(0 \leqslant D_{\mathrm{WB}} \leqslant \frac{4}{3}\right) \\ D_{\mathrm{POB}} &= \left(\frac{4}{3} - \frac{4\lambda_3}{\mathrm{SPAN}}\right)\left(1 - \frac{\lambda_1 - \lambda_2}{\mathrm{SPAN} - 3\lambda_3}\right) \quad \left(0 \leqslant D_{\mathrm{POB}} \leqslant \frac{4}{3}\right) \end{aligned} \tag{6-1}$$

两种检测子具有如下物理意义:水体目标检测子 D_{WB} 对应具有单一主导表面散射的水体目标,它们具有低雷达植被指数和高极化不对称性,并且对应相干矩阵的第二特征值和第三特征值近似为零。非旋转建筑物检测子 D_{POB} 则对应具有以二次散射为主导的非旋转二面角散射结构体,它们具有低雷达植被指数和低极化不对称性。在此基础上,通过对水体目标检测子和非旋转建筑物检测子设定两个阈值 T_{WB} 和 T_{POB},即可获得非旋转建筑物的潜在检测结果:

$$BC_{\mathrm{POB}} = \begin{cases} 1 & (D_{\mathrm{WB}} < T_{\mathrm{WB}}, D_{\mathrm{POB}} > T_{\mathrm{POB}}) \\ 0 & (\text{其他}) \end{cases} \tag{6-2}$$

式中：$BC_{\mathrm{POB}}=1$ 为非旋转建筑物候选检测结果。

对于旋转建筑物，在 Pauli 分解、Holm – Barnes 分解以及二维雷达植被指数—极化不对称性平面基础上，结合旋转建筑物散射随机性、去极化效应以及极化不对称性，提出了一种旋转建筑物散射特征描述子，并且从定性和定量的角度验证了该描述子在分辨旋转建筑物和其他目标上的强稳健性、有效性和自适应性。利用旋转建筑物散射特征描述子，可通过直接施加特定的阈值来实现对旋转建筑物的检测：

$$B_{\mathrm{OOB}}=\begin{cases}1 & (D_{\mathrm{OOB}}>T_{\mathrm{OOB}})\\0 & (\text{其他})\end{cases} \tag{6-3}$$

式中：T_{OOB} 为旋转建筑物检测阈值；$B_{\mathrm{OOB}}=1$ 为旋转建筑物检测结果。

6.1.2 直方图阈值选取

为了充分地展现所提方法分辨建筑物和不同目标的能力，图 6 – 1 给出了目标类型更多样（主要包含干扰不易消除的山脊区域）的两组星载数据在（HH – VV）通道下的强度图像以及对应的真实目标分布图。

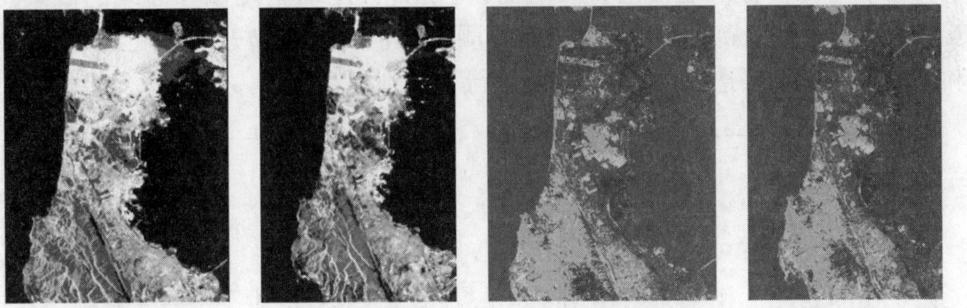

(a) C波段数据　(b) L波段数据　(c) C波段数据真实分布　(d) L波段数据真实分布

图 6 – 1　T_{22} 强度图像及真实地表分布

由于基于特征值衍生参数的散射显著性目标检测方法涉及不同阈值的选取，因此对它们分别进行了讨论。在物理上，不同检测子对应不同的主导散射过程，鉴于此，采用检测子特征直方图分析，即通过定位直方图中两个波峰之间的波谷确定分割阈值。图 6 – 2 给出了两组数据的水体目标检测子幅度图和非旋转建筑物检测子幅度图。可以看到，幅度图中主导散射目标均呈现明显的深红色，其他非主导散射目标的幅值特性则被明显压制，这充分论证了检测子的有效性和物理特性。为了定量化阈值选取，从两幅幅度图中选取了海洋水体（区域 A）、森林（区域 B）、非旋转建筑物（区域 C）、山谷（区域 D）、旋转建筑物（区域 E）以及公园（区域 F）6 种不同目标类型的幅值进行统计，它们的拟合直方图分别如图6-3所示，图下方的表格对上述区域检测子幅值的均值进行了统计。

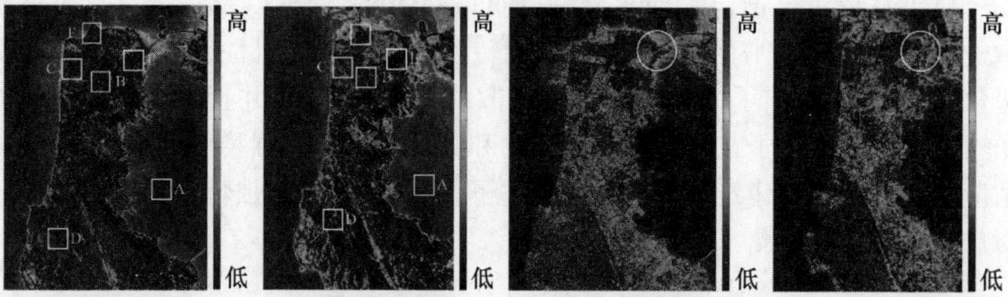

(a) C波段数据水体目标检测子幅度图　(b) L波段数据水体目标检测子幅度图　(c) 非旋转建筑物检测子幅度图　(d) 非旋转建筑物检测子幅度图

图6-2　不同检测子幅度图(见彩图)

从图6-3(a)和(b)可以发现，区域A的直方图曲线明显与其他区域不相交，并且检测子幅度值的最小值大于1。相较之下，其他区域检测子幅度值的最大值小于1，这说明区域A目标与其他区域目标差异非常大，此时阈值T_{WB}可以设定为1，从而水体和陆地能够被有效地分离。同样地，通过图6-3(c)和(d)幅度图可以看到，非旋转建筑物检测子在区域C具有非常大的取值，这使得非旋转建筑物能很容易地被区分。然而，特征直方图却呈现多峰曲线的混杂交互，这说明其他目标的非旋转建筑物检测子幅值与非旋转建筑物相近，因此在利用直方图阈值法选取阈值时，需要进行一定判断。

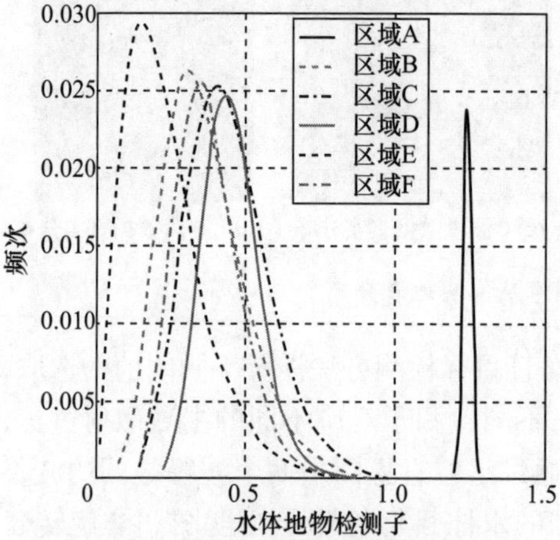

区域	均值	区域	均值
A	1.2394	D	0.4532
B	0.3649	E	0.2351
C	0.4501	F	0.3779

(a) RADARSAT-2 C波段数据

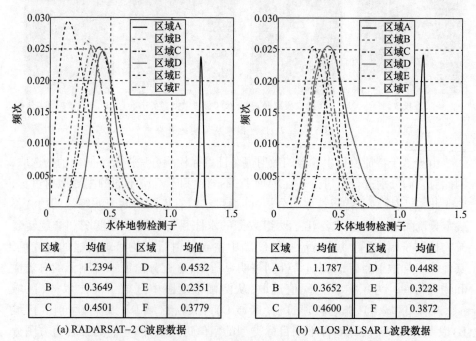

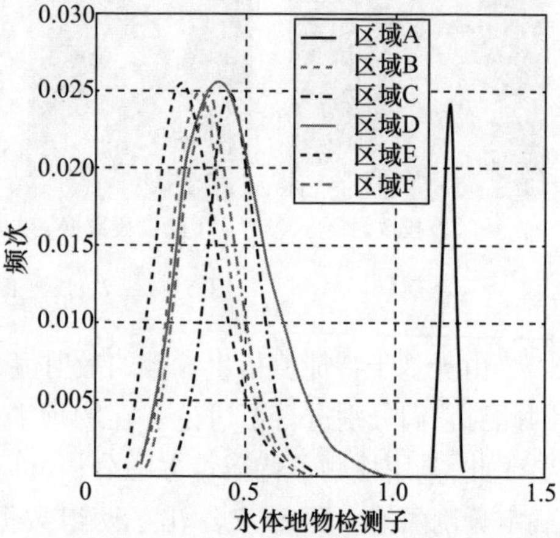

区域	均值	区域	均值
A	1.1787	D	0.4488
B	0.3652	E	0.3228
C	0.4600	F	0.3872

(b) ALOS PALSAR L波段数据

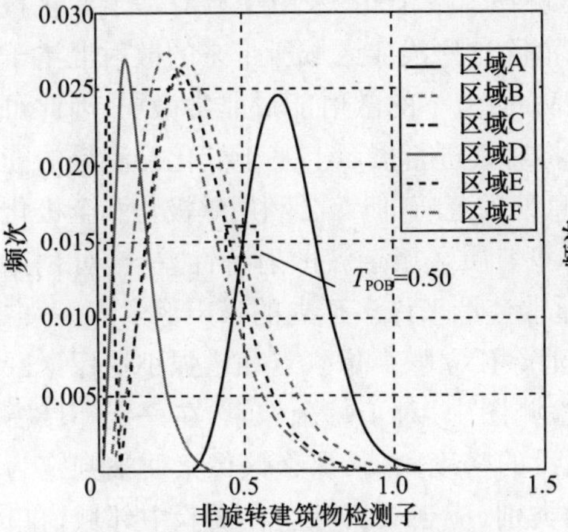

区域	均值	区域	均值
A	0.0470	D	0.1372
B	0.3815	E	0.3485
C	0.6391	F	0.3125

(c) RADARSAT-2 C波段数据

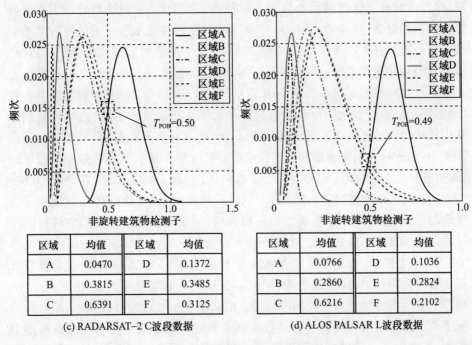

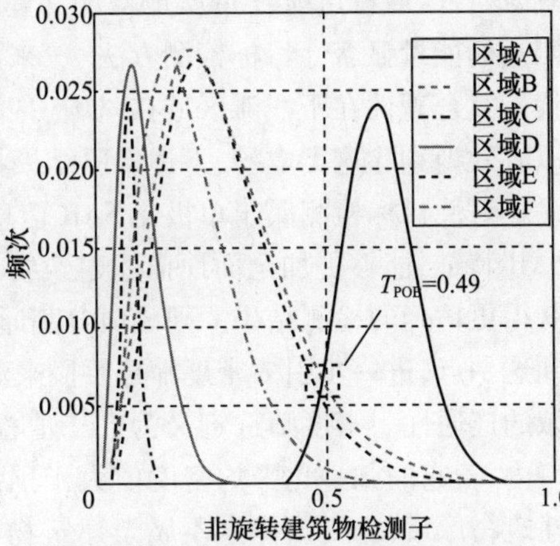

区域	均值	区域	均值
A	0.0766	D	0.1036
B	0.2860	E	0.2824
C	0.6216	F	0.2102

(d) ALOS PALSAR L波段数据

图 6-3　不同目标检测子特征直方图及均值统计

从图 6-3(c)和(d)可以看到,区域 B、E、F 的直方图曲线分别与区域 C 的直方图曲线相交于不同位置,即存在 3 个候选波谷位置。理想情况下应当选择最左边的波谷,因为它的位置最深,但是这会造成结果中区域 E 和 F 目标明显的虚警。事实上,由于 3 个候选波谷位置非常接近,因此最合适的阈值应当为最右边的波谷,这不仅保证了良好的检测效果,还避免了较多的虚警。根据上述分析,星载 RADARSAT-2 C 波段和 ALOS PALSAR L 波段数据的检测阈值 T_{POB} 被分别设为 0.50 及 0.49。对于旋转建筑物检测,T_{OOB} 的大小以相同的思路进行确定,星载 RADARSAT-2 C 波段和 ALOS PALSAR L 波段数据的检测阈值 T_{OOB} 分别设为 0.008 及 0.010,其过程此处不再赘述。

6.1.3 检测性能评估与对比

尽管可以预期直方图阈值法能有效地实现建筑物检测,但仍有一个现象需要注意。在图 6-2(c)和(d)中,某些浅滩区域(图中白色圆形区域)的幅值与建筑物非常接近(实际上是二者的极化不对称性比较接近),这是由于浅滩区域的水深较浅,电磁波可以直接穿透水面而诱导介质产生多种散射过程,此时极化波的去极化效应会变得非常明显,造成可分辨的散射机制变少,从而分别降低和增加了这些区域的极化不对称性和散射随机性。因此,利用检测子阈值分割，这些区域有可能被错误地检测为建筑物。鉴于此，采用经典的基于变化检测量的能量显著性目标检测方法[292]来消除这些浅滩区域所带来的散射混淆干扰。其合理性在于浅滩区域在(HH - VV)通道下的散射能量非常微弱，因此可以有效地剔除这类虚警，下述实验结果将对其进行展示。基于变化检测量的能量显著性目标检测属于单极化 SAR 信息处理范畴，但综合利用单极化和全极化 SAR 特征，能够更加全面地描述建筑物和匀质区域杂波散射特性差异，可预期获得更精确的检测结果。硬阈值分割通常会带来许多孤立的噪声像素点，考虑到这一点，进一步引入密度筛选手段来消除孤立噪声像素点和增强小块像素区域的连通性。密度筛选定义为在二值检测图中，对于每个像素，在一定邻域窗口内，若它的归一化平均密度值大于预设的密度阈值，那么该像素便被判定为建筑物像素，否则该像素不属于建筑物类别，应当被摒弃。在实验中邻域窗口尺寸以及密度阈值分别设定为 3 ×3 像素以及 0.3。

利用上述检测阈值以及密度阈值，图 6 – 4 给出了 RADARSAT – 2 C 波段数据建筑物检测结果，其中图 6 – 4(h)代表建筑物的真实分布，它是由图 6 – 1 中 NLCD 2011 参考数据人工勾画而来的。根据图 6 – 4(a)可以看到，水体目标检测子和非旋转建筑物检测子的结合能够有效地检测非旋转建筑物。然而如上所述，某些浅滩区域也被错误地检测为建筑物。图 6 – 4(b)给出了在(HH - VV)通道下，利用基于变化检测量的能量显著性方法检测非旋建筑物的结果，其中浅滩区域的模糊干扰被有效消除。通过融合图 6 – 4(a)、(b)的结果，可以看到在基于变化检测量的能量显著性检测方法的辅助下，非旋转建筑物检测结果中的虚警被有效消除[图 6 – 4(c)]，非旋转建筑物的轮廓和形状被真实地保留。图 6 – 4(d)展示了利用旋转建筑物散射特征描述子所获得的旋转建筑物检测结果，尽管存在少量的虚警，但由于它们在特征幅度图中强烈的散射特性，因此绝大部分旋转建筑物被良好地辨识。图 6 – 4(e)、(f)和(g)分别表示旋转建筑物和非旋转建筑物融合结果、归一化密度热度图以及最终建筑物检测结果。可以看到，通过密度筛选过后的建筑物检测具有更少的孔洞和噪声，并且建筑物群的整体轮廓被有效地勾勒。需要注意的是，场景中某些船只[图 6 – 4(g)矩形区域]也被检测为建筑物，这是因为船体存在与建筑物类似的二面角散射结构。除此之外，检测结果左下方的圆形区域所代表的山谷也被错误地提取，这是因为入射波垂直于山谷区域的山脊而使后向散射能量强烈。

为了充分地展示检测结果，图 6 – 5 将所提方法与基于圆极化协方差矩阵的检测方法(Azmedroub 方法)[227]以及基于极化方位角随机性的检测方法(Susaki 方法)[342]进行了比较。从图 6 – 5(c)可以看到，所提方法在整体上具

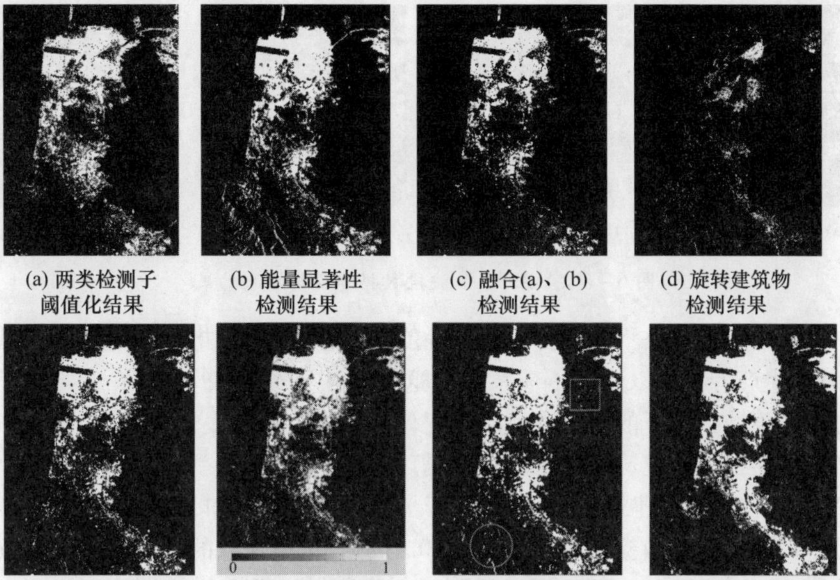

(a) 两类检测子阈值化结果　(b) 能量显著性检测结果　(c) 融合(a)、(b)检测结果　(d) 旋转建筑物检测结果

(e) 融合(c)、(d)检测结果　(f) 密度热度图　(g) 本章方法建筑物检测结果　(h) 建筑物真实分布

图 6-4　RADARSAT-2 C 波段数据建筑物检测结果

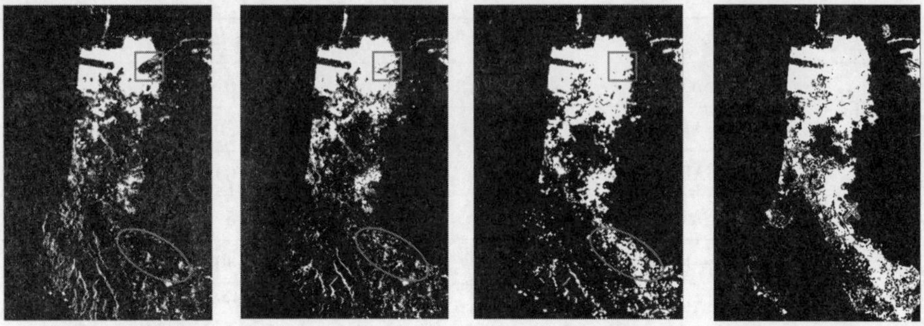

(a) Azmedroub方法　(b) Susaki方法　(c) 本章方法　(d) 建筑物真实分布

图 6-5　ALOS PALSAR L 波段数据建筑物检测结果

有更好的视觉效果，检测结果中包含了更多的旋转建筑物（图中矩形区域以及椭圆形区域），尽管存在微少的漏检，但是所提方法相较于另外两种方法能够凸显更加丰富的建筑物细节。进一步地，为了验证所提方法的鲁棒性，图 6-6 给出了机载 AIRSAR 美国长滩地区 L 波段数据的建筑物检测结果，其 Pauli 伪彩色图和地表真实分布图如图 5-13 所示。为了突出重点，图 6-6 仅给出部分数据检测结果，可以看到，旋转建筑物和非旋转建筑物均被有效地检测出来，特别是对于旋转建筑物，其轮廓和方位分布清晰可见。

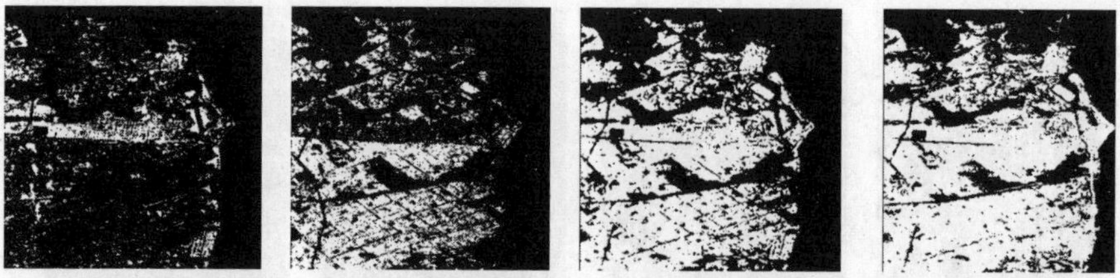

(a) 非旋转建筑物检测 (b) 旋转建筑物检测 (c) 建筑物检测 (d) 建筑物真实分布

图 6-6 AIRSAR L 波段数据建筑物检测结果

为了定量地评估不同检测方法的性能,采用4种评价指标,即整体精度、用户精度、生产者精度以及 Kappa 系数对这些方法进行比较。表 6-1 给出了不同方法在不同数据下的建筑物检测精度评估结果。从该表中可以看到,本章方法能够显著地提升建筑物检测的总体精度和 Kappa 系数。例如,对于 RADARSAT-2 C 波段数据建筑物检测,相较于 Azmedroub 方法和 Susaki 方法,本章方法分别将 Kappa 系数提升了 0.2248 和 0.1686。值得注意的是,造成 Azmedroub 方法和 Susaki 方法精度严重损失的原因在于它们错误地将旋转建筑物分类为非建筑物。从生产者精度一列可以看到,检测效果的改善主要来源于更稳健的旋转建筑物检测。

表 6-1 建筑物检测精度评估

方法	传感器	用户精度	生产者精度	总体精度	Kappa 系数
Azmedroub 方法	RADARSAT-2	89.40%	46.33%	87.62%	0.5454
	PALSAR	77.70%	42.34%	86.80%	0.4786
	AIRSAR	88.32%	82.09%	90.03%	0.7762
Susaki 方法	RADARSAT-2	87.41%	53.66%	88.69%	0.6016
	PALSAR	82.78%	48.81%	88.40%	0.5512
	AIRSAR	89.20%	83.32%	90.72%	0.7919
本章方法	RADARSAT-2	92.88%	72.16%	93.02%	0.7702
	PALSAR	98.49%	69.08%	93.54%	0.7642
	AIRSAR	94.24%	86.86%	93.61%	0.8562

6.2 极化 SAR 目标边缘提取

极化 SAR 目标边缘提取是指标记出具有不同极化特性和散射结构目标区域之间的变化。目标边缘是目标信息视觉感知的重要线索,它广泛体现于极化 SAR 目标检测分类等应用的特征提取和纹理分析中。目标边缘提取在目标信息提取中占据重要地位，在很大程度上影响后续应用的整体效果。

6.2.1 散射机制驱动自适应窗

理想情况下，边缘像素应处于散射强度或极化特性急剧跃变的状态中，但在实际应用中相干噪声的存在会模糊不同目标的散射对比度，此时相邻目标的跃变会趋于平缓，边缘不再呈现为单像素相连集合。不仅如此，相干噪声还会进一步改变同质区域的散射均匀度，从而造成同质区域虚假的对比跃变（均值越大，跃变的幅度越大[343]）。传统光学方法例如梯度计算法获得的结果通常不是恒虚警的，而是随着局部散射均匀度的变化而变化，因此难以定位边缘的准确位置。经典极化SAR图像边缘提取方法可以分为基于局部均值差异和基于假设检验的边缘提取方法。基于局部特征均值差异的边缘提取方法是指在中心像素点两侧设置两个滑动窗口，选取两个窗口内像素特征均值之比及其倒数的最大值，通过设定某一阈值来确定边缘像素。基于假设检验的边缘提取方法则是利用滑动窗来估计中心像素两侧区域的统计分布，通过概率假设似然比检验的方法衡量两侧之间的相异性，最后通过预设阈值来判别中心边缘像素的真实性。由于估计窗具有凸显不同方向强度或者散射变化的能力，因此窗结构的合理设计对边缘提取十分重要。

在改善窗结构灵活度方面，王威等首先提出了功率驱动自适应窗（Span Driven Adaptive Window，SDAW）[344]，由于其结构通过区域生长而设计，因此功率驱动自适应窗在估计中心样本上具有非常明显的优势。然而，功率驱动自适应窗仍然包含了固定形状和尺寸的种子区域，一旦种子区域存在异常像素，窗样本估计精度就会受到影响。不仅如此，功率驱动的设计还有可能会因为不同目标具有相同散射功率而失效。受到功率驱动自适应窗设计的启发，本节提出了用散射机制自适应驱动窗（Scattering Mechanism Driven Adaptive Window，SMDAW）来准确估计中心样本。图6-7分别展示了功率驱动自适应窗和散射机制驱动自适应窗的结构，它们的相似之处在于只有相同颜色的像素（绿色或者橙色像素）才会用于中心样本的估计，且窗结构参数中都包含了子窗距离 g_f 与子窗摆向 θ_f。其不同之处在于提出的散射机制驱动自适应窗采用散射机制和具有可变种子区域来设计窗结构，其具体构造过程为：

(1) 种子像素选取：在确定种子区域范围之前，需要预先选取种子像素。首先，考虑当前像素的一个 3×3 邻域，在像素一侧的半邻域范围内[图6-7(b)中的阴影区域]，分别计算每个像素的最大散射贡献值，此时最大散射贡献值对应的散射机制为对应的主导散射机制；其次，统计具有相同主导散射机制的像素个数，然后将具有最多像素个数的主导散射机制判定为整个半邻域的首要散射机制;最后,若邻域内某一像素满足其主导散射机制为首要散射机制,并且其主导散射机制对应的散射贡献是所有同类像素的最大值,则该像素被选取为种子像素。

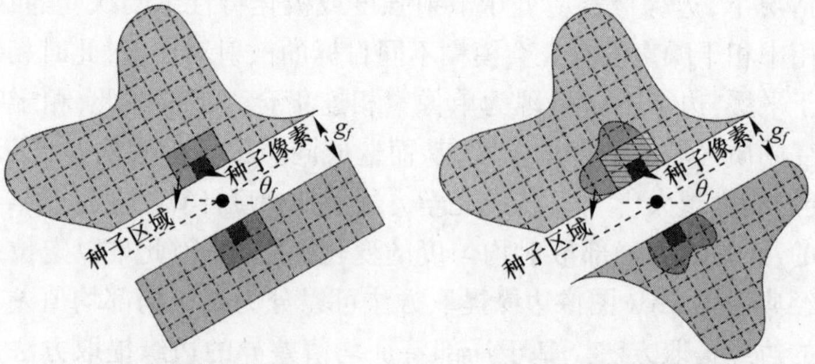

(a) 具有固定种子区域的功率驱动自适应窗

(b) 具有可变种子区域的散射机制驱动自适应窗

图 6-7 窗构造结构(见彩图)

(2) 种子区域融合:对于每个像素(x,y),其主导散射机制通常认为是最大散射贡献对应的散射机制。然而实际中有可能会存在次大散射贡献近似等于最大散射贡献的情况,为了消除这一影响,提出下列准则来明确定义主导散射机制:

$$R_{SM}=\frac{\max\limits_{i=S,D,H,V,C}\{P_i(x,y)\}}{\operatorname*{submax}\limits_{i=S,D,H,V,C}\{P_i(x,y)\}}>R \tag{6-4}$$

式中:$P_i(x,y)$为像素的第 i 种散射贡献(i 分别代表表面散射、二次散射、体散射、螺旋体散射以及旋转建筑物散射);submax 为次大散射贡献。上述准则表明若最大散射贡献与次大散射贡献的比值大于某个阈值,那么该像素的主导散射机制即为最大散射贡献对应的散射机制。从而,在种子像素选取的基础上,对于种子像素的直接相邻像素,若它既满足主导散射机制与种子像素主导散射机制一致又满足上述准则,那么该像素便被结合至种子区域中。在此基础上,分别对新加入种子区域中像素的所有相邻像素采用上述判别方式进行区域融合,直至达到预设的上限($C_S>N_S$,C_S 代表像素个数而 N_S 则代表预设上限)或者没有新的相邻像素满足上述融合条件,最后生成种子区域。

(3) 子窗区域生成:分别令 μ_S 与 σ_S 为种子区域中主导散射机制贡献的均值与标准差。利用 μ_S 与 σ_S,在区域生长思想的基础上,通过构造散射机制驱动自适应窗并利用窗区域中散射均匀像素进行中心样本估计。这个过程为对于种子像素 3×3 像素邻域的任意像素(x',y'),若它的最大散射贡献满足下述条件,那么便纳入子窗区域:

$$|P_{\mathrm{Dom}}(x',y')-\mu_{\mathrm{S}}|<k\cdot\sigma_{\mathrm{S}} \tag{6-5}$$

其中，系数 k 确定了散射贡献的合理分布范围。与机器学习特征工程中常用的异常值检测算法——3σ 准则一致（标准正态概率分布中，变量在它们三分位数范围内的分布概率小于 1%），系数 k 被设为 3。与种子区域融合过程一致，分别对新加入子窗区域中像素的 3×3 像素邻域内的所有像素采用上述判别方式进行区域生长，直至达到预设的上限（$C_{\mathrm{W}}>N_{\mathrm{W}}$，$C_{\mathrm{W}}$ 代表像素个数而 N_{W} 则代表预设上限）或者没有新的邻域像素满足上述生长条件，最后生成子窗区域。

通过上述构造，散射机制自适应驱动窗的种子区域不仅具有灵活的形状和可变的尺寸，而且子窗区域中相连像素具有相同的散射机制，因此散射机制自适应驱动窗可以捕获更多准确的局部特征，从而在边缘提取方面更具优势。

6.2.2 最优极化对比度量

为了规避边缘提取度量中的统计分布假设，联合最优极化对比度量和散射机制自适应驱动窗来实现边缘提取。最优极化对比度量的实质在于通过寻求特定收发极化组合，实现散射体散射波的接收功率最优[83]。在最优极化自由度，或者说最优极化比下，相较于原始数据，极化 SAR 数据更接近相干散射，可分辨的目标类型也更清晰。对于边缘提取，最优极化对比度量可通过增强两个区域的对比度，凸显图像的边缘点阶跃变化。考虑两个相干矩阵分别为 $\langle[\boldsymbol{T}_1]\rangle$ 与 $\langle[\boldsymbol{T}_2]\rangle$ 的目标，最优极化对比度量可表示为

$$C_{\mathrm{E}}=\frac{\boldsymbol{S}^{\mathrm{H}}\cdot\langle[\boldsymbol{T}_1]\rangle\cdot S}{\boldsymbol{S}^{\mathrm{H}}\cdot\langle[\boldsymbol{T}_2]\rangle\cdot S} \tag{6-6}$$

其中 $\boldsymbol{S}$ 表示在后向散射情形下发射和接收天线上全极化波的 Stokes 矢量。该方程式的求解是非线性的，在实际推导过程中，为了让它能代表所有真实的天线，始终采用全极化波的 Stokes 矢量会令结果的表达式非常复杂。鉴于此，该等式的求解可以利用拉格朗日乘数法转为一个特征值分解的形式：

$$\langle[\boldsymbol{T}_2]\rangle^{-1}\cdot\langle[\boldsymbol{T}_1]\rangle\cdot S=\boldsymbol{\lambda}\cdot S \tag{6-7}$$

式中特征值的最大值 $\boldsymbol{\lambda}_{\max}$（拉格朗日乘子）即最优极化对比度量，此时 Stokes 矢量 $S_{\max}$ 为最优，并且 $P=S_{\max}^{\mathrm{H}}\langle[\boldsymbol{T}]\rangle S_{\max}$ 代表了在最优 Stokes 矢量下的最优接收功率。对于每个子窗摆向，可以计算出在散射机制自适应驱动窗区域内像素的最优对比度量均值（中心样本估计值），此时目标像素 (x,y) 是否为边缘像素的概率可以由两个子窗中心样本估计的比值来度量。均值比度量是极

化 SAR 目标边缘检测的一类重要思想，经典方法一般定义提取算子为均值比和均值比倒数这两者中的较大值，当较大值大于预设的阈值时，目标像素确定为边缘像素，且较大值为当前像素的边缘强度值。为了充分考虑来自目标像素两侧子窗区域内的信息并增强提取边缘的视觉性，其候选边缘强度值 $R_{\mathrm{OC}}^{\theta_f}(x,y)$ 定义为均值比和均值比倒数之和：

$$\begin{aligned} R_{\mathrm{OC}}^{\theta_f}(x,y) &= \frac{\bar{P}_1(x,y|\theta_f)}{\bar{P}_2(x,y|\theta_f)} + \frac{\bar{P}_2'(x,y|\theta_f)}{\bar{P}_1'(x,y|\theta_f)} \\ &= \frac{E(S_{\max}^{\mathrm{H}}\langle[\boldsymbol{T}_1]\rangle S_{\max})}{E(S_{\max}^{\mathrm{H}}\langle[\boldsymbol{T}_2]\rangle S_{\max})} + \frac{E(S'^{\mathrm{H}}_{\max}\langle[\boldsymbol{T}_2]\rangle S'_{\max})}{E(S'^{\mathrm{H}}_{\max}\langle[\boldsymbol{T}_1]\rangle S'_{\max})} \\ &= \frac{S_{\max}^{\mathrm{H}}E(\langle[\boldsymbol{T}_1]\rangle)S_{\max}}{S_{\max}^{\mathrm{H}}E(\langle[\boldsymbol{T}_2]\rangle)S_{\max}} + \frac{S'^{\mathrm{H}}_{\max}E(\langle[\boldsymbol{T}_2]\rangle)S'_{\max}}{S'^{\mathrm{H}}_{\max}E(\langle[\boldsymbol{T}_1]\rangle)S'_{\max}} \end{aligned} \tag{6-8}$$

通过比较式(6-8)和式(6-6)以及式(6-7)，可以发现候选边缘强度值实际上等于最大特征值之和：

$$R_{\mathrm{OC}}^{\theta_f}(x,y) = \lambda_{1\max} + \lambda_{2\max} \tag{6-9}$$

其中 $\lambda_{1\max}$ 和 $\lambda_{2\max}$ 分别代表矩阵 $\langle[\boldsymbol{T}_2]\rangle^{-1}\cdot\langle[\boldsymbol{T}_1]\rangle$ 以及 $\langle[\boldsymbol{T}_1]\rangle^{-1}\cdot\langle[\boldsymbol{T}_2]\rangle$ 的最大特征值。最后，当前目标像素的边缘强度值 ESM(x,y) 即不同子窗摆向中具有最大取值的最优极化对比度量：

$$\mathrm{ESM}(x,y) = \max_{\theta_f=0,\pi/N_f,\cdots,\pi(N_f-1)/N_f}\{R_{\mathrm{OC}}^{\theta_f}(x,y)\} \tag{6-10}$$

式中：N_f 为子窗摆向数目。与经典边缘提取方法一致，在获得每个像素的边缘强度值后，需要进行一定后处理以便完善边缘并获得最终边缘点。受相干噪声和窗尺寸影响，极化 SAR 图像提取到边缘一般较粗，因此通常通过在边缘垂直方向上进行非局部极值抑制(Nonmaximum Suppression)来对边缘进行细化。在此基础上再设定迟滞阈值(Hysteresis Thresholding)来获取提取结果，并对边缘点进行形态闭运算以进一步消除孤立像素和断裂[233]。值得注意的是，基于最优对比度量的边缘提取与目标像素点两侧子窗区域的均值无关，而与均值比有关，因此它也是一种恒虚警边缘提取算子。

6.2.3 参数设置及边缘提取评估

本节将采用星载高分三号 C 波段和机载 AIRSAR L 波段全极化数据对提出的基于散射特性和最优对比度量的边缘提取方法进行验证。高分三号数据成像地点位于法国巴黎市，成像时间为 2017 年 9 月 14 日，方位向和距离向分辨率均为 8.0m。AIRSAR 数据成像地点位于中国台湾省南部地区，成像时间为 2000 年 9 月 27 日，原始方位向分辨率为 2.6m，距离向分辨率为 1.7m。图 6－8 给出了高分三号 C 波段数据和 AIRSAR L 波段数据的 Pauli 伪彩色图，其中 RGB 三通道分别为 HH－VV、HV、HH＋VV。根据 Pauli 伪彩色图对应的光学图像，在黄色矩形框区域人工勾画出了实际目标的真实边缘。在进行边缘提取之前，需要对散射机制驱动自适应窗中的参数进行设置。与矩形窗和高斯窗相同，子窗距离和子窗摆向数分别设为 1 和 8。对于种子区域和子窗区域中的预设上限 N_S 和 N_W，它们被分别设为 8 和 30，设置的目的在于前者能够保证种子区域大小与功率驱动自适应窗近似一致，后者能够平衡提取性能和复杂度之间的折中。对于最大散射贡献和次大散射贡献阈值，1.5 的预设值能够确保主导散射机制与其他散射机制被明显地辨别。

(a) 高分三号 C 波段数据

(b) AIRSAR L 波段数据

图 6－8　包含人工勾画边缘的 Pauli 伪彩色图

考虑到提出的边缘提取算子从不同方面进行了改善，将基于散射特性和最优对比度量叠加的边缘提取方法与基于复 Wishart 分布和散射机制驱动自适应窗的恒虚警边缘提取方法（Wishart－SMDAW）、基于最优对比度量叠加和功率驱动自适应窗的边缘提取方法（SOC－SDAW）以及基于传统最优对比度量和散射机制驱动自适应窗的边缘提取方法（TOC－SMDAW）进行了对比。图 6－9 给出了利用上述不同方法数据边缘提取的结果，其中放大了部分建筑物区域以便能对不同方法性能进行细节评价。对于 Wishart－SMDAW 方法，可以看到整体边缘强度值处于非常低的水平，这说明它丢失了绝大部分的建筑物边缘信息。与此同时，利用 SOC－SDAW 和 TOC－SMDAW 方法获得的边缘强度结果要更加明亮且噪声能够被压制至较低的水平。尽管如此,它们只能提取某些视觉显著的建筑物边缘,边缘提取结果中仍然存在遗漏和不连续的建筑物边缘(具有低散射强度的边缘)。相较之下,尽管存在微量的噪声,但提出的边缘提取算子能够完整地勾画和寻找难以察觉的建筑物边缘,展示了其区分建筑物边缘的能力和优势。

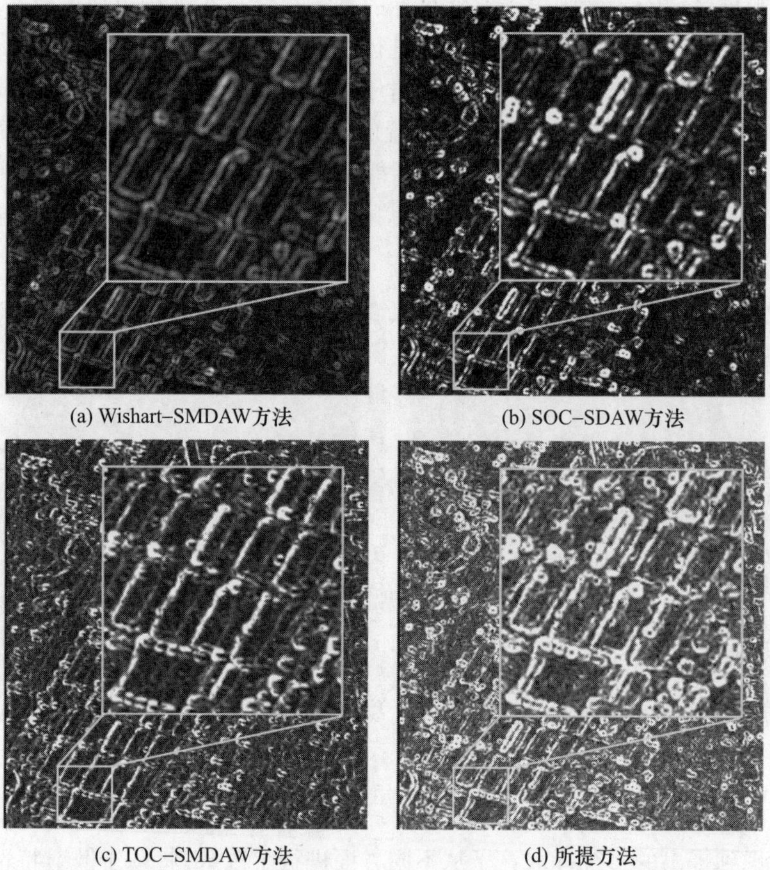

(a) Wishart-SMDAW方法　(b) SOC-SDAW方法

(c) TOC-SMDAW方法　(d) 所提方法

图 6-9　高分三号 C 波段数据边缘提取及局部放大结果

为了定量地评估不同方法的边缘提取精度,本节引入了两种评价指标,即精度(precision)和回召率(recall):

$$\text{precision} = \frac{\text{TP}}{\text{TP} + \text{FP}}$$

$$\text{recall} = \frac{\text{TP}}{\text{TP} + \text{FN}} \tag{6-11}$$

其中,精度代表提取到正确边缘像素数 TP 与所有被提取到的边缘像素数(包含真实的边缘和虚假的边缘 FP)之间的比值,而回召率则表示提取到正确边缘像素数与所有真实边缘像素数(包含提取到的真正边缘点和漏检的真正边缘点 FN)之间的比值。因此较高的精度和回召率分别表示更少的过提取和欠提取结果。

利用这两种评价指标、不同方法在不同数据下的边缘提取精度如图 6 - 10 所示。可以看到,提出的边缘提取算子明显具有更高的精度和回召率,说明被提取的边缘像素也更多,其原因主要有两方面:第一,散射机制驱动自适应窗通过连接具有均匀散射机制的像素来估计中心样本,能够准确定位建筑物边缘,这一点可通过对比 SOC - SDAW 方法知悉;第二,相较于传统的最优极化对比度量和基于复 Wishart 分布的恒虚警假设检验,最优对比度量的叠加融合了像素两侧足够的样本信息,并避免了统计分布的假设。值得注意的是,SOC - SDAW 方法的精度和回召率要高于 Wishart - SMDAW 方法,这说明与散射机制驱动自适应窗对比,最优极化对比度量叠加改善边缘提取性能的能力更强。

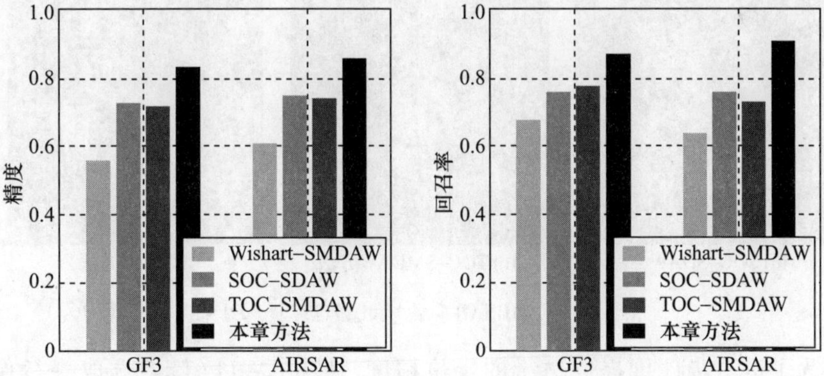

(a) 精度　(b) 回召率

图 6 - 10　不同评价指标下改善因子性能对比

为了全面地验证所提方法的有效性,进一步将两种经典的极化 SAR 目标边缘提取方法,即基于复 Wishart 分布和退化窗的恒虚警方法(Wishart - DW)[234]以及基于 SIRV 模型和高斯窗的边缘提取方法(SIRV - GSW)[235]考虑至性能评估和对比中。连同 Wishart - SMDAW、SOC - SDAW 以及 TOC - SMDAW 方法,图 6 - 11 给出了 AIRSAR 数据下这些方法获得的边缘提取结果。通过比较 Wishart - DW 方法和 Wishart - SMDAW 方法,可以发现在强散射区域建筑物边缘能够被有效地检测,这说明散射机制驱动自适应窗与退化窗具有等效的作用。然而,在弱散射和异质散射区域,这两种方法却无法进一步辨识建筑物的边缘。对于 SIRV - GSW、SOC - SDAW 以及 TOC - SMDAW 这 3 种方法,建筑物边缘提取的效果明显增强,但是它们的轮廓边缘却展示出不规则的特性,边缘提取结果中仍然会存在断裂边缘的现象。相较之下,所提方法获得的建筑物边缘要更加锐利,并且能够保持丰富的细节。不仅如此,建筑物内部以及建筑物与建筑物之间边缘轮廓也能够被检测出来。整体来看,所提方法提取到的建筑物边缘具有非常低的虚警和很高的准确率。

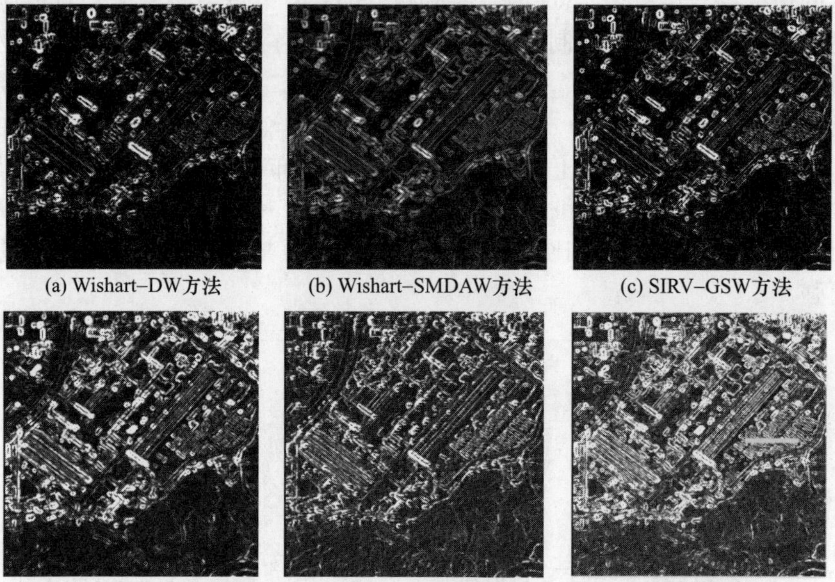

(a) Wishart-DW方法 (b) Wishart-SMDAW方法 (c) SIRV-GSW方法

(d) SOC-SDAW方法 (e) TOC-SMDAW方法 (f) 所提方法

图 6 - 11 AIRSAR L 波段数据边缘提取结果

为了进一步评价提取边缘的定位精度,从图 6 - 11(f)中选取一行像素(图中横线)并将不同方法获得的边缘强度在该像素行上的分布画于图 6 - 12 中,线上的点代表真实边缘分布点,它们主要对应建筑物的外部轮廓边界。通过图 6 - 12可以看到所提方法获得建筑物边缘在真实边缘点附近几乎没有虚警,不存在任何漏检或只有非常少的误检。相较之下,Wishart - DW 和 SIRV - GSW 方法获得的边缘强度值在真实边缘点附近都存在错误的边缘强度极大值。造成上述现象是因为不同于其他受限于自身形状的边缘提取窗,散射机制驱动自适应窗能够自适应地选取具有均匀散射的像素,使得目标像素两侧的中心样本能够被准确估计。另一个值得注意的现象是对比传统的最优对比度量,最优对比度量叠加操作的边缘强度在真实边缘点上被显著增强,在其他非真实边缘点上则与其他方法保持一致,这说明相较于利用均值比与其倒数的较大值，均值比的叠加能够更加明显地突出边缘和非边缘的差异。

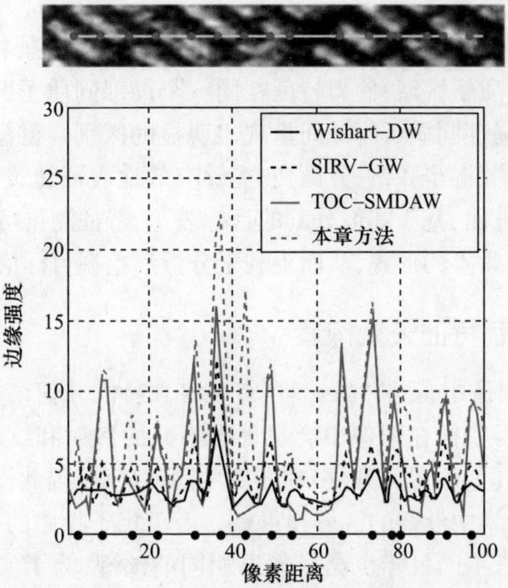

图 6－12　不同边缘提取方法边缘强度分布

表 6－2 给出了不同建筑物边缘提取精度和回召率的统计，二者是根据人工勾勒的真实边缘计算得到的。可以看到，所提方法总是具有最高的精度和回召率（高于其他方法至少 10 个百分点），这说明在最优极化对比度量下有更多的真实边缘能够被提取以及在散射机制驱动自适应窗下有更多的边缘能够被准确定位。对于其他方法，它们或多或少地存在一定的精度和回召率损失，这说明在某些异质散射场景下这些方法不再适用。

表 6－2　不同建筑物边缘提取方法精度评估

方法	高分三号数据		AIRSAR 数据	
	精度	回召率	精度	回召率
Wishart－DW	0.54	0.63	0.62	0.60
Wishart－SMDAW	0.56	0.68	0.61	0.64
SIRV－GSW	0.71	0.73	0.73	0.74
SOC－SDAW	0.73	0.76	0.75	0.76
TOC－SMDAW	0.72	0.78	0.74	0.73
所提方法	0.84	0.87	0.86	0.91

6.3 极化 SAR 目标分割

极化 SAR 目标分割是指根据极化、结构以及空间等特征将建筑物分成若干互不重叠的局部同质子区域，使得特征在同一个局部同质子区域内具有一致性和相似性，在不同局部同质子区域间呈现出明显的区别。目标分割是遥感图像处理到分析识别的关键步骤，一方面，它能够有效地表征建筑目标，并影响相应的特征测量；另一方面，基于图像分割的目标表达、特征测量可以将极化 SAR 图像转化为更抽象和紧凑的形式，从而更利于分析和挖掘目标信息。

6.3.1 散射机制特征矢量构造

在极化 SAR 图像中，不同的目标具有各自独特的几何结构、表面粗糙度以及湿度层级，这使得目标在图像中会呈现出不同的散射和纹理强度。此外，目标的空间结构信息（如位置和方位）在图像中同样显著，因此没有单一的特征能够完全描述图像场景中混杂的区域和目标。由于相干噪声的存在，像素的散射强度总是随机分布，不同目标也会呈现出相同的纹理，为了实现具有优效识别能力的散射描述和极化 SAR 图像目标分割，需要从不同方面结合不同精妙设计的极化特征。

表6－3 列出了所提方法采用的15 个极化特征，并对其来源进行了说明。一方面，由于视觉显著性可以反映不同目标的几何结构和纹理，因此该极化特征集包含了输入相干矩阵的对角元素和总功率；另一方面，通过 Cloude 分解，我们可以获得相干矩阵的特征值和 3 种经典的特征值参数，即极化熵、平均散射角以及各向异性。这些特征值参数不仅明确了 3 种确定性散射机制的贡献，而且与目标实际散射的物理过程进行了充分的联系。值得注意的是，高维特征数据一般具有稀疏和冗余特点，在这种情况下，数据的真实结构很容易被掩盖，严重时反而会造成分割精度的降低。为了构造符合期望的特征矢量，需要对上述 15 维特征数据进行降维。由于上述特征位于复杂的非线性流型空间中，因此利用经典的 t 分布随机邻域嵌入（t－distributed Stochastic Neighbor Embedding，t－SNE）[345] 工具来实现特征降维。通过在低维空间中采用重尾分布，t－SNE 方法有效地改善了特征拥挤和优化等问题。此外，t－SNE方法不仅能在限制计算需求下揭示全局结构，还能够全面地捕获高维数据中的局部结构。为了突出重点，此处不对 t－SNE 方法进行具体介绍。利用 t－SNE 方法，将降维后的特征数设定为 3，后续实验将对特征维数设定进行具体讨论。

表 6-3　极化特征及其来源

极化特征	特征来源
P_S, P_D, P_H, P_V, P_O	物理模型非相干分解
$H, \alpha, A, \lambda_1, \lambda_2, \lambda_3$	Cloude 分解
T_{11}, T_{22}, T_{33}, SPAN	输入相干矩阵元素

6.3.2 散射机制及空间特征线性聚类

受到文献[346-348]的启发，将上述构造的特征矢量以及 6.2 节提取的边缘信息融合至线性特征聚类(linear feature clustering, LFC)中来生成超像素。在 LFC 方法中，通过将每个像素数据点映射至一个可直接执行加权局部 K 均值聚类的高维特征空间，能够直接对图像局部和全局信息进行架接。在这种情况下，LFC 方法生成的超像素不仅具有很高的边界粘连性，还能够充分地保持局部和全局特性。不仅如此，由于高维特征空间映射过程中核函数的定义，简单的加权局部 K 均值聚类可以直接替代传统归一化割中复杂的特征值计算，因此所提方法具有非常高的计算效率。除此之外，边缘信息被进一步利用来衡量特征相似性和空间邻近度的权重，因此所提方法能够在保持图像结构基础上进一步生成符合人眼视觉的超像素。

1. 加权局部 K 均值与归一化割

通过在映射特征空间中对每个观测量进行权值分配，加权局部 K 均值能够将 N 个观测量划分成 K 个类别，并且每个观测量被划分至所有类别中与其具有最近均值的一类，加权局部 K 均值的最优划分通过最小化类间均方值之和实现。令 c_k 代表第 $k(k=1,2,\cdots,K)$ 个类别，并假设每个观测数据点 p 被分配一个权值 $w(p)$，加权局部 K 均值的目标函数定义为[346]

$$F_{KM} = \sum_{k=1}^{K} \sum_{p \in c_k} w(p) \| \varphi(p) - m_k \|^2 \tag{6-12}$$

式中：φ 为数据点映射至线性可分高维特征空间的函数，目标函数 F_{KM} 可以根据迭代收敛思想来实现最小化。m_k 表示第 k 个类别的中心，其定义为

$$m_k = \frac{\sum_{q \in c_k} w(q)\varphi(q)}{\sum_{q \in c_k} w(q)} \tag{6-13}$$

在归一化割中，每个数据点被表征为加权无向图 $G=(V,E,W)$ 中的一个节点 V，其中 E 代表节点之间边缘的合集。在每个边缘上的权值 $W(p,q)$ 是两个节点 p 和 q 之间的相似性函数。不同于寻找划分结果中所有连接边缘的总权

值,归一化割直接将分割代价计算为无向图中所有节点连接边缘的一部分[347]。此时,实施 K 种归一化割准则即最大化其目标函数 F_{NC}:

$$F_{\mathrm{NC}} = \frac{1}{K}\sum_{k=1}^{K}\frac{\sum_{p\in c_k}\sum_{q\in c_k}W(p,q)}{\sum_{p\in c_k}\sum_{q\in V}W(p,q)} \tag{6-14}$$

该目标函数的优化可视为一类泛化特征值求解问题,它通常涉及维数非常大的关联矩阵分解,因此其计算复杂度非常高。幸运的是,加权局部 K 均值与归一化割自然地存在一种内在联系。通过引入核函数对优化目标函数 F_{NC} 和 F_{KM} 的改写,Dhillon 等首次清楚地展示了二者的联系[346],然而,满足这种联系往往需要核函数的额外变形。在 Dhillon 工作的基础上,陈建生等[348]通过引入一个半正定的核矩阵对此做了拓展,而此处将以一种更为简洁的方式把这些关联和结论进一步运用至极化 SAR 图像中。根据 Dhillon 的结论,若下述条件同时满足,加权局部 K 均值与归一化割目标函数的优化便具有数学等效性:

$$\begin{aligned} w(p)\varphi(p)\cdot w(q)\varphi(q) &= W(p,q)\,(\forall p,q\in V)\\ w(p) &= \sum_{q\in V}W(p,q)\,(\forall p\in V) \end{aligned} \tag{6-15}$$

其中算子·代表内积运算。利用这两个等式,加权局部 K 均值目标函数可以改写为

$$\begin{aligned} F_{\mathrm{KM}} &= \sum_{k=1}^{K}\sum_{p\in c_k}w(p)\,\|\varphi(p)\|^2 - 2\sum_{k=1}^{K}\sum_{p\in c_k}w(p)\varphi(p)\cdot\frac{\sum_{q\in c_k}w(q)\varphi(q)}{\sum_{q\in c_k}w(q)} + \\ &\quad \sum_{k=1}^{K}\sum_{p\in c_k}w(p)\left\|\frac{\sum_{q\in c_k}w(q)\varphi(q)}{\sum_{q\in c_k}w(q)}\right\|^2 \\ &= \sum_{k=1}^{K}\sum_{p\in c_k}w(p)\,\|\varphi(p)\|^2 - 2\sum_{k=1}^{K}\frac{\sum_{p\in c_k}\sum_{q\in c_k}w(q)\varphi(q)\cdot w(q)\varphi(q)}{\sum_{q\in c_k}w(q)} + \\ &\quad \sum_{k=1}^{K}\frac{\sum_{p\in c_k}\sum_{q\in c_k}w(q)\varphi(q)\cdot w(q)\varphi(q)}{\sum_{q\in c_k}w(q)} \\ &= \sum_{k=1}^{K}\sum_{p\in c_k}w(p)\,\|\varphi(p)\|^2 - \sum_{k=1}^{K}\frac{\sum_{p\in c_k}\sum_{q\in c_k}W(p,q)}{\sum_{p\in c_k}\sum_{q\in V}W(p,q)} \end{aligned} \tag{6-16}$$

式(6－15)中第一个条件表示高维映射空间中的两个特征矢量的加权内积等于原始输入空间中数据点之间的相似性。由于等式左边代表高维空间中两个特征矢量的内积,因此该条件可认为是对称核函数的一种定义。需要注意的是,相似性函数 W 必须满足正值性条件,并且为了使映射函数 φ 直观,相似性函数 W 还应当是解析可分的。第二个条件表示在归一化割中当前节点与所有节点的权重之和等于加权局部 K 均值中数据点的权值。在式(6－16)中,右边的第一项表示所有数据点之和,它是一个独立于聚类结果的常量。因此它可以进一步改写为

$$F_{\mathrm{KM}} = C - \sum_{k=1}^{K} \frac{\sum_{p \in c_k} \sum_{q \in c_k} W(p,q)}{\sum_{p \in c_k} \sum_{q \in V} W(p,q)} = C - K \times F_{\mathrm{NC}} \tag{6-17}$$

显然,通过定义映射函数 φ 来对高维特征空间进行构造,最小化加权局部 K 均值的目标函数严格等效于最大化归一化割的目标函数,这一结论将作为所提方法的理论基础,其应用将由后续进行阐述。

2. 线性特征聚类

找到合适的相似性度量 $W(p,q)$ 使式(6－15)成立是 LFC 方法的核心步骤。上述提到,统计分布和对应的统计相似性度量通常会在面临复杂场景时产生不稳定的结果,因此,为了规避这种不确定因素以及出于实用的目的,从欧几里得距离出发来定义相似性度量。

在极化 SAR 图像中,每个像素可以通过一个五维特征矢量(F_1,F_2,F_3,x,y)进行表征,其中 F 表示经过 t－SNE 方法降维后的特征,(x,y) 代表像素的水平坐标和垂直坐标。不失一般性,将特征矢量中的每个成分线性归一化至[0,1]。给定两个像素 $p,q(F_{i1},F_{i2},F_{i3},x_i,y_i)(i=p,q)$,基于欧几里得距离的相似性度量可表征为

$$W(p,q) = W_f(p,q) + \delta \hat{W}_s(p,q) \tag{6-18}$$

其中 $\hat{W}_f$ 和 $\hat{W}_s$ 分别用于衡量特征相似性和空间邻近度,它们的定义如下:

$$\begin{aligned} \hat{W}_f(p,q) &= [1-(F_{p1}-F_{q1})^2] + [1-(F_{p2}-F_{q2})^2] + [1-(F_{p3}-F_{q3})^2] \\ \hat{W}_s(p,q) &= [1-(x_p-x_q)^2] + [1-(y_p-y_q)^2] \end{aligned} \tag{6-19}$$

尽管欧几里得距离具有非常清晰的物理意义,但它不能直接用于定义相似性度量,这是因为欧几里得距离不满足正值性条件[349]。为了解决这一问题,考虑从欧几里得距离的估计值来定义相似性度量。令 $t=x-y\ (t\in[-1,1])$ 并且定义函数 $f(t)=1-t^2$,函数 $f(t)$ 的绝对收敛傅里叶级数可以表示为

$$f(t) = \sum_{i=0}^{\infty} \frac{32(-1)^i}{[(2i+1)\pi]^3}\cos\left[\frac{(2i+1)\pi t}{2}\right](t \in [-1,1]) \quad (6-20)$$

由于傅里叶级数的系数能够以$(2i+1)^3$ 的速度迅速收敛至零，因此函数$f(t)$可以根据该级数的第一项($i=0$)进行准确估计：

$$f(t) = 1 - t^2 \approx \frac{32}{\pi^3}\cos\frac{\pi}{2}t(t \in [-1,1]) \quad (6-21)$$

进一步拓展$\cos(\pi t/2)$可以得到

$$\cos\frac{\pi}{2}t = \cos\frac{\pi}{2}(x-y) = \left[\cos\left(\frac{\pi}{2}x\right),\sin\left(\frac{\pi}{2}x\right)\right]\cdot\left[\cos\left(\frac{\pi}{2}y\right),\sin\left(\frac{\pi}{2}y\right)\right] \quad (6-22)$$

可以看到，余弦函数满足正值性条件，通过简单地忽略常数乘子$32/\pi^3$，相似性度量可以被估计为

$$W_f(p,q) = \left[\cos\frac{\pi}{2}(F_{p1}-F_{q1})\right] + \left[\cos\frac{\pi}{2}(F_{p2}-F_{q2})\right] + \left[\cos\frac{\pi}{2}(F_{p3}-F_{q3})\right]$$

$$W_s(p,q) = \left[\cos\frac{\pi}{2}(x_p-x_q)\right] + \left[\cos\frac{\pi}{2}(y_p-y_q)\right]$$

$$W(p,q) = W_f(p,q) + \delta W_s(p,q) \quad (6-23)$$

利用上述估计，相似性度量函数可以被直接写成等式(6-15)中的内积形式，在此基础上，映射函数φ可表征为

$$\varphi(p) = \frac{1}{w(p)}\left(\cos\frac{\pi}{2}F_{p1},\sin\frac{\pi}{2}F_{p1},\cos\frac{\pi}{2}F_{p2},\sin\frac{\pi}{2}F_{p2},\cos\frac{\pi}{2}F_{p3},\right.$$
$$\left.\sin\frac{\pi}{2}F_{p3},\delta\cos\frac{\pi}{2}x_p,\delta\sin\frac{\pi}{2}x_p,\delta\cos\frac{\pi}{2}y_p,\delta\sin\frac{\pi}{2}y_p\right) \quad (6-24)$$

其中$w(p)$可直接由式(6-15)获得。通过设计映射函数，可以直观地从等式(6-24)中定义一个十维特征空间，在该特征空间中，加权局部K均值近似等于原始输入空间中的归一化割，并且简单的加权局部K均值聚类可以直接替代复杂的特征值计算，因此整个过程的计算复杂度显著降低。不仅如此，由于加权局部K均值与归一化割具有理论等效性，因此分割方法内在地保持了局部和全局信息。

式(6-18)中的参数δ代表自适应平衡因子，其引入是用于控制生成超像素的形状和紧密度。在绝大部分超像素生成方法中，该因子通过反复试错法被人为确定为一常数，但这会使方法在目标散射复杂区域产生过分割或欠分割的超像素。鉴于此，利用图像场景的局部空间复杂度来确定自适应平衡因子：

$$\delta = \frac{1}{2}\left[\frac{\mathrm{ENL}(x_p, y_p)}{\mathrm{Edge}(x_p, y_p)} + \frac{\mathrm{ENL}(x_q, y_q)}{\mathrm{Edge}(x_q, y_q)}\right] \tag{6-25}$$

其中,ENL 代表等效视数(equivalent number of looks),可用来衡量极化 SAR 图像的散射均匀程度。由于文献[350]提出的等效视数估计算子对纹理不敏感,且优于大部分估计算子,因此采用该方法来计算等效视数,其计算过程在此不进行赘述。值得注意的是,等效视数与边缘提取强度在匀质和异质散射区域具有相反的取值变化,结合二者能够显著改善匀质性参数对这两类区域的分辨能力。此外,由于等效视数和提取边缘均包含了丰富的极化信息,因此二者的结合能够进一步刻画极化 SAR 图像场景的匀质性。自适应平衡因子不仅考虑了像素对之间的均质性度量,还平衡了 LFC 方法特征相似性和空间邻近度的权重。对于边缘信息不显著的匀质散射区域,自适应平衡因子取值较大,此时空间邻近度占主导,生成的超像素具有更好的紧密度和规则形状。相应地,对于异质建筑物散射区域,自适应平衡因子取值较小,特征相似性的权重大于空间邻近度,此时生成的超像素具有更强的边缘粘连性。

3. 超像素生成的实施细节

在 LFC 超像素分割方法中,需要预先确定的参数仅仅为待求超像素的个数 K_S,此处对整个超像素生成的实施细节进行阐述。对于极化 SAR 图像中每个像素,首先将其映射为十维特征空间中的加权数据点,然后在图像规则网格内均匀采样 K_S 个聚类中心,其中聚类中心之间的间隔为 $S=\sqrt{N_P/K_S}$(N_P 代表图像总像素数),这是为了保证生成的超像素块形状规则,分布均匀且紧凑。根据提取的边缘信息,在以聚类中心为基准的 3×3 像素邻域范围内搜索梯度最小的像素,并将其替换为新的聚类中心,这是为了避免聚类中心落在图像边缘或者噪声点上。随后,将梯度校正后的像素作为搜索中心,并将它们的高维特征矢量作为初始均值。在搜索中心的 $2S\times2S$ 搜索范围内($2S\times2S$ 搜索范围的确定是为了平衡边缘信息保持和形状不规则之间的折中)寻找与当前初始均值接近的高维特征矢量所对应的像素,并将它们融合至当前的聚类中,同时相应地更新当前聚类的加权均值和搜索中心。最后,通过反复迭代上述过程使分配至同一聚类单元的像素融合成超像素,该迭代过程直至满足预设的收敛条件终止。

6.3.3 分割性能评估及参数讨论

在本节中将采用机载 E-SAR、AIRSAR、UAVSAR L 波段和高分三号 C 波段全极化数据来验证提出的基于超像素生成的建筑物分割方法的有效性。其中,E-SAR 数据成像地点位于德国奥博珀法芬霍芬村,方位向和距离向原始分辨率均为 3.0m,数据图像大小为 467 像素 ×558 像素。AIRSAR 数据成像地点位于美国埃尔帕索市，方位向和距离向原始分辨率分别为 8.0m 和 2.8m，数据图像大小为 545 像素 ×545 像素。UAVSAR 数据成像地点位于美国圣安地列斯市，方位向和距离向原始分辨率分别为 7.2m 和 8.0m，数据图像大小为 564 像素 ×551 像素。高分三号数据成像地点位于法国巴黎市，方位向和距离向原始分辨率均为 8.0m，数据图像大小为 545 像素 ×565 像素。图 6-13 给出了四组数据的 Pauli 伪彩色图及地表真实边缘，其中 RGB 三通道分别为 HH-VV、HV、HH+VV。矩形框区域表示人工勾画出的实际目标真实边缘分布。可以看到，成像场景包含了山体、农田、水体以及建筑物等不同种类的目标，因此分割性能能够得到全面的评估。为了验证所提方法的有效性，将基于熵率的超像素分割方法（Pol-ERM 方法）[344]、基于自适应的简单线性迭代聚类的超像素分割方法（Pol-ASLIC 方法）[242]、基于归一化割的超像素分割方法（Pol-NC 方法）[240]以及基于均值漂移的超像素分割方法（Pol-MS 方法）[239]进行比较。为了保证客观，这些方法中的参数设置均与原文保持一致。

(a) E-SAR数据

(b) AIRSAR数据

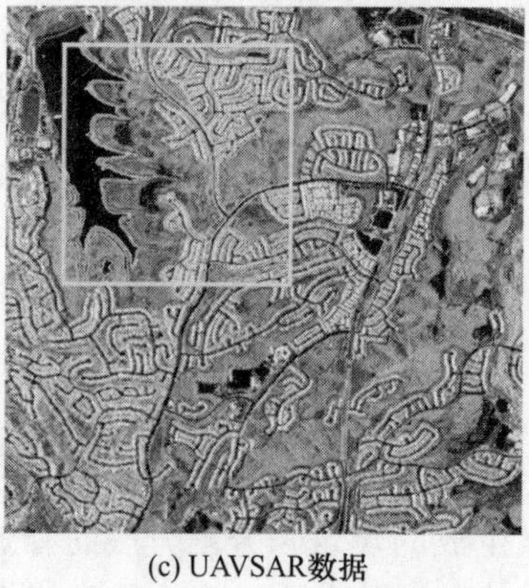
(c) UAVSAR数据

(d) 高分三号数据

图 6-13 不同数据 Pauli 伪彩色图及地表真实边缘

图6－14给出了Pol－ERM方法、Pol－ASLIC方法以及本章方法在E－SAR和AIRSAR数据上的超像素分割结果，其中红色线条代表生成超像素的边界，余下部分代表以超像素为单元的Pauli伪彩色图，它代表同一超像素内所有像素的相干矩阵均用该超像素的平均相干矩阵代替。可以看到，Pol－ERM和Pol－ASLIC方法生成的超像素具有良好的分割结果，体现了超像素能够较好地保持图像局部特性，并且凸显了绝大部分匀质和异质散射区域的正确的边界。所提方法具有同等分割性能，它能在保证强粘连性基础上勾勒出绝大部分边界，并生成整洁和光滑的超像素，这些超像素在匀质区域具有较大且规则的形状，在异质区域具有较小且紧凑的特点。这不仅证明引入的自适应平衡因子能够合理地调整超像素的形状和尺寸，同时也说明它不易受噪声干扰。从整体来看，这3种方法并不存在明显的差异，为了得到更细致的视觉对比，图6－15在图6－14中选取了具有不同主导散射的两个建筑物区域（以二次散射为主导的区域A及以旋转建筑物散射为主导的区域B）并对其分割结果进行了放大。

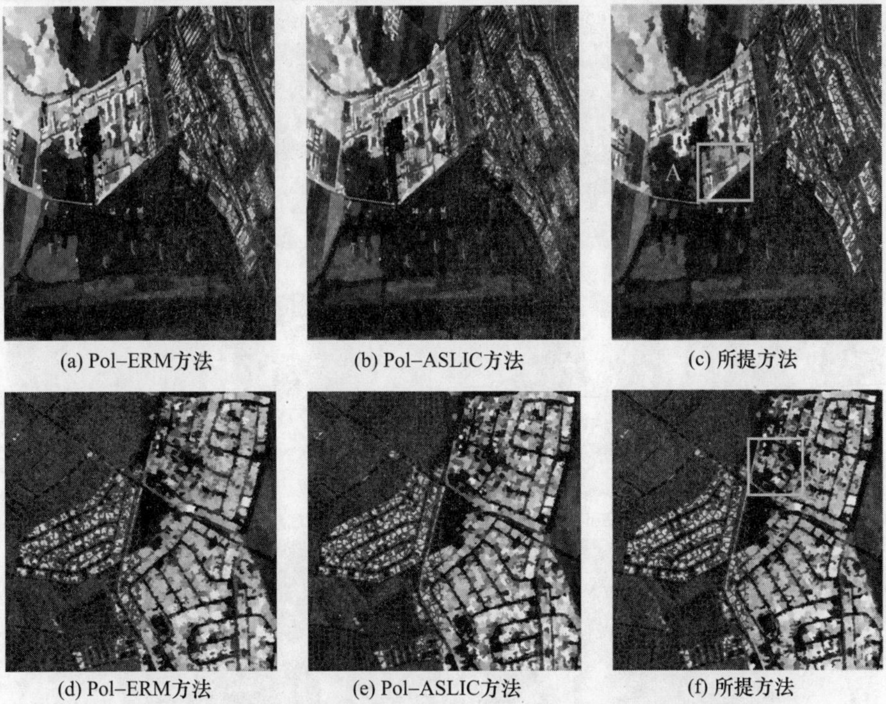

(a) Pol–ERM方法　(b) Pol–ASLIC方法　(c) 所提方法

(d) Pol–ERM方法　(e) Pol–ASLIC方法　(f) 所提方法

图6－14　E－SAR及AIRSAR数据超像素分割结果（其中ESAR数据超像素个数为2200，AIRSAR数据超像素个数为2500）（见彩图）

从图6－15可以看到，对于Pol－ERM方法，某些单独的建筑物目标被融合至它相邻的超像素中[图6－15（b）中黄色矩形区域]，导致在表征图中丢失了其散射信息。相较之下，Pol－ASLIC方法和所提方法更好地凸显了这些目标结构的形状和细节，其原因在于Pol－ASLIC方法在迭代搜索过程中考虑了足够的局部特征。所提方法则是受益于广义泛化目标分解，它能够准确地刻画和表征具有不同方位的建筑物散射行为。尽管如此，Pol－ASLIC方法分割后的自然目标边界却没有很好地保持（图6－15（c）中黄色圆形区域），这主要是因为SIRV模型不适用于自然区域统计特性的刻画。通过移除超像素边界，可以发现本章方法能够更加显著地保持这些目标的边界。实际上，线性特征聚类与简

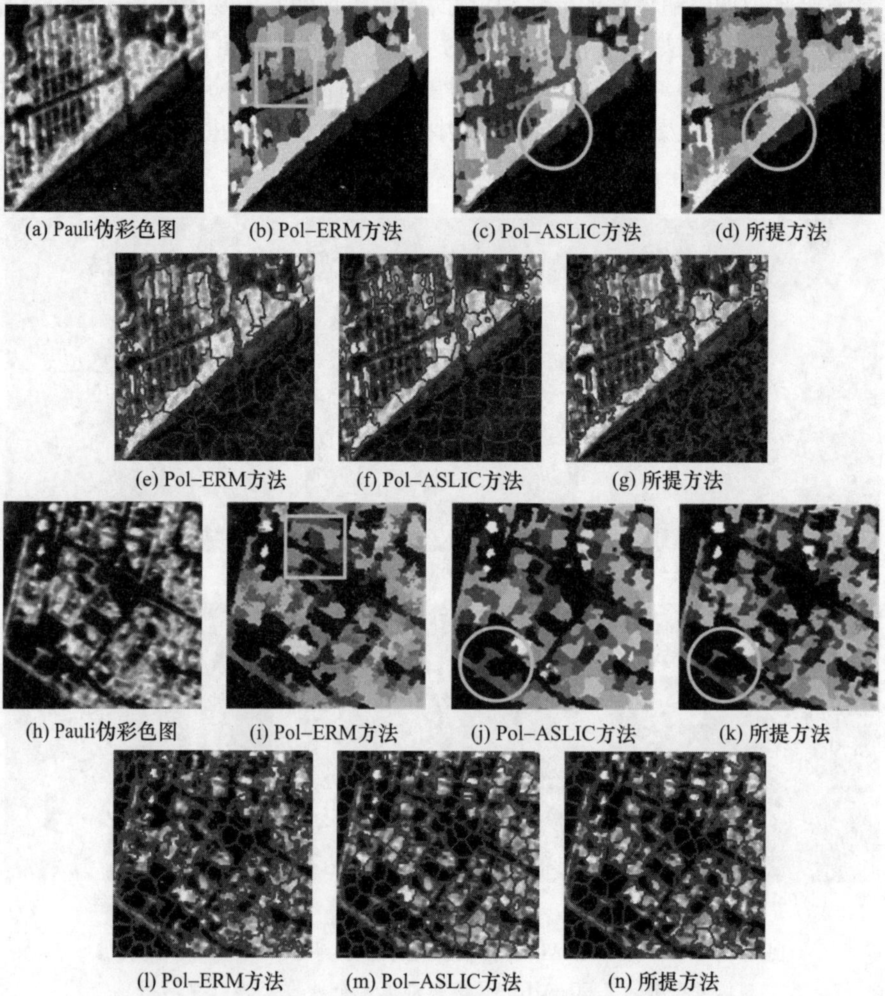

(a) Pauli伪彩色图 (b) Pol–ERM方法 (c) Pol–ASLIC方法 (d) 所提方法

(e) Pol–ERM方法 (f) Pol–ASLIC方法 (g) 所提方法

(h) Pauli伪彩色图 (i) Pol–ERM方法 (j) Pol–ASLIC方法 (k) 所提方法

(l) Pol–ERM方法 (m) Pol–ASLIC方法 (n) 所提方法

图6－15 建筑物区域超像素表征局部放大结果（见彩图）

单线性迭代聚类的主要差别在于加权 K 均值聚类特征空间的定义，但这种差别却十分关键。这是因为不同于简单线性迭代聚类仅依赖局部特征，线性特征聚类通过构造映射函数成功地将局部特征和全局目标函数优化进行了连接，从而在全局结构特性的作用下产生了更加合理且准确的分割结果。

为了对不同方法进行定量评价，进一步引入两个标准评价指标：边界回召率(boundary recall，BR)和可达成分割准确度(achievable segmentation accuracy，ASA)。边界回召率是指生成超像素边界能正确覆盖真实边界的比重，因此边界回召率越高意味着定位了更多准确的真实边界。可达成分割准确度定义为以超像素为基本单元能达到最高的目标分割精度，因此更高的可达成分割准确度表示生成超像素能更有把握贴合目标。二者的定义为[351]

$$\mathrm{BR}=\frac{\sum_{p\in\{G\}}\Pi\left(\min_{q\in\{S\}}\|p-q\|<\varepsilon\right)}{|\{G\}|}(\varepsilon=2),\ \mathrm{ASA}=\frac{\sum_k\max_i|S_k\cap G_i|}{\sum_i|G_i|}\tag{6-26}$$

式中：S、G、$\{S\}$ 和 $\{G\}$ 分别为超像素边界、真实边界以及超像素和真实边界的并集；$\Pi(\cdot)$ 为判断函数；ε 为距离阈值。

图6-16给出了3种方法在不同超像素数目下的性能评估结果，其中实线和虚线分别代表E-SAR和AIRSAR数据。从整体来看，这3类方法并不存在明显的差别，这与视觉观测效果一致。相对来说，Pol-ERM方法性能最低下，Pol-ASLIC方法和本章方法的评价指标值互有高低，这是因为它们在不同方面具有各自的优势，但总体仍处于同一层级水平。需要注意的是，尽管更多的超像素数目会产生更好的分割结果，但当超像素数目超过2000时，边界回召率和可达成分割准确度均处于可接受的水平，因此超像素数目的设定需要额外进行

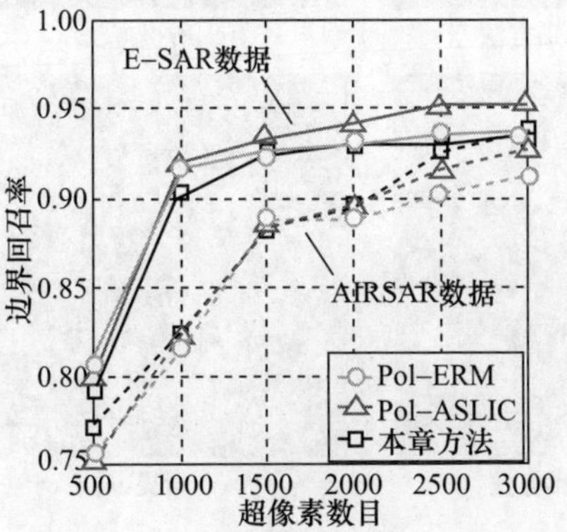

(a) 边界回召率

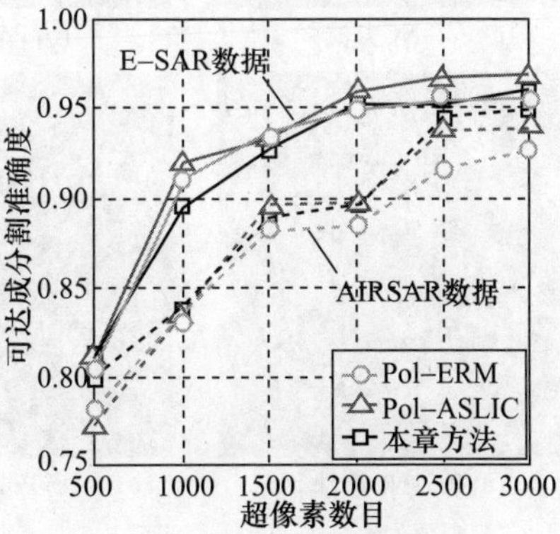

(b) 可达成分割准确度

图6-16　不同超像素数目设定下边界回召率和可达成分割准确度

讨论。对图像后处理而言，超像素数目若设定得太多，处理过程的计算复杂度会变得非常大；超像素数目若设定得太少，分割精度便达不到预期水平。为了平衡这两者之间的折中，超像素数目需要被设定在一个合理的范围内。对于E－SAR数据，为了保证客观，超像素数目设定为与Pol－ERM及Pol－ASLIC方法一致，即$K_S = 2200$。对于AIRSAR数据，从图6－16可以看到当超像素数目大于2500时，边界回召率和可达成分割准确度基本处于一个稳定的水平，超像素数目的进一步增大只能微小改善其分割性能，因此AIRSAR数据的超像素数目被设定为2500。UAVSAR和高分三号数据超像素数目同样依此设定，此处不再赘述。

接下来利用UAVSAR和高分三号数据对所提方法的稳健性和有效性进行更为全面的展示。图6－17给出了Pol－NC方法、Pol－MS方法及本章方法超像素分割结果。同样地，红色线条代表生成超像素的边界，余下部分代表以超像素为单元的Pauli伪彩色图，它表示同一超像素内所有像素的相干矩阵均用该超像素的平均相干矩阵代替。其中，高分三号数据的超像素数目被设为2500，对于UAVSAR数据，考虑到场景中存在更多复杂的建筑物结构，超像素数目被最终设为2600。

(a) Pol–NC方法　(b) Pol–MS方法　(c) 所提方法

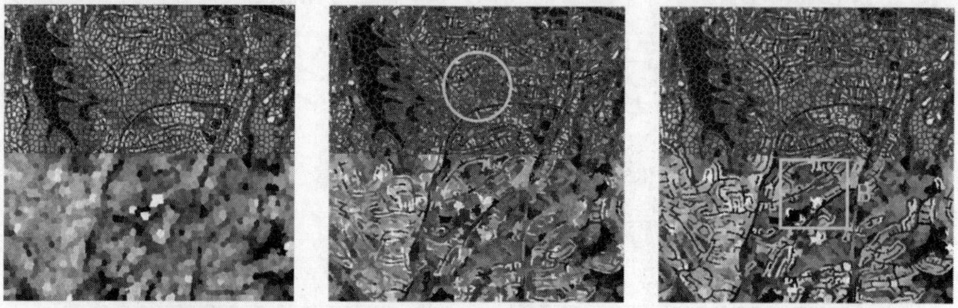

(d) Pol–NC方法　(e) Pol–MS方法　(f) 所提方法

图6－17　UAVSAR及高分三号数据超像素分割结果（其中UAVSAR数据超像素个数为2600，高分三号数据超像素个数为2500）（见彩图）

从图 6－17 可以看到，Pol－NC 方法生成的超像素非常平滑，并且它们的形状非常规则，其分割结果在匀质自然区域是可以接受的。但是在异质建筑物区域，Pol－NC 方法生成的超像素无法与实际目标边界贴合，这直接导致绝大部分建筑物散射信息丢失，其主要原因在于归一化割没有考虑图像的局部特性。对于 Pol－MS 方法，不同目标之间的真实轮廓被生成超像素边界准确覆盖，说明它能够获得视觉可接受的分割结果。然而，Pol－MS 方法生成的超像素在某些自然区域却没有均匀的尺寸［图 6－17（e）中黄色圆形区域］，这是因为该方法没有考虑图像匀质性。此外，Pol－MS 方法还产生了一些模糊的边界和诡影，这意味着不规则和欠分割超像素的存在。相较之下，所提方法能够获得更为可观的分割结果，体现在生成的超像素能够保持绝大部分空间结构信息并与目标实际边缘更匹配。不仅如此，所提方法生成超像素的紧密度还具有自适应性。由于匀质性较低，建筑物区域包含更细小和强粘连的超像素，因此局部细节信息能够被有效保存；相反地，自然区域具有更高的匀质性，这些区域中的超像素具有较大且规则的尺寸，因此它们的表征结果也更为平滑。

进一步地，在图 6－17 中选取了两类具有不同建筑物结构的异质散射区域［图 6－17（c）区域 A 及图 6－17（f）区域 B］，其分割结果被放大显示至图 6－18中。对于 Pol－NC 方法，可以发现生成超像素边界贴合实际目标的能力非常低下，以至于表征图模糊了绝大部分建筑物墙体和街道的边缘（图中黄色矩形区域）。相较之下，Pol－MS 方法分割结果要更优，但是它仍然存在边界不连续及遗漏定位等缺陷。需要特别注意的是，Pol－NC 方法和 Pol－MS 方法均存在严重的散射机制模糊现象，这体现在具有相似交叉极化响应的自然区域

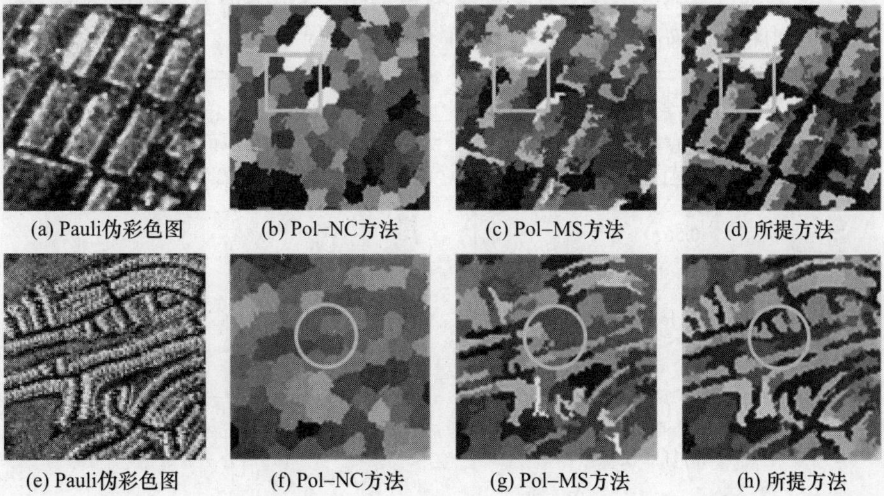

(a) Pauli伪彩色图　(b) Pol–NC方法　(c) Pol–MS方法　(d) 所提方法

(e) Pauli伪彩色图　(f) Pol–NC方法　(g) Pol–MS方法　(h) 所提方法

图 6－18　建筑物区域超像素表征局部放大结果（见彩图）

和旋转建筑物被聚类至同一超像素中。在这种情况下,建筑物只能看到大体轮廓,内部边缘被超像素均值过度平滑,导致细节信息的严重丢失(图6-18中黄色圆形区域)。而对于所提方法,可以看到超像素表征结果具有视觉清晰的建筑物轮廓,其尺寸和排列被凸显,揭示了充足的建筑物内部边缘和空间间隔细节。这是因为模型特征修正驱动的广义泛化目标分解能够合理地对交叉极化能量进行分配,降低旋转建筑物区域体散射能量,使散射机制模糊性得以改善,使生成的超像素具有辨别不同目标和维持局部特征的能力。

除了视觉对比,同样利用精度—回召率指标对不同方法进行定量评估。在此基础上,它们被进一步结合以得到另一个经典评价指标——F 度量,其定义如下:

$$F = \frac{2 \cdot \text{Precision} \cdot \text{Recall}}{\text{Precision} + \text{Recall}} \tag{6-27}$$

F 度量表示精度和回召率的调和平均,它可以用来寻找精度和回召率的最佳组合。

图6-19给出了Pol-NC方法、Pol-MS方法以及所提方法在UAVSAR和高分三号数据下精度、回召率以及最高 F 度量值评价结果。图中等高线和实粗线分别代表Iso-F曲线以及不同方法在不同超像素数目下的分割精度变化。可以看到本章方法线条始终处于Pol-NC、Pol-MS线条上方,说明所提方法在同等超像素数目下具有更高的精度和回召率。对于UAVSAR和高分三号数据,F 度量值的最大增长能达到0.26,这表明所提方法在过分割和欠分割之间能够达到平衡。需要注意的是,随着超像素数目的增大,精度值会有所降低,这是因为超像素相较于原始图像本身就是一个过分割过程。

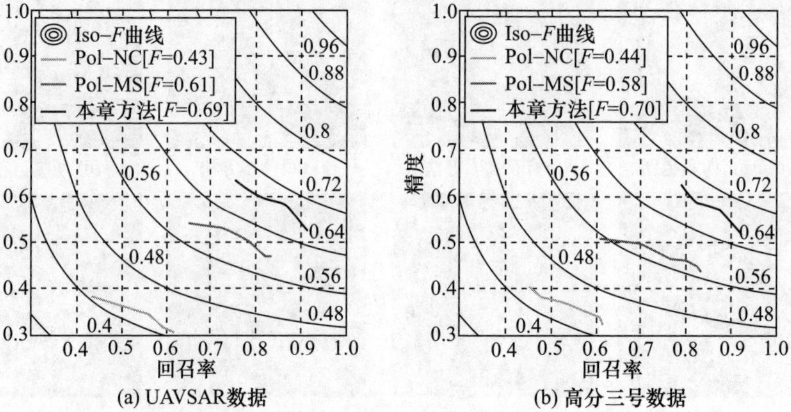

图6-19 不同方法精度—回召率指标评价

表6－4定量评估了不同超像素分割方法在不同数据下的性能。除了E－SAR数据外,本章方法总是具有最高的评价指标取值。另外,所提方法的计算耗时最短,这一方面是因为它内在地规避了根植于其他方法中统计距离的计算;另一方面相较于直接求解矩阵特征值,所提方法通过定义半正定核函数来优化归一化割过程,因而它能够在保持全局信息的基础上,高效地进行局部聚类。

表6－4　不同超像素分割方法定量评估及对比

方法	E－SAR数据				AIRSAR数据			
	BR	ASA	F度量	耗时	BR	ASA	F度量	耗时
Pol－NC	0.63	0.64	0.45	110.17	0.63	0.65	0.45	123.77
Pol－MS	0.85	0.86	0.61	896.19	0.84	0.87	0.61	932.66
Pol－ERM	0.93	0.95	0.68	32.51	0.90	0.92	0.67	37.15
Pol－ASLIC	0.94	0.96	0.71	14.68	0.92	0.94	0.69	16.51
所提方法	0.93	0.95	0.69	8.89	0.93	0.95	0.70	6.16
方法	高分三号数据				UAVSAR数据			
	BR	ASA	F度量	耗时	BR	ASA	F度量	耗时
Pol－NC	0.60	0.62	0.43	130.19	0.60	0.63	0.41	142.37
Pol－MS	0.81	0.84	0.59	981.55	0.82	0.84	0.60	1084.32
Pol－ERM	0.88	0.89	0.64	41.67	0.86	0.87	0.63	46.95
Pol－ASLIC	0.91	0.92	0.67	17.23	0.87	0.89	0.65	18.94
所提方法	0.91	0.93	0.67	6.43	0.90	0.93	0.67	6.62

下面对方法中的参数及改善因子性能进行讨论,由于t－SNE方法中涉及降维特征数目的确定,因此通过改变特征数目来讨论在何种维数下超像素分割性能最优。在线性特征聚类中,高维映射空间维数是原始输入空间的两倍,小的特征维数虽然能够提高计算效率,但却没有充分考虑特征信息,而大的特征维数虽然融合了足够的特征信息,但显著地加重了整个聚类过程的计算负担。图6－20给出了所提方法在不同特征维数和不同数据下分割性能评价指标的定量变化,其中四组数据的超像素数目仍设定为与上述实验结果一致。

从整体来看,随着特征维数数目的增加,方法分割性能也越来越优,当特征维数大于2时,本章方法对于4组数据均可以获得令人满意的分割性能。但随着特征维数的进一步增加,边界回召率和可达成分割准确度只发生微小的变化,并且在某些维数下,其分割性能反而降低(例如在AIRSAR和高分三号数据下特征维数为10的情况),因此更大的特征维数并不意味着更优的分割性能,考虑到这一点,在线性特征聚类方法中,经过t－SNE方法降维后的特征数目最终被设为3。

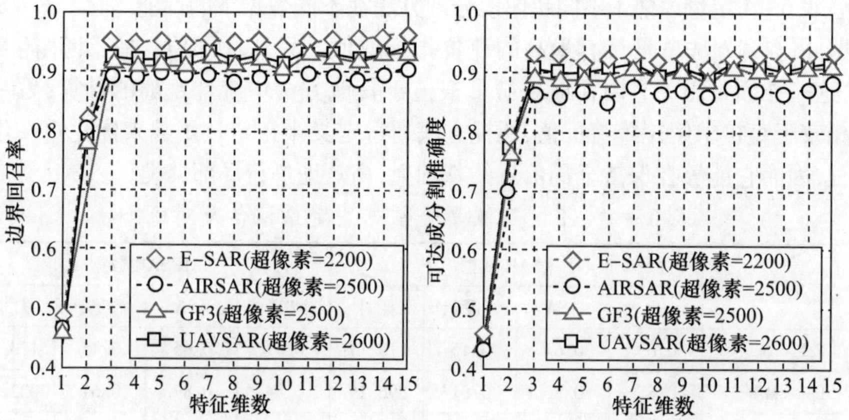

(a) 边界回召率 (b) 可达成分割准确度

图 6－20 不同特征维数下边界回召率及可达成分割准确度变化

进一步地，为了评价线性特征聚类中自适应平衡因子的性能，在线性特征聚类框架下通过移除和保留自适应平衡因子来进行性能对比。图 6－21 给出了在不同区域移除和保留自适应平衡因子的超像素分割结果，其中第一行选自 AIRSAR 数据中的自然区域，第二行选自 UAVSAR 数据中的建筑物区域。事实上，移除自适应平衡因子等效于将其固定为 1。在自然区域，固定自适应平衡因子会使匀质性度量非常低，因而特征相似性要重于空间邻近度，导致生成超像素的边界会变得模糊，形状也不规则（图中圆形区域）。在建筑物区域，这种情

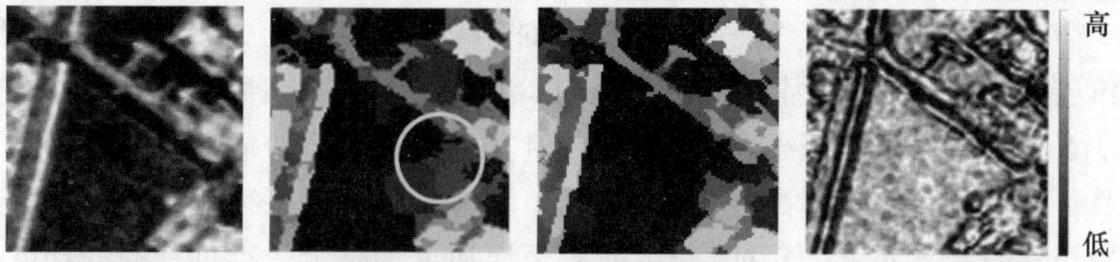

(a) 自然区域Pauli伪彩色图 (b) 移除自适应平衡因子 (c) 保留自适应平衡因子 (d) 自适应平衡因子灰度图

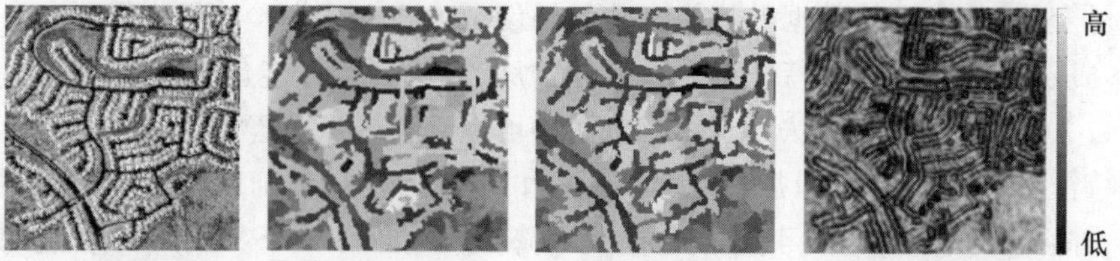

(e) 建筑物区域Pauli伪彩色图 (f) 移除自适应平衡因子 (g) 保留自适应平衡因子 (h) 自适应平衡因子灰度图

图 6－21 自适应平衡因子性能对比

况正好相反,固定自适应平衡因子会使空间邻近度的权重大于特征相似性,此时,生成超像素的边界和形状会变得过度平滑,导致建筑物细节信息的明显丢失(图中矩形区域)。这些结果都说明了自适应平衡因子的引入能够明显改善匀质区域和异质区域超像素分割性能。

第7章

极化SAR目标分类技术

目标分类是图像解译的一项重要内容，它通过提取图像目标特征，并按照某种规则对目标进行分割、分类与描述，以达到对图像信息进行自动解译和评价的目的。在遥感图像处理领域，通过对遥感图像特征的深入分析，由计算机自动地解译和处理图像将有助于提高人们判读图像的效率，增强人们获取信息的能力。遥感图像目标分类技术在许多领域，如地球资源普查、洪涝灾害监测、植被种类辨识、海面船只检测及地物特性分析等均有广泛应用[352-357]。

近年来，随着极化 SAR 系统的出现及实用化，涌现了大量基于目标极化散射特性的分类方法和理论，为遥感图像目标分类研究与应用注入了新的活力。目前，基于极化 SAR 遥感数据的目标分类已成为国内外研究热点。根据分类过程是否存在人工干预，极化 SAR 图像目标分类可分为有监督和无监督两种。其中，有监督分类可达到很高的分类精度，但需选取足够多且具有一定代表性的样本，这大大增加了这类算法工程实现的难度；相对而言，无监督分类由于已知先验知识少，且具有一定的分类精度，因而在极化 SAR 图像目标分类中更具应用前景和研究价值。根据分类过程所用信息，无监督分类又可分为利用统计特性的分类、利用极化散射特性的分类及综合利用统计特性和极化散射特性的分类。

本章结构安排：7.1 节讨论了利用统计特性的极化 SAR 有监督目标分类，即首先分别介绍了 Gaussian ML 分类和 Wishart ML 分类两种经典算法，然后针对该类算法存在的不足，提出了一种基于 G 分布和 MRF 的 MAP 迭代分类[358]；7.2 节讨论了利用散射特性的极化 SAR 无监督目标分类，在回顾 H/α 分类的基础上，提出了一种基于散射相似性和散射随机性相结合的无监督分类新方法[359-361]；7.3 节讨论了综合利用统计特性和散射特性的极化 SAR 目标分类，即首先分别介绍了基于 H/α + Wishart 的无监督分类、Freeman 分解 + Wishart 的无监督分类，然后针对这两种算法的不足，提出了一种基于散射相似性和差异度量的无监督分类[362]。

7.1　利用统计特性的极化 SAR 有监督目标分类

在极化 SAR 图像目标分类中，有监督分类方法占据一大类。其基本目的是根据已知类别的训练样本，通过学习获取各个类别的特征，然后把图像像素指定为给定的几类。有监督分类的关键在于选择有代表性的训练样本、提取有效的特征和运用合适的判决准则。有监督分类通常包括两大类：一类直接从训练样本集出发设计分类器；另一类基于统计决策理论设计分类器。其中，前一类不必对数据的统计模型进行估计，常用的有判别函数法、支持矢量机和神经网络等；后一类以贝叶斯决策理论为基础，是不同分类决策与相应的决策代价之间的折中，常用的有最小错误率准则、Neyman - Pearson 准则和极小化极大准则等。对于遥感图像分类来说，由于通常假设各个类别的错误分类代价相等，故一般采用最小错误率准则，且在先验概率相等假设下的最大似然（Maximum Likelihood，ML）分类应用最为广泛。为此，本节将主要讨论基于各种概率分布的最大似然分类。

7.1.1　贝叶斯决策理论基本理论与分类算法评估准则

1. 贝叶斯决策

假设有 L 类地物目标，其中第 u 类地物的像素 ω_u 集合记为 Ω_u。令 Z 为当前待分类像素的观测数据（可为标量，也可为矢量或矩阵），$p(\mathbf{Z}|\omega_u)$ 为第 u 类地物观测数据的条件概率密度函数，$p(\omega_u)$ 为第 u 类地物的先验概率。

令 α 为对像素进行分类决策的行动。假设可能的决策行动共有 M 种，记作 $\Omega_\alpha:\{\alpha_1,\alpha_2,\cdots,\alpha_M\}$。由于决策依赖观测数据 $\mathbf{Z}$，因此行动 α 可认为是 $\mathbf{Z}$ 的函数 $\alpha(\mathbf{Z})$，称为决策函数，其值域为 Ω_α。

令 $C(\omega_u,\alpha(\mathbf{Z}))$ 为对第 u 类像素采取行动 α 所付出的代价。很显然 $C(\omega_u,\alpha(\mathbf{Z}))$ 是一个随机变量，其均值为

$$R(\omega_u,\alpha)=\int C(\omega_u,\alpha(\mathbf{Z}))p(\mathbf{Z}|\omega_u)\mathrm{d}\mathbf{Z} \tag{7-1}$$

显然 $R(\omega_u,\alpha)$ 表示对第 u 类像素采取行动 α 所付出的平均代价，也称风险函数。考虑 L 类的情况，则总风险为

$$R(\alpha)=\sum_{u=1}^{L}R(\omega_u,\alpha)p(\omega_u) \tag{7-2}$$

贝叶斯决策的目的就是找到一种决策 α^*（贝叶斯解），使总风险最小，即

$$R(\alpha^*) = \min_{\alpha} R(\alpha) \tag{7-3}$$

贝叶斯解的求得可通过后验概率进行。利用贝叶斯公式,式(7-2)可写为

$$R(\alpha) = \int R(\alpha|\mathbf{Z})p(\mathbf{Z})\mathrm{d}\mathbf{Z} \tag{7-4}$$

其中

$$R(\alpha|\mathbf{Z}) = \sum_{u=1}^{L} C(\omega_u, \alpha(\mathbf{Z}))p(\omega_u|\mathbf{Z}) \tag{7-5}$$

称为后验风险(或条件风险),$p(\omega_u|Z)$为第u类地物的后验概率,由贝叶斯公式得

$$p(\omega_u|\mathbf{Z}) = \frac{p(\mathbf{Z}|\omega_u)p(\omega_u)}{p(\mathbf{Z})} \tag{7-6}$$

显然,若针对每个$\mathbf{Z}$,决策$\alpha(\mathbf{Z})$都使$R(\alpha|\mathbf{Z})$达到最小,则总风险$R(\alpha)$将被最小化。故贝叶斯决策可以表述为:对于给定的观测数据$\mathbf{Z}$,在行动集Ω_α中选择行动α_i,使得

$$R(\alpha_i|\mathbf{Z}) < R(\alpha_j|\mathbf{Z})\ (i \neq j) \tag{7-7}$$

假设将类别v的像素错分类别u类的代价为C_{uv}。通常认为错误判决比正确判决付出的代价大,即$C_{uv} > C_{vv}, C_{vu} > C_{uu}$。令$\alpha_u$为把像素分为第$u$类的决策行动,则对于两类问题来说,式(7-5)的条件风险可分别写为

$$R(\alpha_1|\mathbf{Z}) = C_{11}p(\omega_1|\mathbf{Z}) + C_{12}p(\omega_2|\mathbf{Z}) \tag{7-8}$$

$$R(\alpha_2|\mathbf{Z}) = C_{21}p(\omega_1|\mathbf{Z}) + C_{22}p(\omega_2|\mathbf{Z}) \tag{7-9}$$

于是,贝叶斯准则为:如果

$$(C_{21} - C_{11})p(\omega_1|\mathbf{Z}) > (C_{12} - C_{22})p(\omega_2|\mathbf{Z}) \tag{7-10}$$

则把像素分为第1类。以似然比的形式,式(7-10)可写为

$$\frac{p(\mathbf{Z}|\omega_1)}{p(\mathbf{Z}|\omega_2)} > \frac{(C_{12} - C_{22})p(\omega_2)}{(C_{21} - C_{11})p(\omega_1)} \tag{7-11}$$

采用"0-1损失",即正确分类的代价为0,错误分类的代价为1,则式(7-11)变为

$$p(\mathbf{Z}|\omega_1)/p(\mathbf{Z}|\omega_2) > p(\omega_2)/p(\omega_1) \tag{7-12}$$

该式就是最小错误率分类,与最大后验概率(maximum a posteriori, MAP)分类等价。

若先验概率相等,即$p(\omega_1) = p(\omega_2) = 0.5$,则式(7-12)可进一步简化为

$$p(\mathbf{Z}|\omega_1) > p(\mathbf{Z}|\omega_2) \tag{7-13}$$

这就是经典的 ML 分类。

这两类问题很容易被推广到多类问题。此时式(7-11)的判决为:如果

$$\frac{p(\mathbf{Z}|\omega_u)}{p(\mathbf{Z}|\omega_v)} > \frac{(C_{uv}-C_{vv})p(\omega_v)}{(C_{vu}-C_{uu})p(\omega_u)}(u \neq v) \tag{7-14}$$

则把像素分为第 u 类。MAP 准则和 ML 准则也可做类似处理。

在实际进行分类的时候,通常不会直接使用式(7-14),而是采用距离度量,即若

$$d(s,u) < d(s,v)(v \neq u) \tag{7-15}$$

则把待分类像素 s 分为第 u 类,其中 $d(s,u)$ 为当前像素到第 u 类的距离,一般通过对式(7-14)取负对数并去除公共项得到,其形式仅与类先验概率和统计模型有关。

通过上述分析可以看出,利用贝叶斯决策,在理论上可以得到最优的分类结果,但其前提是正确的类先验概率和合适的统计模型的获得。因此,实际应用中的关键不在于如何用贝叶斯决策理论设计分类器,而在于如何较好地估计类先验概率和选择统计模型。

2. 分类算法评价准则

极化 SAR 目标分类算法的性能评估通常分两种情况:一种是 7.2 节将要讨论的散射分类,其算法评估通常采用定性的方法,主要观察分类结果是否准确反映了地物的真实散射情况。对于这种情况,同一类地物不一定被分为同一个散射类别;另一种是 7.1 节已讨论的有监督目标分类。此时目标通常被认为是具有相同属性、在空间上形成一个或多个连通区域的像素集合。实际的某类地物(如建筑区域)中可能含有少量离散(即不能形成连通区域)的与该类地物性质不一样的其他像素(如道路两旁的树木),但分类时认为这些像素也属于该类地物。故这种情况一般采用定量的评估准则,最常用的办法是利用混淆矩阵计算各项指标。

混淆矩阵是指利用测试集对各个类别之间的正确分类和错误分类情况进行统计,然后把这种信息以矩阵的形式表示出来,又叫误差矩阵,如表 7-1 所示。假设有 L 类地物(表中仅给出了 3 类)。$N_{uv}(u,v=1,2,\cdots,L)$ 表示第 u 类地物被分为第 v 类的像素数。第 u 行的元素表示测试集中第 u 类真实参考地物的分类情况,N_{u+} 为其总像素数。第 v 列的元素表示被分为第 v 类地物的像素分布情况,N_{+v} 为其总像素数。$N = \sum_{u=1}^{L} N_{u+} = \sum_{v=1}^{L} N_{+v}$ 为测试集像素总数。

利用混淆矩阵,容易计算出分类的总体精度、用户判别精度、制图精度和 Kappa 系数等各项指标。其中,总体精度定义为所有被正确分类的像素个数与总的像素个数之比,即

$$Ov.\,Acc. = \frac{1}{N}\sum_{u=1}^{L} N_{uu} \tag{7-16}$$

用户判别精度定义为某类真实地物被正确分类的像素数与该类地物的总像素数之比。比如,对第 u 类地物而言,其用户判别精度可根据混淆矩阵的对角元素和最后一列元素算得

$$Us.\,Acc. = N_{uu}/N_{u+} \tag{7-17}$$

与用户判别精度对应的是错分误差 $1 - Us.\,Acc.$ 。

制图精度(或称生产者精度)定义为分类结果图上,被分为某类地物的像素中,正确分类的像素个数与总数之比。比如,对分类结果图上被分为第 v 类的地物而言,其制图精度可根据混淆矩阵的对角元素和最后一行元素算得

$$Pr.\,Acc. = N_{vv}/N_{+v} \tag{7-18}$$

与制图精度对应的是漏分误差 $1 - Pr.\,Acc.$ 。

表 7-1 混淆矩阵示意图

分类图像上的地物类型		第 1 类	第 2 类	第 3 类	总数
真实参考地物类型	第 1 类	N_{11}	N_{12}	N_{13}	N_{1+}
	第 2 类	N_{21}	N_{22}	N_{23}	N_{2+}
	第 3 类	N_{31}	N_{32}	N_{33}	N_{3+}
	总数	N_{+1}	N_{+2}	N_{+3}	N

Kappa 系数定义为

$$\text{Kappa} = \frac{N\sum_{k=1}^{L} N_{kk} - \sum_{k=1}^{L} N_{k+}N_{+k}}{N^2 - \sum_{k=1}^{L} N_{k+}N_{+k}} = \frac{Ov.\,Acc. - \frac{1}{N^2}\sum_{k=1}^{L} N_{k+}N_{+k}}{1 - \frac{1}{N^2}\sum_{k=1}^{L} N_{k+}N_{+k}} \tag{7-19}$$

Kappa 系数越大,分类效果越好。

总体精度是最简单的也是最常用的指标,是像素正确分类的一种总体度量。用户判别精度是从用户的角度反映分类图的可靠性,而制图精度则是从编图和制图的角度反映图面上被标识为各类地物的可靠性。Kappa 系数既考虑了被正确分类的像素数目,又兼顾了各种错分和漏分误差,是一个能更全面地反映分类精度的指标。

7.1.2 高斯 ML 分类

对单视极化 SAR 数据来说,目标矢量 $\boldsymbol{X}$ 服从多元复高斯分布,即

$$p(\boldsymbol{X})=\frac{1}{\pi^3|\boldsymbol{C}|}\exp(-\boldsymbol{X}^{\mathrm{H}}\boldsymbol{C}^{-1}\boldsymbol{X})\text{(对所有 }j\neq m) \tag{7-20}$$

式中：$\boldsymbol{C}=E[\boldsymbol{X}\boldsymbol{X}^{\mathrm{H}}]$ 为复协方差矩阵；$|\boldsymbol{C}|$ 为 $\boldsymbol{C}$ 的行列式。

利用式(7-20)，Kong 等提出 Gaussian ML 分类。若以协方差矩阵为类别表征，第 ω_m 类的协方差矩阵由训练样本估计，则目标矢量 $\boldsymbol{X}$ 属于 ω_m 类的条件为

$$p(w_m|\boldsymbol{X})\geqslant p(w_j|\boldsymbol{X})\text{(对所有 }j\neq m) \tag{7-21}$$

根据贝叶斯准则：

$$p(w_m|\boldsymbol{X})=\frac{p(\boldsymbol{X}|w_m)p(w_m)}{p(\boldsymbol{X})} \tag{7-22}$$

将式(7-22)作用于式(7-21)，并考虑到概率密度 $p(\boldsymbol{X})$ 与类别无关，故假设所有类别的 $p(\boldsymbol{X})$ 相等，那么 $\boldsymbol{X}$ 属于类 ω_m 的条件为

$$p(\boldsymbol{X}|\omega_m)P(\omega_m)>p(\boldsymbol{X}|\omega_j)p(\omega_j)\text{(对所有 }j\neq m) \tag{7-23}$$

式中：$p(\boldsymbol{X}|\omega_m)$ 为零均值、期望协方差矩阵为 $\boldsymbol{C}_m=E[\boldsymbol{X}\boldsymbol{X}^{\mathrm{H}}|\omega_m]$ 的复高斯分布；$P(\omega_m)$ 为第 ω_m 类的先验概率。

对式(7-23)两端取自然对数，则左端为

$$d_1(\boldsymbol{X},w_m)=\boldsymbol{X}^{\mathrm{H}}\boldsymbol{C}_m^{-1}\boldsymbol{X}+\ln|\boldsymbol{C}_m|+3\ln(\pi)-\ln[P(w_m)] \tag{7-24}$$

式中：$d_1(\boldsymbol{X},w_m)$ 为目标矢量 $\boldsymbol{X}$ 与 ω_m 类的类中心之间的距离度量。忽略常数，式(7-24)简写为

$$d_1(\boldsymbol{u},w_m)=\boldsymbol{u}^{\mathrm{H}}\boldsymbol{C}_m^{-1}\boldsymbol{u}+\ln|\boldsymbol{C}_m|-\ln[P(w_m)] \tag{7-25}$$

类似地，对式(7-23)右端取自然对数，可得目标矢量 $\boldsymbol{X}$ 与第 ω_j 类的类中心之间的距离度量 $d_1(\boldsymbol{X},w_j)$。利用该距离度量，目标矢量 $\boldsymbol{X}$ 属于第 ω_m 类的判决条件可写为

$$d_1(\boldsymbol{X},w_m)<d_1(\boldsymbol{X},w_j)\text{(对所有 }j\neq m) \tag{7-26}$$

7.1.3 Wishart ML 分类

为了相干斑抑制或数据压缩，工作中常对极化 SAR 图像进行多视处理。多视处理就是对多个单视数据进行平均，即

$$\boldsymbol{Z}=\frac{1}{L}\sum_{k=1}^{L}\boldsymbol{X}(k)\boldsymbol{X}^{\mathrm{H}}(k) \tag{7-27}$$

式中：L 为处理视数；$\boldsymbol{X}(k)$ 为第 k 个单视样本目标矢量。

若令

$$\boldsymbol{A} = L\boldsymbol{Z} = \sum_{k=1}^{L} \boldsymbol{X}(k)\boldsymbol{X}^{\mathrm{H}}(k) \tag{7-28}$$

根据第 6 章可知,A 服从多元复 Wishart 分布,即

$$p(\boldsymbol{A}) = \frac{|\boldsymbol{A}|^{X-q}\exp[-\mathrm{tr}(\boldsymbol{C}^{-1}\boldsymbol{A})]}{K(\boldsymbol{X},q)\,|\boldsymbol{C}|^{X}} \tag{7-29}$$

式中:q 为目标矢量 $\boldsymbol{X}$ 的维数。单静态互易情形,$q=3$;双静态情形,$q=4$。

利用式(7-29)可给出多视极化 SAR 图像的 Wishart ML 分类。类似地,对式(7-23)两端取自然对数,不过需将 $p(\boldsymbol{X}|\omega_m)$ 和 $p(\boldsymbol{X}|\omega_j)$ 分别替换为 $p(\boldsymbol{A}|\omega_m)$ 和 $p(A|\omega_j)$。其中 $p(\boldsymbol{A}|\omega_m)$ 为 A 属于第 ω_m 类的条件概率密度,$p(\boldsymbol{A}|\omega_j)$ 定义类似。根据最大似然准则,A 与第 ω_m 类的类中心之间的距离度量为

$$d(\boldsymbol{A},w_m) = L\ln|\boldsymbol{C}_m| + \mathrm{tr}(\boldsymbol{C}_m^{-1}\boldsymbol{A}) - \ln[P(w_m)] - (L-q)\ln|\boldsymbol{A}| + \ln[K(L,q)] \tag{7-30}$$

忽略常数项,并将式(7-28)代入式(7-30),式(7-30)可简化为

$$d(\boldsymbol{Z},w_m) = L\ln|\boldsymbol{C}_m| + L\mathrm{tr}(\boldsymbol{C}_m^{-1}\boldsymbol{A}) - \ln[P(w_m)] \tag{7-31}$$

显然,随着视数 L 的增大,先验概率 $P(\omega_m)$ 在分类中的作用越来越小。同时,若 $L=1$,式(7-31)可退化为式(7-25),说明在单视情况下二者是等价的。

当每类先验概率未知时,一般假设所有类别的先验概率相等,此时式(7-31)可简化为

$$d(\boldsymbol{Z},w_m) = \ln|\boldsymbol{C}_m| + \mathrm{tr}(\boldsymbol{C}_m^{-1}\boldsymbol{A}) \tag{7-32}$$

该式称为 Wishart 距离度量。从式(7-32)可以看出,它是一个与处理视数 n 无关的量,因此多视处理不会对 Wishart 距离度量产生影响。对于监督分类,可先手动选取训练样本计算类中心,然后根据像素点与各类中心的 Wishart 距离度量把像素划归距离最近的类别。

需要指出,该距离度量适用于任意维数的 SAR 数据。其中,当 $q=1$ 时,Wishart 距离度量为单极化 SAR 数据;当 $q=2$ 时,Wishart 距离度量为双极化 SAR 数据;当 $q=3$ 时,Wishart 距离度量为单静态极化 SAR 数据;当 $q=4$ 时,Wishart 距离度量为双静态极化 SAR 数据;当 $q=6$ 时,Wishart 距离度量为单基线极化干涉 SAR 数据;当 $q=9$ 时,Wishart 距离度量为双基线极化干涉 SAR 数据。

由式(7-32)可以看出,Wishart 距离度量具有以下良好特性:

(1) 适用于各种滤波后数据。Wishart 距离度量与处理视数无关,这一特点

使得它可应用于多视角处理或其他类多视相干斑抑制处理之后的极化 SAR 图像,尽管不同滤波像素可能经过了不同视数的平均处理。

(2) 与极化基变换无关。无论是协方差矩阵,还是相干矩阵,或是圆极化基下矩阵形式,其 Wishart 距离度量产生分类结果是相同的。不仅如此,对目标矢量 $\boldsymbol{X}$ 各元素乘以不同的权重系数,由此形成的协方差矩阵数据的 Wishart 距离度量分类结果也是一样的。具体证明过程如下:令 $\boldsymbol{X}_1$ 为另一种极化基下的目标矢量,它与 $\boldsymbol{X}$ 之间关系为

$$\boldsymbol{X}_1 = \boldsymbol{P}\boldsymbol{X} \tag{7-33}$$

式中:$\boldsymbol{P}$ 为极化基过渡矩阵。根据目标矢量 $\boldsymbol{X}_1$ 定义的多视协方差矩阵为

$$\boldsymbol{Z}_1 = \frac{1}{L}\sum_{k=1}^{L}\boldsymbol{X}_1(k)\boldsymbol{X}_1^{\mathrm{H}}(k) = \boldsymbol{P}\boldsymbol{Z}\boldsymbol{P}^{\mathrm{H}} \tag{7-34}$$

其期望均值为

$$\boldsymbol{B} = E[\boldsymbol{Z}_1] = \boldsymbol{P}\boldsymbol{C}\boldsymbol{P}^{\mathrm{H}} \tag{7-35}$$

类似于式(7-32),Wishart 距离度量为

$$d(\boldsymbol{Z}_1, w_m) = \ln|\boldsymbol{B}| + \mathrm{tr}(\boldsymbol{B}^{-1}\boldsymbol{Z}_1) \tag{7-36}$$

将式(7-34)和式(7-35)代入式(7-36),有

$$d(\boldsymbol{Z}_1, w_m) = \ln|\boldsymbol{P}\boldsymbol{C}\boldsymbol{P}^{\mathrm{H}}| + \mathrm{tr}((\boldsymbol{P}^{\mathrm{H}})^{-1}\boldsymbol{C}^{-1}\boldsymbol{P}^{-1}\boldsymbol{P}\boldsymbol{Z}\boldsymbol{P}^{\mathrm{H}}) \tag{7-37}$$

应用 $\mathrm{tr}(AB) = \mathrm{tr}(BA)$,式(7-37)进一步简化为

$$d(\boldsymbol{Z}_1, w_m) = \ln|\boldsymbol{P}\boldsymbol{C}\boldsymbol{P}^{\mathrm{H}}| + \mathrm{tr}(\boldsymbol{C}^{-1}\boldsymbol{Z}) \tag{7-38}$$

因为 $|AB| = |A||B|$,则式(7-38)变为

$$d(\boldsymbol{Z}_1, w_m) = \ln|\boldsymbol{C}| + \mathrm{tr}(\boldsymbol{C}^{-1}\boldsymbol{Z}) + \ln|\boldsymbol{P}| + \ln|\boldsymbol{P}^{\mathrm{H}}| \tag{7-39}$$

显然,最后两项可以去除,因为它们不依赖类 w_m,不会影响分类结果。由此说明基于 Wishart 距离度量的分类结果与极化基变换无关。不过,这里矩阵 $\boldsymbol{P}$ 有一个约束条件:式(7-34)中矩阵 $\boldsymbol{Y}$ 是 $\boldsymbol{P}$ 的函数,要求矩阵 $\boldsymbol{Y}$ 是 Hermitian 半正定矩阵,且服从复 Wishart 分布。

(3) 可直接拓展到多频极化 SAR 数据分类。通过扩展式(7-32)中 $\boldsymbol{C}_m$ 和 $\boldsymbol{Z}$ 维数,Wishart 距离度量可直接应用于多频极化 SAR 数据,如 AIRSAR 的 P、L、C 波段极化 SAR 数据。但必须满足:①雷达频段不重叠;②每个频段的相干斑噪声统计独立。Lee 等已证实,对于 P、L、C 波段极化 SAR 数据,不同频段极化通道间的相关性远小于同一频段的极化通道间的相关性。对于统计独立数据,其联合概率密度等于各波段数据概率密度之积,由此似然函数为

$$p(\boldsymbol{Z}(1),\boldsymbol{Z}(2),\boldsymbol{Z}(3),\cdots,\boldsymbol{Z}(j)\mid\omega_m)P(\omega_m)=$$
$$p(\boldsymbol{Z}(1)\mid\omega_m)P(\omega_m)p(\boldsymbol{Z}(2)\mid\omega_m)P(\omega_m)\cdots p(\boldsymbol{Z}(j)\mid\omega_m)P(\omega_m) \quad (7-40)$$

式中:$\boldsymbol{Z}(j)$为第j个频段的协方差矩阵。对式(7-40)取对数,多频极化 SAR 数据的距离度量为

$$d_4(\boldsymbol{Z},w_m)=\sum_{j=1}^{J}n_j[\ln|\boldsymbol{C}_m(j)|+\mathrm{tr}(\boldsymbol{C}_m^{-1}(j)\boldsymbol{Z}(j))]-\ln[P(\omega_m)] \quad (7-41)$$

式中:$\boldsymbol{C}_m(j)$为第j频带中第m类的类协方差矩阵;$\boldsymbol{Z}(j)$为像素协方差矩阵;n_j为第j频带的视数;J为频段数。需要指出,在应用式(7-41)进行分类之前,不同波段的数据应该先进行配准。

(4) Wishart 距离度量的类内距和类间距。在无监督分类中,类内距和类间距通常作为类合并或类划分的依据。根据 Wishart 距离度量,Lee 定义了平均类内距:

$$D_{ii}=\frac{1}{n_j}\sum_{k=1}^{n_j}d_4(\boldsymbol{Z}_k,\boldsymbol{C}_i)=\frac{1}{n_j}\sum_{k=1}^{n_j}\{\ln(|\boldsymbol{C}_i|)+\mathrm{tr}(\boldsymbol{C}_i^{-1}\boldsymbol{Z}_k)\}$$

或

$$D_{ii}=\ln(|\boldsymbol{C}_i|)+\mathrm{tr}\left(\boldsymbol{C}_i^{-1}\sum_{k=1}^{n_j}\boldsymbol{Z}_k\right)=\ln(|\boldsymbol{C}_i|)+\mathrm{tr}(\boldsymbol{C}_i^{-1}\boldsymbol{C}_i) \quad (7-42)$$
$$=\ln(|\boldsymbol{C}_i|)+q$$

考虑到q为常数,式(7-42)平均类内距可简化为

$$D_{ii}=\ln(|C_i|) \quad (7-43)$$

显然,D_{ii}是衡量第i类紧凑性的量。所有i的D_{ii}之和可作为收敛性的指标。类间距D_{ij}定义为

$$D_{ij}=\frac{1}{2}\left[\frac{1}{n_j}\sum_{k=1}^{n_j}\{\ln(|\boldsymbol{C}_j|)+\mathrm{tr}(\boldsymbol{C}_j^{-1}\boldsymbol{Z}_k)\}+\frac{1}{n_i}\sum_{k=1}^{n_i}\{\ln(|\boldsymbol{C}_i|)+\mathrm{tr}(\boldsymbol{C}_i^{-1}\boldsymbol{Z}_k)\}\right] \quad (7-44)$$

或

$$D_{ij}=\frac{1}{2}\{\ln(|\boldsymbol{C}_i|)+\ln(|\boldsymbol{C}_j|)+\mathrm{tr}(\boldsymbol{C}_i^{-1}\boldsymbol{C}_j+\boldsymbol{C}_j^{-1}\boldsymbol{C}_i)\} \quad (7-45)$$

显然,D_{ij}越大说明两类可分离性越高。

7.1.4 基于 G 分布和 MRF 的 MAP 迭代分类

对于 ML 分类来说,其分类性能主要取决于:一是能否建立一个精确拟合测量数据的统计模型;二是统计模型的参数能否准确估计;三是各个类别的先验

概率能否准确估计。在统计建模方面,目前在极化 SAR 目标分类领域应用最为广泛的是协方差矩阵的复 Wishart 分布。利用该分布可以得到一个比较简洁的距离度量。但复 Wishart 分布比较适合均匀区域数据的描述,对森林、城市等非均匀区域的描述能力较弱,因此在分类中表现并不是很好。考虑到 $\mathcal{K}_{\mathrm{P}}$ 分布在一般不均匀区域的拟合效果较好,而 $\mathcal{G}_{\mathrm{P}}^{0}$分布比较适合极不均匀区域数据的描述,Frery 等把复 Wishart 分布、$\mathcal{K}_{\mathrm{P}}$ 分布和 $\mathcal{G}_{\mathrm{P}}^{0}$分布同时用于极化 SAR 目标分类中,各个类别具体使用哪个分布根据数据的拟合优度自适应挑选。Frery 等的方法可以取得比较高的分类精度,但同时使用 3 个分布代价太大。新提出的 $\mathcal{G}_{\mathrm{P}}^{2}$分布在均匀区域具有最佳的拟合效果,而在一般不均匀区域和极不均匀区域则是 $\mathcal{K}_{\mathrm{P}}$ 分布和 $\mathcal{G}_{\mathrm{P}}^{0}$分布好的“折中”。因此利用该分布代替复 Wishart 分布、$\mathcal{K}_{\mathrm{P}}$ 分布和 $\mathcal{G}_{\mathrm{P}}^{0}$分布,可以在分类精度下降不大的情况下,极大地降低操作复杂度。

在参数估计方面,类条件分布的参数一般要在大样本条件下才能比较准确地估计,但实际中往往得不到大量的训练样本,同时已有的少量训练样本中有些可能还不具代表性,这样,参数估计的不准确必将使后续的分类受损,数据维数与训练样本个数的比值越大,该现象越严重。为此,一个直观的想法是在分类中引入反馈,采用迭代分类,使每次分类结束后分属各类的样本连同训练样本一起参与到该类条件分布的参数估计中去,然后利用新的估计参数进行 ML 分类,如是反复迭代,直至满足给定的收敛条件。考虑到每次迭代可能出现的错分现象,Jackson 在研究高光谱图像的分类时,对参与估计的样本进行加权处理得出均值和协方差矩阵的估计式[352]。但它仅考虑了高斯分布的情况,我们将借鉴这种思路,但不采用加权估计的办法,而是利用类出现概率挑选参与估计的样本。

在先验概率估计方面,传统的 ML 分类得不到最小的分类错误率,除非各类地物的先验概率相等。但各类地物先验概率相等的假设有时是不合理的,比如,若当前待分类像素邻域内出现的都是某类地物,那么有理由认为该类地物的先验概率比其他所有地物的先验概率都要高。为使错误率最小,有必要采用 MAP 分类,为此必须对类先验概率进行合理估计,MRF 是实现这一目的的有效工具。MRF 最先由 Rignot 等[118]引入到极化 SAR 图像的分类中,但针对的是高斯分布的情况,而且没有考虑到训练样本较少时估计可能不准确的问题。

基于上述分析,本节利用 $\mathcal{G}_{\mathrm{P}}^{2}$分布对极化 SAR 数据进行统计描述,利用 MRF 估计类先验概率,并据此对参与参数估计的样本进行挑选,从而提出一种新的统计分类方案。

1. MAP 分类

为阐述方便，对符号再做一些规定和说明。图像上的像素位置用 s 表示，$s=1,2,\cdots,N$（严格地说，像素位置应采用二维坐标描述，这里的表示方式只起一种指示作用，不是真实的像素坐标，N 为总的像素数，整个图像点阵用 $\mathcal{S}$ 表示。像素 s 处的测量数据记为 $\boldsymbol{Z}(s)$，整幅图像的测量数据记为 $\mathcal{Z}$。地物类别标号记为 $u, u=1,2,\cdots,L$，L 为类别总数，$\mathcal{Z}$ 上所有像素的类别标号记为 $\boldsymbol{u}$。为使分类错误率最小，采用 MAP 分类，则最优的标号 $\boldsymbol{u}$ 为

$$\boldsymbol{u}_{\mathrm{MAP}}=\underset{\boldsymbol{u}}{\operatorname{argmax}}\{p(\boldsymbol{u}\mid\mathcal{Z})\}=\underset{\boldsymbol{u}}{\operatorname{argmin}}\{-\ln(p(\mathcal{Z}\mid\boldsymbol{u}))-\ln(p(\boldsymbol{u}))\} \tag{7-46}$$

式中：$p(\boldsymbol{u}\mid\mathcal{Z})$ 为给定测量数据 $\mathcal{Z}$ 属于 $\boldsymbol{u}$ 类的后验概率；$p(\mathcal{Z}\mid\boldsymbol{u})$ 为 $\mathcal{Z}$ 的类条件概率密度函数；$p(\boldsymbol{u})$ 为属于 $\boldsymbol{u}$ 类的先验概率。假设像素间类条件独立，则

$$p(\mathcal{Z}\mid\boldsymbol{u})=\prod_{s=1}^{N}p(z(s)\mid u_s) \tag{7-47}$$

式中：u_s 为第 s 个像素的类标号。$p(\boldsymbol{u})$ 的获得常借助马尔可夫随机场（markov random field，MRF）。

2. 马尔可夫随机场

用一个 MRF 描述 $\boldsymbol{u}$，则

$$p(u_s=u\mid\boldsymbol{u}_{\mathcal{S}-\{s\}})=p(u_s=u\mid\boldsymbol{u}_{\partial s}) \tag{7-48}$$

式中：$\mathcal{S}-\{s\}$ 为 $\mathcal{S}$ 中除 s 外的点集；∂s 为两条性质确定的 s 去心邻域（图 7-1）：①$s\notin\partial s$；②$t\in\partial s\Leftrightarrow s\in\partial t$，这里 ∂t 为像素 t 的去心邻域。对于方形网格来说，r（r 为大于 0 的整数）阶邻域 ∂s 可定义为：$\partial s=\{t\in\mathcal{S}\mid d(t,s)\leqslant\sqrt{r}, t\neq s\}$，其中 $d(t,s)$ 为 t 和 s 间的欧几里得距离。

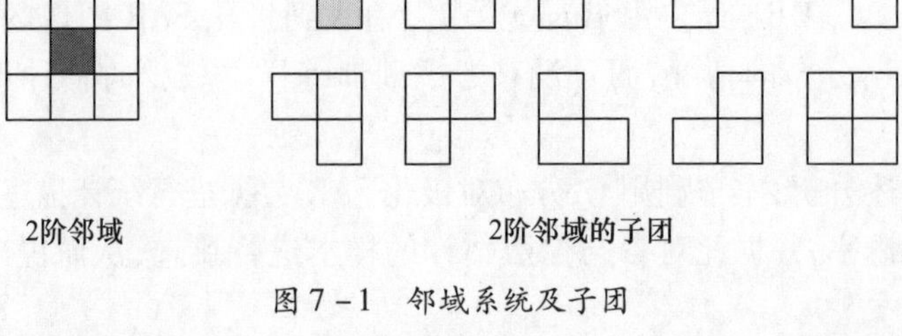

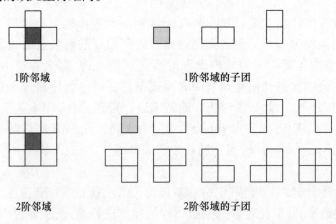

图 7-1 邻域系统及子团

根据 Hammersley - Clifford 定理,局部特性描述的 MRF 与全局特性描述的 Gibbs 随机场(Gibbs random field,GRF)等价。利用 Gibbs 分布,先验概率可表示为

$$p(\boldsymbol{u}) = \frac{1}{Z}\exp\left\{-\frac{U(\boldsymbol{u})}{T}\right\} \tag{7-49}$$

式中:Z 为归一化常数;T 为"温度"常数(通常 $T=1$);$U(\boldsymbol{u})$为能量函数,定义为

$$U(\boldsymbol{u}) = \sum_{c\in\mathcal{C}} V_c(\boldsymbol{u}) \tag{7-50}$$

式中:c 为定义在 $\mathcal{S}$ 及其邻域系统上的子团;像素子集 c 成为子团的条件是:①c 为单点集,②c 中任意两个像素相邻(图 7 - 1);$\mathcal{C}$为子团集合;$V_c(\boldsymbol{u})$为 $\boldsymbol{u}$ 在子团 c 上的势。通常利用模拟退火法实现式(7 - 50)的最大化,但运算量很大,而且仍会受到局部最小的影响。为减小运算量,本文采用迭代条件模式(Iterated Conditional ModeI,ICM)算法。

由式(7 - 49)和式(7 - 50),给定邻域∂s 中各像素的标号之后,标号 u_s 的概率为

$$p(u_s = u\,|\,\boldsymbol{u}_{\partial s}) = \frac{1}{Z_s}\exp\left\{-\sum_{c\in\mathcal{C}^s} V_c(\boldsymbol{u})\right\} \tag{7-51}$$

式中:$\mathcal{C}^s$为包含 s 的子团集合;Z_s 为归一化常数。采用像素个数不大于 2 的子团,并假设势函数均匀各向同性,则根据多层逻辑(Multi - Level Logic,MLL)模型有

$$p(u_s = u\,|\,\boldsymbol{u}_{\partial s}) = \frac{1}{Z_s}\exp\left\{\beta_1\delta(u_s - u) + \beta_2\sum\nolimits_{\{s,t\}\in\mathcal{C}_2}\delta(u_t - u)\right\} \tag{7-52}$$

式中:$\mathcal{C}_2$为包含 s 的点对子团;$\delta(\cdot)$为 Delta 函数;β_1、β_2 为正常数,反映子团内相邻像素间相互作用的重要性。

3. 新的分类方案(GMMAP 迭代分类)

由 $\mathcal{G}_{\mathrm{P}}^2$分布的表达式,可得一个 MAP 准则下像素 s 到第 u 类地物的距离度量为

$$d_{\mathrm{MAP}}(s,u) = d_{\mathrm{ML}}(s,u) - \ln(p(u_s = u\,|\,\boldsymbol{u}_{\partial s})) \tag{7-53}$$

式中:$d_{\mathrm{ML}}(s,u)$为 ML 分类的距离。通过对似然函数取负对数并去除公共项,可得

$$d_{\mathrm{ML}}(s,u) = q_u + 3n\ln(p_u) - \ln(K_{3n}(p_u)) \tag{7-54}$$

其中:

$$p_u = \sqrt{\omega_u\left(2n\frac{K_1(\omega_u)}{K_0(\omega_u)}\mathrm{tr}(\boldsymbol{C}_u^{-1}z)+\omega_u\right)} \tag{7-55}$$

$$q_u = n\ln(|\boldsymbol{C}_u|)+\ln(K_0(\omega_u))-3n\ln\left(\omega_u\frac{K_1(\omega_u)}{K_0(\omega_u)}\right) \tag{7-56}$$

这里 $\boldsymbol{C}_u$ 为第 u 类地物的协方差矩阵;$\omega_u>0$ 为第 u 类地物的粗糙度参数。

ML 分类和 MAP 分类中像素 s 的类别分别由式(7-57)确定,即

$$u_{\mathrm{ML}} = \underset{1\leqslant u\leqslant L}{\mathrm{argmin}} d_{\mathrm{ML}}(s,u) \text{ 和 } u_{\mathrm{MAP}} = \underset{1\leqslant u\leqslant L}{\mathrm{argmin}} d_{\mathrm{MAP}}(s,u) \tag{7-57}$$

分类之前需利用训练样本估计出参数 $\boldsymbol{C}_u$ 和 ω_u,考虑到训练样本较少时可能得不到准确的估计,在分类过程中引入反馈,根据前一次分类的结果,选择新样本参与到参数的估计中去。样本选择过程为:设像素 s 已被分为第 u 类,给定一个阈值 P_{t},若

$$p(u_s=u|\boldsymbol{u}_{\partial s})>P_{\mathrm{t}} \tag{7-58}$$

则像素 s 被选为训练样本。

记基于 $\mathcal{G}_{\mathrm{P}}^2$ 分布和 MRF 的 MAP 分类为 GMMAP,分类步骤如下:

(1) 利用训练样本估计各类的参数。

(2) 利用式(7-54)的距离度量进行 ML 分类。

(3) 根据步骤(2)的分类结果,由式(7-53)求取各类的先验概率,并利用式(7-53)的距离度量进行 MAP 分类。

(4) 判断是否收敛:若是,结束分类,输出结果;若否,转到步骤(5)。

(5) 根据步骤(3)求得的先验概率,利用式(7-58)挑选样本,并与训练样本一起对参数进行估计,然后回到步骤(2)。

迭代收敛条件为"转移像素比例小于 0.015"或"迭代次数大于 8"。GMMAP 迭代分类框图如图 7-2 所示。

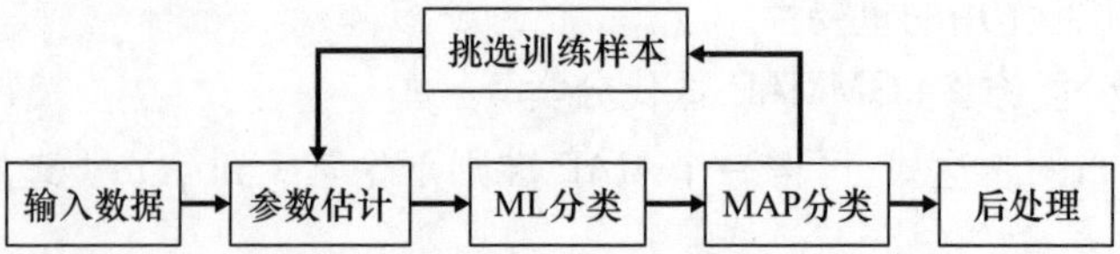

图 7-2 GMMAP 迭代分类框图

7.1.5 算法性能比较

实验采用 AIRSAR 传感器在旧金山海湾地区获取的 L 波段全极化数据进

行。该地区主要包含海洋、植被(主要是公园和山脉)和城区 3 类目标,这 3 类目标的散射差异较大,从而导致粗糙度的不同,对算法的评价比较有代表性。

图 7-3 给出了旧金山地区数据直序展开的伪彩色合成图像,图像尺寸为 900 像素 ×700 像素。该图中勾画出的 6 个方形区域中,红色小框为训练区,蓝色大框为测试区。编号 1、2 和 3 分别对应海洋、植被和城区。

在训练区域的选择上,这里特意选择了小区域,而且测试集与训练集的差别很大(比如海洋区域)。这样做的目的是说明小训练(区域)样本代表性的不足及所提算法在这个问题处理上的优势。

图 7-3　旧金山地区 GMMAP 分类的训练和测试区域选择(见彩图)

为了验证本节方法的有效性,下面先对基于复 Wishart 分布的迭代 ML 分类(简记为 WML)进行分析,然后用 $\mathcal{G}_P^2$分布代替复 Wishart 分布,分析基于 $\mathcal{G}_P^2$分布的迭代 ML 分类(简记为 GML),最后在 GML 的基础上中引入 MRF,分析 GM-MAP 的分类性能。

1. WML 迭代分类

首先进行基于复 Wishart 分布的迭代 ML 分类。每次迭代都根据上一次的分类结果重新估计每类的参数(协方差矩阵)。用于估计每类参数的样本为训练样本和前一次被划分为该类的样本。分类流程与图 7-2 类似,但没有 MAP 分类这一步。WML 迭代分类结果如图 7-4 和表 7-2 所示。

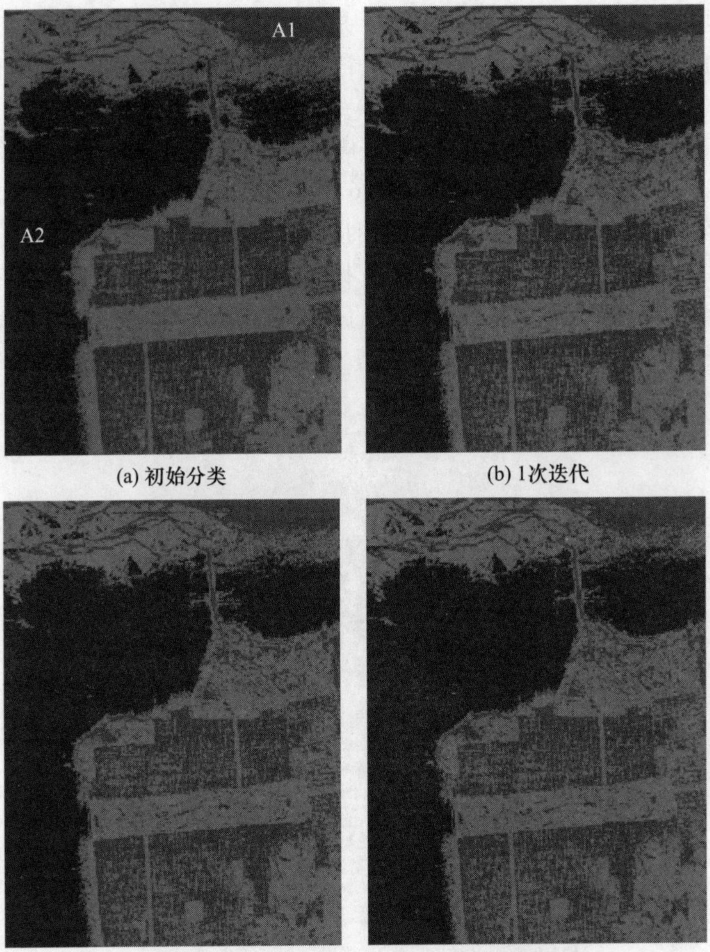

(a) 初始分类 (b) 1次迭代

(c) 2次迭代 (d) 3次迭代

图 7－4 WML 迭代分类结果

表 7－2 WML 迭代分类结果

迭代次数	转移像素比例	总体精度	Kappa 系数
0	1.0000	0.8810	0.7752
1	0.0820	0.8757	0.7617
2	0.0308	0.8696	0.7492
3	0.0125	0.8669	0.7438

从实验结果可以看出，WML 的初始分类结果比较差，原因主要有以下三点：一是训练样本较少，参数估计不准确；二是复 Wishart 分布对数据的描述能力较弱（特别是均匀程度较差的区域），数据拟合不够精确；三是训练区域的样

本不能代表整类地物,比如,同是海洋,图 7-4(a)右上角的区域 A1 与中部左侧的区域 A2 明显不一样,但训练样本是从 A2 区域挑选的,根据该区域估计出的参数不能很好地代表 A1 区域,结果 A1 区域的像素被错分成了城区和植被(山脉附近的海洋也如此)。

2. GML 迭代分类

GML 迭代分类采用式(7-54)的距离度量。与前一节的 WML 分类一样,迭代中某一类的参数估计样本为训练样本和上次迭代被划分为该类的样本,分类结果如图 7-5 和表 7-3 所示。

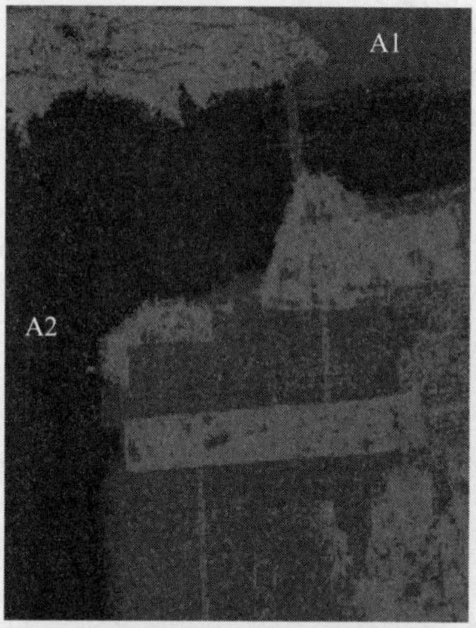

(a) 初始分类

(b) 1次迭代

(c) 2次迭代

(d) 4次迭代

图 7-5　GML 迭代分类结果

表 7-3 GML 迭代分类结果

迭代次数	ω的估计值			转移像素比例	总体精度	Kappa 系数
	海洋	植被	城区			
0	9.9579	2.5501	0.7726	1.0000	0.9179	0.8415
1	1.8014	1.3458	0.2853	0.0907	0.9167	0.8387
2	0.9086	1.2641	0.3241	0.0379	0.9126	0.8309
3	0.5329	1.2150	0.3048	0.0152	0.9119	0.8286
4	0.3987	1.1940	0.3028	0.0131	0.9128	0.8308

比较 WML 和 GML 的实验结果,可得:

(1) 定量地来看,GML 的分类精度比 WML 高大约 4 个百分点,Kappa 系数比 WML 高大约 8 个百分点(Kappa 系数能更加全面地反映分类性能的好坏)。

(2) 视觉上,与 WML 相比,GML 分类得到的各类地物更为“干净”,尤其是海洋,从图 7-5(c)和(d)中可以看出,右上角的海洋得到了很好的划分(山脉附近的海洋也一样)。

GML 比 WML 分类效果好的主要原因是 GML 中的 $\mathcal{G}_P^2$分布采用了两个参数,在数据的描述上比复 Wishart 分布更完备。以 A1 区域的分类为例。GML 方法在利用初始分类数据估计协方差矩阵时,利用了被错分的 A1 区域数据,使城区协方差矩阵的估计值出现较大的偏差。然而,协方差矩阵估计上的偏差在粗糙度参数 ω 上可以得到一定的补偿。从表 7-3 可知,迭代使各类地物的 ω 值发生了变化,虽然植被区域和城市区域 ω 值的变化很大,但海洋区域 ω 值的变化更大,于是当 ω 与协方差矩阵进行一种非线性组合之后,2 次迭代就使 A1 区域的大部分像素被正确分为海洋。

仔细考察迭代对粗糙度参数 ω 的影响。从表 7-3 可以看出,迭代到第 2 次时,海洋区域的 ω 值竟然比植被区域的还小,也就是说此时海洋的均匀性显得比植被还要差。这与通常的理解似乎有冲突。其实不然。ω 表征的是单位均值目标 RCS 的起伏程度(第 3 章在统计建模的时候,已把 RCS 因子的均值归一化)。当考察区域较小时,海洋的起伏确实比植被的小,比如初始分类的时候(ω 利用人工选取的小区域的训练样本算得)。但当考察区域扩展到整个海域时,植被区域的起伏就未必强于海洋了。图 7-5(a)表明 A1 区域的海洋散射要远强于其他区域(比如 A2),于是利用整个海域估计出的粗糙度参数一定很大。0 次迭代到 1 次迭代之间海洋区域 ω 值的大幅下降便是这样造成的。

迭代造成的粗糙度参数的这种变化是很有用处的,因为它对地物的代表性更强了。初始分类时,各类地物粗糙度参数的差别都比较大,这恰好反映出各类地物均匀程度的不同,但由于训练样本较少,这种反映并不是很充分。比如,根据训练样本算得的海洋区域的 ω 值只能表征训练区海洋的粗糙程度,并不能恰当地反映右上角及山脉附近海洋的粗糙程度,因此在初始分类时,右上角及山脉附近的海洋分得不太好。但迭代之后,由于新添加的样本中既包含训练区的数据,又包含右上角及山脉附近的数据,重新估计得到的参数便不仅能较好地描述训练区的海洋,也能较好地描述右上角及山脉附近的海洋,进而改善了后两个区域的分类效果。植被和城区的分类也是如此。

进一步考察迭代对分类的作用。从图 7－5 中可以看出,随着迭代的深入,分类效果越来越好。但是表 7－3 给出的总体精度和 Kappa 系数并没有很好地反映分类效果的改善,这是因为测试集没有包含图像右上角的海洋区域。

迭代 4 次之后,发生类转移的像素比例下降到 0.0131,低于预设值 0.0150,再迭代对分类效果的改善不会很大。此时,总体精度和 Kappa 系数分别稳定在 0.9128 和 0.8308,图像右上角的海洋基本上已正确分类,但仍有部分像素被错分为城区。

3. GMMAP 迭代分类

WML 和 GML 都仅利用单一像素数据进行分类,没有考虑像素的上下文信息。实际上,无论是从实际地物在空间上具有一定的连通性这点出发,还是从分类的最小错误率出发,都有必要利用上下文信息,这也是本章采用 MRF 的原因。根据 7.1.4 节和图 7－2 的分类方案,采用 5 阶邻域,参数设置为 $\beta_1=\beta_2=1$,$P_t=0.95$,则得到如图 7－6 和表 7－4 所示的 GMMAP 分类结果。

由实验结果可以明显看出,MRF 极大地改善了统计分类的效果。2 次迭代之后,GMMAP 便能得到很好的分类。主要体现在:

(1) 定量地来看,GMMAP 分类的总体精度比 GML 提高了大约 4 个百分点,而 Kappa 系数则提高了大约 9 个百分点。

(2) 在视觉效果上,GMMAP 分类得到的各类地物连通性更好,这也是 MRF 的巨大作用。

(3) 利用 Frery 等提出的方法,3 次迭代之后,可以得到与图 7－6(d)相似的结果(由该方法得到的同类地物的连通性略好),总体精度为 0.9613,Kappa 系数为 0.9232。虽然分类精度比 GMMAP 方法略高,但 Frery 等所提的方法需要同时对复 Wishart 分布、$\mathcal{K}_P$ 分布和 $\mathcal{G}_P^0$ 分布进行处理,需要进行拟合优度检验以及不同分布的参数估计,操作复杂度很高。

在 GMMAP 分类中,MRF 需要事先确定,主要包括邻域阶数的选择和子团势函数的确定。为了方便,本书仅使用单点子团和点对(两点)子团(认为其他子团上的势都为零),仅需确定式(7－52)中 β_1 和 β_2 的值即可。邻域阶数越高,平滑越厉害,属于同一类的大区域的分类效果会更好,但处于边界附近的占

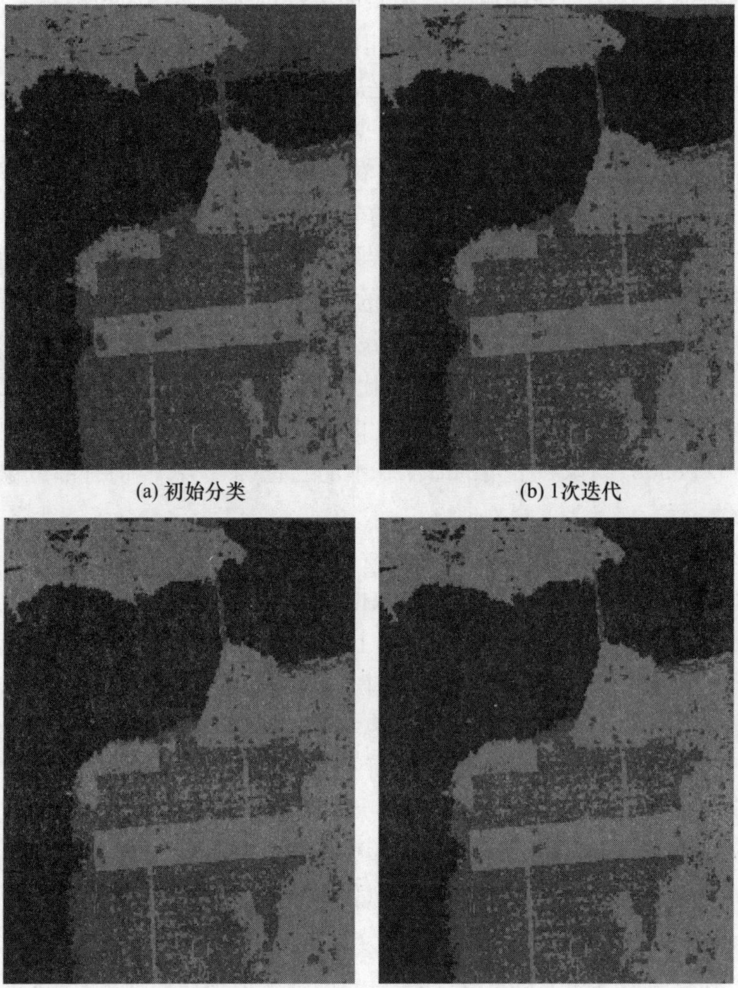

(a) 初始分类　(b) 1次迭代

(c) 2次迭代　(d) 4次迭代

图 7－6　GMMAP 迭代分类结果

表 7－4　GMMAP 迭代分类结果

迭代次数	ω 的估计值			转移像素比例	总体精度	Kappa 系数
	海洋	植被	城区			
0	9.9579	2.5502	0.7725	1.0000	0.9652	0.9419
1	0.8767	0.9350	0.2687	0.0873	0.9610	0.9359
2	0.4146	0.8783	0.2400	0.0221	0.9492	0.9116
3	0.3386	0.8606	0.2400	0.0133	0.9489	0.9117

据区域较小的类的像素被分为占据区域较大的类的可能性也增加了，同时运算量也会增大。因此，邻域阶数必须适中。在确定先验概率时，β_1 和 β_2 的取值有很大影响，二者分别体现当前像素和邻域像素的重要程度。当 $\beta_1 \gg \beta_2$ 时，邻域的影响力很小，MRF 对分类的影响很小，$\beta_2 = 0$ 时 GMMAP 退化为 GML。当 $\beta_1 \ll \beta_2$ 时，当前像素对于确定先验概率的作用不大，但对分类性能的影响也不会很大。比如，在 5 阶邻域下，当 $\beta_1 = 0$、$\beta_2 = 1$ 时，利用本书的实验设计，迭代 1 次之后 GMMAP 的总体精度为 0.9610，Kappa 系数为 0.9359［表(7-4)］，与 $\beta_1 = \beta_2 = 1$ 时的结果差不多。

7.2　利用散射特性的极化 SAR 无监督目标分类

由于全极化 SAR 图像较单极化 SAR 图像具有更为丰富的信息，因此人们提出了许多利用散射特性的极化 SAR 图像无监督目标分类。其中，具代表性的有：Van Zyl 首次提出的地物四类划分，即奇次散射、偶次散射、体散射及“不可分类”，并详细分析了镜面散射、微粗表面散射、二面角散射以及森林区域散射。这些分析对后续一些优秀分类方法产生深远的影响：Cloude 提出的基于 H/α 极化分解的分类。该方法是目前使用最为广泛的分类方法。H/α 分类比较核心的一步是对 H/α 平面进行划分，然后根据 H/α 值把各像素化为相应区域的类别。H/α 分类存在的不足：区域的划分过于武断，当同一类的数据分布在两类或几类的边界上时分类器性能将变差；当同一个区域里共存几种不同的地物时，将不能有效区分。针对 H/α 分类不足，本节提出了一种新的基于散射相似性和散射随机性的极化 SAR 目标分类新方法。

7.2.1　基于 H/α 平面的散射分类

在目标散射为某种散射机制上的随机起伏的假设下，鉴于 H 和 α 分别表征了目标散射随机性和平均散射机制，所有可能散射均可采用 H/α 平面上的点表示，Cloude - Pottier 提出了一种基于 H/α 平面的无监督分类方案。其基本思想为：首先将 H/α 平面分为 9 个不同子区域，每个区域对应不同的散射行为，然后将极化 SAR 数据投射到该平面上，并根据数据点所在的子区域确定其散射类别。图 7-7 给出了 H/α 平面的子区域划分。在该图中，每个子区域对应的散射特征可描述为[4]：

(1) 区域 9 低熵表面散射：该区域对应 $\alpha < 42.5°$ 的低熵散射，这包括几何光学（geometrical optics，GO）和物理光学（physical optics，PO）的表面散射、布拉格表面散射，以及在 HH 和 VV 分量间引起 180°相移的镜面发射。实际上，一些

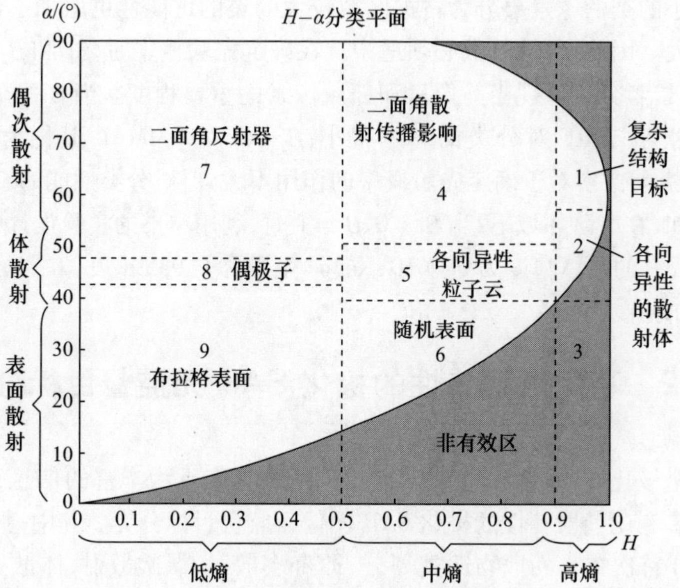

图 7-7 二维 H/α 平面

诸如 L 波段和 P 波段下的水域、L 波段的海洋冰面及非常光滑的陆地表面等均属于该区域散射。

(2) 区域 8 低熵偶极子散射：属于本区域的散射在 HH 和 VV 分量的幅度上会有较大差异。孤立的偶极子散射体、具有较强的各向异性的植被区均属于该区域散射。该区域范围可根据雷达测量 HH/VV 比例的能力，或定标精度决定。

(3) 区域 7 低熵多重散射：该区域为低熵偶次或二次散射，例如，孤立非传导体或金属二面角散射。本区域对应 $\alpha > 47.5°$ 的散射。此散射区域下边界选择取决于散射目标的介电常数和雷达测量精度。举例来说，当多重散射的每个散射面均可用布拉格表面散射模型近似，并且其介电常数 $\varepsilon_r > 2$ 时，$\alpha > 50°$。

上述 3 个区域均为低熵散射，其上边界选取主要依据一阶散射的混乱容忍度。通过估计第二和更高阶散射引起的熵变化，容忍度可用于分类中，从而重要的一阶散射过程仍然能被正确地识别。同时，系统噪声也是造成极化散射熵增加的原因，因而选取边界时系统噪声水平也是需要考虑的。选择 $H = 0.2$ 作为考虑上述两种作用后得到的典型值。

(4) 区域 6 中熵表面散射：该区域极化散射熵的增加源于散射体表面粗糙度增加和电磁波在树冠层的传播影响。根据表面散射理论，低频布拉格散射和高频几何光学散射对应的极化散射熵均等于零。然而,介于这两种极限情况之间,第二次波传播和散射机制的物理特性将造成极化散射熵的增加。因此,伴随着表面粗糙度或表面变化相关长度的增加,极化散射熵也会增加。例如,覆盖扁圆散射体(树叶或圆盘)的地表,其极化散射熵介于0.6~0.7。

(5) 区域5中熵植被散射:该区域为以偶极子散射为主的中熵散射。其极化散射熵的增加源于单元散射体空间取向角的中心统计分布。该区域包含与各向异性的植被、散射体取向等相关的散射。

(6) 区域4中熵多重散射:该区域为中熵二面角散射,较为典型的例子有森林区和城区。对于森林区域而言,L波段或P波段的电磁波能够穿过树冠层,与树干和地表构成的二面角相互作用,电磁波树冠层的传播增加了整个散射过程散射随机性,或极化散射熵。对于城区而言,稠密的散射中心也能产生中熵多重散射。

中熵与高熵的边界设定为 $H=0.9$,这种边界选取基于在应用随机分布之前的表面散射、体散射、二面角散射的上限。

(7) 区域3高熵表面散射:该区域不是 H/α 平面上的有效分类区域,因为对于极化散射熵大于0.9的情形,已无法区分出表面散射。

(8) 区域2高熵体散射:该区域对应 $\alpha=45°$ 和 $H>0.9$ 的散射。这类散射主要来自各向异性针状粒子云的单次散射和低损耗对称粒子云的多次散射。森林树冠层散射和高随机各向异性植被覆盖散射均属于这一类。在 H/α 平面上,随着极化散射熵的增大,该区域有效分类面积逐渐收缩,极限情况为:$H=1$ 时,收缩为一点。

(9) 区域1高熵偶次散射:该区域仍能区分出偶次散射。同样,该类散射主要出现在森林区域,或在树枝和树冠结构完全发育的植被区域。

当然,从某种意义上讲,上述区域边界选取具有任意性,尽管它考虑了诸如雷达校正、测量噪声水平等极化SAR系统因素。但这种选取是一种简单的无监督分类策略,并强调了物理散射过程的几何分割。这是与数据无关的无监督分类方法的典型特征。

图7-8给出了旧金山地区AIRSAR数据在二维 H/α 平面散布图(a)和着色方案(b)。图7-9为对应分类结果。从该图中可以看出,海洋主要为表面散射,因而被分到第9区;公园等存在植被主要分布在第5区和第1区;城市区域主要属于二面角散射,因此分布在第4区和第7区。显然,这种分类结果与实际场景基本吻合,反映了实际地物散射特性。而且,该方法并不需要训练样本,因此是一种较好的非监督分类方法。

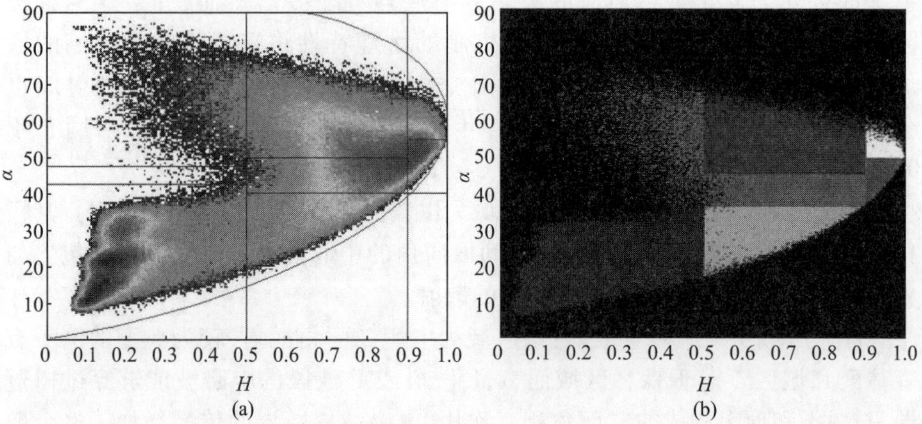

图 7-8 旧金山地区 AIRSAR 数据在二维 H/α 平面散布图(a)和着色方案(b)(见彩图)

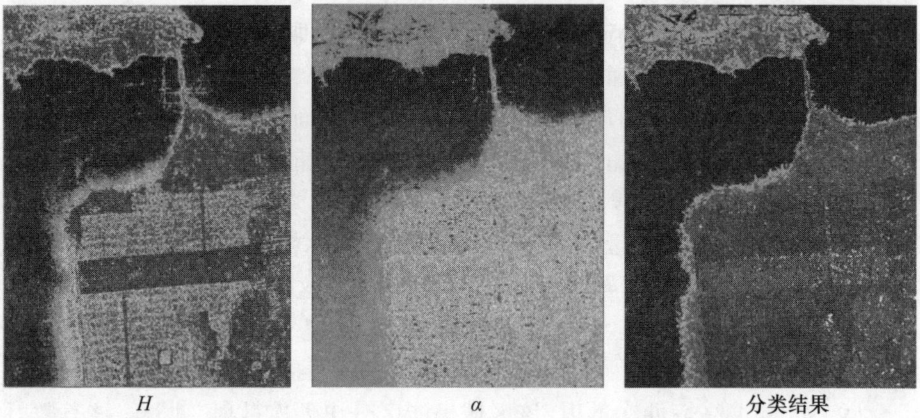

图 7-9 旧金山地区 AIRSAR 数据 H/α 分类结果(见彩图)

7.2.2 基于 H/α 替代参数的分类方法

正如前文所言,在极化 SAR 图像目标散射分类中,基于 H/α 平面的分类算法是目前应用最为广泛的一种。然而,该算法在实际应用中存在两个不容忽视的问题:一是区域的线性划分过于武断,不符合真实的实际地物情形,以至于当同一类地物的参数分布在两个以上区域的边界上时分类效果将变差,或者当同一区域内共存几种散射机制相似的不同地物时,它们将不能被有效地区分开来;二是 H 和 α 参数的提取运算量偏大,因为它涉及复杂的矩阵特征值和特征矢量分解,不利于大数量的极化 SAR 图像实时处理。

为克服 H/α 分类算法存在的问题,Lee 提出采用 Freeman 分解替代 Cloude

分解的解决方案,取得了较好的效果。但 Freeman 分解存在反射对称这一假设,而实际地物并不总能满足该假设条件。不仅如此,Freeman 分解只考虑了目标主散射机制差别,其分类结果不能很好地反映目标散射随机性。

基于以上分析,本节将首先提出一种基于球面散射相似性和极化散射熵替代参数的散射分类,克服了 H/α 分类运算量偏大的不足。在此基础上,7.2.3 节又提出了一种基于多散射相似性和散射随机系数的散射分类新方案,并在该方案框架下给出了一种具体的散射分类方法。最后结合实测极化 SAR 图像验证了算法的有效性。4.4 节研究表明,球面散射相似性具有表征目标散射类型的功能,因而可用来替代平均散射角 α,它与极化散射熵构成新的分类平面——H/r_s 平面。

不过,采用 H/r_s 平面进行散射分类,仍面临边界人工选取的问题。这里为了便于将基于 H/r_s 平面和基于 H/α 平面的地物散射分类进行比较,将根据 H/α 分类确定 H/r_s 分类平面类别边界。图 7-10(a)给出了基于 H/α 分类平面的旧金山地区地物散射分类结果散布图。该图中色彩代表散射类别。根据该分类结果,将相同的点转移到 H/r_s 平面上,且对应色彩保持不变,如图 7-10(b)所示。该图中相同色彩的点分布在同一区域,说明相同散射类别的地物在 H/r_s 平面上同样集中在同一区域,这为我们通过 H/r_s 平面区域划分区分地物散射类别提供了依据。不仅如此,尽管不同区域交界处存在少许混淆,但区域边界仍较为明显,这使我们可以依据 H/α 散射分类确定 H/r_s 平面的类别区域边界。

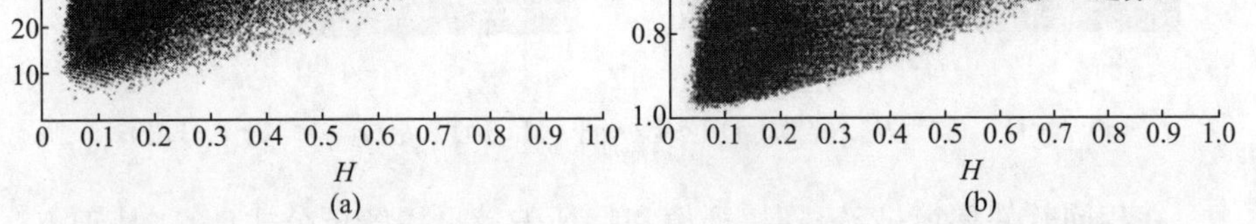

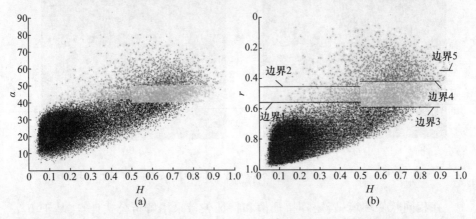

图 7-10 基于 H/α 平面(a)和 H/r_s 平面(b)的散射分类结果散布图(见彩图)

利用区域边界附近的数据点,根据最小二乘法可拟合出区域边界直线,如表 7-5 第 3 行所示。表 7-5 第 2 行给出了平均散射角 α 边界值。显然平均散射角 α 和 r_s 的边界近似满足 $r_s = \cos^2 \bar{\alpha}$ 关系。

表7-5 平均散射角 α 类别边界值和 r_s 类别边界估计值

类别边界	1	2	3	4	5
平均散射角 α 类别边界值	42°	48°	40°	50°	55°
r_s 类别边界估计值	0.5524	0.4472	0.5861	0.4133	0.3291

尽管相对于平均散射角 α，r_s 计算简便，但由于极化散射熵提取仍需进行矩阵特征值和特征矢量分解，若直接采用 H/r_s 平面进行散射分类，其运算量仍然偏大。为此，这里采用4.3.3节提出的用参数 H' 替代极化散射熵。在平均散射角 α、r_s 选取表7-5中的边界值，而在 H' 和 H 边界相同的情形下，图7-11分别给出了基于 H/α 平面(a)和基于 H'/r_s 平面(b)的旧金山地区地物散射分类结果图。由该图可以看出，两种散射分类结果图中相同地物的色彩几乎一致，即城区以红色为主、公园以绿色为主、海洋以蓝色为主，这说明两种分类方法具有一致的分类效果。当然，也有少许色彩差别，这源于平均散射角 α 与 r_s 之间和 H 与 H' 之间并非一一对应的映射关系，但这并不影响整幅极化SAR图像地物散射分类效果。

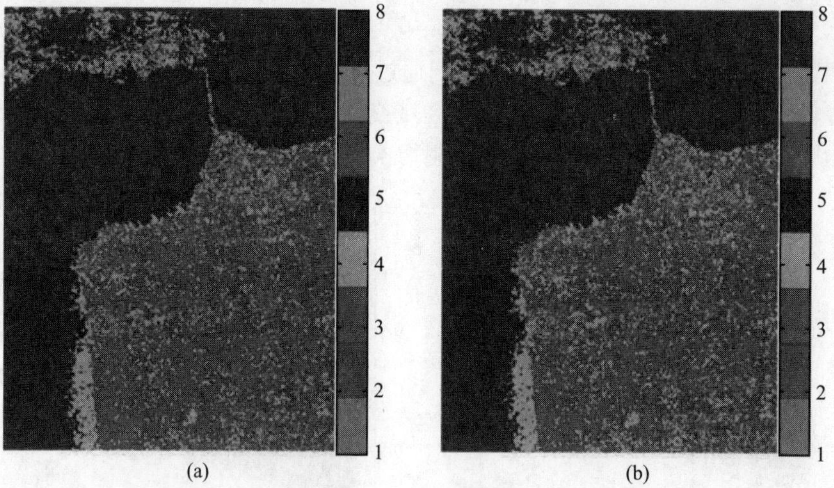

图7-11 基于 H/α 平面(a)和 H'/r_s 平面(b)的散射分类比较(见彩图)

在相同软件环境，若矩阵特征值和特征矢量采用解析公式计算，基于 H/α 平面分类法所用时间至少是基于 H'/r_s 平面分类法的5倍；若采用Matlab内带eig函数求解特征值，前者运算时间至少为后者的35倍。其原因为球面散射相似性系数计算只涉及简单的加、除和平方运算。

综上所述，尽管基于 H'/r_s 平面和基于 H/α 平面的散射分类几乎相同，但在算法效率方面前者则明显优于后者，因而兼顾算法效率和分类精度两方面，

采用 H'/r_s 平面替代 H/α 平面进行地物散射分类将是一个不错的选择。但必须明确的是，H'/r_s 散射分类仍然无法克服 H/α 散射分类类别边界人为确定的不足。

7.2.3 基于散射相似性和散射随机性相结合的无监督分类新方案

正如前文分析，相对于 H/α 分类而言，H'/r_s 分类具有明显的运算优势，但它仍存在 H/α 分类类别边界人为确定带来的不足。不仅如此，这两种方法还存在目标信息利用不充分的缺陷：①根据相干矩阵特征分解可知，H/α 分类只利用了相干矩阵特征值和特征矢量中的 α 角，而忽略了 β_i、δ_i 和 γ_i 3 个参数（见式(4－65)）；②H'/r_s 分类也只有利用了目标散射随机性和球面散射相似性特征，而忽略了其他散射相似性特征。实际上，从信息论角度看，综合利用目标各方面信息将有助于提高目标散射分类效果。基于此，这里将讨论多散射相似性参数与散射随机性的目标散射分类。

1. 基于多散射相似性参数与散射随机性的散射分类

根据散射相似性定义可知，由于它度量了目标散射与典型散射的相似程度，利用它可实现目标散射分类。但仅根据单个散射相似性参数只能进行粗略的散射分类：当散射相似性参数较大，接近或等于 1 时，目标以典型散射为主；反之，目标不以典型散射为主。如果对目标进行更精细的散射分类，就必须增加考虑的典型散射种类。也就是说，根据多散射相似性参数实现目标散射分类。其基本思想为：首先计算目标与 N 类典型目标的散射相似性参数，然后在其中选取散射相似性最大对应的典型散射作为目标散射类别。

然而，由于实际地物散射的复杂性，简单地用某种散射机制来刻画目标散射，或用主散射机制作为目标散射类别将过于粗糙。实际上自然地物往往包含多种散射类别，每种散射对目标后向散射的贡献不一。根据散射相似性参数，仅能分辨这些散射中哪种散射对目标后向散射贡献较大，而无法辨识不同散射对目标后向散射贡献的分布情况，即目标散射随机性。不仅如此，采用目标主散射机制和散射随机性相结合的描述方式，其合理性在目标散射随机性较高时将受到质疑，因为此时目标主散射机制并不占绝对主导地位，甚至目标各种散射对目标后向散射的贡献几乎相同。

基于以上认知，这里考虑采用散射相似性和散射随机性相结合的目标散射分类方案，并针对不同的目标散射随机性，采取不同的散射类别描述方式。其大致思路为：首先，根据散射随机性将目标分为高、中、低 3 种情形；然后对于低散射随机性情形，根据多个散射相似性参数大小关系，将散射相似性参数最大的典型散射作为目标散射类别；对于中散射随机性情形，同样根据多个散射相似性参数大小关系进一步细分,不过,此时选取散射相似性参数较大的几种典型散射联合表征目标散射类别;对于高散射随机性情形,目标散射类别描述为高熵散射。

需要说明的是:①对于低散射随机性情形,采用一种散射机制来描述目标后向散射是合理的。因为此时主散射机制在目标后向散射中占绝对支配地位。②对于中散射随机性情形,采用少数几种散射机制来描述目标后向散射也是合理的,因为此时主散射机制对目标后向散射贡献并不绝对占优,而散射相似性参数较大的几种散射机制对目标后向散射贡献之和占绝对主导地位。③对于高散射随机性情形,由于目标包含的散射机制对后向散射贡献几乎相当,因而该情形不进一步细分。

综上所述,新方案具有以下3个方面的特点:①充分考虑了目标散射随机性差异,对不同散射随机性的目标采用不同的类别描述方式,相对于现有的目标散射描述更为合理;②根据散射相似性参数大小关系确定散射类别,不存在Cloude的类别边界人工确定等不足;③采用多目标散射相似性参数和散射随机性,充分利用了目标信息。因此,从整体上讲,该方案比相对现有目标散射分类方案更优。不过,在采用上述方案进行地物散射分类时,还需注意以下3点:

(1) 被选取的典型散射应较好地反映实际地物散射情况,这样才能使分类结果与实际地物很好的吻合;

(2) 被选取的典型散射,它们之间的相似性应尽可能地小,以减少出现目标与这些典型散射相似性参数相等或接近的可能;

(3) 典型散射选取的个数要适当,过少无法有效区分不同散射的地物目标,过多增加了大量运算。

2. 新的目标散射分类算法

作为上述新方案的具体应用,下面将给出一种新的目标散射分类方法。

根据第4章研究可知,球面散射相似性 r_s、偶次散射相似性 r_d 和体散射相似性 r_v 可理解为对应典型散射对目标后向散射的贡献,且它们之和等于1。这说明任意目标后向散射均可看成这3种典型散射的叠加。不仅如此,这3种典型散射是对实际地物的散射建模,能真实地反映地物散射情况。为此,以 r_s、r_d 和 r_v 为例,给出了基于多散射相似性和散射随机性的极化SAR图像地物散射分类具体流程(图7-12)。

新算法的具体实施步骤为:

(1) 计算极化SAR图像对应的极化散射熵、球面散射相似性参数 r_s、偶次散射相似性参数 r_d 和体散射相似性参数 r_v;

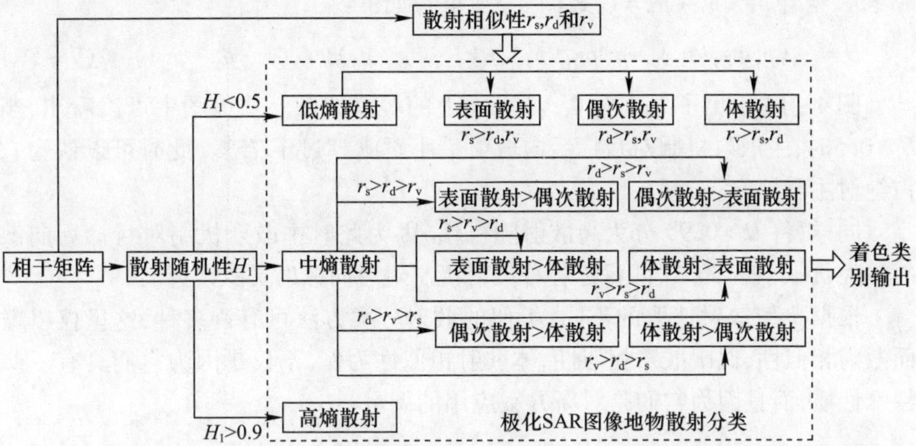

图 7-12　基于散射相似性和散射随机性的极化 SAR 图像地物散射分类流程图

(2) 根据极化散射熵取值,将极化 SAR 图像中像素划分为低散射随机性($H<0.5$)、中散射随机性和高散射随机性($H>0.95$)3 类;

(3) 根据散射相似性参数进一步细分上述 3 类,即对于低散射随机性情形,利用最大散射相似性参数进一步将像素划分为以球面散射($r_s>r_d$ 且 $r_s>r_v$)、偶次散射($r_d>r_s$ 且 $r_d>r_v$)或体散射($r_v>r_d$ 且 $r_v>r_s$)为主的 3 类散射;

(4) 对于中散射随机性情形,利用较大的两个散射相似性参数进一步将像素划分为 6 类,即若 $r_s>r_d>r_v$,则像素散射类别为表面散射 > 偶次散射,其他散射类别参见表 7-6;

(5) 对于高散射随机性情形,不做进一步处理,将该情形看成一个散射类别。

表 7-6　根据散射相似性的中散射随机性情形类别细分表

序号	判决条件	散射类别
1	$r_s>r_d>r_v$	表面散射 > 偶次散射
2	$r_s>r_v>r_d$	表面散射 > 体散射
3	$r_d>r_s>r_v$	偶次散射 > 表面散射
4	$r_d>r_v>r_s$	偶次散射 > 体散射
5	$r_v>r_s>r_d$	体散射 > 表面散射
6	$r_v>r_d>r_s$	体散射 > 偶次散射

需要说明的是,这里将 $H<0.5$ 分为低散射随机性,其原因为:若假设 $p_1 \geqslant$

$p_2 \geqslant p_3$，结合 $p_1 + p_2 + p_3 = 1$，式(4-77)重写如下：

$$H = -(p_1 \log_3(p_1) + p_3 \log_3(p_3) + (1 - p_1 - p_3)\log_3(1 - p_1 - p_3)) \tag{7-59}$$

图4-13给出了 H 在 (p_3, p_1) 平面上的等高线图。从该图中可以看出，当 $H < 0.5$ 时，主散射机制对目标后向散射最小贡献超过了75%，此时可以认为它占绝对主导地位。

同样，将 $H > 0.95$ 分为高散射随机性，因为此时主散射机制对目标后向散射最大贡献小于50%，即目标各种散射机制对后向散射贡献接近。

根据典型散射选取的不同，类似的散射分类方法可有许多种，这里仅以球面散射相似性、偶次散射相似性、体散射相似性为例，不仅是因为它们具有一些特殊性质，而且因为它们是对新方案应用的展示。

7.2.4 实验对比及分析

为了验证新的散射分类方案，这里选取NASA/JPL AIRSAR于1994年对旧金山海湾地区成像的L波段全极化数据进行散射分类演示。选择该极化SAR图像的原因为：①该地区地物类型已知，主要包含海洋、城区、植被3类典型地物，这些地物之间的散射差别较大，有利于散射分类算法的评估；②现有众多文献中均采用该幅极化SAR图像作为演示数据，这里选取它有利于与现有算法的比较分析。图7-13(a)给出该地区的光学图像。原始极化SAR图像经过四视处理。图7-13(b)给出了滤波后的总功率切片图。图像尺寸为600像素×600像素，图中标识了一些具体的地物目标：海洋、高尔夫球场、城区、金门公园和马球场。

(a) 光学图像　　(b) 滤波后的总功率图

图7-13　旧金山海湾地区的光学图像和滤波后的总功率图

为对该地区地物进行散射分类，首先分别计算该地区地物的极化散射熵，以及球面散射、偶次散射和体散射相似性参数，并在海洋区、城区和植被区域分别选取一块矩形切片数据进行分析。图 7-14(a)给出了这 3 个切片区域极化散射熵的直方图拟合曲线。由该图可知，海洋区域的 H 基本上集中在 0.1 ~ 0.3，城区的 H 主要分布在 0.95 ~ 0.1，植被区则主要分布在 0.6 ~ 1.0。也就是说，海洋区域为低散射随机性，城区为中散射随机性，植被区域为高散射随机性。

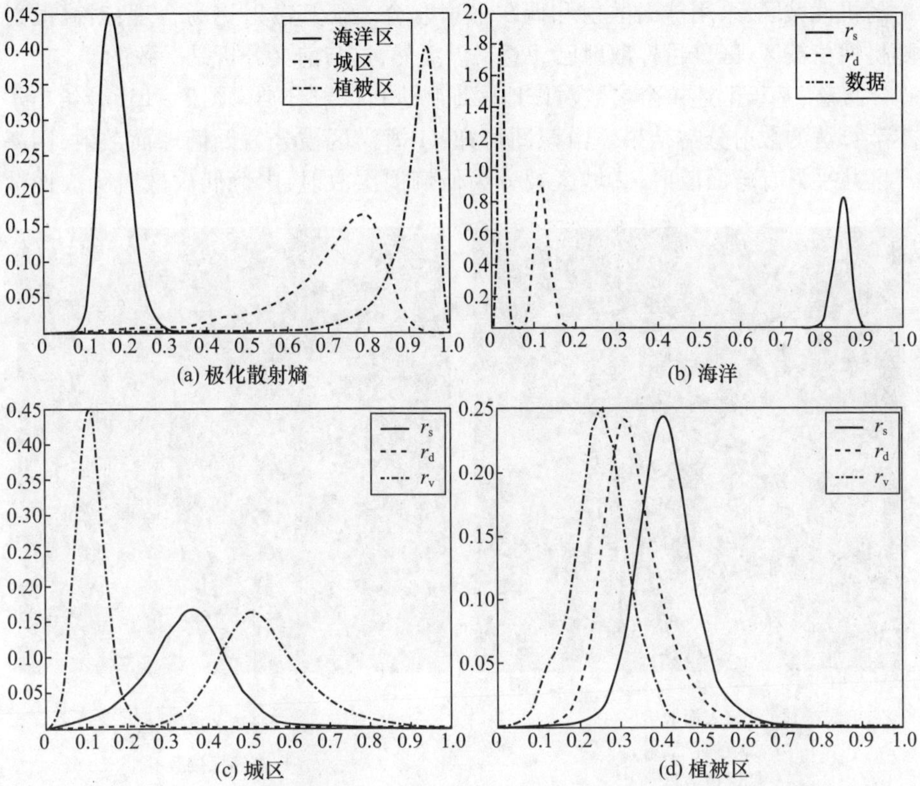

图 7-14　不同地物的极化散射熵和散射相似性的直方图拟合曲线

图 7-14(b) ~ (d)分别给出了 3 个切片区域相似性参数统计直方图拟合曲线。表 7-7 给出了 3 个切片区域对应的散射相似性参数均值和标准差。从图表可看出：①在海洋区，球面散射相似性参数远大于其他两个散射相似性参数，说明球面散射对目标后向散射贡献远大于另外两种散射；②在城区，球面散射、偶次散射的相似性参数取值比较接近，说明二者对目标后向散射的贡献相当；③在植被区，三种散射相似性参数取值差别很小，说明 3 种散射对后向散射的贡献差别不大。

表 7-7 不同地物目标的散射相似性参数的均值和标准差

地物	表面散射相似性		偶次散射相似性		体散射相似性	
	均值	标准差	均值	标准差	均值	标准差
海洋区	0.8613	0.0264	0.3486	0.1022	0.0250	0.0081
城区	0.3486	0.1022	0.5349	0.1069	0.1165	0.0365
植被区	0.4112	0.0709	0.3360	0.0797	0.2528	0.0695

可见，对低散射随机性海洋区，采用球面散射表征其散射是合理的；对中散射随机性城区，采用球面散射和偶次散射联合表征其散射更为合理；对高散射随机性植被区，区分目标散射已无意义。显然，这与前文分析是一致的。

接着，基于上述4个参数对该地区地物进行散射分类。图7-15(a)给出了本节算法的散射分类结果。由该图可知：①海洋区被分为低熵球面散射，因海洋区几乎只有球面散射；②城区被分为低熵偶次散射、中熵偶次散射 > 表面散

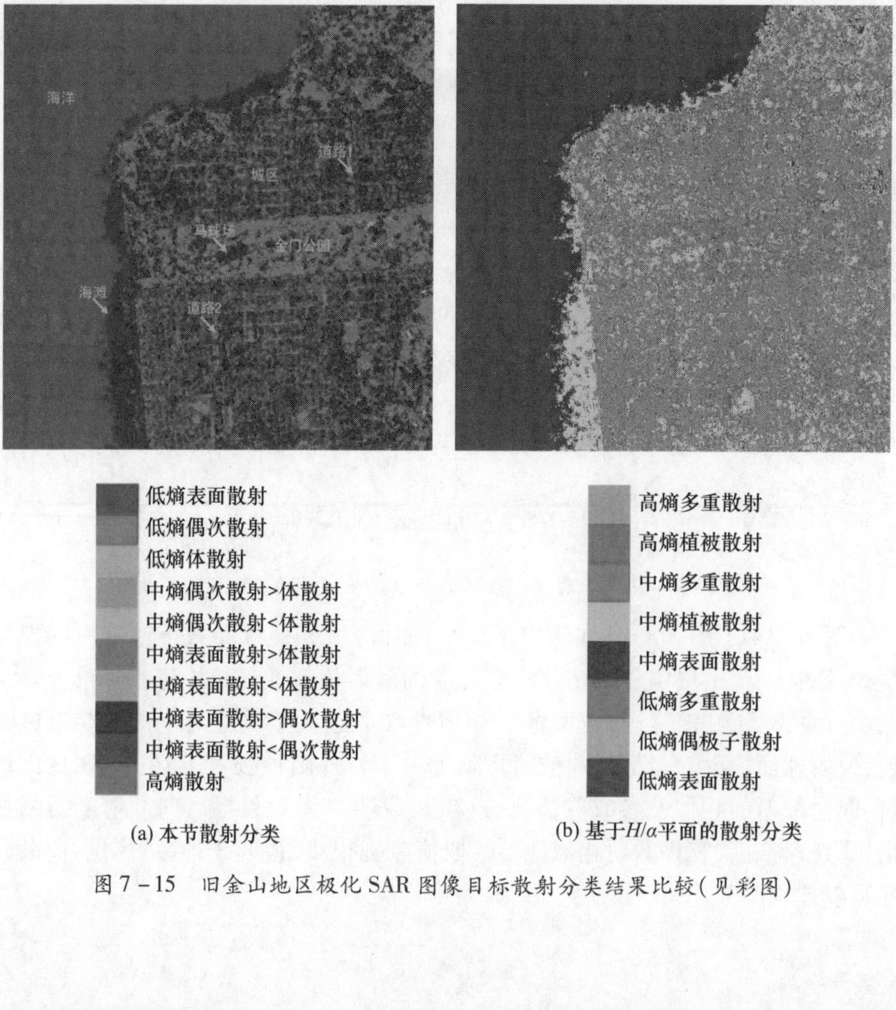

(a) 本节散射分类　　(b) 基于 H/α 平面的散射分类

图 7-15 旧金山地区极化 SAR 图像目标散射分类结果比较(见彩图)

射和中熵偶次散射 < 表面散射3种散射情形。鉴于该区域包含了墙体与地面的偶次散射，以及墙体、地面、屋顶等的表面散射，故这种划分是合理的。③植被区被分为高熵散射，因植被包含树冠层的体散射、树干和地面的偶次散射，以及树叶、树枝、树干和地面的球面散射，散射情况较为复杂，散射随机性较大。显然本节算法的散射分类结果能较好地对应实际地物散射情况，从而验证了该分类方法是有效的，也说明了新散射分类方案合理可行。

图7-15(b)给出了基于H/α平面的散射分类结果。当然，也可与基于H'/r_s平面的散射分类进行比较。不过，7.2.2节已说明基于H/α平面和基于H'/r_s平面的散射分类效果相同，因而这里只考虑与基于H/α平面的散射分类结果进行比较。显然，由图7-16的分类结果可知，本节算法和基于H/α平面的散射分类均能有效地将该地区3种典型地物区分开。然而，基于H/α平面的散射分类结果却出现了误分，例如海滩被分为中熵植被散射。实际上，由于该地物为松软沙地结构(图7-16)，应是以表面散射为主的散射。本节算法将其分为中熵表面散射 > 体散射是合理的。不仅如此，从分类细节上看，本节算法的分类结果中城区与植被区的边界更加明显；城区中的道路更加清楚；城区的平行或垂直结构也能有所体现(图7-17和图7-18)。也就是说，本节算法的散射分类能更准确地体现实际地物的散射差异。其原因在于本节算法根据散射相似性参数大小确定类别，克服了人工确定α类别边界带来的不足；球面散射、偶次散射和体散射为实际地物散射类型，选取它们的相似性进行散射分类，其分类结果能很好地对应实际地物散射情况。

图7-16 旧金山地区海滩光学图

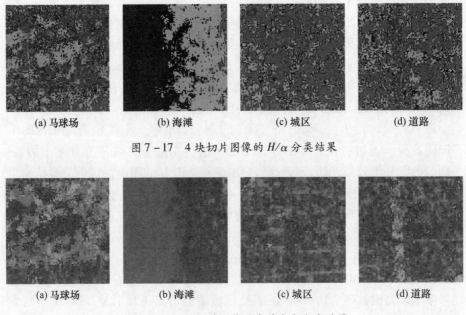

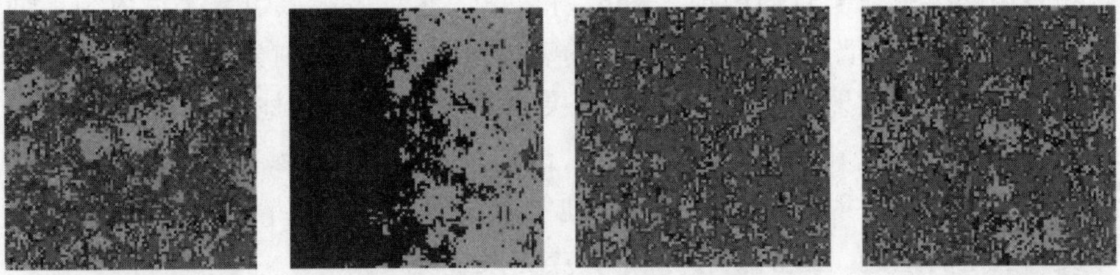

(a) 马球场　(b) 海滩　(c) 城区　(d) 道路

图 7-17　4 块切片图像的 H/α 分类结果

(a) 马球场　(b) 海滩　(c) 城区　(d) 道路

图 7-18　4 块切片图像的本节散射分类结果

同样,为提高本节算法运算效率,可采用 4.3 节中参数替代极化散射熵。采用未优化的 Matlab 代码分别运行本节算法和 H/α 分类法。本节算法的运算时间仅为 3.0470s,不到 H/α 分类法运算时间的 1%,其原因为本节算法仅涉及一些简单的加、减、乘和除操作,故其运算速度远快于后者。同时,与基于 H'/r_s 平面的散射分类进行比较,后者运算时间为 2.8180s,可见,二者运算速度几乎相当。

综上所述,兼顾目标散射分类效果和运算效率两方面,本节算法性能最优。

7.3　综合利用统计特性和散射特性的极化 SAR 目标分类

在没有任何先验知识的情形下,根据地物散射分类结果也能大致了解地物实际散射情况,这是基于散射特性的极化 SAR 图像无监督分类备受青睐的原因。然而,由于实际地物散射的复杂性,即不同类型的目标可能包含同种散射,如海洋、城区等均包含表面散射;或同类目标可能包含多种散射,如森林地区包含表面散射、偶次散射、体散射等,散射分类结果不一定与实际地物类型相一致,造成实际散射分类结果视觉效果较差,甚至由于相干斑噪声、校正误差等干扰因素,可能造成错分。为此,有必要对 7.2 节地物散射分类结果进行类别调整。

7.3.1 H/α + Wishart 的无监督分类

基于散射特性的 H/α 目标分解理论为像素分类提供了合理的依据,但该方法在一些情况下的分类结果并不能达到较为理想的效果。原因在于:首先:H/α 分解只利用了相干矩阵中部分极化信息;并且 H/α 区域边界的设定具有一定的任意性,某一类别可能落在几个独立区域交汇的边界附近,两个或更多的类可能落在同一区域,使分类结果存在一定模糊性;最后,为了得出较好的 H 与 α 结果,需要进行平均处理操作,而该操作又进一步损失了细节信息。

为了改善分类的性能,Lee 等进一步考虑了用于 H/α 分解的多视相干矩阵的统计特性,将监督分类中常用的基于统计知识的方法引入 H/α 分类中,提出了基于 H/α 分类和复 Wishart 分类器的联合分类算法,以下简记为 H/α + Wishart 分类器。该算法首先应用 H/α 无监督分类的结果形成训练集,将其作为 Wishart 分类器的输入进行二次迭代分类。一般地,H 值和 α 值通过多视数据获取,视数较小时会严重低估熵 H 值,为了得到理想的 H 值和 α 值,需要对多视数据的协方差矩阵或相干矩阵进行滤波处理。传统的矩形窗滤波严重降低了图像质量,使靠近边界的极化信息因为不加选择的平均而发生变化,为了保持图像分辨率并且减少相干斑,Lee 等应用改进的 Lee 滤波器对相干矩阵滤波,再由滤波图像计算 H 和 α。根据 H 和 α 结果,将初次分类图分为 8 个区域,利用其训练 Wishart 分类器。

在初始分类图中,令第 m 个聚类中心的相干矩阵为 $\boldsymbol{T}_m$,它的最大似然估计为属于类别 m 的所有像素相干矩阵的平均,即

$$\boldsymbol{T}_m = \frac{1}{n_m}\sum_{i=1}^{n_m}\boldsymbol{T}_i \tag{7-60}$$

式中:n_m 为类别 m 的像素个数;$\boldsymbol{T}_i$ 为类别 m 中第 i 个像素的相干矩阵。每个像素与类别 m 的 Wishart 距离度量为

$$d(\boldsymbol{T},\boldsymbol{T}_m) = \ln|\boldsymbol{T}_m| + \mathrm{tr}(\boldsymbol{T}_m^{-1}\boldsymbol{T}) \tag{7-61}$$

由此根据式(7-61),将待分类像素归为第 m 类的条件为

$$d(\boldsymbol{T},\boldsymbol{T}_m) \leqslant d(\boldsymbol{T},\boldsymbol{T}_j)\ (\text{对于所有 } j \neq m) \tag{7-62}$$

经过 Wishart 再次分类后的结果在保持细节方面有了明显改进。

利用迭代处理思路可以进一步改进分类结果在保持细节方面的能力。可基于 Wishart 距离度量分类后的图像修正 $\boldsymbol{T}_m$,然后利用式(7-62)和式(7-63)对图像再次分类,当变换类别的像素个数小于某一预定值或达到某个终止条件时,迭代停止。可以证明:这种迭代分类是模糊分类的特殊情况,满足收敛条件。归纳起来,H/α + Wishart 分类步骤如下:

(1) 如果原始极化 SAR 图像没有进行足够的多视平均,可对其进行相干斑抑制。通常相干斑抑制可改善分类效果,但并不是必需的,主要依原始数据的等效视数而定。

(2) 利用式(7-63)将协方差矩阵变换为相干矩阵,即

$$\boldsymbol{T}=\boldsymbol{Q}_3\boldsymbol{C}\boldsymbol{Q}_3^{\mathrm{T}},\quad \boldsymbol{Q}_3=\frac{1}{\sqrt{2}}\begin{bmatrix}1 & 0 & 1\\ 1 & 0 & -1\\ 0 & \sqrt{2} & 0\end{bmatrix} \tag{7-63}$$

(3) 用 Cloude 分解计算极化散射熵 H 和 α 角。

(4) 根据 H/α 二维平面将图像初始分成 8 类。

(5) 对于每类,利用式(7-60)计算其类中心 $\boldsymbol{T}_m^{(k)}$(k 为迭代次数)。

(6) 根据式(7-61)计算待分类像素与所有类的 Wishart 距离度量,并根据式(7-62)将像素归为 Wishart 距离度量最小的类。

(7) 判定是否达到终止条件。如果没有,令 $k=k+1$,返回第(5)步。

可选的迭代终止条件为:①像素变换类别的数目小于某预定值;②类内距离总和达到最小值;③预定的迭代次数。通常选取一定的迭代次数作为终止条件。分类算法的类别数目不限于 8 类,如果需要更多的类别,可应用类间分裂或聚合将 H/α 平面上的区域划分成更多的类别。

7.3.2 Freeman 分解 + Wishart 的无监督分类

2004 年,Lee 等又提出一种基于 Freeman 分解与复 Wishart 分类器的地物无监督分类算法。该算法有效地利用了地物的散射机制信息,保持了每类地物中散射机制的同一性,比基于 H/α 的迭代分类方法具有更稳定的收敛特性,并且分类个数可以灵活选取,分类结果保持了空间分辨率。

其基本思路为:首先利用 Freeman 分解将极化 SAR 图像分为 3 个散射类别:表面散射、偶次散射和体散射,并对每个散射类别进行标记;然后将每个散射类别进一步细分为若干小类;最后采用 Wishart 距离度量进行类合并和调整。需指出,类合并时只有被标记为同一散射类别的小类才能合并为一类,从而很好地保持了散射特性的同一性,防止统计特性相似而散射特性不同的像素被分为一类。图 7-19 给出了该分类的流程图。根据该流程图,归纳起来,具体的分类步骤为:

1. 初始类划分

(1) 利用改进 Lee 滤波对极化 SAR 图像进行相干斑抑制。如果原始数据没进行足够多的多视平均,则在尽可能保持图像分辨率的情况下,可对协方差矩阵或相干矩阵的所有元素进一步滤波。相干斑抑制改善了图像分类结果,但

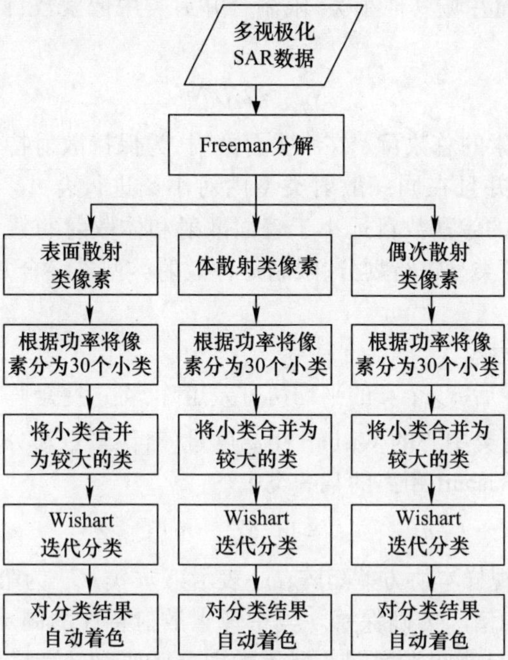

图 7－19　基于 Freeman 分解和 Wishart 分类器的分类流程图

过度滤波会降低图像空间分辨率。可以证明四视处理的极化 SAR 数据能够满足地物分类精度要求。

(2) 利用 Freeman 分解将极化 SAR 图像分为三大类。逐像素计算偶次散射(D)、体散射(V)和表面散射(S)对应的散射功率,将待分类像素归为散射功率最大的类别,并对像素散射类别进行标记。

(3) 将每个散射类的像素按该散射类型功率的大小划分为 30 个或更多的小类,这些小类中像素数目大致相等。例如,表面散射类型的像素基于其贡献值可划分为 30 个小类,则初始用于聚类数目总共有 90 个或更多的小类。

2. 小类合并

(1) 计算每一小类的平均协方差矩阵 $\boldsymbol{C}_i$。

(2) 根据小类之间的类间距进行类别合并。根据 Wishart 距离度量,类间距定义为

$$D_{ij} = \frac{1}{2}\{\ln(|\boldsymbol{C}_i|) + \ln(|\boldsymbol{C}_j|) + \mathrm{tr}(\boldsymbol{C}_i^{-1}\boldsymbol{C}_j + \boldsymbol{C}_j^{-1}\boldsymbol{C}_i)\} \tag{7-64}$$

若某两个小类之间的 D_{ij} 最小,则将其合并为同一类。为防止某一类合并后

远大于其他类别而吞噬其他小类,限制合并后类中像素数目不超过 N_{max},其定义为

$$N_{max} = 2N/N_d \tag{7-65}$$

式中:N 为图像像素的总数目。在小类合并时,为保持散射特性的纯度,首先将较小的小类合并,并且在同一散射类型内对小类进行合并。在实际地物分类中,偶次散射类型的像素数目远小于表面散射和体散射的数目,为了更好地对小数目的偶次散射类型进行划分,限制每种散射类型最终合并完后的类数目至少为 3。

3. Wishart 分类

(1) 计算合并后 N_d 个类的平均协方差矩阵,将这些矩阵作为类中心,根据待分类像素与所有类中心的 Wishart 距离度量,对像素重新分类,将每个像素归为与其具有最小 Wishart 距离的某一类中。

$$d(\boldsymbol{Z},\omega_m) = \ln|\boldsymbol{C}_m| + \mathrm{tr}(\boldsymbol{C}_m^{-1}\boldsymbol{Z}) \tag{7-66}$$

式中:$\boldsymbol{Z}$ 为像素多视样本协方差矩阵;ω_m 表示第 m 类;$\boldsymbol{C}_m$ 为第 m 类像素的样本协方差矩阵的平均值。为确保每一类中像素散射特性的同一性,标示为“D”、“V”或“S”的像素只能归类为同一标示类别。例如,主散射机制为偶次散射的像素点不能归属表面散射类,即使其与表面散射类的 Wishart 距离最短。

(2) 为了具有更好的收敛特性,在类别限制条件下,迭代应用 Wishart 分类器 2~4 次完成分类过程。

4. 自动着色

每类的合理着色对于最终分类结果的视觉评估很重要,利用 3 种颜色系对散射类别标示可以很容易实现着色。对最终分类结果采取如下的自动颜色选取规则:首先,表面散射指定为蓝色系,体散射指定为绿色系,偶次散射指定为红色系;其次,在表面散射类中,具有最高表面散射功率的类将被指定为白色,表示该类接近镜面反射;最后,每种散射类型中各小类颜色的深浅由该小类像素对应散射类型的平均功率大小决定——功率越大颜色越浅,功率越小颜色越深。

采用上述步骤,即可实现基于 Freeman 分解和 Wishart 分布的地物分类。

7.3.3 基于散射相似性和差异度量的无监督分类

无论是基于 H/α 平面和 Wishart 距离度量的极化 SAR 图像无监督分类,还是基于 Freeman 分解和 Wishart 距离度量的极化 SAR 图像无监督分类,都需要用到 Wishart 距离度量进行类别迭代调整。但应当指出,采用 Wishart 距离度量存在以下不足:①Wishart 距离度量在目标协方差矩阵或相干矩阵服从 Wishart

分布这一假设条件下导出。实际上,由于自然场景和人造目标的复杂性,该假设并不总是成立,例如在城区、森林区等非均匀区或极不均匀区。此时统计分类器的最优性能将得不到充分体现,因为特征量的实际统计分布与统计先验假设并不吻合。②在 Wishart 迭代分类的过程中,由于频繁使用矩阵求逆运算和对数运算,将造成运算量偏大,从而降低了算法的实用性。③下面分析 Wishart 距离度量包含功率部分和散射部分,通常功率部分对距离度量的贡献大于散射部分,因而随着迭代次数增加,类别调整将更多依赖功率特征,可能造成大量散射类型调整的不合理。为此,本节将提出一种基于两类目标新差异度量的类别迭代调整方法。

针对基于 H/α 平面散射分类的不足,7.2 节给出了一种基于散射相似性和散射随机性的分类。实验已证明新散射分类不存在 H/α 散射分类的不足。因此,本节将采用新散射分类进行初始分类,然后利用新定义的两类目标差异度量进行类别迭代调整。

1. 两类目标的差异度量定义

在雷达极化中,通常可采用一个相干矩阵来表征目标的变极化效应,且该矩阵包含了目标全部的信息。该矩阵可表示为

$$\boldsymbol{T}=\underbrace{\mathrm{tr}(\boldsymbol{T})}_{\text{功率特征}}\times\underbrace{\boldsymbol{T}_{\mathrm{unit}}}_{\text{散射特征}}=\underbrace{\mathrm{span}}_{\text{功率特征}}\times\underbrace{\boldsymbol{T}_{\mathrm{unit}}}_{\text{散射特征}} \tag{7-67}$$

式中:$\mathrm{span}=\lambda_1+\lambda_2+\lambda_3$。可见,目标特性可分为功率特性和散射特性两大类。

为定义两类目标差异度量,这里首先将归一化相干矩阵矢量化为

$$\boldsymbol{k}=[T_{11}\quad T_{12}\quad T_{13}\quad T_{22}\quad T_{23}\quad T_{33}]^{\mathrm{T}} \tag{7-68}$$

式中:T_{ij}为相干矩阵 $\boldsymbol{T}_{\mathrm{unit}}$ 中元素。显然矢量 $\boldsymbol{k}$ 包含的目标信息与 $\boldsymbol{T}_{\mathrm{unit}}$ 相同。若已知两类目标的矢量 $\boldsymbol{k}_i$ 和 $\boldsymbol{k}_j$,那么两类目标散射特性差异可定义为

$$d_{sij}=1-|\boldsymbol{k}_i^{\mathrm{H}}\boldsymbol{k}_j|/(\|\boldsymbol{k}_i\|_2\|\boldsymbol{k}_j\|_2) \tag{7-69}$$

式中:$\|\cdot\|_2$为 2-范数运算;$d_{sij}\in[0,1]$。同样,若已知两类目标的总功率,那么目标功率特性差异可定义为

$$d_{gij}=1-2\times\mathrm{span}_i\times\mathrm{span}_j/(\mathrm{span}_i^2+\mathrm{span}_j^2) \tag{7-70}$$

根据两类特征对目标差异的重要性,两类目标的差异度量可定义为

$$d_{ij}=c\underbrace{\{1-2\mathrm{span}_i\mathrm{span}_j/(\mathrm{span}_i^2+\mathrm{span}_j^2)\}}_{\text{功率差异}}+d\underbrace{\{1-|\boldsymbol{k}_i^{\mathrm{H}}\boldsymbol{k}_j|/(\|\boldsymbol{k}_i\|_2\|\boldsymbol{k}_j\|_2)\}}_{\text{极化散射差异}} \tag{7-71}$$

式中:c 和 d 为权重系数,且为保证该极化差异度量动态范围介于 0~1,这两个系数满足 $c+d=1$。

由目标特征极化理论知，天线接收功率是收发天线极化状态的函数。利用相干矩阵与 Kennaugh 矩阵之间的对应关系，天线接收功率可表示为

$$P = \text{span} \times \frac{1}{2}\boldsymbol{J}_{\mathrm{R}}^{\mathrm{T}}\boldsymbol{K}_{\text{uint}}\boldsymbol{J}_{\mathrm{T}} = \text{span} \times P_u \tag{7-72}$$

式中：$\boldsymbol{K}_{\text{uint}}$ 为 $\boldsymbol{T}_{\text{unit}}$ 对应的 Kennaugh 矩阵；$P_u \in [0,1]$。由此可见，天线接收功率比总功率多一个可变量 P_u，且 P_u 也为天线极化状态函数。

若采用天线接收功率替代式(7－71)中总功率，则两类目标增强差异度量为

$$\begin{aligned} d_{pij} &= a\{1 - 2P_iP_j/(P_i^2 + P_j^2)\} + b\{1 - |\boldsymbol{k}_i^{\mathrm{H}}\boldsymbol{k}_j|/(\|\boldsymbol{k}_i\|_2\|\boldsymbol{k}_j\|_2)\} \\ &= c\{1 - 2/(ab + 1/ab)\} + d\{1 - |\boldsymbol{k}_i^{\mathrm{H}}\boldsymbol{k}_j|/(\|\boldsymbol{k}_i\|_2\|\boldsymbol{k}_j\|_2)\} \end{aligned} \tag{7-73}$$

式中：$a = P_{ui}/P_{uj}$，$b = \text{span}_i/\text{span}_j$。显然，$d_{pij}$ 比 d_{ij} 多了一个可变量 a，而 a 为收发天线极化状态的函数，故 d_{pij} 也为收发天线极化状态的函数。式(7－73)中，d_{pij} 包含两项，在两类目标已知、权重系数确定的情况下，第二项为一个常数，可改变 d_{pij} 的只有第一项。若令 $y = 1 - 2/(ab + 1/ab)$，图 7－20(a)给出了 y 随 a 和 b 变化的等高线图，图 7－20(b)给出了 b 恒定时 y 随 a 变化的曲线。从图 7－20(b)中可知，b 恒定的情况下，在 $a \in [0, 1/b]$ 区间上，y 单调递减，$a \in [1/b, +\infty]$ 区间，y 单调递增。这样，通过调整收发天线极化状态，可增大 $\max\{a, 1/a\}$，进而实现 $d_{pij} > d_{ij}$。由于两类目标差异度量越大，两类目标越容易区分，因而 d_{pij} 比 d_{ij} 具有更好的类别可分性。

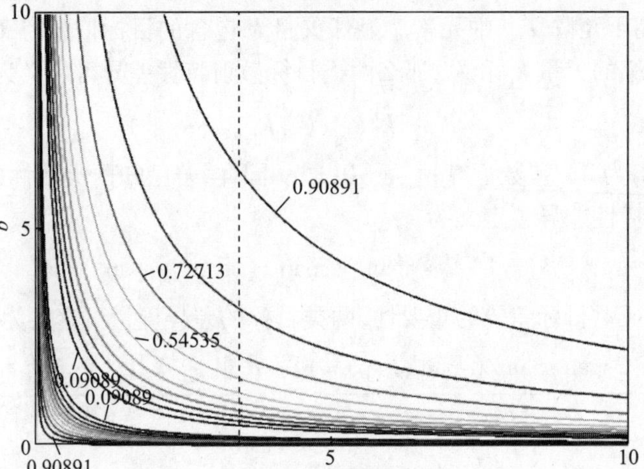

(a) y随a和b变化的等高线图

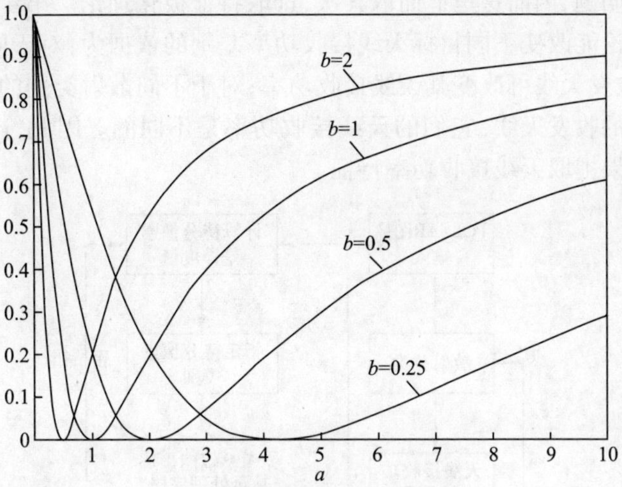

(b) b恒定时γ随a变化的曲线

图 7－20　γ 随着 a 和 b 变化的情况

2. 基于两类目标差异度量的无监督迭代分类

类似于 7.3.2 节，图 7－21 给出了基于两类目标增强差异度量的地物散射类别迭代调整流程图，其具体实施步骤可归纳为：

（1）采用 7.2.3 节算法对极化 SAR 图像进行散射分类。

（2）将待增强散射类别地物的特征极化作为天线极化状态，并计算每个像素对应的天线接收功率。

（3）计算第 i 次迭代时的类别中心：

$$\boldsymbol{k}_i = \frac{1}{N_i}\sum_{j=1}^{N_i}\boldsymbol{k}_{ij}, P_i = \frac{1}{N_i}\sum_{j=1}^{N_i}P_{ij} \tag{7-74}$$

式中：N_i 为第 i 类像素个数；$\boldsymbol{k}_i$ 和 P_i 分别为第 i 类的平均目标矢量和天线接收功率。

（4）利用式(7－73)计算待分类像素与各类中心的距离，将该像素指定为与其距离最短的一类。

（5）判断是否满足终止条件：是，退出迭代；否则，令 $k = k + 1$，返回到步骤(3)。

同样，终止条件采用如下 3 种及其组合：①改变类别的像素个数小于某个预设值；②类内距离之和达到最小；③达到了预设的迭代次数。

需要说明的是，根据雷达极化理论可知，改变两类目标天线接收功率差别，既可采用特征极化理论，也可采用相对最优极化理论，且采用后者能使不同目标天线接收功率比最大。但由于后者需要更多的先验知识，且目前无法处理多类目标增强问题,因而这里退而取其次,选取特征极化理论。第 4 章研究表明,特征极化理论能改变不同目标天线接收功率差别的依据为:对于同散射类别的目标,调整收发天线可改变其天线接收功率;对于不同散射类别的目标,采用相同极化状态的收发天线,它们的天线接收功率是不同的。因此,这里根据地物散射分类结果提取天线接收功率特征。

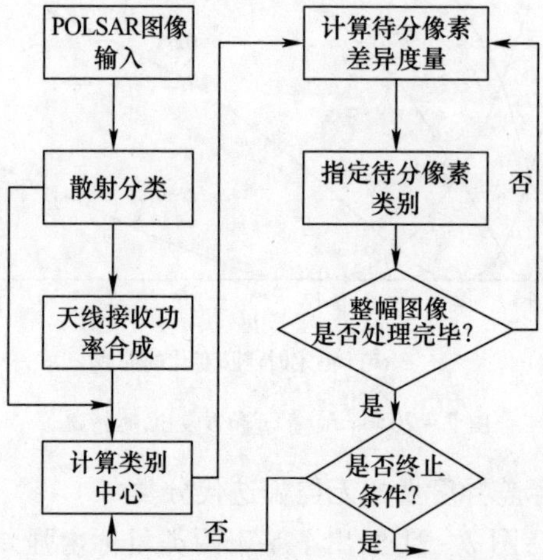

图 7-21 基于两类目标增强差异度量的类别迭代调整流程图

7.3.4 实验分析及本节算法与 Wishart 迭代法的比较

为了验证新分类法,这里选取 NASA/JPL AIRSAR 于 1994 年对旧金山海湾地区成像的 L 波段全极化数据作为演示数据。在原始数据 4 视处理基础上,采用 7.2.3 节算法对该地区地物进行散射分类,其分类结果见图 7-15(a)。下面将对该散射分类结果进行类别调整。

1. 不同收发天线极化组合下目标天线接收功率比较

在极化 SAR 图像中,通常以偶次散射为主的地物表现为亮纹(或天线接收功率较大),以表面散射为主的地物表现为暗纹(或天线接收功率较小),而以体散射为主的地物天线接收功率介于二者之间。若增大表面散射地物与其他散射地物之间的天线接收功率差距,通常可选取表面散射地物的最小天线接收功率对应的特征极化作为收发天线极化状态,或偶次散射地物的最大天线接收功率对应的特征极化作为收发天线极化状态。考虑到自然界中大多数以二面角散射或体散射为主的地物也同时包含了表面散射,若采用它们的特征极化作为收发天线极化状态,对于提高表面散射地物和其他散射地物的天线接收功率差异效果并不明显。而自然界中许多地物都能表现出散射随机性较低的表面散射，如海洋、湖面、道路、平坦的空地等，因而选择表面散射地物特征极化作为收发天线极化状态，对于提高表面散射地物和其他散射地物的天线接收功率差异具有显著作用。为此，这里选取表面散射地物最小天线接收功率对应的特征极化作为收发天线极化状态。

根据收发天线之间的极化约束关系，天线接收功率可分为通道情形和全局情形，且不同约束情形的天线接收功率均有其最小值及与其对应的天线最佳极化状态。以提高表面散射和其他散射的地物目标天线接收功率之比为目的，首先计算海洋区的同极化通道、交叉极化通道和全局情形的最小功率特征极化，并将它们作为收发天线极化状态逐像素计算该地区目标的天线接收功率。图 7-22(a)~(c)分别给出了 3 种情形下 San Francisco 地区地物天线接收功率图。从该图中可以看出，不同收发天线极化组合形式时，同一地物的天线接收功率是不同的，从而为通过调整收发天线极化状态来改变不同地物天线接收功率之比提供了可能，这正是目标特征极化理论的优势。

(a) 同极化通道情形　(b) 交叉极化通道情形　(c) 收发天线之间不存在约束关系情形　(d) 总功率

图 7-22　海洋特征极化为天线极化状态时天线接收功率图

类似地,实验也选取了城区最大天线接收功率对应的特征极化作为收发天线极化状态,然后计算极化 SAR 图像的天线接收功率。表 7-8 给出了在 3 种情形下分别以海洋区和城区的特征极化作为收发天线极化状态时海洋、城区和公园 3 类地物的天线接收功率及相互之间的功率比。其中,cpmin 表示以目标最小同极化通道天线接收功率的特征极化作为收发天线极化状态时的天线接收功率,而 xpmax 为以目标最大交叉极化通道天线接收功率的特征极化作为收发天线极化状态时的天线接收功率,pmin 为收发天线之间不存在约束关系情形以目标最小天线接收功率的特征极化作为收发天线极化状态时的天线接收功率,其他符号定义类似。从表 7-8 中可以看出:①相比于总功率图,在 cpmin、xpmin、pmin、cpmax、xpmax 和 pmax 6 幅天线接收功率图中,海洋区与城区(或公园区)的天线接收功率之比都更小,说明目标特征极化处理确实能够提高表面散射和其他散射的地物目标天线接收功率差别;②相比于收发天线极化状态选择城区特征极化,选择海洋特征极化时海洋区与城区(或公园区)的天线接收功率之比普遍更小,其原因为城区尽管以偶次散射为主,但还包含表面散射等,因而选择它的特征极化作为天线极化状态对提高表面散射和其他散射的地物目标天线接收功率差别并不显著;③在 cpmin、xpmin 和 pmin 3 幅天线接收功率图中,pmin 中的海洋与城区(或公园区)的天线接收功率之比都最小,说明采用收发天线之间不存在极化约束关系情形的海洋特征极化能最大限度地提高表面散射和其他散射的地物目标天线接收功率差别;④在 6 幅天线接收功率图中,公园与城区的天线接收功率之比有降低,也有增大,因为这里并没有考虑提高其散射目标天线接收功率的差别。由此可见,以上实验结论都与前文分析吻合。

表 7-8 不同地物的天线接收功率及功率比

项目		海洋区	城区	公园	海洋区/城区	海洋区/公园	公园/城区
海洋区	cpmin	2.6098×10^{-4}	0.0330	0.0165	0.0079	0.0158	0.4988
	xpmin	0.0033	0.1639	0.0340	0.0200	0.0962	0.2075
	pmin	2.5598×10^{-4}	0.0328	0.0164	0.0780	0.0156	0.5000
城区	cpmax	0.0042	0.2476	0.0441	0.0170	0.0952	0.1781
	xpmax	0.0017	0.1401	0.0215	0.0121	0.0791	0.1535
	pmax	0.0048	0.2526	0.0467	0.0190	0.1028	0.1849
总功率		0.0232	0.4949	0.1352	0.0470	0.1720	0.2731

2. 本节算法与 Wishart 迭代法的比较

图 7-23(a)~(d)给出了采用本节散射差异度量的旧金山地区地物类别 4 次迭代调整结果。其中权重系数均为 0.5。与图 7-15(a)相比,地物类别迭代

调整使同类目标的聚合效果更明显，一些在图 7－15(a)中无法看见的地物目标，在图 7－23(a)～(d)中却能辨识，从而极大地改善了图像视觉，例如高尔夫球场、马球场、道路等；类别调整后的分类结果更符合实际地物散射情形，例如城区中散射分类为中熵表面散射＞二面角散射的一些区域调整为中熵二面角散射＞表面散射，尽管缺乏先验知识，但这种调整是合理的，毕竟城区包含大量二面角散射结构。

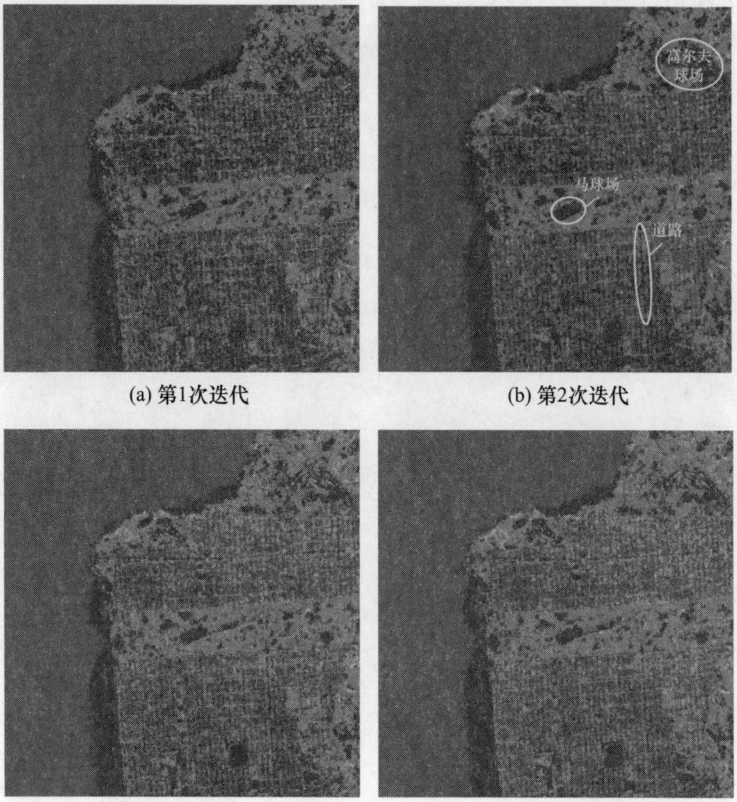

(a) 第1次迭代　(b) 第2次迭代

(c) 第3次迭代　(d) 第4次迭代

图 7－23　基于两类目标增强差异度量的地物无监督分类

与图 7－19 的 Wishart 距离度量类别调整结果相比，基于本节散射差异度量的类别调整，其同类地物的聚类效果更明显，图像视觉效果得到更大改观，尤其是在图 7－19 无法辨识的道路[图 7－23(b)中标注]，在图 7－23 中却清晰可见。同时，随着迭代次数增加，也未出现 Wishart 距离度量类别错误调整[如图 7－19(d)中城区部分区域中熵表面散射＞偶次散射调整]，其原因为选取以表面散射为主的地物天线特征极化作为天线极化状态，增大了这两类地物的天线接收功率差别,进而增大了其极化散射差异度量,从而降低了发生类别错误调整的可能。

不仅如此,在运算效率方面本节算法也具有巨大优势。分别采用本节算法和 Wishart 距离度量法进行地物类别调整。采用未优化的 Matlab 程序,本节算法和 Wishart 距离度量法所需运算时间分别为 13.5s 和 99.6s。显然,本节算法较 Wishart 距离度量法运算时间大幅减少,其原因是本节算法不涉及复杂的矩阵求逆运算和对数运算。

参 考 文 献

[1] 庄钊文,肖顺平,王雪松. 雷达极化信息处理及其应用[M]. 北京:国防工业出版社,1999.

[2] 王雪松. 宽带极化信息处理的研究[D]. 长沙:国防科学技术大学,1999.

[3] SINCLAIR G. The transmission and reception of elliptically polarized radar waves[J]. Proceedings of the IRE,1950,38(2):148 - 151.

[4] LEE J S,POTTIER E. Polarimetric radar imaging from basics to applications[M]. Boca Raton,Florida:CRC Press,2009.

[5] BOERNER W M. Direct and inverse methods in radar polarimetry[M]. Netherlands:Kluwer Academic Publishers,1992.

[6] MOTT H. Remote sensing with polarimetric radar[M]. Piscataway,New Jersey:IEEE Press,2007.

[7] VAN ZYL J J,ZEBKER H A,ELACHI C. Imaging radar polarization signatures:theory and observation [J]. Radio Science,1987,22(4):529 - 543.

[8] ZEBKER H A,VAN ZYL J J. Imaging radar polarimetry:A review[J]. Proceedings of the IEEE,1991,79(11):1583 - 1606.

[9] LEE J S,et al. A review of polarimetric SAR algorithms and their applications[J]. Taiwan Journal of Photogrammetry and Remote Sensing,2004,9(3):31 - 80.

[10] TOUZI R,et al. A review of polarimetry in the context of synthetic aperture radar:concepts and information extraction[J]. Canadian Journal of Remote Sensing,2004,30(3):380 - 407.

[11] BOERNER W M. Basics of SAR polarimetry I[R]. Neuilly - sur - Seine,France:Research and Technology Organisation (NATO),2007.

[12] BOERNER W M. Basics of SAR polarimetry Ⅱ[R]. Neuilly - sur - Seine,France:Research and Technology Organisation (NATO),2007.

[13] BOERNER W M. Recent advances in extra - wide - band polarimetry,interferometry and polarimetric interferometry in synthetic aperture remote sensing,and its applications[J]. IEEE Proceedings - Radar Sonar Navigation,Special Issue of the EUSAR - 02,2003,150(3):113 - 125.

[14] BOERNER W M. Recent advances in radar polarimetry and polarimetric SAR interferometry[R]. Neuilly - sur - Seine,France:Research and Technology Organisation (NATO),2004.

[15] VAN ZYL J J. On theimportance of polarization in radar scattering problems[D]. Pasadena,CA,USA:California Institute of Technology,1985.

[16] AGRAWAL A P. A polarimetric rain backscatter model developed for coherent polarization diversity radar applications[D]. Chicago,Illinois,USA:University of Illinois,1986.

[17] YANG J. On theoretical problems in radar polarimetry[D]. Niigata - shi,Japan:Niigata University,1999.

[18] 陈强. 雷达极化中若干理论问题研究[D]. 长沙:国防科学技术大学,2010.

[19] 代大海. 极化雷达成像及目标特征提取研究[D]. 长沙:国防科学技术大学,2008.

[20] KENNAUGH E M. Polarization properties of radar reflections [D]. M. S. thesis,Columbus,Ohio:The Ohio

State University,1952.

[21] HUYNEN J R. Phenomenological theory of radar targets[D]. Delft,The Netherlands:Technical University of Delft,1970.

[22] DESCHAMPS G A. Geometrical representation of the polarization state of a plane EM wave[J]. Proceeding of the IRE,1951,39(1):540 - 544.

[23] GENT H. Elliptically polarized waves and their reflections from radar targets:a theoretical analysis[C]// Telecommunications Research Establishment. Chelenham,England,UK:TRE - MEMO,1954:37 - 39.

[24] COPELAND J D. Radar target classification by polarization properties[J]. Proceeding of the IRE,1960,48(7):1290 - 1296.

[25] ESA. Input data sources:airborne missions[EB/OL]. [2006 - 12 - 20]. http://earth. esa. int/polsarpro/input. html.

[26] ESA. Input data sources: spacaeborne missions [EB/OL]. [2006 - 12 - 20]. http://earth. esa. int/polsarpro/input_space. html.

[27] VAN Z J,et al. The NASA/JPL three - frequency polarimetric AIRSAR system[C]//Proc. International Geoscience and Remote Sensing Symposium (IGARSS' 92). Houston,Texas:IEEE,1992:649 - 651.

[28] CHU A,et al. The NASA/JPL AIRSAR integrated processor[C]//Proc. International Geoscience and Remote Sensing Symposium (IGARSS' 98). Seattle,Washington:IEEE,1998:1908 - 1910.

[29] ROSEN P A,et al. UAVSAR:a new NASA airborne SAR system for science and technology research[C]// IEEE Conference on Radar. Verona,New York:IEEE,2006:817 - 824.

[30] ROSEN P A,et al. UAVSAR:new NASA airborne SAR system for research[J]. IEEE Aerospace and Electronic Systems Magazine,2007,22(11):21 - 28.

[31] HORN R,WERNER M,MAYR B. Extension of the DLR airborne synthetic aperture radar,E - SAR,to X - band[C]//Proc. International Geoscience and Remote Sensing Symposium (IGARSS' 90). Maryland: IEEE,1990:2047 - 2049.

[32] HORN R. The DLR airborne SAR project E - SAR[C]//Proc. International Geoscience and Remote Sensing Symposium (IGARSS' 96),Nebraska:IEEE,1996:1624 - 1628.

[33] SCHEIBER R,et al. Overview of interferometric data acquisition and processing modes of the experimental airborne SAR system of DLR [C]//Proc. International Geoscience and Remote Sensing Symposium (IGARSS' 99). Hamburg:IEEE,1999:35 - 37.

[34] RALF H. F - SAR - DLR's new multifrequency polarimetric airborne SAR[C]//International Geoscience and Remote Sensing Symposium. Cape Town:IEEE,2009:2153 - 2157.

[35] REIGBER A,et al. DBFSAR:An airborne very high - resolution digital beamforming SAR system[C]// European Radar Conference (EURAD). Nuremberg:EuMA,2017:819 - 823.

[36] LIVINGSTONE C E, et al. CCRS/DREO synthetic aperture radar polarimetry - status report [C]// Proc. International Geoscience and Remote Sensing Symposium (IGARSS' 90). Maryland: IEEE, 1990: 1671 - 1674.

[37] LIVINGSTONE C E, et al. The Canadian airborne R&D SAR facility: the CCRS C/X SAR [C]// Proc. International Geoscience and Remote Sensing Symposium (IGARSS' 96). Nebraska: IEEE, 1996: 1621 - 1623.

[38] SKOU N,et al. A high resolution polarimetric L - band SAR - design and first results[C]//Proc. International Geoscience and Remote Sensing Symposium (IGARSS' 95). Florence:IEEE,1995:1779 - 1782.

[39] CHRISTENSEN E L, et al. EMISAR: an absolutely calibrated polarimetric L - and C - band SAR[J]. IEEE Transactions on Geoscience and Remote Sensing, 1998, 36(6): 1852 - 1865.

[40] CHRISTENSEN E L, DALL J. EMISAR: a dual - frequency, polarimetric airborne SAR[C]//Proc. International Geoscience and Remote Sensing Symposium (IGARSS' 02). Toronto: IEEE, 2002: 1711 - 1713.

[41] URATSUKA S, et al. High - resolution dual - bands interferometric and polarimetric airborne SAR[C]//Proc. International Geoscience and Remote Sensing Symposium (IGARSS' 02). Toronto: IEEE, 2002: 1720 - 1722.

[42] URATSUKA S, et al. Disastrous environment after earthquake observed by airborne SAR (Pi - SAR) [C]//Proc. International Geoscience and Remote Sensing Symposium (IGARSS' 05). Seoul: IEEE, 2005: 4081 - 4083.

[43] VANT M, LIVINGSTONE C, REY M. Canadian experience on Radarsat - 1 and Radarsat - 2 GMTI for surveiliance[C]//Proc. AIAA/ICAS International Air and Space Symposium and Exposition: The Next 100 Year. Dayton: AIAA, 2003: 1 - 10.

[44] VAN DER SANDEN J J, THOMAS S J. Applications potential of Radarsat - 2 - supplement one [R]. Ottawa, Canada: Natural Resources Canada, Canada Centre for Remote Sensing, 2004.

[45] TAPAN M, KIRANKUMAR A S. RISAT - 1: Configuration and performance evaluation[C]//URSI General Assembly and Scientific Symposium (URSI GASS). Beijing: IEEE, 2014: 1213 - 1215.

[46] MIERAS H. Optimum polarizations of simple compound targets[J]. IEEE Transactions on Antennas and Propagation, 1983, 31(11): 996 - 999.

[47] KOSTINSKI A B, et al. On foundations of radar polarimetry[J]. IEEE Transactions on Antennas and Propagation, 1986, 34(12): 1395 - 1404.

[48] AGRAWAL A P, BOERNER W M. Redevelopment of Kennaugh's target characteristic polarization state theory using the polarization transformation ration formalism for the coherent case[J]. IEEE Transactions on Geoscience and Remote Sensing, 1989, 27(1): 2 - 14.

[49] XI A Q, et al. Determination of the characteristic polarization states of the target scattering matrix for the coherent monostatic and reciprocal propagation space[C]//Proceedings Volume 1317, Polarimetry: Radar, Infrared, Visible, Ultraviolet, and X - Ray. Huntsville, AL, United States: SPIE, 1990: 166 - 190.

[50] BOERNER W M, et al. On the basic principles of radar polarimetry: the target characteristic polarization state theory of Kennaugh, Huynen's polarization fork concept, and its extension to the partially polarized case[J]. Proceedings of the IEEE, 1991, 79(10): 1538 - 1550.

[51] YAMAGUCHI Y, et al. On characteristic polarization states in the cross - polarized radar channel[J]. IEEE Transactions on Geoscience and Remote Sensing, 1992, 30(5): 1078 - 1081.

[52] YAN W L, et al. Optimal polarization states determination of the Stokes reflection matrices for the coherent case, and of the Mueller matrix for the partially polarized case in Direct and inverse methods in radar polarimetry(Part 1)[M]. The Netherlands: Kluwer academic publishers, 1992.

[53] YANG J, et al. The formulae of the characteristic polarization states in the co - pol channel and the optimal polarization state for contrast enhancement[J]. IEICE Transactions on Communications, 1997, E80 - B: 1570 - 1575.

[54] YANG J, et al. Simple method for obtaining characteristic polarization states[J]. Electronics Letters, 1998, 34(5): 441 - 442.

[55] DAVIDOVITZ M, et al. Extension of Kennaugh's optimal polarization concept to the asymmetric matrix case

[J]. IEEE Trans. Antennas Propagateate, 1986, 34(4): 569 – 574.

[56] CHU C M. Optimal polarization in bistatic scattering[C]//International Symposium, Antennas and Propagation. Syracuse, NY, USA: IEEE, 1988: 530 – 532.

[57] LIN S M. Elgenvalue problem and Kennaugh's optimal polarization for the asymmetric scattering matrix case [C]//International Symposium on Antennas and Propagation Society, Merging Technologies for the 90's. Dallas, TX, USA: IEEE, 1990: 562 – 565.

[58] GERMOND A L, et al. Bistatic radar polarimetry theory[M]. Rennes, France: CRC Press, 2001.

[59] VAN ZYL J J, et al. On the optimum polarizations of incoherently reflected waves[J]. IEEE Transactions on Antennas and Propagation, 1987, 35(7): 818 – 825.

[60] KOSTINSKI A B, et al. Optimal reception of partially polarized waves[J]. Journal of The Optical Society of America A – Optics Image Science and Vision, 1988, 5(1): 58 – 64.

[61] TRAGL K. Polarimetric radar backscattering from reciprocal random targets[J]. IEEE Trans. Geosci. Remote Sensing, 1990, 28(5): 856 – 864.

[62] TRAGL K, et al. A polarimetric covariance matrix concept for random radar targets[C]//The International Conference on Antennas and Propagation. Venue, University of York, UK: IEE Pul, 1991: 396 – 399.

[63] KINGSBURY J, et al. Radar – partially polarized backscatter description algorithms and applications[C]// IGARSS92. Houston, TX, USA: IEEE, 1992: 74 – 76.

[64] ZIEGIER V, et al. Mean backscattering properties of random radar targets: a polarimetric covariance concept [C]//International Geoscience and Remote Sensing Symposium. Houston, TX, USA: IEEE, 1992: 266 – 288.

[65] LEE J K, et al. Optimum polarizations in the bistatic scattering from layered random media[J]. IEEE Trans. Geosci. Remote Sensing, 1994, 32(1): 169 – 175.

[66] MCCORMICK G. The theory of polarization diversity systems: the partially polarized case[J]. IEEE Trans. Ant. and Prop., 1996, 44(4): 425 – 433.

[67] HUBBERT J C. A comparision of radar, optic and specular null polarization theories[J]. IEEE Trans. Geosci. Remote Sensing, 1994, 32(3): 658 – 671.

[68] YANG J. Kennaugh's optimal polarization for the multistatic radar[C]//IEEE Antennas and Propagation Society International Symposium Digest. Chicago, IL, USA: IEEE, 1992: 842 – 844.

[69] TITIN – SCHNAIDER C. Power optimization for polarimetric bistatic random mechanisms[J]. IEEE Trans. Geosci. Remote Sensing, 2007, 45(11): 3646 – 3660.

[70] IOANNIDIS G A, et al. Optimum antenna polarizations for target discrimination in clutter[J]. IEEE Trans. Antenna Propagat, 1979, 27(3): 357 – 257.

[71] KOSTINSKI A B, et al. On the polarimetric contrast optimization[J]. IEEE trans. Antennas and Propagation, 1987, 35(8): 989 – 991.

[72] TANAKA M. Polarimetric contrast optimization for partially polarized waves[C]//Digest on Antennas and Propagation Society International Symposium. San Jose, CA, USA: IEEE, 1989: 784 – 787.

[73] YANG J, et al. On the problem of the polarimetric contrast optimization[C]//International Symposium on Antennas and Propagation Society, Merging Technologies for the 90's. Dallas, TX, USA: IEEE, 1990: 558 – 561.

[74] TOUZI R G S, et al. Assessment of polarimetric contrast optimization techniques for completely polarized waves[C]//IGARSS' 91 Remote Sensing: Global Monitoring for Earth Management. Espoo, Finland: IEEE,

1991:1487 - 1490.

[75] TANAKA M, et al. Optimum antenna polarizations for polarimetric contrast enhancement[C]//Proc. Int. Symp. Antennas and Propagation. Sapporo, Japan: IEEE, 1992:545 - 548.

[76] VERBOUT S M, et al. Polarimetric techniques for enhancing SAR imagery[C]//Proceedings of SPIE - The International Society for Optical Engineering. SPIE, 1992:1630.

[77] SANTALLA V, et al. A method for polarimetric contrast optimization in the coherent case[C]//Proceedings of IEEE Antennas and Propagation Society International Symposium. Ann Arbor, MI, USA: IEEE, 1993: 1288 - 1291.

[78] LI D Y. Optimum antenna polarizations for target discrimination in clutter[D]. Xi'an, China: Northwestern Polytechnical University, 1994.

[79] YAMAGUCHI Y, et al. Polarimetric enhancement of Pol - SAR imagery applied to JPL - airsar polarimetric image data[C]//International Geoscience and Remote Sensing Symposium (IGARSS). Firenze, Italy: IEEE, 1995:2252 - 2254.

[80] MOTT H, et al. Polarimetric contrast enhancement coefficients for perfecting high resolution POL - SAR/SALK image feature extraction[C]//Proc. SPIE 3120, Wideband Interferometric Sensing and Imaging Polarimetry. SPIE, 1997:106 - 117.

[81] YANG J, et al. Numerical methods for solving the optimal problem of contrast enhancement[J]. IEEE Trans. Geoscience and Remote Sensing, 2000, 38(2):965 - 971.

[82] YANG J, Peng Y N, Lin S M. Similarity between two scattering matrices[J]. Electro. Lett., 2001, 37(3): 193 - 194.

[83] YANG J, et al. Generalized optimization of polarimetric contrast enhancement[J]. IEEE Geoscience and Remote Sensing Letters, 2004, 1(3):171 - 174.

[84] 杨健,等. 相对最优极化的最新进展[J]. 遥感技术与应用,2005,20(1):38 - 41.

[85] 余海坤,等. 极化SAR目标相对最优极化研究[J]. 雷达科学与技术,2006,4(5):297 - 300.

[86] SARABANDI K, et al. Characterization of optimum polarization for multiple target discrimination using genetic algorithms[J]. IEEE Trans. Antennas and Propagation, 1997, 45(12):1810 - 1817.

[87] STAPOR D P. Optimal receive antenna polarization in the presence of interference and noise[J]. IEEE Trans. Antennas and Propagation, 1995, 43 (5):473 - 477.

[88] 王雪松,庄钊文,肖顺平,等. 极化信号的优化接收理论:完全极化情形[J]. 电子学报,1998,26(6):42 - 46.

[89] 王雪松,徐振海,代大海,等. 干扰环境中部分极化信号的最佳滤波[J]. 电子与信息学报,2004,26(4):593 - 597.

[90] 王雪松,肖顺平,陈志杰,等. 部分极化情况下SINR极化滤波器性能研究[J]. 应用科学学报,1999,17 (2):177 - 182.

[91] 王雪松,代大海,徐振海,等. 极化滤波器的性能评估与选择[J]. 自然科学进展,2004,14 (4):442 - 448.

[92] 徐振海,王雪松,施龙飞,等. 信号最优极化滤波及性能分析[J]. 电子与信息学报,2006,28 (3):498 - 501.

[93] YANG Y F, TAO R, WANG Y. A new SINR equation based on the polarization ellipse parameters [J]. IEEE Trans. Antennas and Propagation, 2005, 53 (4):1571 - 1577.

[94] CLOUDE S R, POTTIER E. A review of target decomposition theorems in radar polarimetry[J]. IEEE

Transactions on Geoscience and Remote Sensing, 1996, 34(2): 498 – 518.

[95] CAMERON W L, YOUSSEF N N, LEUNG L K. Simulated polarimetric signatures of primitive geometrical shapes[J]. IEEE Transactions on Geoscience and Remote Sensing, 1996, 34(3): 793 – 803.

[96] FREEMAN A, DURDEN S L. A three – component scattering model for polarimetric SAR data[J]. IEEE Transactions on Geoscience and Remote Sensing, 1998, 36(3): 963 – 973.

[97] DONG Y, FORSTER B C, TICEHURST C. A new decomposition of radar polarization signatures[J]. IEEE Transactions on Geoscience and Remote Sensing, 1998, 36(3): 933 – 939.

[98] TOUZI R, CHARBONNEAU F. Characterization of target symmetric scattering using polarimetric SARs [J]. IEEE Transactions on Geoscience and Remote Sensing, 2002, 40(11): 2507 – 2516.

[99] YAMAGUCHI Y, et al. Four – component scattering model for polarimetric SAR image decomposition [J]. IEEE Transactions on Geoscience and Remote Sensing, 2005, 43(8): 1699 – 2005.

[100] CAMERON W L, RAIS H. Conservative polarimetric scatterers and their role in incorrect extensions of the Cameron decomposition[J]. IEEE Transactions on Geoscience and Remote Sensing, 2006, 44(12): 3506 – 3516.

[101] YAMAGUCHI Y, YAJIMA Y, YAMADA H. A four – component decomposition of POLSAR images based on the coherency matrix[J]. IEEE Geoscience and Remote Sensing Letters, 2006, 3(3): 292 – 296.

[102] TOUZI R. Target scattering decomposition in terms of roll – invariant target parameters[J]. IEEE Transactions on Geoscience and Remote Sensing, 2007, 45(1): 73 – 84.

[103] KONG J A, et al. Identification of terrain cover using the optimal polarimetric classifier[J]. Journal of Electromagnetic Waves and Applications, 1988, 2(2): 171 – 194.

[104] YUEH H A, et al. Bayesclassification of terrain cover using normalized polarimetric data[J]. Journal of Geophysical Research, 1988, 93(B12): 15261 – 15267.

[105] LIM H H, et al. Classification of earth terrain using polarimetric synthetic aperture radar images [J]. Journal of Geophysical Research, 1989, 94(B6): 7049 – 7057.

[106] VAN ZYL J J, BURNETTE C F. Bayesian classification of polarimetric SAR images using adaptive a priori probability[J]. International Journal of Remote Sensing, 1992, 13(5): 835 – 840.

[107] LEE J S, GRUNES M R, KWOK R. Classification of multi – look polarimetric SAR imagery based on complex Wishart distribution[J]. International Journal of Remote Sensing, 1994, 15(11): 2299 – 2311.

[108] CHEN K S, et al. Classification ofmultifrequency polarimetric SAR imagery using a dynamic learning neural network[J]. IEEE Transactions on Geoscience and Remote Sensing, 1996, 34(3): 814 – 820.

[109] BENZ U C. Supervisedfuzzy analysis of single and multichannel SAR data[J]. IEEE Transactions on Geoscience and Remote Sensing, 1999, 37(2): 1023 – 1037.

[110] FUKUDA S, HIROSAWA H. A wavelet – based texture feature set applied to classification of multifrequency polarimetric SAR images[J]. IEEE Transactions on Geoscience and Remote Sensing, 1999, 37(5): 2282 – 2286.

[111] KESHAVA N, MOURA J M F. Matching wavelet packets to Gaussian random processes[J]. IEEE Transactions on Signal Processing, 1999, 47(6): 1604 – 1614.

[112] LEE J S, GRUNES M R, POTTIER E. Quantitative comparison of classification capability: fully polarimetric versus dual and single – polarization SAR[J]. IEEE Transactions on Geoscience and Remote Sensing, 2001, 39(11): 2343 – 2351.

[113] CHEN C T, CHEN K S, LEE J S. The use of fully polarimetric information for the fuzzy neural classification

of SAR images[J]. IEEE Transactions on Geoscience and Remote Sensing,2003,41(9):2089 – 2100.

[114] PEILIZZERI T M, et al. Multitemporal/multiband SAR classification of urban areas using spatial analysis: statistical versus neural kernel – based approach[J]. IEEE Transactions on Geoscience and Remote Sensing,2003,41(10):2338 – 2353.

[115] LOMBARDO P, et al. Optimummodel – based segmentation techniques for multifrequency polarimetric SAR images of urban areas[J]. IEEE Transactions on Geoscience and Remote Sensing,2003,41(9): 1959 – 1975.

[116] KOUSKOULAS Y, ULABY F T, PIERCE L E. The Bayesian hierarchical classifier (BHC) and its application to short vegetation using multifrequency polarimetric SAR[J]. IEEE Transactions on Geoscience and Remote Sensing,2004,42(2):469 – 477.

[117] VAN Z J. Unsupervised classification of scattering behavior using radar polarimetry data[J]. IEEE Transactions on Geoscience and Remote Sensing,1989,27(1):36 – 45.

[118] RIGNOT E, CHELLAPPA R, DUBOIS P. Unsupervised segmentation of polarimetric SAR data using the covariance matrix[J]. IEEE Transactions on Geoscience and Remote Sensing,1992,30(4):697 – 705.

[119] RIGNOT E, CHELLAPPA R. Segmentation of polarimetric synthetic aperture radar data[J]. IEEE Transactions on Image Processing,1992,1(3):281 – 300.

[120] WONG Y F, POSNER E C. A new clustering algorithm applicable to multispectral and polarimetric SAR images[J]. IEEE Transactions on Geoscience and Remote Sensing,1993,31(3):634 – 644.

[121] PIERCE L E, et al. Knowledge – based classification of polarimetric SAR images[J]. IEEE Transactions on Geoscience and Remote Sensing,1994,32(5):1081 – 1086.

[122] HARA Y, et al. Application of neural networks to radar image classification[J]. IEEE Transactions on Geoscience and Remote Sensing,1994,32(1):100 – 109.

[123] CLOUDE S R, POTTIER E. An entropy based classification scheme for land applications of polarimetric SAR[J]. IEEE Transactions on Geoscience and Remote Sensing,1997,35(1):549 – 557.

[124] LEE J S, et al. Unsupervised classification using polarimetric decomposition and the complex Wishart classifier[J]. IEEE Transactions on Geoscience and Remote Sensing,1999,37(5):2249 – 2258.

[125] FERRO – FAMIL L, POTTIER E, LEE J S. Unsupervised classfication of multifrequency and fully polarimetric SAR images based on the H/A/α – Wishart classifier[J]. IEEE Transactions on Geoscience and Remote Sensing,2001,39(11):2332 – 2342.

[126] DONG Y, MILNE A K, FORSTER B C. Segmentation and classification of vegetated areas using polarimetric SAR image data[J]. IEEE Transactions on Geoscience and Remote Sensing, 2001, 39(2): 321 – 329.

[127] LEE J S, et al. Unsupervised terrain classification preserving polarimetric scattering characteristics[J]. IEEE Transactions on Geoscience and Remote Sensing,2004,42(4):722 – 731.

[128] KERSTEN P R, LEE J S, AINSWORTH T L. Unsupervised classification of polarimetric synthetic aperture radar images using fuzzy clustering and EM clustering[J]. IEEE Transactions on Geoscience and Remote Sensing,2005,43(3):519 – 527.

[129] HOEKMAN D H, QUINONES M J. Land cover type and biomass classification using AirSAR data for evaluation of monitoring scenarios in the Colombian Amazon[J]. IEEE Transactions on Geoscience and Remote Sensing,2000,38(2):685 – 696.

[130] TRIZNA D B, et al. Projection pursuit classification of multiband polarimetric SAR land images[J]. IEEE

Transactions on Geoscience and Remote Sensing, 2001, 39(11): 2380 - 2386.

[131] HOEKMAN D H, QUINONES M J. Biophysical forest type characterization in the Colombian Amazon by airborne polarimetric SAR[J]. IEEE Transactions on Geoscience and Remote Sensing, 2002, 40(6): 1288 - 1300.

[132] BEAULIEU J - M, TOUZI R. Segmentation of textured polarimetric SAR scenes by likelihood approximation[J]. IEEE Transactions on Geoscience and Remote Sensing, 2004, 42(10): 2063 - 2072.

[133] BARNES C F, BURKI J. Late - season rural land - cover estimation with polarimetric - SAR intensity pixel blocks and σ - tree - structured near - neighbor classifiers[J]. IEEE Transactions on Geoscience and Remote Sensing, 2006, 44(9): 2384 - 2392.

[134] ALBERGA V. Comparison ofpolarimetric methods in image classification and SAR interferometry applications[D]. Chemnitz, Saxony, Germany: Technical University of Chemnitz, 2004.

[135] KIMURA K. A study on target classification/detection in polarimetric SAR image data[D]. Niigata - shi, Japan: Niigata University, 2005.

[136] XU F, JIN Y Q. Deorientation theory of polarimetric scattering targets and application to terrain surface classification[J]. IEEE Transactions on Geoscience and Remote Sensing, 2005, 43(10): 2351 - 2364.

[137] BURL M C, NOVAK L M. Polarimetric segmentation of SAR imagery[C]//Proc. SPIE Automatic Object Recognition. Orlando: The International Society for Optical Engineering, 1991: 92 - 115.

[138] POTTIER E, SAILLARD J. On radar polarization target decomposition theorems with application to target classification by Using Network Method[C]//Proc. ICAP' 91. York, England: IET, 1991: 265 - 268.

[139] POTTIER E. Classification of earth terrain in polarimetric SAR images using neural nets modelization [C]//Proc. SPIE Radar Polarimetry. San Diego, CA: The International Society for Optical Engineering, 1992: 321 - 332.

[140] POTTIER E. Radar target decomposition theorems and unsupervised classification of full polarimetric SAR data[C]//Proceedings of International Geoscience and Remote Sensing Symposium (IGARSS' 94). Pasadena, CA, USA: IEEE, 1994: 1139 - 1141.

[141] POTTIER E, CLOUDE S R. Unsupervised classification of full polarimetric SAR data and feature vectors identification using radar target decomposition theorems and entropy analysis[C]//Proceedings of International Geoscience and Remote Sensing Symposium (IGARSS' 95). Florence, Italy: IEEE, 1995: 2247 - 2249.

[142] POTTIER E, CLOUDE S R. Application of the H/A/αpolarimetric decomposition theorems for land classification[C]//Proceedings. of SPIE Conference on Wideband Interferometric Sensing and Imaging Polarimetry. San Diego: IEEE, 1997: 132 - 143.

[143] HELLMANN M, JAGER G, POTTIER E. Fuzzy clustering and interpretation of fully polarimetric SAR data [C]//Proceedings of International Geoscience and Remote Sensing Symposium (IGARSS' 01). Sydney: IEEE, 2001: 2790 - 2792.

[144] CLOUDE S R. An entropy based classification scheme for polarimetric SAR data[C]//Proceedings of International Geoscience and Remote Sensing Symposium (IGARSS' 95). Florence: IEEE, 1995: 2000 - 2002.

[145] LOMBARDO P. Optimalclassification of polarimetric SAR images using segmentation[C]//Proceedings on Radar Conference. Long Beach: IEEE, 2002: 8 - 13.

[146] PELLIZZERI T M, Lombardo P, Ferriero P. Polarimetric SAR image processing: Wishart vs "H/A/alpha"

segmentation and classification schemes[C]//Proceedings of International Geoscience and Remote Sensing Symposium (IGARSS' 03). Toulouse, France: IEEE, 2003: 3976 - 3978.

[147] HELLMANN M, et al. Classification of full polarimetric SAR - data using artificial neural networks and fuzzy Algorithms [C]//Proceedings of International Geoscience and Remote Sensing Symposium (IGARSS' 99). Hamburg, Germany: IEEE, 1999: 1995 - 1997.

[148] ALBERGA V, SATALINO G, STAYKOVA D K. Polarimetric SAR observables for land cover classification: analyses and comparisons [C]//Proceedings of SPIE 6363, SAR Image Analysis, Modeling, and Techniques Ⅷ. Stockholm, Sweden: SPIE, 2006: 636305.

[149] FUKUDA S, HIROSAWA H. Support vector machine classification of land cover: application to polarimetric SAR data [C]//Proc. International Geoscience and Remote Sensing Symposium (IGARSS' 01). Sydney, Australia: IEEE, 2001: 187 - 189.

[150] FUKUDA S, KATAGIRI R, HIROSAWA H. Unsupervised approach for polarimetric SAR image classification using support vector machines[C]//Proc. International Geoscience and Remote Sensing Symposium (IGARSS' 02). Toronto, Canada: IEEE, 2002: 2599 - 2601.

[151] XU J Y, YANG J, PENG Y N. New method of feature extraction in polarimetric SAR image classification [C]//Proc. SPIE Vol. 4741 Battlespace Digitization and Network - Centric Warfare Ⅱ. Orlando, FL, USA: SPIE, 2002: 337 - 344.

[152] XU J Y, et al. Using cross - entropy for polarimetric SAR image classification[C]//Proc. International Geoscience and Remote Sensing Symposium (IGARSS' 02). Toronto, Canada: IEEE, 2002: 1917 - 1919.

[153] 徐俊毅, 杨健, 彭应宁. 双波段极化雷达遥感图像分类的新方法[J]. 中国科学(E 辑), 2005, 35(10): 1083 - 1095.

[154] NOVAK L M, BURL M C. Optimal speckle reduction in polarimetric SAR imagery[J]. IEEE Transactions on Aerospace and Electronic Systems, 1990, 26(2): 293 - 305.

[155] LEE J S, GRUNES M R, MANGO S A. Speckle reduction in multipolarization, multifrequency SAR imagery [J]. IEEE Transactions on Geoscience and Remote Sensing, 1991, 29(4): 535 - 544.

[156] GOZE S, LOPES A. A MMSE speckle filter for full resolution SAR polarimetric data[J]. Journal of Electromagnetic Waves and Applications, 1993, 7(5): 717 - 737.

[157] TOUZI R, LOPES A. The principle of speckle filtering in polarimetric SAR imagery[J]. IEEE Transactions on Geoscience and Remote Sensing, 1994, 32(5): 1110 - 1114.

[158] FUKUDA S, SUWA K, HIROSAWA H. Texture and statistical distribution in high resolution polarimetric SAR images [C]//Proc. International Geoscience and Remote Sensing Symposium (IGARSS' 99). Hamburg, Germany: IEEE, 1999: 1268 - 1270.

[159] DE GRANDI G, et al. Texture and speckle statistics in polarimetric SAR synthesized images[J]. IEEE Transactions on Geoscience and Remote Sensing, 2003, 41(9): 2070 - 2088.

[160] FLEISCHMAN J G, et al. Multichannel whitening of SAR imagery[J]. IEEE Transactions on Aerospace and Electronic Systems, 1996, 32(1): 156 - 166.

[161] LOPES A, Sery F. Optimal speckle reduction for the product model in multilook polarimetric SAR imagery and the Wishart distribution[J]. IEEE Transactions on Geoscience and Remote Sensing, 1997, 35(3): 632 - 647.

[162] LIU G, et al. The multilook polarimetric whitening filter (MPWF) for intensity speckle reduction in polarimetric SAR images [J]. IEEE Transactions on Geoscience and Remote Sensing, 1998, 36(3):

1016 – 1020.

[163] LEE J S, GRUNES M R, DE GRANDI G. Polarimetric SAR speckle filtering and its implication for classfication[J]. IEEE Transactions on Geoscience and Remote Sensing, 1999, 37(5): 2363 – 2373.

[164] SCHOU J, SKRIVER H. Restoration of polarimetric SAR images using simulated annealing[J]. IEEE Transactions on Geoscience and Remote Sensing, 2001, 39(9): 2005 – 2016.

[165] TOUZI R. A review of speckle filtering in the context of estimation theory[J]. IEEE Transactions on Geoscience and Remote Sensing, 2002, 40(11): 2392 – 2404.

[166] LOPEZ – MARTINEZ C, FABREGAS X. Polarimetric SAR speckle noise model[J]. IEEE Transactions on Geoscience and Remote Sensing, 2003, 41(10): 2232 – 2242.

[167] GU J, et al. Speckle filtering in polarimetric SAR data based on the subspace decomposition[J]. IEEE Transactions on Geoscience and Remote Sensing, 2004, 42(8): 1635 – 1641.

[168] LEE J S, et al. Scattering – model – based speckle filtering of polarimetric SAR data[J]. IEEE Transactions on Geoscience and Remote Sensing, 2006, 44(1): 176 – 187.

[169] LOPEZ – MARTINEZ C. Multidimensional speckle noise, modelling and filtering related to SAR data [D]. Barcelona, Spain: Technical University of Catalonia, 2003.

[170] NOVAK L M, BURL M C. Optimal speckle reduction in polarimetric SAR imagery[J]. IEEE Transactions on Aerospace and Electronic Systems, 1990, 26(2): 293 – 305.

[171] LEE J S, GRUNES M R, MANGO S A. Speckle reduction in multipolarization, multifrequency SAR imagery [J]. IEEE Transactions on Geoscience and Remote Sensing, 1991, 29(4): 535 – 544.

[172] GOZE S, LOPES A. A MMSE speckle filter for full resolution SAR polarimetric data[J]. Journal of Electromagnetic Waves and Applications, 1993, 7(5): 717 – 737.

[173] TOUZI R, LOPES A. The principle of speckle filtering in polarimetric SAR imagery[J]. IEEE Transactions on Geoscience and Remote Sensing, 1994, 32(5): 1110 – 1114.

[174] FLEISCHMAN J G, et al. Multichannel whitening of SAR imagery[J]. IEEE Transactions on Aerospace and Electronic Systems, 1996, 32(1): 156 – 166.

[175] LOPES A, SERY F. Optimal speckle reduction for the product model in multilook polarimetric SAR imagery and the Wishart distribution[J]. IEEE Transactions on Geoscience and Remote Sensing, 1997, 35(3): 632 – 647.

[176] LIU G, et al. The multilook polarimetric whitening filter (MPWF) for intensity speckle reduction in polarimetric SAR images [J]. IEEE Transactions on Geoscience and Remote Sensing, 1998, 36(3): 1016 – 1020.

[177] LEE J S, GRUNES M R, DE GRANDI G. Polarimetric SAR speckle filtering and its implication for classfication[J]. IEEE Transactions on Geoscience and Remote Sensing, 1999, 37(5): 2363 – 2373.

[178] SCHOU J, SKRIVER H. Restoration of polarimetric SAR images using simulated annealing[J]. IEEE Transactions on Geoscience and Remote Sensing, 2001, 39(9): 2005 – 2016.

[179] TOUZI R. A review of speckle filtering in the context of estimation theory[J]. IEEE Transactions on Geoscience and Remote Sensing, 2002, 40(11): 2392 – 2404.

[180] LOPEZ – MARTINEZ C, FABREGAS X. Polarimetric SAR speckle noise model[J]. IEEE Transactions on Geoscience and Remote Sensing, 2003, 41(10): 2232 – 2242.

[181] GU J, et al. Speckle filtering in polarimetric SAR data based on the subspace decomposition[J]. IEEE Transactions on Geoscience and Remote Sensing, 2004, 42(8): 1635 – 1641.

[182] LEE J S, et al. Scattering - model - based speckle filtering of polarimetric SAR data[J]. IEEE Transactions on Geoscience and Remote Sensing, 2006, 44(1): 176 - 187.

[183] LOPEZ - MARTINEZ C. Multidimensional speckle noise, modelling and filtering related to SAR data [D]. Barcelona, Spain: Technical University of Catalonia, 2003.

[184] LEE J S, et al. K - distribution for multi - look processed polarimetric SAR imagery[C]//Proc. International Geoscience and Remote Sensing Symposium (IGARSS' 94). Pasadena, CA, USA: IEEE, 1994: 2179 - 2181.

[185] LEE J S, et al. Intensity and phase statistics of multilook polarimetric and interferometric SAR imagery [J]. IEEE Transactions on Geoscience and Remote Sensing, 1994, 32(5): 1017 - 1028.

[186] FREITAS C C, FRERY A C, CORREIA A H. The polarimetric $\mathcal{G}$ distribution for SAR data analysis [J]. Environmetrics, 2005, 16(1): 13 - 31.

[187] GAMBINI J, et al. Polarimetric SAR region boundary detection using B - spline deformable countours under the $\mathcal{G}^H$ Model [C]//Proc. XVIII Brazilian Symposium on Computer Graphics and Image Processing (SIBGRAPI' 05). Natal, RN, Brazil: IEEE, 2005: 197 - 204.

[188] NOVAK L M, BURL M C. Studies of target detection algorithms that use polarimetric radar data[J]. IEEE Transactions on Aerospace and Electronic Systems, 1989, 25(2): 150 - 165.

[189] CHANEY R D, BURL M C, NOVAK L M. On the performance of polarimetric target detection algorithms [J]. IEEE Transactions on Aerospace and Electronic Systems Magazine, 1990, 5(11): 10 - 15.

[190] NOVAK L M, BURL M C. Optimal polarimetric processing for enhanced target detection[J]. IEEE Transactions on Aerospace and Electronic Systems, 1993, 29(1): 234 - 244.

[191] TOUZI R. On the use of polarimetric SAR data for ship detection[C]//Proc. International Geoscience and Remote Sensing Symposium (IGARSS' 99). Hamburg, Germany: IEEE, 1999: 812 - 814.

[192] TOUZI R. Calibrated polarimetric SAR data for ship detection[C]//Proc. International Geoscience and Remote Sensing Symposium (IGARSS' 00). Honolulu, HI, USA: IEEE, 2000: 144 - 146.

[193] CONRADSEN K, et al. A test statistic in the complex Wishart distribution and its application to change detection in polarimetric SAR data[J]. IEEE Transactions on Geoscience and Remote Sensing, 2003, 41 (1): 4 - 19.

[194] SCHOU J, et al. CFAR edge detector for polarimetric SAR images[J]. IEEE Transactions on Geoscience and Remote Sensing, 2003, 41(1): 20 - 32.

[195] TOUZI R, et al. Ship detection and characterization using polarimetric SAR[J]. Canadian Journal of Remote Sensing, 2004, 30(3): 552 - 559.

[196] LEE J S, et al. Polarization orientation estimation and applications: a review[C]//Proc. International Geoscience and Remote Sensing Symposium (IGARSS' 03). Toulouse, France: IEEE, 2003: 428 - 430.

[197] POTTIER E, et al. Estimation of the terrain surface azimuthal/range slopes using polarimetric decomposition of PolSAR Data[C]//Proc. International Geoscience and Remote Sensing Symposium (IGARSS' 99). Hamburg, Germany: IEEE, 1999: 2212 - 2214.

[198] LEE J S, SCHULER D L, AINSWORTH T L. Polarimetric SAR data compensation for terrain azimuth slope variation[J]. IEEE Transactions on Geoscience and Remote Sensing, 2000, 38(5): 2153 - 2163.

[199] LEE J S, et al. On the estimation of radar polarization orientation shifts induced by terrain slopes [J]. IEEE Transactions on Geoscience and Remote Sensing, 2002, 40(1): 30 - 41.

[200] SCHULER D L, LEE J S, DE GRANDI G. Measurement of topography using polarimetric SAR images

[J]. IEEE Transactions on Geoscience and Remote Sensing,1996,34(5):1266 - 1277.

[201] SCHULER D L,et al. Terrain topography measurement using multipass polarimetric synthetic aperture radar data[J]. Radio Science,2000,35(3):813 - 832.

[202] 徐丰,金亚秋. 目标散射的去取向理论和应用(一)去取向分析[J]. 电波科学学报,2006,21(1):6 - 15.

[203] 徐丰,金亚秋. 目标散射的去取向理论和应用(二)地表分类应用[J]. 电波科学学报,2006,21(2):153 - 160.

[204] HAJNSEK I,POTTIER E,CLOUDE S R. Inversion of surface parameters from polarimetric SAR[J]. IEEE Transactions on Geoscience and Remote Sensing,2003,41(4):727 - 744.

[205] HAJNSEK I. Inversion of surface parameters using polarimetric SAR[D]. Jena, Germany: Friedrich - Schiller University,2001.

[206] LOPEZ - SANCHEZ J M. Analysis andestimation of biophysical parameters of vegetation by radar polarimetry[D]. Valencia,Spain:Universidad Politecnica de Valencia,1999.

[207] REIGBER A,MOREIRA A. First demonstration of Airborne SAR tomography using multibaseline L - band data[J]. IEEE Transactions on Geoscience and Remote Sensing,2000,38(5):2142 - 2152.

[208] REIGBER A. Airborne polarimetric SAR tomography[D]. Stuttgart,Germany:University of Stuttgart,2001.

[209] LOMBARDINI F,REIGBER A. Adaptive spectral estimation for multibaseline SAR tomography with airborne L - band data[C]//Proc. International Geoscience and Remote Sensing Symposium (IGARSS' 03). Toulouse,France:IEEE,2003:2014 - 2016.

[210] CLOUDE S R,PAPATHANASSIOU K P. Polarimetric SAR interferometry[J]. IEEE Transactions on Geoscience and Remote Sensing,1998,36(5):1551 - 1565.

[211] PAPATHANASSIOU K P, CLOUDE S R. Single - baseline polarimetric SAR interferometry[J]. IEEE Transactions on Geoscience and Remote Sensing,2001,39(11):2352 - 2363.

[212] 郭华东,等. 极化干涉雷达遥感机制及应用[J]. 遥感学报,2002,6(6):401 - 405.

[213] 李新武. 极化干涉SAR信息提取方法及其应用研究[D]. 北京:中国科学院,2002.

[214] METTE T,PAPATHANASSIOU K P,et al. Forest biomass estimation using polarimetric SAR interferometry[C]//International Geoscience and Remote Sensing Symposium (IGARSS' 2002) and the 24th Canadian Symposium on Remote Sensing. Toronto,Canada:IEEE,2002:817 - 819.

[215] CLOUDE S R. Robust parameter estimation using dual baseline polarimetric SAR interferometry[C]//International Geoscience and Remote Sensing Symposium (IGARSS' 2002) and the 24th Canadian Symposium on Remote Sensing. Toronto,Canada:IEEE,2002:838 - 840.

[216] ZHANG L,ZOU B,et al. Multiple - Component Scattering Model for Polarimetric SAR Image Decomposition[J]. IEEE Geoscience and Remote Sensing Letters,2008,5(4):603 - 607.

[217] MAURYA H,PANIGRAHI R K,MISHRA A K. Extended four - component decomposition by using modified cross - scattering matrix[J]. IET Radar,Sonar & Navigation,2017,11(8):1196 - 1202.

[218] XI Y,LANG H,et al. Four - component model - based decomposition for ship targets using PolSAR data [J]. Remote Sensing,2017,9(6):621.

[219] SINGH G,YAMAGUCHI Y. Model - based six - component scattering matrix power decomposition [J]. IEEE Transactions on Geoscience and Remote Sensing,2018,56(10):5687 - 5704.

[220] SINGH G,MALIK R,MOHANTY S,et al. Seven - component scattering power decomposition of POLSAR coherency matrix[J]. IEEE Transactions on Geoscience and Remote Sensing,2019,57(11):1 - 12.

[221] SATO A, YAMAGUCHI Y, SINGH G, et al. Four – component scattering power decomposition with extended volume scattering model [J]. IEEE Geoscience and Remote Sensing Letters, 2012, 9(2): 166 – 170.

[222] HONG S, WDOWINSKI S. Double – bounce component in cross – polarimetric SAR from a new scattering target decomposition [J]. IEEE Transactions on Geoscience and Remote Sensing, 2014, 52(6): 3039 – 3051.

[223] XIANG D, BAN Y, SU Y. Model – based decomposition with cross scattering for polarimetric SAR urban areas[J]. IEEE Geoscience and Remote Sensing Letters, 2015, 12(12): 2496 – 2500.

[224] DUAN D, YONG W. An improved algorithm to delineate urban targets with model – based decomposition of polSAR data[J]. Remote Sensing, 2017, 9(10): 1037.

[225] WEI J, ZHAO Z, YU X, et al. A multi – component decomposition method for polarimetric SAR data [J]. Chinese Journal of Electronics, 2017, 26(1): 205 – 210.

[226] WANG Z, ZENG Q, et al. New volume scattering model for three – component decomposition of polarimetric SAR data [C]//International Geoscience and Remote Sensing Symposium (IGARSS' 2018). Valencia, Spain: IEEE, 2018: 4575 – 4578.

[227] AZMEDROUB B, OUARZEDDINE M, SOUISSI B. Extraction of urban areas from polarimetric SAR imagery[J]. IEEE Journal of Selected Topics in Applied Earth Observations and Remote Sensing, 2016, 9(6): 2583 – 2591.

[228] XIANG D L, TAO T, HU C, et al. Built – up area extraction from PolSAR imagery with model – based decomposition and polarimetric coherence[J]. Remote Sensing, 2016, 8(8): 685.

[229] BORDBARI R, MAGHSOUDI Y. A new target detector based on subspace projections using polarimetric SAR data[J]. IEEE Transactions on Geoscience and Remote Sensing, 2019, 57(5): 3025 – 3039.

[230] RATHA D, GAMBA P, BHATTACHARYA A, et al. Novel techniques for built – up area extraction from polarimetric SAR images[J]. IEEE Geoscience and Remote Sensing Letters, 2020, 17(1): 177 – 181.

[231] 柳彬. 极化 SAR 图像边缘与区域信息提取方法研究[D]. 上海:上海交通大学,2015.

[232] SCHOU J, SKRIVER H S, A. Nielsen A, et al. CFAR edge detector for polarimetric SAR images[J]. IEEE Transactions on Geoscience and Remote Sensing, 2003, 41(1): 20 – 32.

[233] SHUI P, CHENG D. Edge detector of SAR images using gaussian – gamma – shaped bi – windows [J]. IEEE Geoscience and Remote Sensing Letters, 2012, 9(5): 846 – 850.

[234] LIU B, ZHANG Z, LIU X, et al. Edge extraction for polarimetric SAR images using degenerate filter with weighted maximum likelihood estimation[J]. IEEE Geoscience and Remote Sensing Letters, 2014, 11(12): 2140 – 2144.

[235] XIANG D L, BAN Y, WANG W, et al. Edge detector for polarimetric SAR images using SIRV model and gauss – shaped filter[J]. IEEE Geoscience and Remote Sensing Letters, 2016, 13(11): 1661 – 1665.

[236] WANG W, XIANG D, BAN Y, et al. Enhanced edge detection for polarimetric SAR images using a directional span – driven adaptive window[J]. International Journal of Remote Sensing, 2018, 39(19): 6340 – 6357.

[237] QIN X X, HU T, et al. Edge detection of PolSAR images using statistical distance between automatically refined samples [C]//International Geoscience and Remote Sensing Symposium (IGARSS' 2018). Valencia, Spain: IEEE, 2018: 645 – 648.

[238] WEI Q R, FENG D, XIE H. Edge detector of SAR images using crater – shaped window with edge com-

pensation strategy[J]. IEEE Geoscience and Remote Sensing Letters,2016,13(1):38 - 42.

[239] SUN X,HE C,FENG Q,et al. A supervised classification method based on conditional random fields with multiscale region connection calculus model for SAR image[J]. IEEE Geoscience and Remote Sensing Letters,2011,8(3):497 - 501.

[240] LIU B,HU H,WANG H,et al. Superpixel - based classification with an adaptive number of classes for polarimetric SAR images[J]. IEEE Transactions on Geoscience and Remote Sensing,2013,51(2):907 - 924.

[241] QIN F,GUO J,LANG F. Superpixel segmentation for polarimetric SAR imagery using local iterative clustering[J]. IEEE Geoscience and Remote Sensing Letters,2015,12(1):13 - 17.

[242] XIANG D L,BAN Y,WANG W,et al. Adaptive superpixel generation for polarimetric SAR images with local iterative clustering and SIRV model[J]. IEEE Transactions on Geoscience and Remote Sensing,2017,55(6):3115 - 3131.

[243] HOU B,YANG C,REN B,et al. Decomposition feature iterative clustering based superpixel segmentation for PolSAR image classification[J]. IEEE Geoscience and Remote Sensing Letters,2018,15(8):1239 - 1243.

[244] GUO Y,JIAO L,WANG S,et al. Fuzzy superpixels for polarimetric SAR images classification[J]. IEEE Transactions on Fuzzy Systems,2018,26(5):2846 - 2860.

[245] LEE J S,et al. Statistical analysis and segmentation of multi - look SAR imagery using partial polarimetric data[C]//Proc. International Geoscience and Remote Sensing Symposium(IGARSS' 95). Chengdu,China:IEEE,1995:1422 - 1424.

[246] LIU G,et al. Bayesian classification of multi - look polarimetric SAR images with a generalized multiplicative speckle model[C]//Proc. SPIE Vol. 3070 algorithms for synthetic aperture radar imagery Ⅳ. Orlando,FL,USA:SPIE,1997:398 - 405.

[247] CHEN C H,DU Y. Multiresolution wavelet analysis for SAR image segmentation using statistical separability measures[C]//Proc. SPIE 3500,Image and Signal Processing for Remote Sensing Ⅳ. Barcelona,Spain:SPIE,1998:104 - 110.

[248] AINSWORTH T L,LEE J S. Polarimetric SAR image classification employing subaperture polarimetric analysis[C]//Proc. International Geoscience and Remote Sensing Symposium(IGARSS' 05). Seoul,Korea:IEEE,2005:48 - 50.

[249] 邢艳肖,张毅,李宁,等. 一种联合特征值信息的全极化 SAR 图像监督分类方法[J]. 雷达学报,2016,5(2):217 - 227.

[250] 陈博. 基于集成学习和特征选择的极化 SAR 地物分类[D]. 西安:西安电子科技大学,2014.

[251] VAN ZYL J J. Unsupervised classification of scattering behavior using radar polarimetry data[J]. IEEE Transactions on Geoscience and Remote Sensing,1989,27(1):36 - 45.

[252] CLOUDE S R,POTTIER E. An entropy based classification scheme for land applications of polarimetric SAR[J]. IEEE Transactions on Geoscience and Remote Sensing,1997,35(1):549 - 557.

[253] PARK S E,MOON W M. Classification of the polarimetric SAR using fuzzy boundaries in entropy and alpha plane[C]//Proc. International Geoscience and Remote Sensing Symposium(IGARSS' 05). Seoul,Korea:IEEE,2005:5517 - 5519.

[254] LEE J S,et al. Unsupervised classification using polarimetric decomposition and the complex Wishart classifier[J]. IEEE Transactions on Geoscience and Remote Sensing,1999,37(5):2249 - 2258.

[255] PUTIGNANO E, et al. Unsupervised classification of a central Italy landscape by polarimetric L – band SAR data[C]//Proc. International Geoscience and Remote Sensing Symposium (IGARSS' 05). Seoul, Korea: IEEE, 2005: 1291 – 1294.

[256] 刘秀清,杨汝良. 基于全极化 SAR 非监督分类的迭代分类方法[J]. 电子学报,2004,32(12):1982 – 1986.

[257] 曹芳. 基于 Cloude – Pottier 分解的全极化 SAR 数据非监督分类的算法和实验研究[D]. 北京:中国科学院研究生院(电子学研究所),2007.

[258] 付姣,张永红,刘晓龙,等. 利用 Yamaguchi 分解保持地物散射特性的极化 SAR 分类[J]. 测绘科学,2014,3(12):81 – 84.

[259] XIANG D L, TANG T, BAN Y, et al. Unsupervised polarimetric SAR urban area classification based on model – based decomposition with cross scattering [J]. ISPRS Journal of Photogrammetry and Remote Sensing, 2016, 116(1): 86 – 100.

[260] 王彦平,王官云,李洋,等. 多角度极化 SAR 图像散射特征建模及其应用[J]. 信号处理,2019,35(3):396 – 401.

[261] HORN R, NOTTENSTEINER A, REIGBER A, et al. F – SAR – DLR's new multifrequency polarimetric airborne SAR[C]//IEEE International Geoscience and Remote Sensing Symposium. Cape Town, South Africa, 2009, 1 – 5.

[262] 吴永辉. 极化 SAR 图像分类技术研究[D]. 长沙:国防科学技术大学,2007.

[263] VEXCEL. Earthview Matrix. [EB/OL]. [2005 – 11 – 17]. http://www. vexcel. com.

[264] PCI GEOMATICE. Pcigeomatics – SAR polarimetry workstation. [EB/OL]. [2008 – 1 – 17]. http://www. ocigeomatics. com.

[265] POTTIER E, et al. PolSARpro v2. 0: the polarimetric SAR data processing and educational toolbox[C]//Proc. International Geoscience and Remote Sensing Symposium (IGARSS' 05). Seoul, Korea: IEEE, 2005: 3173 – 3176.

[266] 戴博伟. 多极化合成孔径雷达系统与极化信息处理研究[D]. 北京:中国科学院电子学研究所,2000.

[267] 李新武. 极化干涉 SAR 信息提取方法及其应用研究[D]. 北京:中国科学院遥感应用研究所,2002.

[268] 黄培康,殷红成,许小剑. 雷达目标特型[M]. 北京:电子工业出版社,2005.

[269] CHEN Q, GAO G, ZHOU X, et al. Study on target characteristic polarization state in co – polarized channel for the coherent case[J]. Science in China Series E: Technological Sciences, 2009, 52(8): 2432 – 2444.

[270] CHEN Q, JIANG Y M, ZHAO L J, et al. An Optimization Procedure of the Lagrange Multiplier Method for Polarimetric Power Optimization [J]. IEEE Geoscience and Remote Sensing Letters, 2009, 6(4): 699 – 702.

[271] 陈强,蒋咏梅,匡纲要. 一种求解分布式目标通道最优极化的快速算法[J]. 测绘学报,2009,38(6):532 – 538.

[272] 陈强,蒋咏梅,高贵,等. 用于分布式目标最优极化求解的拉格朗日乘因子法优化[J]. 信号处理,2009,25(10):1520 – 1526.

[273] CHEN Q, JIANG Y M, ZHAO L J, et al. Polarimetric scattering similarity between a random scatterer and a canonical scatterer[J]. IEEE Geoscience and Remote Sensing Letters, 2010, 7(4): 866 – 869.

[274] 陈强,蒋咏梅,匡纲要. 一种度量目标散射相似性的新参数[J]. 信号处理,2010,26(3):

332 – 336.

[275] KROGAGER E. A new decomposition of the radar target scattering matrix[J]. Electronics Letter,1990,26(18):1525 – 1526.

[276] CAMERON W L,LEUNG L K. Feature motivated polarization scattering matrix decomposition[C]//Proceedings of IEEE International Radar Conference. Arlington,VA:IEEE,1990,7 – 10.

[277] ESA. Polarimetry tutorial:polarimetric decompositions[EB/OL]. [2014 – 11 – 17]. http://earth.esa.int/polsarpro.

[278] CARREA L,WANIELIK G. Polarimetric SAR processing using the polar decomposition of the scattering matrix[C]//Proc. International Geoscience and Remote Sensing Symposium (IGARSS' 01). Sydney:IEEE,2001:363 – 365.

[279] POTTIER E. On Dr. J. R. Huynen's main contribution in the development of polarimetric radar techniques, and how the "radar targets phenomenological concept" becomes a theory[C]//SPIE,Radar Polarimetry. SPIE, 1992:72 – 85.

[280] BARNES,R M. Roll invariant decompositions for the polarization covariance matrix[C]//Polarimetry Technology Workshop. Redstone Arsenal,AL:IEEE,1988.

[281] HOLM W A,Barnes R M. On radar polarization mixed state decomposition theorems[C]//Proceedings of USA National Radar Conference. Dallas,Texas,USA:IEEE,1988:20 – 21.

[282] YANG J,PENG Y N,et al. On Huynen's decomposition of a Kennaugh matrix[J]. IEEE Geoscience and Remote Sensing Letters,2006,3(3):369 – 372.

[283] CLOUDE,S R. Radar target decomposition theorems[J]. Institute of Electrical Engineering and Electronics Letter,1985,21(1):22 – 24.

[284] PRAKS J,HALLIKAINEN M. An alternative for entropy alpha classification for polarimetric SAR image [C]//Proceedings of POLINSAR. Frascati,Italy:IEEE,2003:14 – 16.

[285] QUAN S,XIANG D L,XIONG B,et al. A hierarchical extension of general four – component scattering power decomposition[J]. Remote Sensing,2017,9(8):1 – 23.

[286] QUAN S,XIONG B,et al. Relaxation of the overestimation of volume scattering using refined conditions and models[C]//International Conference on Computer, Information and Telecommunication Systems (CITS). Colmar:IEEE,2018:1 – 5.

[287] QUAN S,XIONG B,et al. Eigenvalue – based urban area extraction using polarimetric SAR data [J]. IEEE Journal of Selected Topics in Applied Earth Observations and Remote Sensing,2018,11(2):458 – 471.

[288] QUAN S,XIANG D L,et al. Scattering characterization of obliquely oriented buildings from PolSAR data using eigenvalue – related model [J]. Remote Sensing,2019,11(5):1 – 12.

[289] QUAN S,XIONG B,et al. Derivation of the orientation parameters in built – up areas:with application to model – based decomposition [J]. IEEE Transactions on Geoscience and Remote Sensing,2018,56(8): 4714 – 4730.

[290] QUAN S,QIN Y,et al. Polarimetric decomposition – based unified manmade target scattering characterization with mathematical programming strategies [J]. IEEE Transactions on Geoscience and Remote Sensing,2021 (60):1 – 18.

[291] QUAN S,XIANG D L,et al. Scattering feature – driven superpixel segmentation for polarimetric SAR images [J]. IEEE Journal of Selected Topics in Applied Earth Observations and Remote Sensing,2021,14: 2173 – 2183.

[292] QUAN S, XIANG D L, et al. Edge detection for PolSAR images integrating scattering characteristics and optimal contrast [J]. IEEE Geoscience and Remote Sensing Letters, 2020, 17(2): 257 – 261.

[293] QUAN S, XIONG B, et al. Adaptive and fast prescreening for SAR ATR via change detection technique [J]. IEEE Geoscience and Remote Sensing Letters, 2016, 11(13): 1691 – 1695.

[294] LI Y, QUAN S, et al. Ship recognition from chaff clouds with sophisticated polarimetric decomposition [J]. Remote Sensing, 2020, 12(11): 1813.

[295] FAN H, QUAN S, et al. Refined model – based and feature – driven extraction of buildings from PolSAR images [J]. Remote Sensing, 2019, 11(11): 1 – 15.

[296] FAN H, QUAN S, et al. Seven component model – based decomposition with sophisticated scattering models [J]. Remote Sensing, 2019, 11(23): 2802.

[297] XIANG D L, TANG T, et al. Adaptive superpixel generation for SAR images with linear feature clustering and edge constraint [J]. IEEE Transactions on Geoscience and Remote Sensing, 2019, 57(6): 2873 – 3889.

[298] XIANG D L, WANG W, et al. Adaptive statistical superpixel merging with edge penalty for PolSAR image segmentation [J]. IEEE Transactions on Geoscience and Remote Sensing, 2020, 58(4): 2412 – 2429.

[299] 全斯农，范晖，代大海，等．一种基于精细极化目标分解的舰船箔条云识别方法[J]．雷达学报，2021, 10(1): 61 – 73.

[300] VAN ZYL J J. Application of Cloude's target decomposition theorem to polarimetric imaging radar data [C]//Proc. SPIE 1748, Radar Polarimetry. SPIE, 1993: 184 – 191.

[301] LI, H, CHEN J, et al. Mitigation of reflection symmetry assumption and negative power problems for the model – based decomposition[J]. IEEE Transactions on Geoscience and Remote Sensing, 2016, 54(12): 7261 – 7271.

[302] NEUMANN M, FERRO – FAMIL L, REIGBER A. Estimation of forest structure, ground, and canopy layer characteristics from multibaseline polarimetric interferometric SAR data[J]. IEEE Transactions on Geoscience and Remote Sensing, 2010, 48(3): 1086 – 1104.

[303] LEE J, AINSWORTH T L, CHEN K. The effect of orientation angle compensation on polarimetric target decompositions[C]//International Geoscience and Remote Sensing Symposium. Cape Town, South Africa: IEEE, 2009: 849 – 852.

[304] AN W, CUI Y, YANG J. Three – component model – based decomposition for polarimetric SAR data [J]. IEEE Transactions on Geoscience and Remote Sensing, 2010, 48(6): 2732 – 2739.

[305] LI D, ZHANG Y. Random similarity between two mixed scatterers [J]. IEEE Geoscience and Remote Sensing Letters, 2015, 12(12): 2468 – 2472.

[306] SINGH G, YAMAGUCHI Y, PARK S. General four – component scattering power decomposition with unitary transformation of coherency matrix[J]. IEEE Transactions on Geoscience and Remote Sensing, 2013, 51(5): 3014 – 3022.

[307] LEE J, AINSWORTH T L, WANG Y. Generalized polarimetric model – based decompositions using incoherent scattering models [J]. IEEE Transactions on Geoscience and Remote Sensing, 2014, 52(5): 2474 – 2491.

[308] LEE J, AINSWORTH T L, WANG Y. Polarization orientation angle and polarimetric SAR scattering characteristics of steep terrain[J]. IEEE Transactions on Geoscience and Remote Sensing, 2018, 56(12): 7272 – 7281.

[309] CHEN S, OHKI M, SHIMADA M, et al. Deorientation effect investigation for model – based decomposition over oriented built – up areas [J]. IEEE Geoscience and Remote Sensing Letters, 2013, 10(2): 273 – 277.

[310] AN W, LIN M, ZOU J. A study on physical meanings of a unitary transformation used in polarimetric decomposition [C]//International Geoscience and Remote Sensing Symposium. Valencia, Spain: IEEE, 2018: 5863 – 5866.

[311] AN W, LIN M. A reflection symmetry approximation of multilook polarimetric SAR data and its application to freeman – durden decomposition [J]. IEEE Transactions on Geoscience and Remote Sensing, 2019, 57(6): 3649 – 3660.

[312] ANTROPOV O, RAUSTE Y, HAME T. Volume scattering modeling in PolSAR decompositions: study of ALOS PALSAR data over boreal forest [J]. IEEE Transactions on Geoscience and Remote Sensing, 2011, 49(10): 3838 – 3848.

[313] JIN S, YANG L, DANIELSON P, et al. A comprehensive change detection method for updating the National land cover database to circa 2011 [J]. Remote Sensing of Environment, 2013, 132: 159 – 175.

[314] BHATTACHARYA A, SINGH G, MANICKAM S, et al. An adaptive general four – component scattering power decomposition with unitary transformation of coherency matrix (AG4U) [J]. IEEE Geoscience and Remote Sensing Letters, 2015, 12(10): 2110 – 2114.

[315] FRANCESCHETTI G, IODICE A, RICCIO D. A canonical problem in electromagnetic backscattering from buildings [J]. IEEE Transactions on Geoscience and Remote Sensing, 2002, 40(8): 1787 – 1801.

[316] LEE J, AINSWORTH T L, WANG Y. Analysis of polarization orientation angle based on scattering mechanisms [C]//International Geoscience and Remote Sensing Symposium. Quebec City, QC, Canada: IEEE, 2014: 1005 – 1008.

[317] ATWOOD D K, THIRION – LEFEVRE L. Polarimetric phase and implications for urban classification [J]. IEEE Transactions on Geoscience and Remote Sensing, 2018, 56(3): 1278 – 1289.

[318] MAURYA H, PANIGRAHI R K. Investigation of branching conditions in model – based decomposition methods [J]. IEEE Geoscience and Remote Sensing Letters, 2018, 15(8): 1224 – 1228.

[319] KIMURA H. On the use of polarimetric orientation for POLSAR classification and decomposition [C]//International Geoscience and Remote Sensing Symposium. Vancouver, BC, Canada: IEEE, 2011: 17 – 20.

[320] LI H, LI Q, WU G, et al. The impacts of building orientation on polarimetric orientation angle estimation and model – based decomposition for multilook polarimetric SAR data in urban areas [J]. IEEE Transactions on Geoscience and Remote Sensing, 2016, 54(9): 5520 – 5532.

[321] CHEN X, WANG C, ZHANG H. DEM generation combining SAR polarimetry and shape – from – shading techniques [J]. IEEE Geoscience and Remote Sensing Letters, 2009, 6(1): 28 – 32.

[322] STORATH M, WEINMANN A. Fast median filtering for phase or orientation data [J]. IEEE Transactions on Pattern Analysis and Machine Intelligence, 2018, 40(3): 639 – 652.

[323] KAJIMOTO M, SUSAKI J. Urban – area extraction from polarimetric SAR images using polarization orientation angle [J]. IEEE Geoscience and Remote Sensing Letters, 2013, 10(2): 337 – 341.

[324] CHEN S, SATO M. Tsunami damage investigation of built – up areas using multitemporal spaceborne full polarimetric SAR images [J]. IEEE Transactions on Geoscience and Remote Sensing, 2013, 51(4): 1985 – 1997.

[325] PAQUERAULT S, MAITRE H, NICOLAS J. Radarclinometry for ERS – 1 data mapping [C]//Internation-

al Geoscience and Remote Sensing Symposium. Lincoln:IEEE,1996:503 - 505.

[326] PAQUERAULT S,MAITRE H. Generation of elevation maps from SAR images by radarclinometry [R]. Paris,France:2001.

[327] WILDEY R L. Radarclinometry for the Venus radar mapper[J]. Photogrammetric Engineering and Remote Sensing,1986,52(1):41 - 50.

[328] LI Y,HONG W,POTTIER E. Topography retrieval from single - pass POLSAR data based on the polarization - dependent intensity ratio[J]. IEEE Transactions on Geoscience and Remote Sensing,2015,53(6): 3160 - 3177.

[329] KIMURA H. Radar polarization orientation shifts in built - up areas[J]. IEEE Geoscience and Remote Sensing Letters,2008,5(2):217 - 221.

[330] MORIYAMA T,URATSUKA S,et al. A study on extraction of urban areas from polarimetric synthetic aperture radar image[C]//International Geoscience and Remote Sensing Symposium. Anchorage,AK,USA: IEEE,2004:1 - 706.

[331] YAJIMA Y,YAMAGUCHI Y,SATO R,et al. POLSAR image analysis of wetlands using a modified four - component scattering power decomposition[J]. IEEE Transactions on Geoscience and Remote Sensing, 2008,46(6):1667 - 1673.

[332] IRIBE K,SATO M. Analysis of polarization orientation angle shifts by artificial structures[J]. IEEE Transactions on Geoscience and Remote Sensing,2007,45(11):3417 - 3425.

[333] CHEN T G,LI Y Z. The eigenvalues of coherent matrix of full polarimetric SAR image and their application[J]. Information and Electronic Engineering,2005,3:161 - 166.

[334] ZHANG H,LIN H,WANG Y. A new scheme for urban impervious surface classification from SAR images [J]. ISPRS Journal of Photogrammetry and Remote Sensing,2018,139:103 - 118.

[335] TOUZI R. Target scattering decomposition in terms of roll - invariant target parameters[J]. IEEE Transactions on Geoscience and Remote Sensing,2007,45(1):73 - 84.

[336] YAHIA M,AGUILI T. Characterization and correction of multilook effects on eigendecomposition parameters in PolSAR images[J]. IEEE Transactions on Geoscience and Remote Sensing, 2015, 53(9): 5237 - 5246.

[337] LU D,ZOU B. Improved alpha angle estimation of polarimetric SAR data[J]. Electronics Letters,2016,52 (5):393 - 395.

[338] KIM Y,VAN ZYL J J. Comparison of forest parameter estimation techniques using SAR data[C]//International Geoscience and Remote Sensing Symposium. Sydney:IEEE,2001:1395 - 1397.

[339] CLOUDE S R. 极化建模与雷达遥感应用[M]. 北京:电子工业出版社,2015.

[340] VAN ZYL J J,KIM Y. 合成孔径雷达极化理论及应用[M]. 北京:国防工业出版社,2014.

[341] GUINVARCH R,THIRION - LEFEVRE H. Cross - polarization amplitudes of obliquely orientated buildings with application to urban areas[J]. IEEE Geoscience and Remote Sensing Letters,2017,14(11): 1913 - 1917.

[342] SUSAKI J,KISHIMOTO M. Urban area extraction using x - band fully polarimetric SAR imagery [J]. IEEE Journal of Selected Topics in Applied Earth Observations and Remote Sensing,2016,9(6):2592 - 2601.

[343] 赵凌君,贾承丽,匡纲要. SAR 图像边缘检测方法综述[J]. 中国图象图形学报,2007,12(12): 2042 - 2049.

[344] WANG W,XIANG D,BAN Y,et al. Superpixel segmentation of polarimetric SAR images based on inte-

grated distance measure and entropy rate method[J]. IEEE Journal of Selected Topics in Applied Earth Observations and Remote Sensing,2017,10(9):4045 - 4058.

[345] LAURENS V D M, HINTON G. Visualizing data using t - SNE[J]. Journal of Machine Learning Research,2008,9(2605):2579 - 2605.

[346] DHILLON I S, GUAN Y, KULLIS B. Weighted graph cuts without eigenvectors a multilevel approach [J]. IEEE Transactions on Pattern Analysis and Machine Intelligence,2007,29(11):1944 - 1957.

[347] SHI J, MALIK J. Normalized cuts and image segmentation[J]. IEEE Transactions on Pattern Analysis and Machine Intelligence,2000,22(8):888 - 905.

[348] LI Z, CHEN J S. Superpixel segmentation using linear spectral clustering[C]//IEEE Conference on Computer Vision and Pattern Recognition (CVPR). Boston, MA, USA: IEEE,2015:1356 - 1363.

[349] KATZNELSON Y. An introduction to harmonic analysis[M]. Cambridge, U. K.: Cambridge University Press,2004.

[350] ANFINSEN S N, DOULGERIS A P, ELTOFT T. Estimation of the equivalent number of looks in polarimetric synthetic aperture radar imagery[J]. IEEE Transactions on Geoscience and Remote Sensing,2009,47(11):3795 - 3809.

[351] LIU M, TUZEL O, et al. Entropy rate superpixel segmentation[C]//IEEE Conference on Computer Vision and Pattern Recognition. Colorado Springs, CO, USA: IEEE,2011:2097 - 2104.

[352] 周晓光. 极化 SAR 图像分类方法研究[D]. 长沙:国防科学技术大学,2008.

[353] 张腊梅. 极化 SAR 图像人造目标特征提取与检测方法研究[D]. 哈尔滨:哈尔滨工业大学,2010.

[354] 王娜. 极化 SAR 图像人造目标检测技术研究[D]. 长沙:国防科技大学,2012.

[355] 项德良. SAR/PolSAR 图像建筑物信息提取技术研究[D]. 长沙:国防科学技术大学,2016.

[356] 王威. 基于空域信息的 PolSAR 图像分割与分类方法研究[D]. 长沙:国防科学技术大学,2018.

[357] VASILE G, TROUVE E, LEE J S, et al. Intensity - driven adaptive - neighborhood technique for polarimetric and interferometric SAR parameters estimation[J]. IEEE Transactions on Geoscience Remote Sensing,2006,44(6):1609 - 1620.

[358] 周晓光,贺志国,匡纲要,等. 基于极化 G0 分布和 MRF 的多视 PolSAR 图像迭代分类方法[J]. 宇航学报,2009,30(1):276 - 281.

[359] 陈强,蒋咏梅,匡纲要. 基于球面散射相似性的 POlSAR 图像分类方法[J]. 信号处理,2010,26(5):659 - 664.

[360] CHEN Q, JIANG Y M, et al. A scattering similarity based classification scheme for land applications of polarimetric SAR image[C]//Proceedings of International Conference on Image Processing. Hong Kong: IEEE,2010:1361 - 1364.

[361] 陈强,蒋咏梅,陆军,等. 基于目标散射相似性的 POLSAR 图像无监督地物散射分类新方案[J]. 电子学报,2010,38(12):2729 - 2734.

[362] 陈强,蒋咏梅,陆军,等. 一种基于目标散射鉴别的 POLSAR 图像地物无监督分类新方法[J]. 电子学报,2011,39(3):613 - 618.

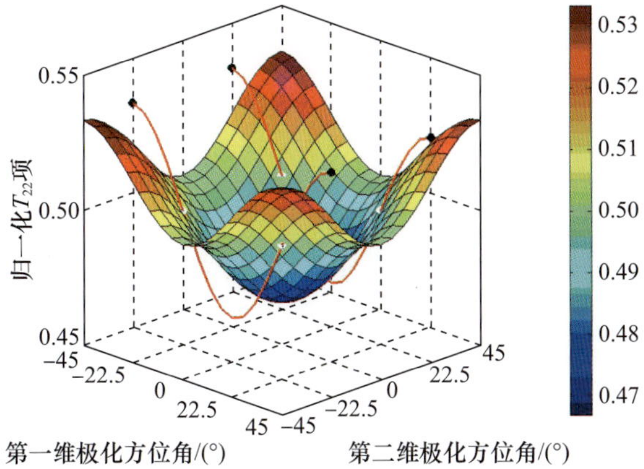

(a) 归一化T_{22}项

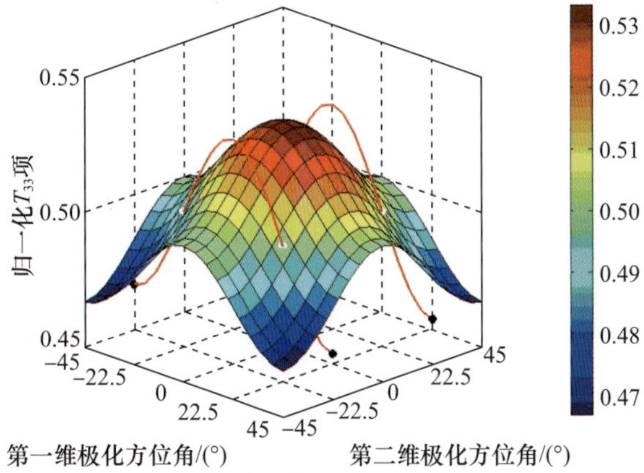

(b) 归一化T_{33}项

图 5-12　不同散射模型归一化 T_{22} 项和 T_{33} 项

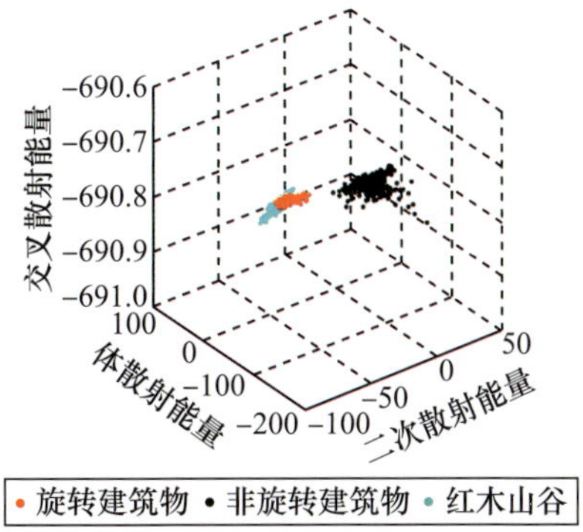

(a) Xiang方法

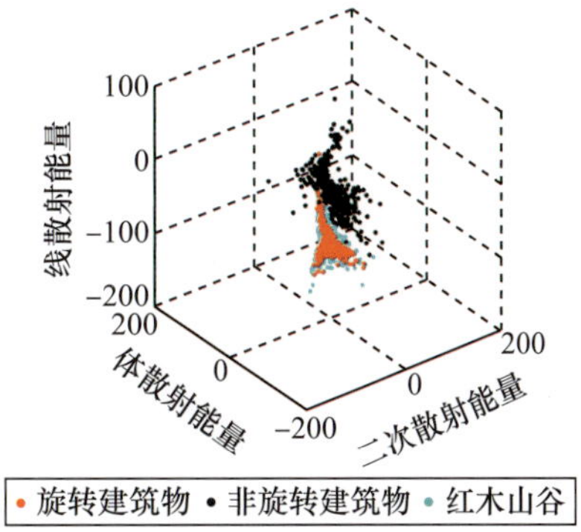

(b) Zhang方法

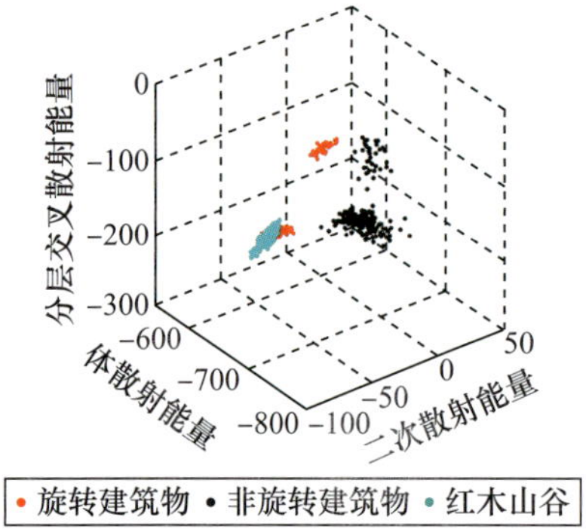

(c) 5.2节方法

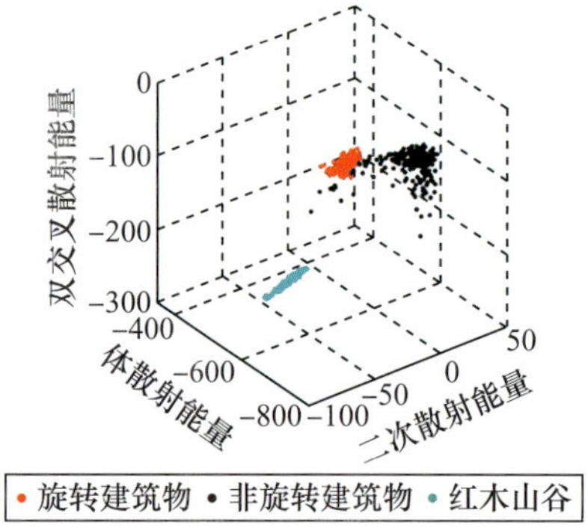

(d) 所提方法

图 5-28　不同方法散射成分散点分布

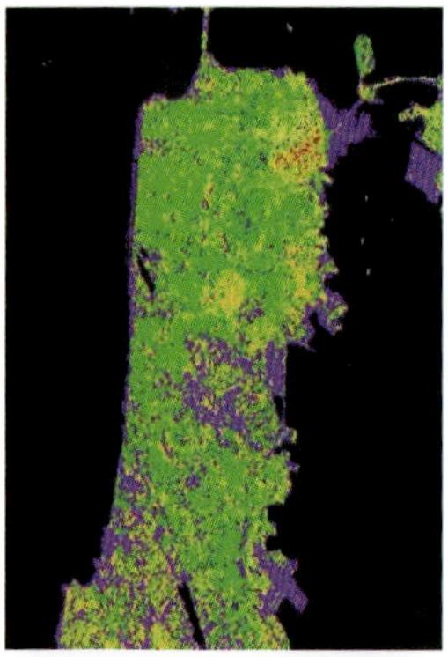

(a) RADARSAT-2数据分类

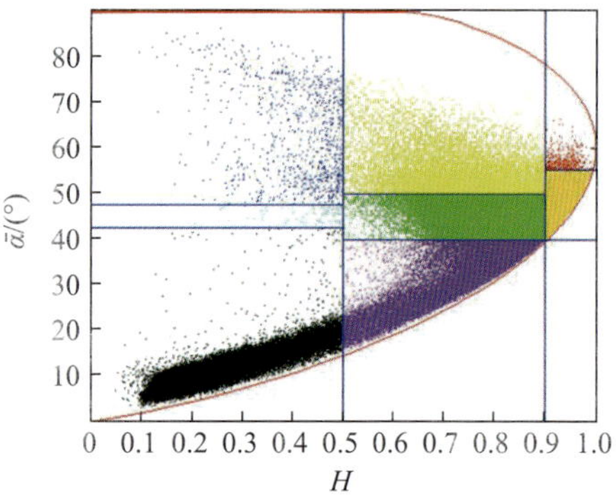

(b) RADARSAT-2数据分布

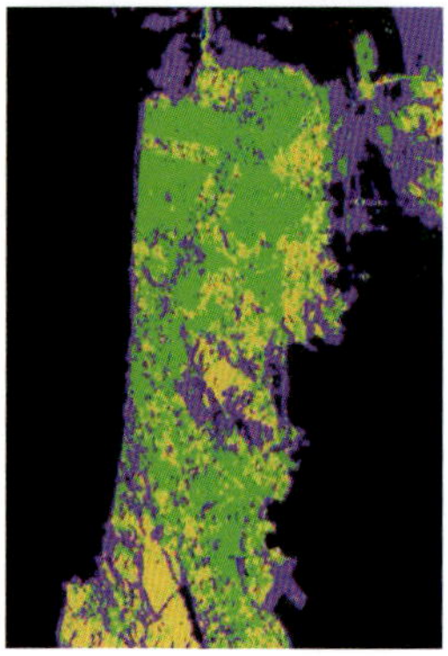

(c) ALOS PALSAR数据分类

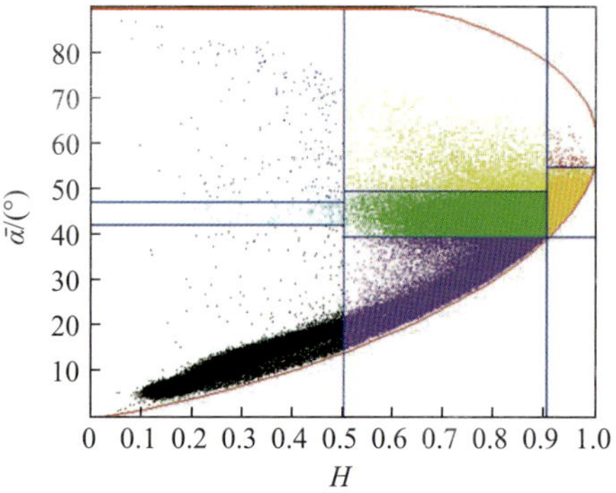

(d) ALOS PALSAR数据分布

图 5-30　二维极化熵-平均散射角平面及分类结果

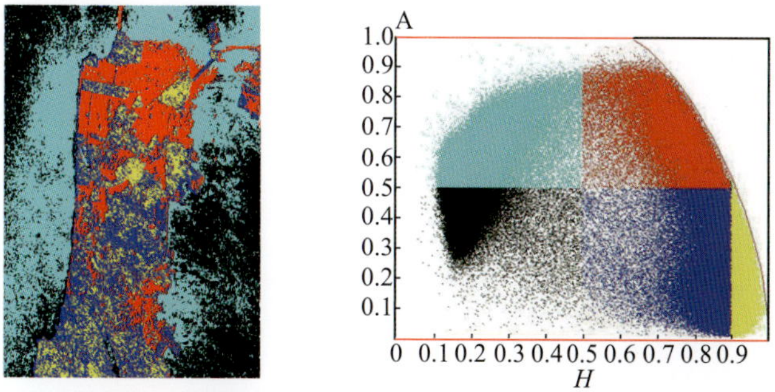

(a) RADARSAT-2数据分类　　(b) RADARSAT-2数据分布

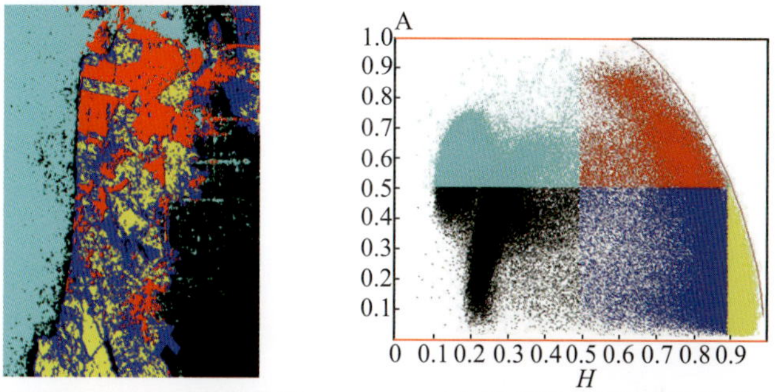

(c) ALOS PALSAR数据分类　　(d) ALOS PALSAR数据分布

图 5-31　二维极化熵-极化各向异性平面及分类结果

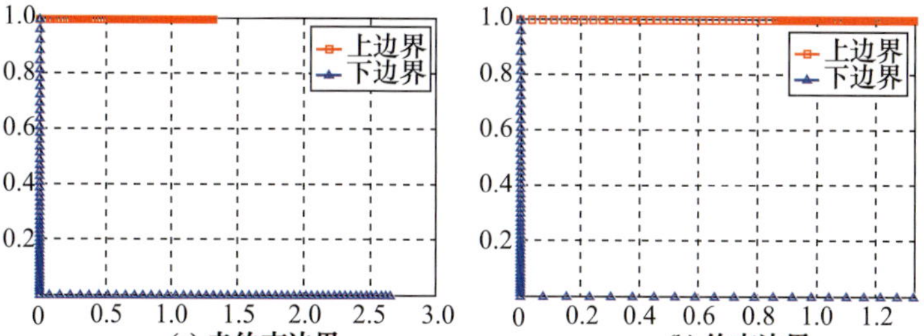

(a) 未约束边界　　(b) 约束边界

图 5-32　二维雷达植被指数-极化不对称性平面上下边界

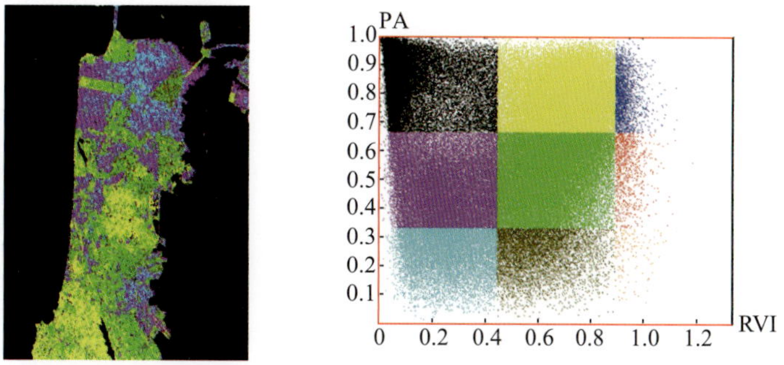

(a) RADARSAT-2数据分类　　(b) RADARSAT-2数据分布

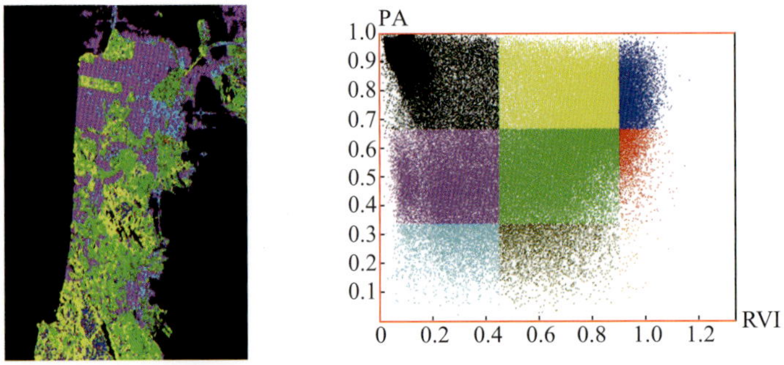

(c) ALOS PALSAR数据分类　　(d) ALOS PALSAR数据分布

图 5－33　二维雷达植被指数－极化不对称性平面及分类结果

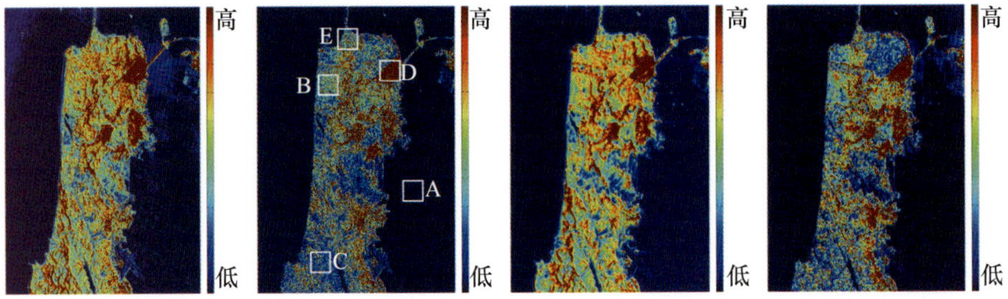

(a) RADARSAT－2数据最小特征值幅度图　　(b) RADARSAT－2数据旋转建筑物散射特征描述子幅度图　　(c) ALOS PALSAR数据最小特征值幅度图　　(d) ALOS PALSAR数据旋转建筑物散射特征描述子幅度图

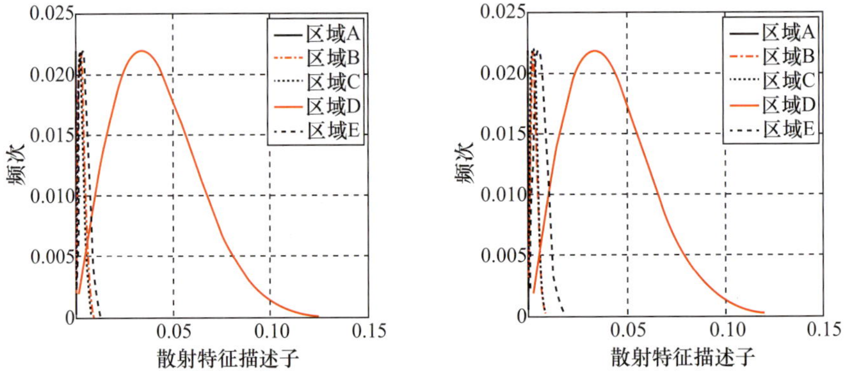

(e) RADARSAT－2数据旋转建筑物散射特征描述子直方图分布　　(f) ALOS PALSAR数据旋转建筑物散射特征描述子直方图分布

图 5－34　最小特征值和旋转建筑物散射特征描述子幅度图及直方图分布

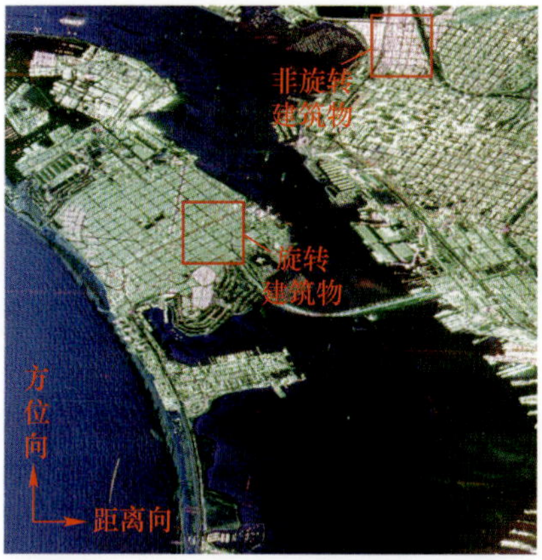

(a) Pauli伪彩色图

(b) 所提方法伪彩色合成分解图

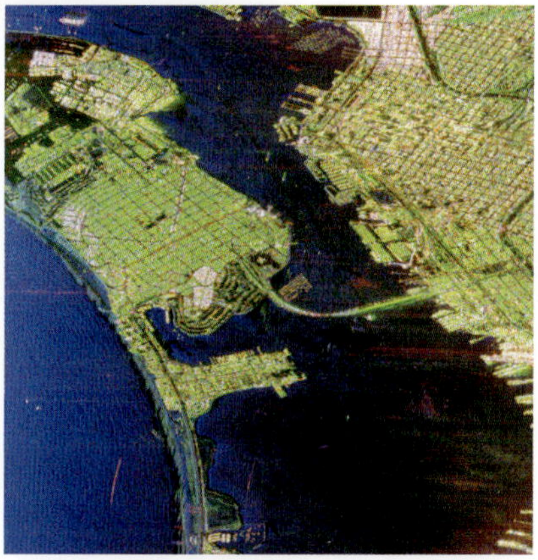

(c) Xiang方法伪彩色合成分解图

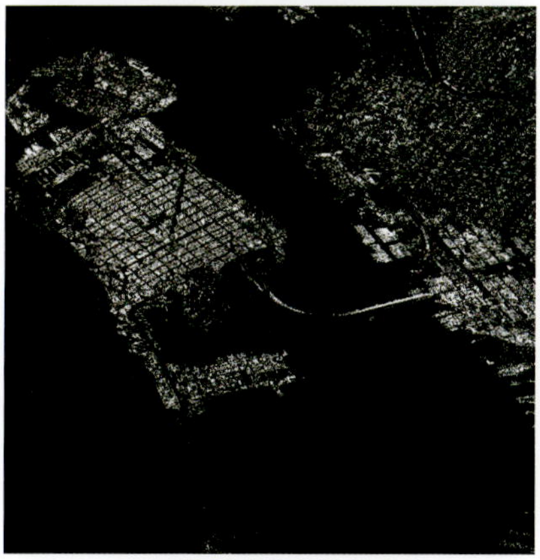

(d) 旋转建筑物散射成分

(e) 交叉散射成分

图 5-38　AIRSAR L 波段数据及分解结果

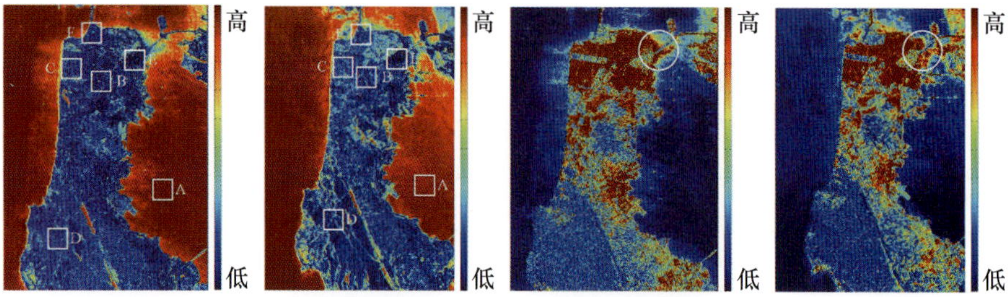

(a) C波段数据水体目标检测子幅度图　(b) L波段数据水体目标检测子幅度图　(c) 非旋转建筑物检测子幅度图　(d) 非旋转建筑物检测子幅度图

图 6-2　不同检测子幅度图

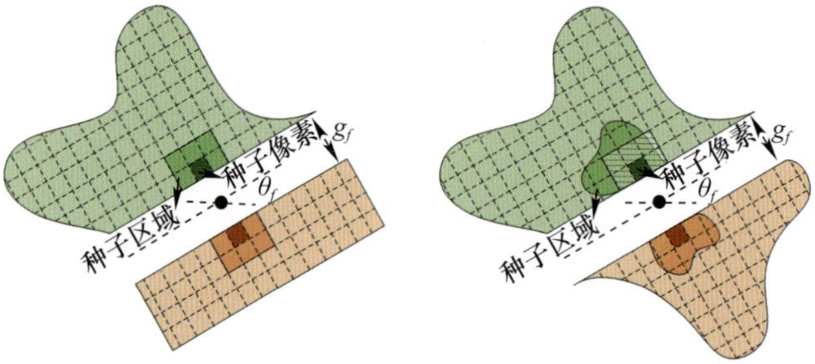

(a) 具有固定种子区域的功率驱动自适应窗　(b) 具有可变种子区域的散射机制驱动自适应窗

图 6-7　窗构造结构

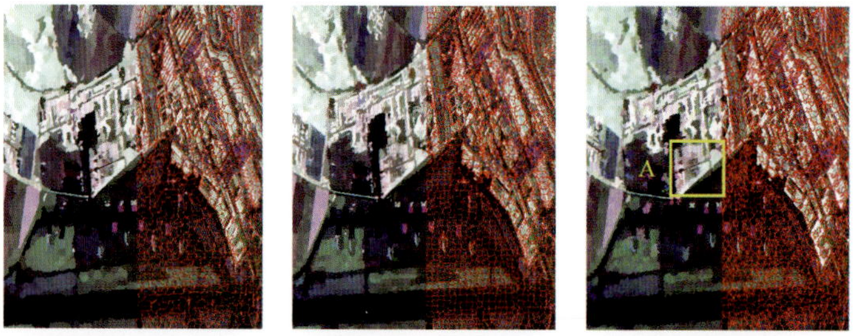

(a) Pol-ERM方法　(b) Pol-ASLIC方法　(c) 所提方法

(d) Pol-ERM方法　(e) Pol-ASLIC方法　(f) 所提方法

图 6-14　E-SAR 及 AIRSAR 数据超像素分割结果(其中 ESAR 数据超像素个数为 2200,AIRSAR 数据超像素个数为 2500)

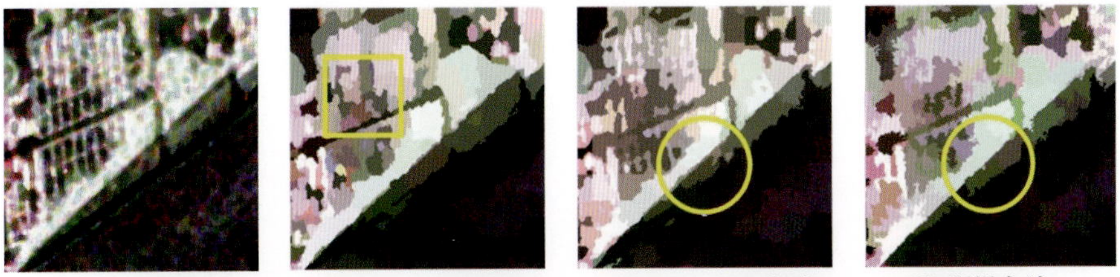

(a) Pauli伪彩色图　(b) Pol-ERM方法　(c) Pol-ASLIC方法　(d) 所提方法

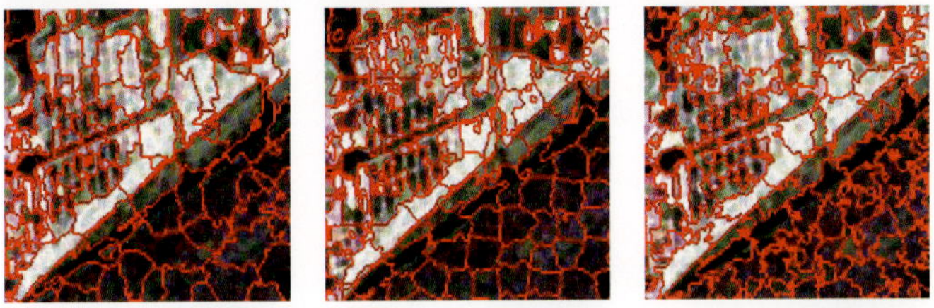

(e) Pol-ERM方法　(f) Pol-ASLIC方法　(g) 所提方法

(h) Pauli伪彩色图　(i) Pol-ERM方法　(j) Pol-ASLIC方法　(k) 所提方法

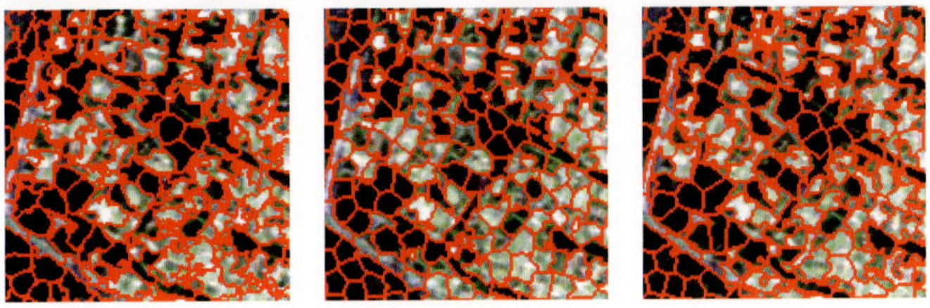

(l) Pol-ERM方法　(m) Pol-ASLIC方法　(n) 所提方法

图 6-15　建筑物区域超像素表征局部放大结果

(a) Pol-NC方法　(b) Pol-MS方法　(c) 所提方法

(d) Pol–NC方法　　(e) Pol–MS方法　　(f) 所提方法

图 6 – 17　UAVSAR 及高分三号数据超像素分割结果(其中 UAVSAR 数据超像素个数为 2600,高分三号数据超像素个数为 2500)

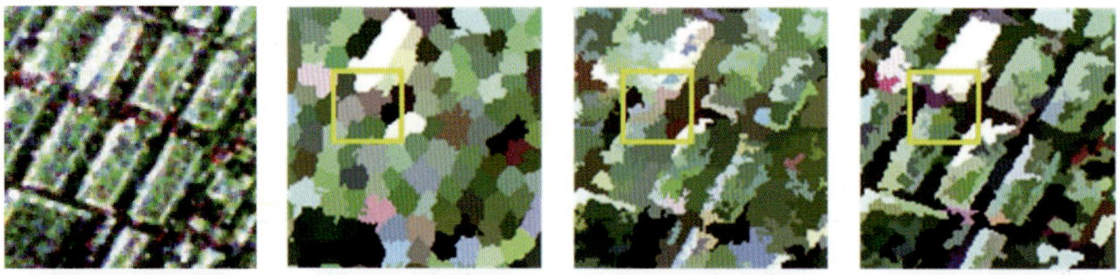

(a) Pauli伪彩色图　　(b) Pol–NC方法　　(c) Pol–MS方法　　(d) 所提方法

(e) Pauli伪彩色图　　(f) Pol–NC方法　　(g) Pol–MS方法　　(h) 所提方法

图 6 – 18　建筑物区域超像素表征局部放大结果

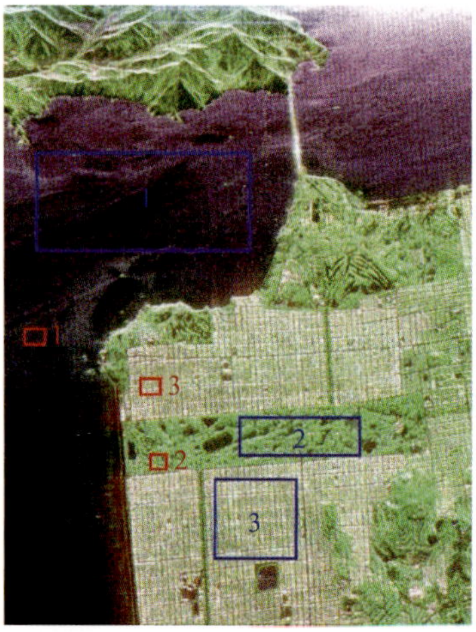

图 7 – 3　旧金山地区 GMMAP 分类的训练和测试区域选择

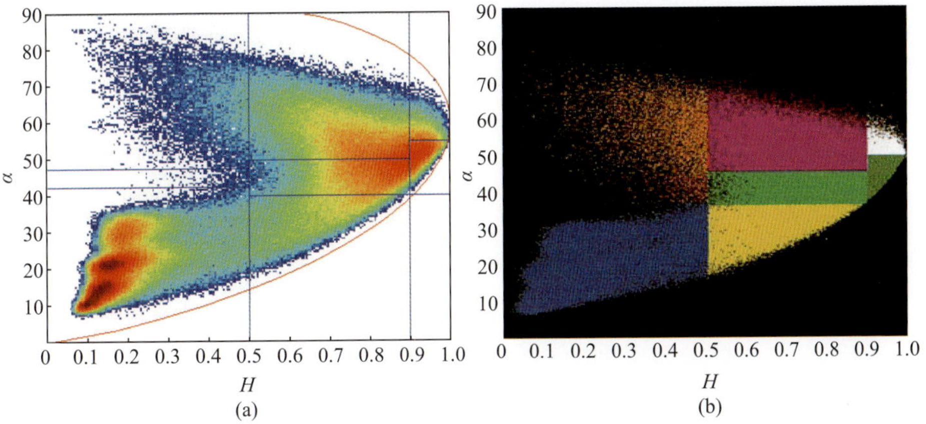

图 7-8 旧金山地区 AIRSAR 数据在二维 H/α 平面散布图(a)和着色方案(b)

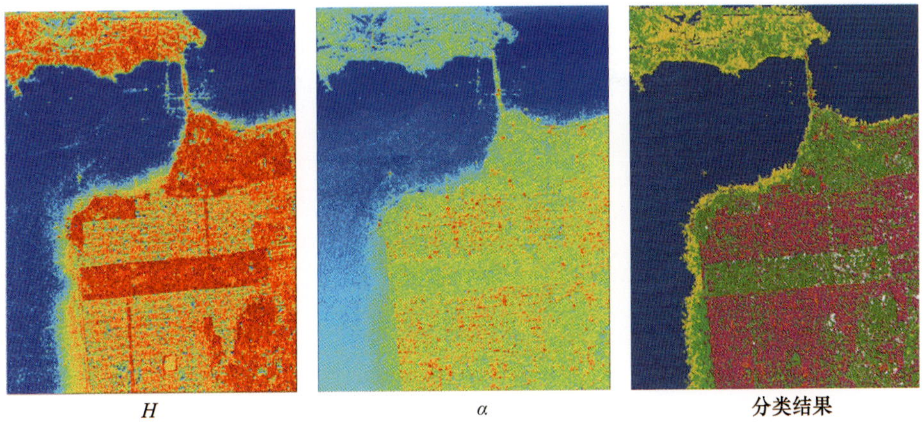

图 7-9 旧金山地区 AIRSAR 数据 H/α 分类结果

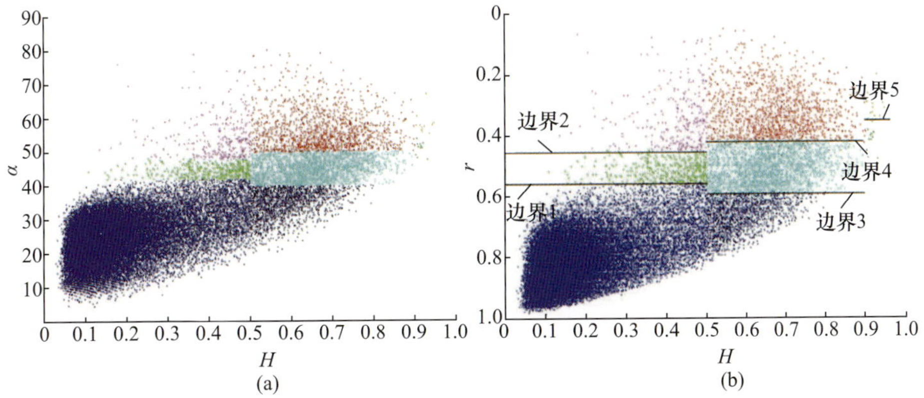

图 7-10 基于 H/α 平面(a)和 H/r_s 平面(b)的散射分类结果散布图

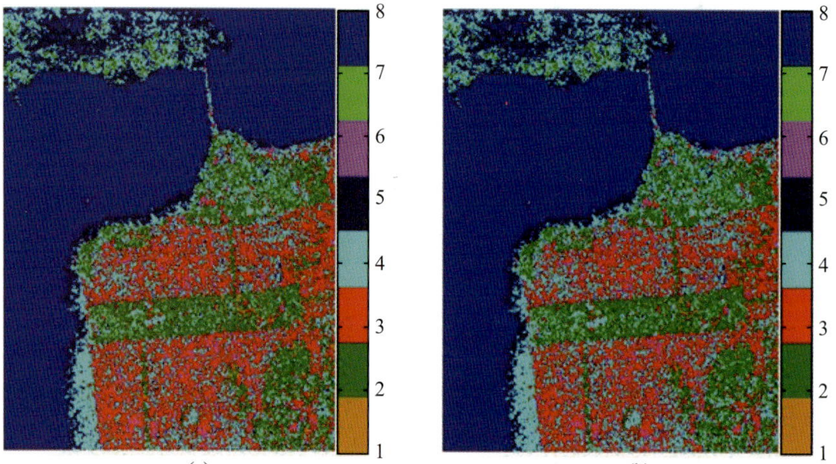

(a) (b)

图 7-11 基于 H/α 平面(a)和 H'/r_s 平面(b)的散射分类比较

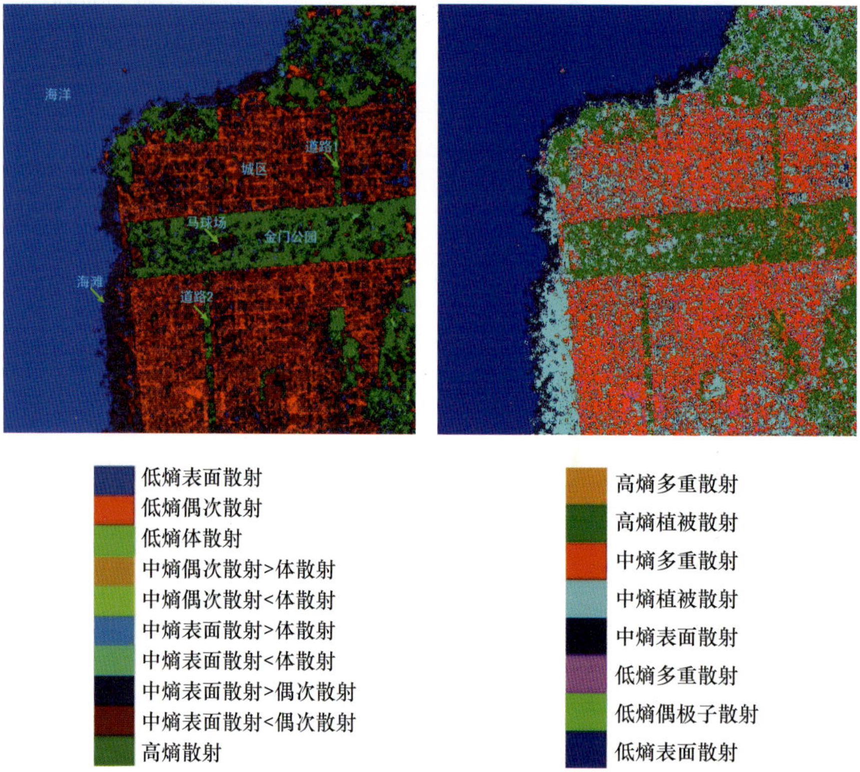

(a) 本节散射分类 (b) 基于 H/α 平面的散射分类

图 7-15 旧金山地区极化 SAR 图像目标散射分类结果比较